广州市城市道路全要素设计手册

GUANGZHOU COMPLETE STREET DESIGN MANUAL

广州市住房和城乡建设委员会
广州市城市规划勘测设计研究院　组织编写

胡峰　许海榆　赖永娴　卢忠伟　刘为　主　编

中国建筑工业出版社

图书在版编目（CIP）数据

广州市城市道路全要素设计手册 / 胡峰等主编 . —北京：
中国建筑工业出版社，2018.5
ISBN 978-7-112-21949-0

Ⅰ.①广…　Ⅱ.①胡…　Ⅲ.①城市道路 — 设计 — 广
州 — 手册　Ⅳ.① U412.37-62

中国版本图书馆 CIP 数据核字（2018）第 049515 号

责任编辑：张文胜　姚荣华
责任校对：王雪竹

广州市城市道路全要素设计手册
GUANGZHOU COMPLETE STREET DESIGN MANUAL

广州市住房和城乡建设委员会
广州市城市规划勘测设计研究院　组织编写

胡峰　许海榆　赖永娴　卢忠伟　刘为　主　　编
*
中国建筑工业出版社出版、发行（北京海淀三里河路9号）
各地新华书店、建筑书店经销
北京点击世代文化传媒有限公司制版
北京富诚彩色印刷有限公司印刷
*
开本：850×1168毫米　1/12　印张：44⅓　字数：932千字
2018年6月第一版　2018年6月第一次印刷
定价：380.00元
ISBN 978-7-112-21949-0
　　（31864）

本书编委会

顾 问

王宏伟　李朝晖　　　黄成军　邓兴栋

主 编

胡　峰　许海榆　赖永娴　卢忠伟　刘　为

参 编

张晓明　杨玉奎　卢俊余　曾　滢　谢湃然
周茂松　宋程鹏　闻田忆　王晓巍　徐　策
狄德仕　蔡　蕾　岑　慧　潘　凡　张海林
杨　朗　曾福杰　陈士亮　黄潮新　罗秋媛
陈　丹　张　岩　张冬晖　阳　敏　邹　楠
李红宝　刘春峥　刘　洋　周　雯　孙泽彬
姚　睿　谢绮云

Think of a city and what comes to mind? It's streets. If a city's streets look interesting，the city looks interesting；if they look dull，the city looks dull.

当我们想到一个城市时，首先出现脑海里的就是街道，街道有生气，城市也就有生气；街道沉闷，城市也就沉闷。

——（美）简·雅各布斯《美国大城市的死与生》

目录
CONTENT

引言
PREFACE

If the city is in order to retain their city people，if the energy shortage forced us back to the city so concentrated，we must find ways to make the city streets has become a paradise of rest after a day's work，dangerous and not be submerged in noise，smoke and dust in the habitat.

假如城市是为了留住他们的城民，假如能源短缺迫使我们回到浓缩的城市，那么，就必须找到一些方法，让城市街道成为一天工作后休憩的天堂，而不是被淹没在噪声、浓烟与尘埃中的危险的栖息地。

——（美）唐纳德·爱普利亚德《街道与城镇的形成》

转变观念,更多地意识到道路在城市中所"扮演"的社会性、象征性等多重角色,将道路空间资源更多地还给行人,重拾道路的多元功能,将开启设计和建设人性化道路空间的新时代。

道路,是生活在城市中的每一位成员共同的记忆。虽然时代变迁、科技不断更新、城市不断扩大,但好的道路给予人最深刻的感受几乎没有变化——舒服怡人的尺度、多样的活动空间、活泼的街道氛围,充满活力的商业,甚或是空气中弥散的引人食欲的气味[1]。

在我们的城市生活中,都离不开道路这一载体,其往往承担着休闲散步、驻足停留、商品交易等多重角色,而不仅仅是允许人流或货流通过的途径。长久以来,交通功能却似乎成为道路的唯一标志,道路只是为了这一简单的目的而存在,变成了纯功能性的物理空间[2]。2016年,广州市 GDP 达到 2899 亿美元,约为 25 年前的 56 倍,人均 21474 美元,已达中等发达国家水平,城市道路的建设与同等发展水平的国家或城市相比却仍存差距。广州的城市化进程收获了财富与效益、收获了机动车交通的快速便捷,同时也或多或少失去了城市道路应给予市民的人性化体验。道路似乎"为车而生",程式化的设计和建设导致功能单一、交通拥堵、人车冲突、舒适度差、公共空间不足、设施反人性化等诸多问题不断出现,已经引起社会的高度关注,重新梳理城市重要的活动载体——道路设计,用城市修补的理念提升道路的活力和特色,显得越发重要。道路作为城市中最大的公共空间系统,已引起国际组织、各国政府和学术界的密切关注,伦敦、纽约、洛杉矶、波士顿、阿布扎比、新德里等国外城市先后发布或更新了城市街道设计导则。转变观念,更多地意识到道路在城市中所"扮演"的社会性、象征性等多重角色,将道路空间资源更多地还给行人,重拾道路的多元功能,将开启设计和建设人性化道路空间的新时代。

正如简·雅各布斯所言"当我们想到一个城市时,首先出现脑海里的就是街道,街道有生气,城市也就有生气;街道沉闷,城市也就沉闷";亦如扬·盖尔所说,"在充满活力的、安全的、可持续的且健康的城市中,城市生活的先决条件就是提供良好的步行的可能性。然而,更广义的层面是指当你强调步行生活时,大量的有价值的社会和娱乐休闲的可能性就会自然而然地产生和出现"。

① 深圳市城市规划设计研究院,香港思汇正常研究所.专题导读【J】.城市交通,北京:中国城市规划设计研究院,2014,第 12 卷(2):9.
② 序言【J】.城市交通,北京:中国城市规划设计研究院,2014,第 12 卷(2):1.

图 0-1　天问路:纷繁的商业与生活氛围(资料来源:自摄)

近年来，国际上对街道设计的关注持续增加，并且以人为核心的品质化设计逐渐成为未来的发展趋势。2015年中央城市工作会议提出"全面开展城市设计"和"城市双修"，全国各地对街道设计的重视达到了前所未有的高度。广州市已进入城市建设的高级阶段，粗放型的城市规划设计和管理正在向**精细化、品质化、标准化**转变。

▶ **任务陈述和不同层面的政策**

▶ **其他国家、地方及机构**

▶ **可持续、健康城市环境的发展趋势**

2013年，联合国人居署发布报告《街道作为公共空间和城市繁荣的驱动力》(Streets as Public Spaces and Drivers of Urban Prosperity)，着重提倡面向步行和自行车交通的街道环境营造。据不完全统计，近10年陆续出台与步行和自行车交通相关规划设计导则的国家或城市超过20个，且覆盖不同气候、文化和经济发展水平的地区。

图0-2 《伦敦街道设计导则》

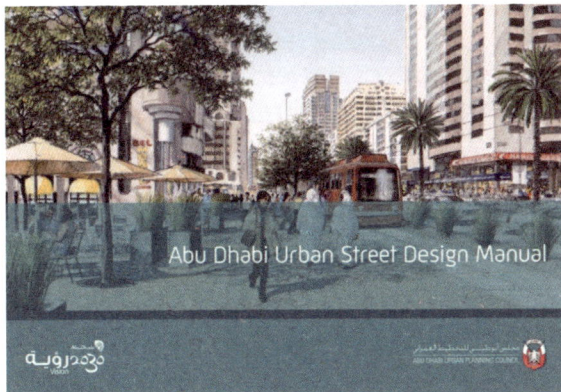

图0-3 《阿布扎比街道设计导则》

中国城市发展已进入历史性新时期。2013年9月，《国务院关于加强城市基础设施建设的意见》(国发【2013】36号)发布，其中明确提出："城市交通要树立行人优先的理念，改善居民出行环境，保障出行安全，倡导绿色出行……切实转变过度依赖小汽车出行的交通发展模式"。步行和自行车交通首次提升至国家政策层面，确立了行人在交通系统中的地位，对各地的交通基础设施建设具有重大指导意义。2015年12月，**中央城市工作会议**提出"坚持以人民为中心的发展思想，坚持人民城市为人民"作为城市工作的出发点和落脚点，要求不断提升城市环境质量、人民生活质量、城市竞争力，建设和谐宜居、富有活力、各具特色的现代化城市，并发布了《中共中央国务院 关于进一步加强城市规划建设管理工作若干意见》，"城市工作"再次上升到中央层面进行专门研究部署，我国城市工作迎来了重大变化。

从城市的实践看，广东省率先在全国发起的绿道建设引起全国范围的广泛关注。2016年6月，**广东省城市工作会议**中指出，"城市工作的核心是人，城市发展的目的是为了人"，强调以人为核心，通过规划设计等方式，提高城市地上地下基础设施和公共服务水平，加强对城市的空间、平面、风貌、文脉等方面的规划和管控，留住城市特有的地域环境、文化特色、建筑风格等"基因"，突出广东岭南文化特色，为城市留下更多历史记忆。

从2014年10月开始，广州深入推进城市环境治理和创建工作，建设干净、整洁、平安、有序的城市环境，着意培育环境竞争力。2016年8月，**广州市委十届九次全会《关于进一步加强城市规划建设管理工作的实施意见》**指出，进一步提高城市设计水平，精细化建设公共空间，建设标准化精细化品质化的人居环境。2016年7月，时任广州市市长温国辉强调，狠抓工作细节是推进城市规划建设管理标准化、精细化、品质化的基础，要把以人为中心的城市化理念体现到城市的每个方面、每个细节。

城建发展
URBAN CONSTRUCTION

▶ 不同阶段城市空间形态变化

▶ 与道路建设相关的重要举措

▶ 城市道路及交通演变的脉络

● 民国以前

古城主要街巷格局清晰，其余街巷因地制宜弯曲狭窄，适合于步行为主的出行方式。

影响城市道路建设的因素主要有三个：**城市形态、经济社会状况（包括生活方式转变）和科学技术**[1]。其中，城市空间结构和形态的变化，是决定城市路网布局和交通运输的重要因素。通过对广州城市发展历史的梳理，可以看到，城市形态影响着道路交通和生活方式的选择，道路和其他交通系统的发展也使城市不断壮大，两者形成相互作用相互反馈的关系。

广州有着长达两千两百多年的建城历史，自建城以来，一直是历代的郡、州、路、省治所，商贸得益于行政中心的存在而更加繁荣。明清时期，主要街巷格局清晰，惠爱街（今中山四、五路）以北为各种官衙所在地，以南有学宫、庙宇等其他公共建设，城南沿江主要为商业区及管理对外贸易的机构，城西商业繁华。整个城市面积不大，街道众多，除了惠爱街、双门底街（今北京路）等几条主要城市道路外，其余街巷因地制宜大多弯曲狭窄，适合于以步行为主的出行方式[2]。

在今天的广州城中，仍然保留着大量的"老"街道，独具岭南特色的骑楼街，古朴逶迤的麻石小巷等，旧街老巷积淀着广州深厚的历史文化，见证着市民生活的变迁，演绎出历史的质感。如城建之始所在地"双门底"——北京路，使节云集的怀远驿——十八甫，老字号荟萃"西来初地"——上下九，"八桥之盛"——清平路，光影里的西关风情——耀华大街等。一个城市的历史可以通过某一条街的演变和发展"阅读"出来。

图 0-4 1685 年（清康熙二十四年）官方绘制《广东广州府舆图》（资料来源：《广州历史地图精粹》）

[1] 林树森 . 广州城记【M】. 第二版，广州：广东人民出版社，2013：167.
[2] 林树森 . 广州城记【M】. 第二版，广州：广东人民出版社，2013：164.

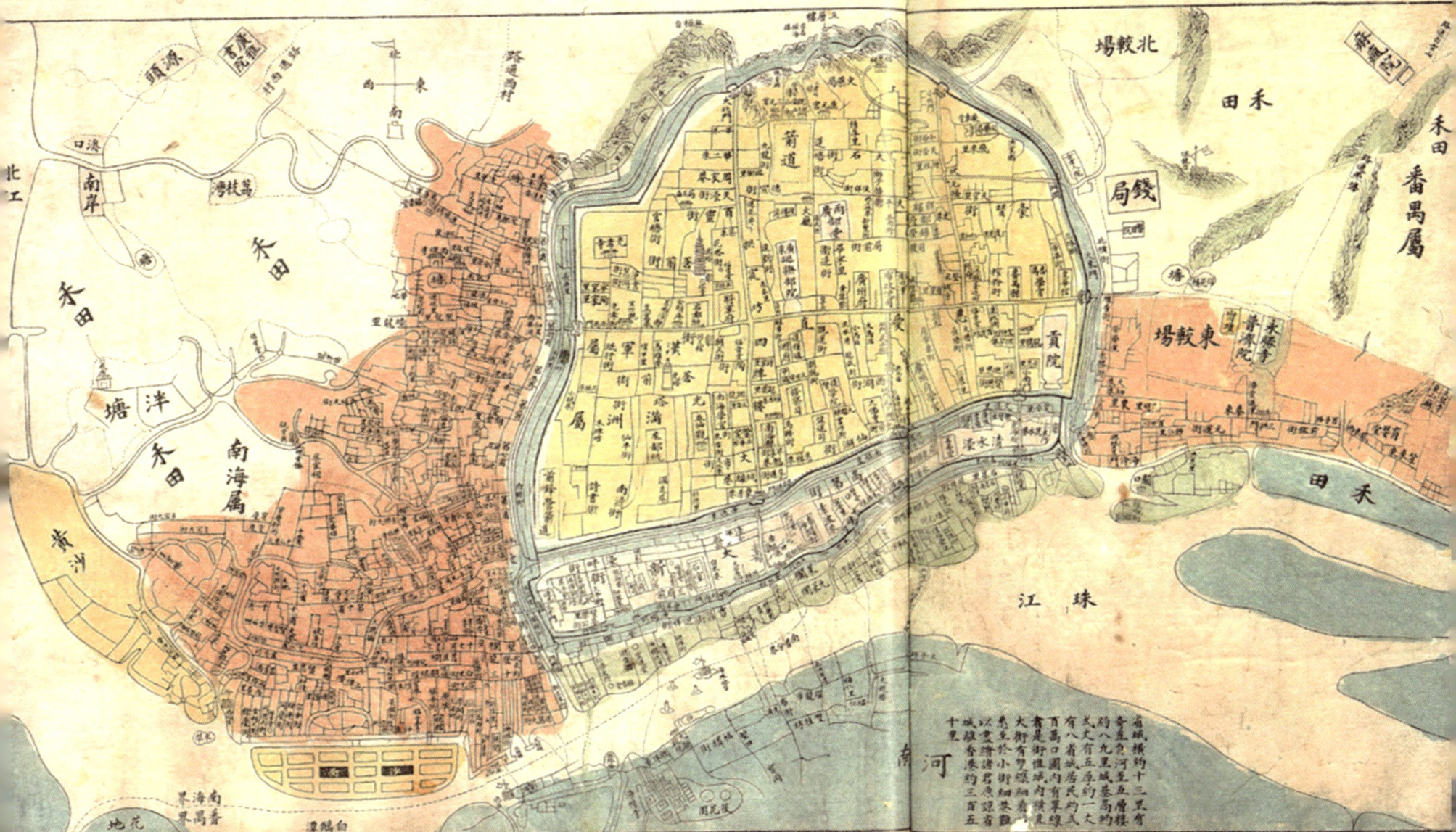

图 0-5 1900 年羊城澄天阁点石书局镌印《粤东省城图》(资料来源:《广州历史地图精粹》)

● 民国以前

"模范之广州城"，城市空间在民国时期发生了巨大的变化，道路系统由步行交通向车行交通出行方式转变。

广州的城市空间在民国时期发生了巨大的变化，城市实力逐渐增强，城市建设走在了全国前列，被称为"模范之广州城"。此时的城墙已失去了防卫的功能，而且成为经济发展与城市建设的障碍。1918年广州成立市政公所后，其主要工作是规划全市的道路系统，为了适应由步行交通向车行交通出行方式的变化，统一管辖市区，开始大规模拆城墙、筑马路。新建的路面构造为碎石层、三合土层和沥青层。改建后宽敞的新式马路两旁兴建骑楼，把低层民居围成一个个街区[1]。

1921年广州市政厅建立以后，市政府颁布了《暂行拓宽街道规则》及其修正条例等，并出台了广州历史上第一个正式的城市规划文件《广州市城市设计概要草案》（以下简称《草案》）。道路计划是《草案》重要的专项计划，也是民国时期广州市政建设的主要成就之一，大致分为3个主要内容：①市干道系统；②市区道路系统的连接；③城市道路尺度。**道路计划将原来传统城市以步行为主导的道路，逐步改进为适应现代都市需求的道路系统，影响极为深远[2]**。

1928年广州新式马路总长已有62.6公里，1936年有174部公共汽车在15条线路上行驶。近代交通的发展，使得城市突破了城墙的限制，城市用地开始在市区外围沿交通路线发展，城市初具规模。

《广州市城市设计概要草案》规定："凡辟一马路，应有精密之交通调查，以作根据，然后确定其宽度，设任意规定，必致狭不敷用"。至于马路尺度的标准，"首应考查其目的何在，性质何属，如属住宅区，则路两旁之建筑物，最高应为若干尺，其需要之光线空气，应在若干尺宽之马路，始足以供给"。此外，"其他若车行路之宽度，是否足供必经之车辆通过而无危险，人行路之宽度，是否足供行人来往而不挤，通地下之渠道水喉电话线等之位置分配，应先事妥为预算者也。"《草案》对不同马路的宽度标准做了基本规定：市区道路干线分为直达干线与环形干线，依其所在不同的区域及道路等级而定，一般分为大道（30～40米）、干道（25～30米）、一等街（20～15米）、二等街（15～20米）、三等街（10～15米）五个级别。

图0-6　1945年《广州市最新马路全图》（资料来源：《广州历史地图精粹》）

①林树森.广州城记【M】.第二版.广州：广东人民出版社，2013：164-166.
②邹东.民国时期广州城市规划与空间营造解读【J】.规划师，2012，第28卷（4）：122-125.

城建发展
URBAN CONSTRUCTION

新中国成立初期：国家经济实力薄弱，城市工作的重点放在恢复和发展生产方面，城市建设方面主要是医治战争创伤，进行城市布局的恢复和调整。道路建设方面主要是抢修破旧道路，修复海珠桥，恢复城乡交通，并着手完善旧有路网和开辟通往工业区的干道及发展城乡交通，为经济建设创造条件[1]。

● **新中国成立初期**

新中国成立初期，道路交通主要以自行车、行人及人力车为主，由于汽油短缺，公交车以木炭为动力，数量不多。

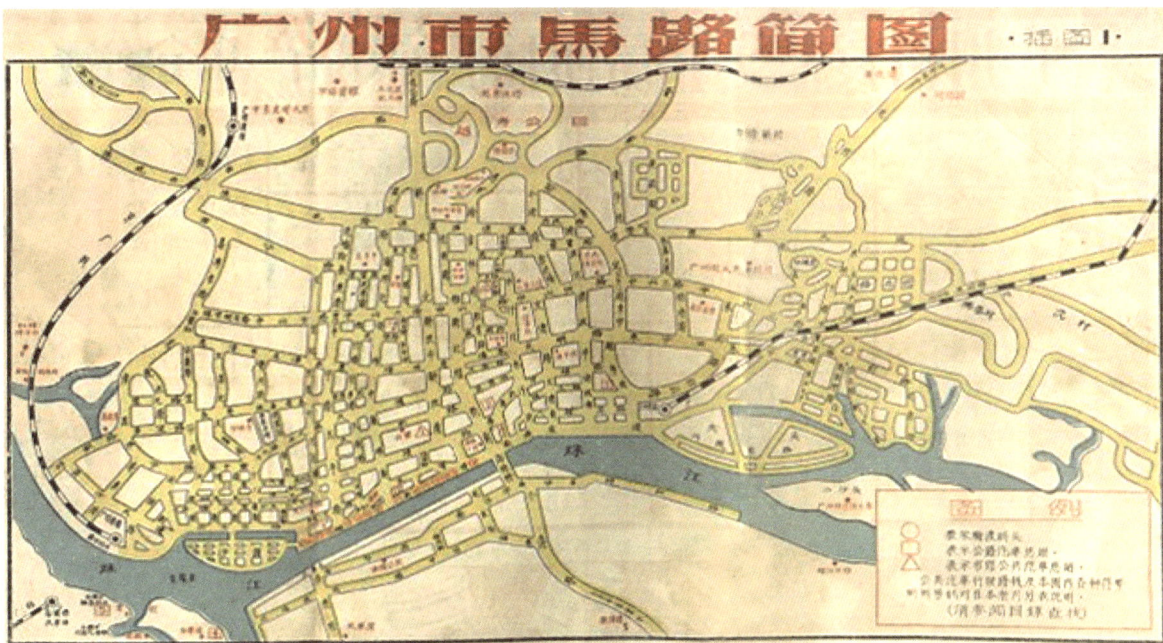

图 0-7　1958 年《广州旅行指南图》（资料来源：http://blog.sina.com.cn/s/blog_406290f50102w6d7.html）

随着改革开放的发展，广州的经济每年以两位数连续飞速增长，建成区面积由 1980 年的 135.9 平方公里扩大到 1997 年的 266 平方公里。道路建设加速进行，全面建设主干道、内外环线、环城高速公路、高架路，以及市区十大出入口道路所组成的多层次立体化路网。到 1995 年年底，全市实有道路长度 1809 公里，面积 1967 万平方米，各种桥梁 512 座，全市公交营运线路达到 396 条，公交车辆 3742 辆，出租小汽车 14511 辆，平均每万人拥有公交标车 14 标台。广州公交出行比例已达到 24.6%。但是，城市道路面积率严重不足，广州成为全国最大的"停车场"，道路通行能力或服务水平渐不能满足交通需求。

● **改革开放**

该时期广州中心区交通的主要特点是混合交通，机动车、公交、自行车、行人四种交通的混合。

图 0-8　20 世纪 80 年代广州市总体规划图（资料来源：《中国广州市历次规划及其规划思想的变迁研究》，李子龙等）

[1] 林树森. 广州城记【M】. 第二版. 广州：广东人民出版社，2013：166.

● "九运"时期

广州市城市道路提升改造"1.0 时代"。

主要对市中心区的主干道开展了路面、护栏、标志标线等改造，道路基础设施及沿线环境取得了很大成效，但城市道路基础设施和服务功能与现代化中心城市的要求仍有差距。

为根本解决城市交通拥堵的突出问题，以迎接"九运会"的顺利召开，1998 ~ 2000 年，广州投入城建资金 464 亿元，并于 2000 年 5 月发布了《**广州市城市建设管理"三年一中变"规划**》，强调加强城市基础设施建设和城市环境综合整治。至 2000 年年底，全市道路总长达 1963 公里，面积达 2556 万平方米，城市人均道路面积从 1998 年的 6.96 平方米提高到 2000 年的 9.76 平方米，增加 40.23%，城区机动车平均速度从原来的 18 公里 / 小时提高到 25-30 公里 / 小时，基本改变了城市交通拥堵的状况[1]。

2001 年投入 142.62 亿元，**全力推进以道路、交通为重点的城市基础设施建设**，构筑城市交通主骨架和主体化交通体系，完成了 87 项基础设施重点工程。至 2001 年年底，原八区实有道路总长度 2199 公里，道路总面积 3242 万平方米，市中心区的主干道路面改为改性沥青铺设，新建 10 多条人行过街天桥及隧道，99 座城市主干道上的立交桥、高架路及人行天桥等全部进行了涂装整饰，城市主干道上的中心护栏、交通标志、标线等也进行了整饰。期间，广州还先后建成了 170 多项重大市政工程项目，其中包括：完善奥林匹克体育中心区域的基础设施，全面提升城市基础设施水平，旧街、旧巷整饰，新增大量休闲绿地，对珠江沿线进行环境整治和景观改造等[2]。通过有效实施"一年一小变、三年一中变"规划，城市基础设施、城市环境、城市景观建设取得了很大的成效，但城市道路基础设施和服务功能与现代化中心城市的要求仍有差距。

[1]林树森.广州城记【M】.第二版，广州：广东人民出版社，2013：175-176.
[2]陈建华.2010 年亚运会对广州城市规划的影响 [J]. 规划师，2004（12）：28-32.

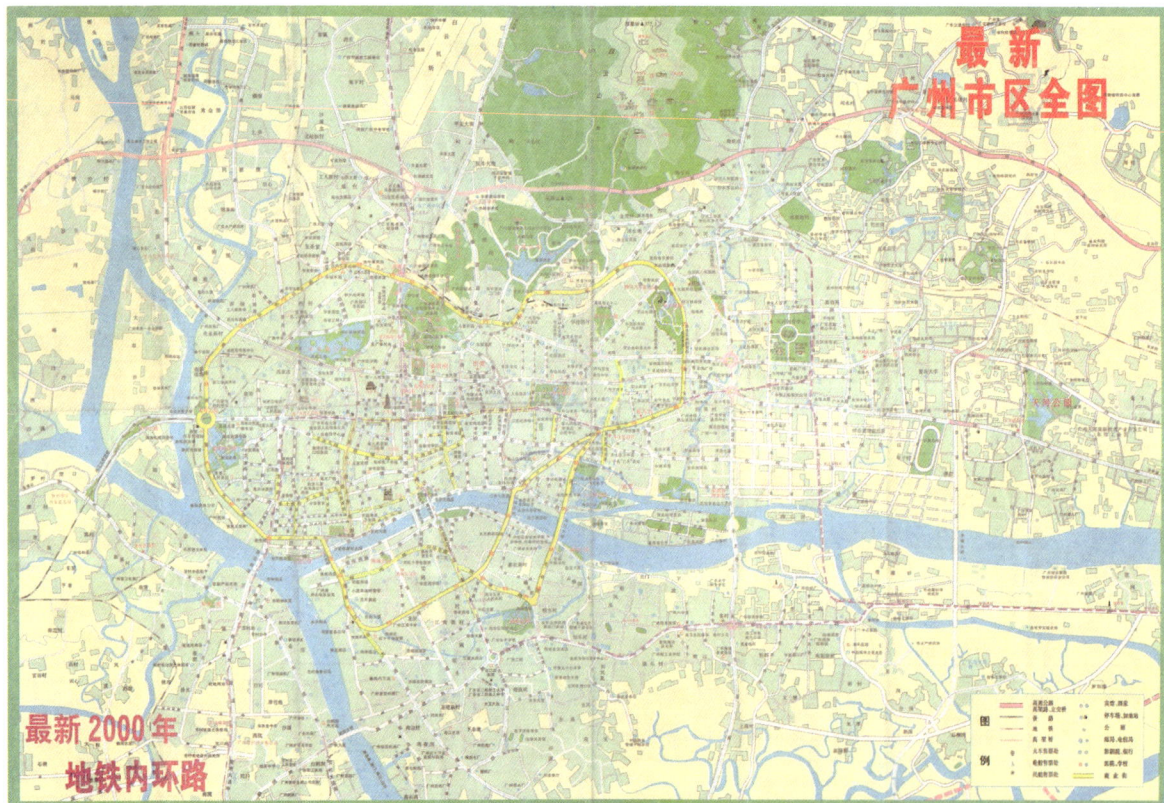

图 0-9　2000 年广州市中心区路网（资料来源：http://blog.sina.com.cn/s/blog_406290f50102w6da.html）

2008年国家颁布了《珠江三角洲地区改革发展规划纲要（2008—2020年）》，要求广州"……提升城市综合竞争力，强化国家中心城市、综合性门户城市和区域文化教育中心的地位……"，2009年《广州2020：城市总体发展战略规划》提出未来广州发展战略目标是要"打造综合性门户城市、南方经济中心、世界文化名城，实现国家中心城市的定位，建成广东宜居城乡的'首善之区'和'面向世界、服务全国的国际大都市'"，广州发展的战略重点突出体现在三个方面：一是强化面向国际、全国、区域的中心功能，包括推进产业的优化升级、基础设施的提升，带动区域融入全球化；二是改善人居环境；三是提升城市文化品位和特色①。

2010年是广州城市发展多项目标实现的汇集点，"三年一中变"后，继续发展并完善环形放射（旧城区）加方格网状（新发展区）的高快速道路系统。规划的"四环十八射"道路系统道路长度1885公里，其中至2004年年底已建道路888公里，占48%②。

为迎接2010年亚运会召开，广州市从2005年开始编制包括《2010年广州亚运交通战略规划》、《广州市亚运场馆道路交通设施建设规划》等一系列的规划，在建设规划方面，重点构筑"双快"市域交通体系，突出体现整体绿色交通理念。**一系列交通规划的精心编制，以及围绕亚运会筹办进行的城市道路建设、"四大综合整治"工程等的实施，极大地缓解了广州城市的交通压力，加快改善了城市的环境面貌。**至2010年，广州市建成道路总长度为6986公里，比2009年增加了26.6%，道路面积达9731万平方米，城市人均道路面积为11.2平方米，立交桥总数量为186座，城市公共交通营运线路共716条，长度达12070公里。

● "亚运"时期

广州市城市道路提升改造"2.0时代"。

为迎接"亚运会"召开，通过一系列交通规划的编制以及围绕亚运会筹办进行城市道路建设，对原有道路及沿线开展了"四位一体"整治工程，人居环境得到了很大提升。

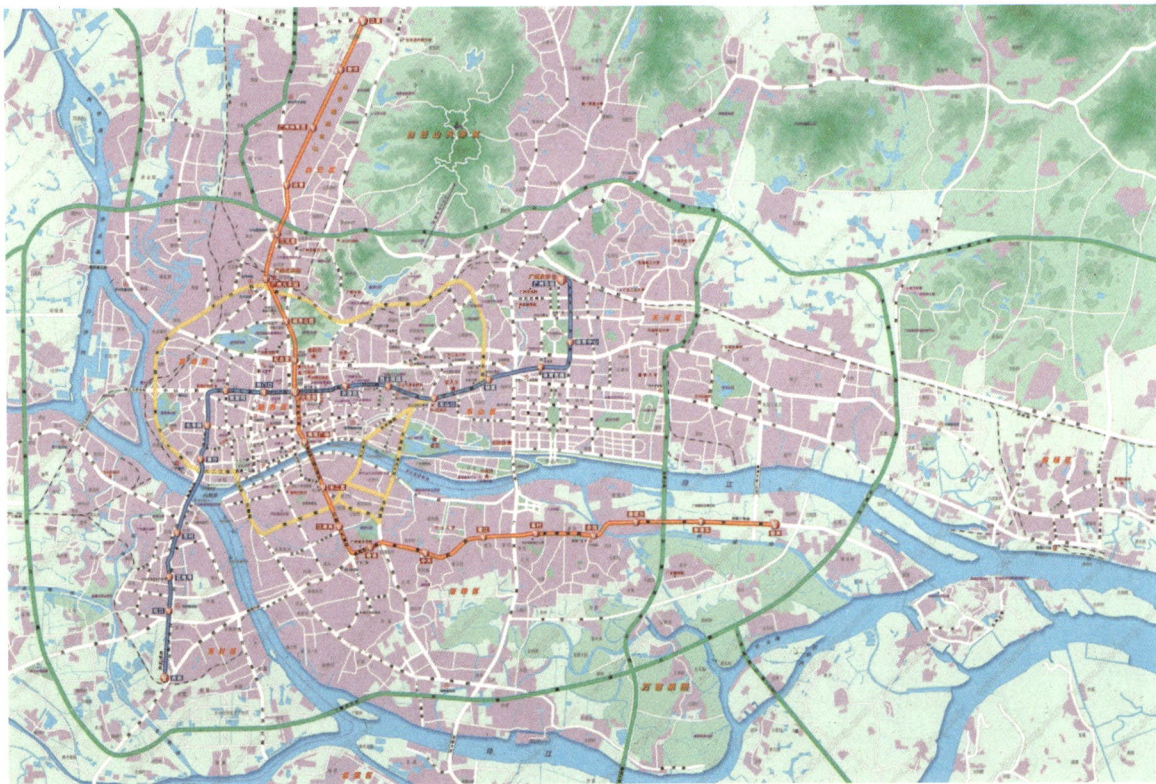

图0-10　2010年广州市中心区路网（资料来源：http://www.tooopen.com/view/366860.html）

①王国恩，刘斌.亚运规划与广州城市发展[J].规划师，2010（12）：5-10.
②林树森.广州城记【M】.第二版，广州：广东人民出版社，2013：189.

社会发展
SOCIAL DEVELOPMENT

▶ **生活方式等的多元变化**

▶ **信息技术等发展的促进**

▶ **城市道路使用的新需求**

　　除城市空间结构和形态对道路建设的影响作用外，经济社会状况（包括生活方式转变）和科学技术同样是重要的影响因素。经济社会状况主要决定交通方式特性和道路等级特性；科技因素主要决定交通的效率和质量特性。通过对广州现状的社会发展分析得知，广州的道路基础设施和交通需求正处于不相适应的状态。

　　随着生活水平和消费水平的提高、休闲时间的增加，人们的生活方式发生了变化，在紧张的工作之余愿意把更多的时间放在休闲活动上，对于道路和场所空间的需求与期望也变得越来越多元，例如广州马拉松赛，彩色跑，庙会，花市，灯光节、夜跑、夜骑等活动以及大型的城市节庆活动。除健康需求、安全需求、休闲需求外，在互联网、云计算和大数据等新一代信息技术飞速发展的背景下，信息技术与景观设计创新结合的城市公共设施日渐增多，也给人们的生活方式带来了多样化的选择和可能，例如共享单车、充电汽车的发展，智能交互的推广。人们对于城市道路的使用已不再局限于简单的通行需求，道路空间应具有的流畅性、识别性、舒适性和信息流通等高级功能因素越来越受到广大民众的关注。因此，为满足这一挑战，改善道路、街道的品质，提升城市服务居民的综合能力，持续的道路和地方微改造至关重要。

图 0-12　广州市马拉松比赛（资料来源：http://sports.163.com/13/1122/17/9EA7A4Q30005227R.html）

图 0-13　广州市城市彩色跑活动（资料来源：http://www.thecolorrun.com.cn/Images/index.html?l=zh-cn）

图 0-14　广州市迎春花市（资料来源：http://itbbs.pconline.com.cn/dc/topic_20817807-52080233.html）

图 0-15　广州市灯光节（资料来源：http://www.zcool.com.cn/work/ZMjg5MzY3Ng==/1.html）

图 0-16　共享汽车（资料来源：http://www.sohu.com/a/134557393_704950）

图 0-17　共享单车发展迅猛（资料来源：http://www.sohu.com/a/134557393_704950）

图 0-11　广州市荧光夜跑活动（资料来源：https://cn.illumirun.com/guangzhou/gallery/）

图 0-12　广州市马拉松比赛

图 0-13　广州市城市彩色跑活动

图 0-14　广州市迎春花市

图 0-15　广州市灯光节

图 0-16　共享汽车

图 0-17　共享单车发展迅猛

问题梳理
PROBLEMS

目前，广州城市道路及附属设施普遍存在设计粗放、细节考虑不足、注重经济实用而缺乏美感、建设成果标准不高等问题。从技术、管理、建设三个方面总结广州市城市道路的建设现状，主要存在以下问题。

● 技术层面

多规范、多线头、低标准，缺少统一的城市道路及附属设施各要素设计控制细则。

目前城市道路不同要素分属不同职能部门管理，这些要素的设计规范由不同部门制定，设计标准和品质要求不一致，导致建设成果存在品质差异及不协调的问题。

广州市已发布的道路及附属设施各要素的设计规范和要求大多只满足基本建设功能上的要求，缺少品质提升方面的指引，更没有针对不同的道路性质制定的相应功能性设计指引，存在设计粗放、细节考虑不足、只注重经济实用而缺乏美感等问题。

● 管理层面

管理主体众多，缺乏纵向、全过程指导的工作框架，管养模式各不相同。

市政设施要素种类繁多，分属不同的职能部门，管理主体多，容易造成职责交叉或缺位。目前市政设施的管养模式主要是市本级管养重要设施，其余按市区分工原则交由属地区管理，各区管理模式各不相同，缺乏纵向、全过程指导的统一工作框架，由此造成市政设施管养碎片化，管养经费、技术力量投入参差，直接导致设施的管养质量良莠不齐。

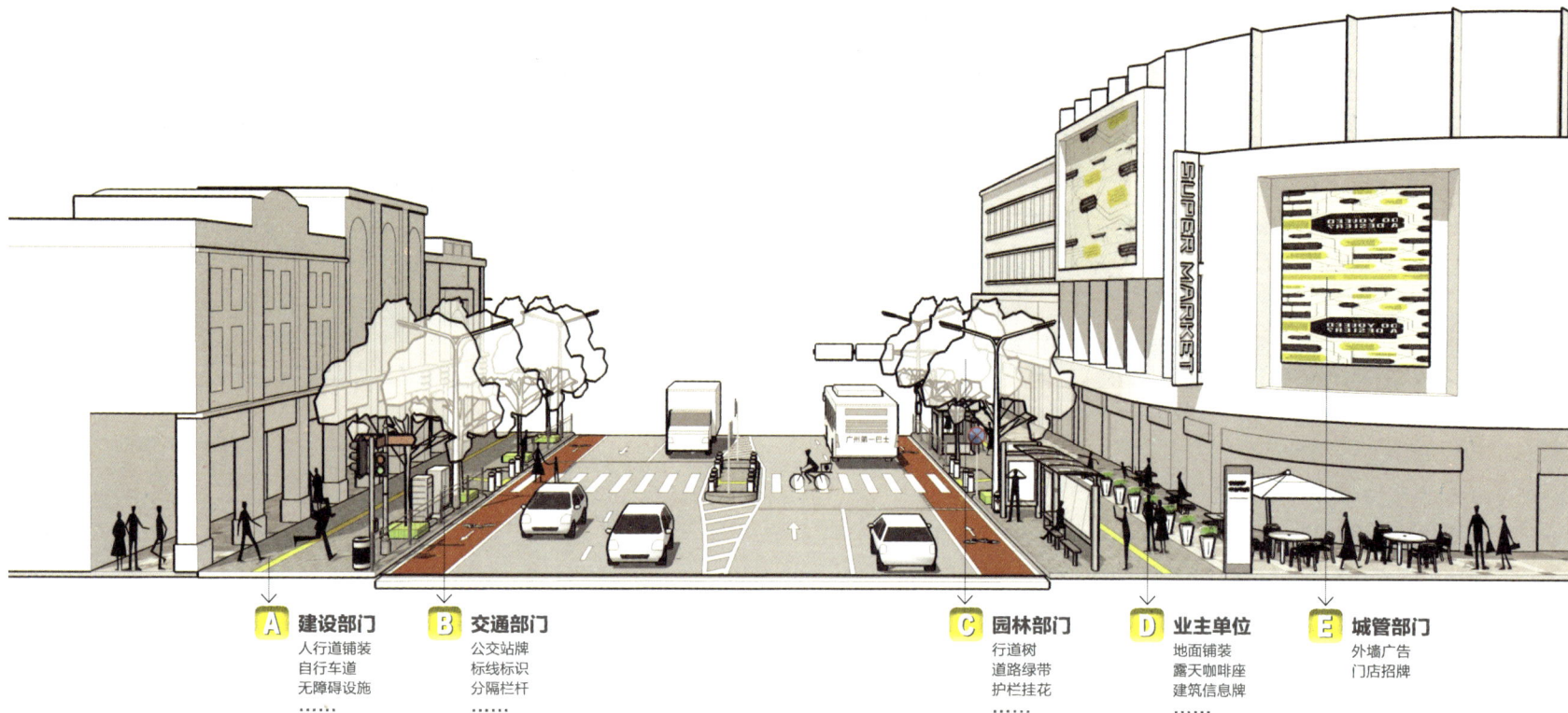

A 建设部门	**B 交通部门**	**C 园林部门**
人行道铺装	公交站牌	行道树
自行车道	标线标识	道路绿带
无障碍设施	分隔栏杆	护栏挂花
……	……	……

D 业主单位	**E 城管部门**
地面铺装	外墙广告
露天咖啡座	门店招牌
建筑信息牌	
……	

图 0-18　各要素管理主体示意图（资料来源：自绘）

● 建设层面

多种因素导致建设成果标准不高，缺乏工匠精神。

施工管控不严，不能完全按设计标准进行施工，工艺较为粗糙。

工人素质不高、缺乏精英工匠。目前市政施工人员短缺、流动性大、经过专业培训或取得相应资质的不多，精英工匠更是难求，且缺乏对新工艺的创新精神，难以造就高品质的城市道路工程建设精品。

小结
SUMMARY

　　综上分析，随着政策发展、城建发展以及现代化多元生活方式需求的出现，设立与新变化、新功能、新需求相适应的广州市城市道路全要素设计的新方向和新导引十分必要。在现行城市道路设计基础上，突出人性功能化设计，整合与提升现行城市道路及各要素相关技术要求，制定相应品质提升的设计指引，为实施标准化、精细化、品质化的城市道路设计原则提供一种工具，为广州市范围内形成可持续的"更干净、更整洁、更平安、更有序"高品质城市空间提供设计参考。

图 0-19　道路设计新趋势示意图（资料来源：自绘）

第 1 章

愿 景
VISIONS

The trust of a city street is formed over time from many，many little public sidewalk contacts. It grows out of people stopping by at the bar for a beer，getting advice from the grocer and giving advice to the newsstand man，comparing opinions with other customers at the bakery and nodding hello to the two boys drinking pop on the stoop，eying the girls while waiting to be called for dinner，etc.

一个都市街道的依赖是经由许多人行道上的交往接触所培养的，市民常逗留在酒吧间喝杯啤酒，从杂货商那里打听点消息，或讲点消息给新来者，在面包店与其他顾客聊天，与路旁喝汽水的孩童打招呼，或等用餐时偷瞄女孩子等。

——（美）简·雅各布斯《美国大城市的死与生》

1.1 我们的愿景

广州市已进入城市建设的高级阶段，传统的城市规划设计和管理正在向精细化、品质化转变。把"国际视野、工匠精神"与高品质生活环境作为城市建设总目标，建立精细化的设计管控模式，才能产生精细化的城市。道路作为人们生活、工作和出行必不可少的城市物质环境之一，在日常生活中扮演着十分重要的角色，加强对道路的设计，对于为市民提供一个全要素、高标准、高品质的城市生活空间显得至关重要。

为未来而设计

品质街道，百年精品

扭转传统的"经济适用、便于维护"的理念，不能只是低水平重复，广州的城市道路建设需要以**"品质街道，百年精品"**为目标，确定合理的长远规划和建设目标，建立全市民理解、认同与遵守的共同价值观，走一条城市可持续发展之路。

以人为核心，修补道路功能，填补设施欠账，提升环境品质，推动从城市道路到城市空间的转变，形成共同的价值认同，将"更干净、更整洁、更平安、更有序"作为价值导向，指导具体的规划、设计、建设、管理与养护等相关工作。鼓励创意与创新，综合考虑步行、非机动车和沿线活动对道路、街道的意义，整体考虑道路空间与周边环境的关系，让道路、街道空间成为人们愿意停留的地方。以**"国际视野，工匠精神"**推动精细化、品质化道路空间的打造，激发城市更多的活力。

图 1.1-1　伦敦街景（资料来源：Roads Task Force，Progress report：a successful first year，April 2015）

1.2 我们的理解
OUR VIEWS

1.2.1 "标准化、精细化、品质化"的理解

标准化是组织城市道路全要素设计和建设的重要手段和必要条件；广州市城市道路设计与建设的标准化，应该是分阶段、分步骤进行的过程。

一座城市的规划建设管理水平，与市民的幸福感、获得感息息相关，点滴变化、些许提升，市民都看在眼里、喜在心里。城市治理没有终点，是一场与时俱进、精益求精的持久战[1]。通过对"**标准化、精细化、品质化**"，"**人性化设计**"以及"**工匠精神**"等关键词的内涵进行解读，以更好地理解和实施城市道路全要素的理念。

城市道路全要素设计的标准化、精细化、品质化，实质是建立一套完善、精准、严谨的"规划设计—建设—建造"流程，遵循"工程—工程文化—城市文化"的提升路径，按照'全覆盖、全要素、全流程'的城市设计管控原则，对广州市城市道路的全要素和道路空间进行规划设计、建设和管理[2]。

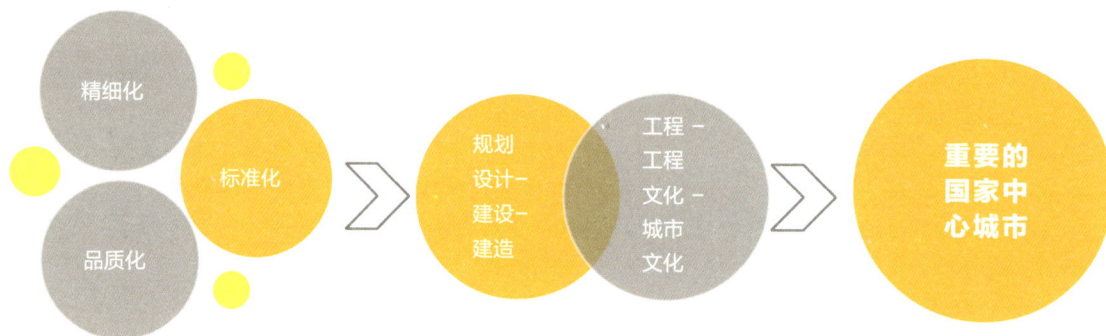

图 1.2-1 "标准化、精细化、品质化"路径图（资料来源：自绘）

标准化是指在技术、科学和管理等实践活动中，对重复性的事物和概念，通过制订、发布和实施标准达到统一，以获得最佳秩序和社会效益。对于道路的标准化，以技术储备、提高效率、避免返工、教育训练为目的，根据不同时期的科学技术水平和工程实践经验，针对具有普遍性和重复出现的技术问题，提出最佳的解决方案，以制定和实施适应新功能、新需求、新变化的标准，以及贯彻实施相关的国家、行业、地方标准等为主要内容的过程。

标准化是组织城市道路全要素设计和建设的重要手段和必要条件；是合理组织国际化、专业化、工匠化建设和改造的前提；是实现城市道路科学管理的基础；是提高城市道路品质，保证城市环境"更干净整洁平安有序"的技术保证；是实现资源合理利用、节约能源和节约原材料的有效途径；也是推广新材料、新技术、新科研成果的桥梁；创新改善和标准化是提升城市管理水平的两大法宝。

根据国际经验，广州市城市道路的标准化，应该是分阶段、分步骤进行的过程：一是制定好能确切反映经济新常态、生活品质化需求，令市民满意的道路要素相关标准；二是建立起以相关标准为核心的有效的标准体系；三是把标准化向纵深推进，将规划设计、建设和建造过程流程化，运用多种标准化形式支持城市道路及空间环境建设。

①毕征. 广州对标先进提升城市规划建设管理精细化品质化水平【EB/OL】. 广州日报大洋网，2016-05-25，http://news.dayoo.com/guangzhou/201605/25/139995_47436866.htm.
②何道岚、毕征. 广州市国规委主任彭高峰：做好三个层面规划 提升城市发展品质【EB/OL】. 广州日报大洋网，2016-08-03，http://finance.southcn.com/f/2016-08/03/content_152932343.htm.

　　精细化是一种理念，一种文化，是社会分工精细化以及服务质量精细化的必然要求。精细化不能单从字面来理解，其包含了以下几个方面特征："精"就是做精、求精，切中要点，抓住设计项目中的关键环节，追求最佳、最优；"准"就是准确、准时；"细"就是做细，设计标准的具体量化、考核、督促和执行，具体是把工作做细、管理做细、流程管细；"严"就是执行，主要体现对设计标准和流程的执行与控制。精细化的核心在于，实行刚性的制度，规范人的行为，强化责任的落实，以形成优良的执行文化。

**　　城市道路设计与建设的精细化最基本的就是重细节、重过程、重基础、重具体、重落实、重质量、重效果，讲究专注地做好道路设计与建设中的每一件事，在每一个细节上精益求精、力争最佳，讲究精密的配合与协作。**

　　精细化是一种理念，一种文化。城市道路精细化包含了"精"、"准"、"细"、"严"等几方面的特征。

　　品质，指人的素质和物品的质量，物品的质量指物品满足用户需要的标准，比如：外观、构造、功能、可靠性、耐用性等，如果是产品还包括服务保障等。城市道路及其空间的产生与发展是由于人的参与而具有实质性意义的，高品质的城市道路空间应在一定程度上体现其思想性、价值性、功能性和文化内涵等一系列因素。城市道路和空间环境的品质化建设不仅在于它的硬件，更在于所承载的市民生活和城市文化。摆脱过往粗放设计、粗糙建设、识别性差、恶性竞争、低价中标等低水平的重复建设，品质化建设和提升广州市城市道路，既要表现在借鉴国际先进经验，立足自身的建设实际，更要表现在以人为核心，以城市生活和城市空间为出发点，确保生活、空间和交通处在最佳的共存格局之中；因地制宜，在道路各维度上经过精心规划和设计，大尺度空间富于创意，小尺度细节精美多样、富于人性，彰显独特的文化内涵，融入现代、时尚、高品位的流行潮流。

　　品质化的城市道路和空间环境，在一定程度上体现思想性、价值性、功能性和文化内涵，不仅在于硬件，还体现背后的体制政策支持、所承载的市民生活和城市文化。

　　"标准化、精细化、品质化"三者的关系好比"国粹"——杆秤。**标准化是秤杆，精细化是秤花，品质化如秤砣**。有了选材上等、打磨光滑、良好平衡的秤杆，才能校秤定星、手钉秤花、制定精准的重量刻度；秤砣是校验质量的标准，既检验货物的重量，亦检验杆秤的成色，公平公正、良心标尺、断不能"短斤少两"。做秤是一门精细的手艺，从选材到钉秤花等多道程序，道道容不得半点马虎，稍有不慎，秤就会有偏差。城市道路的建设乃至城市公共空间的建设一如做秤，需要全力精雕细作，通过把标准化、精细化、品质化贯穿城市管理全过程，推动城市景观、街巷环境、市政基础设施多方面提升，助力广州向重要的国家中心城市迈进。

1.2 我们的理解
OUR VIEWS

1.2.2 "人性化设计"的理解

美国设计师普罗斯说过，人们总以为设计有三维：美学、技术和经济，然而更重要的是第四维：人性。这里所说的人性，就是通常所说的人性化设计。设计的出发点和落脚点都要"以人为本"[1]。近年来，对于城市道路的人性化设计日益引起国家的高度重视。2013 年 12 月，住房城乡建设部发布《城市步行和自行车交通系统规划设计导则》，**提出"微笑街道"（SMILE Street）设计理念，强调对人的关注、提升城市街道空间品质。**

根据国内外城市道路、街道的发展历程，细分各历史阶段人们对其的不同需求，大体上分为 5 大层次（见图 1.2-2），由低到高依次为：
第 1 层，安全卫生需求：保障所有使用者的安全、街道清洁卫生、提供基本交通设施；
第 2 层，功能完善需求：满足所有交通方式、街道活动和休闲娱乐的空间，提供各类交通设施；
第 3 层，活力场所需求：创造街道的经济价值、鼓励各种活动、提升社区归属感；
第 4 层，形象个性需求：城市形象、城市品牌、旅游宣传、招商引资；
第 5 层，特殊群体需求：行人、自行车骑行者、行动不便人士等[2]。

经归纳总结，5 种需求可以分为 3 级，其中安全卫生需求属于低级阶段，功能完善需求和活力场所需求属于中级阶段，形象个性需求与特殊群体需求属于高级阶段，需要通过与城市更多的互动才能满足。

纵观世界各地最新制定的城市街道设计导则，总体上朝着以人为本的方向发展，强调整合道路设施元素，改善出行环境，提升城市的形象特色和市民出行文化。**对照街道设计的"需求金字塔"，广州的城市道路设计和建设虽然很长时间以来一直围绕小汽车来展开，但可喜的是近年来也开始重新关注"人"的基本需求。**

① 高静 . 现代城市生活性街道空间景观的人性化设计研究【D】. 山东建筑大学硕士学位论文 . 2010，P17.
② 李雯，兰潇 . 城市最具潜力的公共空间再开发——世界典型街道设计手册综述【J】. 城市交通，2014，第 12 卷（2）：12-13.

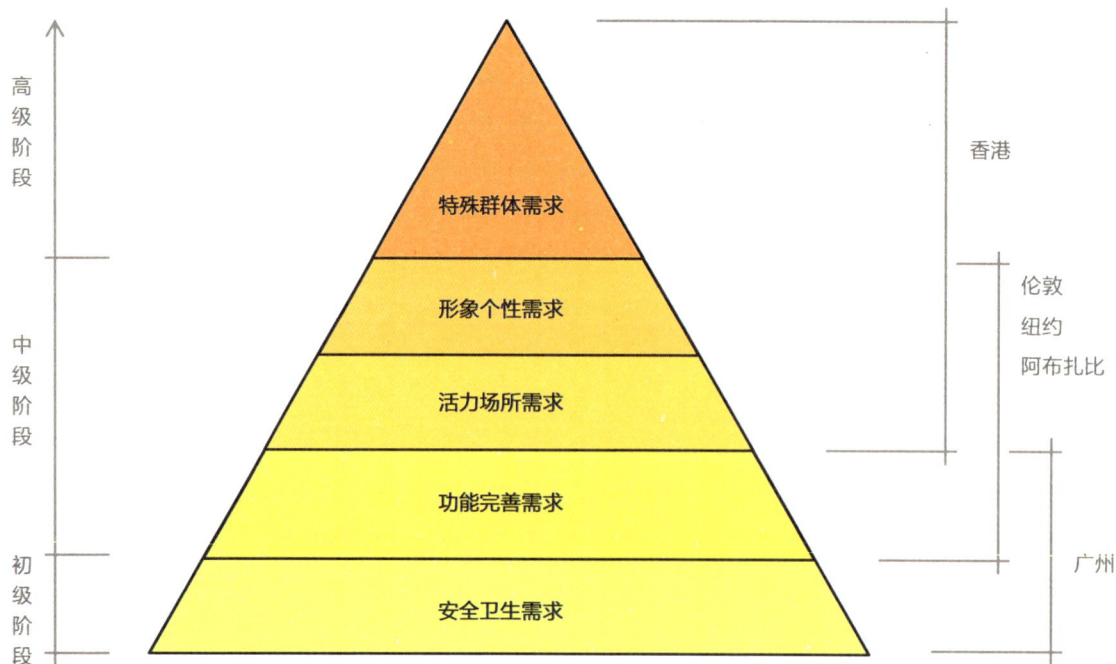

图 1.2-2 街道设计的"需求金字塔"[2]

1.2 我们的理解
OUR VIEWS

回顾广州市新中国成立后城市道路的发展过程，总体而言经历了起步发展阶段（1949 ～ 1978 年）、大规模建设阶段（1978 ～ 2000 年）、亚运工程阶段（2000 ～ 2010 年）以及目前的人性化设计初级阶段。人们逐渐认识到，良好的道路景观并不单指宽大的马路，大面积的绿化，人们需要的是舒适的交通场所、宜人的休闲空间以及良好的视觉环境。城市道路设计摆脱单纯以车行交通为主的思想观念，开始寻找人性化的设计方法。

城市道路的人性化设计，要求从人本思想出发，使空间环境具有人体尺度，满足道路使用者的生理、心理和行为特征，从而更好地服务于人。

要求道路通达 → 增加道路里程 → 注重形象工程 → 人性化设计

图 1.2-3　广州市新中国成立后城市道路发展的主要特征演变（资料来源：自绘）

人性化指的是一种理念，具体体现在美观的同时能根据使用者的生活习惯，操作习惯，方便使用者。既能满足使用者的功能诉求，又能满足使用者的心理需求。人性化是让技术和人的关系协调，即让技术的发展围绕人的需求来展开。这里所指的技术是广义上的技术，不单单指的是某一领域[1]。

人性化设计，是指在设计过程当中，根据人的行为习惯、人体的生理结构、人的心理情况、人的思维方式等，在原有基本功能和性能设计的基础上，对物质环境进行优化，使体验者使用、参观起来非常方便、舒适。是在设计中对人的心理生理需求和精神追求的尊重和满足，是设计中的人文关怀，是对人性的尊重[2]。

人性化设计，必须以人的因素为第一要素，而技术、形式等都是为人服务的。不再满足于基本的功能需求，根据不同的使用群体的需求给每条道路的设计定向，这些需求不仅仅包括物质方面的需要，更是包含着人们的精神生活的需要。从这个意义上来说，人性化设计的出现，是设计本质的要求。

对于城市道路的人性化设计，并不是完全否定以往道路设计中的美学、技术和经济三大要素，而**是提倡以人在城市道路中的各种需求为根本出发点，设计过程始终要做到"以人为本"**。在价值取向上，强调对人的关注，应为全部使用者提供安全的通道，包括各个年龄段的行人、骑车者、机动车驾驶者、公共交通乘客和残疾人，从而使人们在安全、健康、便捷的道路空间中获得良好的体验；在功能定位上，强调城市道路除具有通行功能外，还是城市公共生活的"舞台"和人们感知城市的"窗口"，回归以人为本的街道，弥补当前城市空间品质不足的短板；在设计方法上，回归人本尺度，强调"小"的是美好的，如小转弯半径、小尺度交叉口等，从人的直接感官特性出发，为人们行走、站立、休憩、观看、倾听和交谈提供良好、亲切的空间环境尺度[3]。

城市道路的人性化设计，目前只是个学习和摸索阶段，秉持"以人为本"的理念，鼓励通过不断的设计创新克服不利环境因素，并通过实践检验，逐步建设我们城市的"人性化"道路。

① 人性化【DB/OL】. 百度百科，引用日期 2017-02-07，http://baike.baidu.com/link?url=ybIKTHzLBJ6RHOBAC1wWxUkExrqwqoFUzW_DQOiJ_Tbsmnwxlrs7BggqLTnjYyFNdB5WE0C1JR-teYI8MM8Z0UZ_wWBDgGZ-2De9TLC_Sc3Kmqmlv2OC5ER88pCoAoMR.
② 人性化设计【DB/OL】. 百度百科，引用日期 2017-02-07，http://baike.baidu.com/link?url=AZ2gGoBcSS-dx7Yme_jZJJzZ3ZTei6-MXO71L7IZ8mkhkleDixoDnoYpnKkZa8UMAtPgIdkUESEfvtMXuHkQ7yLbQ62WbfpDrXz5lr7jM_KJvX9BKzd1aPYHchQySLaLPUovnFswXS09UGgcg6qtRa.
③ 扬·盖尔. 人性化的城市 [M]. 欧阳文，徐哲文，译. 北京：中国建筑工业出版社，2010.

1.2 我们的理解
OUR VIEWS

1.2.3 "工匠精神"的理解

工匠精神，品质所系。于城市道路和城市环境建设领域倡导工匠精神，培育"精益求精，力求完美"的精神，从"匠心"到"匠魂"，推动广州城市建设品质的整体性提升。

2016 年 3 月 5 日，李克强总理在第十二届全国人民代表大会第四次会议上《政府工作报告》中首次提出，鼓励企业开展个性化定制、柔性化生产，培育精益求精的工匠精神，增品种、提品质、创品牌。"工匠精神"首次写进政府工作报告，"民之所望，施政所向"，显示培育工匠精神的诉求已上升为国家意志和全民共识。**品质所系，恰在工匠精神。**

工匠精神，按照百度百科的词条解释，是指工匠对自己的产品精雕细琢，精益求精、更完美的精神理念。工匠精神的目标是打造本行业最优质的产品，其他同行无法匹敌的卓越产品①。

工匠精神并不是个新词，在中国历史上，实际上有过"工匠精神"的绝佳诠释。生于公元前 507 年的鲁班，通过生产实践得到启发，经过反复研究、试验，在土木、机械、手工工艺等方面发明创造众多，被视为技艺高超的工匠的化身，亦被土木工匠们尊称为祖师。在经济全球化的今天，德国、日本、瑞士等发达国家，正是因为工匠的坚持专注以及对产品完美形态的不断追求，才最终生产出举世闻名的精品。

探讨工匠精神，首先要明晰它的内涵和外延，工匠精神是工业经济时代的一种产物，是一种精致化生产的要求。概括起来，工匠精神就是**追求卓越的创造精神、精益求精的品质精神、用户至上的服务精神**①。

事实上，解决当前城市道路和环境建设的质量问题，实施质量强国之路，工匠精神有着极为关键的作用。

— 追求卓越的创造精神，工匠精神的核心是要追求科技创新，技术进步。工匠精神不仅是踏实认真做事情的态度，更是一种严格遵循规则基础上的创造力。对于城市建设，其蕴含的创造创新，是在严格遵循规范基础上的质量改善和技术创新，体现在规划、设计、建设、管理和维护等全流程质量管理体系中。不断突破各个环节的关键技术瓶颈，学习先进的质量工具和方法，不断地进行质量改进和工艺创新。

— 精益求精的品质精神，是对工艺品质有着不懈追求，以严谨的态度，规范地完成好每一道工艺。对于城市道路全要素的建设，注重细节，追求完美和极致，小到每一个建构部件、每一道工序和每一次组装都以一丝不苟的完美主义精神打造，确保每个工程项目的质量。摒弃"短、平、快"建设的即时效果，重视城市公共产品的品质灵魂，通过高标准要求的历练，营造打动人心的品质一流的城市环境。

— 用户至上的服务精神，要求"匠人"专业、敬业、耐心、坚持，不断提升产品和服务，致力于内在高标准和外在名品牌的打造。用户至上，不仅体现城市道路建设参与者所追求的个人价值观和社会责任感，还体现对城市文化、市民文化的尊重，让城市道路和城市环境的建设能够充分反映自然规律，能够保障各类出行和使用人群的利益，更体现追求"以人为本"的城市建设理念的完美实施。

①工匠精神【DB/OL】. 百度百科，引用日期 2017-02-07，http://baike.baidu.com/link?url=AUyGV8bVx8hYORnKXOFFzIm99TfdiM6h9zabHdVmT_EVt12489zs0-31D333Z8x85W_71qwXhYlh6VnWysv_PiMEe6bDdrC1cK5vAo70y1pmCxcpoSdrGPpXy7FFKV6f.
②刘伟丽. 工匠精神是产品质量提升的软实力所在【EB/OL】. 光明网-《光明日报》，2017-02-07，http://news.gmw.cn/2017-02/07/content_23651809.htm.
③中共广州市委 广州市人民政府关于进一步加强城市规划建设管理工作的实施意见（穗字【2016】9 号）. 中共广州市委，2016-8-26.
④何道岚，毕征. 广州市国规委主任彭高峰：做好三个层面规划 提升城市发展品质【EB/OL】. 广州日报大洋网，2016-08-03，http://finance.southcn.com/f/2016-08/03/content_152932343.htm.

三千年前，中国就有了专业的工匠，正是工匠们一代代口传手授、薪火传承，才铸就了灿烂的中华文明。传统文化中的工匠精神，体现的是对产品质量精益求精的态度，作为一种人文素养和精神品质，恰是未来中国提升产品质量、精美城市环境、提高生活品质的软实力所在②。广州提出以创新驱动促进城市发展，借鉴国际经验，提升城市空间品质的要求③，工匠精神是城市建设的灵魂，是不断提升城市公共空间品质和服务的动力。在快速城镇化发展的背景下，广州要发扬"工匠精神"，从外延扩张到内涵提升，实现精细化、品质化的城市规划建设管理，通过城市品质与城市内涵的不断提升，进一步汇聚国际资本、人才等高端要素④。

图 1.2-4　广州市荔湾区沿江西路（资料来源：自摄）

广州市城市道路全要素设计手册　033

1.3 我们的转变

《广州市城市道路全要素设计手册》的编制，首先体现了从"面向车"到"面向人"的理念转变。其次，是从"控红线"到"控空间"的边界转变，让道路与周边环境形成完整空间。再者，在技术层面，实现从"断层式"到"一体式"的 转变，更好地链接道路工程项目的设计流程。借助国际经验，结合广州城市道路建设的特点，编写设计策略和导引，期望推动广州市道路建设向"人性化"的转变。

1.3.1 从"面向车"到"面向人"

理念转变：以人为本，人车共享。

在过去一个世纪里，道路设计主要以机动车为主导，标准化的技术主义道路设计范式占据着主导地位，目前为止，无论是在道路的规划设计，还是建设管理中，"面向车"的思想还没有根本转变。

城市道路的根本目的是实现人和物的积极、顺畅流动，因此要在理念和实践中真正实现从"面向车"到"面向人"的转变，使行人、非机动车和公共交通的通行空间环境得到有效改善，通行环境的舒适性、安全性均得到极大提升。对慢行交通、静态交通、机动车交通和沿街活动进行统筹考虑、精心设计，使每一条道路都能够成为具有明确功能划分的空间和承载多类型活动的场所，而不仅仅是通行空间。

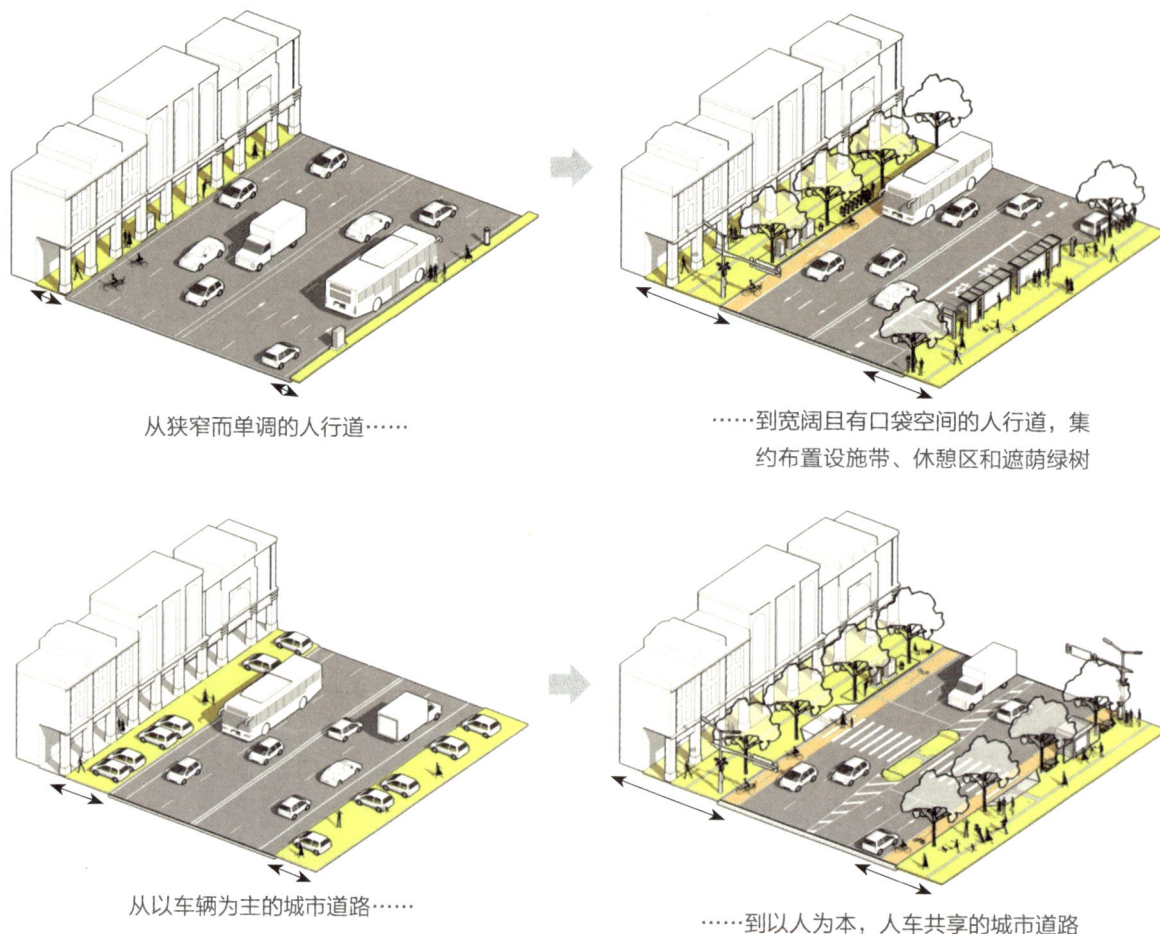

从狭窄而单调的人行道……

……到宽阔且有口袋空间的人行道，集约布置设施带、休憩区和遮荫绿树

从以车辆为主的城市道路……

……到以人为本，人车共享的城市道路

图 1.3-1　从"面向车"到"面向人"的转变示意图（资料来源：自绘）

　　道路不仅仅是路的概念，还包括了沿线的建筑立面、建筑退缩空间和开敞空间等，共同构成了完整的街道空间。传统的规划设计以道路红线为界，规划和景观设计工作集中在道路红线之外，交通和道路设计工作集中在道路红线之内。红线内外由不同的单位进行设计、建设与管理，不利于道路空间的整体性，更不利于提高空间利用效率。道路设计绝不仅仅是道路红线内作文章，还必须要充分尊重沿线的建筑、风貌条件以及活动需求。要实现道路的整体塑造，需要对道路红线内外进行统筹，对管控的范畴和内容进行拓展，将涉及范围从红线内部拓展到红线以外的沿街空间，弱化道路红线对步行空间的分割。突破既有的工程设计思维，突出道路的人文特征，对市政设施、景观环境、沿街建筑等要素进行有机整合，通过整体道路空间环境设计塑造特色街道。

1.3.2　从"控红线"到"控空间"

边界转变：拓展空间，完整街道。

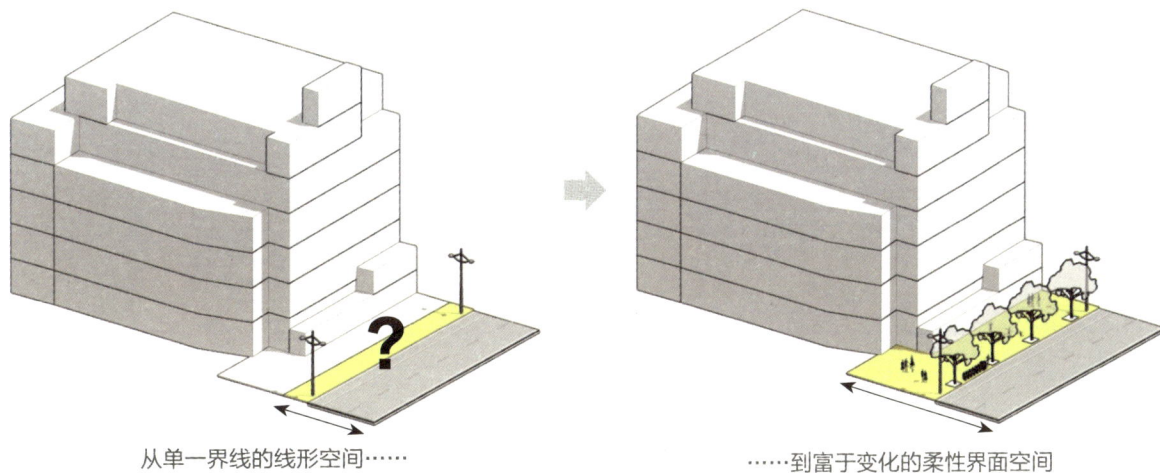

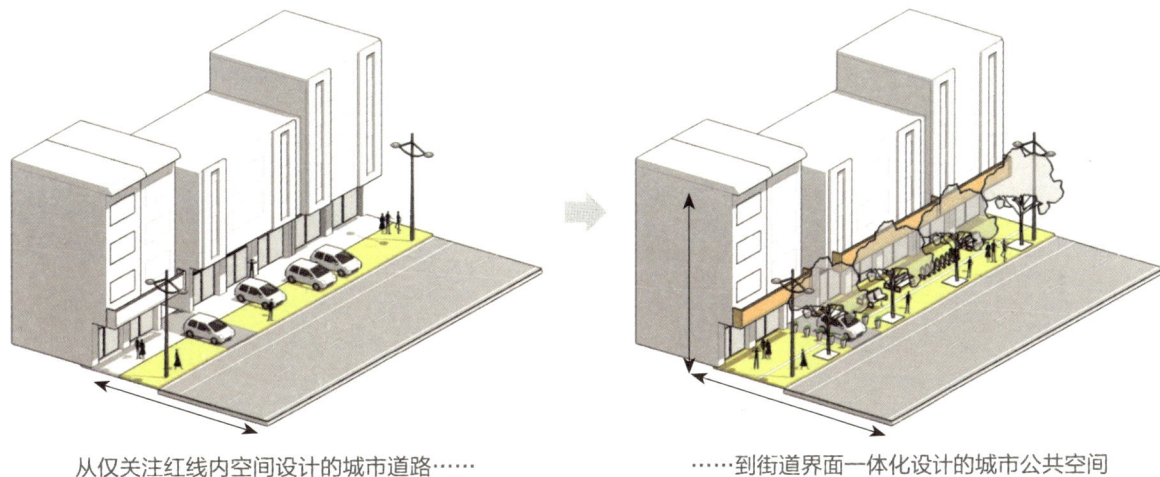

从单一界线的线形空间……　　　　……到富于变化的柔性界面空间

从仅关注红线内空间设计的城市道路……　　　　……到街道界面一体化设计的城市公共空间

图 1.3-2　从"控红线"到"控空间"的转变示意图（资料来源：自绘）

1.3 我们的转变
OUR CHANGES

1.3.3 从"断层式"到"一体式"

技术转变：完善流程，专业融合。

一是设计流程上的完善。在常规的道路设计流程中，总规明确道路整体线位与断面形式，控规依据总规深化道路线位与断面，项建主要研究项目建设背景及必要性、交通分析及预测、提出建设初步方案并评估效益，工程设计则依据项建与控规深化道路施工设计。在这个过程中，存在衔接控规与工程的设计断层，缺少基于现有的一系列道路设计、市政设施设计及交通相关政策文件和标准规范的梳理整合，缺少通过对上层次政策文件和指引性文件的补充，未能有效地将各层级对道路、街道设计的要求进行衔接。本设计手册针对不同性质和功能类型的道路，制定相应的设计指引，为各个阶段的要素提供精细化技术指导，为道路工程提供设计条件，旨在完善整个设计流程。

二是设计内容上的融合。城市道路及相关附属设施设计是一个综合性高、内容繁杂的工作，涵盖了许多个学科与话题，其内容范围之广与广州城市建设的复杂性和多样性相当。目前的工程设计规范、标准大都是从交通、市政的角度做出规定，导致了设计中过于强调了道路的工程属性，而对整体景观和空间环境考虑甚少。为打造高品质的道路空间和更好地发挥城市交通系统的功能，道路设计工作需要与其他相关领域紧密融合，例如景观设计、交通设计、城市设计、建筑设计等，需要在传统设计模式基础上，搭建多样化的团队，各类专家共同参与，构建设计流程框架，融入功能设计和景观设计等部分，形成一体式、全程化的把控。

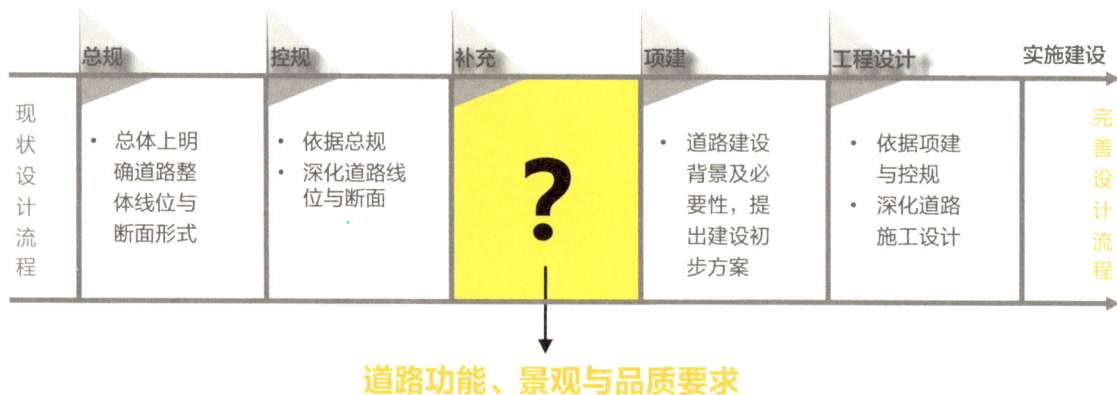

图 1.3-3 从"断层式"到"一体式"的转变示意图（资料来源：自绘）

图 1.3-4 广州市天河区天河路街景，2016（资料来源：陈星波摄）

第 2 章

手册应用方法
USER GUIDE

If we can develop and design the streets so that they are wonderful, fulfilling places to be community-building places, attractive public places for all people—then we will have successfully designed about one-third of the city directly and will have had an immense impact on the rest.

如果我们可以不断开发并设计街道，使它们变得美丽、具有场所精神，使它们成为具有公共社区感且对于城市与居民区中所有人来说都是有魅力的公共空间，那么我们就相当于直接成功地设计好了三分之一的城市，同时也会对城市中其他的地块产生非常良好的影响。

——（美）简·雅各布斯《伟大的街道》

2.1 定义及功能
DEFINITION AND FUNCTION

2.1.1 手册意义

设立广州市城市道路设计的一种方向和导引。在现行城市道路设计基础上，突出人性功能化设计，整合与提升现行城市道路及各要素相关技术要求，制定相应品质提升设计指引，为实施标准化、精细化、品质化的城市道路设计原则提供一种工具，为广州市范围内形成可持续的"更干净、更整洁、更平安、更有序"高品质城市空间提供设计参考。

2.1.2 手册功能

本设计手册是基于"品质街道，百年品质"的美好愿景编制的，包含了以下三大主要功能：

1. 平衡高品质的城市道路环境与市民通行的需求，通过提供设计参考鼓励运用更为合理的设计手段来设计和实施广州的城市道路建设。

2. 展示国内外现在所具有的先进理念、设计创造力和高水平建造能力，以满足广州城市道路建设所希望达到的城市服务能力的需求。

3. 体现设计过程的周密性，布局的准确性，设施及材料选择、应用和维护的合理性，参照最优秀的设计实践，保证高品质的道路设计在广州范围内实施。

2.2 内容及应用
CONTENT AND APPLICATION

本设计手册主要应用于城市道路设计、建设实施阶段，是为负责广州城市道路设计、建设的部门、机构和团队所提出的。同时它也会为普通的阅读者提供更为广泛的指导和建议，这其中包含了专业设计人士、学术研究人士、道路管理机构、沿线业主、开发商以及市民。

建设方　设计方　施工方　管理方　研究人士　沿线业主　开发商　市民

图 2.2-1　适用对象示意图（资料来源：自绘）

本设计手册由 8 个章节构成，读者可以通过阅读来建立城市道路系统的设计流程，设计工具箱是《广州市城市道路全要素设计手册》编制的核心理念框架，主要包括第 3～5 章，详细阐述怎样明确道路定位，规划、组合和设计元素，这都将有助于提高广州城市道路的设计品质以及完善道路功能。

引言，认识广州市城市道路全要素品质化提升的背景，概括介绍了广州市城市道路建设发展史，对现状存在的问题进行总结梳理。

第 1 章，阐述了广州城市道路的设计愿景和三个转变，旨在推动广州建设更具人性、更高品质、更加精细的城市道路。

第 2 章，说明了手册的定义、功能、使用对象、应用方法、设计优先级别以及与相关规范的关系，阐释了手册应用的条件，方便专业与非专业人士查阅核对相关内容。

第 3 章，"城市道路分类"是为了展示广州市不同类型道路的设计原则和设计应用，认识到每一种类型的道路都有相应独特的功能、性能和特点，找到设计的平衡，以确保各种需求都尽可能地得到满足，同时更好地反映和提高地方的特征，打造"一路一景"。

第 4 章，"道路设计模块"融入功能化、整体化的方法，体现道路、街道设计方面的历史经验与前沿探索，创造性地提供了 9 个道路功能模块的技术指导，给出不同类型的推荐形式和提供设计要点清单。

第 5 章，"道路设计要素"通过将常见的城市道路市政设施要素合理分类列举，形成设计要素检索，并对要素进行重点和一般的梳理，有侧重地给出设计指引，融入"新技术新材料新趋势"，为专业设计提供方向的把控和参考。

第 6 章，根据手册实际应用、道路工程建设效果，市民对提升道路的使用后评价以及新的需求，对手册中适用性不足的内容进行定期的修订，从制度上建立技术内容定期更新和实施问题反馈等机制。

第 7 章，定义和附录，对专业术语进行诠释，对相关的标准规定和参考文献编制列表，方便检索和查阅相关内容。

2.2.1　适用对象

2.2.2　应用方法

为帮助读者迅速了解本设计手册的内容和构成，对相关内容进行了概括说明，以方便读者更好的应用本设计手册。

2.2 内容及应用
CONTENT AND APPLICATION

2.2.3　使用流程

本手册构建了"道路功能类型—道路设计模块—道路设计要素"三层次指引框架，对不同的道路设立优先权，并做出相应的权衡；对模块、要素提出相对适合的工具箱，以供使用者参考使用。需要注意的是，手册中所推荐的相关做法并非唯一，使用者应该结合实际情况以不断进化发展观念，不断地学习，研究和尝试。

第2章　手册应用方法

第一步：确定道路类型

统筹考虑目标道路周边的土地使用、交通特性和其他需求等，根据本手册第 3 章"道路功能分类"中所推荐的道路功能类型明确定位，清楚该型道路相对应的设计要求以及所包含的重点模块和要素。

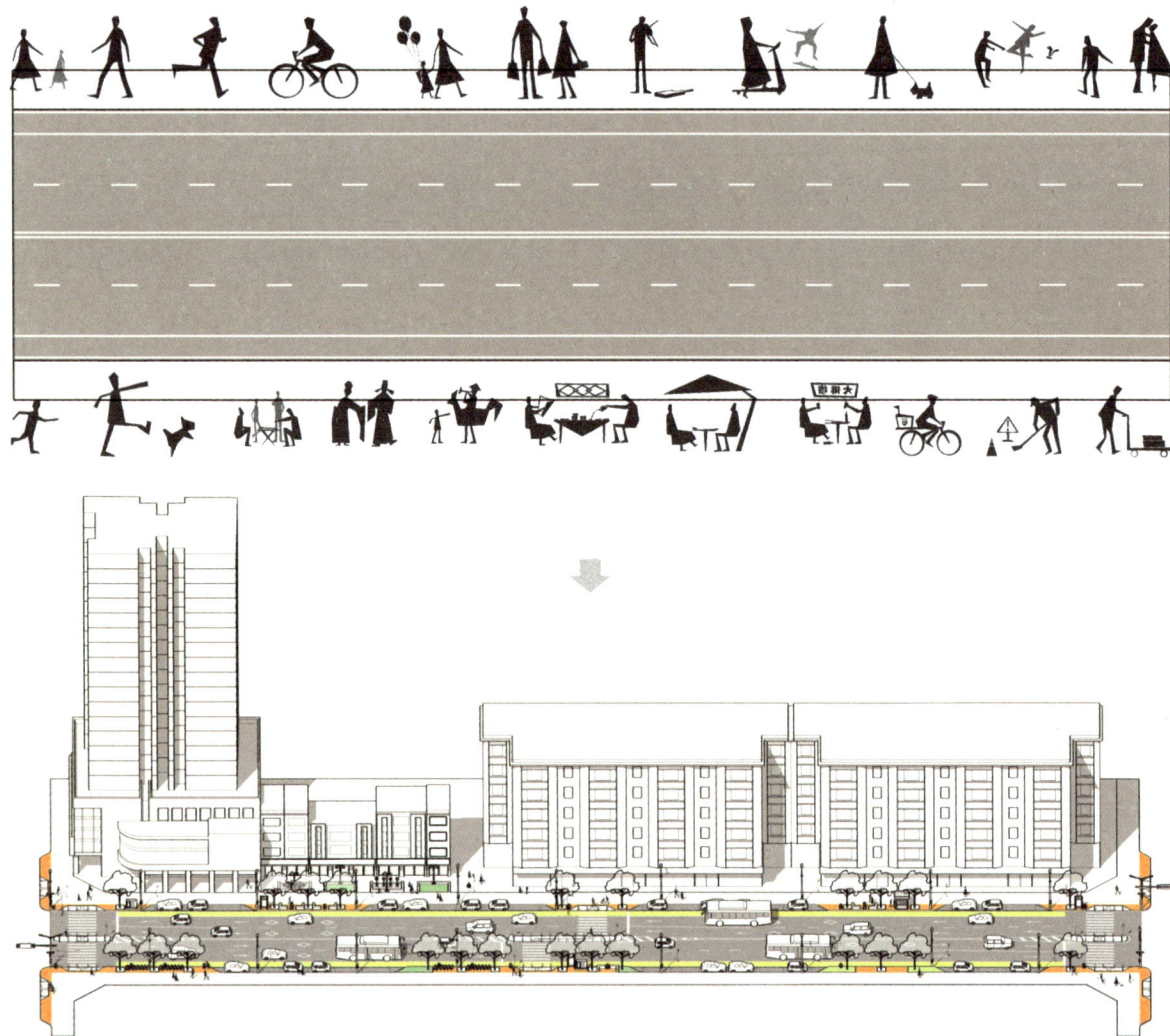

图 2.2-2　确定道路类型示意图（资料来源：自绘）

第二步：评价道路品质

参考本手册第 3 章所介绍的街景分析方法或其他科学方法对目标道路开展空间品质评价或其他层面的系统研究，准确判断该道路的现状特点以及使用者行为特征，明确道路改造或提升的主要矛盾或需求。

第三步：明确设计模块

在明确道路类型以及道路现状特点的基础上，根据功能需要进行模块设计，参考本手册第 4 章"道路设计模块"，选择合理的组合类型或形式，查阅对应的设计要点以及所包含的要素。

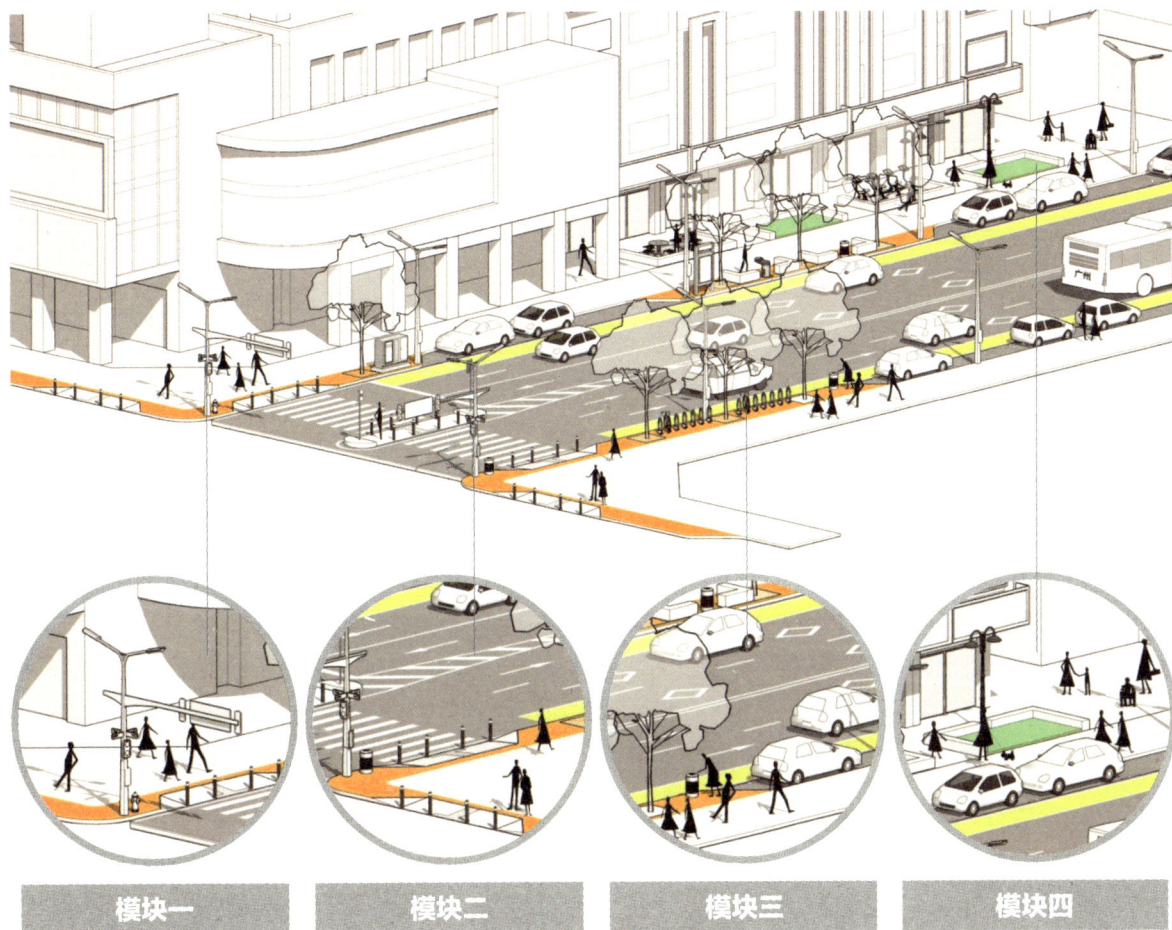

| 模块一 | 模块二 | 模块三 | 模块四 |

图 2.2-3　明确设计模块示意图（资料来源：自绘）

第四步：合理设计要素

最后，查阅第 5 章"道路设计要素"中各类道路要素的相关技术指引、要点和案例借鉴，以开展详细的要素设计，塑造道路特色。

图 2.2-4　合理设计要素示意图（资料来源：自绘）

2.3 设计优先级
PRIORITY LEVEL

城市道路设计和建设是一项从观念到实践的系统性工作，在新形势下，加强道路设计，是满足市民对城市公共产品和公共服务需求的重要途径。为此，**需明确道路设计的优先级别，结合手册内容合理应用于设计工作之中。**

1. 方便出行
城市道路是城市居民关系最为密切的公共活动场所，不论采用哪种交通方式，所有的人都需要便捷、直达、安全、清晰的路线，让使用者能高效、可靠地到达。因而，设计的挑战在于在有限的道路环境下，不同的出行方式需要不同数量、不同设施形式。只有通过可靠的设计过程，辅以安全和质量的审查，才能完成为所有道路使用者提供灵活出行的目标。

2. 平衡需求
道路设计需要处理好各类道路使用者与他们之间需求的关系，通过提供清晰又灵活、统一又个性的空间，使出行市民明白何时何地、如何与其他使用者交互。需求的平衡首要为客、货、公共服务提供高效安全的出行，同时考虑并优化空间特征。把不同人群的需求、有限的道路空间竞争考虑得更加仔细，强调可达性，为出行中的弱势群体减轻出行的压力。

3. 提高辨识
一个场所不仅仅是空间和物理属性的综合，道路、建筑、空间和沿街活动才能构成完整的场所。每处地方都有独特的意义，是日常生活开展的地方。通过个人和群体的经历，空间转变为场所。场所是多样的、动态的、有社会反响的，并能按人文意象进行分类。成功的道路和场所空间通常具有相同的特色，借鉴国内外的经验可以归结为：地方辨识度高，体现风貌与特色，展现文化与魅力，充满生机、灵活、安全且易于导航的地方。

4. 功能形式
尽管道路的角色已经定型了，但必须认识到空间在演变，且道路的作用、运营和组成是随着城市形态的再发展、不断变化的需求和周围的道路网络、新的公交路线等日益变化的。一个平衡的设计策略必须反映出道路上能进行的活动类型和数量，在设计过程中，通过对道路的定量分析来确保把所有使用者考虑在内，并分析道路究竟实现了多少预期功能，还需要进行哪些改造来提升现状，以确定需要布置的设施类别、数量及选择合乎目的的材料。

5. 空间优化
在广州，随着大部分的市民生活出现在道路、街道和公共区域，公共空间成为所有人交往和约会的基础。这些区域的设计对人们的归属感和生活品质有着重大影响，并且在提升社会凝聚力和改善人们精神、身体状况的过程中起着重要的作用。成功的城市道路公共空间应考虑到城市景观特点，沿线退缩空间的风格特征、节奏、规模和特色，历史文化遗产的融合，市民节庆集会等多方面。通过与沿线空间的一体优化，打造街景宜人、充满活力的街道。

城市道路及相关附属设施设计是一个综合性高、内容繁杂的工作,学科众多,内容复杂。现行国家、地方、行业或者部门,都已有相关的规划、道路工程、综合管线、建筑设计、城市绿化、市容管理等规范对其进行约束,本手册编制的初衷是为了巩固和整合现有的标准,并引入国际上先进的通行做法和标准进行补充,而非对现有的标准、要求及指导规范进行取代。如若手册与相关重要规范有交叉或叠合,文中将予以指出。在具体的设计过程中,应结合道路的实际条件,在遵循现行有关标准的规定和安全底线的前提下,尽量贯彻本手册要求。

本设计手册所引用的相关标准、规范和规定等,均为 2017 年 3 月前颁布实施的。根据《中华人民共和国标准化法》第十三条的规定,标准实施后,制定标准的部门应当根据科学技术的发展和经济建设的需要适时进行复审,以确认现行标准继续有效或者予以修订、废止。随着科研、设计、施工、管理实践中客观情况的变化,国家工程建设标准主管部门不断地修订、制定,并颁发新的标准、规范、规程成为必然。为了适应这种变化,本设计手册今后将根据规范的修订、制定情况,适时的对相关引用内容做相关调整、补充,为使用人员提供更为全面、准确和有效的信息。

第 3 章

城市道路分类
STREET TYPES

A humanized city-with a fine design of streets，squares and parks，not only for the visitors and passers-by create happiness，but also for daily life，work and play to there people brought joy.

一座人性化的城市——拥有着精细设计的街道、广场和公园——不但为参观者和路过的人创造了快乐，还为每日到那里生活、工作和游玩的人带来了愉悦。

——（英）理查德·罗杰斯《人性化的城市》序言

3.1 现状道路等级
CURRENT STREET TYPES

3.1.1 现行规范

根据《道路工程术语标准》GBJ 124-1988 的规定，道路是指供各种车辆（无轨）和行人等通行的工程设施。道路包含众多种类，性质功能等均有不同。**城市道路是其中的一种类型，其定义是在城市范围内，供车辆及行人通行的具备一定技术条件和设施的道路。**

城市道路按道路在道路网中的地位、交通功能以及对沿线的服务功能等，分为快速路、主干路、次干路和支路四个等级。

中国古代营建都城，对道路布置极为重视，当时都城有纵向、横向和环形道路以及郊区道路并各有不同的宽度。**当前，我国城市道路分类、分级普遍沿用的是 1995 年部颁的《城市道路交通规划设计规范》GB 50220-1995 以及 2012 年发布实施的《城市道路工程设计规范》（2016 年版）CJJ 37-2012 中的四个等级分级办法**，按道路在道路网中的地位、交通功能以及对沿线的服务功能等，分为**快速路、主干路、次干路、支路**，并对道路预期功能、选择设计速度和道路几何构造等形成相应的设计标准和规范（见表 3.1-1 及表 3.1-2）。

不同道路等级提供不同的交通服务特征：快速路与主干路为提供快速、连续的长距离、大容量的交通服务，突出交通通过性，道路出口受到限制；次干路为主干路和支路的连接段，作用为连接片区交通、支路汇流交通至主干路；支路则直接联系交通与各个交通吸引源，主要为生活性作用。

《城市道路工程设计规范》（2016 年版）CJJ 37-2012 中道路分级的基本规定　表 3.1-1

道路分级	基本规定
快速路	城市道路中设有中央分隔带，具有 4 条以上机动车道，全部或部分采用立体交叉与控制出入，供汽车以较高速度行驶的道路。又称汽车专用道。快速路的设计行车速度为 60 ~ 100km/h
主干路	连接城市各分区的干路，以交通功能为主。主干路的设计行车速度为 40 ~ 60km/h
次干路	承担主干路与各分区间的交通集散作用，兼有服务功能。次干路的设计行车速度为 30 ~ 50km/h
支路	次干路与街坊路（小区路）的连接线，以服务功能为主。支路的设计行车速度为 20 ~ 40km/h

《城市道路交通规划设计规范》GB 50220-1995 中道路分级的规划要求　表 3.1-2

道路分级	规划要求
快速路	1）快速路应与其他干路构成系统，并与城市对外公路有便捷的联系。 2）快速路机动车道应设中央分隔带，在无信号灯管制交叉口中央分隔带不应设断口，并且机动车道两侧不应设置非机动车道。 3）与快速路交汇的道路数量应严格控制，快速路与快速路或主干道相交应设置公交。 4）快速路两侧不应设置公共建筑出入口，并且应严格控制路侧带缘石断口。 5）快速路上不应占道机动车停车。 6）快速路机动车道两侧应考虑港湾式公交站点设置。
主干路	1）主干路上的机动车与非机动车应分道行使，交叉口间分隔机动车与非机动车的分隔带应连续。 2）主干路两侧不宜设置公共建筑物出入口，并且应严格控制路侧带缘石断口。 3）主干路断面分配应贯彻机非分流思想，将非机动车逐步引出主干路，实现主干路主要为机动车交通服务的功能。 4）主干路上不应占道机动车停车。 5）主干路机动车两侧应考虑港湾式公交站点设置。
次干路	1）次干路两侧可设置公共建筑物，并可设置机动车和非机动车停车场。 2）次干路机动车道两侧应设置公交站点和出租车服务站。
支路	1）支路应与次干路和居住区、工业区、市中心区、市政公用设施用地、交通设施用地等内部道路相连接。 2）支路不能与快速路机动车道直接连接。在快速路两侧的支路需要连接时，应采用分离式立体交叉跨过或下穿过快速路。 3）支路应满足公交线路行驶的要求。 4）在市区建筑容积率大于 4 的地区，支路网密度应为全市平均值的两倍。

3.1.2 问题分析

主要存在三个方面的不足：现行规范未能充分体现以人为本的理念，道路等级分级留有空白，缺乏有效的衔接和指导。

1. 未能充分体现以人为本

国家标准中提及城市道路以适应城市用地扩展、并有利于向机动化和快速交通的方向发展，道路分类分级尚停留在交通工程的单一领域里，道路设计样式单一且以提高速度为原则，"面向车"的思想仍然在道路空间资源分配方式上占据主导地位。分类方法未能充分体现以人为本、机非分流思想，使得大多数道路空间逐渐退化为纯粹的交通空间，其结果是行人、自行车和公共交通争夺机动车剩余的空间。

2. 道路等级分级留有空白

在现行城市道路等级中，容易引起混淆的是支路。作为最低等级的城市道路，包含众多功能，现有等级划分指导性不足，需作深化；再者，与功能用地相结合的一些特殊类型，包含居住区、工业区、市中心区、其他设施用地的内部道路，与国外城市道路等级分类比较，我们的道路等级留有空白，未能全面反映城市道路实际现状。另外，广州存在大量的"横街窄巷"，这种功能混合、为民乐道、具有传统岭南特色风貌的便道并未计入城市道路中。

3. 缺乏有效的衔接和指导

《城市道路交通规划设计规范》GB 50220-1995 的发布实施距今已有 20 余年之久，对于规划、设计、建设、管理 4 层次缺乏有效的衔接和指导。国家标准中虽对各级道路的功能分工有所界定，但其对道路与两侧土地使用、通行空间环境等方面的要求则语焉不详，缺乏对沿街业态、临街面使用、街道平立面景观、环境设施等各方面的精心设计，欠缺品质化设计的要求，未能凸显个性特征和宜居性，导致了城市地域特征逐渐消失、道路面貌千篇一律。

城市道路分类分级是城市规划和建设中必须面对的实际问题，道路等级体系对于引导城市空间生长、形成路网系统的合理分工和营造宜居、宜行、宜游的城市环境均具有重要意义。对道路的定义从以机动性转向以宜居性为主，强调以人为本、人车共享的理念。借鉴国外经验，制定和施行行之有效的道路功能分类体系，实现城市道路的精细分工，凸显每类道路的个性化特征，是规划设计重心由大规模的设施建设转向设施运营效率管理的重要标志，也是提高道路交通基础设施使用效率的客观需要[1]。

对道路的定义从以机动性转向以宜居性为主，强调以人为本、人车共享的理念。

部分国家城市道路分类列表（资料来源：自绘） 表 3.1-3

日本城市规划标准		英国城市道路	英国伦敦街道设计导则	美国波士顿街道设计导则
高速路		主要分散道路（城市高速路）	高速路	中心区商业街道
			核心路	中心区综合街道
基干道路	主干路	主要分散道路（一般城市道路）	城市集散道路	邻里主要街道
	干线道路	地区分散道路	连接道路	邻里连接街道
次干路		当地分散道路	主要街道	住宅区街道
			城市街道	工业街道
支路		出入性道路	邻里街道	共享街道
			城镇广场	公园园路
特殊道路		—	城市广场	林荫大道

[1]丘银英、李乐园、路启、朱海明 . 城市道路功能分类新说【A】. 城市规划和科学发展——2009 中国城市规划年会【C】. 天津，2009，P4666-4674.

3.2 道路功能分析
STREET FUNCTION ANALYSIS

3.2.1 道路分类的概述

从"以人为本"出发，以土地使用、交通特性为主要参考因子，综合其他因子的基础上考虑道路的多重功能，赋予道路、街道更完整的意义。

城市道路从功能上来说，主要是交通通行和公共活动的载体。目前，在广州的道路设计和建设实践中，对于道路的非交通功能关注不多。我们以国内外城市道路功能的差异分析切入，通过土地使用、交通特性以及其他因子作为道路功能分类的依据，在满足国家标准要求的前提下进行深化，提出"二维叠加"的功能分类方法，旨在鼓励设计工作者以客观而行之有效的方法合理确定道路定位。

城市道路从功能上而言是通达城市各地区，供城市内客、货交通运输及行人使用，便于居民生活、工作及文化娱乐活动，并与市外道路连接负担着对外交通联系的作用。**直观理解，城市道路具有双重身份，一是交通通行，二是公共活动。**在国外，如美、英、日等发达国家，其道路体系的规划往往涵盖了道路通行空间（红线）、两侧用地、街道景观等多领域的综合规划，道路网络在交通出行载体这一基本功能的基础上，逐步被赋予了更多的作为城市公共空间的功能，如游憩、交往、观赏、娱乐和信息流通等。然而，在大量的建设实践中，对于道路的非交通功能一直关注不多。城市道路空间的多重功能，以及道路与土地使用的互动关系要求我们跳出唯交通工程论思想，以系统论的观点剖析道路功能分类的命题。

影响道路功能分类的评价因子、要素有很多，如现状布局及规划定位、地域分布、沿线土地使用、道路交通特性等。基于视角与目的的不同，不同因子的选择与组合可以产生不同的功能分类方法，分类体系也可能大相径庭，如作为交通、管道、生命线系统的基本功能和作为城市开敞空间、交往、停驻、文化、游憩、观赏、展示、信息交流场所的高级功能等。主要分类因子的选择应当使城市道路的基本功能得到充分保证，使其高级功能得以充分发挥，各类型道路之间分界清晰，并在承担城市各类交通出行、组织城市用地发展等方面形成良好的互补和分工。

立足于"道路交通基础设施利用率最大化"的目标，借鉴国内外城市道路功能分类的经验与教训，针对道路功能分类分级在规划层次后的设计、建设和管理衔接不足现象，**从"以人为本"出发，以土地使用、交通特性为主要参考因子，综合其他因子的基础上考虑道路的多重功能，赋予道路、街道更完整的意义，反映不同的道路个性，这样就形成了道路"二维叠加"的功能分类方法。**这种分类方法并没有完全否定传统的道路等级划分，而是在其基础上的细化和完善。

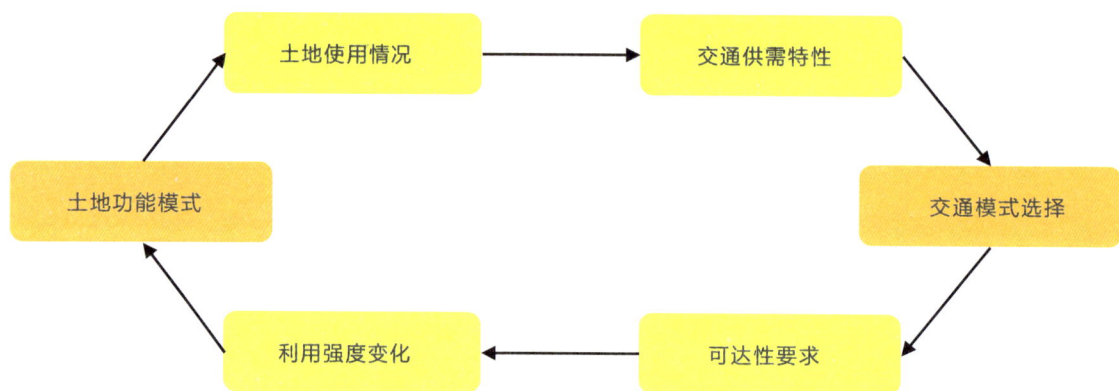

图 3.2-1 城市土地功能模式与交通模式选择关系图（自绘）

土地是交通生成之源，道路交通问题不能脱离沿线用地单独存在。传统的道路分类分级在设计完整街道的应用上是不足的。道路功能分类应当避免成为道路红线内空间的线形规划与设计，而应当将道路两侧土地使用的情况作为主要的参考因素。

目前，《城市用地分类与规划建设用地标准》GB 50137-2011 中，城市建设用地共分为 8 个类型，综合考虑每类用地的使用功能和空间景观特征,结合城市道路的生活、商务、休闲、货运和通勤 5 大目的，**本设计手册将道路沿线用地和建筑功能划分为生活服务（含 R 居住用地、A 公共管理与公共服务用地、U 公用设施用地）、商业服务（B 商业服务业设施用地）、景观休闲（G 绿地）、工业仓储（含 M 工业用地、W 仓储用地）、交通通勤（S 道路与交通设施用地）和综合型（兼有两种以上功能）6 个基本类型。** 通过相邻土地用途的叠加，道路功能类型在一条道路的纵向长度上不一定是连续的，对于同一道路不同路段而言，由于沿线用地功能、建筑功能与开发模式可能存在的差异性，经过不同的城市片区时，相对应的道路功能类型也会发生变化[①]；另外，同一道路同一路段的道路功能与土地使用也可能存在混合程度较高的情况。沿线土地使用、建筑功能与道路的使用功能相互作用，互为条件，不同路段应有相应的设计策略和举措。

3.2.2 土地使用

土地使用是道路功能分类的主要参考因素，结合城市道路交通的 5 大目的，将道路沿线用地和建筑功能划分为生活服务、商业服务、景观休闲、工业仓储、交通通勤和综合型 6 个基本类型。

① 上海市规划和国土资源管理局等 . 上海市街道设计导则 [M]. 第 1 版 , 上海 : 同济大学出版社 , 2016 : 35.

图 3.2-2　生活性路段

图 3.2-3　商业性路段

图 3.2-4　景观性路段

图 3.2-5　交通性路段

图 3.2-6　东风路 "一路多角色"（资料来源：自绘）

● 案例分析

广州·东风路

东风路一路多类型。东风路是中心区主要的主干道之一，因沿线土地使用、建筑功能与开发模式的变化，形成了 4 种不同类型的路段。西场立交至彩虹桥一段两侧主要为居住用地，建筑底层以服务周边居民的生活服务性商业为主，道路类型为生活服务路段；彩虹桥至人民北路沿线一段北侧为流花湖公园，界面积极，南侧为居住用地，道路类型为综合性路段；人民北路至解放北路一段两侧主要为商业服务业设施用地，是商业服务型路段；解放北路至梅东路一段，沿线分布有商业、公共管理与公共服务、居住用地、绿地等多种功能混合，相互交替，商业业态也较为混杂，道路类型为综合型路段；梅东路至中山一立交段，道路两侧为居住用地，界面多有封闭的围墙，以交通性活动为主，道路类型为交通性路段。且东风路一路具有不同交通特性的路段。

图 3.2-2 ～图 3.2-6　广州市东风路实景照片（资料来源：百度地图，http://map.baidu.com/?newmap=1&ie=utf-8&s=s%26wd%3D%E5%9C%B0%E5%9B%BE）

3.2 道路功能分析
STREET FUNCTION ANALYSIS

3.2.3　交通特性

交通特性是一个重要的道路功能分类叠加因子，根据国外经验，主要包含以通过性交通为主的道路和以到达性交通为主的道路。

考虑到一条道路的功能不仅取决于它沿线的土地使用，准确定义道路的类型还需基于对它们交通特性的正确认知。根据国外按照交通流 OD[①]特征进行分类的方法，主要包含以通过性交通为主的道路和以到达性交通为主的道路等。通过性交通，行驶车速高，要求道路尽可能地畅通；进出性交通，为道路两侧用地开发提供到达和离开的交通服务，要求进出方便。这种方法比较切合且有利于分离交通干道集聚公共设施（意味着吸引大量到达性交通）和组织中长距离交通（意味着大量的通过性交通）的双重基本特性，并能与沿线用地条件良好衔接。交通特性是一个重要的道路功能分类叠加因子。

道路沿线现状布局与道路交通特性关系密切。如公共设施所处区位及开发条件不同，其交通特性也将有所不同，如市级商业街多为传统型大型商业的同类项集聚区，顾客购物出行频次相对较低、其到达方式以机动化交通方式为主、非机动车方式比例较低、公交集疏运需求较高；而区级商业街则零售业态较为多样化（常常同时包括生活便利品销售类，并常与居住区级配套商服设施混杂设置）、街道活动较为丰富、沿线交通集散较为频繁、机动车与非机动车的停车需求均较大，且往往静态交通秩序较为混乱等。

图 3.2-7　市级商业中心路段以机动化交通方式为主（资料来源：陈星波摄）

①交通流 OD：OD（Origin-Destination）估计是交通网络规划和管理的步骤之一，通过建立数学模型，进行线性回归分析，利用相关专业软件快速、准确地估计出其回归参数，求出路网中的相关交通流量，从而对城市交通网络的使用状况做出分析和评价。

通过性功能，强调贯通性和机动性，以提升交通效率为设计考虑；进出性功能，强调人的可达性和舒适性，以提升道路环境和地区活力为设计考虑。基于交通特性的分析对国标现行四级路网进行功能分类细化，重点是要对城市快速路、主干路系统进行梳理，使其通过性交通和沿途集散交通能够因为道路功能不同而合理分离。

3.2 道路功能分析
STREET FUNCTION ANALYSIS

如上所述，影响道路功能分类的影响因子还有很多，除沿线土地使用和交通特性外，如规划定位、地域分布、历史积淀、沿线业态、街道景观、自然条件和改造难度等，在所列因子中，除自然条件因子外其他因子皆可由沿线土地使用和道路交通特性两个基本因子派生。这些因子对于道路的功能叠加分类发挥完善和校验作用。在设计中可能遇到一些特殊性的道路，如骑楼街或步行街等，这些特殊性道路可能存在多种用地功能混合的情况，亦无法承担过大的交通量，应按"特殊型"道路来作分类归纳。

道路提升设计必须优先考虑沿线的土地使用、建筑的使用功能与活动，综合考虑交通特性和其他因素，每条道路都可以形成等级—功能—方式三者相结合的定位，以期赋予道路和街道更完整的意义，突出道路在功能属性上的差异性。 道路功能分类叠加方法是对现行四级路网分级在功能层面的补充和完善。对于广州而言，新建和未建区由于规划可调控度大，道路分类标准的制定相对简单易行；而老城区的道路因为城市建设形成的城市肌理并各有历史积淀，改造难度较大，绝非将道路划分为交通性和生活性两种截然分开的功能特性那么简单，其分类方法应更加注重因势利导和对既有规划行政管理体系的继承，分类标准应当更加细致、全面和严格。对于老城区，了解道路所处的场所背景，是公平地分享道路空间有限的各种使用权利的基础。

3.2.4 其他因子

3.2.5 分析小结

第3章 城市道路分类

3.3 道路功能类型细分
STREET CLASSIFICATION

3.3.1 道路－街道体系构成

图 3.3-1 ～图 3.3-18　广州市道路实景照片（资料来源：百度地图，http://map.baidu.com/?newmap=1&ie=utf-8&s=s%26wd%3D%E5%9C%B0%E5%9B%BE）

不同的道路、街道类型服务不同的功能，每一个道路都是独特的，每一种道路类型对周边的居民起着重要而又各不相同的作用。综合考虑道路沿线的用地性质、交通特性、沿街活动和街道景观等因素，可以**将道路－街道划分为生活型、商业型、交通型、景观型、工业型、综合型和特定类型 7 个大类**。同一道路功能类型可以与不同道路等级进行搭配，形成包含 23 小类的道路－街道体系。

	生活型	商业型	交通型
快速路			 图 3.3-1　广园快速路
主干路	 图 3.3-2　中山八路	 图 3.3-3　天河路	 图 3.3-4　黄埔大道
次干路	 图 3.3-8　荔湾路	 图 3.3-9　体育东路	 图 3.3-10　冼村路
支路	 图 3.3-14　龙津东路	 图 3.3-15　宝华路	

景观型	工业型	综合型

图 3.3-5 临江大道

图 3.3-6 开创大道

图 3.3-7 东风路

图 3.3-11 沿江西路

图 3.3-12 南云五路

图 3.3-13 新港西路

图 3.3-16 麓湖路

图 3.3-17 南翔街

图 3.3-18 龙口西路

第 3 章 城市道路分类

3.3 道路功能类型细分
STREET CLASSIFICATION

3.3.1 道路－街道体系构成

Y轴 道路等级	生活型（h）	商业型（s）	交通型（t）	景观型（j）	工业型（g）	综合型（z）	特定型（x）
快速路（A）	—	—	At 快速路	—	—	—	Bx 步行街
主干路（B）	Bh 生活大道	Bs 商业大街	Bt 交通主干	Bj 景观大道	Bg 工业大道	Bz 综合大道	Qx 骑楼街
次干路（C）	Ch 生活次路	Cs 商业干路	Ct 交通次干	Cj 景观干道	Cg 工业干道	Cz 综合次路	Gx 共享街道
							Sx 社区道路
支路（D）	Dh 普通街道	Ds 商业街巷	—	Dj 休闲街道	Dg 园区支路		Mx 绿地慢行

X轴　道路功能

图 3.3-19　道路－街道体系图（资料来源：自绘）

3.3.2 基本类型概述

生活型： 通常位于城市中心地区的居住用地部分，以服务本地居民的生活服务型商业、中小规模零售、餐饮等商业以及公共服务设施为主要分布，交通特性主要为进出性交通。

商业型： 道路沿线通常为商业服务业设施用地，是以商业服务设施同类项集聚为主、具有一定服务能级或业态特色的道路，交通特性兼有通过性和进出性交通。

交通型： 此类型道路强调交通特性作为主要因子，承载机动车专用中长距离通过性交通，车速较快。道路沿线以非开放式沿街界面为主，两侧限制或禁设大型交通吸引点。

景观型： 沿线分布有公园绿地、防护绿地、滨水绿地等城市开放空间用地，以及历史风貌特色突出、沿线设置集中成规模休闲活动设施的道路。慢速通过性和进出性交通为主。

工业型： 主要位于工业用地与仓储用地较为集中的区域，适应批发、建筑、加工和物流服务企业等的装载和配送需求。交通特性上考虑大型车辆通行及卸货，行人较少的道路。

综合型： 道路土地类型与界面混合程度较高，比其他基本型道路沿线存在更多样化的土地用途，支持多样混合居住、办公、娱乐、零售等街道服务，或兼有两种以上类型特征的道路，通过和进出性交通均强。

除上述的一般型城市道路外，广州还有许多特定功能的道路类型。这些道路无法承担过大的交通量，主要以慢速车行、行人交通和多样化的街道活动为主，是城市道路空间资源的重要组成部分，构成城市生活的会客厅和激发活力的场所，是展示城市品质的重要窗口之一。这些道路**主要包括步行街、骑楼街、共享街道、社区道路、绿地慢行道等**。这些道路具有更多的设计要素，而不是单纯的考虑相邻土地使用的性质。另外，尽管在管控方式上可能各异，但均需保障特殊情况下特种车辆通行。除了绿地慢行道之外，其他几种特定类型的道路同样在本手册的适用范围内。

步行街：是在交通集中的城市中心区域设置的行人专用道，原则上限制或禁止机动车与非机动车通行，是行人优先活动区。步行街的设置一般有两种类型：一是旧城市原有的中心商业街或者历史风貌街区通过交通管理或改造而成的步行街，如上下九步行街、北京路步行街、状元坊等；二是旧城的新区或新城的中心区，按人车分流原则设计的步行街，如番禺区易发商业街、天河区龙洞步行街。

步行街是将人从城市的机动化交通中解放出来，树立人在空间中的主导地位的道路类型，是现代城市空间环境的重要组成部分，集中体现整个城市的社会文化特征，它的规划、设计与建设已成为完善城市职能、塑造城市形象的重要手段。

3.3.3 特定类型概述

● 步行街

步行街是将人从城市的机动化交通中解放出来，树立人在空间中的主导地位的道路类型

● 案例分析：

广州·上下九路

上下九步行街地处广州市荔湾区，是广州市三大传统繁荣商业中心之一，是经国家商业部批准的"中国第一条开通的商业步行街"。集商业、建筑、民俗、饮食、休闲于一体，呈现了广州市井而风情的一面。道路完全步行化，结合骑楼建筑设立个性化的城市家具，为本地居民和游客创造了舒适、优美、富于情趣的街道环境，彰显了"西关风情"的特色形象。

广州·北京路

北京路步行街地处广州市中心，是广州城建之始的所在地，也是有史以来广州地区最繁华的商业中心区。北京路步行街实施全日制步行经过了三个阶段：1997年2月8日，经广州市人民政府批准，北京路部分路段逢双休日实施准步行；1998年5月1日至2001年11月，步行街逢节假日实施全步行；1999年初，越秀区对北京路进行了高标准改造，全面翻修了人行道，整饰了商铺立面、广告招牌，整治了"三线"，增加了灯光照明，美化道路夜间景观等；2002年1月1日起，步行街正式实施全日制步行。

图3.3-20 上下九步行街街景（资料来源：http://www.tianqi.com/news/159423.html）

图3.3-21 北京路步行街街景（资料来源：http://photo.163.com/gdgzjky/pp/4842013.html）

3.3 道路功能类型细分
STREET CLASSIFICATION

● 骑楼街

骑楼街：是广州传统街巷的一种，以道路两旁分布有广州近代典型的商业建筑形式——骑楼为重要标志，曾是广州街景的主格局。由于骑楼建筑三段式的独特结构，建筑底层的走廊列柱内是道路的人行空间和商铺，既可防雨防晒，又便于展示橱窗。根据《广州历史文化名城保护规划》表 3-1 保护要素表（详见本书附录 7.2.2，2014 年 11 月版），重点保护骑楼街共有 40 条，例如恩宁路、一德路、长堤大马路等，完全步行化的北京路以及上下九路同样是骑楼街的典型代表。一般的骑楼街仍然可供机动车通行，是老城区必不可少的通勤路径。同时，沿线的骑楼为当地居民提供日常必需品、小型零售、餐饮、银行服务以及公共服务设施（社区诊所、社区活动中心等）。骑楼街是最具广州本土特色的传统街道形式之一，荟萃了岭南建筑文化、岭南饮食文化和岭南民俗风情，是展现广州城市形象和活力的重要窗口。

图 3.3-23　中山六路街景（资料来源：http://itbbs.pconline.com.cn/photo.do?tid=51303594&pid=506412172）

图 3.3-22　恩宁路街景（资料来源：自摄）

图 3.3-23　中山六路街景

● 共享街道

共享街道：是一种单一标高或完成面的道路，允许人、车、非机动车以缓慢的速度在其中使用、穿行的类型。人、车之间的限制被移除，人行道与车行道混合使用。共享的街道可以支持各种各样的土地用途，包括商业和零售活动、娱乐场所、餐饮、办公室和住宅等，街道活动丰富多样。

在广州，存在有许多尺度宜人、街道氛围活跃的共享街道，如西湖路、龟岗大马路、惠福东路等。另外，除骑楼街外的其他传统街巷，巷道大多采用麻石铺砌，路面平整，且由于街巷尺度的限制，机动车车速一般较为缓慢，使其成了一个适于步行、自行车和小汽车混行的特定类型，亦可归类为共享街道，例如高第街、沙面大街、小东营、书坊街等。

图 3.3-24　西湖路街景（资料来源：自摄）

图 3.3-25　惠福东路街景（资料来源：自摄）

社区道路：是指位于社区内部但面向公众开放的、以服务社区为主的道路。主要为进出性交通，过往机动车较少，可供沿线单位上落客、社区商店及餐饮等的临时停靠、货物装卸等活动。社区道路类似于生活型道路类型混合使用的功能，但兼具了公共空间与私有空间的双重属性，在一般地区大多作为街坊内部的公共通道进行管控，是居民交流、娱乐、集会的场所，如新河浦社区、六运小区、淘金社区、建设路社区等。

● **社区道路**

图 3.3-26　新河浦三横路街景（资料来源：自摄）

图 3.3-27　西城花园二街街景（资料来源：自摄）

绿地慢行：是指位于向公众开放、以游憩为主要功能的城市公园绿地内的慢行道。目前，这部分道路大多被认为是游赏步道、游憩园路、公园园路等，虽然道路面积并不能计入城市道路中，却是城市慢行系统的重要组成部分，是城市公共空间的延展和居民交往的重要场所。这类型道路一般设有健身步道、跑步道、自行车道等形式的慢行设施，供市民和游客散步、观赏、健身、休闲等使用。例如花城广场设置的塑胶跑步道，临江大道滨江绿地内的步行道等。

　　道路的规划和设计应该充分考虑道路所处的环境特征，充分展现道路应该具有的空间特色，一条条各具特征的道路，交织起来形成的城市交通脉络网，才会给人们带来更加丰富多彩的城市环境，成为城市活力迸发的源泉。

● **绿地慢行**

图 3.3-28　二沙岛，公园内的游憩步道（资料来源：自摄）

第 3 章　城市道路分类

3.4 设计基本原则
DESIGN PRINCIPALS

3.4.1 设计基本原则

从"城市道路"到"城市空间"，或者说从道路到街道再到街区，强调的是"面向人"为主导的路权的回归。对于我们道路的规划、设计、建设和管理而言，这一转变提出了更为精细化、品质化、人性化的新要求。首先，应满足以下设计基本原则，然后识别每类型道路空间品质应有的特征，进行有针对性的个性化设计。

01 包容有序，各行其道

提供所有道路使用者公平的路权，尊重快、慢交通在每类型道路的共享权利，使道路共享主体因道路功能不同而各有侧重，支持步行和自行车设施的设计改进以提高安全性，调节货运交通对环境的影响，提高可达性标准，提供紧急车辆通道。

02 整合需求，活力街区

使道路成为具有明确的功能空间划分和承载多类型活动的场所，创造具有高质量空间品质的、有吸引力的公共空间，扩大可用的公共开敞空间，提供足够的公共设施，鼓励街道活动发生。

03 塑造风貌，体现特色

根据道路所处周边用地环境来进行设计，包括道路类型、与周边用地、商业活动、景观风貌等的关系。注重形成特色，保护街区个性，塑造地区特征，鼓励设置公共艺术作品，把当地道路设计成为展现广州时代风貌形象的公共环境。

04 集约布局，协同设计

优先保证道路基本功能，控制各类设施占地面积，对交通标识、路灯、电信箱、座椅、垃圾桶等设施和家具进行集中布局，鼓励采用"多杆合一，一箱多用"等方式对附属功能设施进行整合设计；整合退缩空间与界面的色彩，相互协调、呼应。

05 人性设施，舒适便利

道路环境设施便利、舒适，适应各种活动需求，把环境负面效果降到最小，创造鼓励步行和锻炼活动的场所，通过强调高品质、持久的设计和材料选择，来提高整体的环境美感，创造人性和谐的道路景观。

06 绿色技术，生态友好

鼓励采用生态海绵技术、绿色的施工工艺和技术，采用耐久、可回收的材料，提升自然包容度；合理布局道路绿化，通过多种方式增加道路绿量，提升绿化品质，兼顾活动与景观需求，突出生态效益。

图 3.4-1　广州市越秀区沿江路街景，2016（资料来源：ITDP 提供）

3.5 街景分析方法介绍
ANALYSIS METHODS OF STREETSCAPE

3.5.1 道路要素客观分析方法

道路空间品质是由多个要素共同综合作用的，其效果不是二维平面要素的简单加权[1]。对现状城市道路空间品质的准确判断是城市道路设计的基础，一方面通过评价现状空间品质，为科学、合理地制定道路规划设计和相关建设决策提供客观依据；同时，也为评价城市道路空间规划设计提供可操作的指标体系和方法。为研究目前广州市道路环境品质的水平，以形成更有针对性的设计方法，本手册引入近年来国内外城市研究者开展城市道路、街道空间品质的评价方法，优化评价思路。以下分别介绍**道路要素客观分析和对使用者的研究方法**，以鼓励开展科学、合理的分析和评价，识别道路空间品质控制应有的特征。

城市道路空间首先是客观存在的物质空间，包括城市道路空间环境的总体或构成环境的所有要素。物质空间质量是城市道路空间品质的基础。如何评价城市道路物质空间品质的水平？以下介绍几种国内外现行的分析和研究方法：

1. 街景图像数据分析

随着技术的进步、大数据时代的到来，利用街景地图、信息技术、GIS、RS、GPS和数字摄影测量等技术形成三维可视化的道路景观开展评价的方法不断出现。2011年，Andrew Rundle以纽约37个可步行性较高的街区为研究对象，将2008年GSV测评结果与2007年的实地调研结果对比，验证街区环境对公共健康、健康行为的影响，并证实街景数据与调研数据的一致性[2]；2014年，Naik等对纽约等5个城市上百万张街景图片进行机器学习自动评分，测度街道空间的感知性安全度[3]；2015年，Kendall等利用像素级语义分割的深度全卷积神经网络体系结构分割技术（Bayesian SegNet）理解视觉场景——输入图像数据，利用SegNet解码器来综合环境、周边要素、图形本身特征，实现场景客观要素的智能分割[4]。

2016年，唐婧娴、翟炜等国内学者利用腾讯时光机街景图像对北京市1974个街道空间品质进行改善评价。借助街景的新数据环境，收集街道的位置信息（距离城市中心的距离、距离最近地铁站点距离）、活力数据[基于位置服务（location based service、LBS）和地图兴趣点（points of interest、POI）数据]，以及居住小区的属性信息（地块级别的土地出让面积、商品房或保障房等），构建**"街道空间—品质评估—品质变化特征识别—影响因素分析"**的方法框架。以2005年到2013年更新类居住项目外围的街道空间为例，按建筑部分、人行道部分、车行道部分、底商或围墙部分4个位置类型、11个子类指标构建品质评价。评价包含两个层次：第一个层次仅关注剖面4个位置是否有改变；第二个层次则关注空间改善的效果，即有无品质提升。通过数据分析，发生空间变化的街道比重占比为10%左右，变化多为简单的表面化整治美化，缺少精细化设计；大部分人行道变化有效改善了城市街道空间品质等[5]。

同时，该研究团队借助图像分割技术对北京二三环、上海内环的街道空间进行要素解译，对**包括天空、建筑、柱体、道路标记、道路、铺装、树木、标识、围栏、汽车、行人、自行车共12类要素，分别汇总每个街道点位对应的东、西、南、北4个方向的要素构成，计算平均值**。根据影响街道品质的要素类别及可分割获得的要素类别，选取绿视率、街道开敞度、界面围合度、机动化程度4个指标来从客观角度识别街道的品质。

街景图像处理技术是一个跨学科的领域，在道路品质评价中正在获得不断的尝试。其核心是利用合理的算法将街景图像分成若干个特定的、具有独特性质的区域，进而进行图像语义的识别和相关数据的分析。

①唐婧娴，龙瀛，翟炜等.街道空间品质的测度、变化评价与影响因素识别[J].新建筑，2016（5）：11.
② RUNDLE A G, BADER M D M, RICHARDS C A, et al. Using Google street view to audit neighborhood environments【J】. American Journal of Preventive Medicine, 2011, 40（1）: 94-100.
③ NAIK N, PHILIPOOM J, RASKAR R, et al. Streetscore: Predicting the perceived safety of one million streetscapes【C】//Computer Vision and Pattern Recognition Workshops（CVPRW）, 2014 IEEE Conference on. IEEE, 2014: 793-799.
④唐婧娴，龙瀛.数据-街道品质2：魔都的胜利·街道双城记【EB/OL】.2016-10-13, http://mp.weixin.qq.com/s/YL540F-EeKxEMTwN5VN1Eg.
⑤唐婧娴，翟炜，马尧天等.数据-街道品质1：京城·街道行走体验【EB/OL】.2016-10-12, http://mp.weixin.qq.com/s/xswfLdWlhd5WAtWlCWUv4A.

图3.5-1~图3.5-3、图3.5-7~图3.5-9　广州市道路街景分析案例（资料来源：自摄）

图3.5-4~图3.5-6、图3.5-10~图3.5-12　广州市道路街景图像分割技术分析案例（资料来源：自绘）

应用图像分割技术进行的分析举例：

商业型道路分析举例：

图 3.5-1　图 3.5-2　图 3.5-3

图 3.5-4　图 3.5-5　图 3.5-6

生活型道路分析举例：

图 3.5-7　图 3.5-8　图 3.5-9

图 3.5-10　图 3.5-11　图 3.5-12

第3章　城市道路分类

3.5 街景分析方法介绍
ANALYSIS METHODS OF STREETSCAPE

3.5.1 道路要素客观分析方法

2. 基于 AHP[1] 的多级模糊综合评价方法

目前,选取评价指标进行城市道路景观评价的方法有以下几种,即:范围法、目标法、部门法、问题法、因果法、复合法、分析法、专家咨询法等。这些方法都有各自的优势和适用范围,本设计手册介绍的是将目标法与构成要素分析法相结合的评价指标方法,通过对道路景观构成要素的分析,结合道路景观三元论,确定道路景观评价的三个方面,即:功能、环境、美学,来建立道路景观评价指标体系[2][3]。

采用基于层次分析法(AHP)的多级模糊综合评价法是将层次分析法与模糊综合评价法结合起来,先层次分析后综合评价,采用定性与定量相结合的方式对城市道路景观进行评价的方法[4]。首先建立评价指标体系(如表 3.5-1 所示),用 AHP 确定各评价指标的权重,根据道路景观具体指标的评分及诸因素的相对重要程度权值计算出各条道路景观的综合评价值,再用模糊综合评价法进行排序,最后得出道路景观评价结果。

城市道路景观评价指标示例　　　　　　　　表 3.5-1

目标层	准则层	子准则层	指标层
A 城市道路景观评价指标	B₁ 功能	C₁ 城市人流、物流改善度	D₁₁ 道路交通服务水平
			D₁₂ 公交线网面积密度／公路网综合密度
			D₁₃ 道路容量与需求匹配指数
			D₁₄ 交通组织管理规划
		C₂ 城市道路	D₂₁ 道路网等级结构
			D₂₂ 道路功能清晰率
			D₂₃ 道路网连接度
		C₃ 道路绿化	D₃₁ 道路绿化覆盖率
			D₃₂ 道路绿化与环境协调性
		C₄ 交通设施	D₄₁ 交通标志设置合理性
			D₄₂ 交通标线施划率
			D₄₃ 行人过街设施设置完善程度
			D₄₄ 主干线路亮灯率
			D₄₅ 无障碍设施设置合理性
	B₂ 环境	C₅ 地形、地貌、自然因素	D₅₁ 城市道路面积
			D₅₂ 城市道路环境景观灵敏度
		C₆ 城市格局、空间布局	D₆₁ 城市格局的合理性
			D₆₂ 人口协调度
	B₃ 美学	C₇ 建筑与道路的协调	D₇₁ 道路空间围合度
			D₇₂ 道路宽度与道路延伸长度的比例
			D₇₃ 建筑对人的影响程度
		C₈ 道路绿化视觉效果	D₈₁ 道路绿化与道路特性的协调程度
			D₈₂ 绿化对道路净空的影响
		C₉ 路面铺装、道路小品	D₉₁ 路面铺装与道路交通功能的适应性
			D₉₂ 道路小品与视觉特性协调程度
			D₉₃ 广告设置合理性

资料来源:陈飞,《城市道路景观评价方法研究》。

① AHP:即层次分析法(Analytic Hierarchy Process),是美国运筹学家托马斯·萨提(Thomas L Saaty)于20世纪70年代提出的一种定性与定量分析相结合的多目标系统化、层次化决策分析方法,将复杂模糊的决策问题通过"目标—准则—指标"分层,最终分解成清晰明了的指标方案,特别适用于难以完全定量分析的问题。
② 陈飞. 城市道路景观评价方法研究【D】. 武汉:理工大学. 2010.
③ 王军峰. 道路景观评价指标体系研究【D】. 西安:长安大学. 2004.
④ Cao, Jun; Zhang, YiZhuo; The construction of multi-data based highway landscape evahation model on GIS platform Yu, HuiLing Source:Fourth International Conference on Information Technology and Applications, ICITA 2007, 2007, 51 1-516.

行人是使用道路的主体，离开了人，公共空间也就失去了意义。街景分析的另一个层次就是研究道路使用者，包括使用者对于道路的主观评价以及使用者在道路空间中的心理以及行为表现分析。

1. 基于访问或问卷调查的使用者主观评价方法

对于道路使用者的主观评价，一般采用访问或问卷调查法。设计人员或研究人员按照事先准备的访问提纲或标准化问卷，随机地向市民了解道路空间的使用状况和使用感受，还可对一些特定的问题，向部分市民有针对性的了解相关情况。美国维卡斯·梅赫塔在《街道——社会公共空间的典范》一书中提及一些可以调查的内容，包括：使用者对于街道上每个街区的熟悉程度；街道使用者对街区日间和晚间安全性的看法；街道使用者对街道是否便于行人的看法；居民等对社区和街道变化的看法；使用街道的原因以及对街道未来的设想等。对于道路、街道的调查，内容可以是开放式的（如，是什么原因吸引你来到这个街道进行活动？）或封闭式的（如，你在多大程度上喜欢这条街道？请选择非常喜欢、有点喜欢、既不喜欢也不讨厌、有点讨厌、非常讨厌），可以是主观的（如，这条街道你最希望改变或增加的是什么设施？请选择铺装、路灯、座椅、树木品种等）或客观的（如，这条街道哪三样东西是你最不希望改变的？），也可以是分类性、序列性或连续性的问题。对于调查内容的设计，应有十分明确的目标，以确保有效性和可靠性。

2016年，唐婧娴、龙瀛等国内学者结合多时相街景数据和使用者主观评价两个方面对北京、上海两市的街道品质进行研究。对于使用者主观评价，评分过程主要参考Ewing（2013）在《度量城市设计》中构建的街道测度指标，即围合性、人性化尺度、通透性、整洁度和意象化[1]。主观评价的5项指标，每项等级分为"低—高"两级，得分为0或1，5项指标相加总分最高为5，最低分为0。通过对北京二三环间500条街道（见表3.5-2）和上海内环以内500条街道的随机抽样调查，结合街景要素的图像分割识别，作者用翔实的分析数据做出了横向比较，研究结果直观、客观地反映了北京、上海中心城区的街道综合品质和构成差异，该分析评价方法值得相关人员借鉴。

5项使用者主观评价指标的释义：

意象化是指空间的可认知、可识别、有特色的品质。具有较好的空间形态，包含差异性的要素，对于使用者而言是容易识别的。诸如城市地标、特殊元素等，会使得空间意象性别具一格。

围合性是指建筑物、墙体、其他构筑物围合公共空间的程度，这种围合性将会给人以舒适、可荫蔽的感受。人性化尺度是指物理环境的尺度、比例，建筑细节、铺装形式、街道植被将会影响使用者心理感受的尺度。

通透性指使用者可以通看到公共空间、街道中所发生活动的程度，界面的材质、是否有围墙、篱笆等将会影响通透性。

整洁度较容易理解，指街道的整洁程度，有污染、垃圾、气味，将会影响整洁度，进而干扰使用者的心理。

北京二三环主观评价统计示例　　　　　　　　　　　　　　　表 3.5-2

总分	得分占总量比	围合性	人性化尺度	通透性	整洁度	意象化
0	0.6%	0%	0%	0%	0%	0%
1	12%	16.7%	6.7%	18.3%	58.3%	0%
2	35%	62.9%	46.3%	37.1%	53.7%	1.7%
3	31.8%	88.1%	72.3%	55.3%	68.6%	18.9%
4	13.8%	91.3%	91.3%	72.5%	92.8%	53.6%
5	6.8%	100%	100%	100%	100%	100%

资料来源：唐婧娴等，《数据—街道品质2：魔都的胜利—街道双城记》。

3.5.2 道路使用者分析评价方法

第3章 城市道路分类

[1]唐婧娴，龙瀛. 数据－街道品质2：魔都的胜利·街道双城记【EB/OL】. 2016-10-13, http://mp.weixin.qq.com/s/YL540F-EeKxEMTwN5VN1Eg.

2. 基于 NSS[①] 现场观察记录的分析评价

通过对生态心理学理论以及市民出行行为的研究，考虑道路如何满足人们的日常需求以及如何给人们带来审美愉悦和互动愉悦，是评估道路空间品质的有效途径之一。国外一些城市规划师、城市设计师、景观设计师、建筑师、城市社会学家和环境心理学家曾对公共空间中的人类行为进行研究和记录，并从中探索出了一系列的研究方法。扬·盖尔在《交往与空间》中提出，户外活动有三种活动类型，即**必要性活动（Necessity activity）、自发性活动（Spontaneous activity）、社会性活动（Social activities）**进行分类研究。就三种活动类型而言，必要性活动主要体现了道路作为交通通道的功能，而自发性活动和社会性活动则体现了道路作为活动场所的城市生活功能。在实际调研中可分别汇总每条道路某固定点位对应的 4 个方位的人群特征，计算平均值（如图 NSS 分析举例）。此方法存在一定的主观性，需通过观察者主观判断对人群进行活动划分，容易产生偏差。

维卡斯·梅赫塔在《街道——社会公共空间的典范》中提出，利用结构式的非参与式观察、定时观察和参与式观察对道路、街道上的静态行为、持续行为、逗留行为和社会行为进行记录和分析。首先，选择作为研究对象的街区，然后在选择的街区里面挑选街区分段（每段长约 12 ~ 18m）作为更细的研究对象。选择固定的时间（如早上 7：00 ~ 晚上 11：00，包括工作日和周末）随机对场景进行观察。非参与式观察主要用来对地点和人数进行记录，同时确定人们参与的是何种活动，其结果显示的是人们在街道中行为的类型、位置和活动区域。其次，采用直接观察用来记录人们在不同街区分段逗留的时间，通过 15min 的观察，在附有街区分段平面图和立面图的记录表上详细记录各种行为的时间，其结果显示的是人们停留时间的差异。上述方法实质上是通过使用者行为轨迹的分析，将使用者在道路中的行为进行时空融合，以更客观的分析角度判别使用者行为特征和明确人群在道路空间中的使用需求。

随着大数据的快速发展，道路设计前期的数据采集已然从传统的依靠有限数据、经验判断和统计分析向海量数据、精确分析和动态跟踪转变。对于行人的数据（包括停留时间、移动路径、出行目的和出行方式等）、街道活动的数据（包括使用者的活动模式、时空行为模式、活动类型、活动密度和活动时间等）、机动车和非机动车的数据等均已变得更加的便捷和精确。借助这些充足可靠的信息，主动感知使用者的各项需求，最终使道路、街道使用者能够享受到主动、智能和贴心的空间环境。

① NSS：即扬·盖尔在《交往与空间》中提出的户外活动有三种活动类型，包括必要性活动（Necessity activity）、自发性活动（Spontaneous activity）、社会性活动（Social activities）。

图 3.5-13　榆树街 8 个街区一周内静态活动行为地图（资料来源：《街道——社会公共空间的典范》，【美】维卡斯·梅赫塔著．金琼兰译．）

图 3.5-14 行人行为轨迹分析示例（资料来源：ITDP）

图 3.5-15 ~ 图 3.5-17、图 3.5-21 ~ 图 3.5-23　广州市道路街景分析案例（资料来源：自摄）

图 3.5-18 ~ 图 3.5-20、图 3.5-24 ~ 图 3.5-26　广州市道路街景图像分割技术分析案例（资料来源：自绘）

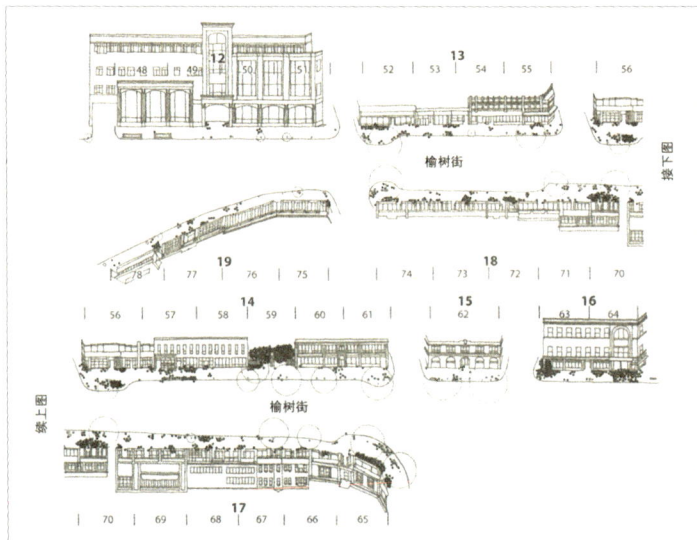

图 3.5-13　榆树街 8 个街区一周内静态活动行为地图

图 3.5-14　行人行为轨迹分析示例

NSS 分析举例:

商业型道路 NSS 分析举例:

图 3.5-15

图 3.5-16

图 3.5-17

图 3.5-18

图 3.5-19

图 3.5-20

生活型道路 NSS 分析举例:

图 3.5-21

图 3.5-22

图 3.5-23

图 3.5-24

图 3.5-25

图 3.5-26

第 3 章 城市道路分类

图 3.5-27　广州市荔湾区荔湾路（资料来源：自摄）

3.6 道路设计指引
DESIGN GUIDES FOR STREETS

城市道路空间本身并不会带来活力，道路空间的作用在于提供一个供人们活动的场所。道路的活力主要来自道路场所内人们的各种社会交往和活动。城市道路空间是社会活动的"容器"，社会活动又是它的内容，两者有一定的相互依赖性，一方面，空间为社会活动提供场所；另一方面，它也可以对人们的活动起到促发或限制的作用。也就是说，道路空间与人类活动之间有一种互相影响的关系：特定的空间形式、场所会吸引特定的活动和作用；而行为和活动也倾向于发生在适宜的环境中，甚至对环境产生能动的作用。每种类型的道路应具有相对应的场所精神，方能产生丰富的街道活力。

通过借助街景数据分析的系列方法，可以了解到每种功能类型道路的人群使用特征、所包含的重点模块和重点要素。鉴于道路功能的多样性及其与沿线用地、沿街活动的互动关系，在实现道路分类的同时，对每种类型提出功能服务要求并拟定与各类型道路相应的设计指引。

释义：通常位于城市中心地区的居住用地部分，以服务本地居民的生活服务型商业、中小规模零售、餐饮等商业以及公共服务设施为主要分布，交通特性主要为进出性交通。

生活型道路由于与居民的接触最为密切，所以在考虑其景观特色塑造的过程中，更多的是要考虑到人的实用性需求。不仅是居住功能，还要提供满足各类居民活动需求的场所与设施，满足居民公共空间生活的舒适性与便利性要求，以便于居民进行日常的交流交往活动。

— **道路类型：**主要包括生活大道（Bh）、生活次路（Ch）和普通街道（Dh）等。

— **活动类型：**归纳该类型道路人群活动的主要特征，必要性活动主要为基本的通行，如以购物、办公、上下班、上下学、投送快递为目的被动式借道或穿过步行，自发性活动包括锻炼、散步、观光等主动式步行以及驻留行为，社会性活动如邻里会面、坐憩、闲谈、棋牌、儿童游戏、广场舞等简单的公共活动。

— **一般要求：**
① 满足步行的可达性，尊重"弱势群体"，进出性交通与通过性交通便于联系；
② 满足交往的需要，营造符合人际交往需求的适宜尺度的围合界面；
③ 适宜开展社会性活动的开敞与半开敞空间应保持适当尺度距离，降低对居民区影响，避免声、光等污染对居民区造成的污染；
④ 要求户外环境宜人、亲和、富有魅力，家具设施等设计更富于人性的关怀。

— **特殊需求：**对于生活型道路，道路等级越低，活动主体老年化的趋势越明显。老年人由于年龄的增大，身体机能不断减退，他们在行走、看、听、记忆、身体平衡方面的能力和对外界压力的适应能力均有所下降，活动范围也越来越小。场地就近原则对老年人的户外活动有重要影响，因而应该充分从老年人的行为需求和特征出发，考虑为老人的户外互动提供舒适的空间环境。

3.6.1 生活型道路

● **服务要求**

3.6 道路设计指引
DESIGN GUIDES FOR STREETS

第3章 城市道路分类

● **空间要求**

— 集约利用道路空间，保障充足的慢行通行区，和带有遮荫的慢行通行空间。

— 道路空间宽裕时，利用人行道变截面增加休憩与活动空间，休憩空间的尺度长度宜在 5m 以上，宽度宜在 2m 以上。

— 道路空间有限时，可通过设置混行车道压缩机动车道区域，采用非对称断面形式设计，设置单侧的公共设施带 / 区。

— 创造积极的建筑退界空间，鼓励人行道与建筑首层、退界空间保持相同标高，避免建筑和道路空间之间产生过大的高差变化，以形成开放、连续的活动空间。

● **设施要求**

— 提供安全便利的过街设施，鼓励次路、支路等级的生活型道路设置小转弯半径、抬升式人行横道、缘石拓展路口等稳静化设施，限制车速。

— 提供方便居民日常生活出行密切联系的城市家具，通过设施带设置座椅、洗手台（直饮水）、自行车停放架、公厕、垃圾箱等人性化设施，布置密度加大。

— 与人亲近的家具设计要考虑人的生理需求和行为特征，材料选择上尽量选用令人感觉亲切的纹理和材质，绝热防水特性良好，且必须安全牢靠。

— 鼓励设置骑楼、遮蔽设施，如采用建筑挑檐、活动遮阳棚、固定雨棚等形式的设施，形成遮阴挡雨的街道顶界面。

— 植物绿化的设计要注重人性化环境的营造，强调绿化为人服务的作用高于进行景观装饰功能，鼓励以树列、树阵、耐践踏的疏林草地等绿化形式取代景观草坪、灌木种植，形成活力区域。

● **重点模块**

慢行系统，道路变截面，交叉口，过街设施区，公共设施带 / 区，公交车通行区，建筑退缩空间。

● **重点要素**

人行道宽度，人行道展宽，人行道铺装，自行车道（非机动车道），装饰井盖，盲道，护柱，台阶、梯道及坡道，缘石坡道，慢行导向设施，过街安全岛，人行横道，自行车过街带，小转弯半径，非机动车道标识，自行车停放点，路内停车区，行道树，树池，道路绿带，路名牌，公共座椅，移动花钵，道路照明，电话亭，洗手台（直饮水），智能设施，艺术小品，文化雕塑，建筑退界地面铺装，遮阳构筑，建筑围墙，建筑小品等。

缩窄式交叉口设计，根据需要设置小转弯半径、抬升式人行横道等

鼓励设置骑楼、遮蔽设施，形成遮阴挡雨的顶界面

尽可能考虑二次过街设施的设计

为出行者提供连贯便捷的自行车道

创造积极的建筑退界空间，提供交流空间和娱乐设施

采用非对称断面形式设计，利用人行道变截面增加休憩与活动空间

增加低冲击雨水花园设计

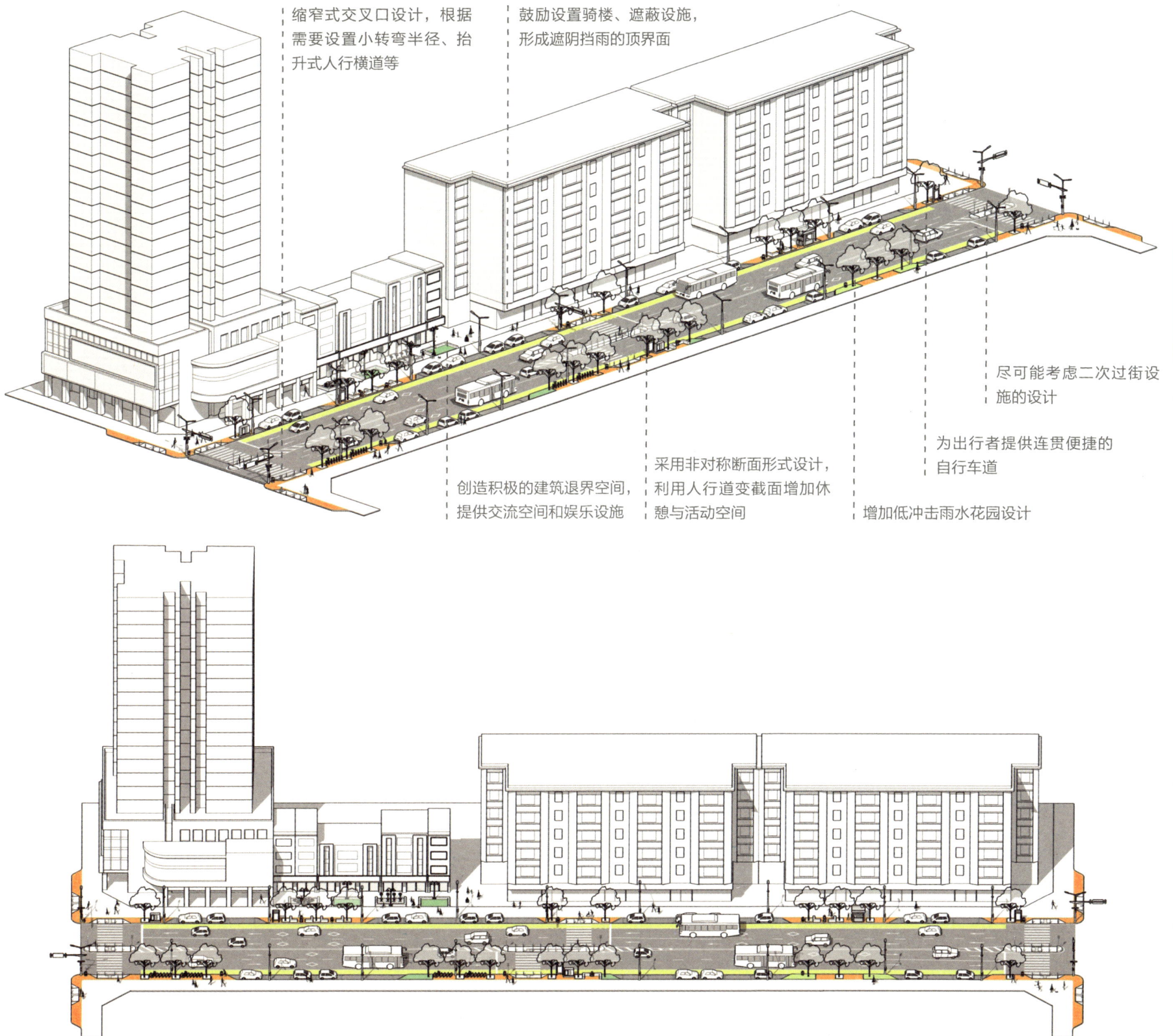

图 3.6-1　生活型道路设计示意图（资料来源：自绘）

图 3.6-2 广州市天河区天河路（资料来源：自摄）

释义：道路沿线通常为商业服务业设施用地，是以商业服务设施同类项集聚为主、具有一定服务能级或业态特色的道路，交通特性兼有通过性和进出性交通。

3.6.2 商业型道路

● 服务要求

商业型道路作为城市中最富有活力的商业开放空间，这些道路在城市空间中占有重要的地位，是城市景观的重要组成部分。广州商业型道路或路段大都由众多商店、餐饮店、服务店共同组成，既有骑楼形式，也有大型的现代 MALL 与零散商铺有机组合的形式。基于商业型道路的业态特色，这类型道路设计的核心是使空间有用而舒适，促进商业、服务业的发展。

— 道路类型： 包括商业大街（Bs）、商业干路（Cs）和商业街巷（Ds）三个级别。

— 活动类型： 商业型道路人群的活动主要以消费性商业活动为主，同时也可容纳非消费性活动。必要性活动主要为步行通行，如购物、餐饮、日常出行等；自发性活动包括闲逛散步、观光、拍照等主动式步行以及商业停留、观看橱窗、等候等驻留行为；社会性活动如室外餐饮、交流、休息坐靠、闲谈、儿童游戏、街头表演、商业展示、沿街贩卖等休闲娱乐和商业活动等。

— 一般要求：
① 道路空间兼具购物、交通、休闲、旅游、文化等功能；
② 保持空间紧凑，强化道路两侧的活动联系，营造商业氛围；
③ 适当增大环境信息量，促进消费者产生积极的消费意愿，丰富街道内容；
④ 注重艺术品质和细节设计，强化街道空间的识别性、引导性和美学品质。

— 特殊需求： 现代商业购物环境呈现出"购物 +N 种娱乐"的模式，大型商业中心逐渐担负起社会活动交往中心的作用，沿线路段和退界空间的各种社交活动、集会活动类型复杂多样。另外，展示演艺等多种商业形式的非常普遍，应该鼓励设置能够灵活使用的沿街展览空间与艺术表演空间，商业设施富于娱乐性、多种选择、也能够做到很好的动静分区。

3.6 道路设计指引
DESIGN GUIDES FOR STREETS

● **空间要求**

— 商业型道路人行道宽度推荐为 5.5m，人行道有效宽度推荐值为 3.5m，最小不低于 2.5m。可通过压缩机动车道的数量与宽度，保证充足的步行空间。必要时通过交通组织的管理，对主要商业街道进行机非分流。

— 在保障步行通行需求的前提下，可结合公共设施带、街面微空间设置商业活动区域，允许沿街商户利用建筑前区进行临时性室外商品展示、进行绿化装饰、设施组合，形成交往交流空间，丰富活动体验。

— 对于道路的出入口、街角，是商业型道路活动空间的重要节点，应重点增加相应部位的设计细节、装饰和色彩变化，强调标识性和引导性。

— 对建筑退界和地铁出入口进行一体化设计，特别是街道的凹空间，鼓励充分利用边缘所带来的积极效应，营造具有亲和力的空间，既提供防护又具有良好的视野，以鼓励更多的市民愿意驻足和停留。在道路空间较为充足时，可通过非对称断面的形式进行布置，利用道路两侧的公共设施带结合较为自由的景观设计，塑造参与性特色景观，形成小型沿街广场绿地作为活动休憩节点，允许更多类型活动发生的可能，聚拢人气。

● **设施要求**

— 提供便利的过街可能，对于交通性较强的道路，采用平面过街形式时，在不影响主线交通的情况下，尽可能增加人行横道和安全岛等过街设施；亦可采用人行天桥、人行地道等立体过街设施，营造安全的人流动线。

— 统一考虑各种设施的配置和风格形式，标准化、系统化，注重时空的连续性，避免一条完整的道路产生片段感、拼凑感。

— 人行道铺装及退缩空间的地面铺装、建筑立面的招牌广告对创造商业的繁华气氛起着重要的作用，鼓励对这些要素作为公共艺术的展示面进行一体化、多样式设计，并与道路或所在城区风貌相协调，形成特色界面。

— 鼓励设置骑楼、遮蔽设施，如采用建筑挑檐、活动遮阳棚、固定雨棚等形式的设施，形成遮阴挡雨的街道顶界面。

— 提供特别的临时商业设施，室外展示、露天茶座、咖啡座、营造出吸引人休息和交往的空间，每条街道都应设置流动厕所等必要服务性设施。

— 加强自然景观要素的运用，恢复和创造城市中的生态环境，柔化沥青、混凝土、玻璃、钢材等形成的商业建筑面貌；鼓励选择高大和通透性较好的行道树，但应避免树冠对沿街商业及周边交通指示牌的消极遮挡；对于既有主干道沿线的商业型路段，应通过绿化等措施进行空间和噪声隔离，提供良好的屏障和提升活动舒适性。

● **重点模块**

慢行系统，道路变截面，交叉口，公共设施带 / 区，过街设施区，公交通行区，多杆合一、多箱并集，建筑退缩空间，地铁出入口区。

● **重点要素**

人行道展宽，人行道铺装，自行车道（非机动车道），盲道，装饰井盖，护柱，台阶、梯道及坡道，缘石坡道，慢行导向设施，过街安全岛，人行横道，人行地道，人行天桥，路内停车区，公交专用道，公交站台，出租车载客点，道路绿带，树池，行道树，立体绿化，路名牌，遮阳（雨）棚，公共座椅，移动花钵，景观照明，活动厕所，洗手台（直饮水），智能设施，外墙广告，门店招牌，楼宇名称，建筑退界地面铺装，建筑信息牌，建筑小品，建筑遮阳构筑，地面停车与机动车出入口，建筑台阶。

第 3 章 城市道路分类

提供便利的过街可能，营造安全的人流动线

保障步行通行的基础上在建筑前区进行绿化装饰、设施组合，提供休憩娱乐

充分利用街面微空间、凹空间、街角等，设置活动休憩节点，营造具有亲和力的空间

采用非对称断面形式设计，利用变截面增加休憩与活动空间，以及路内停车区

鼓励沿街建筑采用建筑挑檐、活动遮阳棚、固定雨棚等形式的设施，形成遮阴挡雨的街道顶界面

考虑提供便捷的自行车出行，与公共交通紧密衔接

鼓励沿街商户利用建筑前区设置临时商业设施

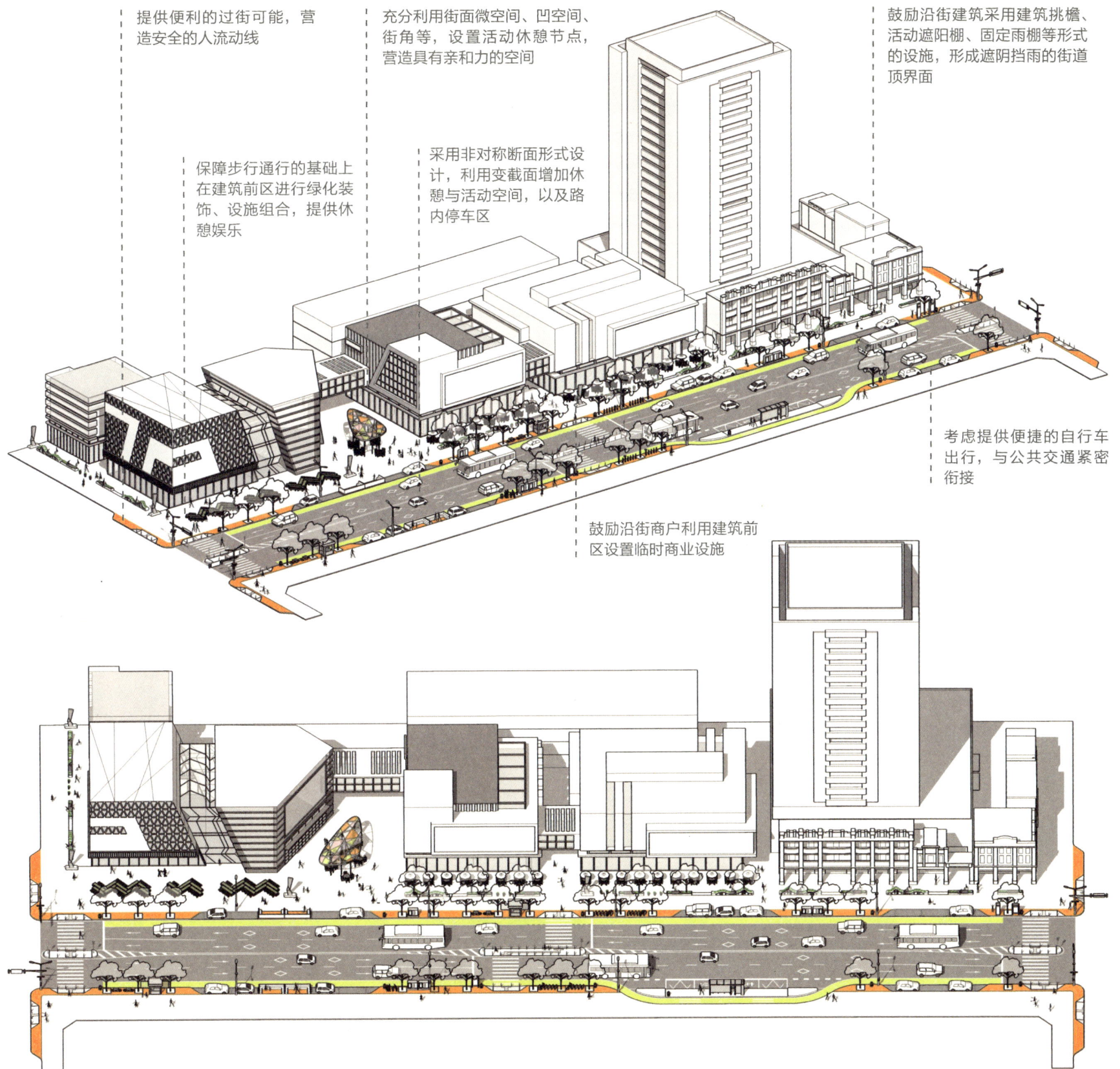

图 3.6-3 商业型道路设计示意图（资料来源：自绘）

图 3.6-4　广州市荔湾区沿江西路（资料来源：自摄）

释义：沿线分布有公园绿地、防护绿地、滨水绿地等城市开放空间用地，以及历史风貌特色突出、沿线设置集中成规模休闲活动设施的道路。慢速通过性和进出性交通为主。

3.6.3　景观型道路

景观型道路往往与自然景观、人文景观联系密切，对于景观型道路，营造独特的景观特色并非目标，通过优美的景观激发街道活动才是根本目的。

● **服务要求**

— **道路类型：** 包括景观大道（Bj）、景观干道（Cj）和休闲街道（Dj）三个级别。从道路沿线的景观而言，也包括林荫大道、滨水道路和两侧以历史建筑为主要风貌的一般性传统街道。

— **活动类型：** 主要以漫步、跑步、骑行、休憩、观光、拍照等自发性活动和体育健身、广场舞、小群体休闲活动、沿街贩卖纪念品等社会性活动为主，同时兼有必要性居民日常出行活动。

— **一般要求：**
① 鼓励展示城市景观风貌和容纳市民休闲活动并重，兼顾景观性与实用性；
② 考虑各个年龄段不同人群的使用需求，提升活动的体验；
③ 增加沿线绿地的可进入性，避免植物绿化成为活动的障碍；
④ 因地制宜，灵活设置休憩节点等活动与服务设施；
⑤ 强调道路的个性、可识别性和美学品质，注重自然生态和人工艺术的结合。

— **特殊需求：** 不同的人群对游憩空间的需求存在差异，此类型道路的设计除了要考虑到正常人的需求外，满足伤残人士、老人和儿童等弱势群体的特殊需求同样尤为重要，使景观型道路具备能够诱发市民大众进行社会活动的特质。

第 3 章　城市道路分类

3.6 道路设计指引

DESIGN GUIDES FOR STREETS

● **空间要求**

— 景观型道路可适度放宽红线，与沿线绿地、滨水空间进行一体化设计，串联绿地及利用建筑退界塑造街边广场、口袋公园，形成丰富的空间体验。

— 可沿道路中央设置景观活动带的景观型道路，中央活动带宽度不宜低于 14m，且单侧机动车道数不宜超过两条并单向通行，为市民提供休憩与活动空间。

— 在人行道空间充裕的情况下，设施带可设置于步行通行区与自行车专用道或健身跑步道之间，实现资源共享、方便使用。

— 空间允许的情况下，可以沿路边设置少量临时下客点，便于通过小汽车出行的观光和休闲者抵达。

● **设施要求**

— 保护具有历史文化价值、景观风貌特色的物质形体和要素，注意加强人文与自然景观要素的调整、运用和恢复，让道路中的硬质景观融入自然并与自然并存。

— 鼓励设置连续的自行车专用道、健身跑步道等慢行设施，路径上可设置路程提示等。

— 公共设施带内除提供座椅、绿化、必要公益性设施外，还应提供便利、人性的城市家具，设置如洗手台（直饮水）、自行车停放架、公厕、电话亭等设施。

— 对于公交车通行区及相关设施，应强调路径与其他慢行交通的接驳，可结合公交站点提供商业与服务设施，重点增加座椅等休憩设施。

— 鼓励利用绿地、绿化带等设置智慧雨洪管理设施，如下沉式绿地、植草沟、雨水湿地等，形成带状或块状布局，对雨水进行调蓄、净化与利用。

— 植物绿化应利用不同的形态特征进行对比和衬托，选择观花、观叶植物进行搭配，注重季相变化，增加景观层次性、色彩多样性，增强道路的可识别性。

● **重点模块**

慢行系统、道路变截面、公共设施带 / 区、公交通行区，建筑退缩空间。

● **重点要素**

人行道宽度，非机动车道宽度，人行道铺装与结构，非机动车道铺装，人行道及非机动车道标识，装饰井盖，台阶、梯道及坡道，缘石坡道，慢行导向设施，盲道，护柱，自行车停放点，过街安全岛，人行横道（抬起式过街设施），公交专用道，公交站台，出租车载客点，路内停车区，小转弯半径，侧、平石景观照明，公共座椅，垃圾桶，活动厕所，遮阳（雨）棚，公共站牌，公交候车亭，站牌，艺术小品，文化雕塑，道路绿带，花池，花坛，移动花钵，退缩空间地面铺装、建筑台阶、建筑围墙、建筑小品等。

提供便利的过街可能，营
造安全的观景人流动线

设置与景观风貌特色相和
谐的物质形体和要素

在空间充裕的情况下，可
于步行通行区与自行车专
用道或健身跑步道之间设
置组合式城市家具

公共设施带内除提供必要
公益性设施外，还应提供
便利、人性的城市家具

与路段景观绿地、滨水空
间一体化设计，突出风貌
特色，形成休憩空间

空间允许情况下，可沿路
设置临时下客点

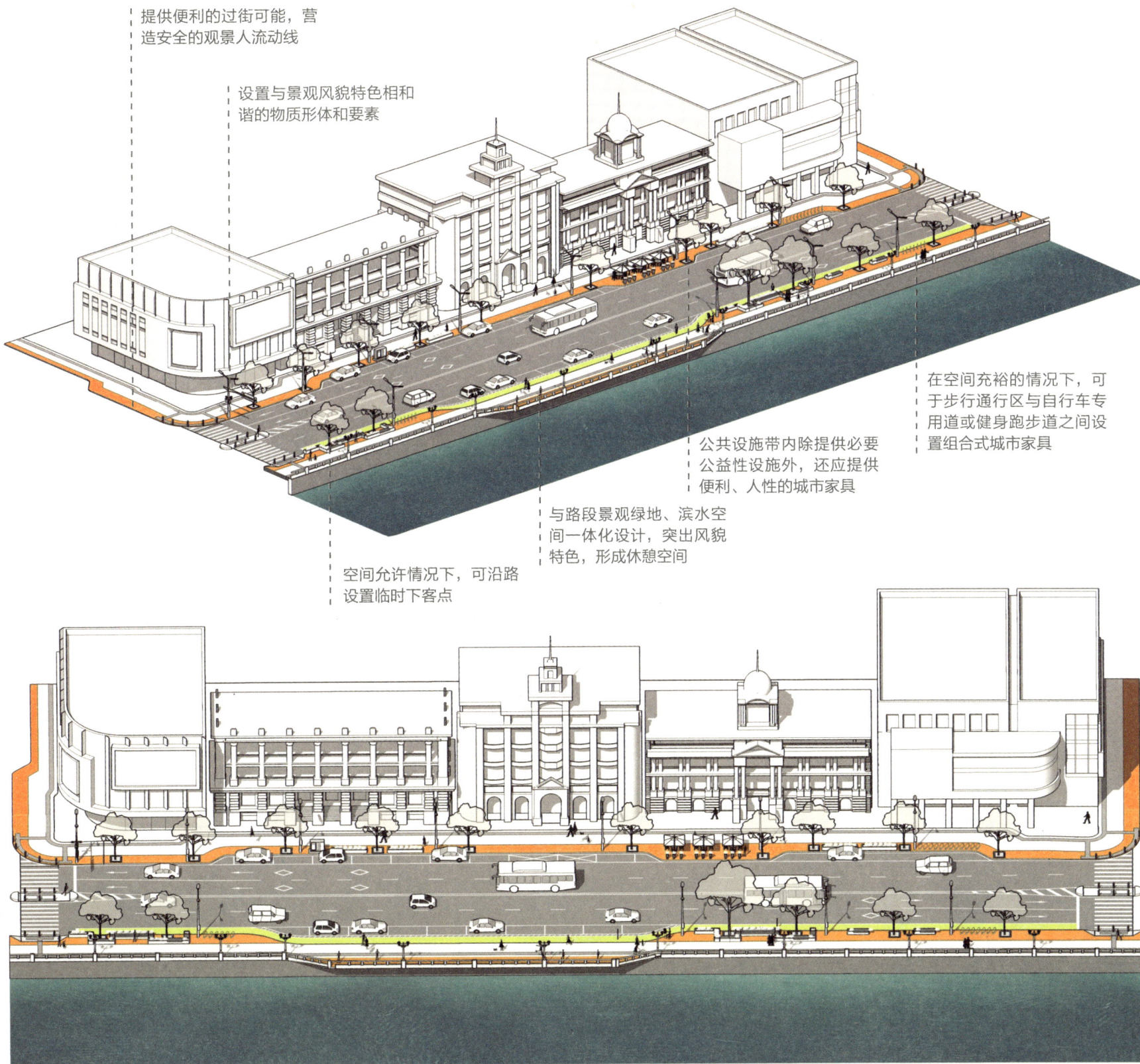

图 3.6-5 景观型道路设计示意图（资料来源：自绘）

图 3.6-6 广州市天河区黄埔大道（资料来源：自摄）

3.6.4　交通型道路

释义：交通型道路强调交通特性作为主要因子，承载机动车专用中长距离通过性交通，车速较快。道路沿线以非开放式沿街界面为主，两侧限制或禁设大型交通吸引点。

交通型道路主要承载着城市中长距离交通运输的作用，是解决城市中各个地区之间的交通联系以及对外地区交通枢纽之间的联系，满足各功能区之间日常人流和物流空间转移的要求。其特点为机动车数量多、车行速度快、车道数幅宽、行人和非机动车数量少。

— 道路类型： 包括快速路（At）、交通主干（Bt）以及交通次干（Ct）三类。

— 活动类型： 各类交通通行、通勤活动，主要包括上下学、上下班、购物、候车等必要性活动。

— 一般要求：
① 设置较少的交叉口以便于机动车辆穿行，在设置信号灯的交叉口之间允许机动车以更高的速度和更长的距离行驶，以减少行人和自行车穿越；
② 人行道和非机动车道应是连续、安全的，在必要交叉口，提供安全、方便、足够的行人和自行车的停留空间和缓冲区十分必要，建议以立体过街方式串联慢行系统；
③ 沿线的设计以非开放式界面为主，利用道路绿化的隔离、屏挡、通透等控制景观效果，形成富有层次感、节奏感和韵律感的景观生态走廊，并具有连续性。

— 特殊要求： 交通型道路设计应该满足人的视觉需求和车辆行驶需求，使人感觉精神愉悦，赏心悦目。应根据车速的变化进行不同的处理，满足人运动感知的规律。另外，交通型道路大多属于污染较为严重的道路，所以在植物品种的选择上要求会更高，而且需要充分考虑到道路空间的优先，以及道路景观对周边环境的协调和对人的景观感受。

● **服务要求**

第 3 章　城市道路分类

3.6 道路设计指引

DESIGN GUIDES FOR STREETS

● **空间要求**

— 应根据机动车交通、货运交通、公共交通、非机动车交通和步行交通的不同需求进行空间的统筹分配，对优先级较高的交通方式进行优先保障，实现合理的模态平衡。

— 货运车流量较大的道路应对机动车与非机动车进行硬质隔离，包括绿化带、简易分车带或较矮的分隔栏杆、隔离桩等设施，减少快慢交通冲突及避免视觉障碍。

— 应尽量避免人非共板，以免相互干扰。非机动车道、自行车专用道与人行道直接相邻时，应设置路缘石及不小于 5cm 的高差作为分隔。

— 设施带应尽量集约紧凑，为步行通行区和自行车通道设置预留足够的宽度。当道路设计车速大于或等于 60km/h 且邻近机动车道时，路缘带宽度应取 0.5m，步行通行区推荐宽度是 2.5m。

— 交叉路口如必须设置，应有序引导，合理控制转弯车速，并提高行人的可见性。

● **设施要求**

— 交通功能性设施以为车行交通服务为主，路灯、分隔设施、候车亭、人行天桥等设施的设计要简洁明快，突出使用功能，在造型上不宜过分修饰，以避免对驾驶者产生干扰。

— 生活服务性设施仍然是必不可少的，设施设置的间距可适当加大，造型上应突出体块关系和轮廓线，考虑色彩鲜明、对比强烈，以突出其可识别性。

— 鼓励采用绿化带、隔声板等设施降低交通噪声；路面材料具有良好的吸声降噪性能、抗滑性能和耐老化性能，延长道路的使用寿命。

— 鼓励设置公交车道及公交专用道，应通过铺装及相应标志标识强调公交车路权，保障公交通行效率，且强化站点周边应形成连续、便捷的绿色交通换乘路径。

— 行道树树种及其他植物的选择，应考虑植物的抗逆性、适应性和降噪除尘能力，采用种植高大型、根径较小的乔木释放人行道通行空间；注重景观的长期性与养护的简易性。

● **重点模块**

道路变截面，慢行系统，多杆合一、多箱并集，公共设施带/区，公交车通行区。

● **重点要素**

机动车道宽度，车道功能，机动车道展宽，渐变段，机动车道路面与结构，侧、平石，人行道宽度，非机动车道宽度，人行道铺装与结构，非机动车道铺装，人行道及非机动车道标识，缘石坡道，过街安全岛，公交专用道，公交站台，交通渠化岛，掉头车道，机动车道标线，机动车信号灯，交通标志，分隔设施，防撞设施，公交站牌，公交候车亭，电子站牌，公交电子地图，行道树，树池，道路绿带。

设施带应尽量集约紧凑，为步行通行区和自行车通道设置预留足够的宽度

鼓励采用绿化带、隔声板等设施降低交通噪声，结合绿地进行低冲击设计

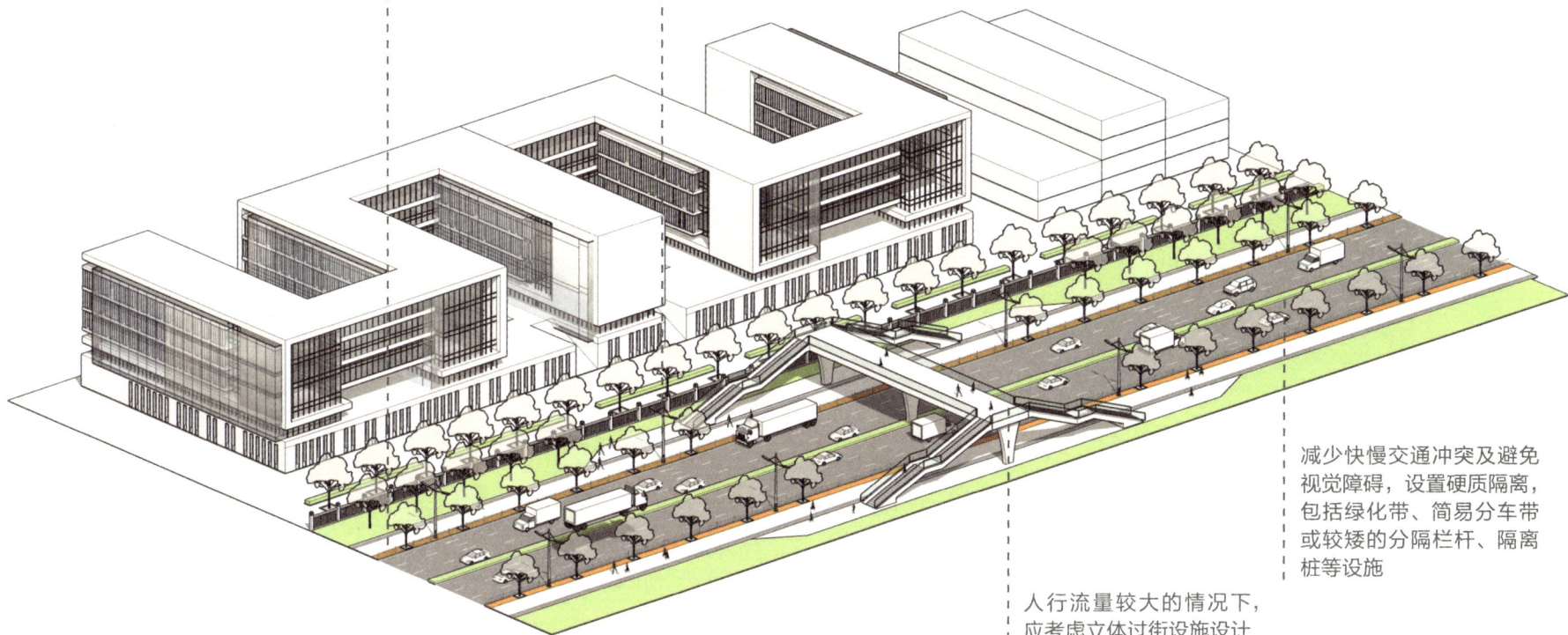

减少快慢交通冲突及避免视觉障碍，设置硬质隔离，包括绿化带、简易分车带或较矮的分隔栏杆、隔离桩等设施

人行流量较大的情况下，应考虑立体过街设施设计

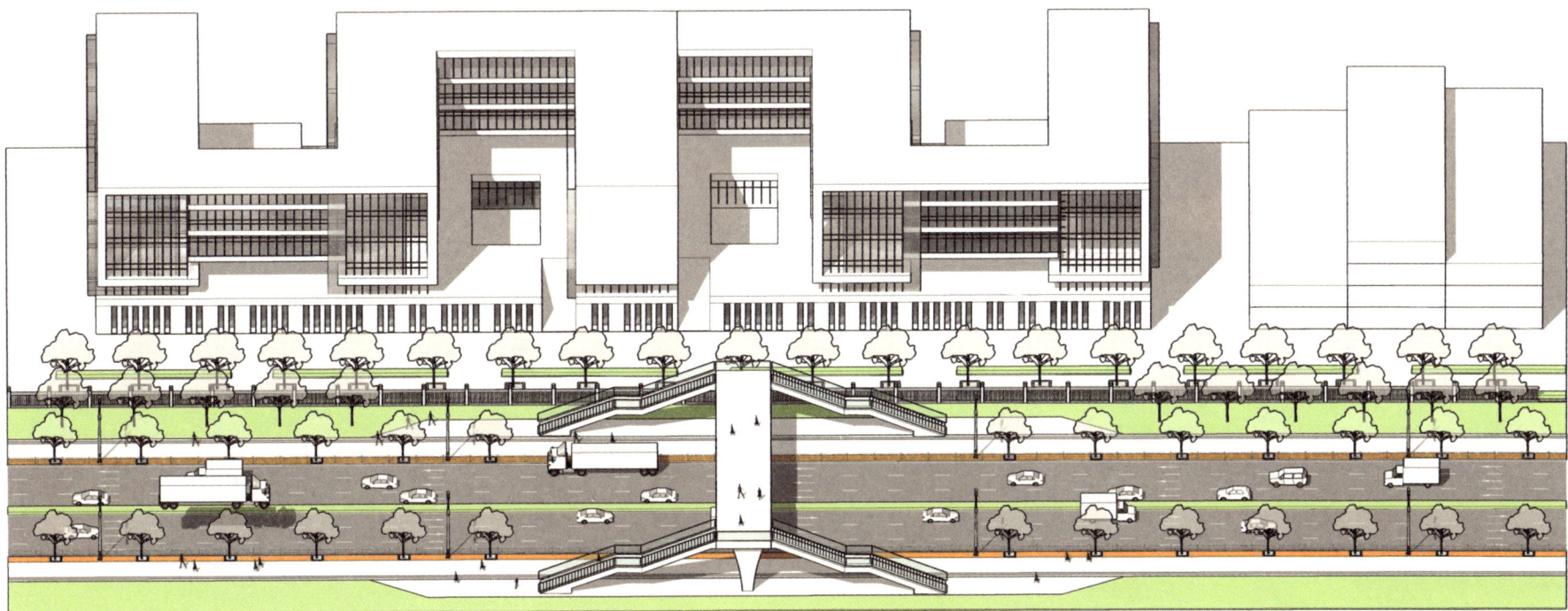

图 3.6-7　交通型道路设计示意图（资料来源：自绘）

第 3 章　城市道路分类

图 3.6-8　广州市黄埔区开泰大道（资料来源：黄埔区住房和城乡建设局提供）

释义：工业型道路主要位于工业用地与仓储用地较为集中的区域，适应批发、建筑、加工和物流服务企业等的装载和配送需求。交通特性上考虑大型车辆通行及卸货，行人较少的道路。

此类道路主要是为货物流提供良好的机动车通行效率，包括在交叉路口提供足够的转弯半径，是这种类型道路的一个主要设计考虑。

— 道路类型： 包括工业大道（Bg）、工业干道（Cg）和园区支路（Dg）三类。工业大道主要功能是连接工业园区与对外交通干路、园区各组团之间，是园区生产性交通主路。工业干道构成了二级骨架，主要是连接组团内部交通，沿着各组团的外围，形成组团的环路结构，是组团内部交通与组团外部交通的连接线。园区支路则是工业型道路的最低等级道路，是单个组团内部各个企业、各地块用地的连接道路。

— 活动类型： 在工业园人口组成中，主要是企业员工，以年轻的外来人口居多，出行次数相对较少、出行目的相对单一，主要是上班、商务往来、购物等必要性活动，满足对基本生活的需求。外来人员在工业园内居住，其出行的范围主要在工业园区内，距离较短，通常选择步行或自行车，而要离开工业园的出行通常选择公交车或自行车。

— 一般要求：
① 工业型道路交通主要是货运车流，应满足其配送和装载货物的功能要求；
② 虽然行人的使用较少，但人行道和可通达住宿的方式必须提供，路径连续且安全；
③ 在设计此类型道路时，应考虑劝阻和减少邻近地区居民在此类道路上的通行。

3.6.5 工业型道路

● **服务要求**

第 3 章 城市道路分类

3.6 道路设计指引
DESIGN GUIDES FOR STREETS

● **空间要求**

—— 道路空间应充分考虑其货物流与人流的构成特点，设计符合具有高效率的道路断面，对货流与人流进行合理调配，货运车流量较大的道路应对机非空间进行硬质隔离。

—— 应结合沿线公交车站点、重要公共服务设施、公共开放空间及其他主要出行目的地设置非机动车停放设施和公共自行车租赁点，并配备相应遮蔽设施。

—— 原则上，卸货活动应在企业地块内部进行，或在道路慎重设置专用卸货车位，但不得占用人行道空间装卸货。

—— 对于既有工业型道路，在空间允许的情况下，鼓励对道路进行微改造，结合公共设施带创造街面微空间，塑造休憩节点，提升企业员工的生活体验和归属感。

● **设施要求**

—— 鼓励采用能够吸收分解汽车尾气、吸声降噪的路面材料，具有良好的抗滑性能和耐老化性能，延长道路的使用寿命。

—— 对于绿化植物，重点要考虑使用树木和其他植物专为修复的品种，或种植具有较强吸附能力的植物，以吸收、去除污染的水、土壤和废气。工业园区围墙与道路之间的绿化带可以简洁硬朗的方式组织，突出工业特点。

—— 即使在人流不是很大的道路上，也应该布局公共设施带设置相关的便利设施，如座椅、慢行导向设施、公用电话、流动厕所等，提供充足的夜间照明，鼓励更多的人性化关爱。

—— 除一般的市政附属设施和城市家具外，应完善道路的救灾设施，包括消防栓、紧急广播设备、城市生命线系统等，设备应坚固可靠，充分发挥防灾功能。

—— 对于工业型道路，道路的纵横坡设计应慎重合理，消除暴雨对工厂生产带来的危害，并可结合绿地、绿化带、道路外建筑物外部场地等设置下沉式绿地、植草沟、蓄水池等，对雨水进行调蓄、净化与利用。

—— 结合园区文化、企业文化，创造多样性的、体现本土企业文化意蕴的雕塑等公共艺术，增强工业型道路的场所感和艺术品质。

● **重点模块**

慢行系统，道路变截面，公共设施带/区。

● **重点要素**

机动车道宽度，路内停车区，车道功能，机动车道展宽，渐变段，机动车道路面与结构，侧、平石，人行道宽度，非机动车道宽度，人行道铺装与结构，非机动车道铺装，人行道及非机动车道标识，缘石坡道，过街安全岛，人行横道，自行车过街带，道路照明，行道树，树池，道路绿带，停车场绿化等。

可结合绿地、绿化带、道路外建筑物外部场地等设置下沉式绿地、植草沟、蓄水池等，对雨水进行调蓄、净化与利用

提供良好的机动车通行效率，包括在交叉路口提供足够的转弯半径

结合园区文化、企业文化，创造多样性的、体现本土企业文化意蕴的雕塑等公共艺术

结合防护绿带、公共设施带等创造街面微空间，塑造休憩节点，提升企业员工的生活体验和归属感

设施带应尽量集约紧凑，为步行通行区和自行车通道设置预留足够的宽度

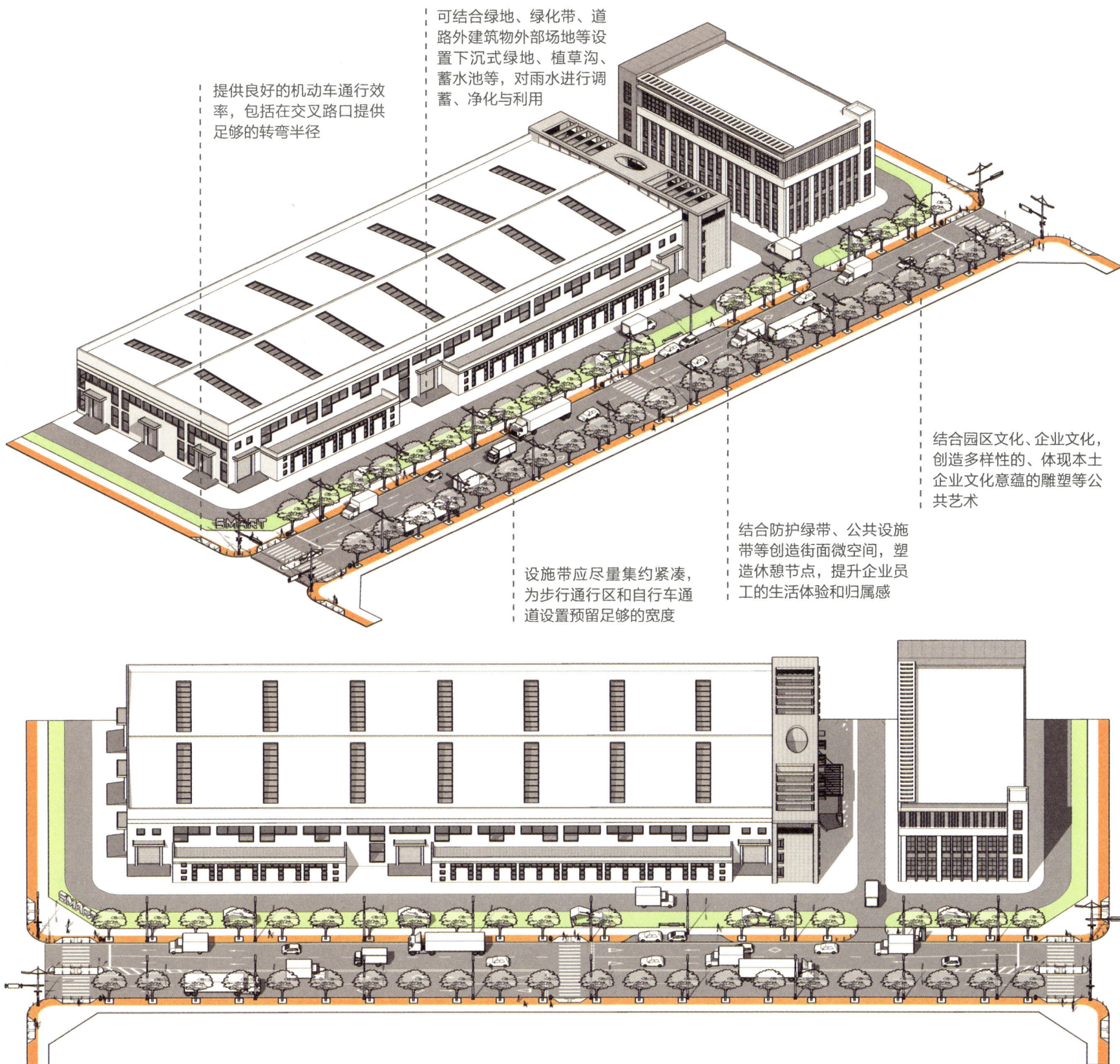

图 3.6-9　工业型道路设计示意图（资料来源：自绘）

3.6 道路设计指引
DESIGN GUIDES FOR STREETS

3.6.6　综合型道路

综合型道路是道路沿线土地类型与界面混合程度较高，比其他基本型道路沿线存在更多样化的土地用途，支持多样混合的居住、办公、娱乐、零售等街道服务，或兼有两种以上类型特征的道路，通过和进出性交通均强的类型。

对于综合型道路，规划设计及提升改造应当兼顾多种类型特征的要求，对活动类型进行充分研究，进行有针对性的道路设计。

3.6.7　特定类型道路

01 步行街

步行街是在交通集中的城市中心区域设置的行人专用道，原则上限制或禁止机动车与非机动车通行，是行人优先活动区。步行街是城市公共空间的一种形式，能够促进街区周围经济的繁荣，为市民提供休闲娱乐的场所，同时也提升城市的空间品质，为城市的发展起到很大的推动作用。

当前，步行街设计与建设过程中过多地将重点集中在步行街的建筑形式、风格与氛围的创造等方面，而在人行道路环境设计上尚着墨不多，导致步行街在为人服务上存在着一些小缺陷。对步行街的设计，核心内容是对街道空间构成要素的"人性化"过程。要讲究以人为本，符合消费者的行为习惯，科学地对包括步行区域、行走路线、城市家具、游乐设施及休憩场所人造景物等进行规划。对于老城的传统街道设计没有规划机动车道，是步行的绝佳地点。步行街的设计可结合商业型道路的相关要点，但同时也具有个性化的设计特征，如下：

—— 街道空间富有节奏和变化，既能形成清晰易识别的动线，保证开敞性与流畅性，又能创造入口处标志性景观、休憩与娱乐的集中空间等一系列节点空间，使整个步行系统有收有放，张弛适度，减少单调感和烦闷感，提高空间利用率，便于各类人群活动。

—— 强调残障人士与老年人的无障碍设计，步行街出入口做斜面处理，街道地面可使轮椅使用者独自进出步行街上的店铺，无坡道；地面铺装对于盲人的需求有所考虑，通过色彩的变化做出诱导性质的地面铺装，同时也设置盲文地图与触摸引图；步行街上可直接找到的卫生间位于一楼，有残障人士使用的专门卫生设施。

—— 道路设施的设置符合人的行为特点。适当多设置公共服务性设施，人性与艺术化的家具设计、良好的组合布局与设计是步行街富有吸引力的前提之一。在地面铺装的设计上，可采用多种材料和拼接方式划分功能区和适应人的使用习惯，力求达到节奏明快、变化有序的效果；铺装材料应适当粗糙，以增大摩擦、提高行走舒适性。

—— 创造舒适的微气候条件。地面铺装尽量少用白色花岗岩等高反光和浅色的硬质铺装避免炫光，出挑的雨篷或建筑空间可减弱夏季的强光和橱窗的炫光；另外，加强植物的种植尤其高大通透乔木的种植，能有效减少地面吸收太阳辐射，水体的利用也是改善热环境的有效方式。

第3章　城市道路分类

骑楼街：广州的传统街道形式之一，是广州城市文化积淀最浓厚、蕴含的城市情感最深厚的城市空间之一，见证着城市的过去和发展。在这类型街道中，熙来攘往的街巷人流带动了商业、服务业的发展，居民在获得各种层次的消费服务的同时，也会随机发生偶遇、交谈、结识、嬉戏、观望、拍照等行为，自由、放松的情感需要在"逛街"的过程中得到了充分的满足。对于骑楼街的全要素品质化提升，依托街道传承城市物质空间环境，延续城市历史特色和人文氛围是重点。

—— 对于历史文化名城保护规划中的 40 条骑楼街，应尽量延续历史文化环境的完整性和原真性，恢复其景观特征，积极改善基础设施和人居环境，激发街道活力。不得擅自改变道路空间格局，如道路宽度和尺度、街道界面形式、道路线性变化等物质性要素和建筑原有的立面、色彩，建筑立面的户外广告和招牌等设施应当符合保护规划的要求。

—— 对于一般的骑楼街，沿线历史建筑较多以及能够代表广州特定发展时期或特定地区特征的街道，改扩建时应在保护历史建筑的前提下，慎重对街道空间如宽度和尺度等级进行调整，保护、修缮和恢复富有特色的沿街建筑、道路特色环境设施，引入多元功能，赋予街道新的活力。

—— 应当挖掘历史文脉及城市特色的内在品质，提炼城市的深层文化内涵，将其融入到街道空间物质性要素的设计中去。在相对重要的街道节点空间上，运用小品、雕塑等的景观形态反映城市文脉。对于非物质性要素如富有特色或体现历史意义、特定功能的路名，以及曾发生过重要历史事件的路段、场所等，同样应予以保护。

图 3.6-10 广州市荔湾区恩宁路（资料来源：自摄）

3.6 道路设计指引
DESIGN GUIDES FOR STREETS

03 共享街道

共享街道的根本理念是构造一个人车共享的街道空间发展模式，为所有的使用者改善环境。强调对行人用路需求的关注，而将驾驶者置于一种次要的状态。在共享街道中，行人和机动车共用一个空间，这一空间应被设计成迫使汽车缓慢行驶的格局，支持街道的生活性能和社交性能。共享街道应有的设计特征：

— 地面标高统一，通过铺装材料或者样式的变化，以及采取"软"隔离方式，限制机动车交通，尊重"弱势群体"，行人和机动车共享街道空间，行人在街上享有优先权。

— 创造更为人性化的街道空间环境，恢复街道的生活特性和活力，为居民生活、娱乐、交往、购物等日常生活提供良好的街道环境，最终将街道还给人们。

— 强调对家具和设施的人性化设计，要求户外环境更加宜人、亲和、富有魅力，布置各种方便人使用的设施和绿化景观小品，成为人们名副其实的"城市客厅"。

图 3.6-11　广州市越秀区西湖路（资料来源：自摄）

04 社区道路

社区道路实质上是一个人车共存的道路空间形式，通常以到达性交通为主，往往也会成为周边居民的停车点。设计的侧重点应在于鼓励缓慢的车速，保证行人的安全，给孩子、老人提供安全的活动空间。

— 对于社区道路，通过设置限制警示牌、抬升式路口、设置路障或"障碍物"等稳静化设施等控制行车速度，以降低车速减少交通事故的发生频率，把良好的空间还给居民。

— 对于交通量相对较少的道路，结合道路的变截面设计或改造，适量布置路边停车设施，包括机动车及自行车停车点，供沿线住户临时上落、商店卸货等活动。

— 注意居民安全需求的考量，确保公共空间与私人空间的界限分明，并增加街道的光亮；通过行道树、长椅、种植区和玩乐区等的设置，允许居民日常交流模式的开展。

任何一种类型道路的设计都会涉及沿街活动、城市空间、城市形象、文化特色等问题，它涵盖了建筑、城市规划、景观学、城市设计、社会学、经济学、历史学、美学和市场营销等诸多学科的相关理论，是一个复杂的多元系统工程。上述的道路设计指引旨在为广州市城市道路设计提供新的视点和方法，如何将设计深化到人的尺度，重视建筑工效学设计，还需要规划、设计、管理、业主等多方面的共同努力。

3.6.8　小结

图 3.6-12　广州市天河区天河路航拍图（资料来源：陈星波摄）

第 4 章

道路设计模块
MODULES DESIGN

That people and events are assembled in time and space is a prerequisite for anything at all to occur, but of more importance is which activities are allowed to develop. It is not enough merely to create spaces that enable people to come and go. Favorable conditions foe moving about in and lingering in the spaces must also exist, as well as those for participating in a wide range of social and recreational activities.

In this context the quality of the individual segments of the outdoor environments plays a crucial part. Design of individual spaces and of the details, down to the smallest component, are determining factors.

人和活动在时间和空间上集中是任何事情发生的前提，但更重要的是什么样的活动得以发展。仅仅创造出让人们进出的空间是不够的，还必须为人们在空间中活动、流连，并参与广泛的社会及娱乐性活动创造适宜的条件。

因此，户外环境的每一部分都起着关键的作用，从每一处空间的设计直至最小细部的处理都是决定性的因素。

——（丹麦）扬·盖尔《交往与空间》

4.1 模块概述
INTRODUCTION OF MODULES

4.1.1 模块说明

从"面向车"到"面向人",人们对城市道路建设满足人性化需求提出了更高要求。城市道路应满足多种交通方式平衡发展和街道场所功能需求,满足街道设计"需求金字塔",融入功能化、整体化的方法,体现道路、街道设计方面的历史经验与前沿探索。本设计手册根据不同的功能、几何构成和设施类型,创造性地提出了 9 个道路设计模块。对每个组成模块提供了技术指导,给出不同类型的推荐形式和提供设计要点清单。

4.1.2 模块释义

9 个道路设计模块的释义(资料来源:自绘)　　　　表 4.1-1

序号	模块名称	模块释义
1	慢行系统模块	慢行系统指服务于步行和骑行的道路部分,包括各等级道路的路侧人行道和自行车道
2	道路变截面模块	道路变截面是指由于车道宽度、数目发生变化,或者因设有公交车站、路内停车带、路中安全岛等情况而引起道路横断面发生变化的区域
3	公共设施带	公共设施带是指人行道分区断面中,集中设置市政设施、城市家具、指引标识等公共服务设施的区块
4	交叉路口模块	交叉口指道路与道路相交的区域,包括各道路的相交部分及其进出口道路段,是街道空间中的重要部分
5	多杆合一 多箱并集	多杆合一是指将街区界面上的各类交通设施杆件、市政设施杆件以及信息服务牌等,以立地条件、杆件结构特性为依据,进行分类整合。 多箱并集是指将街道空间范围内的各类通信、广电、交通、监控等弱电箱体进行整合设置。形式上可分为多箱归并和多箱集中,多箱归并是将多个箱体整合到同一个大箱体中,多箱集中是指将多个箱体集中并置
6	过街设施区	过街设施区指连接道路两侧人行道的设施及其关联区域,包括平面和立体过街及附属设施
7	公交车通行区	公交车通行区指车行道中供公交车辆行驶和停靠的区域,包括常规公交车通行车道(含公交专用道)和公交停靠站
8	建筑退缩空间	建筑退缩空间是指与道路相接的用地红线以内,依据控规所划定的建筑后退标准,所形成的连续或片段的退缩空间
9	地铁出入口区	地铁出入口区是指地铁车站露出地面的建筑物或构筑物,以供地铁乘客上下通行和使用的区域

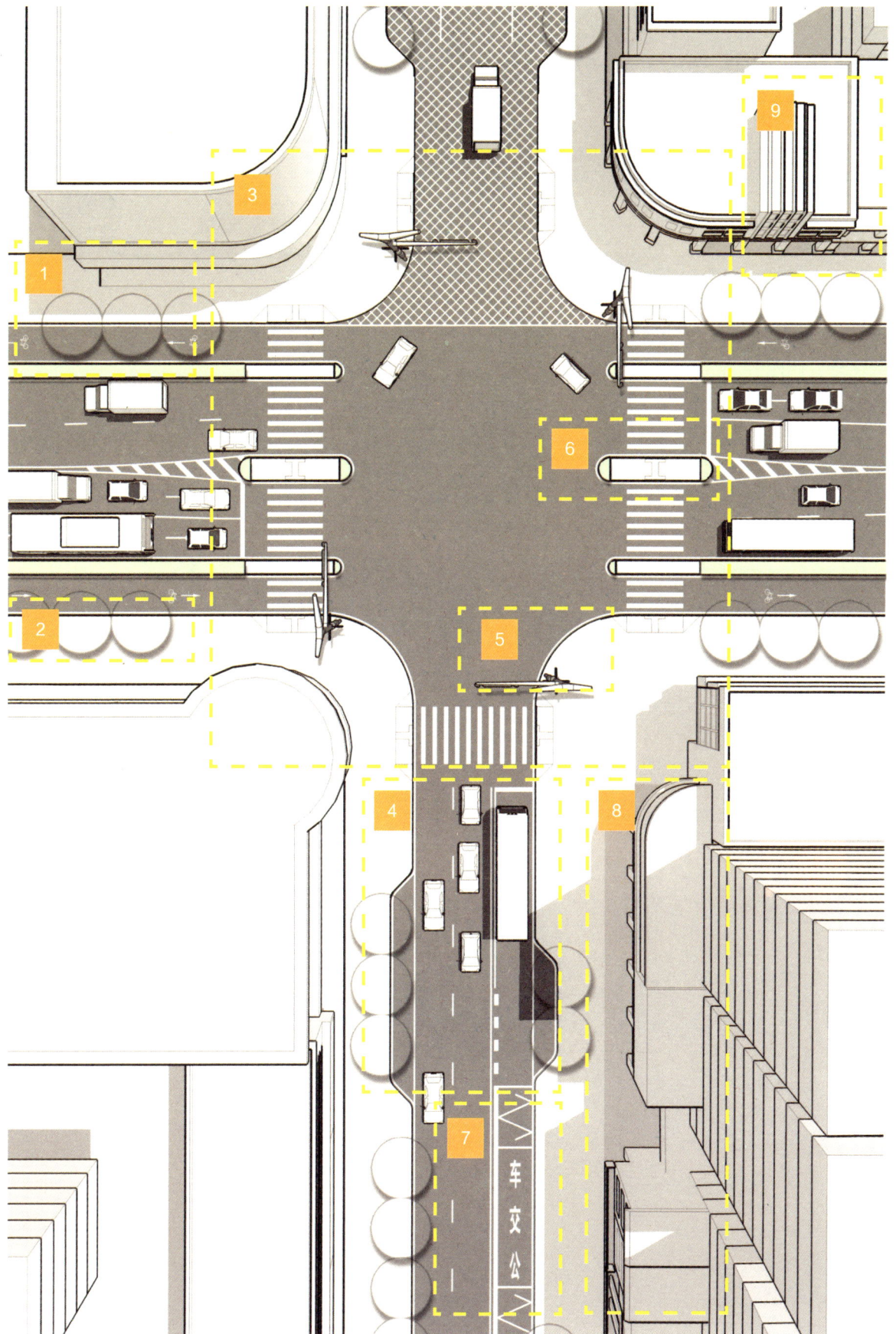

图 4.1-1　道路模块示意图（资料来源：自绘）

1- 慢行系统模块
2- 公共设施带 / 区模块
3- 交叉路口模块
4- 道路变截面模块
5- 多杆合一、多箱并集模块
6- 过街设施区模块
7- 公交通行区模块
8- 退缩空间模块
9- 地铁出入口模块

第 4 章　道路设计模块

4.2 道路的人
STREET USERS

4.2.1 人的活动对空间的需求

人是城市的主体，城市道路空间的设计应该以人的使用为优先，设计上需要适应人的尺度、速度以及舒适度。

人体工程学在道路细部设计中主要应用在以下方面：

（1）确定人和人际在道路空间中活动的主要依据：根据人体工程学中的有关计测数据，从人的尺度、动作域、心理空间以及人际交往的空间等，以确定空间范围。

（2）确定道路城市家具及服务设施的形体、尺度及其使用范围的主要依据。

（3）提供适应人体的物理环境的最佳参数：物理环境主要有热环境、声环境、光环境、重力环境、辐射环境等，道路设计时有了上述要求的科学的参数后，设计中就有可能有正确的策略。

（4）对视觉要素的计测为视觉环境设计提供科学依据：人眼的视力、视野、光觉、色觉是视觉的要素，人体工程学通过计测得到的数据，对光照设计、色彩设计、视觉最佳区域等提供科学的依据。

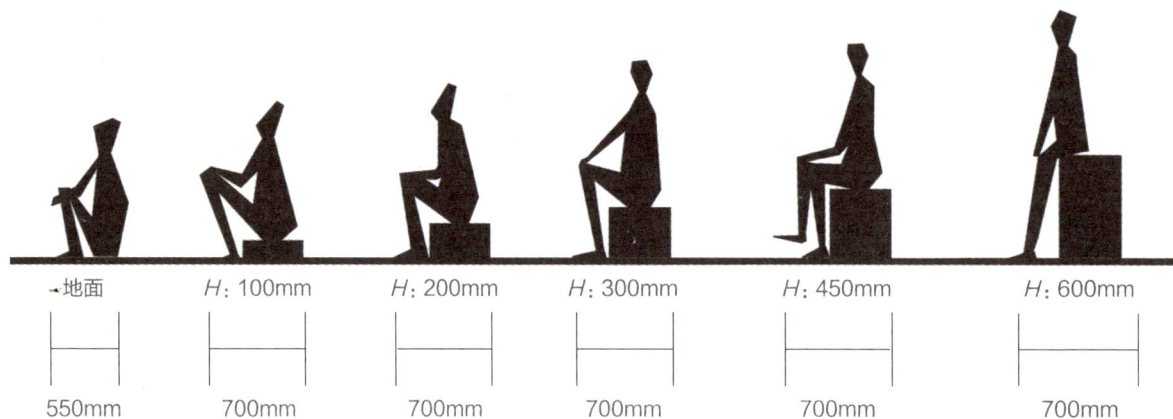

| →地面 | H：100mm | H：200mm | H：300mm | H：450mm | H：600mm |
| 550mm | 700mm | 700mm | 700mm | 700mm | 700mm |

座位高度与姿势

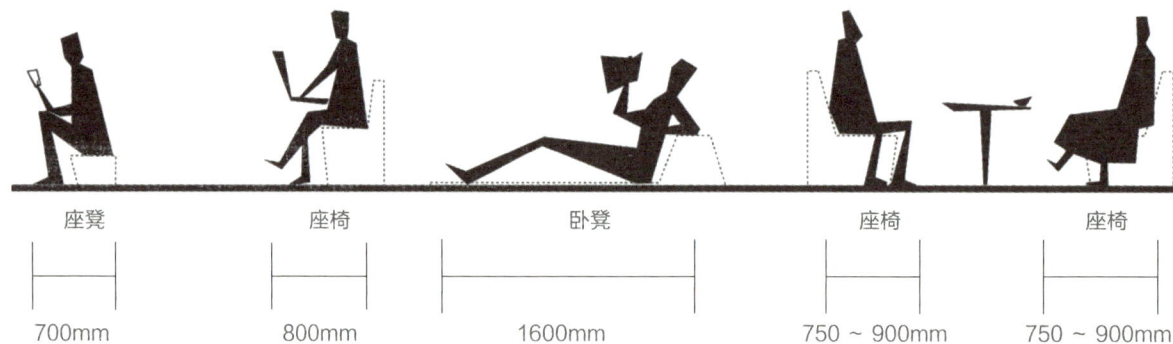

| 座凳 | 座椅 | 卧凳 | 座椅 | 座椅 |
| 700mm | 800mm | 1600mm | 750～900mm | 750～900mm |

坐卧

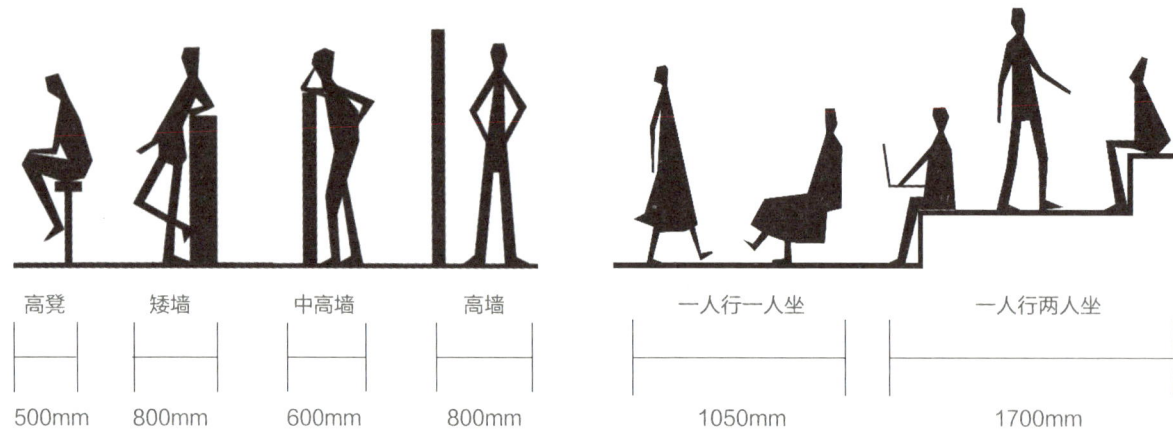

| 高凳 | 矮墙 | 中高墙 | 高墙 | 一人行一人坐 | 一人行两人坐 |
| 500mm | 800mm | 600mm | 800mm | 1050mm | 1700mm |

竖向依托

行与坐

第4章 道路设计模块

- ▶ 座位高度与姿势
- ▶ 坐卧
- ▶ 竖向依托
- ▶ 行与坐
- ▶ 通行
- ▶ 轮椅与骑行
- ▶ 特殊群体

1个成人　600 ~ 720mm
两个成人　1000 ~ 1500mm
一个成人一个小孩　1000 ~ 1200mm
三个成人　1500 ~ 1800mm

通行

轮椅长度　900mm
轮椅宽度　800mm
自行车长度　1500mm
自行车宽度　500mm

轮椅与骑行

拐杖　700mm
助行器　900mm
轮椅　1300mm
婴儿车　1300mm
拐杖加推车　900mm

特殊群体

图 4.2-1　各类基本活动空间尺度示意图（资料来源：自绘）

第 4 章　道路设计模块

4.2 道路的人
STREET USERS

4.2.2 广州道路—街道人行为图谱

作为城市主体的人，其尺度、速度以及舒适度都是判断物质环境质量的一个指标，扬·盖尔将公共空间户外活动划分成必要性活动、自发性活动和社会性活动，每一种活动类型都与物质环境有着不同的关系，而只有当户外物质环境具有高品质时，才更能吸引自发性活动以及社会性活动的发生，从而提高城市生活的活力。城市道路作为为人们的日常出行、生活和交往提供场所的主要载体，其最根本的作用是必须满足市民的日常使用，除了上下班、候车、等人、购物等这些每个人需要在不同程度上参与进去的必要性活动之外，城市道路空间更应该满足散步、小坐、停留、交往、游憩等一系列的自发性活动和社会性活动。

通过对广州市道路、街道中居民意向和行为的调查，将一系列典型的市民生活形态进行归纳并形成相对应的行为图谱，为模块的设计提供必要依据，为设计人员提供参考信息，帮助设计人员更好地从"人的需求"出发完善设计，为各类型活动的发生创造出更有利的条件。

行人

跑步

骑行

候车

驻足

拍照

查询

放学回家

购物

街头表演

街头滑板

街头绘画

遛狗

玩耍

室外咖啡

节日庆典

办公

展览

太极

卫生清洁　　　货物卸运　　　工程施工　　　外卖/快递

▶ **必要性活动：**

　　行走、跑步、骑行、候车、驻足、拍照。

卖鸡公榄　　　　唱戏　　　　　棋牌

▶ **自发性活动：**

　　休憩、晒太阳、室外咖啡、买卖、舞蹈、健身、聚会、交流。

球类活动　　　　　　　　　跳舞

▶ **社会性活动：**

　　商业宣传、儿童游戏、文化展览、节日庆典。

喝酒　　　　　　聊天　　　　　喝茶看报

传单派送　　　　海报宣传

路边摊　　　　街舞演出　　　　广场舞

图 4.2-2　广州道路 - 街道人行为图（资料来源：自绘）

第4章　道路设计模块

4.3 慢行系统
NON-MOTORIZED TRAFFIC SYSTEM

总体指引： 慢行系统属于城市道路系统的一部分，串联广场、绿地、步行街、公共建筑等主要公共活动场所，应尽可能构建密集的慢行通道网络。合理分配有限的道路空间，确保道路资源的有效利用，保障步行和自行车交通使用者（特别是儿童、老人和残障人士等弱势群体）的出行安全是人行道和自行车道设计的基础条件，在满足安全性的前提下统筹考虑连续性、方便性、舒适性等要求。

4.3.1　定义与范围

慢行系统指服务于步行和骑行的道路部分，包括各等级道路的路侧人行道和自行车道。慢行道是街道界面中人活动的主要场所，是人感知城市的重要媒介。一个良好的慢行环境，更易于行人和骑行者舒适使用和驻足停留，激发他们欣赏城市风景、体验城市生活、感受城市文化。

4.3.2　模块构成

交通设施和街道环境共同构成了慢行系统。根据要素的普适性和特殊性，将要素归纳总结为基本要素和扩展要素两类。其中，基本要素是组成慢行系统的最基础要素，各类型道路均具备。扩展要素是体现道路类型差异、提升道路空间品质的要素，不同等级、不同功能的道路所具备的扩展要素不同。

组成要素
基本要素（7项）
人行道宽度、自行车道宽度、盲道、侧平石、缘石坡道、车止石、道路照明
扩展要素（13项）
护栏、绿化隔离带、行道树池、自行车停放点、公共自行车租赁点、人行道展宽、人行道铺装与结构、自行车道铺装与结构、人行道及非机动车道标识、公共座椅、慢行导向设施、智能服务设施、风雨连廊

资料来源：自绘

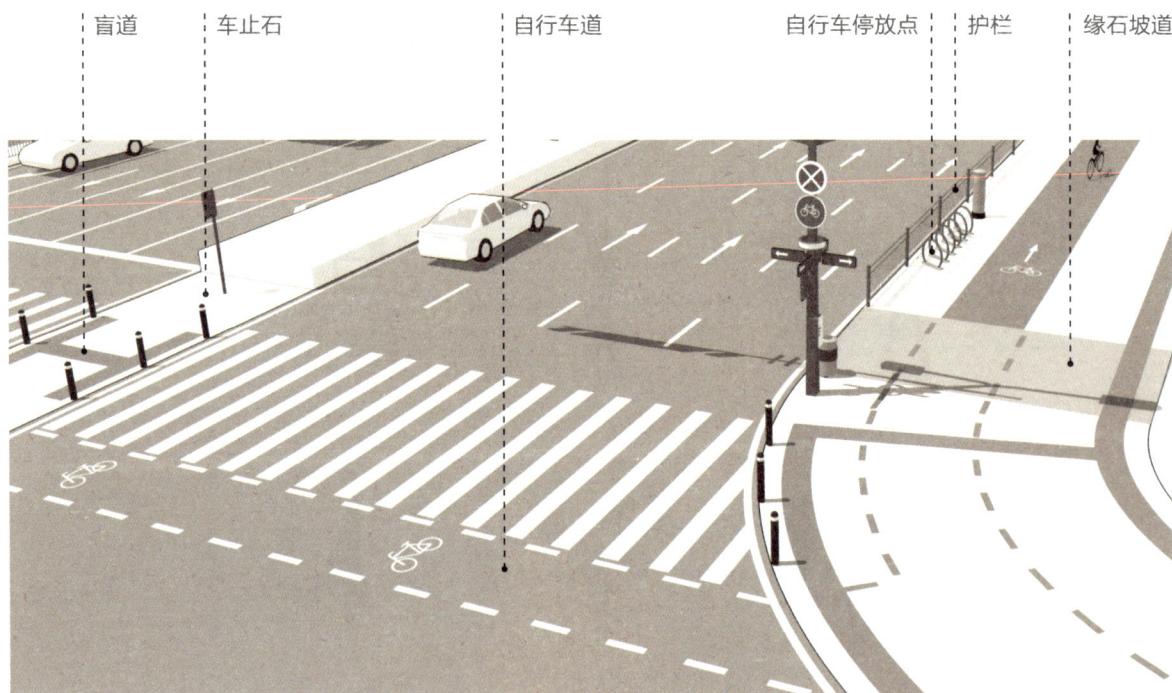

图 4.3-1　慢行模块部分组成要素示意图（资料来源：自绘）

盲道　车止石　自行车道　自行车停放点　护栏　缘石坡道

01	《城市道路交通规划设计规范》GB 50220-1995
02	《城市道路工程设计规范》CJJ 37-2012
03	《无障碍设计规范》GB 50763-2012
04	《城市步行和自行车交通系统规划设计导则》（住房和城乡建设部）
05	《广州市城市道路人行道设施设置规范》DBJ440100/T 205-2014（广州市地方标准）
06	《广州市城市道路设计技术指南（试行）》（广州市住房和城乡建设委员会）

针对广州市人行道、自行车道的特性和实际使用问题，提出以下设计原则：

安全：根据道路的功能妥善处理慢行交通与机动化交通方式的分隔、交织和冲突等问题，保障步行与自行车交通的有效通行空间，适当隔离人行道和自行车道，避免互相干扰以降低交通事故的风险。

连续：慢行道应连续、通畅，在与铁路、河流、高快速路等人工或自然屏障相交时，应通过工程及管理措施保障其连续性，避免出现断点。

方便：慢行网络应完善连通，构建便利的慢行交通微循环系统，自行车停放尽可能靠近目的地设置，并且重视无障碍设计，方便老人、儿童及残障人士出行。

舒适：尽可能保障步行和自行车通行空间的环境品质，做到与城市景观相结合，考虑铺装、植物、照明、标志等设施的整体美观和材料选用的耐久连续，尽量提供遮阳遮雨设施。

共享街道是未来发展的主要趋势之一，无需禁止机动车的通行，但是必须保证机动车使用者认识到他们位于一个行人和其他使用者具有优先路权的地方。共享街道旨在平衡居民和商业需求以及行人、骑行者和机动车辆间的需求，从而改善慢行环境并扩大社区活动范围。

4.3.3　设计要点

● 设计依据与参考

人行道、自行车道以及无障碍设施的设置首先应符合国家、行业及地方现行的相关设计标准和规范要求。

● 设计原则

慢行系统设计宜与道路功能等级相结合，宜将建筑退缩空间、设施带与人行道的整体空间统筹设计，设计中应注意保证慢行空间的安全、连续、方便、舒适，不宜中断或缩减人行道及自行车道的有效通行宽度。

● 未来发展趋势

改善慢行环境，提升慢行品质，扩大慢行区域。

图 4.3-2　英国伦敦展览路

图 4.3-2　英国伦敦展览路（资料来源：https://www.academyofurbanism.org.uk/exhibition-road/Exhibition Road | London | The Academy of Urbanism）

第4章　道路设计模块

4.3 慢行系统
NON-MOTORIZED TRAFFIC SYSTEM

● **优秀案例:**

德国汉堡·赫塔街 | 连续的慢行空间

　　出入口处抬高路面至人行道高度,确保慢行道的连续。抬高路面铺装材料、铺装方式、地面标线不同于车行道和慢行道,以提醒自行车骑行者与汽车驾驶员。

图 4.3-3　德国汉堡赫塔街(资料来源:《单车好城市》,林胤宏)

日本·山口县 | 安全舒适的慢行空间

　　人行道和自行车道采用渗水材料铺装,雨天不易积水和滑倒,安全性和舒适性提升。人行道、自行车道和机动车道分隔,并且设有地面标识,路权明晰。

图 4.3-4　日本山口县下关(图片来源:TOKYO-HIROSHI)

英国伦敦·展览路 | 人车共享的街道

　　英国展览路为共享街道,采用无明显道路空间划分边界的街道布设方式,利用不同触觉的路面铺装材料来区分慢行与车行区域,移除街道杂物,改善街道环境。

图 4.3-5　英国伦敦展览路(资料来源:https://aseasyasridingabike.wordpress.com/2013/01/21/lessons-from-exhibition-road/ Lessons from Exhibition Road | As Easy As Riding A Bike)

图 4.3-5　英国伦敦展览路

4.3.4 模块应用

● **空间组合**

慢行系统模块根据构成要素的空间组合关系，可以分为自行车道与机动车道人行道全隔离、自行车道与人行道共面软隔离、自行车道与机动车道共面软隔离、自行车与行人混行（慢行道）、自行车与机动车混行（车行道）五种基本形式。

组合形式 道路类型	组合 A 全隔离形式	组合 B 人非共面专用形式	组合 C 机非共面专用形式	组合 D 人非混行形式	组合 E 机非混行形式
道路类型 商业型道路	√	√	√		
生活型道路	√	√	√		√
交通型道路	√	√		√	
景观型道路	√	√	√		
工业型道路	√	√		√	
道路等级及宽度 60m 主干路	√	√		√	
50m 主干路	√	√		√	
40m 主干路	√	√		√	
36m 次干路	√	√		√	
30m 次干路		√	√		
26m 次干路				√	
26m 支路		√	√		
20m 支路		√			
15m 支路			√		√
10m 支路					√

注：打"√"标记代表某类型道路可选用该设计形式。

表中图片为慢行系统 5 种基本组合形式（资料来源：自绘）

4.3 慢行系统
NON-MOTORIZED TRAFFIC SYSTEM

组合形式 A——全隔离形式

组合说明：有专用自行车道，自行车道与机动车道共面，或与人行道共面，且自行车道与机动车道、人行道之间均有连续的物理隔离（包括护栏、绿化隔离带、行道树池）。

适用条件：红线宽度足够同时设置人行道和自行车专用车道的道路或自行车、行人流量较大的道路。

图 4.3-6　组合形式 A 示意图（资料来源：自绘）

4.3 慢行系统
NON-MOTORIZED TRAFFIC SYSTEM

组合形式 B——人非共面专用形式

组合说明：自行车与人行共面，有专用自行车道，自行车道与机动车道间有物理隔离（包括护栏、绿化隔离带、行道树池），与人行道仅通过划线或不同铺面材质进行划分。

适用条件：红线宽度不足，或机动车流量较多而行人、自行车流量较小的道路。

第 4 章 道路设计模块

图 4.3-7　组合形式 B 示意图（资料来源：自绘）

4.3 慢行系统
NON-MOTORIZED TRAFFIC SYSTEM

第 4 章 道路设计模块

组合形式 C——机非共面专用形式

组合说明：自行车道与机动车道共面，有专用自行车道，但两者之间划线隔离，机动车道与人行道之间有物理隔离（包括护栏、绿化隔离带、行道树池等）。

适用条件：红线宽度不足，机动车流量较小且车速较低。

图 4.3-8　组合形式 C 示意图（资料来源：自绘）

组合形式 D——人非混行形式

组合说明：无专用自行车道，自行车与行人共面，共用路侧慢行道，慢行道与机动车道之间有物理隔离（包括护栏、绿化隔离带、行道树池）或存在高差。

适用条件：红线宽度不足且行人、自行车流量均较小的道路。

图 4.3-9 组合形式 D 示意图（资料来源：自绘）

4.3 慢行系统
NON-MOTORIZED TRAFFIC SYSTEM

组合形式 E——机非混行形式

组合说明：无专用自行车道，自行车与机动车共面，共用车行道，机动车道与人行道之间有物理隔离（包括护栏、绿化隔离带、行道树池）。

适用条件：红线宽度不足以设置独立的自行车道，机动车流量很小且车速较低的支路。

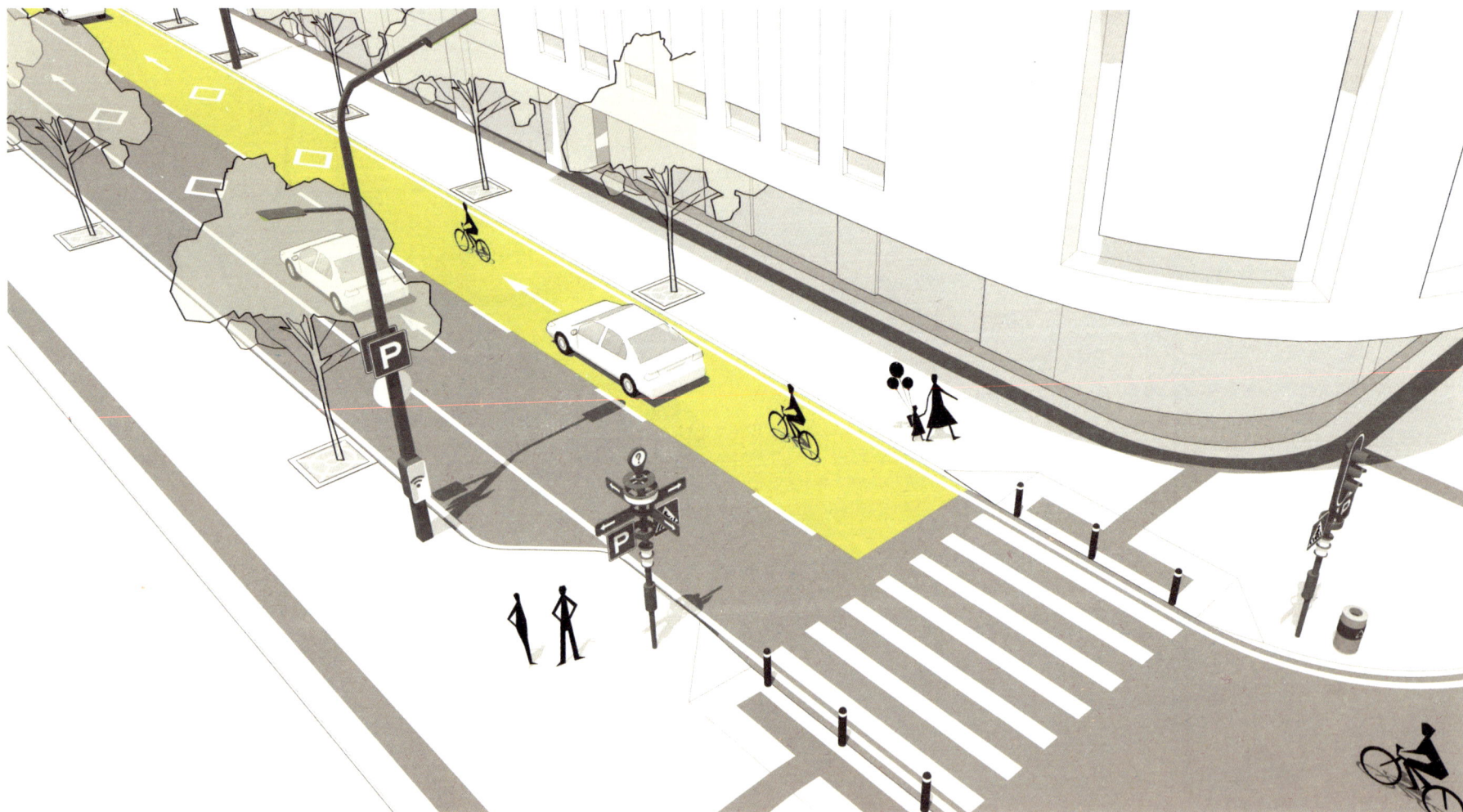

图 4.3-10 组合形式 E 示意图（资料来源：自绘）

4.3 慢行系统
NON-MOTORIZED TRAFFIC SYSTEM

● 与广州道路标准横断面的协调

通过对《广州市城市规划管理技术标准与准则》中的 10 级红线 20 种标准断面进行梳理，结合前文不同类型断面的适用性分析，对 20 种标准断面进行细化、优化设计，列出 10 级 24 种推荐横断面。

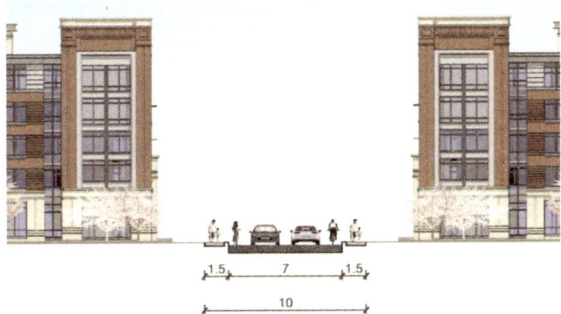

第4章 道路设计模块

图 4.3-11　10A 自行车与机动车混行，适用于生活型支路。

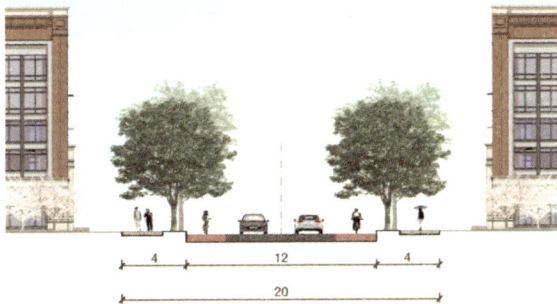

图 4.3-12　20A 适用于商业型、生活型、景观型支路。

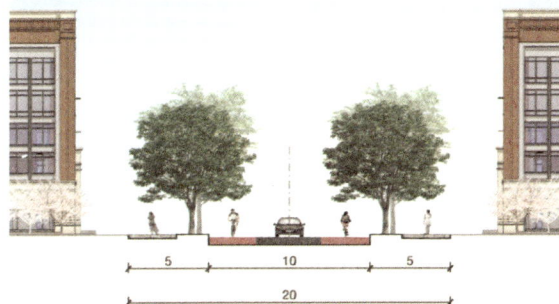

图 4.3-13　20B 适用于商业型、生活型、景观型支路。

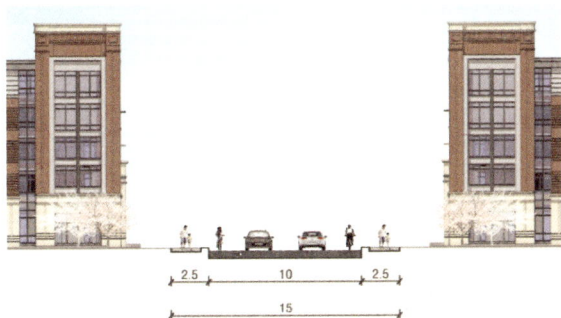

图 4.3-14　15A-1 自行车与机动车混行，适用于生活型支路。

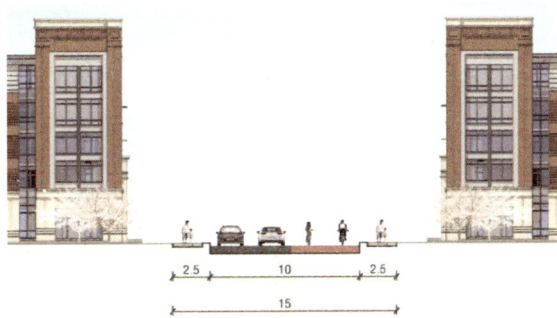

图 4.3-15　15A-2　单侧设置双向行驶的自行车专用路，适用于生活型、景观型支路。

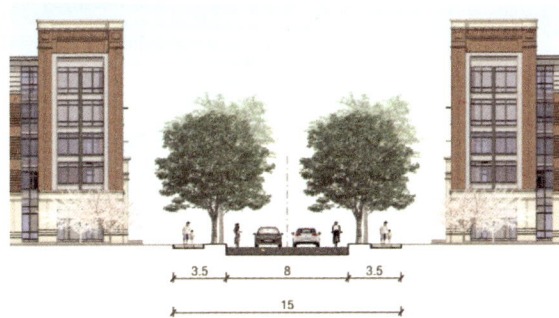

图 4.3-16　15B 自行车与机动车混行，适用于生活型支路。

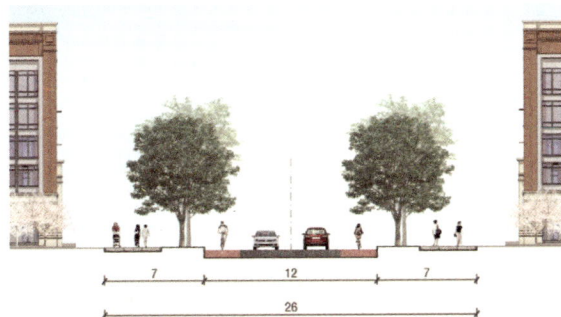

图 4.3-17　26A-1 适用于商业型、生活型、景观型支路。

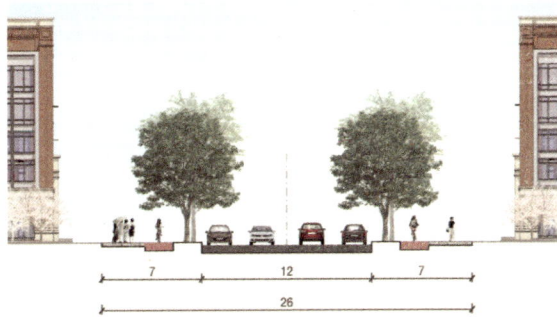

图 4.3-18　26A-2 适用于所有类型支路。

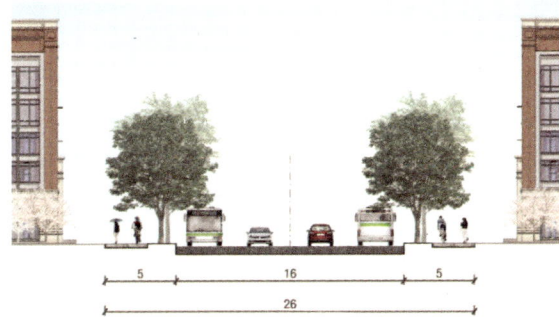

图 4.3-19　26B 自行车与行人混行，适用于交通型、工业型次干路。

4.3 慢行系统

图 4.3-20 30A-1 自行车与行人混行，适用于有路内停车的工业型次干路。

图 4.3-21 30A-2 适用于商业型、生活型、景观型次干路。

图 4.3-22 30B 适用于所有类型次干路。

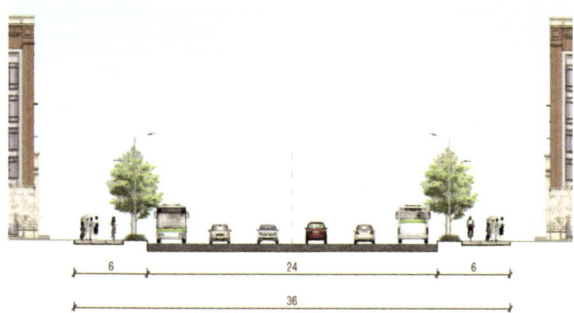

图 4.3-23 36A 自行车与行人混行，适用于交通型、工业型次干路。

图 4.3-24 36B-1 适用于所有类型次干路。

图 4.3-25 36B-2 适用于所有类型次干路。

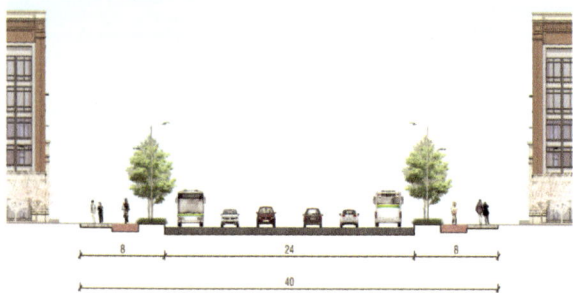

图 4.3-26 40A 适用于所有类型主干路。

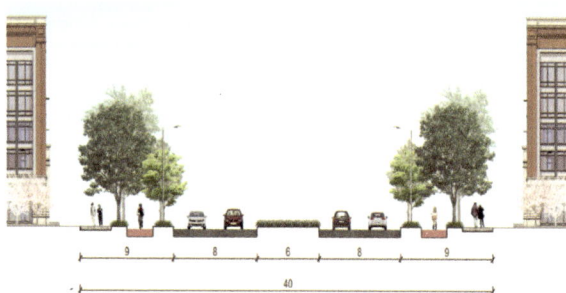

图 4.3-27 40B 适用于所有类型主干路。

图 4.3-28 40C 自行车与行人混行，适用于交通型、工业型主干路。

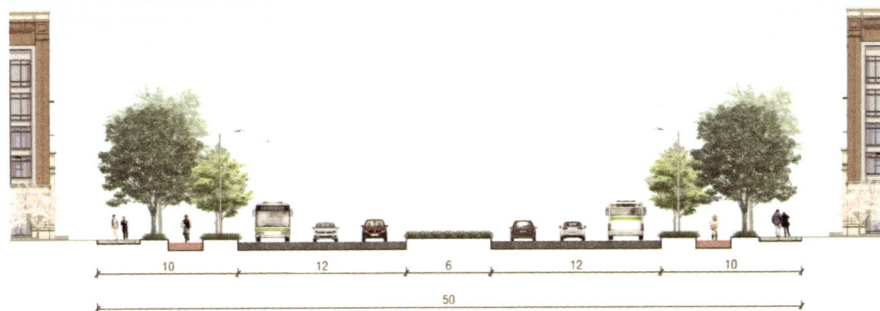

图 4.3-29　50A 适用于所有类型主干路。

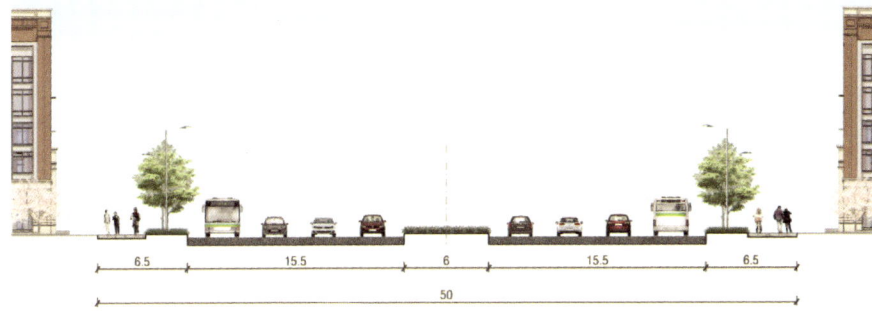

图 4.3-30　50B 自行车与行人混行，适用于交通型、工业型主干路。

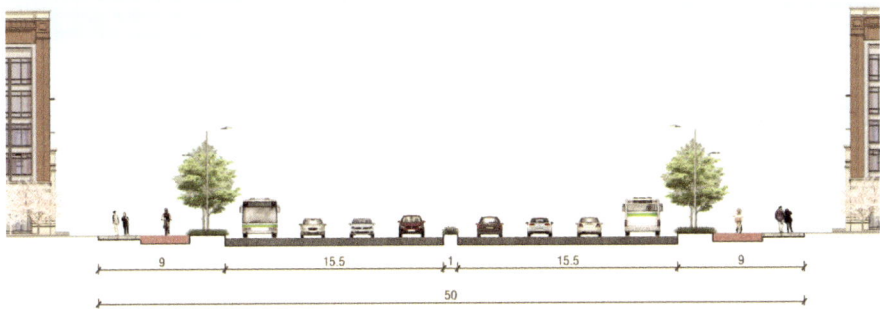

图 4.3-31　50C 适用于所有类型主干路。

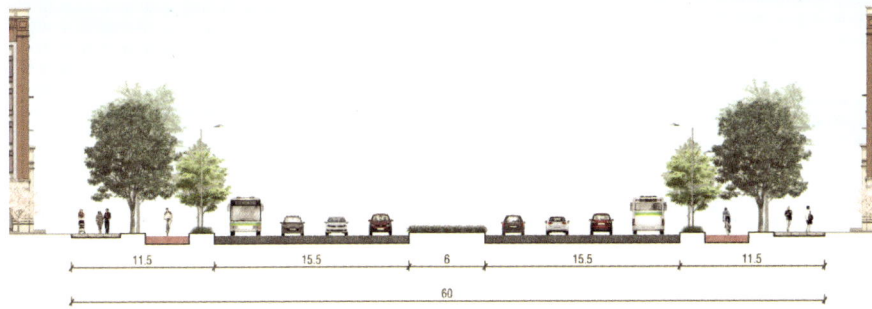

图 4.3-32　60A 适用于所有类型主干路。

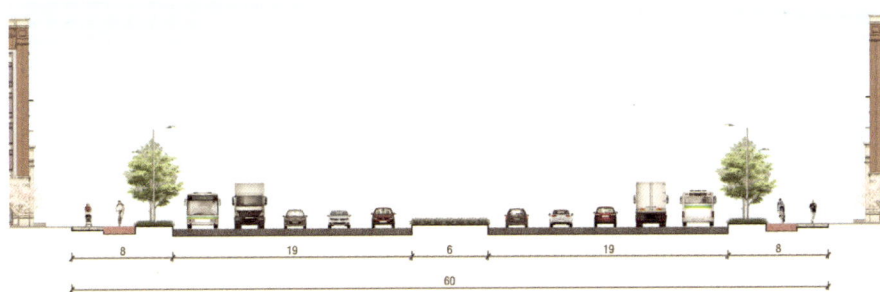

图 4.3-33　60B 适用于所有类型主干路。

图 4.3-34　60C 自行车与行人混行，适用于交通型主干路。

图 4.3-11 ~ 图 4.3-34　10 级 24 种推荐横断面图（资料来源：自绘）

4.3 慢行系统
NON-MOTORIZED TRAFFIC SYSTEM

● 要素组合

不同的道路功能和街道环境，对道路组成要素的要求不同。将慢行系统的组成要素分为基本要素、功能扩展要素、品质扩展要素三类。

基本要素是构成道路两侧慢行系统所必需具有的要素；功能扩展要素为区别或强调不同道路功能所需的组成要素；品质扩展要素是在道路已具备基本要素和功能扩展要素的基础上，为提升街道整体环境、品质而需配置的要素。

要素类型 / 道路类型	基本要素	功能扩展要素	品质扩展要素
商业型道路	人行道宽度 自行车道宽度 盲道 侧平石 缘石坡道 车止石 道路照明	自行车停放点 人行道铺装与结构 公共座椅	公共自行车租赁点 人行道展宽 自行车道铺装与结构 人行道及自行车道标识 慢行导向设施 智能服务设施 风雨连廊
生活型道路		自行车停放点 公共自行车租赁点 人行道铺装与结构 公共座椅	行道树池 人行道展宽 自行车道铺装与结构 人行道及自行车道标识 慢行导向设施 智能服务设施 风雨连廊
交通型道路		人行道铺装与结构 护栏 绿化隔离带 行道树池	人行道铺装与结构 自行车道铺装与结构 人行道与自行车道标识 慢行导向设施 智能服务设施
景观型道路		绿化隔离带 行道树池 公共自行车租赁点 人行道铺装与结构	自行车道铺装与结构 人行道与自行车道标识 公共座椅 慢行导向设施 智能服务设施
工业型道路			护栏 行道树池

资料来源：自绘

第4章 道路设计模块

4.3.5 注意事项

在慢行系统的设计过程中，应注意以下要点：

（1）交通型道路禁止非机动车与机动车混行；

（2）禁止在人行道和自行车道上施划机动车停车泊位；

（3）自行车停车架、公共座椅等街道附属设施的布设应保证行人和自行车最小有效通行宽度，禁止随意占用；

（4）自行车道为自行车、共享单车以及时速20km/h以下的电动自行车设计，时速20km/h以上的电动自行车及摩托车禁止驶入自行车道；

（5）禁止共享单车随意停放，应设计专门的停放区域；

（6）共享单车的停放区域宜结合设施带设计，不宜随意占用自行车道或人行道，不得已占用时，应保证自行车道或人行道最小有效通行宽度；

（7）各类型道路慢行道禁止缺失无障碍设施设计；

（8）慢行道外边缘应避免设置围墙等设施，建筑底层尽量设置零售商店，人行道与建筑前区宜一体化设计，提升街道活力。

图 4.3-35　反例：人行道上各种城市家具杂乱

图 4.3-36　正例：家具的布设保证人行道最小有效宽度

图 4.3-37　反例：建筑前区封闭，街道缺乏活力

图 4.3-38　正例：人行道与建筑前区一体化设计

图 4.3-39　反例：无自行车道或自行车道不易区分

图 4.3-40　正例：人行道、自行车道、机动车道隔离

图 4.3-35 ～ 图 4.3-40　资料来源："Better Street Delivered" Transport for London, September 2013

第4章　道路设计模块

4.4 道路变截面
VARIABLE CROSS-SECTION

4.4.1 定义与范围

道路变截面是指由于车道宽度、车道数目发生变化，或者因设有公交车站、路内停车带、路中安全岛等情况而引起道路机动道横断面发生变化的区域。

变截面区域由于道路通行能力会发生变化，容易形成交通瓶颈点。道路变截面设计通过综合考虑各类道路设施的空间要求和功能要求，合理展宽或缩窄车行道空间，丰富道路断面设计，灵活利用道路空间，保障道路交通安全与舒适的运行。

广州道路变截面现状：道路变截面在广州市城市道路设计中较为普遍，但存在对变截面功能考虑不足、设置形式不合理等问题。

4.4.2 模块构成

模块构成

常见的道路变截面包括以下5类：

（1）**交叉口渠化：**分为交叉口展宽和内缩。

（2）**路段车行道调整：**分为车道数目变化和方向变化。

（3）**公交车停靠站：**分为港湾式停靠站和外凸式停靠站。

（4）**行人过街设施：**分为路中安全岛二次过街和外凸式过街。

（5）**路内停车区：**指设有路边停车泊位的区域。

要素组成

分为基本要素和扩展要素两类。

基本要素：车行道、人行道、非机动车道、渐变段。

拓展要素：绿化隔离带、护栏、树池、路内停车区、公交站台、过街安全岛、人行横道。

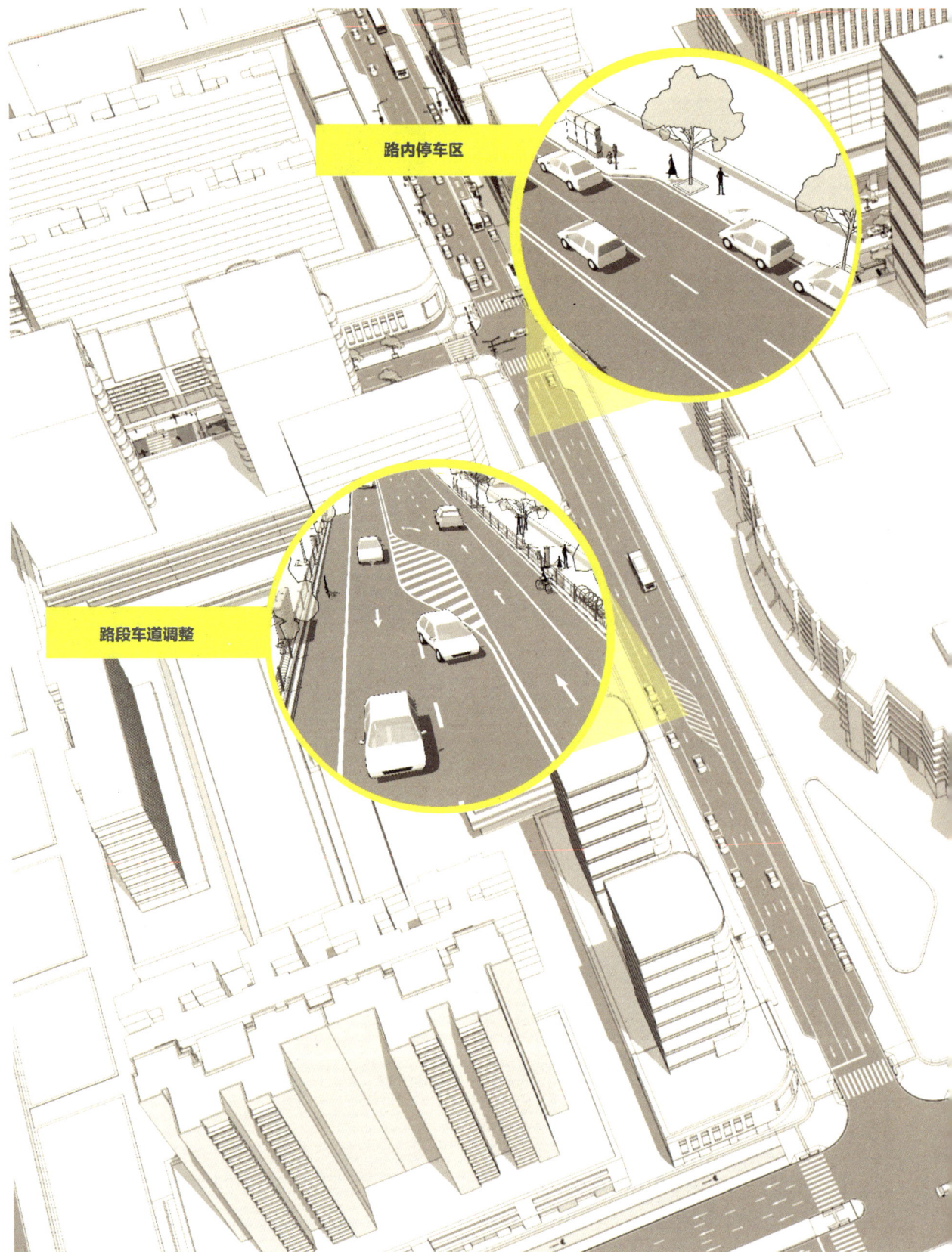

路内停车区

路段车道调整

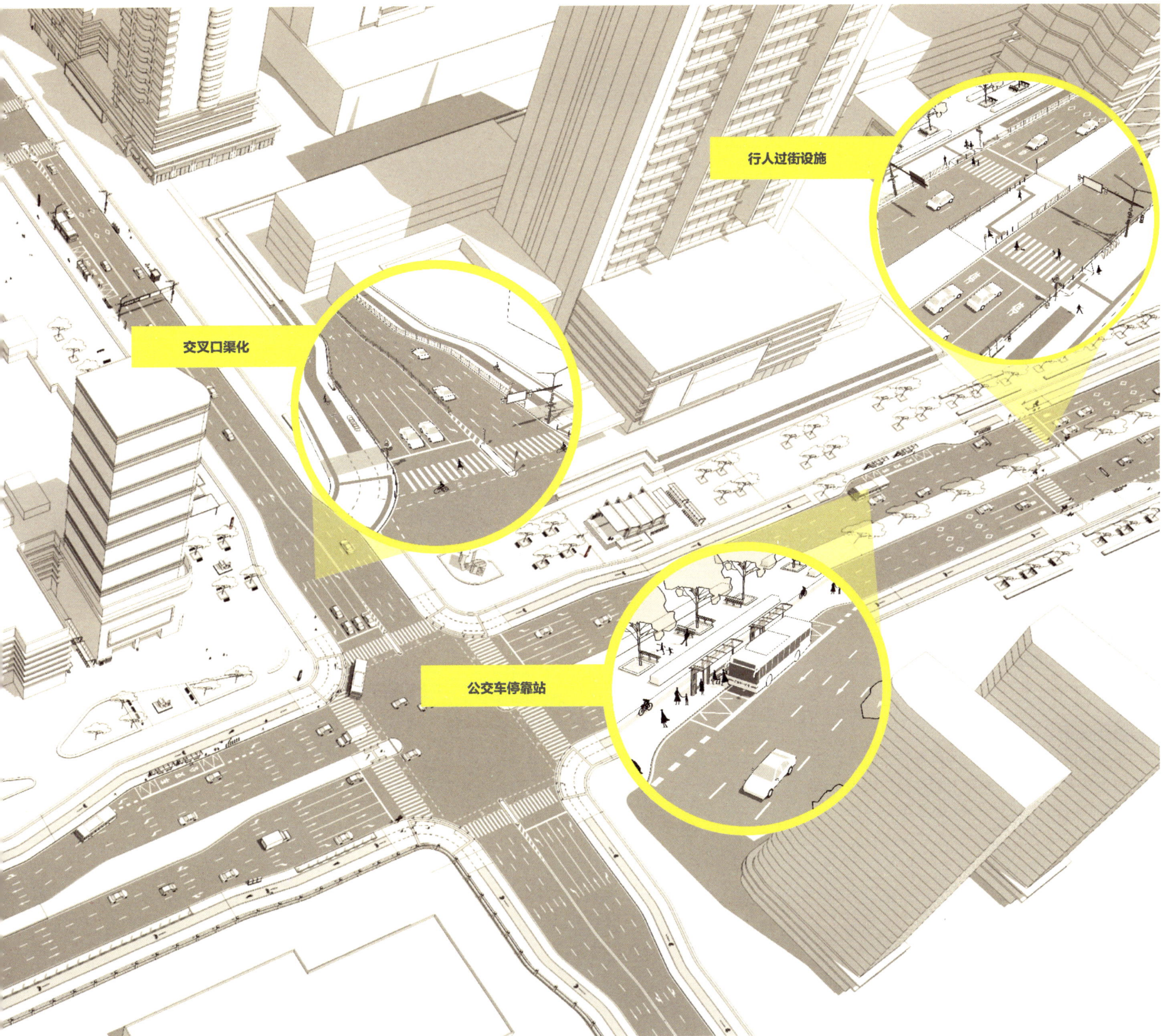

行人过街设施

交叉口渠化

公交车停靠站

图 4.4-1　道路变截面基本构成类型（资料来源：自绘）

4.4 道路变截面
VARIABLE CROSS-SECTION

● 交叉口渠化

交叉口展宽

设计目标：

通过增加交叉口车道数，以提高通行能力，减少车辆排队延误时间。

组成要素：

车行道、人行道、非机动车道、渐变段、绿化隔离带、护栏、树池。

设计要点：

交叉口展宽要处理好渐变段，选择合适的左转或右转车道展宽方式，保障直行车道的顺畅。

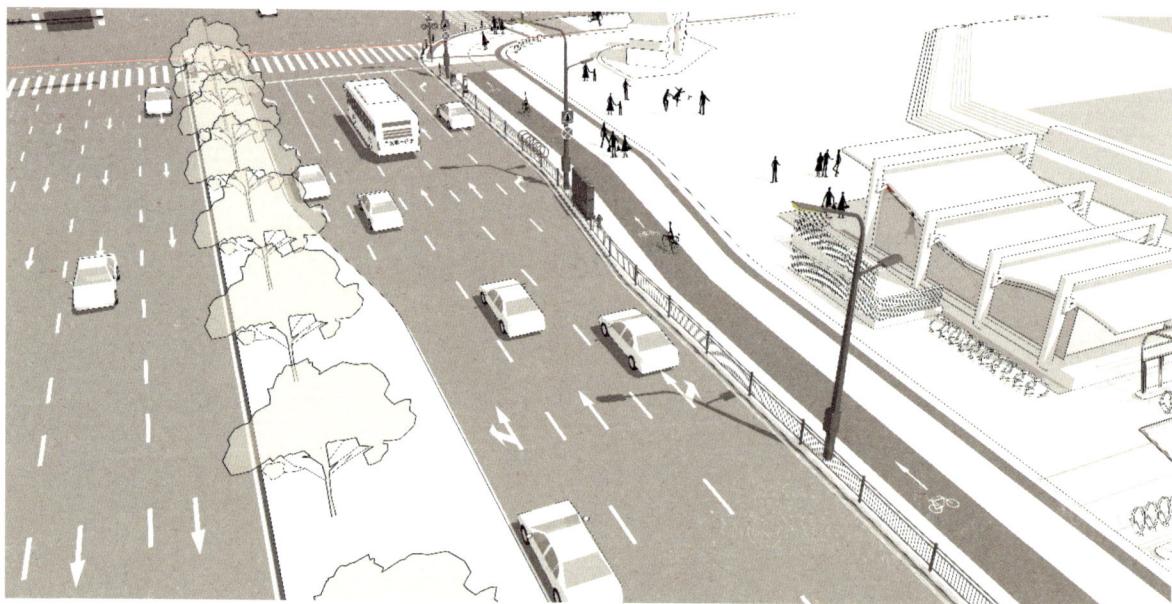

图 4.4-2 交叉口展宽示意图（资料来源：自绘）

交叉口内缩

设计目标：

通过减少交叉口车道数或车道宽度，外拓人行道的方式缩短行人过街距离，增加行人驻足空间，提高行人过街安全。

组成要素：

车行道、人行道、非机动车道、渐变段、绿化隔离带、护栏、树池。

设计要点：

交叉口内缩应注意其适用条件，不应在交通性道路上使用。生活性道路上的交叉口内缩可结合路内停车区和行人过街一体化设计。

图 4.4-3 交叉口内缩示意图（资料来源：自绘）

4.4 道路变截面
VARIABLE CROSS-SECTION

图 4.4-4　车段数目变化示意图（资料来源：自绘）

图 4.4-5　车道方向变化示意图（资料来源：自绘）

● 路段车道调整

车道数目变化

设计目标：

指路段车道数目减少或增加的区域，目的是为了让道路通行能力与交通需求相匹配。

组成要素：

车行道、人行道、非机动车道、渐变段、绿化隔离带、护栏、树池。

设计要点：

路段车道数目变化要与该路段交通需求匹配，数量变化不宜超过 2 条，避免形成交通瓶颈。

车道方向变化

设计目标：

指路段车道行驶方向发生变化的区域，通常在车道数目为奇数的情况下使用，以提高进口道通行能力。

组成要素：

车行道、人行道、非机动车道、渐变段、绿化隔离带、护栏。

设计要点：

应沿车行方向增加车道数目，以提高路段交通集散能力，避免形成交通瓶颈。

4.4 道路变截面
VARIABLE CROSS-SECTION

● 公交车停靠站

港湾式停靠站

设计目标：

减少公交车进站对动态交通的干扰，避免形成交通瓶颈。

组成要素：

车行道、人行道、非机动车道、渐变段、公交站台。

设计要点：

港湾式停靠站的变截面设计要重点处理好与非机动车和行人的关系，保障必要的慢行通行空间。

图 4.4-6 港湾式停靠站示意图（资料来源：自绘）

外凸式停靠站

设计目标：

增加公交站台驻足面积，减少公交车进出站时间，提高公交站运行效率。

组成要素：

车行道、人行道、非机动车道、渐变段、公交站台。

设计要点：

外凸式停靠站宜结合路内停车区一体化设计，并要保障道路通行能力与交通需求相匹配，不宜在交通性道路上采用外凸式公交停靠站设计。

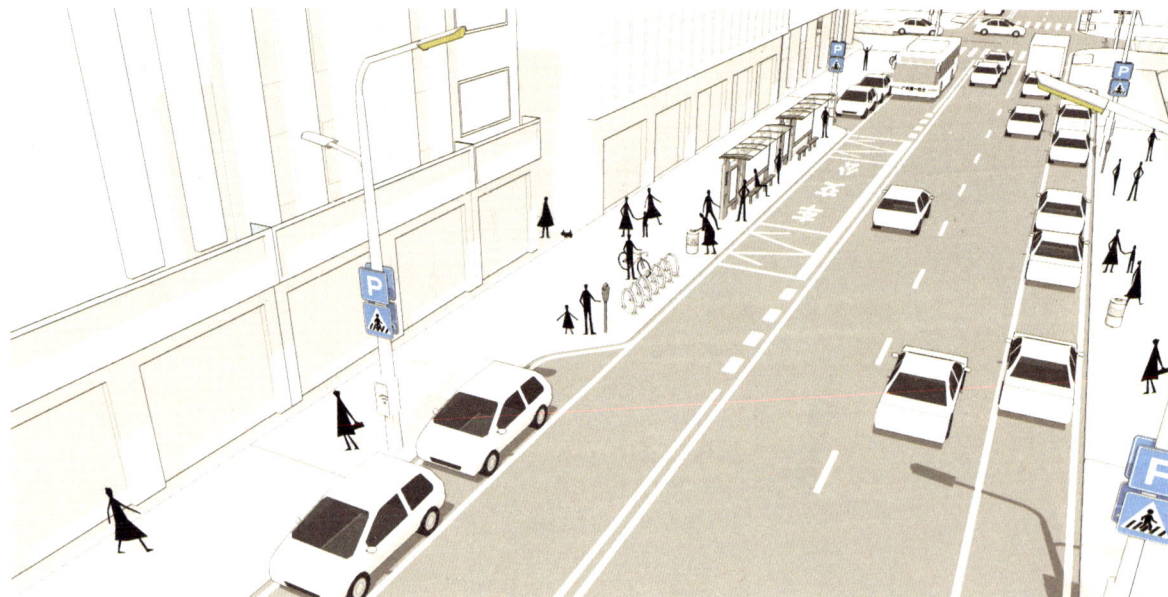

图 4.4-7 外凸式停靠站示意图（资料来源：自绘）

● **行人过街设施**

路中安全岛

设计目标：

为行人提供二次过街驻足区，缩短过街距离，提高行人过街安全。

组成要素：

车行道、人行道、非机动车道、渐变段、过街安全岛，护柱。

设计要点：

路中安全岛宜在交叉口或路段有行人过街需求的位置设置，可通过压缩车行道宽度的方式增设路中安全岛。

图 4.4-8 路中安全岛示意图（资料来源：自绘）

外凸式行人过街

设计目标：

缩短行人过街距离，增加过街行人驻足空间。

组成要素：

车行道、人行道、非机动车道、渐变段、人行横道，缘石坡道，护柱。

设计要点：

外凸式行人过街不宜单独设置，宜结合路内停车区或内缩式交叉口一体化设计。

图 4.4-9 外凸式行人过街示意图（资料来源：自绘）

4.4 道路变截面
VARIABLE CROSS-SECTION

● 路内停车区

设计目标：

为了合理引导车行流线，减少路内停车对动态交通的干扰。

组成要素：

车行道、人行道、非机动车道、渐变段、路内停车区，机动车道标线。

设计要点：

路内停车区变截面设计要处理好两端的渐变段，合理引导车流，避免形成障碍，可结合内缩式交叉口、外凸式公交站或外凸式行人过街设置。

图 4.4-10　路内停车区示意图（资料来源：自绘）

4.4.3　模块应用

各类道路变截面适用的道路类型具体如右表所示：

（1）交通型道路要优先保障机动车效率，不建议使用交叉口内缩、外凸式公交停靠站、外凸式行人过街以及路内停车区这四种变截面设计手法。

（2）生活型道路和商业型道路慢行需求大，在条件允许的情况下，可采用交叉口内缩、外凸式公交停靠站、路中安全岛、外凸式行人过街等变截面设计手法，以提升慢行品质。

（3）景观性道路为避免对景观环境造成影响，不建议采用路内停车区的变截面设计手法，可设置临时下客点满足到达观景需要。

（4）工业型道路要考虑货运车辆的通行要求和停车需求，不建议使用交叉口内缩、外凸式公交停靠站以及外凸式行人过街的变截面设计手法。

（5）道路变截面与道路断面关系紧密，其适用性同时需要结合道路等级确定。

资料来源：自绘

模块应用组合表（与道路功能的关系）

变截面类型		交通型道路	生活型道路	商业型道路	景观型道路	工业型道路
交叉口渠化	交叉口展宽	√	√	√	√	√
	交叉口内缩		√	√	√	
路段车道调整	车道数目变化	√	√	√	√	√
	车道方向变化	√	√	√	√	√
公交停靠站	港湾式停靠站	√	√	√	√	√
	外凸式停靠站		√	√		
行人过街设施	路中安全岛	√	√	√	√	
	外凸式行人过街		√	√		
路内停车区			√	√		√

模块应用组合表（与道路等级的关系）

变截面类型		快速路	主干路	次干路	支路
交叉口渠化	交叉口展宽	√	√	√	
	交叉口内缩			√	√
路段车道调整	车道数目变化	√	√	√	
	车道方向变化			√	√
公交停靠站	港湾式停靠站	√	√	√	
	外凸式停靠站			√	√
行人过街设施	路中安全岛		√	√	√
	外凸式行人过街			√	√
路内停车区				√	√

● **优秀案例**

英国伦敦·金丝雀码头 | 交叉口内缩

金丝雀码头位于伦敦多克兰地区西印度码头的中心，是伦敦重要的金融区和购物区。

金丝雀码头周边以双向 2 ~ 4 车道的生活性道路为主，在交叉口位置，普遍采用了交叉口内缩变截面设计，一方面缩短行人过街距离，增加街角驻足空间，同时还配合采用曲折式的标线，促使机动车降低行车速度。

图 4.4-11 英国伦敦（资料来源：谷歌街景，https://www.google.com/maps）

美国·纽约 | 外凸式公交车停靠站

在纽约曼哈顿地区，部分公交停靠站结合路内停车采用了外凸式，停靠站的宽度与路内停车带的宽度一致。

外凸式停靠站变截面设计使公交车无需变道进站，提高了公交运行效率，同时不占用人行道空间。

图 4.4-12 美国纽约（资料来源：谷歌街景，https://www.google.com/maps）

4.4 道路变截面
VARIABLE CROSS-SECTION

● 优秀案例

法国·里尔 | 路中安全岛

在法国里尔，许多双向2车道的道路也设置了路中安全岛，以缩短行人过街距离，减少行人与机动车之间的冲突。

建设形式多为实体安全岛，在安全岛两端采用实体铺装，安全岛中间与过街横道宽度一致，采用无障碍坡道设计，铺装材料与机动车道路面一致。

图 4.4-13 法国里尔（资料来源：谷歌街景，https://www.google.com/maps）

法国·巴黎 | 路内停车区

在巴黎的街道设计中，普遍采用短距离、间断的停车带，停车带之间为外拓人行道。

这种设计较好地保障了自行车道的连续，同时可在外拓人行道的位置设置自行车停车位，方便自行车交通。

图 4.4-14 法国巴黎（资料来源：谷歌街景，https://www.google.com/maps）

图 4.4-15　正例：尽量压缩进口道车道宽度和出口道车
道数，不压缩慢行道空间。（资料来源：谷歌街景）

图 4.4-16　反例：交叉口展宽后人行道宽度严重不足。
（资料来源：自摄）

图 4.4-17　正例：路内停车与交叉口内缩一体设计，避
免停车占用人行横道。（资料来源：《洛杉矶活力街道设计
导则》）

图 4.4-18　反例：路内停车容易占用人行横道，对慢行不
够友好。（资料来源：自摄）

图 4.4-19　正例：在人流量稍大的过街位置，多采用 Z
字形过街设计。（资料来源：谷歌街景）

图 4.4-20　反例：在人流量和车流量较大的道路，过街安
全岛空间不足。（资料来源：自摄）

4.4.4　注意事项

（1）交叉口渠化展宽应留出必要的慢行道空间，以保障慢行道在交叉口的连续性。

（2）路内停车区变截面设计宜与外凸式行人过街或交叉口内缩结合设计。

（3）当过街行人和车流量较大时，路中安全岛宜采用 Z 字形过街设计。

第 4 章　道路设计模块

4.5 公共设施带
PUBLIC FACILITIES BELT

总体指引: 为保障人行道通畅无障碍,营造更干净、更整洁、更平安、更有序的步行空间,应在人行道断面分区的基础上,将人行道范围内的各类设施以集中或整合的形式设置于公共服务设施带/区内。同时,为满足设施之间方便接驳以及连贯使用等需求,特定服务设施之间应临近设置,形成设施组合。

4.5.1 定义与范围

公共设施带是指人行道分区断面中,集中设置市政设施、城市家具、指引标识等公共服务设施的区块。公共设施带宜设置于机动车道及人行道之间,达到缓冲隔离和资源集中共享的目的。

人行道分区

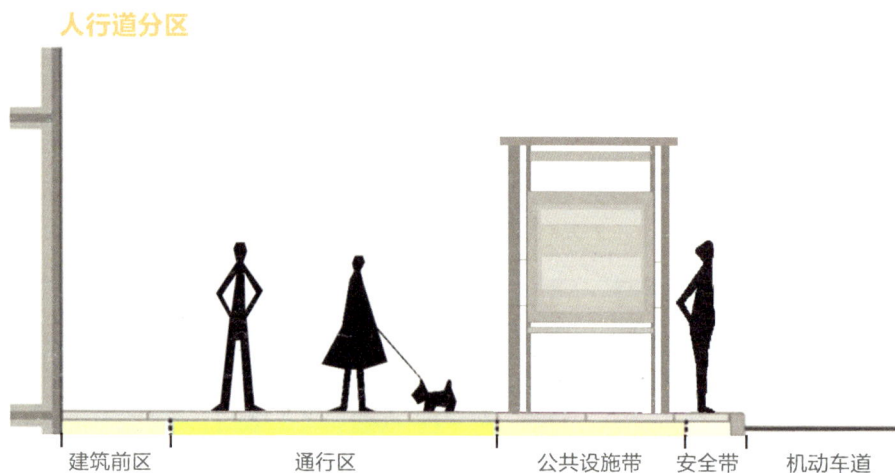

建筑前区　　　通行区　　　公共设施带　安全带　机动车道

图 4.5-1　人行道分区示意图(资料来源:自绘)

公共设施带改造前后对比

图 4.5-2　公共设施带改造前示意图(资料来源:自绘)

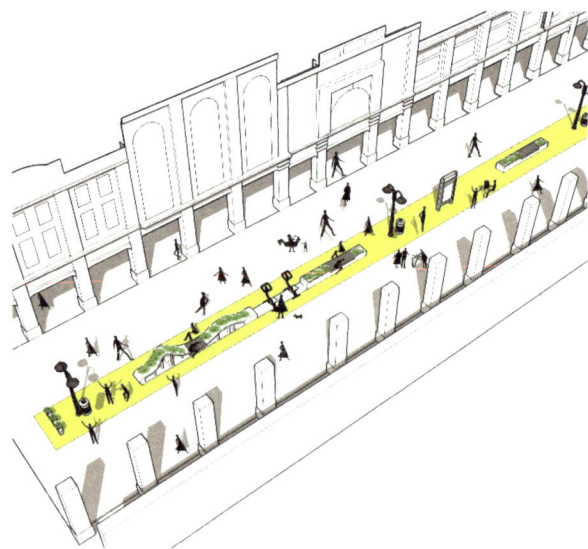

图 4.5-3　公共设施带改造后示意图(资料来源:自绘)

改造前:

▶ 服务设施各自为政,不做统筹,导致步行道空间杂乱无序,且过多侵占步行空间;

▶ 服务设施只重单体,不做组合,导致设施整体服务品质不高,使用体验不佳。

改造后:

▶ 空间有序,保障人行。道路分区明确,可以有效规整空间,营造安全顺畅的通行体验;

▶ 集约整合,设施共享。对设施进行分类组合,顺应行人的使用习惯以及满足多样需求。

第4章　道路设计模块

窄型设施带（0.5～1m）

适用条件

人行道总体宽度 <3m

基本要素

交通信号灯、交通监控与检测设施、电子警察、治安监控、消防设施、交通标志、路名牌、护栏、护柱、路灯、小型光交箱等箱体

拓展要素

垃圾箱、邮筒、移动花钵、护栏挂花

注：以上为建议要素，可根据道路客观情况适度调整。

4.5.2 模块构成

　　公共设施带内的各类服务设施，根据设施要素配置的精细化程度，将要素归纳为基本要素和扩展要素两大类。同时，根据公共设施带宽度变化，可归纳为三种设施带模块。

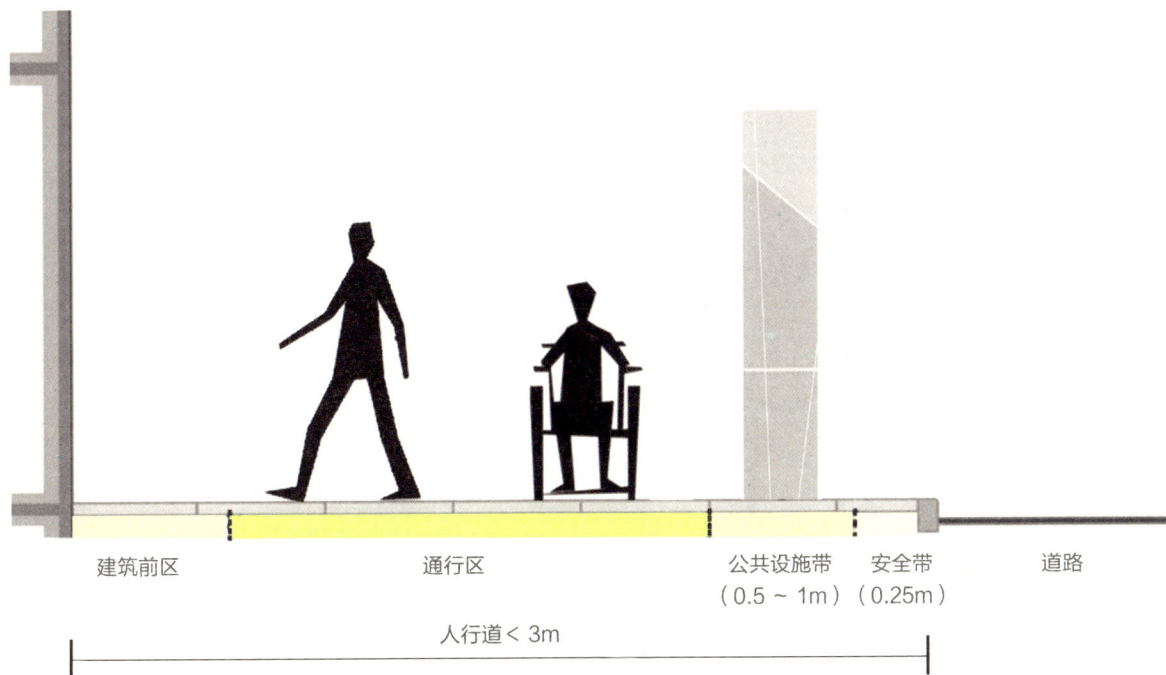

建筑前区　　　　通行区　　　　公共设施带　安全带　　　道路
　　　　　　　　　　　　　　　（0.5～1m）（0.25m）

人行道 < 3m

图 4.5-4　窄型设施带示意图（资料来源：自绘）

4.5 公共设施带
PUBLIC FACILITIES BELT

中型设施带（1～2m）

适用条件

人行道总体宽度在 3～6m 之间

基本要素

行道树、公交站台、公交电子地图、交通信号灯、交通监控与检测设施、电子警察、治安监控、消防设施、交通标志、路名牌、护栏、护柱、路灯、景观照明灯、小型光交箱等箱体、治安岗亭

拓展要素

自行车停放架、座椅、垃圾箱、洗手池（直饮水）、智能服务设施、信息公示栏、邮筒、移动花钵、护栏挂花、花池、花坛、信息牌

注：以上为建议要素，可根据道路客观情况适度调整。

建筑前区　　　　　通行区　　　　　公共设施带　　安全带　　　道路
　　　　　　　　　　　　　　　　　（1～2m）　（0.25m）

3m＜人行道＜6m

图 4.5-5　中型设施带示意图（资料来源：自绘）

宽型设施带（2 ～ 3m）

适用条件

人行道总体宽度 > 6m

基本要素

行道树、公交站台（包括港湾式停靠站）、出租车载客点、公交电子地图、交通信号灯、交通监控与检测设施、电子警察、治安监控、消防设施、交通标志、路名牌、护栏、护柱、路灯、景观照明灯、小型光交箱等箱体、治安岗亭

拓展要素

公共自行车租赁点、自行车停放架、座椅、垃圾箱、洗手池（直饮水）、智能服务设施、信息公示栏、邮筒、报刊亭、环卫工具房、小品、雕塑、移动花钵、护栏挂花、花池、花坛、信息牌

注：以上为建议要素，可根据道路客观情况适度调整。

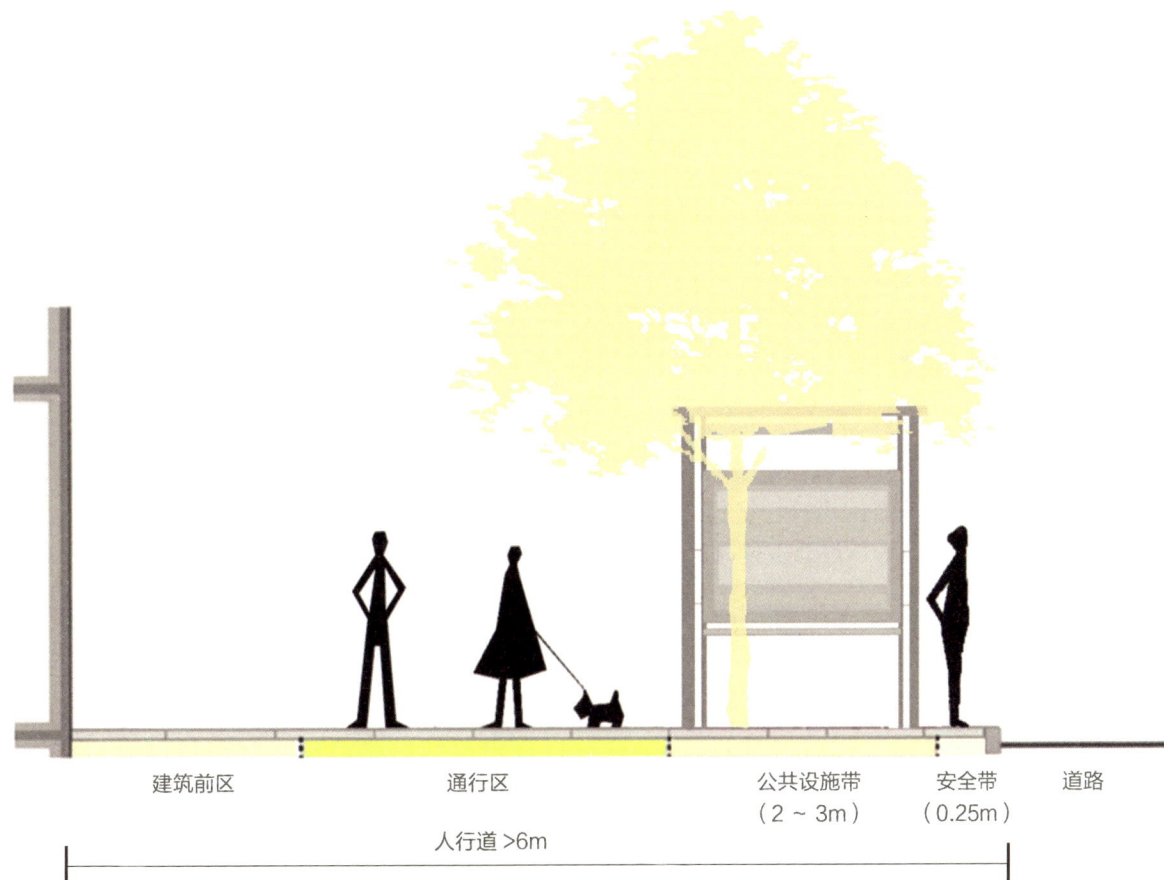

建筑前区　　通行区　　公共设施带（2 ～ 3m）　安全带（0.25m）　道路

人行道 >6m

图 4.5-6　宽型设施带示意图（资料来源：自绘）

4.5 公共设施带
PUBLIC FACILITIES BELT

4.5.3 设计要点

● 设计依据与参考

公共设施带要素设置首先应符合国家、行业及地方现行的相关设计标准和规范要求。

01 《城市道路交通设施设计规范》GB 50688-2011

02 《城市绿地设计规范》GB 50420-2007

03 《城市容貌标准》GB 50449-2008

04 《城市公共设施规划规范》GB 50442-2008

05 《城市道路交通规划设计规范》GB 50220-1995

06 《城市环境卫生设施规划规范》GB 50337-2003

● 设置原则

公共设施带要素配置应统筹考虑，需满足安全、协调和集约三个层面的设置原则。

安全：

— 应满足道路交通的视距要求和通透性要求，道路交叉口转弯半径及其两侧 20m 范围内，不应设置除交通设施、慢行导向设施、垃圾箱外的其他设施；

— 为保障通行安全，设施外廓距路缘石外沿立面投影距离不小于 0.25m；

— 设置在绿化带内的设施，外廓不应超出绿化带范围。

协调：

— 风貌协调：在外观、体量、材质、色彩四个层面上，设施要素应和城市风貌保持协调，同时要素之间也应尽量保持总体协调，色彩上宜采用低饱和度的市政背景色系。

集约：

— 设施宜进行功能组合，同时应满足市民的使用习惯，形成一体多用、就近服务的特征；

— 设施体量设计应遵循小型化设计原则，在满足功能的基础上尽可能减小设施占地面积，减少占用公共空间资源。

● 未来发展趋势

服务设施模块化整合。

多种设施一体化设计，设施整合度提高。运用装配式组装式理念，强化设施的功能共享和提高空间与设施的利用率；通过对服务设施的改造优化，创建一系列的微广场、微公园，进而完善街道服务功能，激发街道空间活力。

● 优秀案例

洛杉矶·人民大街 | 设施带

该改造项目将更多的空间让给步行和自行车空间，通过在公共设施服务带打造一系列的微广场、微公园，力求创造更为友好的城市空间。

▶ 借鉴：

使普通的城市街道简单地转化为行人小广场、迷你小公园及灵活的自行车停靠带，有效拓展城市公共空间，激发街区活力。

图 4.5-7　洛杉矶人民大街设施带（资料来源：http://www.zipcar.com/ziptopia/future-city/we-can%E2%80%99t-curb-our-enthusiasm-for-these-tiny-parklets）

● 优秀案例

旧金山·第四十四大街 | 设施带

该改造项目运用雕塑艺术化处理将设施带用不同形式拼接组成，并提供内置的座椅、桌子和本地种植等公共设施。

▶ 借鉴：

使用可持续和可再生材料；雕塑艺术化处理的设施带有效激活了街区活力，并形成独特街区风格。

图 4.5-8　旧金山第四十四大街设施带（资料来源：http://www.aiasf.org/general/custom.asp?page=SunsetParklet）

4.5 公共设施带
PUBLIC FACILITIES BELT

4.5.4　模块应用

　　公共服务设施种类多样，为便利行人使用，满足设施之间快速接驳以及连贯使用等需求，将特定服务设施临近设置，形成 6 组设施搭配组合。

D 组合

城市家具服务设施组合

A 组合

交通标识设施组合

B 组合

市政公用设施组合

C 组合

公共交通及换乘设施组合

E 组合

绿化与健身设施组合

F 组合

卫生设施组合

第 4 章　道路设计模块

设施带类型	组合类型	组合条件	相关设施
基本型	A 组合 交通标识 设施组合	人行道总宽度：3m 以下 设施带宽度：≥ 1m 距路边宽度：0.25m	交通标识、信号灯系统与灯路灯整合设计
	B 组合 市政公用 设施组合	人行道总宽度：3m 以下 设施带宽度：≥ 1m 距路边宽度：0.25m	多种箱体一体化设计、绿带中整合多箱及消防栓
拓展型	C 组合 公共交通及 换乘设施 组合	人行道总宽度：3 ~ 6m 设施带宽度：≥ 2m 距路边宽度：0.25m	导向标识、公交车站台、出租车停靠点以及自行车停车处靠近设置
	D 组合 城市家具 服务设施 组合	人行道总宽度：3 ~ 6m 设施带宽度：≥ 1.5m 距路边宽度：0.25m	休憩座椅、街头智能充电、洗手池（直饮水）等便民服务设施靠近设置
优化型 （适用于步 行街路中）	E 组合 绿化与健身 设施组合	人行道总宽度：6m 以上 设施带宽度：≥ 2.5m 距路边宽度：0.45m	绿篱花钵、公共艺术、健身设施设置
	F 组合 环境卫生 设施组合	人行道总宽度：6m 以上 设施带宽度：≥ 2.5m 距路边宽度：0.45m	活动厕所及环卫工具房一体设计

资料来源：自绘

图 4.5-9　公共设施带基本组合形式示意图（资料来源：自绘）

4.5 公共设施带
PUBLIC FACILITIES BELT

4.5.4 模块应用

交通标识设施组合

组合特色：多杆合一，对交通标识牌、信号灯及路灯等杆牌设施进行整合设计。

图 4.5-10　交通标识设施组合示意图（资料来源：自绘）

市政公用设施组合

组合特色：多箱整合，对多种箱体集中设置或归并设置，建议将箱体及消防栓等市政设施设置于绿化带中。

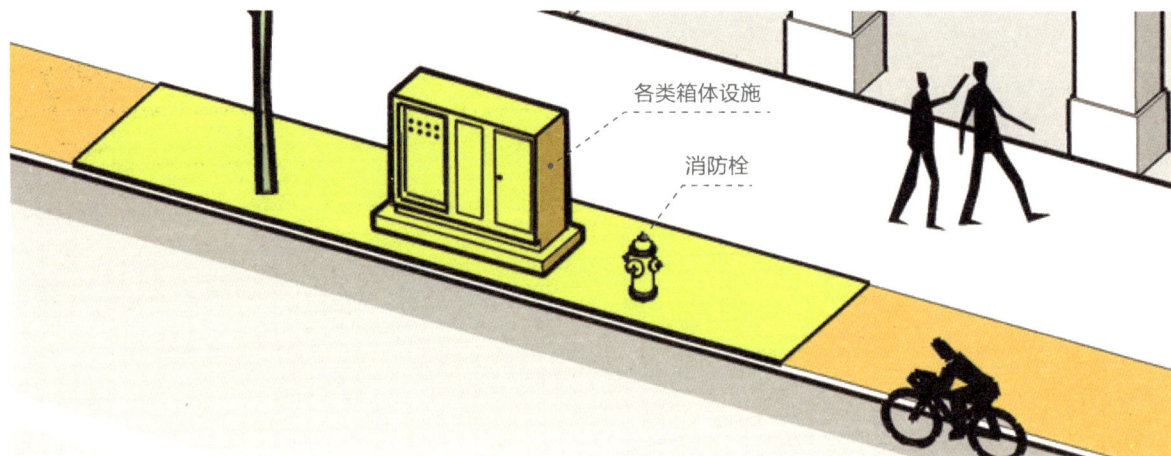

图 4.5-11　市政公用设施组合示意图（资料来源：自绘）

公共交通及换乘设施组合

组合特色：便捷化交通换乘与接驳，将导向标识、公交车站台、出租车停靠点以及自行车停车处靠近设置。

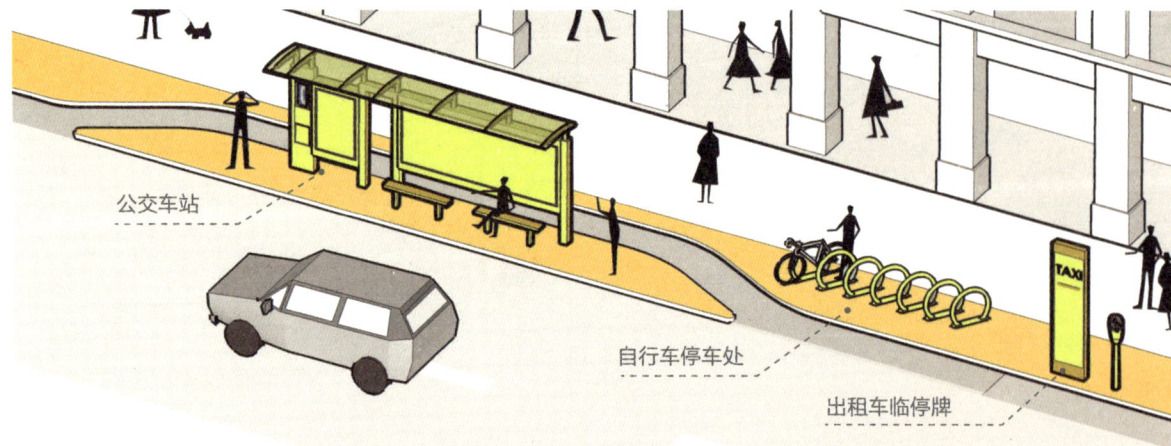

图 4.5-12　公共交通及换乘设施组合示意图（资料来源：自绘）

图 4.5-13　城市家具服务设施组合示意图（资料来源：自绘）

城市家具服务设施组合

　　组合特色：便民服务设施整合，将休憩座椅、街头智能充电、洗手池（直饮水）等便民服务设施靠近设置。

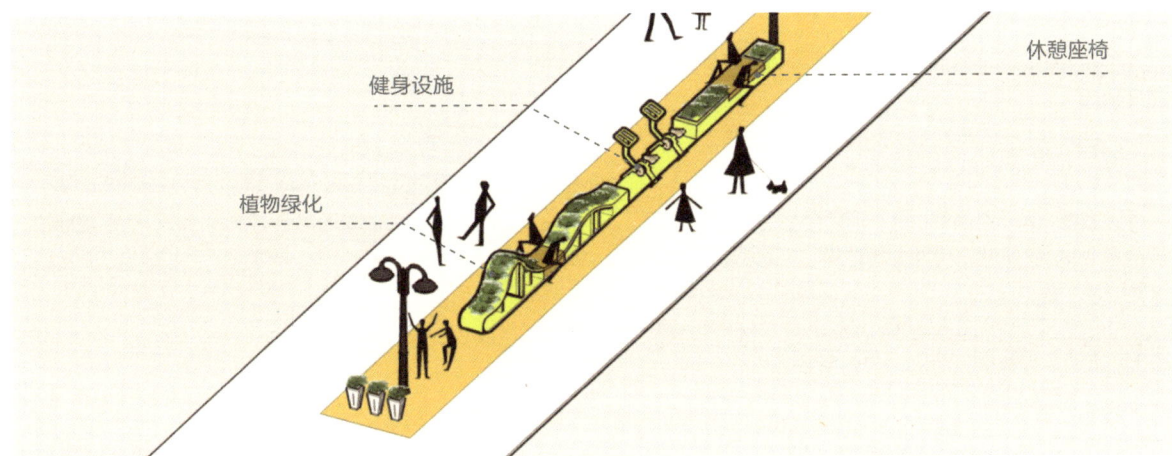

图 4.5-14　绿化与健身设施组合示意图（资料来源：自绘）

绿化与健身设施组合

　　组合特色：绿篱花钵、公共艺术、健身设施设置。

图 4.5-15　环境卫生设施组合示意图（资料来源：自绘）

环境卫生设施组合

　　组合特色：精品便民卫生设施，活动厕所及环卫工具房一体设计，周边商铺洗手间对外开放。

第4章　道路设计模块

4.6 交叉路口
INTERSECTIONS

总体指引： 交叉路口是街道空间中的重要节点，交汇着各类交通方式，其秩序和环境的好坏直接影响着道路系统的运行安全和通行效率。交叉口设计需遵循"以人为本"的理念，打造安全、便利、集约、特色的节点公共空间，进而以"点"带"面"，通过交叉路口功能的明晰以及环境的改善带动街道空间品质的整体提升。

4.6.1　定义与范围

交叉路口指道路与道路相交的区域，包括各道路的相交部分及其进出口道路段。

交叉路口是各种交通方式和交通流线聚焦之处，其要素设计需良好地分配时空资源。各类交通方式均需在交叉路口减速慢行或停止等候，以便安全、顺利通过交叉路口。因此，交叉路口为出行者提供了更多的机会来观察周边的街道环境，其出行环境对街道整体空间品质有重要的影响。交叉口依托各类交通设施协调好出行者之间的时空关系，如车道渠化、信号灯和交通标识等，各要素之间需紧密协调、统筹考虑，以保证交叉口规范的行车秩序和良好的出行环境。

4.6.2　模块构成

交叉路口模块： 主要包括**基本要素**和**扩展要素**两大类。其中，基本要素为所有功能道路类型的交叉口均必须配设的要素，扩展要素是为了发挥道路交叉口特定功能或提升空间环境品质而应设置的要素。

模块构成

基本要素（18项）

人行道宽度、人行道展宽、人行道铺装与结构、人行横道、非机动车道宽度、非机动车道铺装与结构、非机动车道标识、机动车道宽度、机动车道路面与结构、车道功能、交通标志、机动车道标线、路名牌、盲道、侧平石、缘石坡道、车止石、道路照明（路灯）

扩展要素（19项）

行人与非机动车专用信号灯、过街安全岛、自行车过街带、慢行导向设施、交通渠化岛、小转弯半径、掉头车道、交通信号灯、交通监控与检测设施、电子警察、隔离栏杆、防撞设施、护栏、垃圾桶、公共座椅、报刊亭、遮阳（雨）棚、道路绿带、交通渠化岛绿化

资料来源：自绘

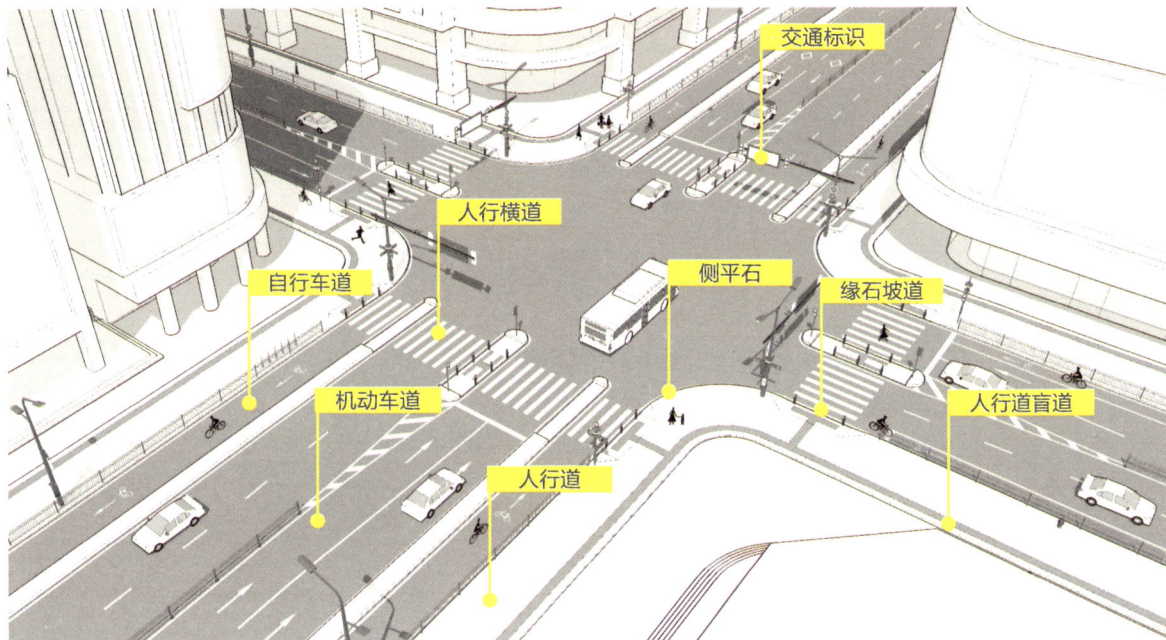

交通标识
人行横道
自行车道
侧平石
缘石坡道
机动车道
人行道盲道
人行道

图 4.6-1　交叉路口基本要素示意图（资料来源：自绘）

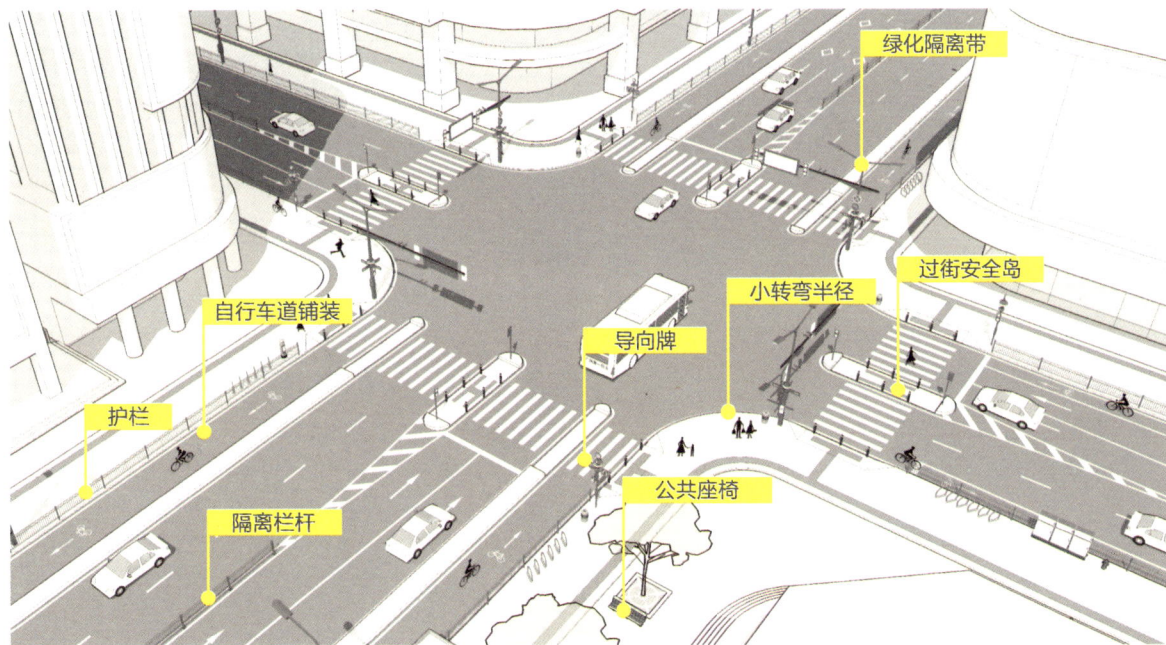

绿化隔离带
自行车道铺装
小转弯半径
过街安全岛
导向牌
护栏
公共座椅
隔离栏杆

图 4.6-2　交叉路口扩展要素示意图（资料来源：自绘）

4.6 交叉路口
INTERSECTIONS

4.6.3 设计要点

● 设计依据与参考

交叉口的进出口道、展宽距离、人行横道宽度等设施设计应符合国家、行业及地方现行的有关设计标准、规范的要求，并应经过相关主管部门批准。

01	《城市道路交通规划设计规范》GB 50220-1995
02	《城市道路工程设计规范》CJJ 37-2012
03	《城市道路交叉口规划规范》GB 50647-2011
04	《城市道路交叉口设计规程》CJJ 152-2010
05	《城市道路人行道设施设置规范》DBJ 440100/T 205—2014（广州市地方标准）
06	《无障碍设计规范》GB 50763-2012
07	《广州市道路交通指路标志系统设计技术指引》（2015）
08	《广州市城市道路交通管理设施设计技术指引》（2015）

强化步行、非机动交通和公共交通在交叉口处的路权

► 尽量设置过街安全岛，以保障慢行过街安全；

► 尽量布设自行车进口道，并与机动交通隔离；交叉口内部宜划设自行车过街带；

► 尽量布设公交专用进口道，切实保障公交优先。

图 4.6-3 强化交叉路口路权分配示意图（资料来源：自绘）

4.6 交叉路口
INTERSECTIONS

注重慢行交通过街的安全保障，营造便捷、顺畅的过街环境

▶ 人行横道宜与路段处的人行道尽量保持在一条直线上，以保障过街顺畅性；
▶ 人行横道端部应结合护柱设置完善的缘石坡道，以保障过街的便捷性。

图 4.6-4　注重慢行交通过街示意图（资料来源：自绘）

集约布设交叉口各组成要素，以节约交叉口用地，优化交通设施资源

▶ 生活型道路交叉口宜采用小转弯半径，以缩减过街距离，限制转弯车速，提升过街安全；
▶ 有路边停车的路口可结合停车泊位在人行过街处外拓人行道，进一步缩减行人过街距离。

图 4.6-5　小转弯半径交叉口示意图（资料来源：自绘）

4.6 交叉路口
INTERSECTIONS

4.6.4 模块应用

根据交叉口的渠化方式和相交道路的道路类型，将交叉口模块分为 4 种组合形式，不同的组合形式适用于不同的道路条件，对应的相交道路功能等级各不相同，相应的组成要素和设计要点、注意事项也将有所差别。

渠化方式 / 道路类型	组合 A：展宽 + 实体交通岛	组合 B：展宽 + 无实体交通岛	组合 C：不展宽设计	组合 D：缩窄设计
商业型道路	√	√	√	√
生活型道路			√	√
交通型道路	√	√	√	
景观型道路	√	√	√	
工业型道路	√	√	√	√

注：打"√"标记代表某类型道路可选用该设计形式。
表中图片为 交叉路口 4 种渠化方式（资料来源：自绘）

● 模块形式

模块形式：组合 A（展宽 + 实体岛）

适用条件：主要适用于道路等级较高、以交通性功能为主的交叉口，一般为主干道相交路口，设置实体交通渠化岛以引导车流及人非过街秩序；

建议要素：实体式交通岛、安全岛、交通信号灯、自行车过街带、护栏、交通监控、电子警察；

不建议要素：小转弯半径、报刊亭、公共座椅。

注意事项：① 限制右转车速以保障人行过街安全；② 足够长度的展宽渐变段和展宽段；③ 行人与自行车交通在空间上进行分离引导。

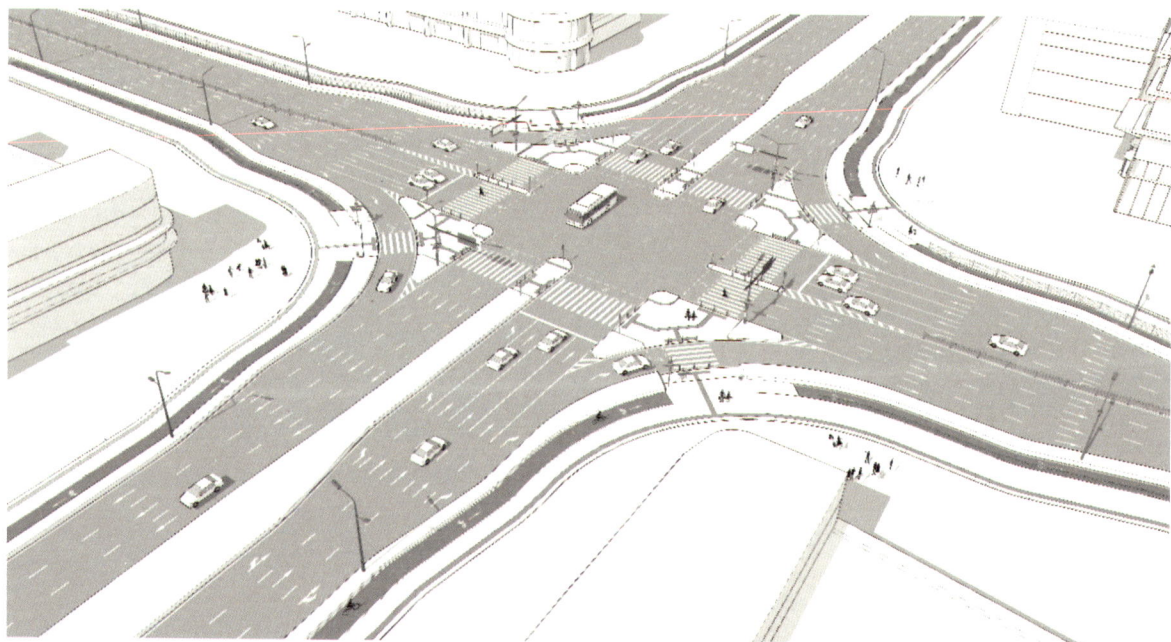

图 4.6-6　设置实体交通岛的展宽式交叉口形式（资料来源：自绘）

第 4 章　道路设计模块

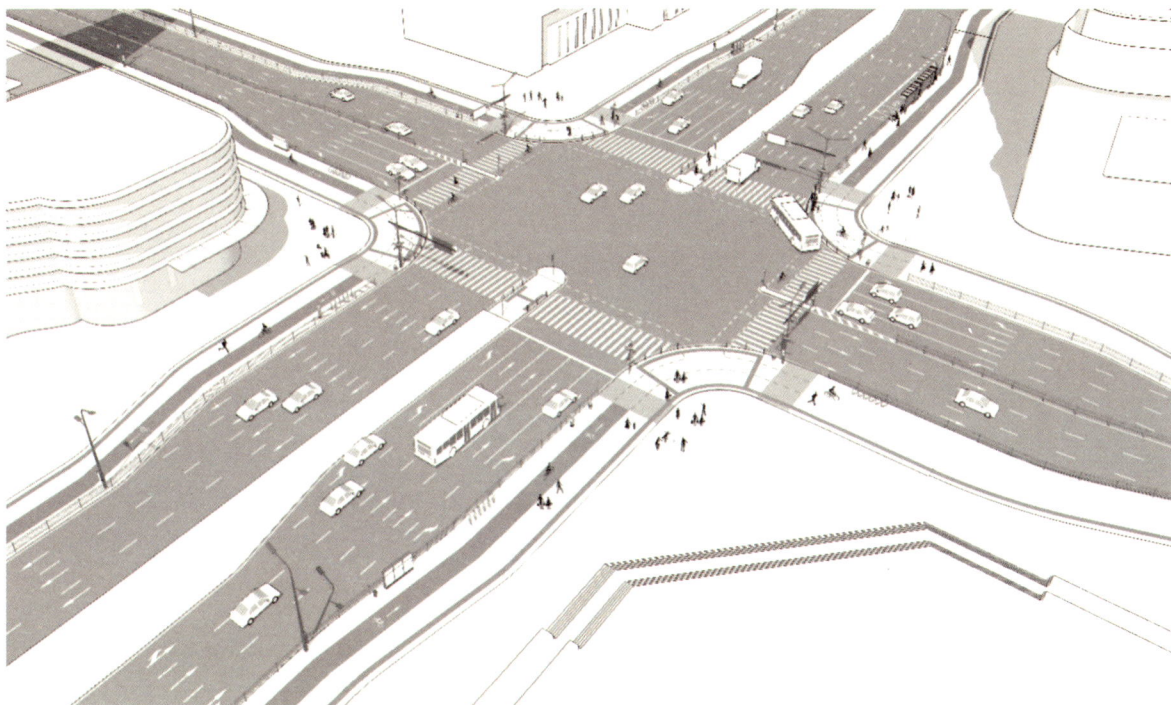

图 4.6-7　不设置交通岛的展宽式交叉口形式（资料来源：自绘）

模块形式：组合 B（展宽 + 无实体岛）

适用条件： 主要适用于交通性功能较强的交叉口，可不设交通渠化岛或设置划线式交通渠化岛；

建议要素： 安全岛、交通信号灯、自行车过街带、护栏、交通监控、电子警察；

不建议要素： 实体式交通渠化岛、小转弯半径、报刊亭、公共座椅；

注意事项： ① 尽量不设置实体交通岛，以缩减慢行过街距离和集约利用交叉口空间资源（不设置实体交通岛可以缩减交叉口路缘石半径）；② 需设置足够长度的展宽渐变段和展宽段；③ 行人与自行车交通在空间上进行分离引导。

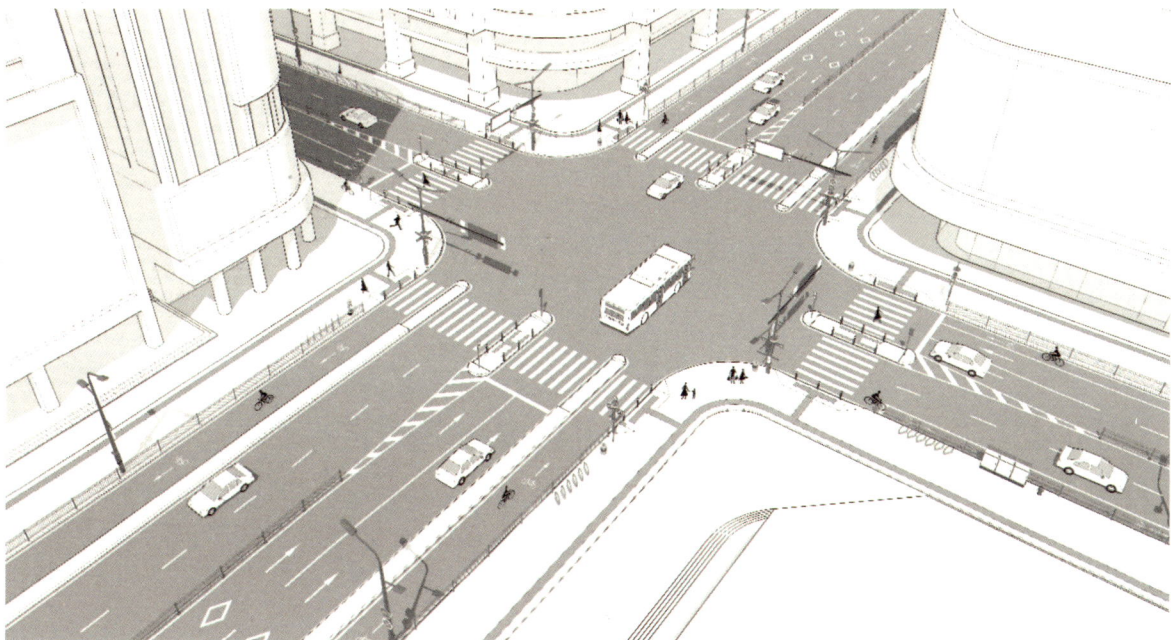

图 4.6-8　不展宽式交叉口形式（资料来源：自绘）

模块形式：组合 C（不展宽）

适用条件： 主要适用于兼具交通性和生活性服务功能的道路交叉口，一般为次干路及以下等级相交路口；

建议要素： 安全岛、自行车过街带、护栏；

不建议要素： 交通渠化岛；

注意事项： ① 不宜设置交通渠化岛，以便缩减慢行过街距离和集约利用交叉口空间资源；② 在保证车流正常运行的条件下，尽量减小路缘石转弯半径，以方便慢行交通过街和驻足。

第 4 章　道路设计模块

4.6 交叉路口
INTERSECTIONS

模块形式：组合 D（缩窄设计）

适用条件： 主要适用于以生活性功能为主的道路交叉口，一般为支路相交路口；

建议要素： 交通标识、小转弯半径、公共座椅；

不建议要素： 交通渠化岛；

注意事项： ① 进出口道处宜结合路边停车泊位进行人行道外拓，形成内凹式路口；② 配设完善的减速标识，促进交通安全。

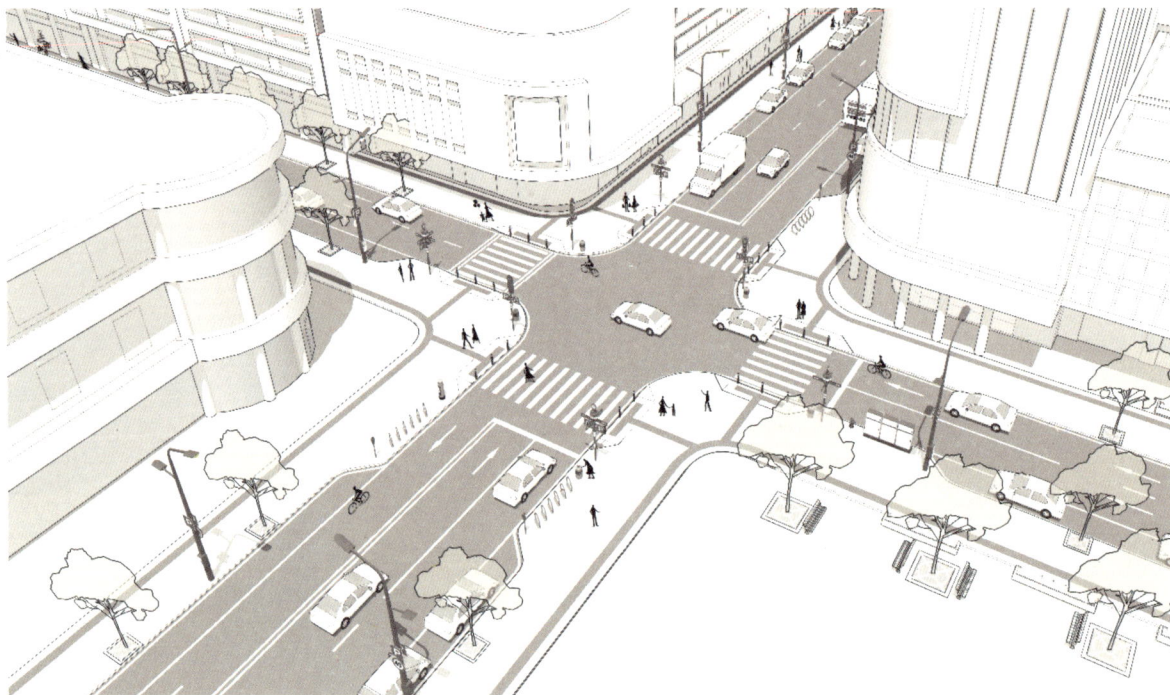

图 4.6-9　缩窄式交叉口形式（资料来源：自绘）

● 优秀案例

伦敦·特拉法尔加广场｜交叉口缩窄

　　位于伦敦市中心，是伦敦的著名广场和旅游景点，周边分布有白厅、王宫、圣马丁教堂等著名景点，也承接着每年的新年庆典集会活动。

　　广场东北角的邓坎嫩街，周边旅游景点密布。整条街道实施单向交通组织，路边设有路内停车泊位，在交叉口处采用缩窄设计，为公众提供更为充裕的街角公共空间。

借鉴之处：

▶ 交叉口收窄以规范停车秩序；

▶ 结合街角外拓空间，设置自行车停车；

▶ 行人过街处采用宽敞的缘石坡道；

▶ 地面提醒过街标识。

图 4.6-10　伦敦特拉法尔加广场交叉口形式（资料来源：谷歌街景，https://www.google.com/maps）

要素类型 道路功能	基本要素	功能扩展要素	品质扩展要素
交通型	机动车道 人行道 自行车道 人行横道 交通标识 路名牌 盲道 侧平石 缘石坡道 车止石 路灯	自行车过街带 绿化隔离带 交通信号灯 交通渠化岛 过街安全岛 护栏	自行车道铺装 人行过街设施 交通监控 电子警察 导向牌 垃圾桶 遮雨棚 骑行者垫脚石
商业型		自行车过街带 交通渠化岛 过街安全岛 公共座椅 报刊亭	自行车道铺装 人行过街设施 导向牌 垃圾桶 遮雨棚 骑行者垫脚石
生活型		小转弯半径 护栏 公共座椅 报刊亭	自行车过街带 自行车道铺装 导向牌 公共座椅 垃圾桶 遮雨棚 骑行者垫脚石
景观型		自行车过街带 护栏 绿化隔离带 交通渠化岛绿化 公共座椅	自行车道铺装 人行过街设施 交通监控 电子警察 导向牌 垃圾桶 遮雨棚 骑行者垫脚石
工业型		交通信号灯 自行车过街带 护栏	自行车道铺装 人行过街设施 垃圾桶

资料来源：自绘

● 要素构成

　　考虑到道路功能的发挥和街道环境的营造，扩展要素又可分为功能扩展要素和品质扩展要素。其中，功能扩展要素为发挥特定道路、特定功能所必须的要素；品质扩展要素是在道路已具备基本要素和功能扩展要素的基础上，为提升街道整体环境而需配设的要素。

第4章　道路设计模块

4.6 交叉路口
INTERSECTIONS

4.6.5　注意事项

（1）交叉口处宜设置较宽的缓坡，以保障过街的顺畅性；

图 4.6-11　正例：宽敞平顺的过街空间

图 4.6-12　反例：过街空间缺乏无障碍设计

（2）交通标志杆、路名牌等杆件类设施不应阻挡人行横道的有效通行宽度；

图 4.6-13　正例：过街空间无设施阻碍

图 4.6-14　反例：过街空间被路牌及灯杆阻碍

（3）行人信号灯、路名牌、道路绿化等要素之间不应相互遮挡，以免妨碍信息读取。

图 4.6-15　正例：交叉口内部精细渠化

图 4.6-16　反例：路口内部无设计，路权不清晰

图 4.6-11　资料来源：https://gatewaypave.com/exterior-ada

图 4.6-15　资料来源：https://widmann.scot/2011/03/17/3557/

图 4.6-12、图 4.6-13、图 4.6-14、图 4.6-16　资料来源：自摄

图 4.6-17　广州市沿江西路（西堤）试验段缩窄式交叉口设计（资料来源：自绘）

4.7 多杆合一、多箱并集
THE INTEGRATION OF MUNICIPAL BARS AND BOXES

第 4 章 道路设计模块

多杆合一

总体指引： 鼓励对街区空间内的各类设施杆牌进行归并整合，并移除废弃的和内容重复的杆牌，原则上街区界面上只保留路灯杆、交通杆以及信息牌，其他标识标牌一律整合到以上"两杆一牌"上，不再单独设置。

4.7.1 定义与范围

　　多杆合一是指将街区界面上的各类交通设施杆件、市政设施杆件以及信息服务牌等，以立地条件、杆件结构特性为依据，进行分类整合。多杆合一适用于市域范围内新建道路和改扩建道路。

图 4.7-1　多杆合一改造前示意图（资料来源：自绘）

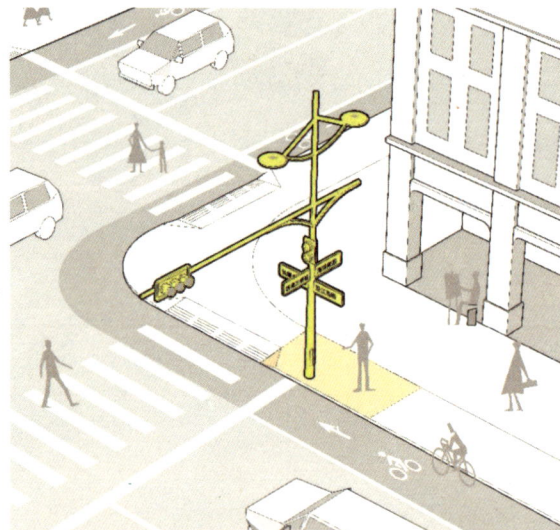

图 4.7-2　多杆合一改造后示意图（资料来源：自绘）

改造前： 街区中各类杆件种类和数量众多，因设置标准各异且缺乏协调，形成街头多杆林立，导致空间严重阻隔，行人过街不便，以及遮挡视线，影响行车安全，同时也占用过多公共空间。

改造后： 对各类设施杆体进行归并整合，减少空间阻隔和视线遮蔽，有效提高街区资源利用率并优化了空间秩序。

▶ 阻隔空间，行人过街不便；

▶ 遮挡视线，影响行车安全；

▶ 多占场地，未能充分利用公共空间资源。

▶ 提升街区空间秩序感；

▶ 拓展和激活城市公共空间。

● 优秀案例

纽约·华尔街｜路灯杆整合

华尔街位于美国纽约曼哈顿，周边重要建筑众多，附近配置有地铁枢纽及公交场站，人流及车流情况较为复杂。路口设置多处多杆合一设施，以路灯杆为依托，整合了交通信号灯、警告标识、路名牌、地铁标识以及路边电话等设施。

▶ 借鉴：

多杆设施功能完备，要素齐全，将灯杆、交通信号灯、指路标识等杆牌高度集成。

图 4.7-3 纽约·华尔街（资料来源：http://web.shobserver.com/news/detail?id=4845）

东京·银座｜信号灯杆

东京银座周边街区的多杆设施采用了分类归并的合杆做法，将服务车行和服务人行的标识及设施分别整合，在相对减少立地杆件数量的同时，进一步优化了交通秩序。

▶ 借鉴：

杆件分类整合，优化交通秩序。

图 4.7-4 东京·银座信号灯杆合杆案例（资料来源：自摄）

360° 人行过街红绿灯

　　相比于传统型红绿灯，新型 360° 红绿灯能满足不同方向的人群的使用和识别，同时，LED 红绿灯由于自身特性，可以在更复杂的立地条件和周边环境限制的情况下，仍能有效发挥使用功能，在实施过程中，鼓励 LED 红绿灯和现有路灯以及其他交通杆件整合。

▶ 借鉴：

　　可在多杆合一的基础上整合 360° 形式的人行过街红绿灯。

图 4.7-5　360° 人行过街红绿灯案例（资料来源：https://www.pinterest.jp/pin/287386019945307806/?lp=true）

● 优秀案例

德国 | 路灯充电桩

　　德国 E.GO 电动汽车公司在特制化路灯杆装上可充电插口，仅需要一根充电线，就可连接灯杆完成汽车充电并自动结算。相比于单独设置充电桩更节约了街道公共空间面积，同时路灯数量众多能够实现大面积覆盖。

▶ **借鉴：**

　　路灯和充电桩整合模式有效节约空间资源，且覆盖面广，利于绿色能源车的普及。

图 4.7-6　德国路灯充电桩（资料来源：http://www.cnbeta.com/articles/tech/625391.htm）

图 4.7-7　纽约市公园手机充电桩（资料来源：http://www.shejipi.com/29735.html）

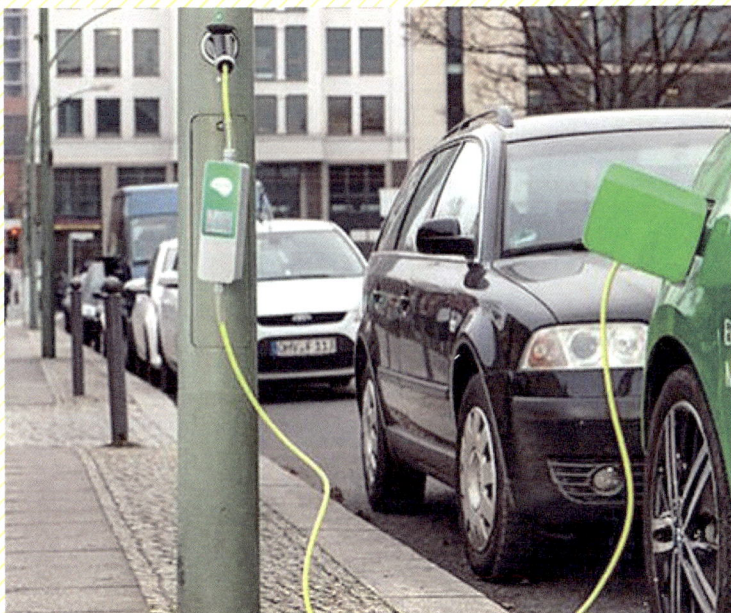

图 4.7-6　德国路灯充电桩

图 4.7-7　纽约市公园手机充电桩

图 4.7-8　上海智慧型路灯（资料来源：https://news.qq.com/a/20151028/007545.htm?tu_biz=1.114.1.1）

上海 | 智慧路灯

　　与其他普通路灯相比，上海智慧路灯整合了一系列服务功能：智能照明、Wifi、电动车充电、环境监测、一键呼叫等八大功能。同时，智慧路灯灯杆结构上经过优化处理，可以安全地承载相关设施。

▶ **借鉴：**

　　路灯杆成为集成便民服务设施的开放平台，成为智慧城市数据采集和监测的重要部分。

4.7 多杆合一、多箱并集

THE INTEGRATION OF MUNICIPAL BARS AND BOXES

4.7.2 模块构成

● 多杆现状

经过对现状道路杆体的调研，梳理总结出广州街区道路界面杆牌共有 10 个大类，24 个小类。现有杆体涉及管理部门 9 个，在现有多杆类型中，电车杆以及监控探头需单独设置，剩余 8 个大类 21 个子类杆牌需进行多杆整合。

编号	大类	子类	管理部门	电力属性	位置灵活性	合杆要求
1	路灯	车行道路灯、人行道路灯	路灯管理所	强电	相对固定	可合杆
2	电车杆	——	市交委	强电	相对固定	需单独设置
3	信号灯	机动车信号灯、行人过街信号灯	市交警支队	弱电	相对固定	可合杆
4	监控探头	交通监控灯、社会治安监控	市交警支队、各区公安分局	弱电	相对灵活	需单独设置
5	交通标志	警告标志、禁止标志、指示标志、指路标志	市交警支队	无电	部分相对灵活	可合杆
6	行人导向牌	地铁、码头、公厕、景点、场站导向牌；指路查询牌	市旅游局	无电	相对灵活	可合杆
7	路名牌	——	各区建设局	无电	相对灵活	可合杆
8	绿道牌	——	市林业和园林局	无电	相对灵活	可合杆
9	媒体发布牌	FM 交通频道信息牌、LED 信息公告牌、宣传板（幅）	——	弱电 / 无电	相对灵活	可合杆
10	其他	消防取水点、河涌危险提示	市消防支队、市水务局	无电	部分相对灵活	可合杆

资料来源：自绘

第 4 章 道路设计模块

● 分类梳理

根据杆体属性、设置点位及数量、支撑结构特征等方面综合考量，对多杆牌的系统性归并、模块化组合进行可行性分析，可将杆牌细划分为杆体和承载设施两个大类，其中杆体有 3 类，承载设施有 6 类，原则上道路上只保留 3 类杆体，其他 6 类承载设施需合并到 3 类杆体上，不再单独设置。

编号	杆体	子类	说明
1	路灯杆	机动车路灯杆、人行道路灯杆	以路灯杆为载体，按需求搭配不同模组，集成路灯杆平台
2	交通设施杆	独立式交通杆、门架式交通杆、悬臂式交通杆	以交通杆件为载体，搭载不同模组，形成交通杆平台
3	信息牌	广告招牌箱体、媒体发布牌、交互查询牌	人流集中的主城区，以信息牌为载体，补充路灯杆平台和交通设施杆平台无法满足的功能，形成复合型综合信息牌平台

资料来源：自绘

编号	承载设施	子类	说明
1	交通标识	警告标志、禁止标志、指示标志、指路标志	包括交通标志、指路标志及其他辅助标志
2	信号灯	机动车信号灯、行人过街信号灯	供车行道使用的交通信号灯，以及供人行道使用 360°可视圆柱信号灯
3	行人导向	路名牌、地铁、码头、公厕、景点、场站导向牌及地图	指示路名、引导行人空间定位的各类导向标牌和设施
4	信息发布	LED 信息公告牌、宣传板（幅）FM 交通频道信息牌	时政新闻，信息发布。同时可寻求帮助、查询或与相关后台通话，了解交通、商业、景点、餐饮等信息
5	智能设施	Wifi 热点、USB 移动充电环境检测传感器	配置 WIFI 热点及 USB 充电接口，可供手机等移动设备充电。监测城市环境数据设备（空气温度、PM2.5、人流交通、噪声）
6	其他	绿道牌消防取水点河涌危险提示	在立地空间有限的情况下、绿道牌等其他类杆牌可结合周边杆体设置

资料来源：自绘

杆体类型：

基于杆体设置立地条件中的设置间距和位置灵活性，将杆体分为 3 个大类 8 个小类：路灯杆系统、交通设施杆系统、信息牌系统。

承载设施类别：

根据现有杆体内容的梳理，可将杆体的承载设施分为 6 个大类 21 个小类：交通标志系统、信号灯系统、慢行导向系统、信息发布系统、智能设施系统以及其他类。

第 4 章　道路设计模块

4.7 多杆合一、多箱并集

THE INTEGRATION OF MUNICIPAL BARS AND BOXES

4.7.3 设计要点

● 设计依据与参考

多杆合一的设计和建设首先应符合国家、行业及地方现行的有关设计标准和规范要求，并应经过相关主管部门批准。

01	《城市道路交通标志和标线设置规范》GB 51038-2015
02	《道路交通信号灯与安装规范》GB 14886-2016
03	《道路交通标志和标线第 2 部分：道路交通标志》GB 5768.2-2009
04	《道路交通信号倒计时显示器》GA/T 508-2004
05	《道路交通危险警示灯》GA/T 414-2003
06	《城市道路照明设计标准》CJJ 45-2006
07	《广州市道路交通指路标志系统设计技术指引（修订）》

● 合杆原则

合杆原则分别针对路灯杆平台、交通杆平台以及信息牌平台进行合杆规定。

路灯杆平台： 以路灯杆为合杆平台，整合现状路灯杆周边原则上距离 5m 内的小型（一般为柱式支撑）交通设施、市政设施以及科技便民设施；路灯杆与大型（一般为悬臂式、门架式支撑）交通杆原则上距离小于 5m 时也应相互整合，且以路灯移至大型交通设施处为主。

交通杆平台： 以现状道路既有柱式、悬臂式、门架式交通杆件为合杆平台，整合现状平台周边 5m 以内的交通设施、市政设施以及科技便民设施；整合次序优先既有合杆设施，以及小型交通设施整合至大型交通结构为主。

信息牌平台： 以现状信息牌为合杆平台，整合现状平台周边 5m 以内的行人导向，信息发布和智能科技便民设施。

● 未来发展趋势

共享街区，智慧街区将是发展的趋势，多杆整合将致力于集约配置和资源共享。

— 智慧街道将是未来发展的主要趋势之一，多杆平台搭载整合完善的智能设施，有效促进街道智能服务；

— 优化设施的人性化设计，以街道参与者的使用体验为出发点，优化单体设计、设施组合及点位布设；

— 注重风貌的协调有序，在满足行业规范标准的前提下，优化多杆合一设施的整体风貌；

— 鼓励绿色低碳设计，推广利用低能耗设备与材料，宣传科技环保理念。

根据梳理之后的多杆系统和要素，引入"模块矩阵"概念，以"两杆一牌"为立地基础和固定平台，作为纵轴；以承载设施为配置组件作为灵活搭配的横轴，根据周边环境状况对杆件承载的标牌或设施进行相应增减，以增加多杆合一的针对性。

4.7.4　模块应用

● **模块矩阵**

纵轴为"两杆一牌"固定平台，横轴为6类承载设施。纵轴固定平台可承载多类承载设施，配置要求需满足特定规范和合杆要求。

承载平台	承载设施					
	a 交通标识	b 信号灯	c 行人导向	d 信息发布	e 智能设施	f 其他
A 路灯杆 +	●	○	●	○	●	○
B 交通杆 +	●	○	●	○	●	○
C 信息牌 +	○	—	●	●	●	○

● 应结合　　○ 可结合　　— 不结合

资料来源：自绘

合杆说明：

— "应结合"是指杆件和承载设施在一般情况下都应该合杆；

— "可结合"是指在空间有限等情况下，距离在 5m 范围内的杆牌应合杆；

— "不结合"是指杆件和承载设施在一般情况下都不可合杆；

— 在满足行业标准、功能要求、安全性的前提下，合杆立柱应设在设施带或绿化带中；

— 合杆设施的杆件、版面、设备等不得侵入道路建筑界限；

— 合杆设施的版面、设备应避免被树木、桥墩、柱等物体遮挡，影响视认；

— 不得利用交通设施杆和路灯杆合杆设施设立商业性广告；

— 合杆后标牌或承载设施下缘应高出地面 2.5m；

— 单个撑杆上标牌或承载设施数量不宜超过 4 个（含 4 个）；

— 合杆后道路照明评价指标不低于现行规范标准；

— 所有合杆设施应避免互相遮挡。

4.7 多杆合一、多箱并集

THE INTEGRATION OF MUNICIPAL BARS AND BOXES

模块组合示例

一 模块形式一： A—ab。

一 模块内容： 以路灯杆为平台的多杆合一设施，承载有交通标识、信号灯。

一 适用条件： 主要街区范围内，交通环境较为复杂的有行人过街的交叉路口。

优点： 集约整合交通、市政服务设施，优化街区空间秩序。

模块形式一：A—ab

a 交通标识牌

b 信号灯

A 路灯杆

图 4.7-9　多杆合一组合 A—ab 形式示例（资料来源：自绘）

模块组合示例

一 模块形式二： A—ae。

一 模块内容： 以路灯杆为平台的多杆合一设施，承载有交通标识以及智能服务设施。

一 适用条件： 一般街区范围内的过街区域。

一 优点： 操作较易，有利于推广实施。

模块形式二：A—ae

a 交通标识牌

e WIFI及充电接口

A 路灯杆

图 4.7-10 多杆合一组合 A—ae 形式示例（资料来源：自绘）

第 4 章 道路设计模块

4.7 多杆合一、多箱并集

THE INTEGRATION OF MUNICIPAL BARS AND BOXES

模块组合示例

— **模块形式三**：B—ce。
— **模块内容：**以交通杆为平台的多杆合一设施，承载路名牌、慢行导向标识以及智能服务设施。
— **适用范围：**主要街区范围内的路口及开放空间。
— **优点：**提供智慧化和集中式导向服务。

e 传感器 / 指南针

c 路名牌 / 慢行导向牌

e Wifi / USB 充电装置

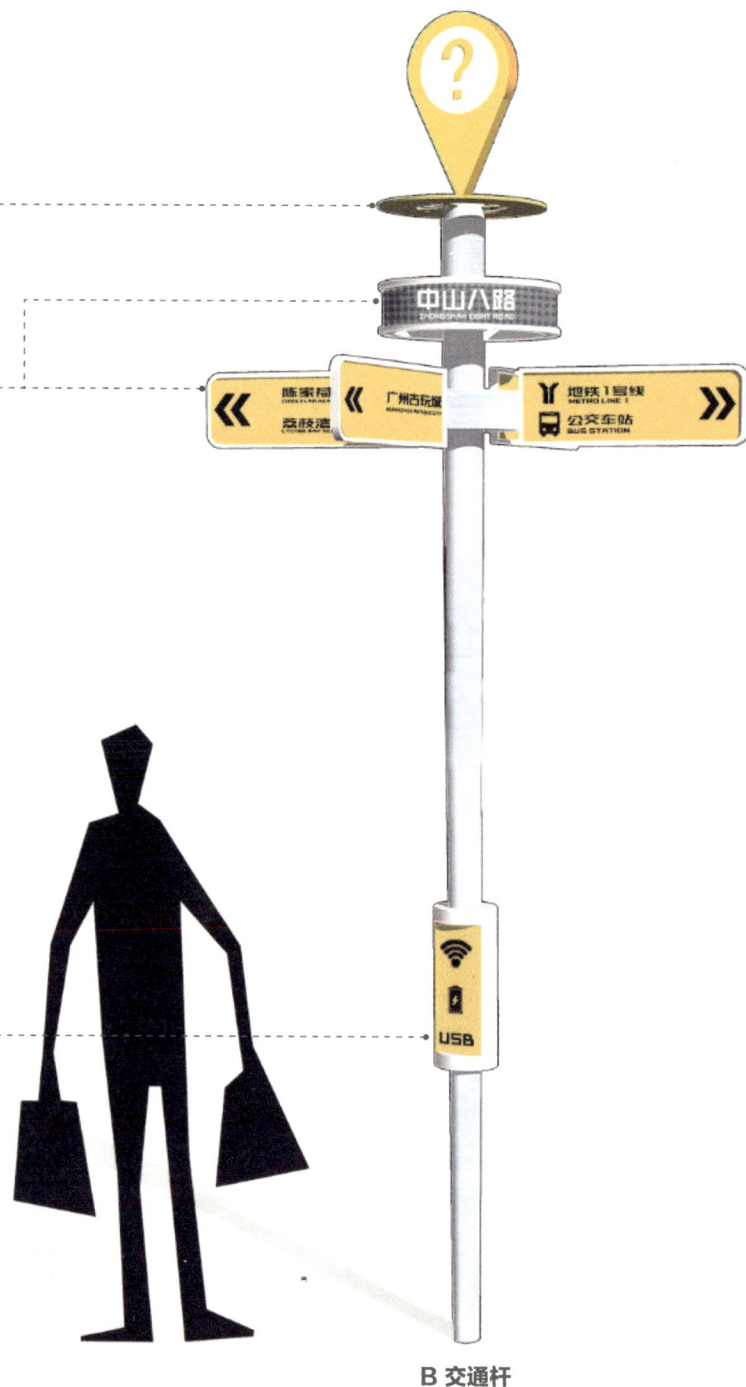

B 交通杆

图 4.7-11 多杆合一组合 B—ce 形式示例（资料来源：自绘）

第4章 道路设计模块

模块形式四：C—acde

模块组合示例

— **模块形式四：** C—acde。

— **模块内容：** 以信息牌为平台的多杆合一设施，承载有交通标识、慢行导向标识以及信息发布系统、智能服务设施。

— **适用条件：** 火车站、飞机场、地铁站等综合枢纽广场，珠江新城花城广场等城市客厅。

— **优点：** 高度集中多种服务设施和交通信息牌，能为城市重点区域提供及时有效的信息发布服务。

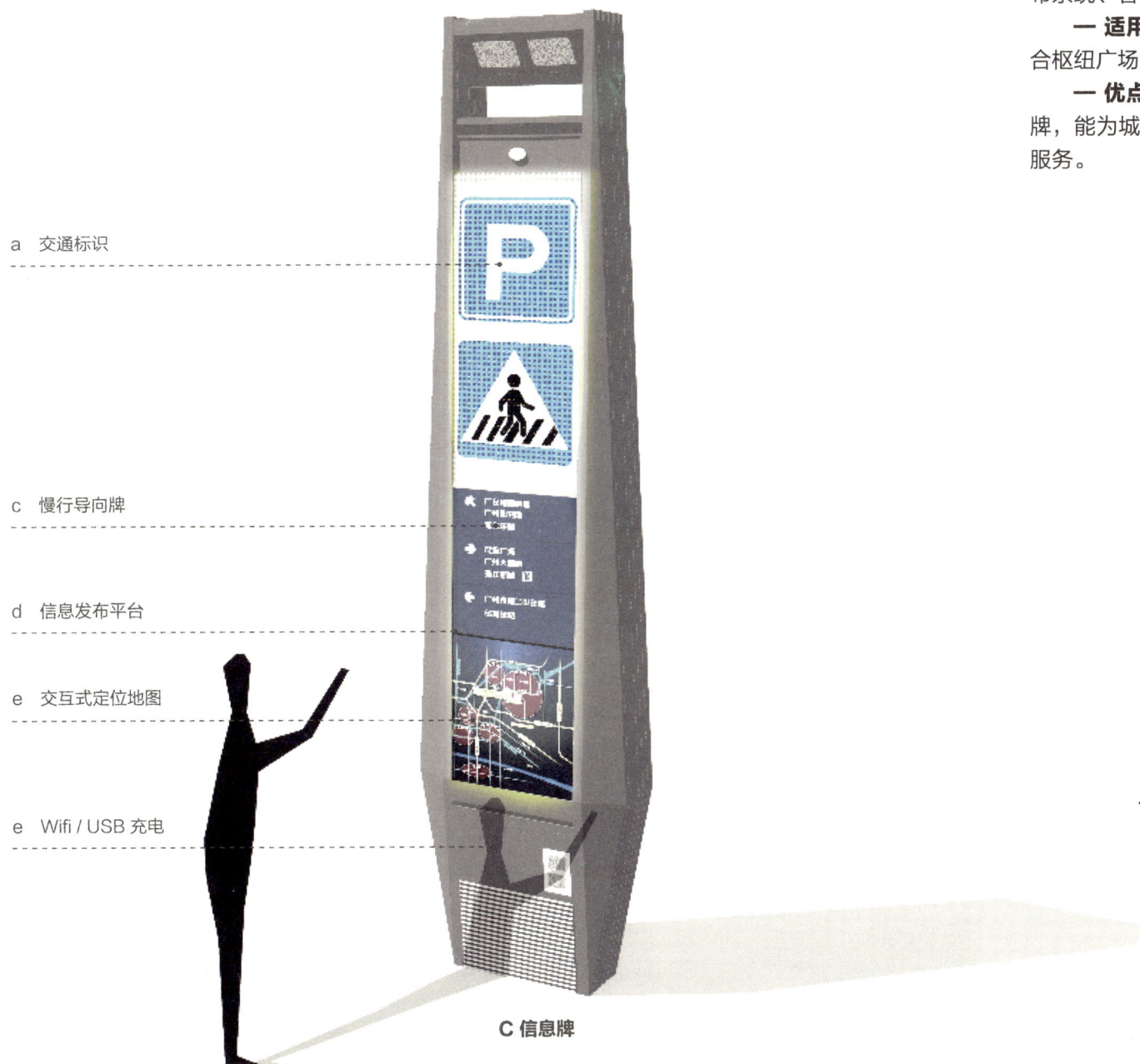

a　交通标识

c　慢行导向牌

d　信息发布平台

e　交互式定位地图

e　Wifi / USB 充电

C 信息牌

图 4.7-12　多杆合一组合 C—acde 形式示例（资料来源：自绘）

4.7 多杆合一、多箱并集
THE INTEGRATION OF MUNICIPAL BARS AND BOXES

多箱并集

4.7.5　定义与范围

多箱并集是指将街道空间范围内的各类通信、广电、交通、监控等弱电箱体进行整合设置。形式上可分为多箱归并和多箱集中，多箱归并是指将多个箱体整合到同一个大箱体中，多箱集中是指将多个箱体集中并置。

▶ 多箱并集分多箱归并和多箱集中两种形式；

▶ 适用范围: 适用于市域范围内新建道路和改扩建道路。

图 4.7-13　弱电箱体改造前（资料来源: 自绘）

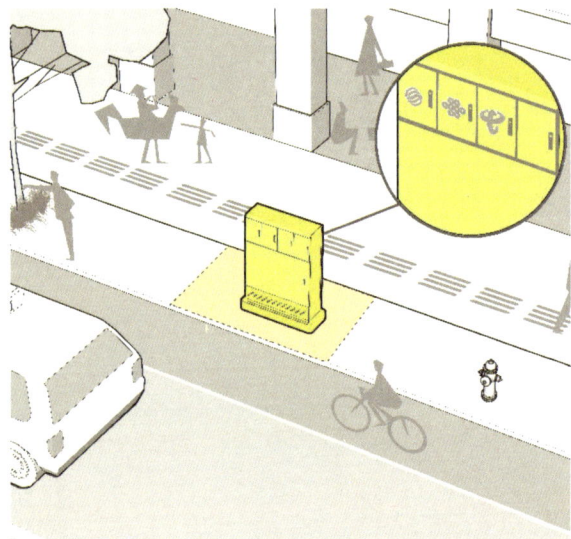

图 4.7-14　多箱并集改造后（资料来源: 自绘）

改造前: 街区中各类箱体种类和数量众多，因设置标准各异且缺乏协调，造成箱体侵占人行空间严重，对街区的步行体验和整体风貌影响较大。

改造后: 对各类箱体进行多杆并集设置，提高公共空间利用率以及空间的秩序感，并拓展出新的城市公共空间，促进街道风貌的整体协调。

● 案例分析

台北·松江路｜变电箱

台北松江路上的变电箱经过设计团队与电力公司合作改造一新。将原先杂乱的变电箱并集设置且刷上统一色调，让变电箱和谐融入周围环境。箱体基座的警示条在行车面及行人面重点局部的呈现，更能达到警示的效果。

▶ 优点:

梳理现状箱体，多箱并集；根据周围环境刷新箱体，融入环境；增加细节设计，使用安全方便。

图 4.7-15　台北松江路弱电箱体示例（资料来源: https://www.damanwoo.com/node/88302）

第4章　道路设计模块

4.7.6 模块构成

属性	编号	大类	子类	管理部门	箱体规模	整合要求
弱电箱	1	通信箱	移动 联通 电信 铁通 ……	各运营商	中型	可归并 （多箱合一） （多箱集中）
	2	广电箱	有线数字电视	有线电视公司	中型 小型	可归并 （多箱合一） （多箱集中）
	3	交通箱	交通信号设备箱 交通监控设备箱 交通流量采集设备箱 交通诱导设备箱	市交警支队	中型 小型	可归并 （多箱集中）
强电箱	4	箱式变压器 （设备）	箱式变压器	电力局	大型	不宜归并
	5	路灯箱	路灯控制箱	照明管理中心	中型	可归并 （多箱集中）
其他箱体	6	燃气箱	燃气箱	燃气公司	中型	不宜归并

资料来源：自绘

多箱现状： 现状道路两侧箱体种类繁多、规模较大，根据属性可分为弱电箱、强电箱以及其他箱体三个类别，其中弱电箱可分为通信箱、广电箱以及交通箱 3 个大类，强电箱可分为箱式变压器和路灯箱 2 个大类，其他箱体包括燃气箱等种类。其中，可对通信箱、广电箱、交通箱和路灯箱进行整合归并，箱式变压器和燃气箱则不宜进行整合归并。

▶ 现状箱体分为 6 个大类以及 12 个小类；

▶ 箱式变压器、燃气箱维持单独设置；

▶ 其他箱体可进行多箱并集。

第 4 章　道路设计模块

4.7 多杆合一、多箱并集
THE INTEGRATION OF MUNICIPAL BARS AND BOXES

4.7.7　设计要点

● 设计依据与参考

多箱并集首先应符合国家、行业及地方现行的有关设计标准和规范要求，并应经过相关主管部门批准。

01	《城市工程管线综合规划规范》GB 50289-2016
02	《通信光缆交接箱》YD/T 988-2007
03	《道路交通信号控制机》GB 25280-2010
04	《城市道路照明设计标准》CJJ 45-2006
05	《城市照明自动控制系统技术规范》CJJ/T 227-2014
06	《城市道路路基设计规范》CJJ 194-2013
07	《城市道路交通设施设计规范》GB 50688-2011

● 整合原则

整合原则包括总体设计原则以及针对多箱归并和多箱集中的特定设计原则。

总体设计原则：
— 数量"做减法"：在满足箱体使用功能的前提下，将规模控制在最小数量。
— 选址合理：多箱整合设置区域优先次序上首选街头公共绿地，次选道路公共空间，再次选人行道侧石处，最后选机非隔离带；新设室外多箱整合箱体的覆盖范围可依据城市规划，以城市的河流、主要街道以及其他妨碍光缆线路穿行的大型障碍为界。
— 设置弹性：多箱整合箱体宜在主要路口之间或每500m间隔设置为宜。改、扩建道路以城市的河流、主要街道以及其他妨碍光缆线路穿行的大型障碍为界，新设多箱整合箱体的位置与原需移位箱体之间的距离原则上控制在300m以内，或整合范围控制在两个主要路口之间。特殊情况视具体而定。
— 预留空间：箱体的整合设计考虑业务的长远发展需求预留相应空间。

特定设计原则：
多箱归并：当多箱设施位于商业型、生活型、景观型道路空间以及特定道路类型中的步行街、骑楼街这两种道路空间时，原则上应将通信箱和广电箱整合在一个固定的箱体中，进行多箱归并。
多箱集中：当多箱设施位于交通型、工业型和综合型街道空间，以及特定道路类型中除去步行街和骑楼街的其他道路空间时，通信箱、广电箱、交通箱和路灯箱宜集中设置在线缆汇聚中心位置，或现状箱体相对集中位置，形成多箱集中。原则上应在箱体规格、颜色、材料等风貌要素上建立协调标准，并在箱体相应位置设置铭牌以及安全警示等标识。

● 未来发展趋势

从资源集约城市、智慧城市的角度出发，多箱整合可考虑埋地式和加载Wifi等服务设备。

埋地式箱体：为高效利用城市空间资源、节省地面以上公共空间以及减少视线阻隔，形成城市完整的街区风貌的原则出发，在完善防水防潮以及其他安全措施，能确保箱体的正常功能使用的前提下，可采用埋地式多箱的整合形式，其设置位置也可拓展至人行道。
智慧箱体：考虑配合智慧城市的建设，在多箱上增加Wifi整合的需求。

第4章 道路设计模块

模块应用中规定了多箱整合形式所对应的箱体内容，以及在不同道路类型中进行模块化应用的适用性模型。具体的道路建设工程应遵循"规划先行、适度超前、因地制宜、统筹兼顾"的原则，充分发挥多箱并集的综合效益。

4.7.8 模块应用

整合形式	箱体内容
多箱归并	通信箱、广电箱
多箱集中	通信箱、广电箱、交通箱、路灯箱

资料来源：自绘

● 分类归并

—多箱合一可单独或同时整合通信箱以及广电箱。

—多箱集中可单独或同时整合通信箱、广电箱、交通箱以及路灯箱。

● 模块矩阵

箱体类型	道路类型						
	a 商业型	b 生活型	c 交通型	d 景观型	e 工业型	f 综合型	g 特殊型
A 通信箱	●	●	○	●	○	○	●
B 广电箱	●	●	○	●	○	○	●
C 交通箱	○	○	○	○	○	○	○
D 路灯箱	○	○	○	○	○	○	○

● 多箱归并　　○ 多箱集中

资料来源：自绘

在 7 种道路类型中，商业型、生活型、景观型以及特殊型（步行街以及骑楼街）道路空间在设置通信箱和广电箱时，需进行多箱归并；交通型、工业型和综合型道路在设置通信箱、广电箱、交通箱和路灯箱时，需进行多箱集中。

注：在"g 特殊型"道路空间中，建议步行街和骑楼街这两种空间在设置通信和广电箱时进行多箱合一，其他道路空间的箱体整合则进行多箱集中。

4.7 多杆合一、多箱并集

THE INTEGRATION OF MUNICIPAL BARS AND BOXES

模块组合示例

— 模块形式： 多箱归并。

— 模块内容： 设置统一箱体框架，整合收纳其他各类小型箱体。

— 适用范围： 新旧城区中线网分布较密集，但用地较为局促的路段，或强调景观性的城市客厅、主要交通枢纽等重点区域。

公共部分

公箱部分

预留部分

多箱归并

图 4.7-16　多箱归并形式示例（资料来源：自绘）

第4章　道路设计模块

模块组合示例

一 模块形式：多箱集中。

一 模块内容：通过设置统一风貌后的多个并排布设的箱体，将各类箱体集中设置。

一 适用范围：一般城区中，现状各类箱体分布较为密集的区域。

三箱或多箱集中设置

预留位置增加箱体

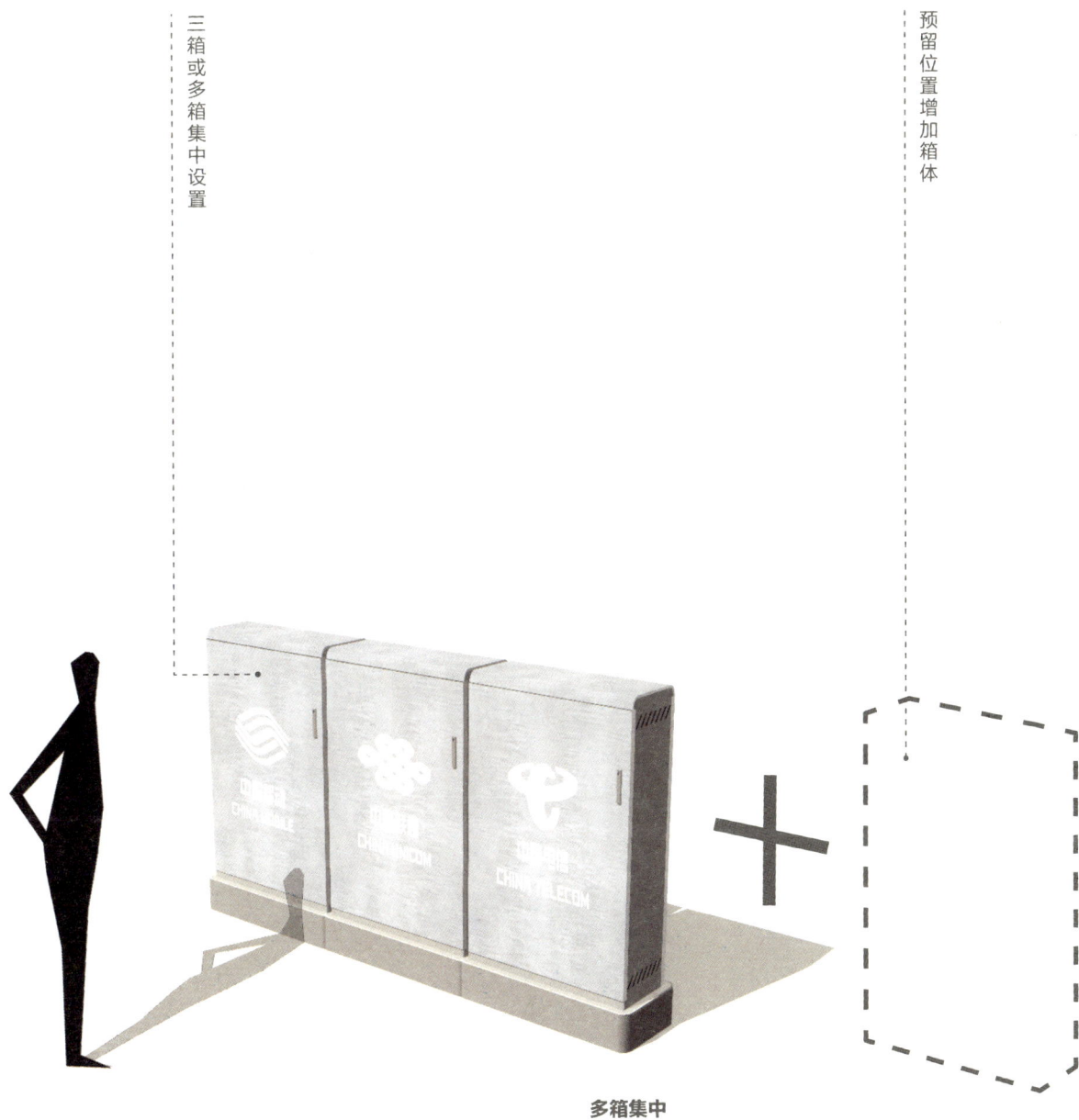

多箱集中

图 4.7-17　多箱集中形式示例（资料来源：自绘）

4.7 多杆合一、多箱并集
THE INTEGRATION OF MUNICIPAL BARS AND BOXES

模块组合示例

— **模块形式：** 多箱集中—埋地翻盖式。

— **模块内容：** 通过在人行道上设置埋地翻转式集中箱体，有效节约地面空间资源，提升步行体验。

— **适用范围：** 一般城区的特殊路段，或重点城区的示范性路段。

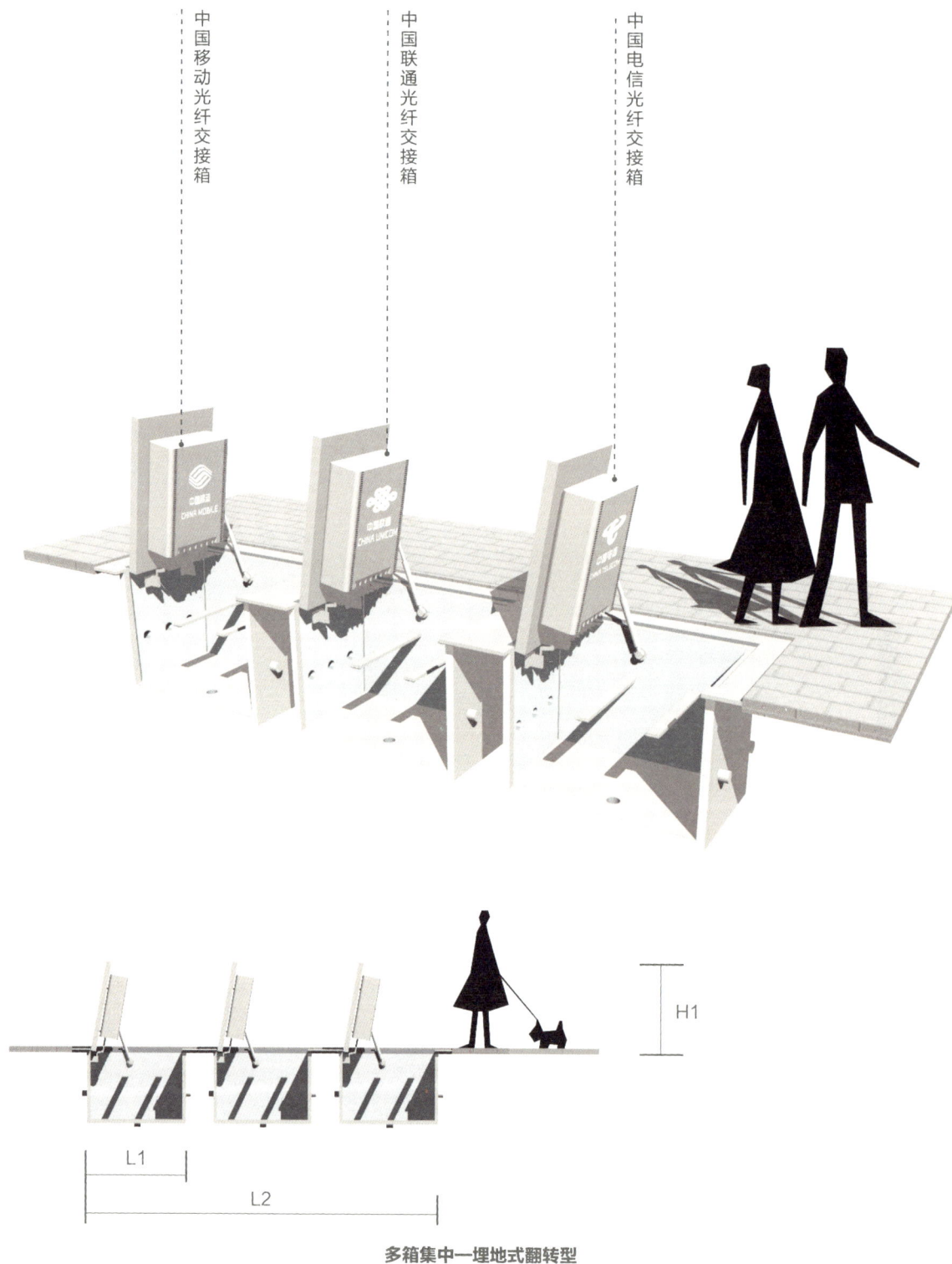

中国移动光纤交接箱

中国联通光纤交接箱

中国电信光纤交接箱

多箱集中—埋地式翻转型

图 4.7-18　多箱集中—埋地式翻转型示意图（资料来源：自绘）

模块组合示例

— 模块形式: 多箱集中一埋地升降式。

— 模块内容: 通过在人行道上设置埋地升降式集中箱体,有效节约地面空间资源,提升步行体验。

— 适用范围: 一般城区的特殊路段,或重点城区的示范性路段。

中国移动光纤交接箱

中国联通光纤交接箱

中国电信光纤交接箱

H1

L1

L2

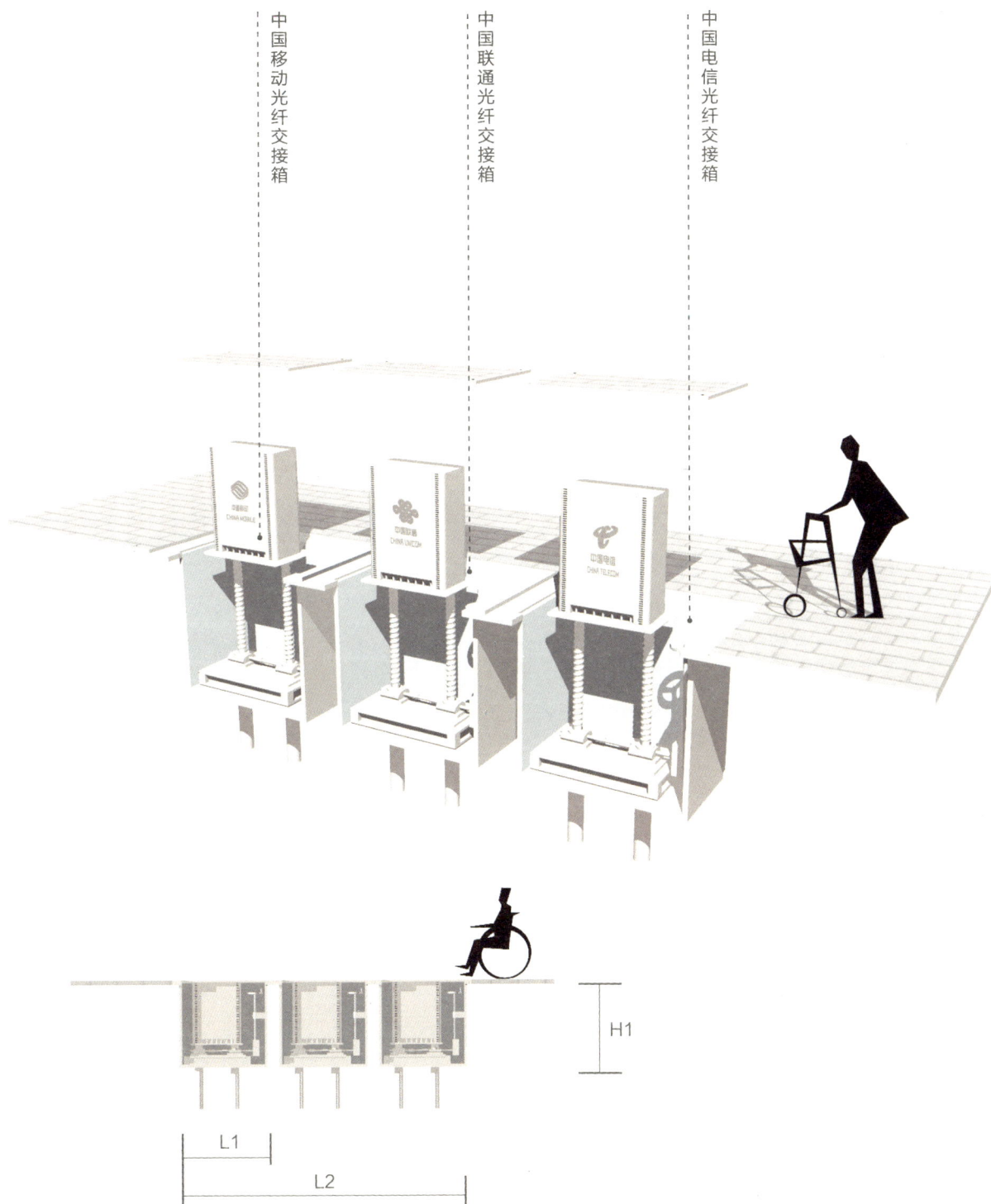

多箱集中一埋地式升降型

图 4.7-19 多箱集中一埋地式升降型示意图(资料来源:自绘)

第 4 章 道路设计模块

4.8 过街设施区
CROSS WALK ZONE

总体指引: 步行环境是体现城市品质的重要方面，步行具有自由、健康、环境友好的优点，而安全、完整与精心设计的过街设施是保证快捷、舒适出行的关键。对过街人行横道、人行天桥、人行地道均进行街道设计导控。建立一套方方面面完善的步行体系，全面提升城市生活品质。

4.8.1 定义与范围

过街设施区指连接道路两侧人行道的设施及其关联区域，包括平面和立体过街及附属设施。

▶ 过街设施区是慢行交通的重要连接点，是必不可少的组成部分。

▶ 根据城市区域和道路功能等级选择适宜的过街设施类型。

过街设施区是人车集中冲突的区域，在行为安全上，行人是交通参与者中相对弱势的群体，因此过街设施的设计应将行人安全置于优先级的首位。此外，作为慢行交通必不可少的组成部分，过街设施设计应当为所有行人服务，包括儿童、老人、推婴儿车的父母、盲人和使用轮椅以及其他辅助设施的残疾人等，过街设施区的设计需注重体现"以人为本"的设计原则，并能体现街道和城市的特色。

图 4.8-1 伦敦温布尔顿大桥：二次过街设施确保步行和自行车交通连续（资料来源：《伦敦街道设计导则》）

4.8.2 模块构成

过街设施区模块的构成根据发挥道路功能的必要性和品质提升要求，分为基本要素和扩展要素两类。

模块构成

基本要素（6项）

人行横道、人行天桥、人行地道、盲道、缘石坡道、护柱

扩展要素（11项）

交通信号灯、导向牌、交通标识、过街安全岛、垃圾桶、升降梯、手扶梯、轮椅升降台、遮阳棚、治安监控、绿化

资料来源：自绘

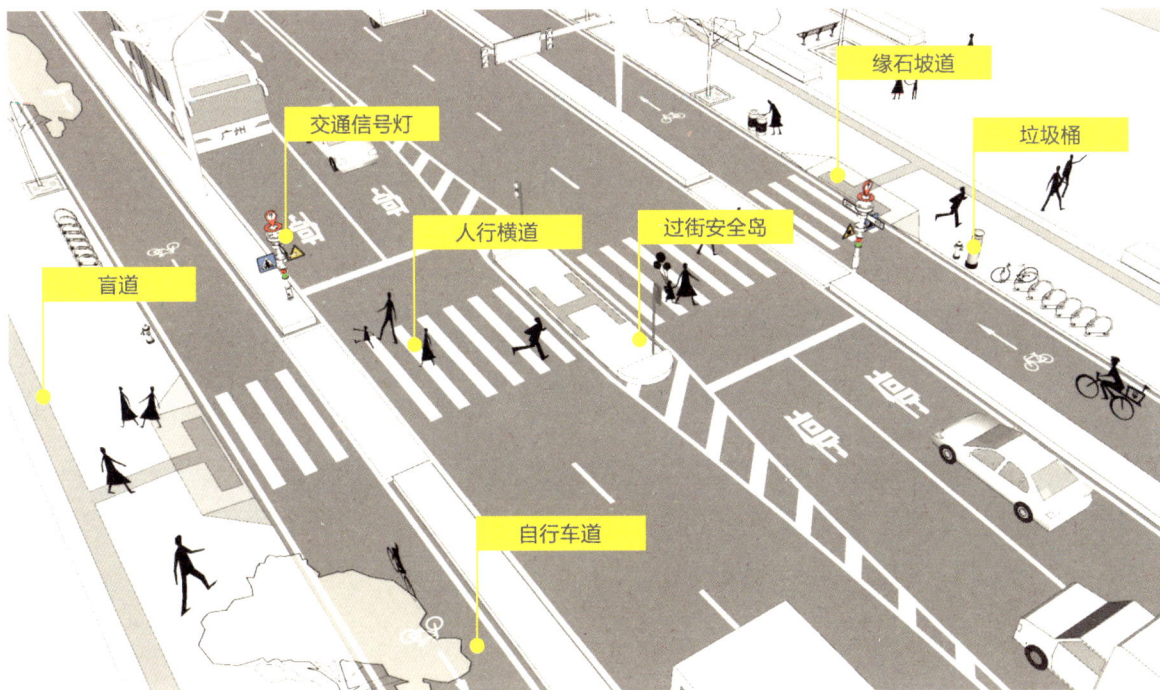

图 4.8-2 过街设施区模块构成示意图（资料来源：自绘）

4.8 过街设施区
CROSS WALK ZONE

4.8.3 设计要点

● 设计依据与参考

人行过街横道、人行天桥、人行地道的设计应符合国家、行业及地方现行的有关设计标准和规范要求。

01	《城市道路工程设计规范（2016年版）》CJJ 37-2012
02	《城市道路交通设施设计规范》GB 50688-2011
03	《城市道路交通规划设计规范》GB 50220-1995
04	《城市道路交叉口规划规范》GB 50647-2011
05	《城市道路交叉口设计规程》CJJ 152-2010
06	《伦敦街道设计导则》（Street Scape Guidance）（2016）

● 设置原则

过街设施区应体现人性化和舒适性的设计理念，提倡保障慢行空间的连续性，改善慢行环境和提升城市品质的设计原则。

卓有成效的过街设施布局需考虑包括道路环境、机动车与行人流量、现状的过街路径、车速、道路安全、交叉口、出入口在内的多方面因素。

平面过街优先：

— 过街设施类型的选择，平面过街设施应优先于立体过街设施；信号控制人行横道应优先于无信号控制人行横道。

安全原则：

— 过街区的视线不能被街道设施、绿化植物或者运行车辆所影响，并应设醒目标志；

— 在急转弯处不应设置平面过街，因该处可能存在驾驶视野盲点，导致驾驶员没有足够的安全距离做出紧急反应。

连续性原则：

人行道、人行天桥、人行地道的规划，应与居住区的步行系统、城市中车站、码头集散广场、轨道出入口、建筑出入口、城市游憩集会广场等的步行系统紧密结合，构成一个完整、连续、贯通的城市步行系统。

人性化原则：

注重立体过街设施的便捷性和人性化，如无障碍设计、坡度放缓等，有条件的地方尽量加装电梯、遮阳棚、冷气等，以方便特殊人群。

美观原则：

设计应考虑周边建筑设施及环境，对过街设施区的构成要素采用高质素的造型和美观性设计，以增加美感和提供一个悦目安全的行人环境。

4.8 过街设施区

CROSS WALK ZONE

4.8.4 模块应用

　　首先结合道路周边用地性质和交通功能明确道路类型，根据道路类型和不同的品质化提升要求，选择差异化的道路要素组合。

道路功能 ＼ 要素类型	基本要素	功能扩展要素	品质扩展要素
交通型	人行横道 人行天桥 人行地道 盲道 缘石坡道 护柱	交通信号灯 交通标志 过街安全岛 轮椅升降台	垃圾桶 升降梯 手扶梯
商业型		交通信号灯 交通标志 手扶梯 轮椅升降台	治安监控 遮阳棚 垃圾桶 升降梯 过街安全岛
生活型		交通信号灯 交通标识 过街安全岛 手扶梯 轮椅升降台	治安监控 遮阳棚 垃圾桶 升降梯 人行天桥绿化
景观型		交通信号灯 交通标志 过街安全岛 遮阳棚 绿化	垃圾桶 升降梯 手扶梯 轮椅升降台 治安监控
工业型		交通信号灯 交通标志 过街安全岛	——

资料来源：自绘

第 4 章　道路设计模块

广州市城市道路全要素设计手册　167

4.8 过街设施区
CROSS WALK ZONE

4.8.4　模块应用

根据道路断面宽度和道路类型，平面过街可分为一次过街和二次过街两大类。一次过街又可分为信号管控过街和非信号管控过街两种类型。

道路类型＼过街方式	A 组合 无信号控制一次性过街	B 组合 信控一次性过街	C 组合 信控二次直线过街	D 组合 信控二次交错过街
商业型道路	√	√	√	√
生活型道路	√	√	√	√
交通型道路			√	√
景观型道路		√	√	√
工业型道路		√	√	√
综合型道路			√	√
主干道			√	√
次干道	√	√	√	√
支路	√	√		

注：打"√"标记代表某类型道路可选用该设计形式。

资料来源：《伦敦街道设计导则》

过街类别	准许过街标识
无信号控制过街	斑马线
	带自行车道的斑马线

资料来源：自绘

图 4.8-3　无信号控制过街形式（资料来源：自绘）

4.8.4　模块应用

A 组合：无信号控制过街

方案要点：

（1）设置平面过街方案时，应考虑临近建筑出入口与道路的关系，设计应与周边的街道设施及绿化相协调；

（2）过街区的视线不能被街道设施、绿化植物或者停车所影响；

（3）在步行优先的区域，可采用抬起式人行道的过街形式，并使行车道的铺装材料与步行道保持一致；

（4）结合路边停车，设置外拓式人行横道，缩短行人过街时间。

适用条件：

适用于过街人流和道路上车流均不太大的支路。

● **优秀案例**

荷兰·阿姆斯特丹｜抬高式过街

阿姆斯特丹街道上的抬升式过街一般做法为：在凸起的减速台或减速丘的基础上设置人行横道标志和标线，并且在减速丘前后边缘设置减速丘底部标线，以提前告知驾驶人的目的。凸起部分还可采用纹理材料铺装。

▶ **优点：**

作为交通稳静化技术的一部分，抬升式过街在为行人提供道路优先权的同时又能够降低机动车速度。

图 4.8-4　荷兰阿姆斯特丹抬升式过街案例（资料来源：图片来源：karl fjellstorm，fareastbrt.com）

4.8 过街设施区
CROSS WALK ZONE

4.8.4 模块应用

B 组合情形 1：信号灯控一次性过街

组合说明：

（1）通过行人过街相位来保障行人相对于机动车的优先权，设置标准主要有机动车交通量、车速、行人流量、过街区位置是否位于交叉口或者路段等；

（2）步道与过街设施的尺寸应适应，保证行人在交叉口和等候区都不会过于约束；

（3）A 组合的方案要点同样适用于该组合。

适用条件：

适用于人行过街横道长度不超过 16m（不包括自行车道）的城市支路。

B 组合情形 2：信号灯控二次直线过街

组合说明：

同 B 信号灯控一次性过街的情形。

适用条件：

适用于人行过街横道长度超过 16m（不包括自行车道）的城市次干道，以及行人流量较多生活型、商业型主干道。部分车流人流较多的支路也可以采用这种形式。

图 4.8-5　信号灯控一次性过街示意图（资料来源：自绘）

图 4.8-6　信号灯控二次直线过街示意图（资料来源：自绘）

过街类别	准许过街标识
信号灯管控过街	信号灯控一次性过街
	信号灯控二次直线过街
	信号灯控二次交错过街

资料来源：自绘

B 组合情形 3：信号灯控二次交错过街

组合说明：
同 B 信号灯控一次性过街的情形。

适用条件：
适用于人行过街横道长度超过 16m，行人流量较多，且道路过街安全岛宽度较窄的城市主、次干道。

图 4.8-7　信号灯控二次交错过街示意图（资料来源：自绘）

C 组合：人行天桥

方案要点：
（1）鼓励人行天桥和建筑、公交站、轨道站等的一体化设计；
（2）注重便捷性和人性化设计，如无障碍、坡度放缓等，有条件的地方尽量加装电梯、遮阳棚等，方便特殊人群；
（3）对景观要求较高的地区，因地制宜，采用高质素的造型和美观性设计，以增加美观和提供一个悦目安全的行人环境。

适用条件：
适用于车速较高的城市快速路及交通型主干道、交通复杂的交叉口以及需激发城市活力的功能区。

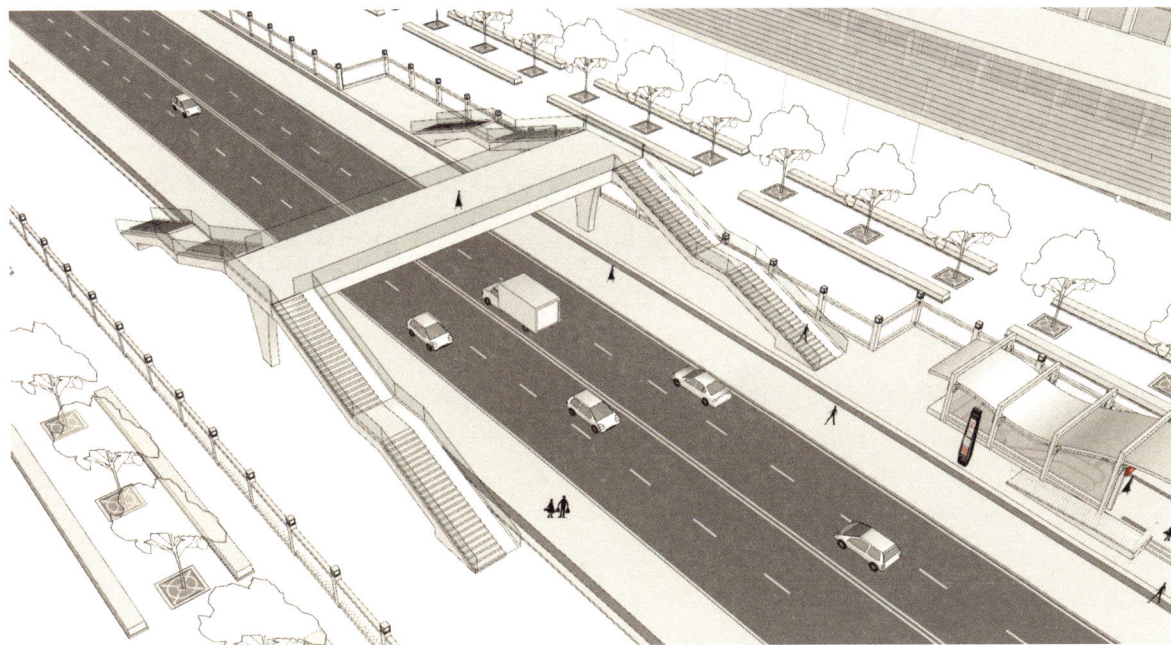

图 4.8-8　人行天桥过街示意图（资料来源：自绘）

4.8 过街设施区
CROSS WALK ZONE

D 组合 – 人行地道

方案要点:

（1）鼓励人行地道和地下商业、轨道站等进行一体化设计；

（2）注重无障碍，坡度放缓等人性化设计，鼓励加装电梯、方便特殊人群；

（3）地面和梯道（坡道）应采用平整、粗糙、耐磨的防滑设计。

适用条件:

适用于车速较高的城市快速路及交通型主干道，行人过街难以保障安全时予以设置。

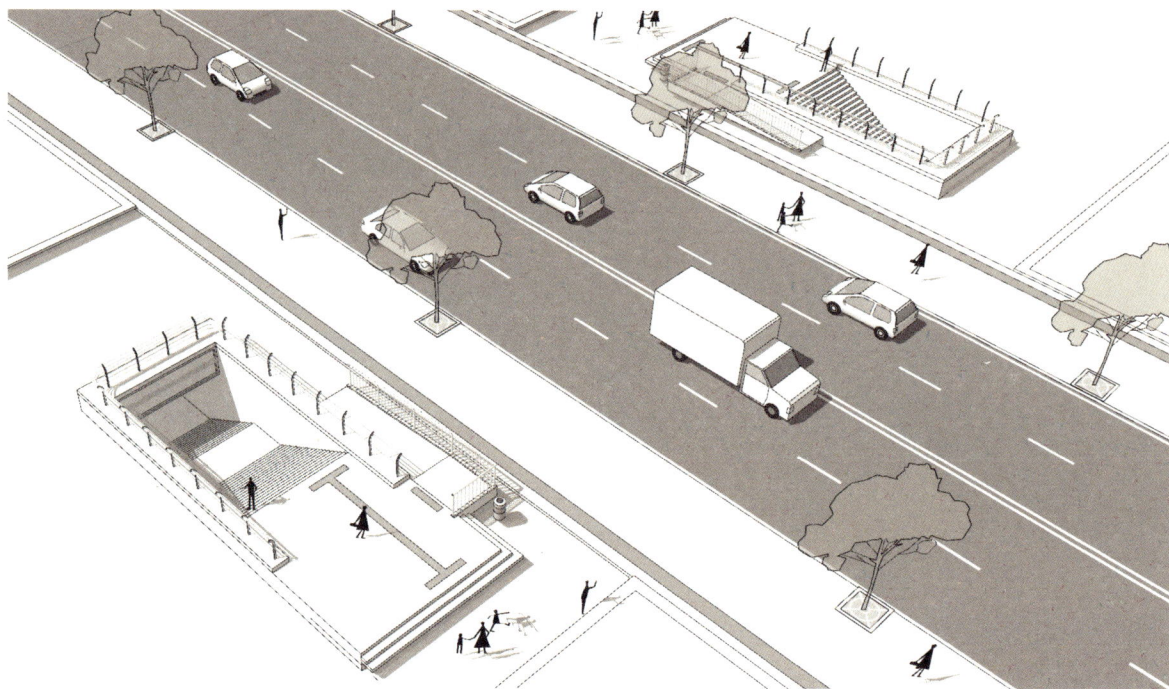

图 4.8-9　人行地道过街示意图（资料来源：自绘）

● **优秀案例**

香港｜人行隧道

香港的人行隧道、人行天桥都有自动扶梯、电梯，或者缓坡等无障碍设施，以保障社会少数弱势群体，如伤残、病残、老弱等群体，以及自行车骑行者的过街便利性。

▶ **优点:**

无障碍坡道是唯一不需要动力设施且管理便捷的垂直交通，也是无障碍设施中使用频率最高的，为轮椅、婴儿车、自行车等使用者过街提供便捷，体现人性化。

图 4.8-10　香港人行隧道设施（资料来源：karl fjellstorm，fareastbrt.com）

4.8.5 注意事项

（1）生活型道路以及次干道以下级别的道路，不应设置立体过街设施；

（2）确保过街区域内的路面积水易于排出，过街区域内禁止设置排水沟；

（3）设置立体过街设施时，避免占用、打断地面慢行空间，如必须占用，需拓宽慢行空间，保证步行和自行车交通连续，顺畅；

（4）过街设施区的视线不应被街道设施、绿化植物或者停车所影响；

（5）在急转弯处不应设置平面过街，以免驾驶视野盲点导致驾驶员没有足够的安全距离做出紧急反应。

图 4.8-11 伦敦人行横道衔接好排水设施（资料来源：karl fjellstorm，fareastbrt.com）

图 4.8-12 纽约二次过街设施确保步行和自行车交通连续（资料来源：https://nyc.streetsblog.org/2017/12/27/the-2017-nyc-streetsies-part-1）

第 4 章 道路设计模块

4.9 公交车通行区
BUS SHARED ZONE

总体指引：高效、成本效益好的公共交通具有人均占用公共空间少，有助于缓解拥堵、改善空气质量的优点，是现代密集、紧凑型大都市维持城市经济持续增长和保证居民生活质量必不可少的组成部分。

4.9.1　定义与范围

公交车通行区指车行道中供公交车辆行驶和停靠的区域，包括常规公交车通行车道（含公交专用道）和公交停靠站。

公交专用道的设置，能够提高公交车的行程时间可靠性，鼓励使用可持续的交通方式。

公交站台新建和修缮都必须考虑和其他交通方式的衔接设计。

图 4.9-1　国外公交车通行区案例（资料来源：https://commons.wikimedia.org/wiki/File：Newark_Penn_Station_XBL_（exclusive_bus_lane）.JPG）

图 4.9-2　国外造型新颖的公交站台案例（资料来源：https://digitalsignageportugal.wordpress.com/2012/04/19/mobiliario-urbano-inteligente-facilita-visitas-a-cidade-luz/）

模块构成

基本要素（4 项）

机动车道、公交站台、公交站牌、无障碍设施

扩展要素（9 项）

交通标志、公交候车亭（廊）、座椅、公交专用道、自行车停车架、风雨连廊、电子站牌、公交电子地图、垃圾桶

资料来源：自绘

4.9.2 模块构成

　　根据公交车通行区的功能必要性和品质提升要求，分为基本要素和扩展要素两类。

第 4 章　道路设计模块

图 4.9-3　公交车通行区模块构成示意图（资料来源：自绘）

4.9 公交车通行区
BUS SHARED ZONE

4.9.3 模块应用

	基本要素	功能扩展要素	品质扩展要素
交通型	公交站台 公交站牌 无障碍设施 机动车道	交通标志 自行车停车架 公交候车亭（廊） 垃圾桶	公交专用道 风雨连廊（遮阳构筑） 电子站牌 公交电子地图
商业型		交通标志 自行车停车架 公交候车亭（廊） 垃圾桶	公交专用道 遮阳构筑 电子站牌 公交电子地图
生活型		交通标志 垃圾桶 公交专用道	电子站牌 公交电子地图 公交候车亭（廊） 自行车停车架
景观型		交通标志 自行车停车架 公交候车亭（廊） 垃圾桶	电子站牌 公交电子地图 公交专用道 风雨连廊（遮阳构筑）
工业型		垃圾桶	电子站牌 自行车架 公交候车亭（廊）

注：结合道路周边用地性质和交通需求明确道路功能，根据道路功能选择差异化的道路要素组合。

资料来源：自绘

4.9.4 模块类型

组合 A—外拓式公交站

当公交出行需求强盛、已有慢行空间无法压缩作为候车空间，在主要的公交换乘点和中途站点可结合路边停车采取外凸式的站点设计形式。

以下情形不应鼓励凸型站点的条件：
（1）超车道上的公交站点；
（2）高峰期间禁止路边停车的路段；
（3）进口道处的站点，同时有大量的右转车辆，但公交优先的路段除外。

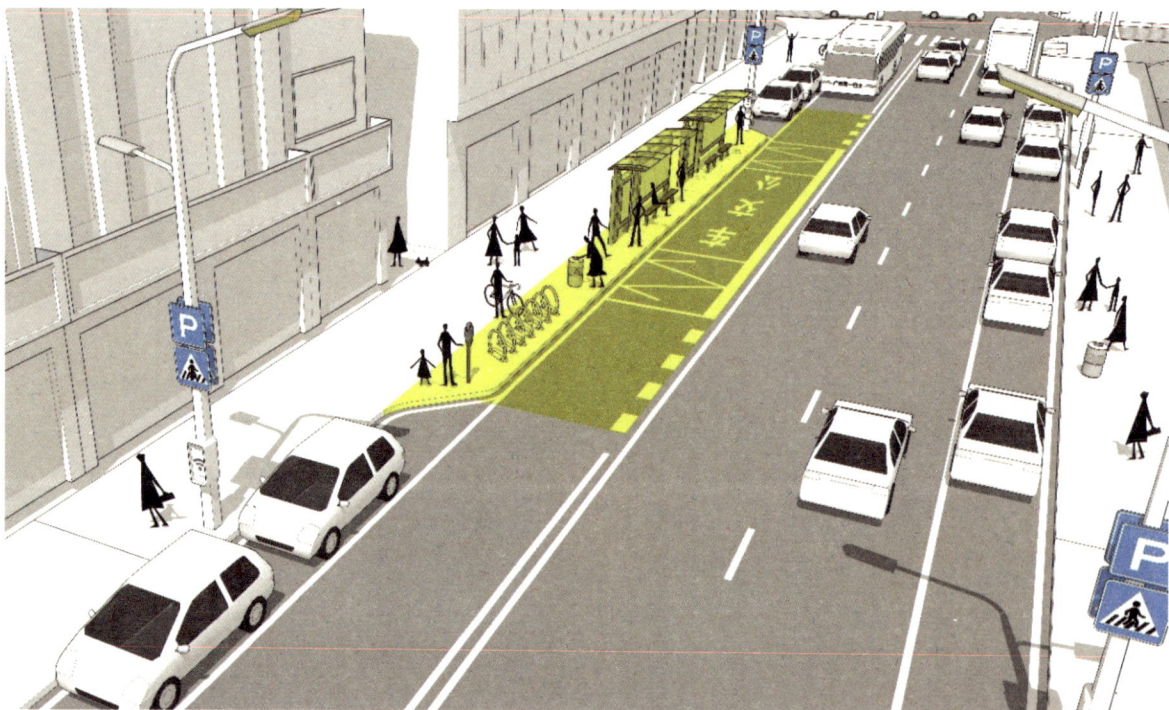

图 4.9-4 外拓式公交站示意图（资料来源：自绘）

组合 B—直线式公交站

当道路交通强度不大、慢行空间不宜压缩、站点与上下游交叉口之间的间距受限的条件下，宜采用直线式的站点设计形式。

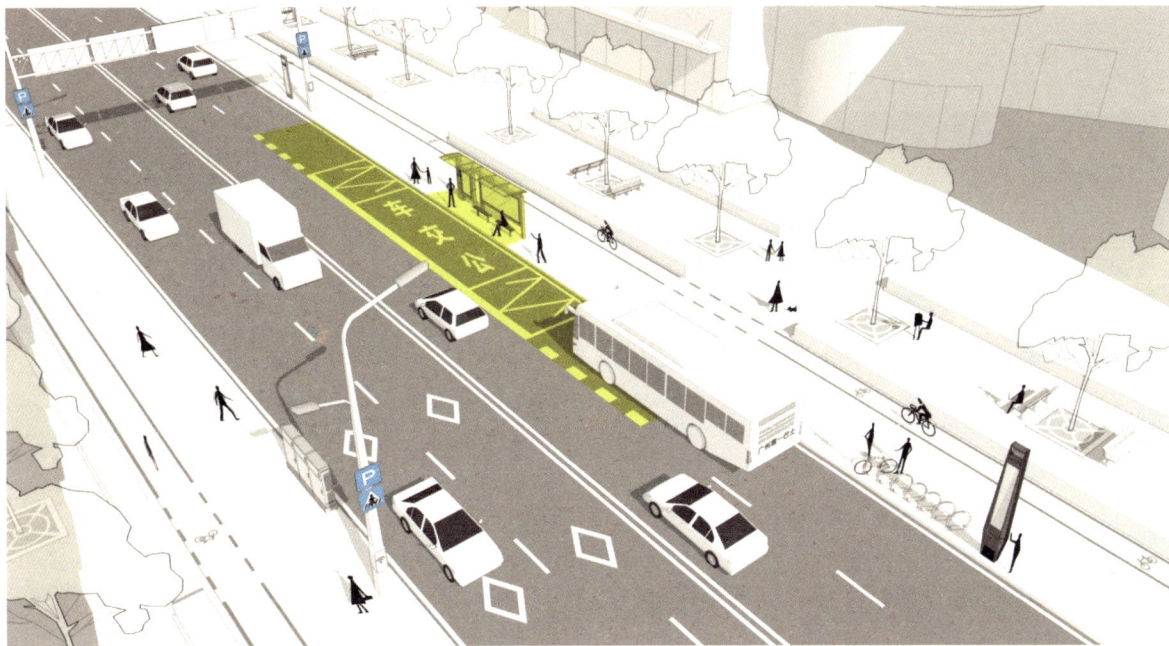

图 4.9-5　直线式公交站示意图（资料来源：自绘）

组合 C—港湾式公交站

当道路交通强度较大、慢行空间特别充裕、站点与上下游交叉口之间的间距充足的条件下，可采用浅港湾式或深港湾式的站点设计形式。

图 4.9-6　港湾式公交站示意图（资料来源：自绘）

第 4 章　道路设计模块

4.9 公交车通行区
BUS SHARED ZONE

4.9.5 注意事项

（1）公共设施及市政设施的设置不应占用公交站台的候车空间，不宜遮挡站牌及交通标志等信息。

图 4.9-7 反例：各类市政设施挤占候车空间
（资料来源：自摄）

图 4.9-8 正例：伦敦宽敞舒适的公交站台
（资料来源：karl fjellstorm，fareastbrt.com）

（2）路段上的公交停靠站不宜打断自行车道连续性，避免进出站公交车辆对自行车交通的干扰与威胁。

图 4.9-9 反例：公交停靠站机非混行
（资料来源：自摄）

图 4.9-10 正例：伦敦后绕式公交站
（资料来源：karl fjellstorm，fareastbrt.com）

图4.9-11 广州市沿江西路（西堤）试验段公交车通行区设计（资料来源：自摄）

4.10 退缩空间
BUILDING SETBACK ZONE

总体指引：退缩空间是完善道路功能的重要方面，也是体现人性街区的主要内容之一，强调街区整体风貌的协调，将退缩空间与人行道作为一个整体考虑，构建点、线、面要素有效整合的整体街道空间。

4.10.1 定义与范围

建筑退缩空间是指与街道相接的用地红线以内，依据控规所划定的建筑后退标准所形成的连续或片段的退缩位。

图 4.10-1　广州天河路太古汇（资料来源：自摄）

本模块致力于协调退缩空间的私人开发和公共空间的双重属性，依据退缩空间间距和周边建筑环境特性，依照使用功能，将其划分为休闲、通过和综合三种类型，并针对不同类型配置相应要素组合。

太古汇周边利用建筑退缩空间，打造铺装一体化和无高差的共享空间，利用小叶榄仁等高分枝植物形成下层通透的林荫空间，为行人提供安全舒适、通畅整洁的休闲环境。但广场缺乏必要的休憩、导向、Wifi 智能服务等设施，一定程度上影响了环境的高品质体验。

模块构成

基本要素（4项）

地面铺装、台阶、梯道及坡道、围墙、遮阳（雨）棚

扩展要素（32项）

建筑信息牌、导向设施、自行车停车架、景观照明、护栏、消防设施、治安监控、公共座椅、报刊亭、流动厕所、洗手台（直饮水）、邮筒、公用电话亭、智能服务设施、环卫工具房、配电与变电设施、弱电设施、信息公示栏、治安岗亭、垃圾桶、地面停车、遮阳构筑、小品、雕塑、门店招牌、外墙广告、楼宇名称、树池、绿化隔离带、花坛、移动花钵、装饰井盖

资料来源：自绘

4.10.2 模块构成

　　退缩空间要素涵盖了多个专业的内容，包括交通、市政、景观以及建筑等方面。根据要素的普适性和特殊性，将要素归纳总结为基本要素、扩展要素两类。

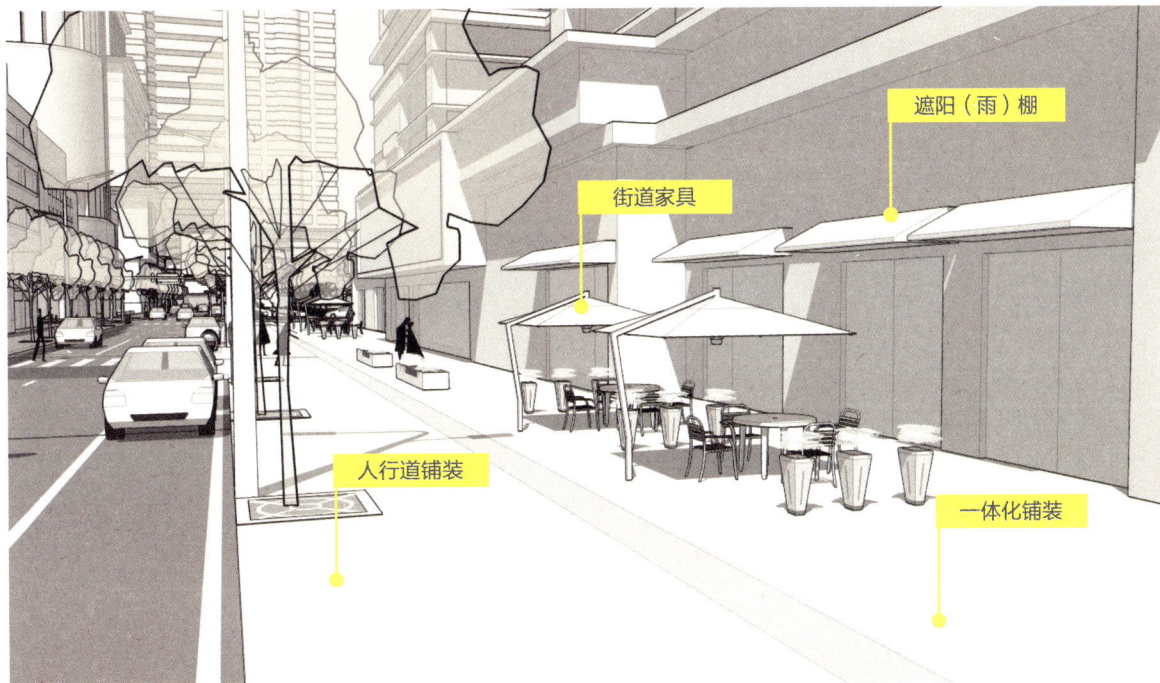

图 4.10-2　退缩空间模块构成示意图（资料来源：自绘）

第4章　道路设计模块

4.10 退缩空间
BUILDING SETBACK ZONE

4.10.3 设计要点

● 设计依据

退缩空间涉及市政设施、人行道、无障碍设施以及景观设施的设置首先应符合国家、行业及地方现行的相关设计标准和规范要求。

01	《广州市户外广告和招牌设置技术规范》
02	《城市道路工程设计规范（2016 年版）》CJJ 37-2012
03	《无障碍设计规范》GB 50763-2012
04	《城市步行和自行车交通系统规划设计导则》（住房和城乡建设部）
05	《广州市城市道路人行道设施设置规范》DBJ440100/T205-2014（广州市地方标准）
06	《伦敦街道设计导则》（Street Scape Guidance）（2016）

● 设计原则

退缩空间应具备整体风貌协调、空间连续和设施人性化等规划设计要求。

一体化：保障人行道与退缩空间标高统一，尽量减少台阶；通过铺装要素的协调，尽量与人行道在材质、风格等方面保持统一；保障退缩空间与人行道的风貌整体性，形成风格协调的完整街区。

连续化：相邻退缩空间之间应协调断面设计，保障退缩位形成连续流动空间。

人性化：退缩空间与人行道之间做到无高差处理，便于无障碍通行，设施带中增加洗手池、（直饮水）、智能设施（含 Wifi）等实用便民服务设施，保障退缩空间的整体环境品质。

● 未来发展趋势

深层整合要素，形成完整街区
融入人文历史，营造特色空间。

退缩空间的深层整合和特色化发展是未来发展的主要趋势，基于完整街区理论，从二维道路到三维空间，从道路专业到多专业协同，现状繁多的要素下亟需进行更加深入的协调和整合。街区有其生长的土壤，因此在退缩空间中融入街区特有的文化要素，将极大提升街区的环境氛围和气质。

4.10 退缩空间
BUILDING SETBACK ZONE

● 优秀案例

匈牙利·索普隆城堡街区

索普隆城堡街区两侧的建筑多为古建，改造之前步行空间位于整个交通系统的底层，公共空间充斥挡土墙、道路以及遮挡视线的树篱。在公共设施重建后，露天咖啡茶座的设置让传统贸易交流功能回归，也极大限度地照顾了景观和植被，满足不同人行区域不同功能需求。

▶ **优点：**

设施的齐全使得户外用餐、活动、散步成为可能，突显退缩空间的共享性；绿植增强了街道的可持续性。

图 4.10-3　匈牙利·索普隆城堡街区
（资料来源：谷德设计网，http://www.gooood.hk/sopron-castle-district-revitalization.htm）

伦敦·鲁德门

项目位于英国首都伦敦市，是对鲁德门的改造工程。在设计时对细节的把控以及表面材料的应用，黑色花岗岩铺设广场运用大胆几何图案，让人行道和退缩空间完美过渡，在现状繁忙拥挤的街道最大限度地利用有限的空间资源。

▶ **优点：**

街道设施创造了适宜的步行环境，营造人性化的街道空间；人行道与退缩空间的相同标高，形成开放、连续的室外活动空间。

图 4.10-4　伦敦·鲁德门
（资料来源：谷德设计网，www.gooood.hk/new-ludgate-london-by-gustafson-porter.htm）

4.10 退缩空间
BUILDING SETBACK ZONE

4.10.4 模块应用

● 空间组合

退缩空间模块根据街区空间的使用功能，可以分为通过型、休闲型和综合型三种空间组合模式。

组合形式 道路类型	组合 A 通过型	组合 B 休闲型	组合 C 综合型
	 建筑 |退缩空间| 道路红线	 建筑 | 退缩空间 | 道路红线	 建筑 | 退缩空间 | 道路红线
商业型道路		√	√
生活型道路	√	√	√
交通型道路	√		√
景观型道路		√	√
工业型道路	√		√

注：打"√"标记代表某类型道路可选用该设计形式。

资料来源：自绘

4.10 退缩空间
BUILDING SETBACK ZONE

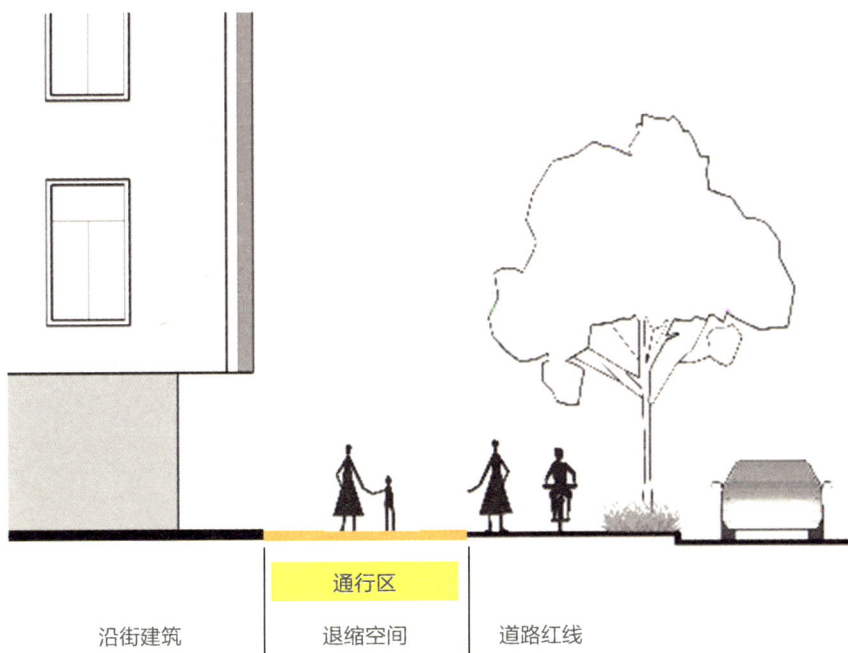

图 4.10-5 通过型退缩空间示意图（资料来源：自绘）

沿街建筑　　退缩空间　　道路红线

通行区

组合形式 A：通过型

组合说明： 退缩空间由通行区构成。

适用条件： 在生活型、交通型及工业型道路类型中，退缩空间宽度足够设置通行区（通行区 ≥ 2.5m）。

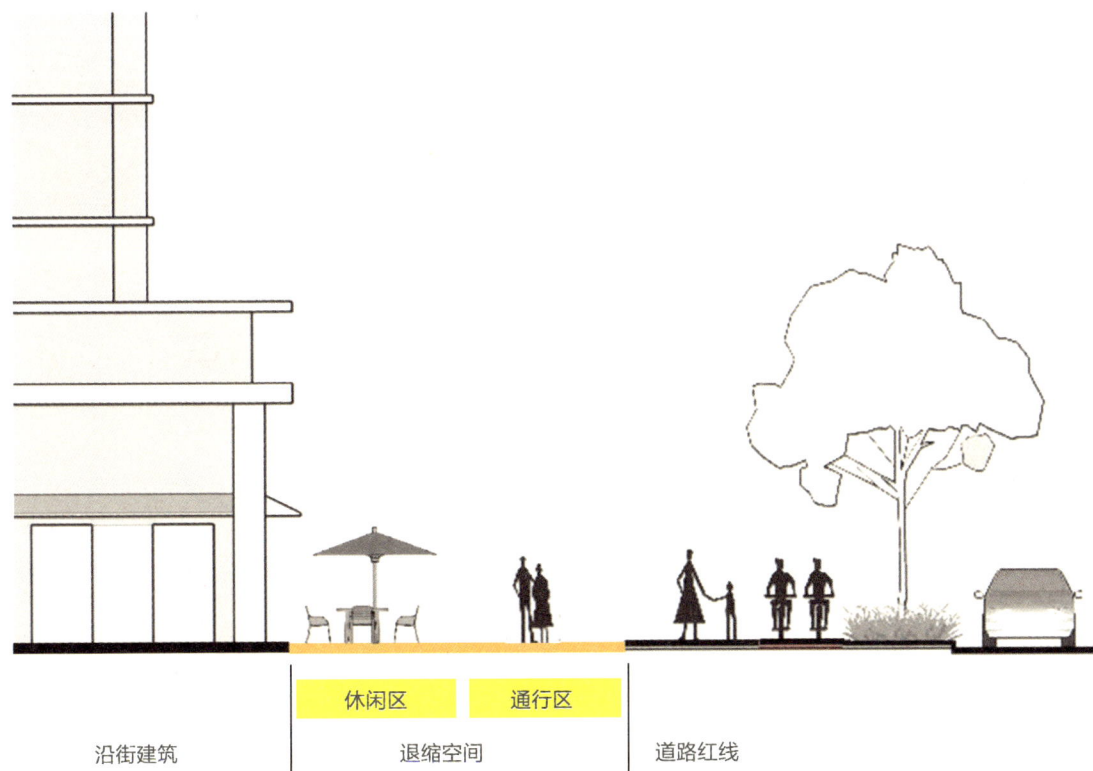

图 4.10-6 休闲型退缩空间示意图（资料来源：自绘）

沿街建筑　　退缩空间　　道路红线

休闲区　　通行区

组合形式 B：休闲型

组合说明： 退缩空间通常由两部分组成：休闲区和通行区。

适用条件： 在商业型、生活型及景观型道路类型中，退缩空间宽度足够设置休闲区和通行区（休闲区 ≥ 3m）。

4.10 退缩空间
BUILDING SETBACK ZONE

组合形式 C : 综合型

组合说明: 退缩空间通常由三部分组成:休闲区、通行区和设施带。

适用条件: 在商业型、生活型、交通型、景观型及工业型道路类型中,退缩空间宽度足够同时设置休闲区、通行区和设施带(退缩位 ≥ 8m)。

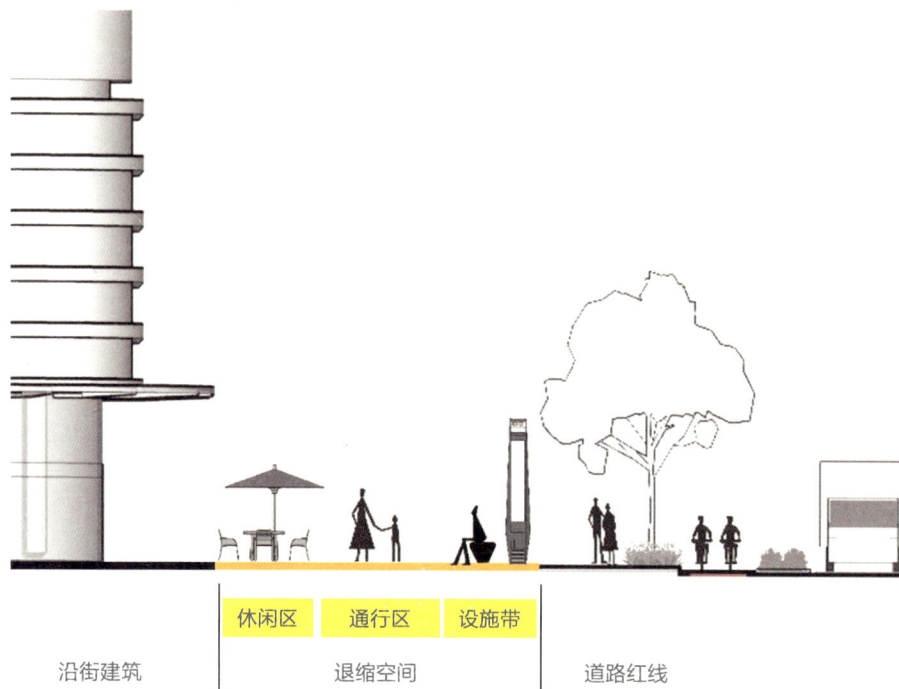

休闲区　通行区　设施带

沿街建筑　　退缩空间　　道路红线

图 4.10-7　综合型退缩空间示意图(资料来源:自绘)

图 4.10-8　商业型道路退缩空间设计示意图(资料来源:自绘)

4.10 退缩空间
BUILDING SETBACK ZONE

● **要素组合**

    结合要素的必要性，将要素分为基本要素、功能扩展要素、品质扩展要素三类。根据不同类型道路功能需求进行要素组合。

要素类型 / 道路类型	基本要素	功能扩展要素	品质扩展要素
商业型道路	地面铺装 建筑台阶 梯道及坡道 围墙 遮阳（雨）棚	公共座椅 导向设施 信息公示栏 洗手台（直饮水） 建筑信息牌	景观照明 治安监控 治安岗亭 流动厕所 智能服务设施 装饰井盖
生活型道路		公共座椅 洗手台（直饮水） 建筑信息牌 导向设施 信息公示栏 小品	景观照明 治安监控 治安岗亭 流动厕所 智能服务设施
交通型道路		导向设施 护栏	治安监控 智能服务设施
景观型道路		公共座椅 导向设施 洗手台（直饮水） 小品	景观照明 治安监控 治安岗亭 流动厕所 智能服务设施 装饰井盖
工业型道路		建筑信息牌	治安监控 治安岗亭

资料来源：自绘

第4章 道路设计模块

4.11 地铁出入口
SUBWAY ENTRANCE

地铁出入口

总体指引： 地铁车站的出入口是地下轨道交通对接地面空间的主要界面，同时也是城市公共空间的重要构成元素。

4.11.1　定义与范围

地铁出入口区是指地铁车站露出地面的建筑物或构筑物，以供地铁乘客上下通行和使用的区域。

地铁出入口区模块由一系列配置要素构成，包括无障碍设施、标志标牌、服务设施、集散广场、植物配置以及其他共 6 大类构成，根据出入口与周边城市道路和街区环境的关系，对不同类型地铁出入口进行要素组合和配置。

地铁标识

护栏

自行车停车处

景观花灯

电话亭

附属商店

垃圾桶

STATION

集散广场

过街设施

提示盲道

图 4.11-1　伦敦南门地铁站（资料来源：https://en.wikipedia.org/wiki/Southgate_tube_station）

4.11 地铁出入口
SUBWAY ENTRANCE

● **优秀案例**

瑞士 | M2 交通枢纽站

　　M2 交通枢纽站位于瑞士洛桑，地铁站点及周边服务设施较为完善：屋顶及外墙设置有立体绿化，站点周边设置了带状的座椅休息区以及信息板，同时垂直电梯和步行连廊的架设为站点提供立体接驳。

▶ **借鉴：**

　　地铁出入口配套设施完善，智能设施与立体绿化的应用体现了对科技与生态的关注。

图 4.11-2　瑞士 M2 地铁站（资料来源：www.tschumi.com/projects/59/）

韩国·江南大道 | 地铁站

　　韩国首尔的江南地铁站在地铁口设置了系统组织的 LED 电子显示牌、地铁线路查询图以及 U-CITY 综合信息板，集服务和查询功能于一体。在提高地铁口辨识度的同时，丰富了韩国人和游客的生活和旅游体验。

▶ **借鉴：**

　　便捷高效的智能服务设施极大优化用户体验。

图 4.11-3　韩国·江南大道地铁站（资料来源：http://www.hanyouwang.com/news/detail_2173.html）

第4章　道路设计模块

4.11 地铁出入口
SUBWAY ENTRANCE

要素现状：截至 2016 年 12 月，广州市目前已经建成开通 9 条（段）、277.5km 城市轨道交通线路，共计站点 144 座，682 个出入口。现状地铁出入口根据建设形式可分为 3 个大类；地铁出入口周边设施按要素分类，可细分为 6 个大类，20 个小类。

编号	出入口类型	数量（个）	特征
1	合建式	126	将地铁出入口与周边建筑或构筑进行整合建设，将出入口引入建筑或构筑内部，并设置专门流线或通道引导至建筑或构筑外
2	独立式（门厅）	317	在地铁出入口地面以上部分，设置有盖顶和侧墙，形成独立的门厅式建筑，一般以钢结构和钢化玻璃为主体材料
3	独立式（敞口）	239	在地铁出入口地面以上部分，设置无盖顶和侧墙的防护围栏，形成独立的敞口式结构

资料来源：自绘

编号	大类	子类	管理部门	配置标准	位置灵活性
1	无障碍设施	轮椅坡道、盲道 无障碍扶手	广州地铁总公司	强制性	相对固定
2	标志标牌	导向系统 信息牌 LED 动态信息板	广州市旅游局 广州地铁总公司	强制性	相对灵活
3	集散广场	独立广场 共享广场	城管部门	指引性	相对固定
4	服务设施	自行车停靠点、寄存柜、风雨连廊、自动售贩机、休憩座椅、垃圾桶、直饮点、出租车换乘点	城管部门 市交警支队	指引性	相对灵活
5	植物配置	移动花钵 立体绿化	市林业和园林局	指引性	相对灵活
6	其他	公共艺术 小品水景	市林业和园林局	指引性	相对灵活

资料来源：自绘

4.11.2　模块构成

● **地铁出入口类型**

广州地铁出入口有三种类型：①和地铁口周边建筑或构筑整合建设的合建式，②独立建设的有盖顶和侧墙的门厅式出入口，③独立建设的无盖顶的敞口式出入口。

● **地铁出入口要素**

根据对广州地铁出入口周边设施的梳理，可将其划分为 6 大类，20 个小类：无障碍设施、标志标牌、集散广场、服务设施、植物配置以及其他。

第 4 章　道路设计模块

4.11 地铁出入口
SUBWAY ENTRANCE

4.11.3 设计要点

● 设计依据与参考

地铁出入口服务要素的组合设计首先应符合国家、行业及地方现行的有关设计标准和规范要求，并应经过相关主管部门批准。

01	《地铁设计规范》GB 50157-2013
02	《城市轨道交通技术规范》GB 50490-2009
03	《城市道路交通标志和标线设置规范》GB 51038-2015
04	《广州市道路交通指路标志系统设计技术指引（修订）》
05	《停车场规划设计规范（试行）》
06	《园林绿化工程施工及验收规范》CJJA382-2012
07	《城市雕塑工程技术规程》

● 设计原则

根据地铁站点出入口的类型和级别进行服务要素的组合配置。

按地铁出入口类型

合建式：

— 重点增强识别性。通过墙面装修、特定色彩、地面铺装、出入口明显位置增设地铁标识等手段强化站点入口与周边建筑的显著区分；

— 重点增强引导性。通过设置出入口集散前区，增设周边地面铺装划线和提示、设置综合信息板等方式优化指路引导。

独立式（门厅）：

— 出入口建筑应采用标准形式和色彩，提高整体辨识性；

— 应重点优化地铁出入口和周边慢行通道的交通衔接，合理组织流线，避免互相影响；

— 通过合理借用退缩空间、压缩绿化带等方式，消解入口与周边建筑间距过窄问题，尽量减少出入口大量占用公共空间带来的负面影响。

独立式（敞口）：

— 应重点强化出入口的遮阳避雨功能。采用风雨连廊形式可有效应对南方热量高、雨水多的气候特征，同时便于乘客全天候使用；

— 抬升地铁出入口标高，优化排水组织。在预防雨洪侵蚀的同时，也需做好无障碍通行；

— 重点强化出入口标识性。在出入口周边显著位置设置地铁标识和综合信息板。

按地铁出入口级别

基础型：

适用范围：根据地铁站点客流量以及周边街区类型划分，基础型出入口一般位于轨道站点分级中的一般性站点。

配置原则：强制性配置无障碍设施和标识标牌等设施，满足基本使用功能，条件成熟下可配置出入口前区小广场、一定服务设施及公共艺术。

拓展型：

适用范围：根据地铁站点客流量以及周边街区类型划分，基础型出入口一般位于轨道站点分级中的节点性站点。

配置原则：强制性配置无障碍设施、标志标牌以及出入口前区集散广场，根据实际情况配置一定数量的服务设施以及公共艺术。

综合型：

适用范围：根据地铁站点客流量以及周边街区类型划分，基础型出入口一般位于轨道站点分级中的枢纽性站点。

配置原则：强制性配置无障碍设施、标识标牌以及出入口前区集散广场，配置充足数量的服务设施、提供公共艺术以及高品质植物配置。

第4章 道路设计模块

4.11 地铁出入口
SUBWAY ENTRANCE

与人行道衔接：

—— 地铁出入口与周边人行道的连接应保证流线顺畅且留有足够宽度，同时铺装和地面标线应当明确清晰，衔接通道需进行无障碍处理；

—— 地铁出入口与人行道之间应统筹设置公共服务设施，提升公共资源使用效率。

与过街设施衔接：

—— 应尽量结合周边既有过街地道进行一体化建设，乘客可不穿越马路到达其他路口，减少人车交叉；

—— 与地铁出入口位于高架式车站或地面空间不足时，可考虑将出入口与人行天桥一体化设置。

与自行车停车点衔接：

—— 根据地铁站点人流量以及周边街区类型，附近应配置相应规模的自行车停放场地给使用者提供最后一公里的换乘服务；

—— 地铁出入口与附近自行车停放场地之间的距离在 10 ~ 50m 为宜；

—— 条件特殊情况下，可考虑将站前小广场作为自行车临时停放场地，但必须满足人流疏散的需要。

与公交站点衔接：

—— 在具体设计中，应结合公交路网规划进行线路布局调整，重点考虑与地铁方向垂直的公交线路；

—— 在地铁站与公交站之间宜采用直通或一体化等空间及功能衔接措施；

—— 应使公交站尽量靠近地铁出入口，距离为 50 ~ 200m 为宜，太近易造成人流拥堵，太远则换乘不便；

—— 充分考虑到快速轨道交通换乘量大的特点，建议将附近公交车站设置成港湾式停车站。

与出租车停靠点衔接：

—— 在车站出入口邻近干道方向，至少提供一个停车位，以供出租车和私人小汽车短时间停靠换乘，停靠位尽量靠近地铁出入口，在 50m 范围内为宜，但应以不阻挡人流、确保安全为原则；

—— 如换乘交通量在高峰小时超过 500 人 /h，应在车站附近设置专用短时间停车区，出租车在停车区内应排成单行，依照前后顺序轮流载客。

与社会车辆停车点衔接：

在用地许可的条件下，可以在分析需求后，在枢纽地铁站周边合理设置机动车停车场，建成"Park & Ride"（停车换乘）模式的综合交通枢纽，吸引私家车换乘公共交通，实现个体交通方式向大运量公交方式的转移，这是缓解城市交通压力的有效途径。

与城市对外客运交通的衔接：

地铁与城市对外客运交通接驳可采用建造大型综合换乘枢纽或地下人行通道、人行天桥或将地铁站出口设在大型客运交通站前广场内，以达到有效快速地疏散大量人流的目的。

—— 未来地铁出入口发展的一个重要方向是小尺度、多出口的"多口模式"，强调地铁出入口提供服务的综合性，设施要素需进行整合设计，提供一体多用和更加人性化的功能。

—— 注重地铁出入口与周边城市风貌的协调，提高其在城市空间中的辨识性和定位能力，反映区域特色，地铁出入口各设施要素应尽量保持风格和颜色的协调。

● 衔接设计

地铁出入口模块与其他模块之间的衔接至关重要，列出 7 类主要的衔接形式以及设计要求。

● 未来发展趋势

为适应"多口模式"和与城市深度的融合，地铁出入口未来将更加注重设施功能的整合以及风貌的协调。

4.11.4　模块应用

● 模块矩阵

根据梳理后的地铁出入口类型、级别以及配置要素，引入"模块矩阵"概念，以三类出入口形式为纵轴，以 6 类配置要素为横轴，对照相应的地铁口级别进行要素配置。

类型系统		要素系统					
		a 无障碍设施	b 标志标牌	c 集散广场	d 服务设施	e 植物配置	f 其他
A 合建式	基础型	●	●	—	○	—	—
	拓展型	●	●	○	○	○	○
	综合型	●	●	●	●	○	○
B 独立式（门厅）	基础型	●	●	○	—	—	—
	拓展型	●	●	●	○	○	○
	综合型	●	●	●	●	○	○
B 独立式（敞口）	基础型	●	●	○	—	—	—
	拓展型	●	●	●	●	○	○
	综合型	●	●	●	●	●	○

● 应设置　　○ 可设置　　— 不设置

资料来源：自绘

第 4 章　道路设计模块

4.11 地铁出入口

SUBWAY ENTRANCE

模块组合示例

— 模块形式: 合建式—基础型。

— 模块内容: 满足基本服务需要,应设置基本服务功能设施,包括无障碍设施和标志标牌,可设置一定类型和数量的服务设施。

— 适用条件: 新旧城区中,与商业建筑或公共建筑整合建设的一般性地铁站站点,或高级别站点中的人流量较少的出入口。

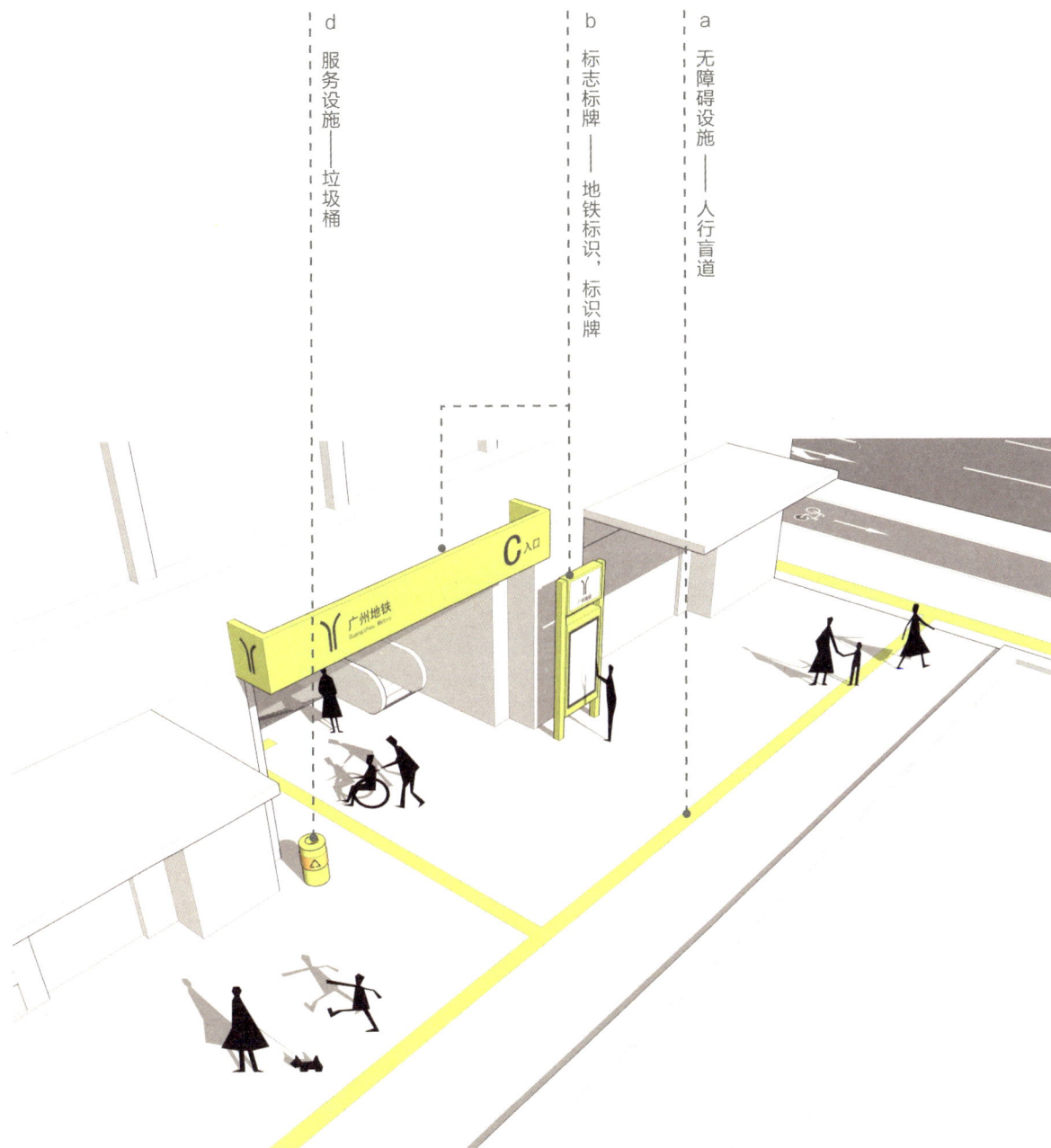

d 服务设施——垃圾桶

b 标志标牌——地铁标识,标识牌

a 无障碍设施——人行盲道

C入口

广州地铁

图 4.11-4 合建式地铁出入口要素设计示意图(资料来源:自绘)

4.11 地铁出入口
SUBWAY ENTRANCE

模块组合示例

— 模块形式: 门厅式—拓展型。

— 模块内容: 满足多样化服务需要,应设置类型较为完整的服务设施,包括无障碍设施和标志标牌,以及休憩休闲、交通接驳等系列设施。

— 适用条件: 在新旧城区中,位于景观型、商业型、居住型、交通型道路周边的节点型地铁站站点。

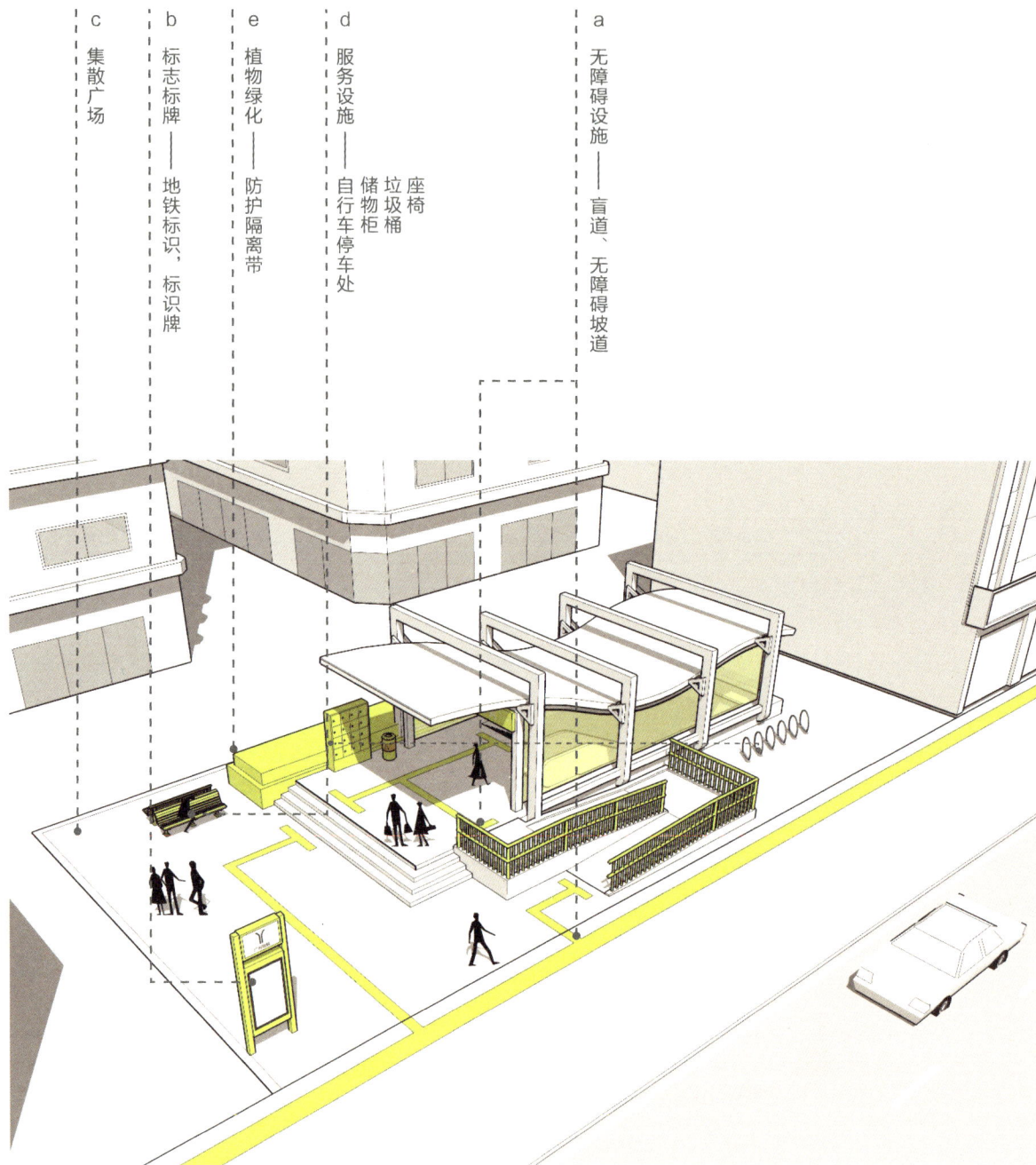

c 集散广场

b 标志标牌 —— 地铁标识、标识牌

e 植物绿化 —— 防护隔离带

d 服务设施 —— 座椅 垃圾桶 储物柜 自行车停车处

a 无障碍设施 —— 盲道、无障碍坡道

图 4.11-5 门厅式地铁出入口要素设计示意图(资料来源:自绘)

4.11 地铁出入口
SUBWAY ENTRANCE

模块组合示例

— **模块形式：** 敞口式—综合型。

— **模块内容：** 满足综合化服务需要，应设置类型较为完整的服务设施，包括无障碍设施和标志标牌，集散广场以及休憩休闲和交通接驳等系列设施，可设置一定规模的防护隔离绿带或其他景观小品。

— **适用条件：** 中心城区中，城市客厅或重要交通枢纽中与商业建筑或公共建筑整合建设的枢纽型地铁站站点。

e 植物绿化

f 其他——雕塑小品

c 集散广场

b 标志标牌——地铁标识、标识牌

a 无障碍设施——盲道、无障碍坡道

d 服务设施——售贩机、座椅、储物柜、风雨连廊、自行车停车处

图 4.11-6　敞口式地铁出入口要素设计示意图（资料来源：自绘）

第 5 章

道路设计要素
ELEMENTS DESIGN

A characteristic common to all optional，recreational，and social activities is that they take place only when the external conditions for stopping and moving about are good，when a maximum number of advantages and a minimum of disadvantages are offered physically，psychologically，and socially，and when it is in every respect pleasant to be in the environment.

所有自发性的、娱乐性的和社会性的活动都具有一个共同的特点，即只有在逗留与步行的外部环境相当好，从物质、心理和社会诸方面最大限度地创造了优越条件，并尽量消除了不利因素，使人们在环境中一切如意时，它们才会发生。

——（丹麦）扬·盖尔《交往与空间》

5.1 要素概述
INTRODUCTION OF ELEMENTS

5.1.1　要素说明及列表

结合精细化、品质化、标准化的新需求，通过择优原则对 6 大系统 90 项道路要素进行重点（25 项）和一般（65 项）的划分，梳理、整合现行规范和行业标准，提高重点要素的技术标准，以图表的形式对道路细部做法提出指引和控制向导。

6 大系统 90 项要素一览表

类别	分项	重点要素（25 项）	一般要素（65 项）
慢行系统（23 项）	空间（3 项）	人行道宽度，非机动车道宽度	人行道展宽
	路面与结构（4 项）	人行道铺装，非机动车道铺装，非机动车道标识，装饰井盖（填充式井盖）	——
	附属设施（11 项）	台阶、梯道及坡道，缘石坡道，慢行导向设施，盲道	护柱，自行车停放点，公共自行车租赁点，升降梯，手扶梯，轮椅升降台，行人与非机动车专用信号灯
	过街设施（5 项）	过街安全岛，人行横道	人行地道（过街隧道），人行天桥，自行车过街带
机动车道（20 项）	空间（11 项）	机动车道宽度，路内停车区，小转弯半径，车道功能，机动车道展宽，渐变段	公交专用道，公交站台，出租车载客点，交通渠化岛，掉头车道
	路面与结构（3 项）	机动车道路面与结构，侧、平石	机动车道标线
	附属设施（6 项）	——	机动车信号灯，交通监控与检测设施，电子警察，交通标志，分隔设施，防撞设施（桶、柱等）
城市家具（27 项）	公益性设施（6 项）	——	道路照明（路灯），景观照明（景观庭院灯及草坪灯、重要节点广场景观装饰灯等），护栏，垃圾桶，消防设施，治安监控
	公共服务性设施（15 项）	——	公共座椅，报刊亭，活动厕所，洗手台（直饮水），邮筒，公用电话亭，智能服务设施，环卫工具房，配电与变电设施，弱电设施，路名牌，遮阳（雨）棚、信息公示栏，派出所标识灯箱，治安岗亭
	交通服务设施（4 项）	——	公交站牌，公交候车亭（廊），电子站牌，公交电子地图
	艺术景观设施（2 项）	——	艺术小品，文化雕塑
植物绿化（10 项）	——	行道树（见行道树绿带），树池	道路绿带（分车绿带、行道树绿带，路侧绿带，交通岛绿地），立体绿化（天桥绿化、墙面绿化，棚架绿化），停车场绿化，护栏挂花，花池，花坛，移动花钵
建筑立面（3 项）	——	外墙广告，门店招牌，楼宇名称	——
退缩空间（7 项）	地面（2 项）	——	地面铺装，地面停车与机动车出入口
	附属设施（5 项）	——	建筑遮阳构筑，建筑信息牌，建筑台阶，建筑围墙，建筑小品

资料来源：自绘

第 5 章　道路设计要素

慢行系统要素

NON-MOTORIZED TRAFFIC SYSTEM ELEMENTS

5.2 慢行系统要素
NON-MOTORIZED TRAFFIC SYSTEM ELEMENTS

5.2.1 人行道宽度

在本设计手册中，人行道是指城市规划道路红线至车行道边缘的空间，包含通行带、设施带（《广州市城市道路人行道设施设置规范》DBJ440100/T205-2014）。人行道宽度是步行空间最基本的要素，对营造良好的步行环境具有重要意义，需要与道路上其他要素协调设计并优先保障其宽度要求。

● 设计依据与参考

01	《城市道路交通规划设计规范》GB 50220-1995
02	《城市道路工程设计规范（2016年版）》CJJ 37-2012
03	《城市步行和自行车交通系统规划设计导则》（广州市住房和城乡建设委员会）
04	《广州市城市道路人行道设施设置规范》DBJ 440100/T 205-2014（广州市地方标准）
05	《广州市城市道路设计技术指南（试行）》（广州市住房和城乡建设委员会）
06	《深圳市步行和自行车交通统规划设计导则》（深圳市国土资源和规划委员会）
07	《波士顿完整街道设计手册》
08	《爱尔兰城市道路及街道设计手册》
09	《纽约活力街道设计手册》

● 设计指引

总体要求：

城市道路人行道宽度的设计宜对包括建筑前区在内的人行公共空间进行统筹考虑，不应局限于城市规划道路红线范围。人行道一般由通行带、设施带、绿化带、安全带等功能区组成，内接缘带，外接建筑前区或路肩（桥、隧边缘）。人行道设计应优先保障通行带宽度，以满足行人安全顺畅通行，其他各部分宽度应满足相应的功能需要，并相互协调。对于新建道路，宜结合规划道路红线内人行道宽度和功能区设计方案，对外侧建筑前区提出设计要求，以保障人行公共空间的连续、协调。

图 5.2-1　人行道分区示意图（资料来源：自绘）

设计流程：

人行道宽度的确定，可按照以下步骤进行：

（1）确定人行道功能布局；

（2）确定通行带基本宽度；

（3）确定设施带／绿化带基本宽度；

（4）协调道路断面其他部分，确定人行道及各功能区宽度。

设计要点：

通行带宽度： 通行带宽度应根据行人活动的活跃程度确定。但即使行人流量小于 4000 人 /h，从考虑行人舒适性的角度出发，通行带最小宽度也不应低于 1.5m。基于人行道通行能力，行人流量每增加 2000 人 /h，建议通行带宽度增加 1.0m，最小增幅不应低于 0.5m。一般而言，新建道路行人通行带宽度不应小于 2m，改建道路行人通行带宽度不应小于 1.5m。当改建道路条件受限时，若设施带是非连续性行道树布局，可将行道树池上铺设与人行道共面的透水材料，设施带的 1/2 宽度计入通行带宽度。

	≤ 4000 人 /h	+2000 人 /h
最小宽度	1.5m	+0.5m
推荐宽度	2.5m	+1.0m

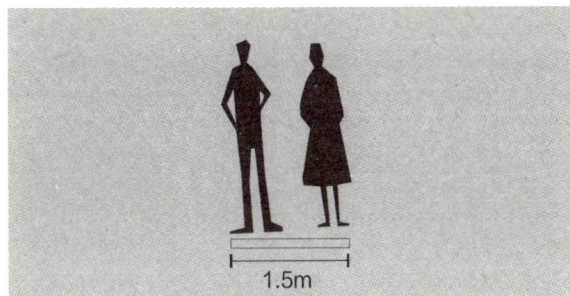

（a）

供两人较舒适地通过的最小宽度，适用于行人活动活跃度较低的区域。

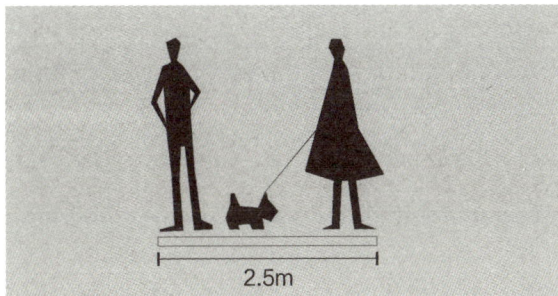

（b）

供两人较舒适地通过的期望宽度，适用于行人活动活跃度低至中等的区域。

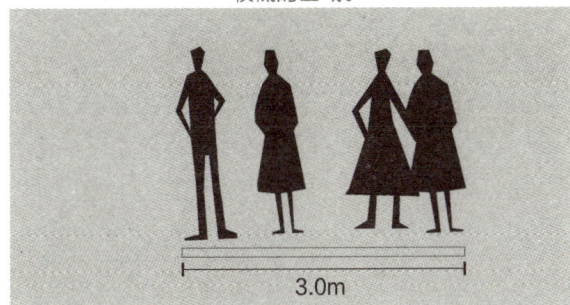

（c）

供一群人较舒适地通过的最小宽度，适用于行人活动活跃度中等至较高的区域。

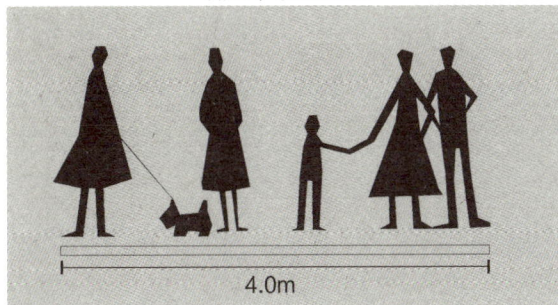

（d）

供一群人较舒适地通过的期望宽度，适用于行人活动活跃度较高的区域。

图 5.2-2　人通行空间尺度需求分析图（资料来源：自绘）

5.2 慢行系统要素

NON-MOTORIZED TRAFFIC SYSTEM ELEMENTS

公共设施带 / 绿化带宽度：公共设施带可以结合绿化带设置，也可以单独设置。设施带的宽度应根据需要布设的设施的尺寸确定，设施带或绿化带的宽度不得小于 0.5m，有行道树的不得小于 1.5m，并且应满足不同城市家具最小净宽的要求。

最小净宽	城市家具
0.25 ~ 0.5m	护栏
0.5 ~ 1.0m	路灯、垃圾箱、邮筒、报刊栏、咪表、小型变电箱、电线杆、小型设备箱、指示牌
1.0 ~ 1.6m	座椅、电话亭
1.6 ~ 2.0m	报刊亭、大型设备箱、配电与变电设施、检修井
2.0 ~ 2.5m	自行车停车设施、常规公交车站站台
3.0 ~ 6.0m	快速公交车站站台、人行天桥楼梯、人行地道出入口、轨道车站出入口

资料来源：自绘

各类型道路人行道宽度：根据道路类型，分析行人活动活跃度以及所需的基本设施，确定人行道宽度。不同的类型道路人行道宽度及其各部分宽度的推荐值如下图所示。

道路类型	绿化带宽度最小值	行人通行区宽度		设施带 / 绿化带宽度		安全带	人行道宽度	
		推荐值	最小值	推荐值	最小值		推荐值	最小值
商业型道路	0	3.0 ~ 5.0	2.5	2.0 ~ 2.5	0.5		5.0 ~ 7.5	3.0
生活型道路	0	3.0 ~ 4.0	2.5	2.0 ~ 2.5	0.5		5.0 ~ 6.5	3.0
交通型道路	0	2.0 ~ 3.5	1.5	1.5 ~ 2.0	0.5		3.5 ~ 5.5	2.0
景观型道路	0	2.0 ~ 4.0	1.5	2.0 ~ 2.5	0.5		4.0 ~ 6.5	2.0
工业型道路	0	2.0 ~ 3.0	1.5	1.5 ~ 2.0	0.5		3.5 ~ 5.0	2.0

图 5.2-3　各类型道路人行道宽度分析图（资料来源：自绘）

注：1. 上图中单位 m。
2. 宽度小于 3.5m 的人行道，应保证 2m 以上的行人通行区宽度。
3. 宽度大于 5m 的人行道，应保证 3m 以上的行人通行区宽度。
4. 此处交通型道路不包括机动车专用道路（不设置人行道）。
　　对于人行道宽度达不到上述推荐值的改建道路，宜通过适当缩减道路断面其他部分宽度，如缩减中央或两侧绿化带、机动车道等，或借用建筑退让空间等方式，以确保足够的人行空间 。

图 5.2-4　美国波士顿街景（资料来源：《波士顿街道设计导则》）

5.2 慢行系统要素
NON-MOTORIZED TRAFFIC SYSTEM ELEMENTS

5.2.2　自行车道宽度

自行车道宽度指供自行车行驶的空间宽度。自行车道宽度是骑行空间最基本的要素，对营造良好的骑行环境具有重要意义，需要与道路其他要素协调设计。

● **设计依据与参考**

01	《城市道路交通规划设计规范》GB 50220-1995
02	《城市道路工程设计规范（2016 年版）》CJJ 37-2012
03	《城市步行和自行车交通系统规划设计导则》（广州市住房和城乡建设委员会）
04	《广州市城市道路人行道设施设置规范》DBJ440100/T205-2014（广州市地方标准）
05	《广州市城市道路设计技术指南（试行）》（广州市住房和城乡建设委员会）
06	《深圳市步行和自行车交通统规划设计导则》（深圳市国土资源与规划委员会）
07	《波士顿完整街道设计手册》
08	《爱尔兰城市道路及街道设计手册》
09	《纽约活力街道设计手册》
10	《伦敦自行车设计标准》
11	《慢行系统——步道与自行车道设计》
12	《苏斯坦斯设计手册：自行车环境设计手册》

● **设计指引**

总体要求：

自行车道的宽度由自行车行驶所需的动态宽度、与其他使用者之间的安全间距以及路缘带宽度组成。自行车动态宽度由自行车流量确定，安全间距和路缘带宽度根据自行车道位置和隔离形式确定，这三部分之和为自行车道宽度。

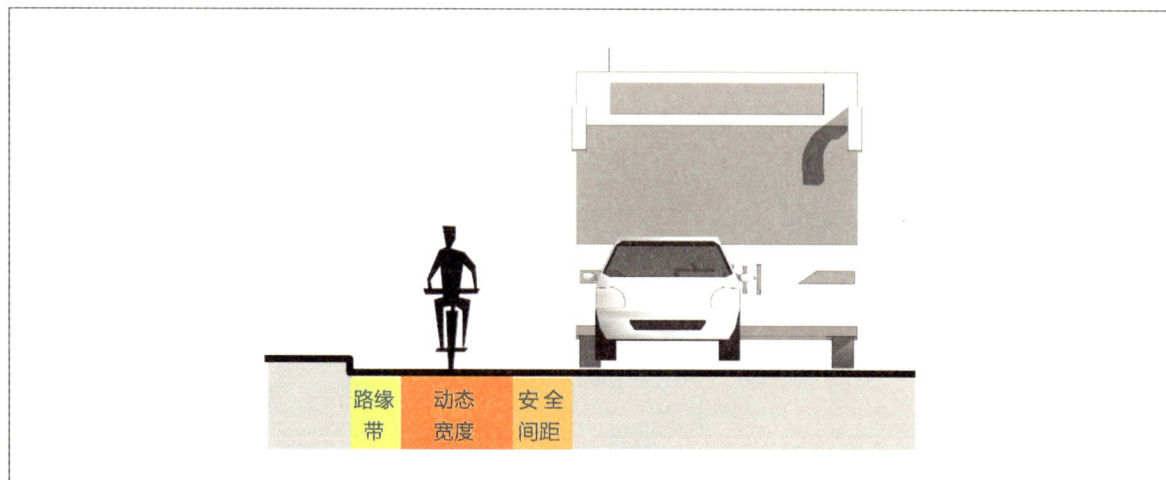

图 5.2-5　自行车道宽度示意图（资料来源：自绘）

设计流程：

自行车道宽度的确定，可按照以下流程进行：

（1）确定自行车道形式位置；

（2）确定自行车道车道数；

（3）协调道路断面其他要素宽度；

（4）确定自行车道宽度。

设计要点：

自行车道形式位置： 参见第 4.3.4 节慢行系统模块应用，自行车道设置形式有全隔离式、人非共面专用形式、机非共面专用形式、人非混行形式、机非混行形式 5 种类型。根据道路类型及设计机动车流量、行人流量、自行车流量确定自行车道设置形式。

安全间距： 当自行车道与机动车道之间无隔离时，安全间距由与之错车的机动车速决定；当自行车道与机动车道完全隔离时，安全间距由隔离物形式确定。

	隔离形式	最小安全间距
与机动车道无隔离	机动车速 30km/h	1m
	机动车速 50km/h	1.5m
与机动车道有隔离	高度在 150mm 以下的路缘石	0.2m
	高度为 150 ~ 600mm 的隔离物	0.25m
	高度超过 600mm 的隔离物	0.5m

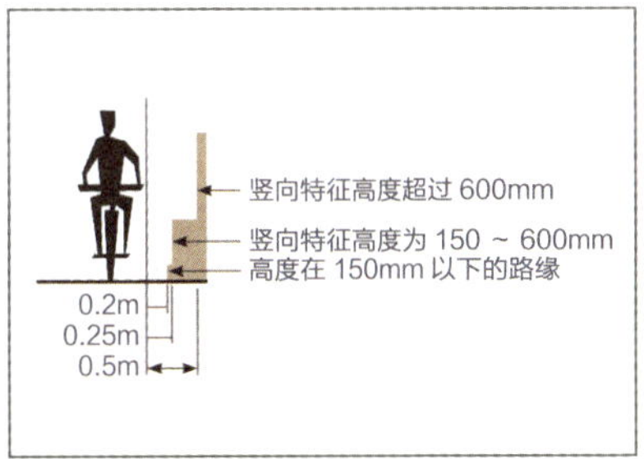

竖向特征高度超过 600mm
竖向特征高度为 150 ~ 600mm
高度在 150mm 以下的路缘
0.2m
0.25m
0.5m

图 5.2-6　自行车道与竖向隔离物之间的安全间距（资料来源：自绘）

路缘带宽度： 自行车道路缘带宽度一般为 0.25 ~ 0.5m。

自行车动态宽度： 最小动态宽度不小于 1.5m。当自行车流量增加时，动态宽度宜以车道数为基本单位增加，自行车道每条车道宽为 1m，当自行车流量每增加 600 辆 /h 时，宜增加一条车道。

	≤ 200 辆 /h	+600 辆 /h
最小动态宽度	1.5m	+1.0m

各形式自行车道宽度： 不同形式自行车道宽度的推荐值如下表所示。

自行车道类型	推荐宽度	最小宽度	说明
全物理隔离的自行车专用车道	4.5 ~ 5.5m	3.5m	自行车道与机动车道和人行道间有严格的物理隔离，且应保证行人通行空间不小于 3m
软隔离的自行车专用车道	3.5 ~ 4.5m	2.5m	自行车道与人行道或机动车道间通过划线、铺装等非障碍物隔离，行人通行空间不小于 3m
混行的自行车道	——	——	当慢行道宽度小于 5m 时，自行车宜与行人混行

资料来源：自绘

第 5 章　道路设计要素

5.2 慢行系统要素
NON-MOTORIZED TRAFFIC SYSTEM ELEMENTS

5.2.3　人行道展宽

人行道展宽是指在道路局部向内拓展人行道宽度，通常作为一种交通稳静化措施设置，既可以降低机动车车速，又可以增加行人活动和设施布设的空间。

● 设计依据与参考

01	《设计让城市更安全》
02	《阿布扎比街道设计手册》
03	《美国城市街道设计手册》
04	《纽约街道设计导则》
05	《洛杉矶活力街道设计导则》
06	《旧金山更好的街道最终报告》
07	《旧金山城市乡村公共事务署工程局规划标准》

● 设计指引

总体要求：

人行道展宽应结合道路功能设置，宜设置于有交通稳静化需求的道路或交叉路口，不宜设置于交通功能较强的道路。

图 5.2-7　人行道展宽示意图（资料来源：自绘）

设计流程：

自行车道宽度的确定，可按照以下流程进行：

（1）确定展宽形式和位置；

（2）确定展宽段长度；

（3）确定展宽段宽度；

（4）展宽段细部设计。

第5章　道路设计要素

设计要点：

图 5.2-8　路口展宽示意图（资料来源：NACTO 网站）

— 适用条件

　　用在居住区或者低速街道的入口处，作为车辆从高速到低速的过渡段。

— 基本要求

　　结合停车带设置人行道展宽时，展宽段宽度不大于停车带宽度。

— 优点

　　扩展街道公共空间，可以布设城市家具。

　　减少交叉口过街距离。

— 注意事项

　　展宽段长度一般不小于人行横道宽度，推荐做法是展宽段长度延伸至停车线之后。

图 5.2-9　路段展宽示意图（资料来源：NACTO 网站）

— 适用条件

　　用于普通路段，作为稳静化措施的一种，能有效降低车速，并且增加公共空间。

— 基本要求

　　展宽段长度不小于人行横道宽度。

　　路段机动车流量较小时，可不施划人行横道线。

— 优点

　　扩展街道公共空间，可以布设城市家具。

　　结合人行横道设施，可减少过街距离。

— 注意事项

　　当机动车流量超过 2000 辆 / 天或设置位置存在安全隐患时，结合设置的人行横道需要标线表示。

● 分类

　　人行道展宽形式和位置：人行道可单侧展宽，也可双侧展宽。可在路口展宽，也可在路段展宽。一条道路上设置多处人行道展宽时，两处展宽至少相距 65m。根据展宽位置和形式的不同，人行道展宽主要有 4 种类型，各类型适用条件如下。

（1）路口展宽

　　参考《Urban Street Design Guide》。

（2）路段展宽

　　参考《Urban Street Design Guide》。

第 5 章　道路设计要素

5.2 慢行系统要素

NON-MOTORIZED TRAFFIC SYSTEM ELEMENTS

（3）弯道展宽

参考《Urban Street Design Guide》。

图 5.2-10　弯道展宽示意图（资料来源：NACTO 网站）

一 适用条件

用于居住区或者车流量较低的城市街道，可以起到降低车速的作用。

一 基本要求

需要结合减速标志设置，警醒驾驶员。

一 优点

降低机动车速。

一 注意事项

当车行道变为"S"形时，人行道展宽段的曲线应尽量缓和，且夹角不宜超过 45°。

（4）公交站展宽

参考《Urban Street Design Guide》。

图 5.2-11　公交站展宽示意图（资料来源：NACTO 网站）

一 适用条件

用于利用停车带设置公交停靠站的情况。

一 基本要求

展宽段长度不小于 10m。
展宽段宽度等于停车带宽度。

一 优点

减少公交车汇入及离开行车道的时间，益于效率的提升。

一 注意事项

当公交站的公交线路到站频繁时，公交站展宽长度应满足两辆公交同时停靠的长度。

人行道展宽段长度：路口展宽段长度应满足路边停放车辆顺利驶入交叉口停车等候区的要求；结合人行过街横道设置的路段展宽段长度不应小于人行过街横道的宽度；公交站台展宽段长度不应小于10m。

人行道展宽段宽度：结合路内停车带设置的人行道展宽，展宽宽度不应大于停车带宽度。其他情况根据实际需要确定。

人行道展宽段细部设计：根据渐变段路缘石与原路缘石之间的夹角，展宽渐变段形式可分为斜角式和直角式。

图 5.2-12　人行道展宽结合路内停车带设置示意图（资料来源：自绘）

斜角式

一 适用条件

用于平行式停车或斜角式停车的情况。

一 基本要求

展宽渐变段路缘石与原路缘石之间存在一个锐角夹角，一般可取 45°角。

直角式

一 适用条件

用于平行式停车或垂直式停车的情况。

一 基本要求

展宽渐变段路缘石与原路缘石之间夹直角。

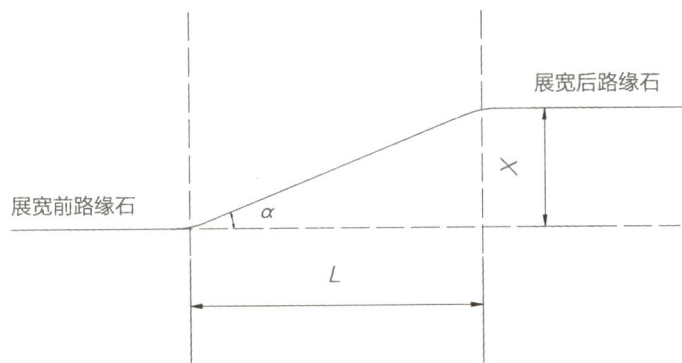

计算公式：

人行道展宽宽度 X，m

路缘石夹角 $\alpha \geqslant \arctan \sqrt{\dfrac{X}{18-X}}$

人行道展宽宽度 $L \leqslant \sqrt{18X - X^2}$

图 5.2-13　人行道展宽段细部设计示意图（资料来源：自绘）

展宽宽度 X（m）	斜角夹角 α（°）下限	展宽渐变段长度 L（m）上限
1.5	16.8	5
1.75	18.2	5.3
2.0	19.5	5.7
2.25	20.7	6
2.5	21.9	6.2
2.75	23	6.5
3.0	24.1	6.7

5.2 慢行系统要素

NON-MOTORIZED TRAFFIC SYSTEM ELEMENTS

5.2.4 人行道铺装

路面构成了城市道路的背景，美观且稳定的高品质街道环境是我们的追求。根据研究，人行道品质是城市道路空间品质的决定性因素，因此提升人行道的品质应该作为道路空间提升的第一步。人行道应简单耐用，维护良好，能将环境中的不同元素融合在一起，使得行走体验更加舒适愉悦。本手册着重于对人行道铺装建设品质的控制，为铺装形式、色彩、材料、尺寸等的选择留出设计空间。

● 设计依据与参考

01	《城市道路工程设计规范（2016年版）》CJJ 37-2012
02	《城市步行和自行车交通系统规划设计导则》
03	《城镇道路路面设计规范》CJJ 169-2012
04	《城镇道路工程施工与质量验收规范》CJJ 1-2008
05	《室外排水设计规范（2016年版）》GB 50014-2006
06	《广州市城市道路设计技术指南（试行）》
07	《广州市城市道路永久性材料运用指引（第三版）》

相关规定：
— 人行道铺装面层应平顺、抗滑、耐磨、美观；表面应平整，边角齐全，厚度均匀，色泽一致。
— 尽量采用广州地区的工程材料，以节约投资，并且方便日后的管理与维修。

● 铺装材料

城市道路是城市的重要组成部分，同时也是各种城市环境连接的通道，对于人们的日常生活和工作具有重要的影响。如何做到既能保护环境，又能建造人性化的城市道路是关系到人们生活质量好坏的一个重要课题。根据2000-2015年《中国建设年鉴》数据，广州市人行道面积约占道路面积的20%，而像巴黎、纽约等国外大都市，这一指标都在25%以上。城市道路中的人行道不仅是市民出行的第一选择，也是城市外部形象的重要载体，人们通过人行道的空间与形象来认识城市。

人行道铺装应当作为连接相邻建筑的中立"地毯"而非突出自己的风格，从而影响所在区域的特性；人行道与退缩空间应一体化设计，统一铺装的材质和形式，使街道空间形成一个整体；所有人行道铺装应满足高品质路面的需求，而高品质路面并非指使用最昂贵的材料，而是材料的组成和应用能够达到最佳的效果；铺装材料的选择应根据道路的等级、类型等具体情况决定。

基于此，本手册提供一个可广泛推广的人行道铺装材料建议（材料选用不分先后顺序）：有限色调的天然石材、混凝土、沥青、透水铺装等。

图5.2-14 多伦多约克村路面铺装（资料来源：http://you.ctrip.com/travels/canada100029/1680685.html）
图5.2-15 伦敦展览路路面铺装（资料来源：http://www.publicspace.org/en/works/g069-exhibition-road）

图5.2-14 多伦多约克村路面铺装

图5.2-15 伦敦展览路路面铺装

图 5.2-16　混凝土铺装示意（资料来源：https://www.pinterest.com）

图 5.2-17　西班牙洛尔卡广场（资料来源：http://www.chla.com.cn/）

1）基本要求

颜色：

— 以原始色，灰色系为主；

— 若要使用鲜艳的颜色，应注意与周围环境协调。

饰面：抹平、拉毛、斩假石等，可根据场地需求使用其他饰面。

尺寸参考：

— 根据人行道宽度，按照设计决定尺寸；

— 厚度满足荷载需求。

施工工艺：可分为现场浇筑和预制混凝土砖块铺砌两种。

应用：适用于大部分城市人行道，除历史街区外，缘石坡道可应用。

2）不足

— 整体外观实用但可能无法满足特定区域的外观需求。

— 抗拉强度低，延展性差，易开裂，边缘易破碎。

— 若用于路基基础较差的地方容易破裂。

— 需要适度的维护管理。

3）优点

— 成本低，方便获取；

— 易于切割及铺设；

— 现场浇筑可解决异形位；

— 成品尺寸灵活，颜色丰富；

— 使用寿命长达 20 ~ 40 年；

— 摩擦系数较大；

— 便于后期人行道上城市家具的安装。

4）注意事项

— 为了防止因热膨胀造成损害，各构件之间需要留出足够的空隙；

— 若采取分阶段实施，设计师应认识到，新旧铺装界面一开始差异将非常明显，使用一段时间后的磨损能提供更为相似的外观。

5）发展趋势

— 透水、降噪、荷载、耐久等性能方面的提升，以及更加环保和生态友好。如采用聚氨酯或环氧树脂等胶结料替代传统的水泥，掺配级配碎石、细沙、陶粒，通过碾压成型的透水混凝土。相较于传统的以水泥作为胶粘剂，这种新型透水混凝土更加环保，透水性更好，耐久性也更好。

（1）混凝土

混凝土是一种优良的铺装材料，通过不同的配料能形成不同的外观和特性，成品丰富，为设计师提供了很多选择。同时在良好的施工工艺下，混凝土铺装同样能达到高品质铺装的要求。

第 5 章　道路设计要素

图 5.2-18　英国布莱顿商业步行街（资料来源：http://gehlpeople.com/cases/new-road-brighton-uk/）

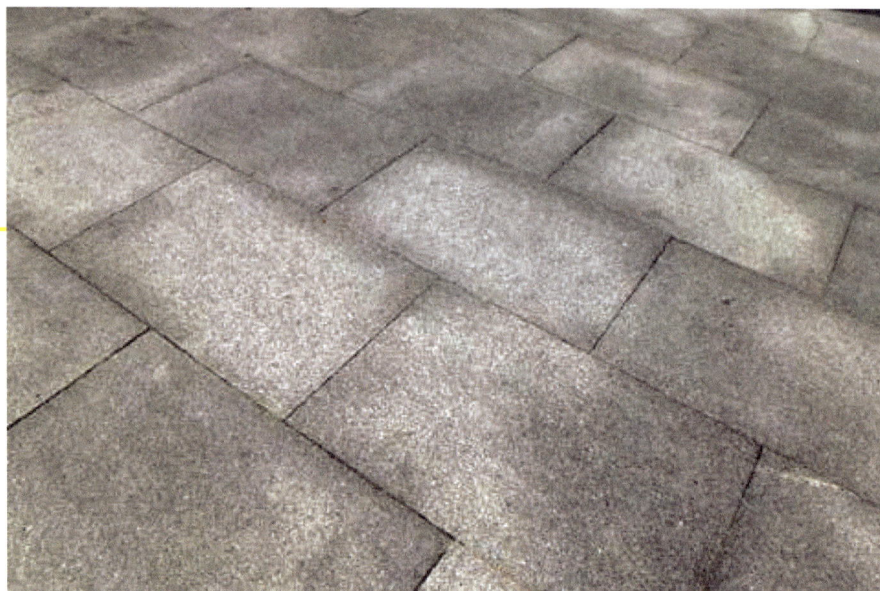

图 5.2-19　花岗岩铺装示意（资料来源：https://www.pinterest.com）

（2）花岗岩

1）基本要求

颜色：

— 以素雅的灰色、淡黄系为主；

— 若使用鲜艳的颜色，应注意与周围环境的协调。

饰面：

— 常用火烧面，荔枝面，龙眼面，剁斧面，机切面，另可根据场地需求使用其他饰面。

尺寸参考：

— 砌块长宽具体需根据人行道宽度决定；

— 厚度应根据人行道荷载和结构需求决定。

应用：

— 适用于市内重要的市民公共场所，如珠江三个十公里景观带、花城广场、广州塔等，或者大型新建重点区域，如白云新城、国际金融城、黄埔临港经济区等；

— 用于特定区域以突出该区域的重要性；

— 可根据各个模块的需要合理选用；

— 已列入海绵城市试点区域的应谨慎使用。

2）优点

— 具有良好的质感，为优良的铺装材料；

— 耐用，使用寿命长，可重复使用且磨损掉色浅；

— 热膨胀系数小，不易变形；

— 化学性质稳定，不易风化，能耐酸、碱及腐蚀气体的侵蚀；

— 与其他人行道铺装材料结合良好；

— 可根据需求切割成不同尺寸并铺设；

— 同一石材可处理成一系列的饰面和纹理来实现不同的效果。

3）不足

— 材料成本高，获取较不便利，且属于非再生资源，大量开采不环保；

— 不透水、吸水，易造成地面积水；

— 夏天热岛效应较大，造成热污染；

— 与混凝土相比，安装更费时。

4）注意事项

— 为达到节约投资、节能减排、绿色发展的效果，应谨慎选用；

— 更换破损板材时，要准确搭配现有铺装的色彩会很困难，因为相同的石材寻找起来很费时，还有可能很昂贵；

— 进行结构设计时必须考虑荷载要求；

— 应根据荷载谨慎选择垫层材料。

图 5.2-20 苏格兰格拉斯哥街道（资料来源：https://www.designcouncil.org.uk/news-opinion/how-we-got-glasgow-playing-streets-again）

图 5.2-21 沥青铺装示意（资料来源：https://www.pinterest.com）

1）基本要求

颜色：

— 以其原始色，灰黑色系为主；

— 可根据需求使用彩色沥青，需注意与周边环境相协调。

饰面：多样的骨料分级。

尺寸参考：

— 通常 25mm 厚（面层）；

— 可根据场地需求设计。

应用：

— 地下隧道、地铁等地下空间的上方路面；

— 大型人行天桥；

— 共享人行道、自行车道；

— 共享街道。

2）不足

经过修补的沥青路面会产生"补丁"的效果。

3）优点

— 施工快且简单；

— 表面均匀，无拼接缝，从而降低绊倒和破裂的危险；

— 持续耐用；

— 易于修补和再造；

— 冲压沥青可创造出不同的铺装图案。

4）注意事项

— 在有较高土地价值的区域，考虑使用 300mm 宽的花岗岩路缘石来强调人行道界面；

— 行人使用率高的地方不建议使用沥青，因为频繁修复影响外观；

— 沥青与结构性要素连接时，如路缘石、沟渠、墙面、建筑构件及混凝土表面等，应该增加连接构件，可以使用接缝灌浆或接缝带；

— 需要有 2% 的坡度。

5）发展趋势

— 高强超薄静音沥青路面，厚度只有 15mm 左右，无需大规模铣刨，节省了大量施工时间，同时降噪性能优秀，寿命长、成本低；

— 透水沥青，能有效避免路面积水，同时多孔结构能有效提高防滑性能，也有较好的减噪效果。

（3）沥青

沥青铺装不应作为简易的铺装产品而被忽视，因为在良好的施工工艺下，沥青铺装同样能达到高品质铺装的要求。

第 5 章　道路设计要素

5.2 慢行系统要素
NON-MOTORIZED TRAFFIC SYSTEM ELEMENTS

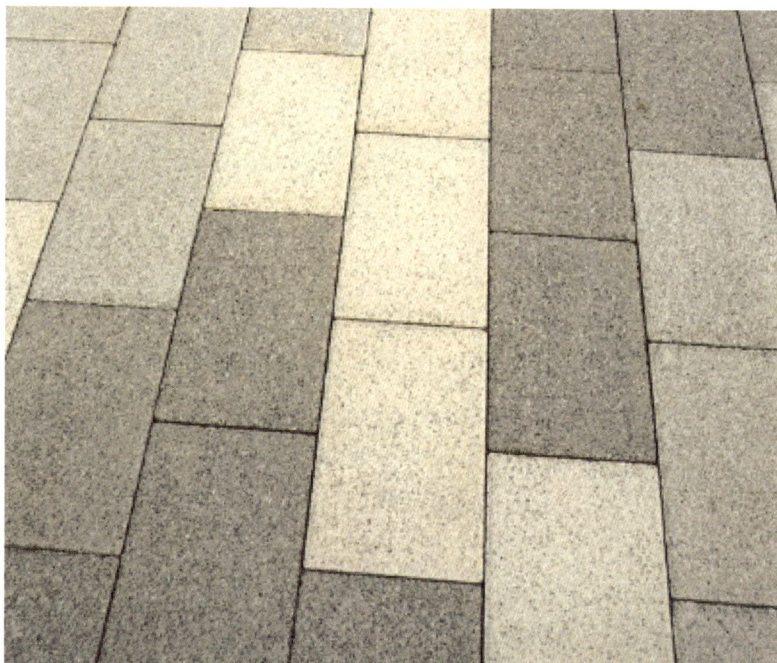

图 5.2-22 透水砖铺装示意（资料来源：https://www.pinterest.com）

图 5.2-23 拉利尼亚广场铺装（资料来源：https://www.pinterest.jp/pin/493355334163460745/?lp=true）

（4）透水砖

按照工艺类型可大概分为两类：

一类是养护型透水砖，将透水砖的原料进行破碎、筛取适宜的粒径范围，再加入胶粘剂和水等辅助原料混合搅拌，然后放入模具中采用一定的压力压制成型，进行脱模后放置养护，制成具有透水性能和符合标准的路面铺装材料。如：普通透水砖、聚合物纤维混凝土透水砖、生态砂基透水砖等。

另一种是烧结型透水砖，将制备透水砖的原料经过破碎、筛分、配料、混料、成型、脱模、高温烧制等一系列工序，制成具有透水性能和符合标准的路面铺装材料。如：烧结页岩透水砖、烧结陶瓷透水砖等。

1）基本要求

颜色：
— 以灰色系等素雅的颜色为主；
— 若要使用鲜艳的颜色，应注意与周围环境协调。

尺寸参考：
— 根据人行道宽度，按照设计决定尺寸；
— 厚度满足荷载需求。

应用：
— 适用于非历史街区的大部分城市人行道，和一些有特殊需求的商业道路；
— 考虑于生活型和景观型道路全面使用；
— 与海绵城市的其他技术措施结合设计，构成完整的城市道路海绵城市技术体系。

2）不足

— 整体外观稍显粗糙无法满足特定区域的需求；
— 耐久性差，较易损坏，维护周期较短；
— 孔隙易堵塞，损失透水性能，清洁不易；
— 结构强度不足的情况下，易凹陷。

3）优点

— 具有多孔结构，透气透水性好，能使雨水快速渗入地下；
— 可吸收水分与热量，调节地表局部空间的温湿度；
— 雨后不积水，防滑系数高；
— 有一定的净化水质作用；
— 表面有微小凹凸，防止路面反光；
— 铺设简易。

4）注意事项

— 若采用此材料铺设，设计师应认识到，不仅仅是面层的透水铺装材料，而应该有一整套配套的雨水积水处理设施和基层处理作为支撑，才能充分发挥透水铺装的作用；
— 定期的空隙清洁等后期维护，才能维持透水铺装的性能。

● **优秀案例**

美国·纽约 | 透水混凝土人行道

人行道采用透水混凝土现浇而成，完美契合人行道"Z"字形绿化带，以最大化绿化面积；雨水能直接通过人行道下渗消化或流入绿化带被消化。

▶ **优点：**

— 现浇混凝土能完美适应曲线绿化带边缘，达到无缝的高品质铺装效果。

— 采用透水混凝土使雨水能够直接下渗，减少路面积水，提升雨天的行走体验。

▶ **借鉴：**

铺装、路缘石、道路绿化三个部分都运用了海绵城市技术，形成了一套完整的雨水渗透、收集、过滤、再利用的体系。

图 5.2-24 纽约尼亚加拉医学院街（资料来源：http://www.scapestudio.com/projects/buffalo-niagara-medical-campus-streetscape/）

日本·东京 | 透水砖人行道

人行道路面采用透水砖铺设，道路上的雨水通过打孔路缘石流入行道树树池和人行道透水砖吸收或流入人行道的排水沟中，排水井处种植净水植物，净化水质的同时美化街道环境。

▶ **优点：**

— 有一套完整的雨水消化系统，同时还具备一定的净水能力。

— 透水砖与花岗岩搭配铺设，拥有雨水消化功能的同时提升人行道质感。

▶ **借鉴：**

可运用于对人行道品质要求较高的商业型道路中。

图 5.2-25 日本东京透水砖人行道（资料来源：刘毅摄）

5.2 慢行系统要素

NON-MOTORIZED TRAFFIC SYSTEM ELEMENTS

● 品质控制

人行道铺装面层应平顺、抗滑、耐磨、牢固、反射率低、美观；表面应平整，边角齐全，厚度均匀，色泽一致，使得行走体验良好；彩色预制块表面花纹图案深度不得超过彩色面层的厚度。

——《广州市城市道路永久性材料运用指引（第三版）》

图 5.2-26　不同样式铺装示例（资料来源：https://www.pinterest.com）

要点

— 铺装设计应满足行人行走的安全性和舒适性。

— 铺装材料及铺砌形式的选择应从实际出发，在保证其景观效果的前提下，根据其铺装位置及周边环境的不同进行设计。

— 铺装材料主色调以贴近自然的灰色系为主，并与城市风格相协调；铺砌形式简洁大气，符合城区整体景观定位。

— 建议在材料选择方面先进行区域总体设计，推荐采用专家研讨会的形式确定主题与风格后合理选择铺装材料。

— 如无特殊铺砌样式或透水要求，尽可能采用紧密的拼接，保证不出现可见的砂浆拼接缝，打造出整体性的高品质路面。

— 在路面的铺设过程中，应最大限度地减少板材的二次切割，同时避免剩余的板材长度小于100mm。

— 为防止路面出现"啃边"，保证良好的各边缘约束必不可少，在人行道不紧靠路肩或墙壁的地方需预制混凝土收边。

— 需通过精细化的预切割施工来保证人行道路缘及尽头处接口的整齐、干净，并避免出现砂浆缝。

— 施工开始阶段可先构建一个样板区域以建立工艺方案的具体标准和质量指标。通常情况下人行道样板展示区域为 $30m^2$，并能体现大多数施工要点，包括路缘石边界、建筑边界、检查井盖、人行道转角和至少一个缘石坡道。

— 人行道需满足《城镇道路工程施工与质量验收规范》中对平整度、横坡、井框与面层高差、相邻块高差、纵缝直顺、横缝直顺、拼接缝宽度等的要求。

— 建设部门或主管部门应与相邻地块的业主合作，更好地整合退缩空间，促进整个人行道的一体化铺装。

第 5 章　道路设计要素

人行道铺装平面设计要点

—— 一般情况下砌块横缝与路缘石成 90° 角。

—— 设计者应考虑铺装的布局，使得现场二次切割最少化，同时避免路面出现切割的长砌块。

—— 一般不推荐同一条路采用多种尺寸的路砖铺设，但特殊区域如大型公共或商业区、景观型道路的节点可考虑用不同尺寸的砖进行铺装设计，突出场地特色。

—— 人行道与建筑退缩空间、地下空间出入口或路灯相连时，应特别注意与其现有铺装边缘相对齐，以确保人行道铺装与周边环境的衔接。如果能获取业主的同意，重新调整或小范围更新建筑退缩空间铺装，对于提升道路空间的整体性非常有利。

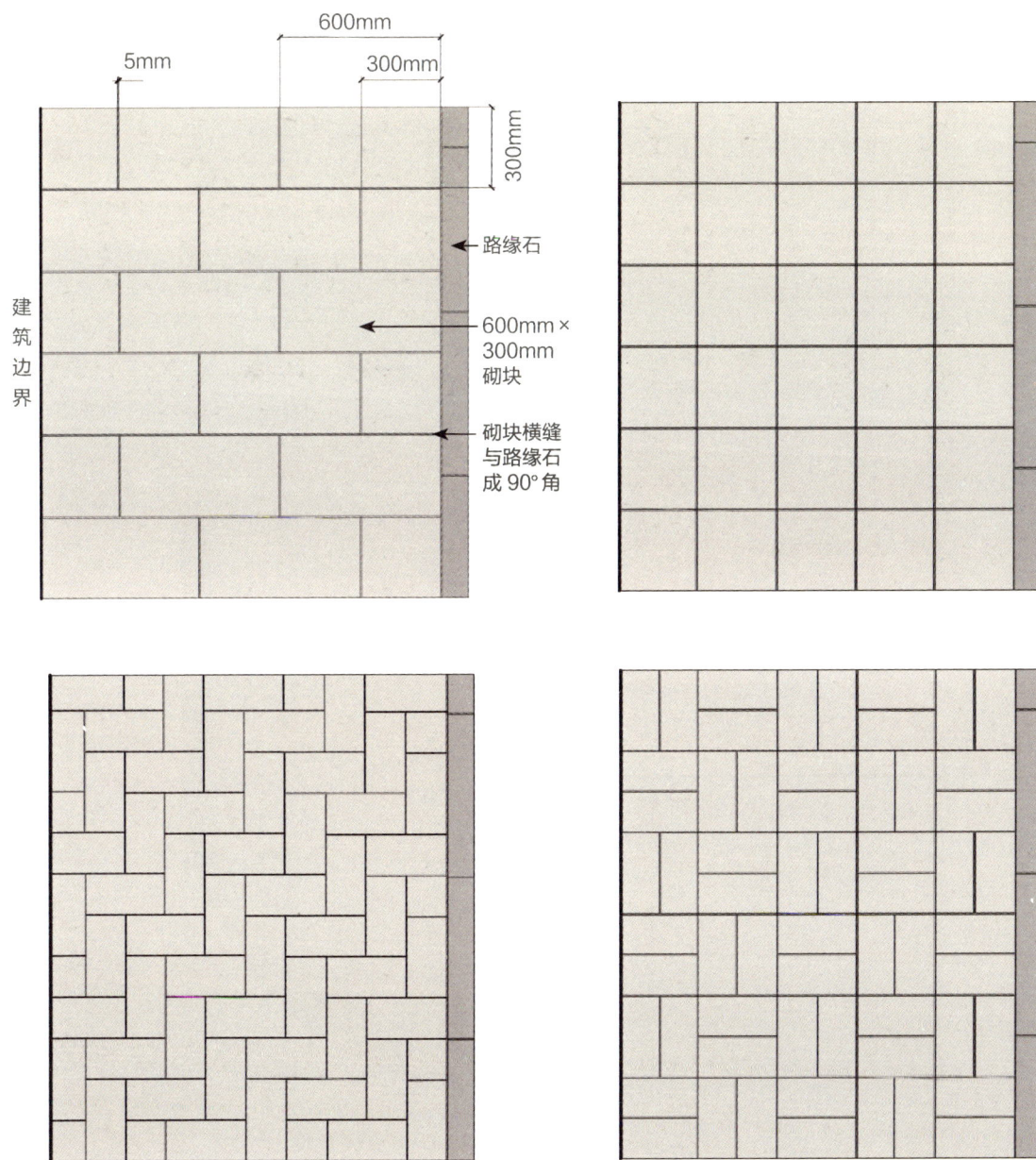

图 5.2-27 常见人行道铺装平面设计示意图（资料来源：自绘）

直角型路口人行带铺装注意要点

— 路口人行带采用"人"字形铺装时，砌块顶点需排列于扇形区域中心线上。

— 路口采用过渡型铺装时，过渡区起点应为建筑物边线或机动车道停止线，长度不应小于1m。

路口人行带"人"字形铺装

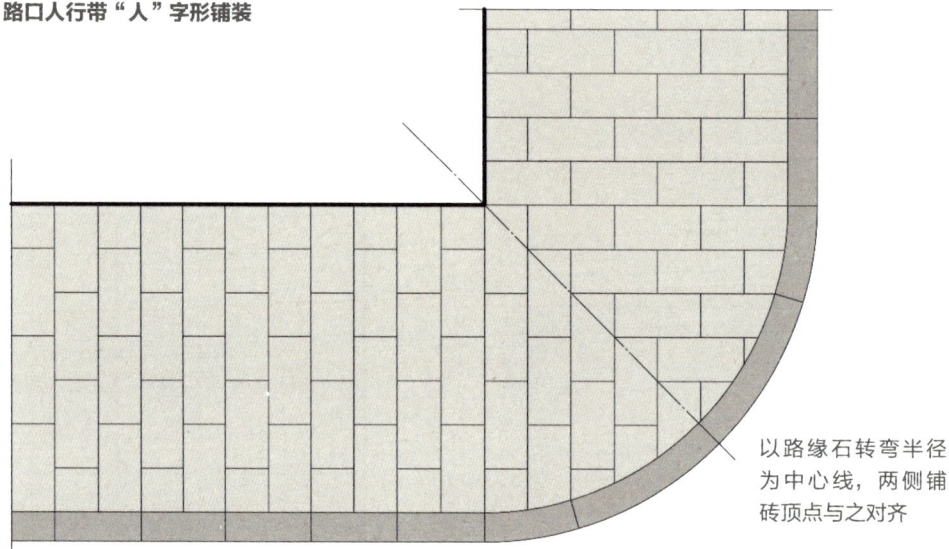

以路缘石转弯半径为中心线，两侧铺砖顶点与之对齐

路口人行带过渡型铺装

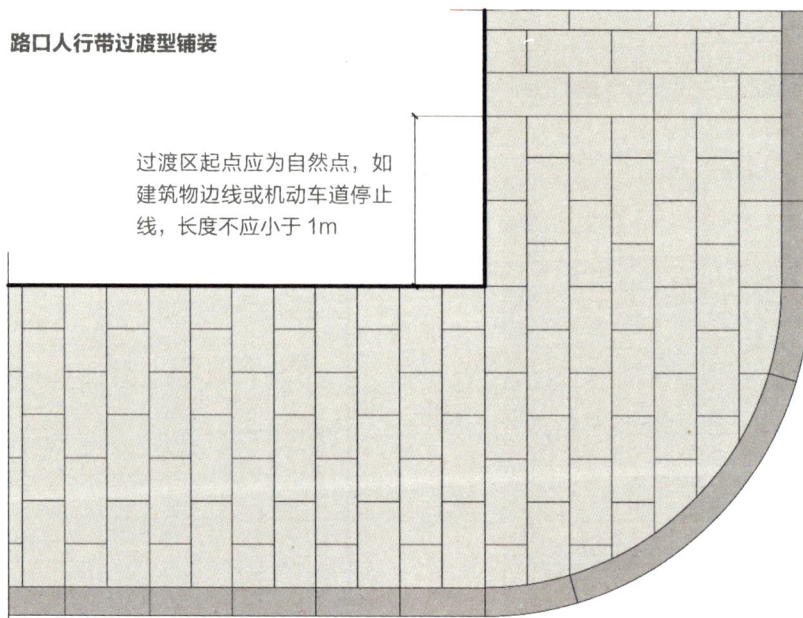

过渡区起点应为自然点，如建筑物边线或机动车道停止线，长度不应小于1m

图5.2-28 直角型路口人行带铺装平面设计示意图（资料来源：自绘）

不规则路口人行带铺装注意要点

— 过渡区起点应为建筑物边线或机动车道停止线，长度不应小于1m。

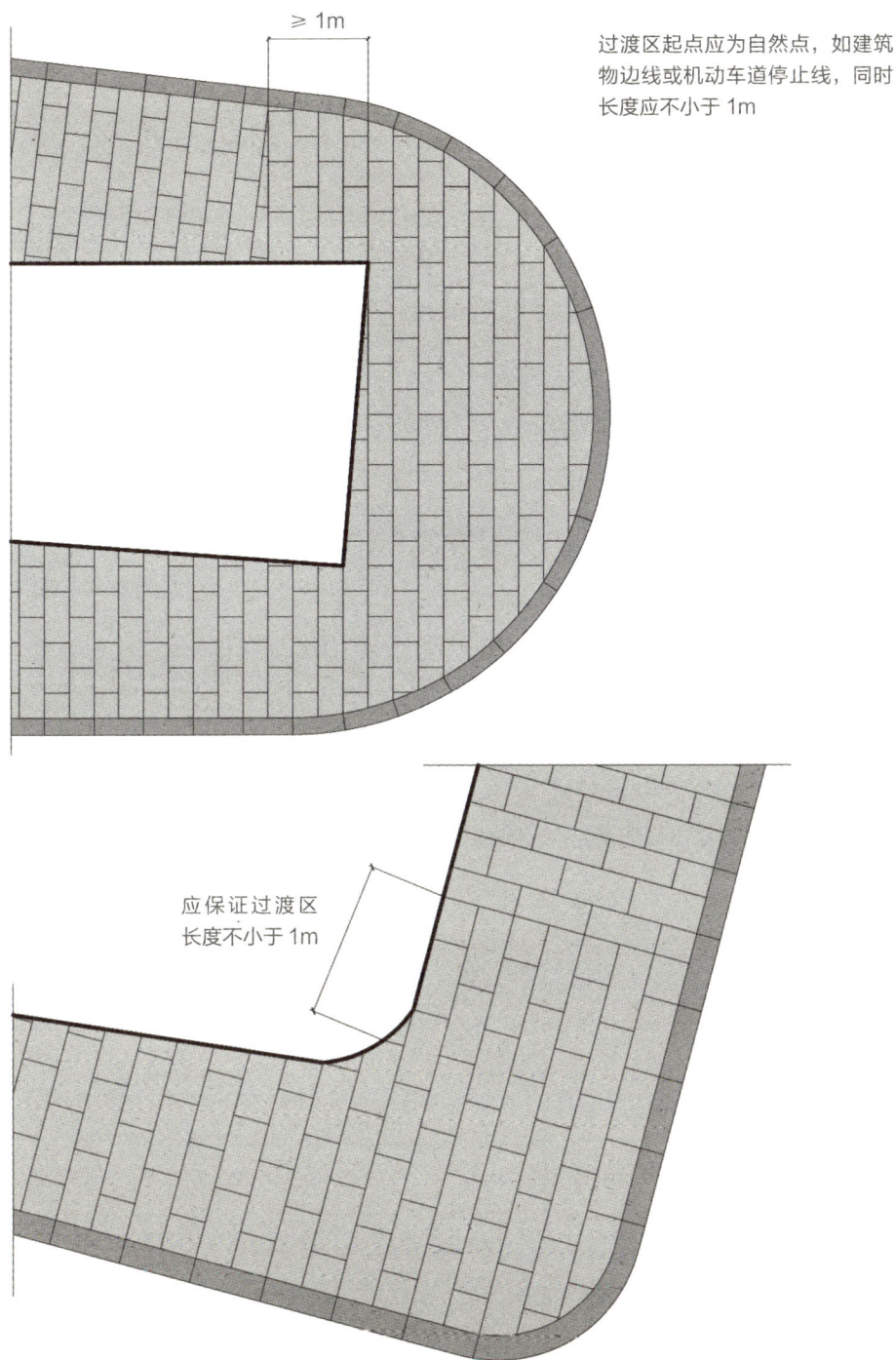

过渡区起点应为自然点，如建筑物边线或机动车道停止线，同时长度应不小于1m

应保证过渡区长度不小于1m

图 5.2-29　不规则路口人行带铺装平面设计示意图（资料来源：自绘）

转弯半径较大的路口人行带铺装注意要点

一 由于转弯半径较大，无论是采用"人"字形铺装还是采用"过渡型"铺装，都会产生较多的需二次切割的砌块，造成浪费，建议在路口人行带弧线段采用"弧形过渡"铺装。

一 弧形段的过渡铺装，应采用预制的带弧度的砖块或现场以弧形切割砖块铺设，使弧度更自然美观。

一 路口铺装最好从弧形段中心开始向两侧铺设，方便两侧铺装的对缝和错缝。

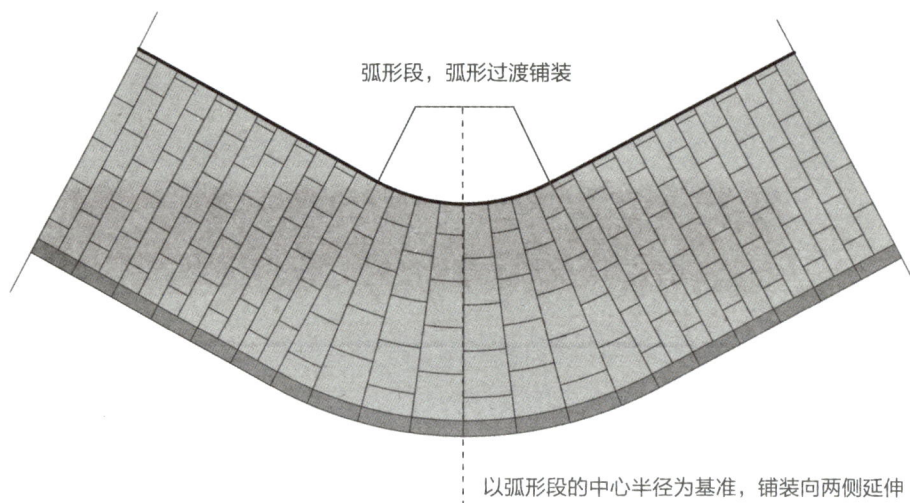

弧形段，弧形过渡铺装

以弧形段的中心半径为基准，铺装向两侧延伸

图 5.2-30　转弯半径较大的路口人行带铺装平面设计示意图（资料来源：自绘）

人行道相交处铺装优先级

当两条人行道以特殊形状相交时，为确保人行道铺装的整洁美观，同时适当回应道路等级和建筑边界线，一般情况下，道路等级更高的人行道应采取更高的优先级，使得铺装沿此道路的边线连续。

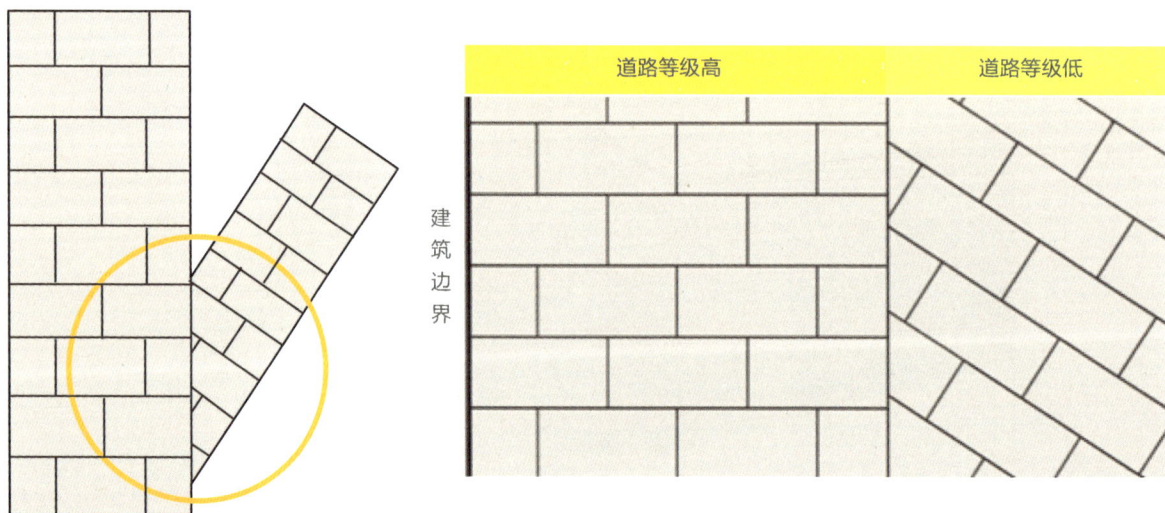

道路等级高　　道路等级低

建筑边界

图 5.2-31　人行道相交处铺装平面设计示意图（资料来源：自绘）

注：图中所示左侧的人行道享有优先权，铺装沿其边线延续。

信号杆、灯杆、立柱、护栏等杆件安装要点

— 应保证人行道上的各类杆件基础不高于人行道表面，铺装与杆件平顺相接，减少绊倒行人的危险。

— 杆件安装应注意对人行道铺装完整性的保留，不能以水泥砂浆替代杆件位置原有人行道铺装。

— 应做到杆件与人行道铺装间的缝隙不大于 10mm。

— 若使用螺栓固定，应保证螺栓不破坏现有铺装。

结构设计要点

— 土基压实度根据土壤等级情况，宜 ≥ 93%。

— 结构设计应根据道路功能、类型和等级，结合沿线地形地质、水文气象及材料等条件，因地制宜、合理选材、节约资源。

— 如果有透水需要的话上下基层的做法需满足排水、渗水的要求。

● 优秀案例

天河区天河路机械钻孔护栏安装

护栏摒弃原有的粗放式的基础安装方式，率先采取机械钻孔技术。具体步骤如下：

— 现场测量定位；

— 使用钻孔机在定位好的人行道砖块上钻孔；

— 在钻孔中注入水泥砂浆；

— 在杆件内注入水泥砂浆；

— 安装杆件。

钻孔的孔径比杆件多 1mm，钻孔深度必须达到 25 ~ 30mm，具体深度根据现场地形进行调整，从而确保护栏整体平顺、垂直。

▶ **优点：**

— 钻孔施工可以确保衔接紧密、表面无明显灌浆，安装完成后护栏与地面接口整洁美观。

— 以机械精准定位和切割，精细化的施工保证了高品质的效果。

图 5.2-32 天河路人行道安装护栏示例（资料来源：天河区住房和建设水务局提供）

第5章 道路设计要素

5.2 慢行系统要素
NON-MOTORIZED TRAFFIC SYSTEM ELEMENTS

5.2.5 非机动车道铺装

高品质的非机动车道表面是保障骑行安全与舒适的关键，骑行需要一个平顺和有一定防滑性的平整表面，于此我们在非机动车铺装材料、品质控制和平面设计上对非机动车道铺装做出相应指引。

● 设计依据与参考

01	《城市道路交通标志和标线设置规范》GB 51038-2015
02	《城市步行和自行车交通系统规划设计导则》（住房和城乡建设部）
03	《广州市非机动车和摩托车管理规定》
04	《广州市政府投资项目天然石材应用指引》
05	《城镇道路路面设计规范》CJJ 169-2012
06	《广州市城市道路设计技术指南（试行）》
07	《广州市城市道路永久性材料运用指引（第三版）》

● 铺装材料

总体指引：

非机动车道铺装的材料总体上需满足耐久性、协调性等方面的要求。材料组合不宜过于复杂，材料耐久性应得到保证，且与机动车道相邻的非机动车道必须能够承受机动车的荷载，颜色也应该以低饱和度的素色系为主，以减少后期维护以及保持路面风貌协调。

路面材料的选择需要基于以下特性：

— 长期耐久性；

— 安全性；

— 易辨认性；

— 与周边环境和街道整体外观的协调性；

— 实施成本；

— 全寿命周期成本（养护）。

注意要点：

— 应谨慎对待铺装材料的视觉冲击影响，过于多样的铺装色彩不仅会影响街景的美感，还可能导致空间的混乱，影响使用；

— 若选用沥青应考虑选用有渗透性、孔隙较大的沥青，以达到雨水下渗的目的，减少非机动车道积水，为雨天骑行提供更佳的安全性；

— 考虑到车道的防滑，应避免使用具有延展性和表面光滑的天然石材铺设；

— 若选用石材，应考虑使用防滑表面材料，但需要纵向铺设，以避免拱脊；

— 松散的表层材料，如碎石、砂砾不建议作为主要非机动车道，因材料本身折损很快，且不能提供舒适的骑车路面。

（1）沥青

图 5.2-33

图 5.2-34

图 5.2-35

1）基本要求

颜色：

— 取其原始色，灰黑色系；

— 可根据需求使用彩色沥青，但设计师需明白色彩鲜艳的路面可能会影响街道的统一美感，遂使用时需注意与周边环境相协调。

尺寸参考：与机动车道相邻的非机动车道厚度须满足机动车道的荷载要求。

应用：

— 原始色系沥青可广泛应用于城市非机动车道铺装；

— 彩色沥青用于强调非机动车道的空间，但应谨慎使用，且不适用于历史街区；

— 常用于位于机动车路面的非机动车道，可与机动车道一同铺设。

2）优点

— 施工快且简单；

— 表面均匀，无拼接缝，从而降低绊倒和破裂的危险；

— 持续耐用；

— 易于修补和再造；

— 冲压沥青可创造出不同的铺装图案。

3）不足

— 经过修补的沥青路面会产生"补丁"的效果；

— 某些类型的彩色路面在交通繁忙的地方很快褪色（使用后 6 ~ 12 个月），并且可能经常需要重新铺设。

4）注意事项

— 为达到高品质的效果，养护时需要整个路面翻整，因为修补会产生难看的补丁；

— 彩色路面的修补需用相同颜色的骨料和胶粘剂来匹配原来的颜色。

图 5.2-33 纽约皇后广场自行车道铺装（资料来源：https://scenariojournal.com/article/queens-plaza/）

图 5.2-34 俄亥俄州立大学校园自行车道铺装（资料来源：https://u.osu.edu/sp17crplan2110newark/2017/04/25/bike-lanes-for-north-campus-2/）

图 5.2-35 日本大阪自行车道铺装（资料来源：http://www.city.takaishi.lg.jp/kakuka/doboku/dobokukouen_ka/koutsu/houtijitensya.html）

5.2 慢行系统要素
NON-MOTORIZED TRAFFIC SYSTEM ELEMENTS

（2）混凝土

图5.2-36

图5.2-37

图5.2-38

1）基本要求

颜色：

— 以原始色，灰色系为主；

— 若要使用鲜艳的颜色，应注意与周围环境协调。

尺寸参考：厚度满足荷载需求。

施工工艺：可分为现场浇筑和预制混凝土砖块铺砌两种。

应用：适用于大部分城市非机动车道。

2）优点

— 成本低，方便获取；

— 易于切割及铺设；

— 成品尺寸灵活，颜色丰富；

— 使用寿命长达10～20年。

3）不足

— 抗拉强度低，延展性差，易开裂，边缘易破碎；

— 若用于路基基础较差的地方容易破裂；

— 需要适度的维护管理。

4）注意事项

若采取分阶段实施，设计师应认识到，新旧铺装界面一开始差异将非常明显，使用一段时间后的磨损能提供更无缝的外观

图5.2-36 澳大利亚Docklands码头自行车道（资料来源：http://bbs.zhulong.com/101020_group_201878/detail10132219 ·）

图5.2-37 法国巴黎市自行车道铺装（资料来源：https://www.pinterest.jp/pin/562738915915496872/）

图5.2-38 意大利卡瓦利诺自行车道铺装（资料来源：www.woniu365.cn/news/1312.html）

（3）塑胶

图 5.2-39

图 5.2-40

图 5.2-41

1）基本要求

颜色：

— 以灰黑色系为主；

— 使用彩色塑胶时应注意与周边环境的协调。

尺寸参考：厚度满足荷载要求。

应用：

— 停车场、隧道、地下室等地下空间的上方非机动车道；

— 天桥的非机动车道；

— 与绿地相邻的非机动车道，有利于降雨渗透到绿地中。

2）优点

— 减振和防滑效果出色，骑行体验舒适；

— 较其他铺装材料薄，能很好节约地下空间；

— 透水透气；

— 施工简易，维护方便。

3）不足

— 长时间使用后容易出现路面不平；

— 需要适度维护。

4）注意事项

— 适度的后期维护才能使塑胶非机动车道更耐用；

— 若选用塑胶材料，应避免机动车碾压。

图 5.2-39　美国密尔沃基塑胶自行车道（资料来源：http://archive.jsonline.com/news/milwaukee/milwaukee-gets-its-first-green-bike-lane-installed-in-riverwest-b99338720z1-272765191.html/）

图 5.2-40　阿德莱德——弗罗姆街自行车道（资料来源：http://aspect.net.au/?p=3640）

图 5.2-41　哥本哈根 Cykelslangen 自行车骑行桥（资料来源：www.dw.dk/cykelslangen-bicycle-snake/）

5.2 慢行系统要素
NON-MOTORIZED TRAFFIC SYSTEM ELEMENTS

（4）石材

图 5.2-42

图 5.2-43

图 5.2-44

图 5.2-45

1）基本要求

颜色：
— 以素雅的灰色系为主；
— 若使用鲜艳的颜色，应注意与周围环境的协调。

饰面：选用粗糙的饰面。

尺寸参考：
— 砌块长宽具体需根据非机动车道宽度确定；
— 厚度应根据非机动车道荷载和结构需求决定。

应用：适用于历史街区的非机动车道。

2）优点

— 具有良好的质感；
— 耐用，使用寿命长，可重复使用且磨损掉色极浅；
— 热膨胀系数小，不易变形；
— 化学性质稳定，不易风化，能耐酸、碱及腐蚀气体的侵蚀。

3）不足

— 材料成本高，获取较不便利；
— 不透水、吸水，易造成地面积水、打滑；
— 铺装易出现不平整，影响骑行安全。

4）注意事项

— 考虑到非机动车道的防滑需求，应避免使用具有延展性和表面光滑的天然石材铺设；
— 可考虑在石材面层增加抗滑表面，注意抗滑表面应该纵向设置，避免出现拱脊。

图 5.2-42 石材铺砌自行车道面层（资料来源：https://www.pinterest.com）
图 5.2-43 哥本哈根石材铺装自行车道（资料来源：https://www.pinterest.com.au/pin/354447433146829135/）
图 5.2-44 哥本哈根石材铺装自行车道细节（资料来源：https://www.pinterest.com.au/pin/354447433146829135/）
图 5.2-45 上海市某道路石材铺装自行车道（资料来源：www.theurbancountry.com/category/james-d-schwartz）

图 5.2-46

图 5.2-47

图 5.2-48

● 品质控制

非机动车铺装材料必须能承担荷载和可预见的使用强度，应具有平整、坚固、防滑的特性且具有一定坡度，便于骑行体验和地表排水。

注意要点：

— 铺装设计应满足骑行的安全性和舒适性。

— 非机动车道表面铺装应平整，避免产生大于 6mm 的高差变化，因为平整度是影响骑行安全的重要因素。

— 非机动车道与机动车道的过渡需平顺，高差小于 6mm。

— 非机动车道需铺设在满足荷载和紧密压实的基础之上，可避免后续由于强度不足而出现的病害修复。

— 坑洞、车辙和其他路面病害需要通过局部修补或整体翻新立刻修复。

— 防滑表面材料需要一直延续，特别是在骑行者有可能改变方向的地方。

— 铺装材料及铺砌形式的选择应从实际出发，在保证其功能的前提下，根据其位置及周边环境的不同进行设计。

— 铺装材料主色调以贴近自然的灰色系为主，并与城市风格相协调；铺砌形式简洁大气，符合城区整体景观定位。

图 5.2-46 砌块铺砌自行车道案例（资料来源：https://www.pinterest.com）

图 5.2-47 沥青混合料铺筑自行车道案例（资料来源：https://www.pinterest.com）

图 5.2-48 纽约市瓦萨街自行车道（资料来源：https://calmstreetsboston.blogspot.com/2010/04/vassar-street-cycle-track-cambridge-ma.html）

第 5 章 道路设计要素

5.2 慢行系统要素
NON-MOTORIZED TRAFFIC SYSTEM ELEMENTS

5.2.6 非机动车道标识

非机动车道标识对于明确路权、优化交通安全环境起到至关重要的保障作用，以下将从规范要求、设计要点等对该要素进行相关设计指引。

● **设计依据与参考**

01	《城市道路交通标志和标线设置规范》GB 51038-2015
02	《城市步行和自行车交通系统规划设计导则》(住房和城乡建设部)
03	《广州市非机动车和摩托车管理规定》
04	《广州市政府投资项目天然石材应用指引》
05	《城镇道路路面设计规范》CJJ 169-2012
06	《广州市城市道路设计技术指南（试行）》
07	《广州市城市道路永久性材料运用指引（第三版）》

● **设计要点**

布局原则：

— 在有行人活动的地方，道路标识的最高厚度为 3mm。任何超过 3mm 的标识可能造成绊倒的危险或者不利于排水。

— 在整个交通网络，须采用一致的标识方式。

— 标志的设计应尽量减少视觉混乱并与现有的街道设施（例如路灯杆），相匹配。

— 自行车道的颜色也应该尽可能简单，以减少维护以及与整个公路网相一致。

— 自行车道的材料所带来的视觉影响应当仔细考虑。过于复杂的设计不仅影响街景的视觉质量，还可能导致道路布局模糊，从而使所有道路使用者都不能很好辨识方向。

位置规模：

标牌的高度应有足够的头顶空隙：2400mm 为最低限度。

注意事项：

— 调控型的标识须做到充足的维护，以提供良好的视觉对比，从而保障发挥标识的效力。

— 标识须定期检查以确保清晰可见、标识准确。

— 依据交通流量做好维护，路面标识标记处以及标记材料应不同于道路上的任何材料。

— 在定期维护时，标识经常会重标，需确保新的标识完美铺在旧标识之上，从而保障标识边缘挺括，宽度适宜。

— 过厚使用热塑型标识会导致路表积水，因而需要避免。

注意事项: 标志的设计应尽量减少视觉混乱并与现有的街道设施,例如与路灯杆相匹配。道路标识需尽量少用,仅用于需要作出判断的地方作为中继标志使用。标志的背面应与周围基础设施的颜色相一致。标牌的高度应有足够的头顶空隙:2400mm 为最低限度。在自行车道或公共区域需要树立标志牌的地方,应尽可能减少混乱。

(1) 非机动车道标志

图 5.2-49　非机动车车道(资料来源:《城市道路交通标志和标线设置规范》)

图 5.2-50　非机动车道标牌设置(资料来源:自摄)

1)表示该车道只供非机动车行驶。应设在该车道起点及交叉口入口前的适当位置。版面上箭头应正对车道,箭头方向向下。在标志无法正对车道时,可调整箭头方向,指向车道。

——《城市道路交通标志和标线设置规范》GB51038-2015

2)不同的专用车道标志可以并设在同一块标牌上。

——《城市道路交通标志和标线设置规范》GB51038-2015

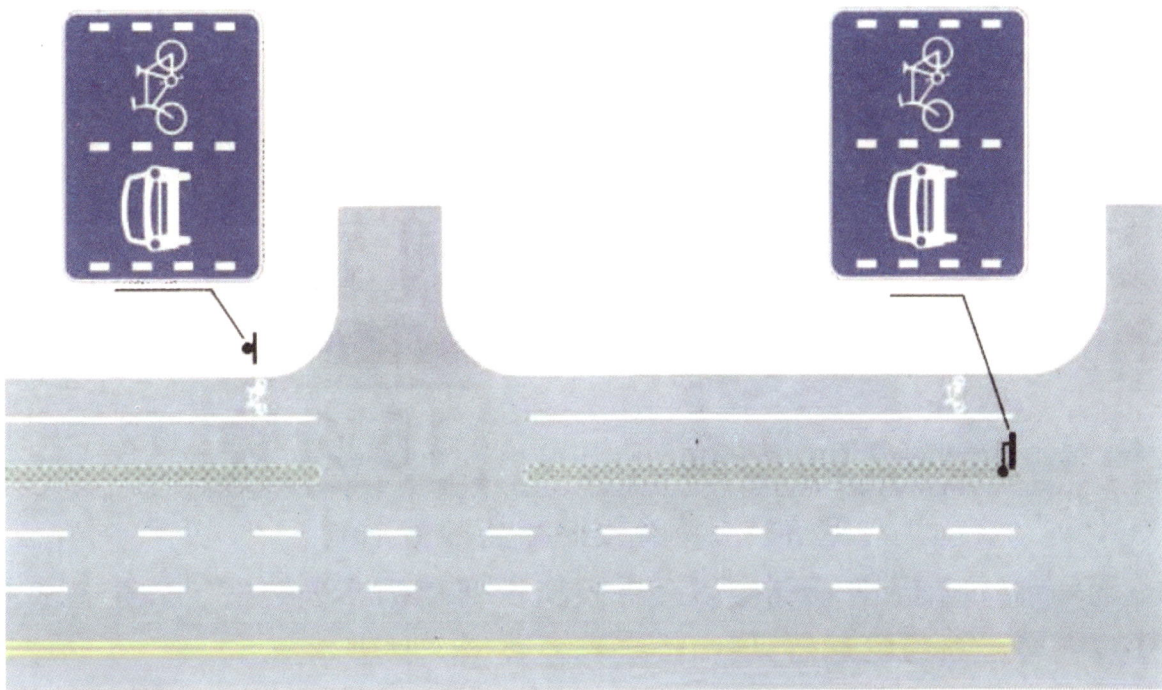

图 5.2-51　不同专用车道标志可以并设在同一块标牌上(资料来源:《城市道路交通标志和标线设置规范》)

第 5 章　道路设计要素

5.2 慢行系统要素

NON-MOTORIZED TRAFFIC SYSTEM ELEMENTS

（2）非机动车道标线

1）非机动车路面标记：施划于车道起点或车道中，表示该车道为非机动车道。

图 5.2-52 非机动车路面标记施划样式及实例（资料来源：《城市道路交通标志和标线设置规范》）

2）非机动车专用停车位标线由标示停车区域边缘的边线和划于其中的非机动车路面标记组成。

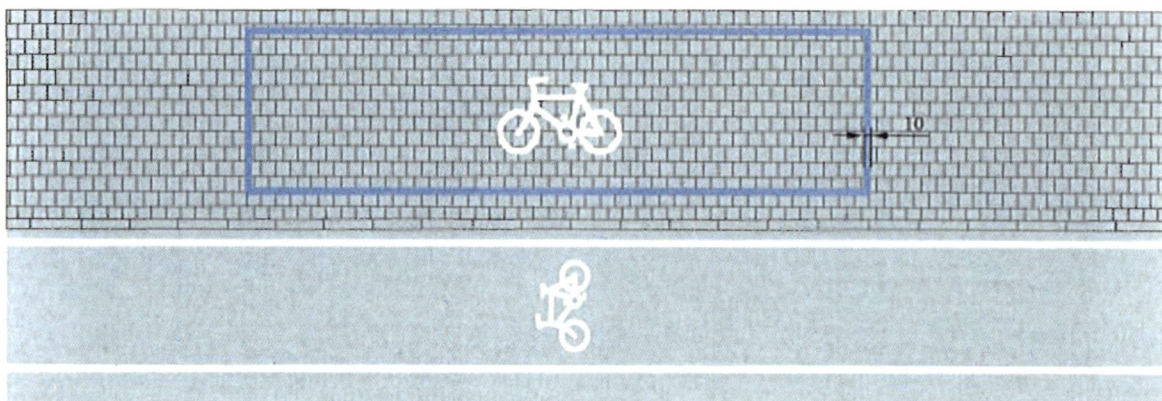

图 5.2-53 非机动车专用停车位标线示意图（资料来源：《城市道路交通标志和标线设置规范》）

（3）机非分隔措施

在车流量较小、道路较窄的情况下机非分隔处可设置道钉，该措施能弹性处理道路分隔。

图 5.2-54 西班牙·巴塞罗那"穿山甲"自行车道隔离物（资料来源：https://www.treehugger.com/bikes/how-create-bike-lane-seconds.html）

● **优秀案例**

国外｜艺术化车道

非机动车车道停止区在交叉路口处以艺术化或文字提示的形式表达，能起到警示和美化的作用。

▶ **优点：**

道路警示性强，优化交通环境。

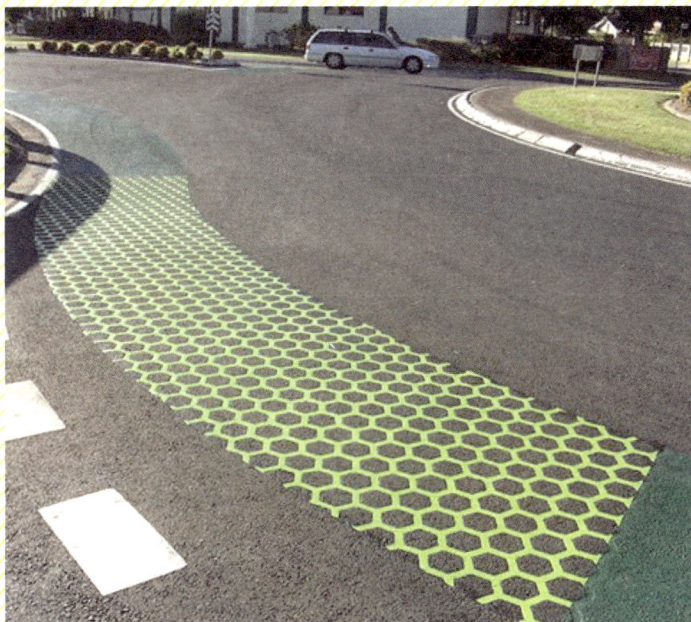

图 5.2-55　澳大利亚悉尼艺术化车道（资料来源：https://www.bricknpave.com.au/duratherm）

图 5.2-56　美国纽约艺术化车道（资料来源：www.woniu365.cn/news/1312.html）

波兰｜太阳能车道

该自行车道位于波兰北部城市，道路由合成材料打造而成，是一条可以在黑暗中发光的太阳能自行车道。在吸收一天的太阳光后，可以提供长达 10h 的发光照明。

▶ **优点：**

环保节能，绿色科技；方便夜晚骑行者的使用，景观效果强。

图 5.2-57　波兰太阳能自行车道（资料来源：http://www.itdadao.com/articles/c18a546976p0.html）

5.2 慢行系统要素
NON-MOTORIZED TRAFFIC SYSTEM ELEMENTS

5.2.7 装饰井盖（填充式井盖）

城市道路上分布着大大小小的各种井盖，提供到达不同深度的地下公用设施的通道。位于路面的井盖，尤其是放置在人行道上的井盖，会打乱铺装材料的视觉连贯性。因此，保持井盖与人行道铺装的一致，使得井盖"隐身"于人行道内，或将井盖变成城市道路中的"艺术品"成为打造高品质城市道路的必然选择。

● **设计依据与参考**

01	《钢纤维混凝土检查井盖》GB 26537-2011
02	《球墨铸铁复合树脂检查井盖》CJ/T 327-2010
03	《公路用玻璃纤维增强塑料产品 第四部分 非承压通信井盖》GB/T 24721.4-2009
04	《玻璃纤维增强塑料复合检查井盖》JC/T 1009-2006
05	《聚合物基复合材料检查井盖》CJ/T 211-2005
06	《铸铁检查井盖》CJ/T 3012-1993
07	《再生树脂复合材料检查井盖》CJ/T 121-2000
08	《井盖设施建设技术规范》DBJ440100/T 160—2013（广州市地方标准）
09	《城市工程管线综合规划规范》GB 50289-2016

相关规定：
— 城市道路上的井盖应与路面齐平，不影响行人和车辆的通行体验。
— 井盖与井座表面应平整、材质均匀，无影响产品使用的缺陷。
— 井盖表面色泽宜与所在道路和谐统一。

● **设计指引**

一般要求：
— 所有的检查井井盖和边框应进行适当的强度评级，确保在预期载荷下不会破碎.这些强度评级应参照《井盖设施建设技术规范》DBJ 440100/T 160—2013 中对荷载的要求。
— 在设计填充式井盖时，设计人员应尽可能保证井盖边缘方向与人行道铺装方向一致。
— 应确保各检查井井盖不被其他设施阻挡。
— 嵌入式消防栓井盖不应镶嵌铺装材料，出于安全原因，需保持可见。
— 应避免突兀的检查井井盖的安置，勿使用与周边环境不协调的镶嵌材料，切勿在检查井周围铺装出一条砖带。
— 井盖盖板上最好有权属单位的名称、抢险电话，方便权属单位后期检修和维护。

设置位置：
— 工程管线应根据现行规范的要求和道路的规划横断面布置在人行道或非机动车道下面。位置受限制时，可布置在机动车道或绿化带下面。
— 必要时可联系各管道单位，商量迁移检查井位置。
— 各专业检查井在直线管段，特别是当检查井位于人行道上时，宜按其设计规范取最大间距。尽量减少人行道上的检查井数量。

● 优秀案例

日本 | 艺术井盖

　　各种井盖都经过精心的设计，图案多种多样，比如展示该井的用途、历史故事、地方标识、特色文化等，使得井盖成了城市道路上的艺术品。

▶ 优点：

　　— 艺术化的井盖使得街道环境更加美丽。
　　— 成为城市的亮点，塑造出城市建设精工细作的氛围。

▶ 借鉴：

　　— 可用于城市特殊区域，如历史文化街区、市民广场、公园等市民活动频繁的地区。

图 5.2-58　日本艺术井盖（资料来源：japanmanholecovers.blogspot.com/ ）

图 5.2-59　荔湾区西堤路无边框填充式井盖（资料来源：自摄）

广州·西堤 | 无边框填充式井盖

　　井盖的井座边框隐藏在面层铺装下方，井盖面板材料、铺装拼接缝与人行道铺装完美契合，使得街道看上去成为一个整体，井盖能很好地融入人行道中。

▶ 优点：

　　— 无边框的设计使得井盖能更好地融入人行道铺装。
　　— 精细化的井盖面板设计使得井盖与人行道铺装融为一体，人行道得以形成一个整体。
　　— 拼接缝的对齐体现出"工匠精神"。

● **品质控制**

设置情形：

— 强制要求在盲道铺装区域选用填充式井盖。

— 优先考虑在铺装天然石材的高品质路面区域使用填充式井盖。

— 为使人行道铺装地面形成更加统一、美观的界面，推荐使用填充式井盖。在这些情况下，设计者应与相关管线单位联系，以确定其要求。

安装工艺及要求：

参照《井盖设施建设技术规范》DBJ440100/T 160—2013。

— 调整井盖设施的安装高度，确保其顶面与路面设计标高一致，井盖设施安装完成后应与路面保持平整。

— 在检查井井口内部做好模板支护，避免混凝土砂浆溢出。

— 当铺筑现浇成型路面时，应先将盖板放置在井座内并将井盖设施固定在完成位置，路面整体施工，一次铺筑成型。

— 当铺砌其他材料的路面时，则按如下步骤施工：

先用适量砂浆将井座固定，然后铺装井座周围路面；

将盖板放置在井座内，然后在盖板顶面凹陷部位铺装与周边路面的材质、颜色、花纹等一致的材料，并对缝施工，填充物底部应用水泥砂浆与盖板粘结牢固、不脱落。

— 按不同铺装材料的养护要求进行围蔽养护。

图 5.2-60 悉尼肯辛顿大街井盖案例（资料来源：http://turfdesign.com/kensington-street-central-park/）

1）注意要点

— 填充式井盖若没有深井框或边缘约束时，其承载能力将与人行道的其他部分不同。

— 应确保围绕井盖的收边细节，且应避免随意使用水泥填充。

— 井盖在盲道时，必须确保填充式井盖和周边铺装面上盲道凸起的方向一致。

— 勿使用与周边环境不协调的镶嵌材料。

— 建议采用深井座，使得使用更大厚度范围的铺装材料成为可能。

— 填充式井盖的深度必须充分满足设计铺装的面层和垫层材料的需求。

（1）平面设计

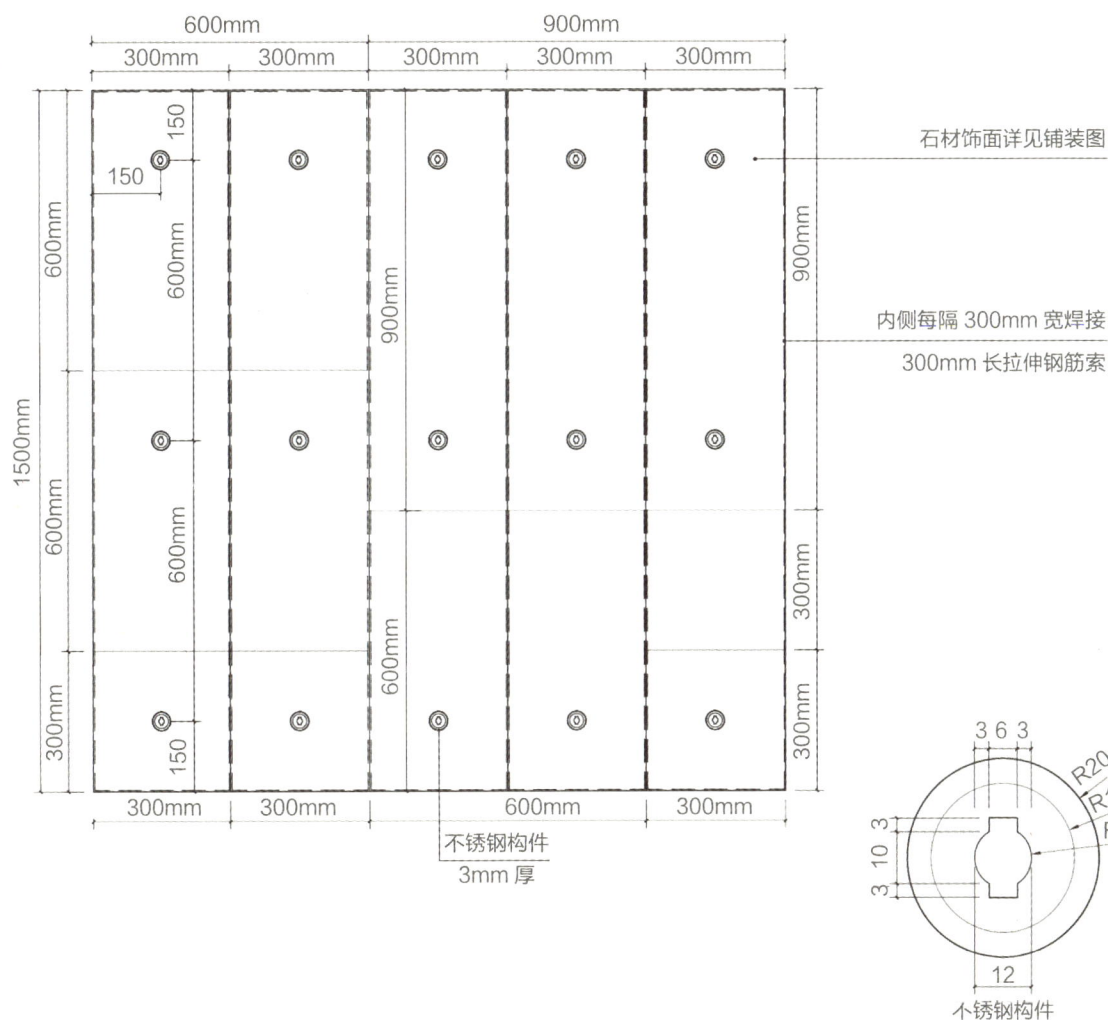

图 5.2-61　无边框井盖设计案例（资料来源：自绘）

2）井盖与人行道平行时的铺设注意要点

— 应注意细节确保填充式井盖与周围的切口以及和相邻铺装相匹配。

— 当多个检查井井盖排成一排时，维修施工应保证井盖不被互调，因为细微布局的改变都有可能导致错位。

— 托盘的外部边缘应该采用非成型凡士林进行润滑，以避免托盘被卡在井框里。

— 若嵌入铺装材料太薄容易导致破裂。

5.2 慢行系统要素
NON-MOTORIZED TRAFFIC SYSTEM ELEMENTS

（1）平面设计

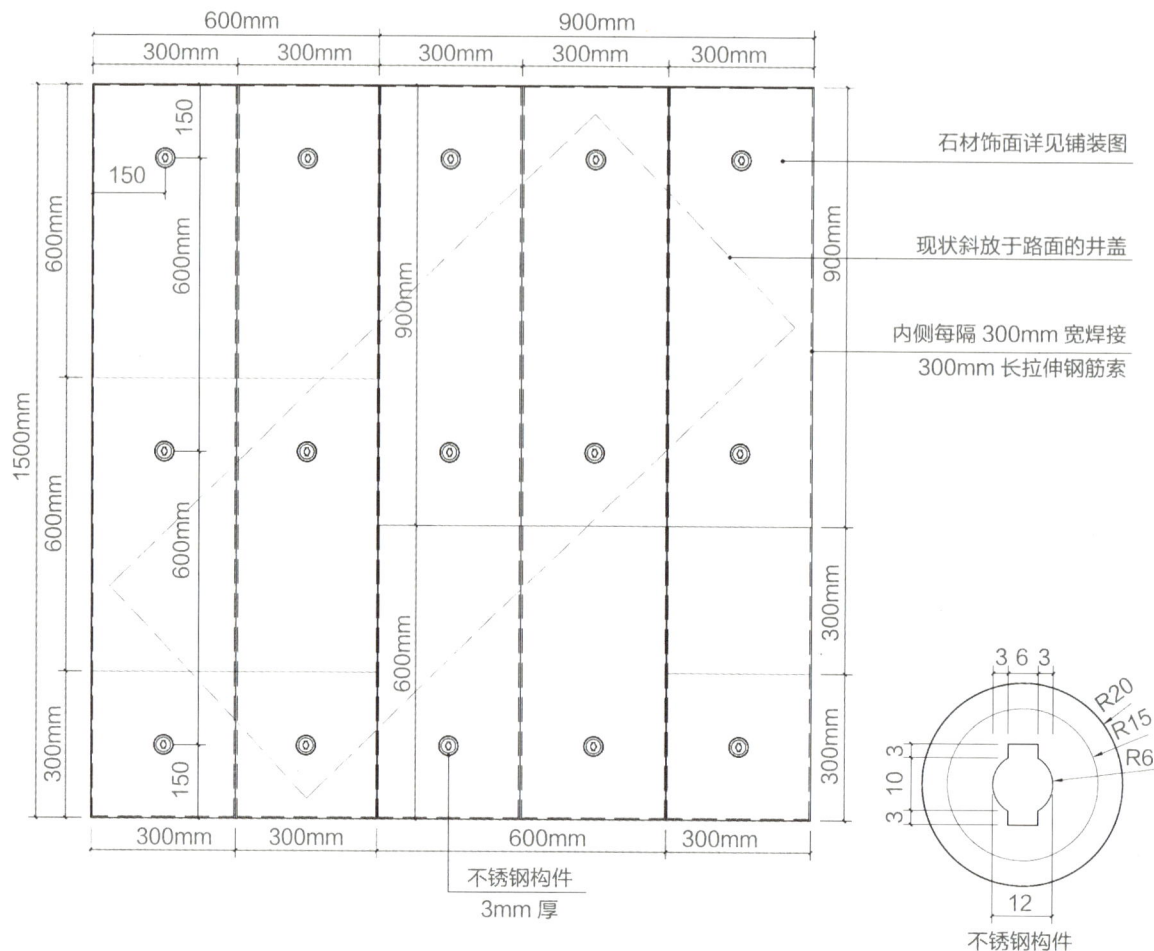

石材饰面详见铺装图

现状斜放于路面的井盖

内侧每隔 300mm 宽焊接
300mm 长拉伸钢筋索

不锈钢构件
3mm 厚

不锈钢构件

图 5.2-62　扩大式井盖设计案例（资料来源：自绘）

3）井盖不与人行道平行时的铺设注意要点

— 保持井的位置不改变，只改变井盖摆放方向，将井盖方向调整为与人行道平行。

— 以平行于人行道的井盖并排放置直至完全覆盖现状井口为止。

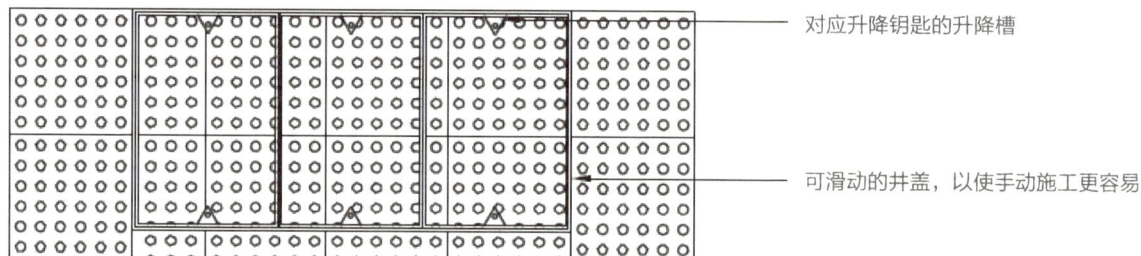

对应升降钥匙的升降槽

可滑动的井盖，以使手动施工更容易

图 5.2-63　盲道在井盖上铺设示意图（资料来源：《伦敦街道设计导则》）

4）盲道在井盖上的铺设注意要点

— 必须确保填充式井盖和周边铺装面上盲道凸起的方向一致。

— 维修施工应避免井盖之间的互调。

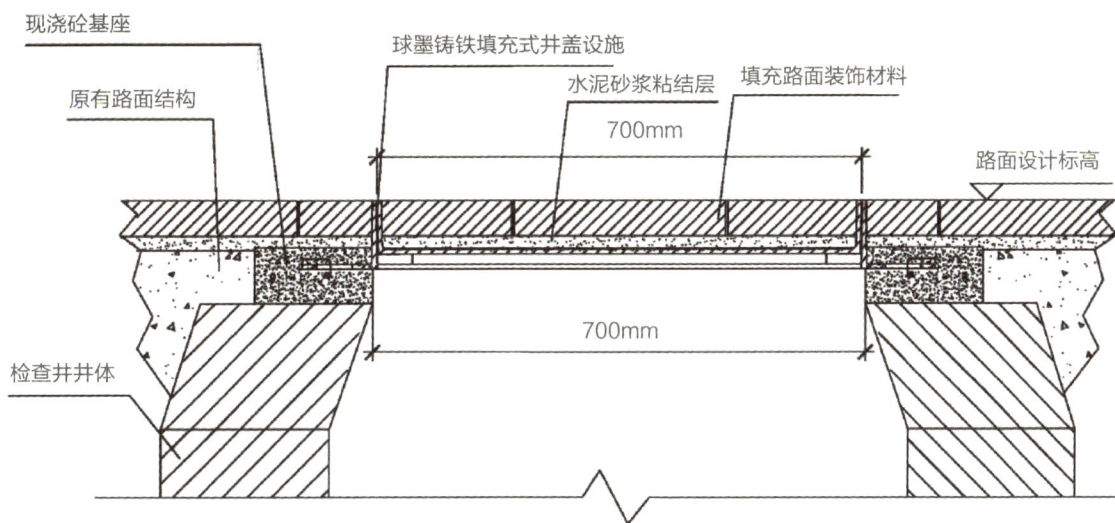

图 5.2-64 常见填充式井盖结构示意图一（资料来源:《井盖设施建设技术规范》）

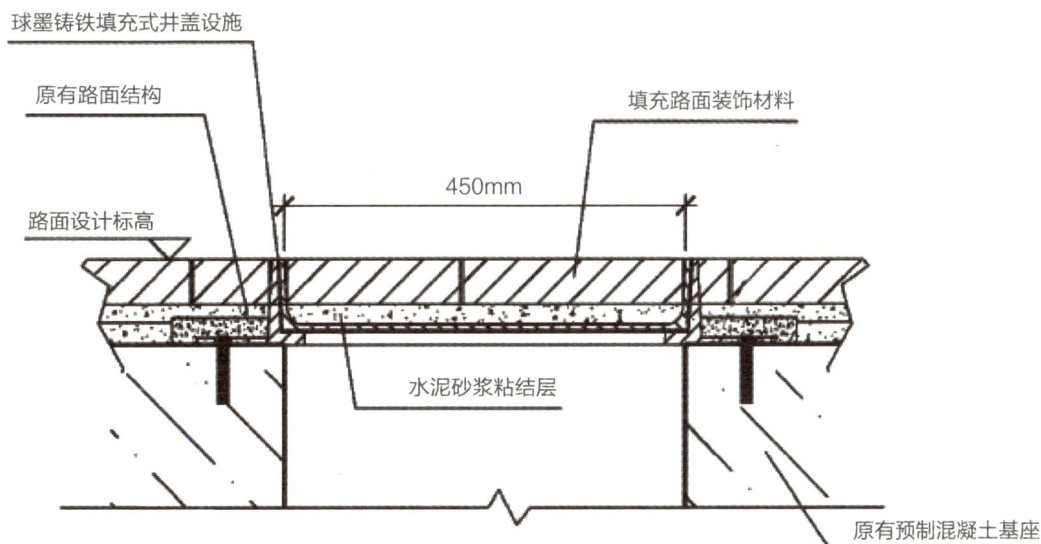

图 5.2-65 常见填充式井盖结构示意图二（资料来源:《井盖设施建设技术规范》）

（2）结构设计

参考《井盖设施建设技术规范》
DBJ440100/T 160—2013

注意要点

— 可调节式防沉降井盖设施须具备防沉降功能，应可以调节安装标高，与路面结构共同受力。

— 井盖设施须具备防盗功能，防盗铰链轴须使用不锈钢螺栓或不锈钢销钉。

— 机动车道井盖设施井座支承面必须加工一道凹槽，且安装嵌入式防震、防噪声弹性胶垫；非机动车道填充式井盖设施须安装防震、防噪声弹性胶垫，具备防响功能。

— 机动车道井盖设施盖板为弹性紧锁结构设计，闭合后应紧扣井座、不会意外开启或跳动发出响声，具备防响、防震动、防弹跳紧锁功能。

5.2 慢行系统要素
NON-MOTORIZED TRAFFIC SYSTEM ELEMENTS

5.2.8　台阶、梯道及坡道

为处理城市道路上的高差，通常采用台阶、梯道及坡道的设计手法。为建设以人为本的舒适出行环境，在符合安全性、舒适性的原则下优先考虑将城市道路上的高差以坡道消化，若场地条件不允许再考虑台阶与梯道，同时应保证台阶与梯道都有与之配套的坡道。台阶、梯道及坡道的设计首先需满足功能的需求，其次达到高品质外观的要求。

● 设计依据与参考

01	《无障碍设计规范》GB 50763-2012
02	《城市步行和自行车交通系统规划设计导则》
03	《广州市城市道路设计技术指南（试行）》
04	《广州市城市道路人行道设施设置规范》
05	《广州市城市道路永久性材料运用指引（第三版）》
06	《无障碍设计标准设计图集》12J926
07	《城市道路无障碍设计标准设计图集》15MR501

相关规定：

— 台阶、梯道及坡道等设施需结合人行道合理设置，除行人交通设施外，其他建（构）筑物的梯道出入口一般不得占用人行道。

— 城市道路上的高差应尽量以坡道消化，减少台阶的使用，优化步行体验。

— 人行道台阶、梯道及坡道设计应符合《无障碍设计规范》GB 50763-2012 的规定。

— 坡道的坡面应平整、防滑。

● 设计指引

一般要求：

参照《广州市城市道路人行道设施设置规范》。

— 台阶踏步宽度不宜小于 300mm，踏步高度不宜大于 150mm，并不应小于 100mm。三级及以上的台阶应在两侧设置扶手。

— 城市道路上的梯道宜采用直线形。

— 台阶踏面平整、防滑，距踏步起点和终点 250～300mm 处宜设提示盲道，不应采用无踢面和直角形突缘的踏步。

— 人行道设置台阶处，应同时设置轮椅坡道。轮椅坡道的净宽度不应小于 1000mm。高度超过 300mm，且坡度大于 1：20 时，应在两侧设置扶手，坡道与休息平台的扶手应保持连贯。轮椅坡道起点、终点和中间休息平台的水平长度不应小于 1500mm。

— 轮椅坡道的最大高度和水平长度应符合下表的规定。

坡度	最大高度（m）	水平长度（m）
1：20	1.20	24.00
1：16	0.90	14.40
1：12	0.75	9.00
1：10	0.60	6.00
1：8	0.30	2.40

资料来源：自绘

● 优秀案例

纽约｜台阶与座椅景

纽约高线公园通过"之"字形坡道，将台阶和坡道结合，设计成能为人们提供舒适的休憩、赏景空间的场所，同时使台阶、坡道本身成为城市中的景观节点。

▶ **优点：**

— 巧妙地利用了台阶的高差，设计出符合人体工学的舒适座椅。

— 为台阶增添了活力，为市民提供了舒适的休憩空间。

▶ **借鉴：**

可用于有较大高差，且空间足够的公共空间，通过台阶与坡道创造出休憩空间。

图 5.2-66　纽约 · 高线公园台阶与座椅景观（资料来源：https://www.vcg.com/?embeddable=true&page=5?embeddable=true&page=5）

黎巴嫩·贝鲁特｜艺术化台阶

黎巴嫩贝鲁特的台阶以色彩鲜艳的简单涂画花纹装饰，使得台阶体现出鲜明的地区特色；美国三藩市的台阶以马赛克砖拼贴装饰，以整个台阶为一个整体，形成了一幅美丽的画卷。世界上有许多地方都存在着艺术化的台阶，这些台阶总是能给人以惊喜，体现出城市设计的别具匠心。

▶ **优点：**

— 为普通的台阶披上艺术的外衣，丰富城市景观。

— 以较低的成本美化城市的小细节。

▶ **借鉴：**

设计师可以参照案例，对应场景进行设计，设计方案需报上级主管部门审批通过。

图 5.2-67　黎巴嫩贝鲁特艺术台阶（资料来源：http://fotenchn.com/blog/detail_191.html）

图 5.2-68　美国三藩市涂鸦台阶（资料来源：http://preesee.cn/）

5.2 慢行系统要素
NON-MOTORIZED TRAFFIC SYSTEM ELEMENTS

● **优秀案例**

温哥华·罗宾逊广场 | 台阶与坡道

整合台阶与坡道的设计，将坡道以"之"字形布置于台阶中，节约场地空间，同时为推行李、婴儿车、轮椅等出行不便的人群提供方便。

▶ **优点：**

— 节约了场地空间。

— 方便行动不便人群的出行。

— 一体化的设计方便使用，使不同的人群能真正意义上的共享同一空间。

▶ **借鉴：**

根据场地实际情况，作为设计参考。

图 5.2-69　温哥华罗宾逊广场台阶与坡道（资料来源：http://www.sohu.com/a/169736922_187391 及 vanphotodoc.blogspot.com/2012/03/robson-square-stairs.html）

东京 | 自行车坡道

在坡道上布置了一条宽度与自行车轮相当的传送带，能有效控制自行车在上下坡道时随意摆动，难以控制，为推行者省力，方便自行车推行人群上下坡道。

▶ **优点：**

— 有效控制自行车车头方向，使自行车不会摆动导致难以控制。

— 传送带能为推行者剩力。

— 以人为本的设计，确实解决自行车上下楼梯的困难。

▶ **借鉴：**

— 人性化的设计理念，考虑到各种人群的需求并有效解决出行难题。

— 可用于有自行车上下坡道需求的位置。

图 5.2-70　东京自行车坡道（资料来源：https://awordfromjapan.wordpress.com/2012/09/01/ 及 http://www.magazinedigital.com/historias/reportajes/las-mejores-ciudades-para-bici）

● 品质控制

（1）台阶设计

块状台阶

带边台阶

带下垫的块状台阶

板状台阶

成角台阶

楔形台阶

斜角

版块和向下斜切

向下斜切

版块和凹槽

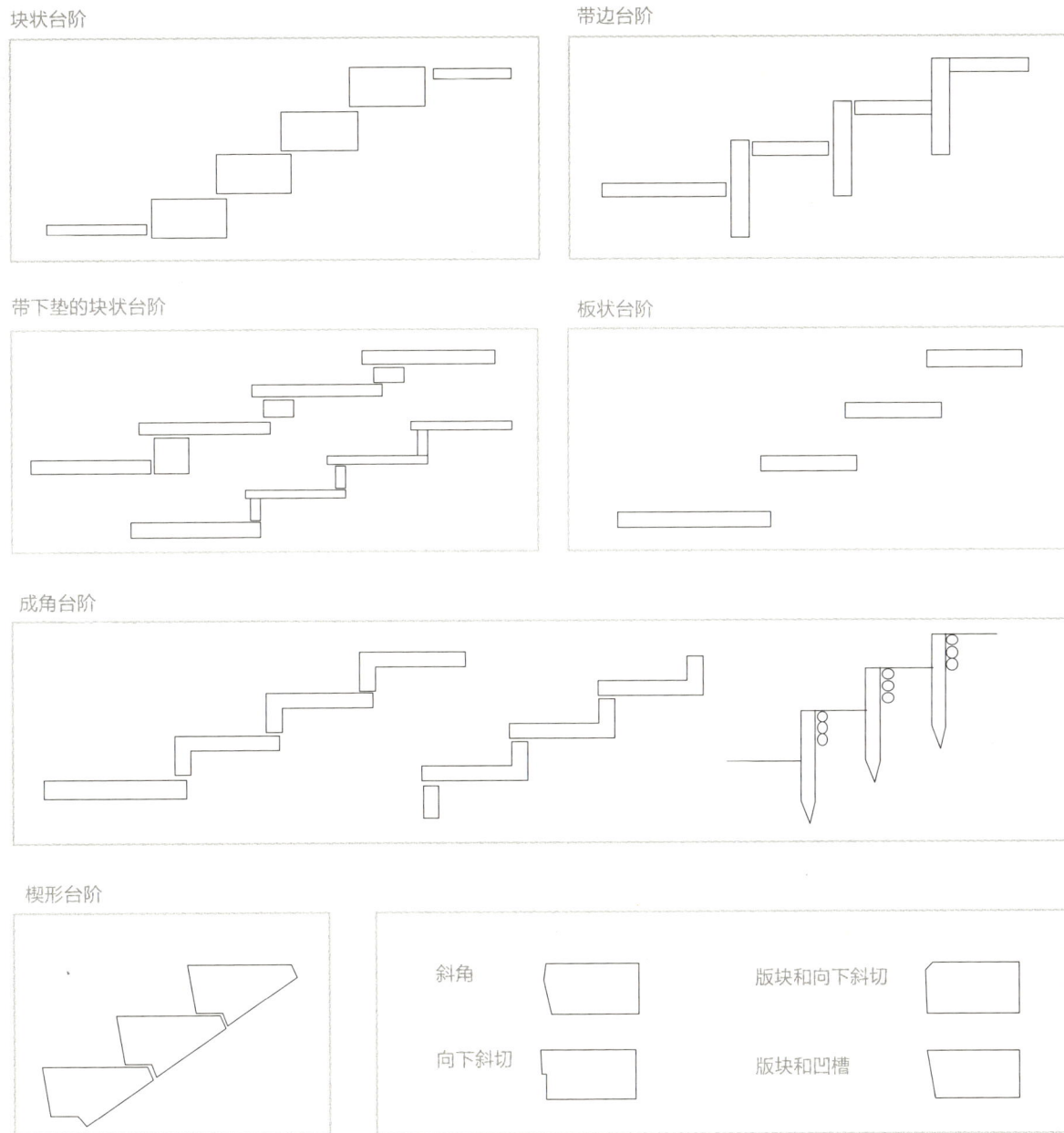

图 5.2-71　台阶类型（资料来源:《景观建造全书》）

台阶注意要点

— 台阶边缘应平滑，减少对行人造成伤害的可能性。

— 踏面应做成防滑饰面，增加摩擦。

— 踏板应设置 1% 左右的排水坡度。

— 落差大的台阶，为避免降雨时雨水自台阶上瀑布般跌落，应在台阶两端设置排水沟。

— 在人流量大的区域，应考虑适当降低踏步高度，加大踏步宽度，提高台阶舒适性。

— 夜晚需考虑台阶的照明，可考虑在台阶边缘设置反光条。

— 按照行人的行走习惯，台阶一般为单数。

5.2 慢行系统要素

NON-MOTORIZED TRAFFIC SYSTEM ELEMENTS

（2）梯道设计

梯道注意要点

— 除行人交通设施外，其他建（构）筑物的梯道出入口一般不得占用人行道。

— 梯道宜采用直线形。踏步宽度不应小于 280mm，踏步高度不应大于 160mm。宜在两侧均做扶手。

— 如采用栏杆式楼梯，在栏杆下方宜设置安全阻挡措施。

— 踏面应平整防滑或在踏面前缘设防滑条。

— 无障碍单层扶手的高度应为 850 ~ 900mm，无障碍双层扶手的上层扶手高度应为 850 ~ 900mm，下层扶手高度应为 650mm ~ 700mm。

— 扶手应保持连贯，靠墙面的扶手的起点和终点处应水平延伸不小于 300mm 的长度。

— 扶手内侧与墙面的距离不应小于 40mm。

（3）坡道设计

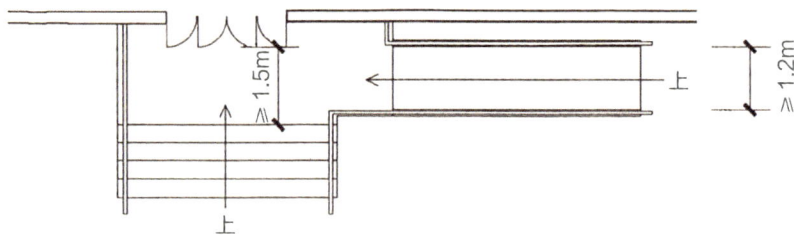

图 5.2-72　直线型轮椅坡道示意图
（资料来源：无障碍设计标准设计图集 12J926）

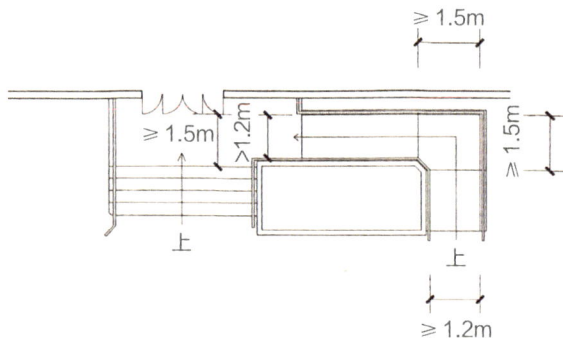

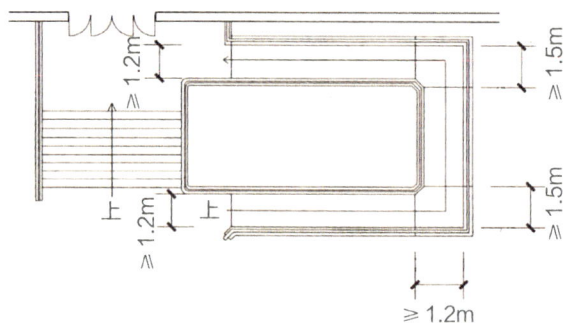

图 5.2-73　直角型轮椅坡道示意图
（资料来源：无障碍设计标准设计图集 12J926）

图 5.2-74　折返型轮椅坡道示意图
（资料来源：无障碍设计标准设计图集 12J926）

1）轮椅坡道注意要点

— 轮椅坡道宜设计成直线形、直角形或折返形。

— 轮椅坡道的净宽度不应小于 1m，无障碍出入口的轮椅坡道净宽度不应小于 1.20m。

— 轮椅坡道的高度超过 300mm 且坡度大于 1：20 时，应在两侧设置扶手，坡道与休息平台的扶手应保持连贯。

— 轮椅坡道起点、终点和中间休息平台的水平长度不应小于 1.50m。

— 轮椅坡道的坡面应平整、防滑、无反光。

— 轮椅坡道临空侧应设置安全阻挡措施。

第 5 章　道路设计要素

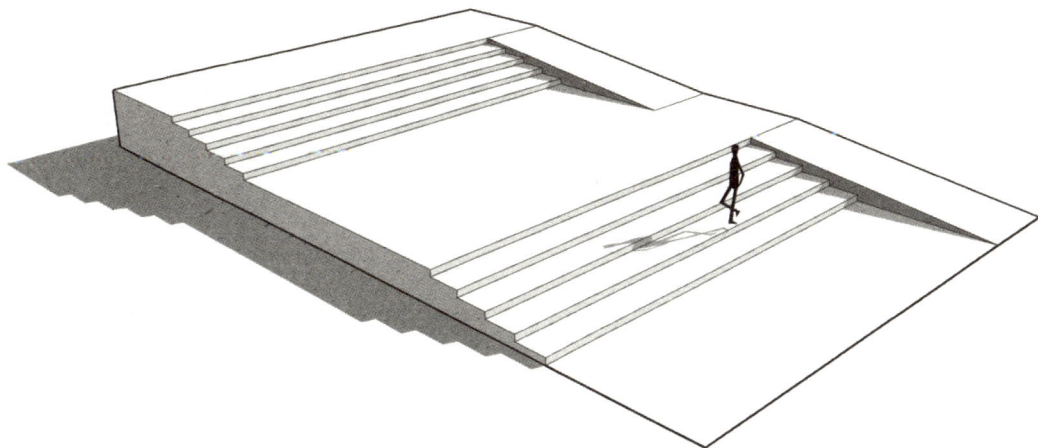

图 5.2-75　相邻并列式坡道示意图（资料来源：自绘）

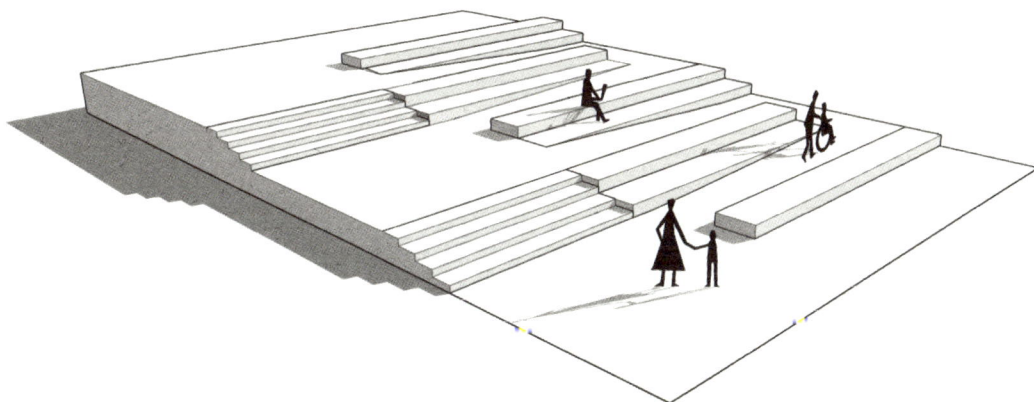

图 5.2-76　"之"字交接式坡道示意图（资料来源：自绘）

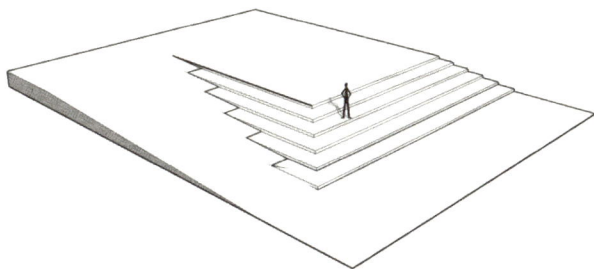

图 5.2-77　相互侵蚀式坡道示意图（资料来源：自绘）

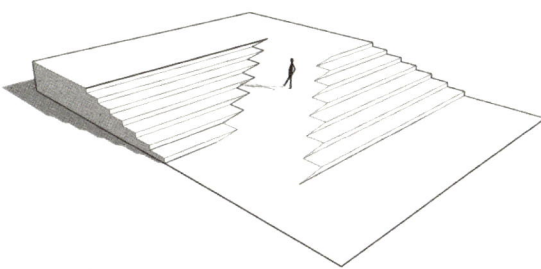

图 5.2-78　包含式坡道示意图（资料来源：自绘）

2）一般坡道注意要点

— 城市道路上有台阶、梯道处都应配备相应的坡道，方便行走不便的人群。

— 在设置坡道时，在条件许可的情况下应尽量降低坡度，为所有行人提供舒适的行走条件，坡度宜 ≤ 1/40，坡长 ≤ 250m。

— 坡道的坡度应 ≤ 1/12，能使乘坐轮椅者在自身能力的条件下通行。

— 对于一般室外通路，坡度应 ≤ 1/20，坡度最小宽度 ≥ 1.5m，为行走不便人群提供更为舒适和安全的坡道。

— 对于困难路段，最大坡度为 1/10 ~ 1/8，坡道最小宽度 ≥ 1.2m。

5.2 慢行系统要素
NON-MOTORIZED TRAFFIC SYSTEM ELEMENTS

5.2.9 缘石坡道

城市精细化、人性化设计中的重要一环，缘石坡道使人行道和机动车路面能平顺过渡，解决了人行道路缘石带来的通行障碍。方便了出行不便者的通行，确保所有人都能够安全、方便地出行，并提升出行体验。缘石坡道需符合无障碍设计的要求，做到舒适的坡度，平顺的衔接，顶端与人行道路面齐平，底端与机动车道齐平。

● **设计依据与参考**

01	《无障碍设计规范》GB 50763-2012
02	《城市步行和自行车交通系统规划设计导则》
03	《广州市城市道路设计技术指南（试行）》
04	《广州市城市道路永久性材料运用指引（第三版）》
05	《无障碍设计标准设计图集》12J926
06	《城市道路无障碍设计标准设计图集》15MR501

相关规定：
— 人行道在交叉路口、街坊路口、单位出入口、广场出入口、人行横道及桥梁、隧道、立体交叉范围等行人通行位置，通行线路存在立缘石高差的地方，均应设缘石坡道，以方便人们使用。
— 人行横道两端必须设置缘石坡道。
— 缘石坡道的坡面应平整、防滑。

● **设计指引**

参考《无障碍设计规范》GB 50763-2012。

一般要求：
— 缘石坡道的坡口与车行道之间应没有高差；当有高差时，高出车行道的地面不应大于 10mm。
— 宜优先选用全宽式单面坡缘石坡道。
— 全宽式单面坡缘石坡道的坡度不应大于 1：20。
— 三面坡缘石坡道正面及侧面的坡度不应大于 1：12。
— 其他形式的缘石坡道的坡度均不应大于 1：12。
— 全宽式单面坡缘石坡道的宽度应与人行道宽度相同。
— 三面坡缘石坡道的正面坡道宽度不应小于 1.20m。
— 其他形式的缘石坡道的坡口宽度均不应小于 1.50m。

图 5.2-79　澳大利亚墨尔本中央车站（资料来源：自摄）

● **品质控制**

设计要点

缘石坡道的设计应因地制宜，在此给出较为常见的缘石坡道设计，为设计师提供参考。

参考《无障碍设计标准设计图集》12J926、《城市道路无障碍设计标准设计图集》15MR501。

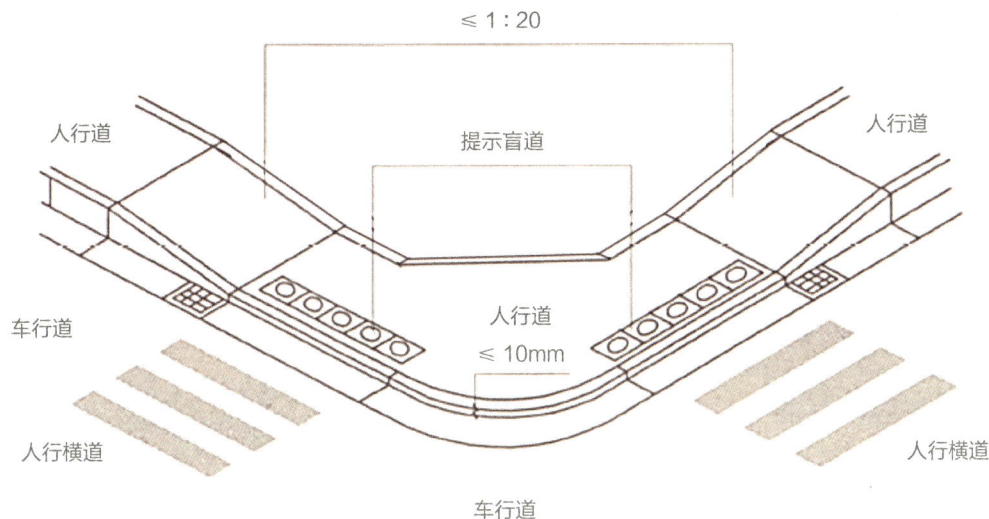

图 5.2-80　转角处全宽式单面坡缘石坡道示意图（资料来源:《无障碍设计标准设计图集》）

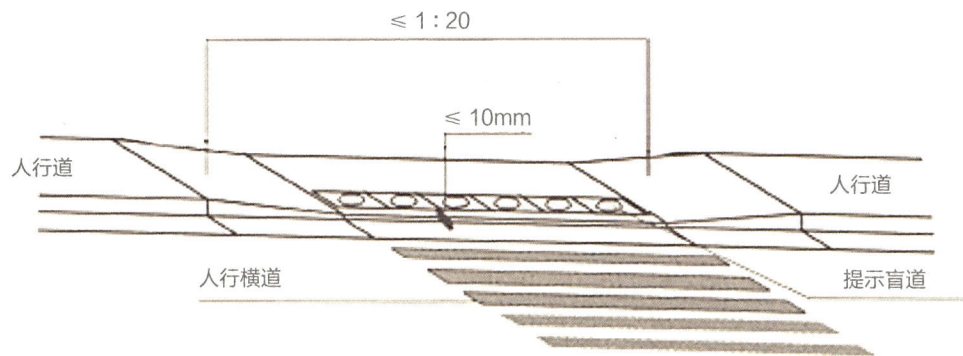

图 5.2-81　全宽式单面坡缘石坡道示意图（资料来源:《无障碍设计标准设计图集》）

1）全宽式单面坡缘石坡道注意要点

— 全宽式单面坡缘石坡道的坡度应 ≤ 1:20。

— 坡口与车行道之间宜设有高差，当有高差时，高出车行道地面应 ≤ 10mm。

— 全宽式单面坡缘石坡道宽度应与人行道宽度相同，坡面应平整防滑。

2）全宽式单面坡缘石坡道应用

— 适用于街坊路口、庭院出入口、机动车出入口处的人行道，或较窄人行道处，提供十分平缓的坡度，行走体验良好。

— 转角处全宽式单面坡缘石坡道用于路口转角处。

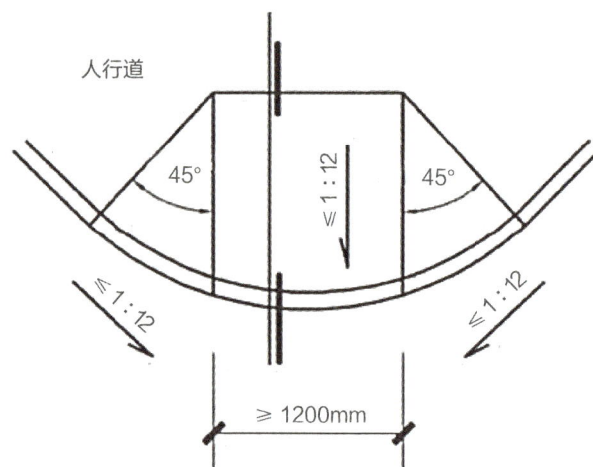

图 5.2-82 转角处三面坡缘石坡道示意图（资料来源：《无障碍设计标准设计图集》）

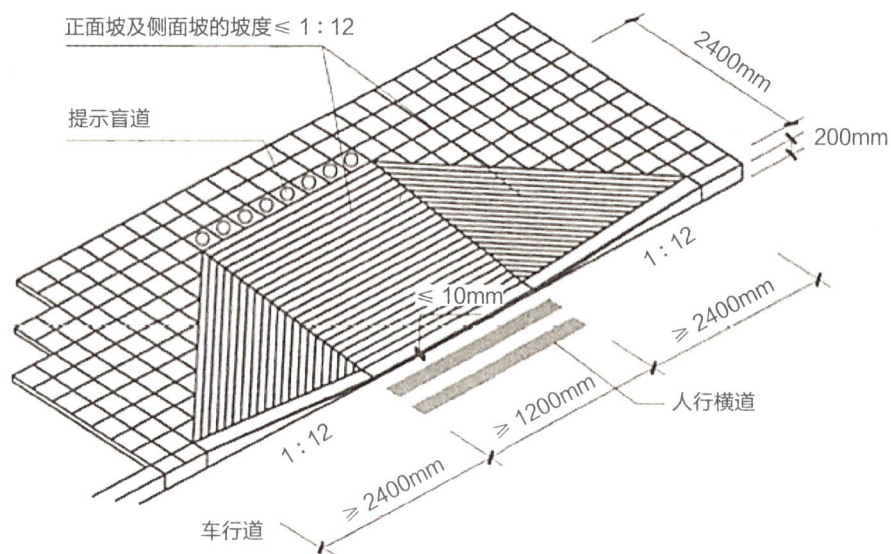

图 5.2-83 三面坡缘石坡道示意图（资料来源：《无障碍设计标准设计图集》）

3）三面坡缘石坡道注意要点

— 三面坡缘石坡道正面、侧面的坡度应 ≤ 1：12。

— 坡道正面坡的宽度应 ≥ 1.2m，坡面应平整防滑。

— 缘石坡道的坡口与车行道之间的高差应 ≤ 10mm。

4）全宽式单面坡缘石坡道应用

适用于主要道路交叉口和路段中人行横道处。

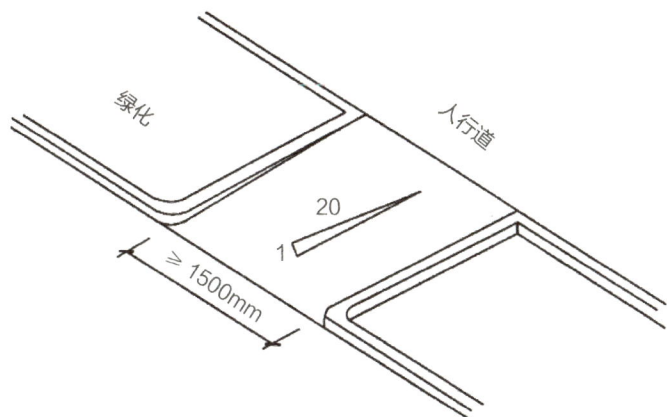

图 5.2-84　单面坡缘石坡道示意图（资料来源:《上海市无障碍设施设计标准》DGJ 08-103-2003）

5）单面坡缘石坡道注意要点

— 单面坡缘石坡道正面、侧面的坡度应 ≤ 1:20。

— 坡道正面坡的宽度应 ≥ 1.5m，坡面应平整防滑。

— 缘石坡道的坡口与车行道之间的高差应 ≤ 10mm。

6）单面坡缘石坡道应用

适用于道路中段的人行横道处，可结合绿化带设置。

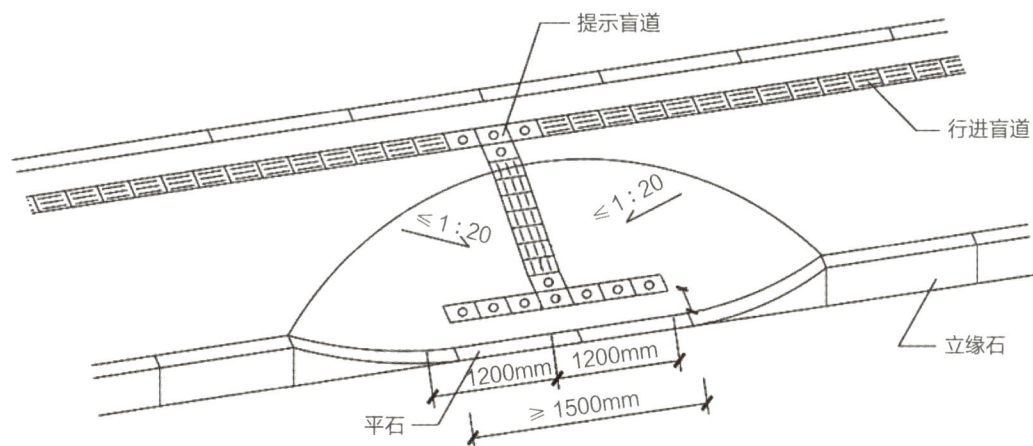

图 5.2-85　扇形单面坡缘石坡道示意图（资料来源:《广州市城市道路人行道设施设置规范》）

7）扇形单面坡缘石坡道注意要点

— 扇形单面坡缘石坡道的坡度应 ≤ 1:20。

— 坡道正面坡的宽度应 ≥ 1.5m，坡面应平整防滑。

— 缘石坡道的坡口与车行道之间的高差应 ≤ 10mm。

8）单面坡缘石坡道应用

适用于直线段人行道较宽时。

5.2 慢行系统要素
NON-MOTORIZED TRAFFIC SYSTEM ELEMENTS

5.2.10 慢行导向设施

统一设计的慢行导向设施能很好地解决指引混乱、缺失等问题，并有利于人们更快捷地到达目的地，同时结合出行方式的导向设施能有效地让人们快速辩认出到达各目的地的路径和方式。城市中的慢行导向设施应分系统进行统一设计，如市级指引系统、区域级指引系统、街区级指引系统、交通换乘指引系统、景点指引系统等。通过设施造型和指引形式、内容的统一，方便人们辨别和使用。

第5章 道路设计要素

● **设计依据与参考**

01	《公共信息导向系统 导向要素的设计原则与要求》GB/T 20501-2013
02	《图形符号术语 第2部分：标志及导向系统》GB/T 15565.2-2008
03	《公共信息导向系统 设置原则与要求》GB/T 15566-2007
04	《城市步行和自行车交通系统规划设计导则》
05	《广州市城市道路人行道设施设置规范》

相关规定：
— 应保证一个导向系统内部导向信息的连续性、设置位置的规律性和导向内容的一致性。
— 导向要素在所设置的环境中应醒目。
— 导向要素中符号和文字与其背景应有足够的对比度。
— 在整个系统中，表示相同含义的图形符号或文字说明应相同。
— 导向系统中各要素设置后，不应有造成人体任何伤害的潜在危险。

● **设计指引**

导向设施按照指引类型大致可以分为两种：一种是指引方向的路线导向设施；另一种是以地图为基础的地图导向设施。

参考《广州市城市道路人行道设施设置规范》。

设置情形：
— 步行目的地众多的步行区域内，如商业街、中央商务区、广场和比赛场馆等区域。
— 人流集散、换乘地点，如车站、交通枢纽等。交通枢纽、轨道交通车站和公共汽车站等换乘地点人流量大，行人在出口处需要明确的交通信息指引，应在换乘地点出口处设置完备的慢行导向设施。导向设施应以地图为主，辅以路线导向设施。
— 行人面临多条路线选择的地点，如道路交叉口，尤其是大型立交桥附近，应在道路进口处设置导向设施，明示过街设施及周边区域。当路段连续距离超过300～500m，也应设置导向牌，帮助行人明确路线。

设置位置：
— 导向设施应设置在公共设施带内，不应占用通行带。

设置密度：
— 导向设施的设置间距应为300～500m。
— 路线导向设施应反映1000m范围内的人行过街设施、公共设施、大型办公和居住区的行进方向。
— 地图导向设施应反映附近人行过街设施、公共设施、大型办公和居住区的位置。

限制尺寸：
— 路线导向设施中的步行导向牌除标识外高度不大于2.2m，垂直投影总面积不大于0.6m²。

● 优秀案例

　　统一设计整套城市导向设施，多种规格尺寸和不同的类型，可适应不同场地的需求。布置在地铁站、标志性场所附近，为市民和游客提供最到位的指引。

　　指示牌包含一个醒目的黄色标识，使指示牌易于发现；当前位置信息；附近重要地点方向指引；15min 步行圈地图，鼓励行人较长距离的步行；5min 步行距离地图，明确标识出主要建筑、场所和地铁站点，便于行人规划路径；按照字母顺序排列的街道名称列表，方便寻找目的地；侧面提供了几个电话号码，分别提供交通信息、位置信息、街道服务信息，为视觉障碍者提供方便；还有一个用于反馈的网址，广泛听取意见与建议；底部镶嵌了一个指北针标识，方便辨认方向。

▶ 优点：

　　— 统一设计，减少使用者的混乱感。

　　— 将多种导向设施合而为一，减少道路上的杆件数量，美化城市空间。

　　— 设计的灵活性，根据场地的不同灵活变换指示牌的尺寸。

　　— 考虑到特殊需求人群的人性化设计。

▶ 借鉴：

　　— 导向设施统一设计。

　　— 将多种导向设施合而为一，汇总信息，减少杆件数量。

　　— 针对特殊人群的贴心设计。

　　— 可用于需要指示牌的各类站点、市民广场、标志性建筑物、城市景点等。

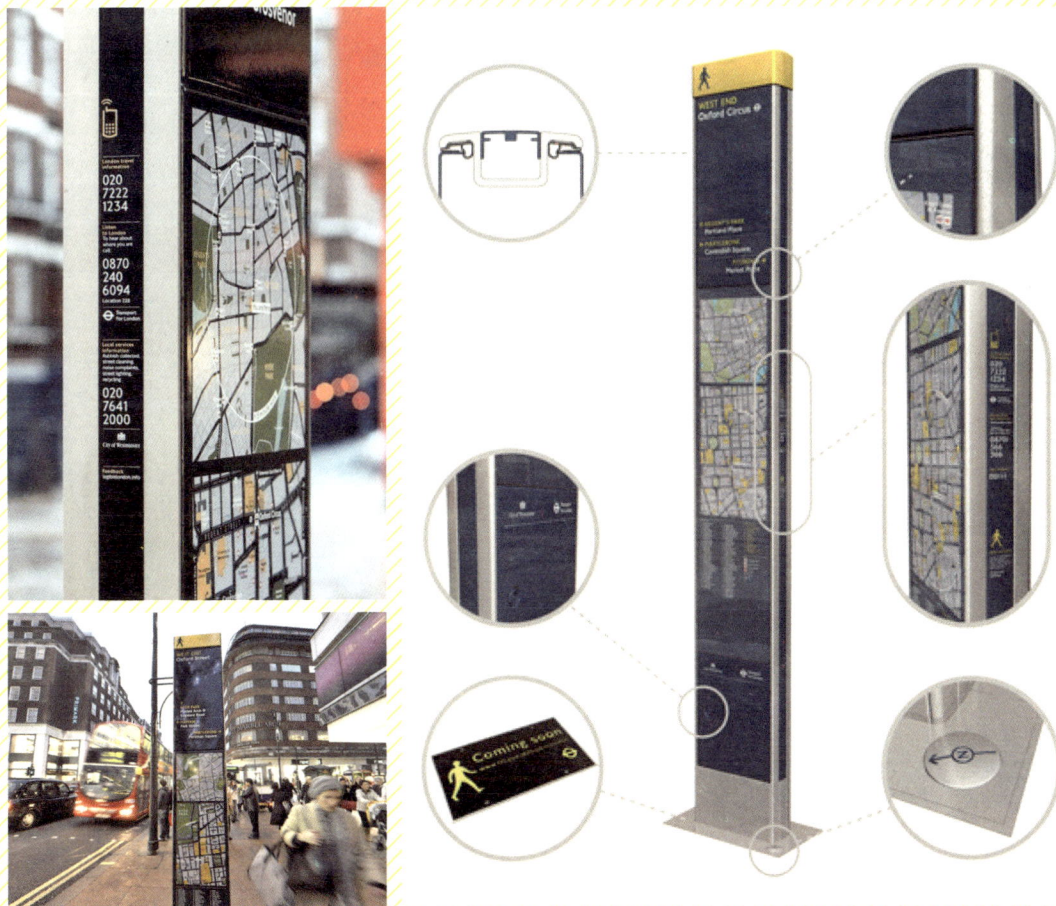

图 5.2-86　伦敦 · "清晰的伦敦"导向设施（资料来源：https://trueform.co.uk/products/legible-london-wayfinding-signage-liths/）

第 5 章　道路设计要素

5.2 慢行系统要素

NON-MOTORIZED TRAFFIC SYSTEM ELEMENTS

● 优秀案例

英国·伯明翰｜智能指示牌

运用现代科技的互动式触摸屏，提供地铁线网信息、公交车信息、可缩放的地图、主要建筑物和场所的相关信息。智能指示牌主要设置于各类换乘站点，方便出行者对行程做出详细规划。

▶ **优点：**

— 运用互动式触摸屏使得指示牌可以承载更多的信息，同时方便了使用者对有效信息的抓取和利用。

— 电子显示屏能做到信息的实时更新，打破了传统指示牌信息时效性的限制。

— 夜晚也不需要外部照明光源。

▶ **借鉴：**

可用于信息时效性对行人出行影响较大的各类站点。

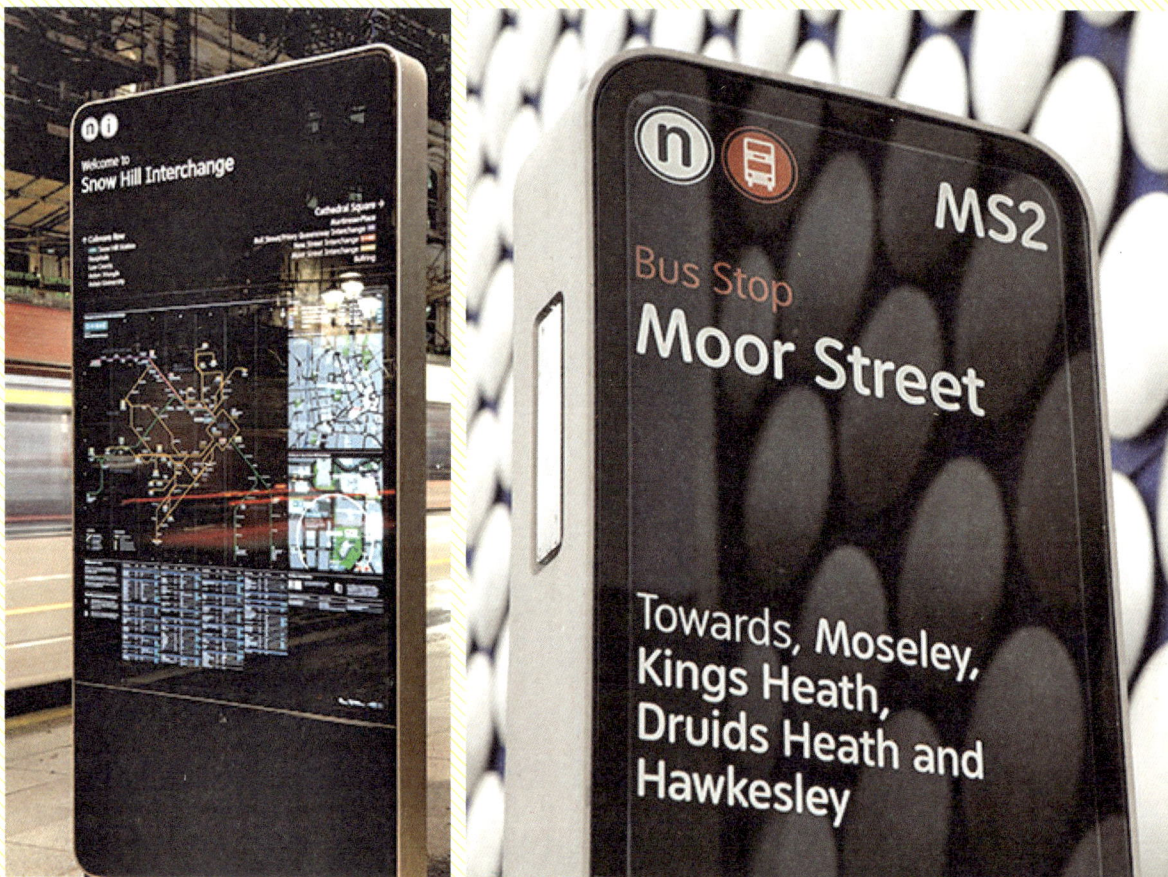

图 5.2-87　伯明翰·智能指示牌（资料来源：https://segd.org/interconnect-city-id）

● 品质控制

（1）外观质量

外观质量注意要点

— 指示牌的字符、图形等应符合现行国家标准《图形符号　术语　第 2 部分：标志及导向系统》GB/T 15565.2 的规定。

— 在同一块指示牌上采用的各种材料应具有相容性，不应因电化学作用、不同的热膨胀系数或其他化学反应等造成指示牌的锈蚀或其他损坏。

— 指示牌不应存在以下缺陷：

① 裂纹、起皱、边缘剥离；

② 明显的气泡、划痕以及各种损伤；

③ 颜色不均匀；逆反射性能不均匀。

— 指示牌应平整，表面无明显凹痕或变形。

— 应保证指示牌边缘平滑，防止对行人产生伤害。

— 指示牌选用的材料应保证耐腐蚀、抗冲击性能良好，若采用金属材料，还应做好防锈处理。

— 所选用的材料应具备耐水性、耐中性盐雾性能、耐自然气候曝露性能、耐老化性。

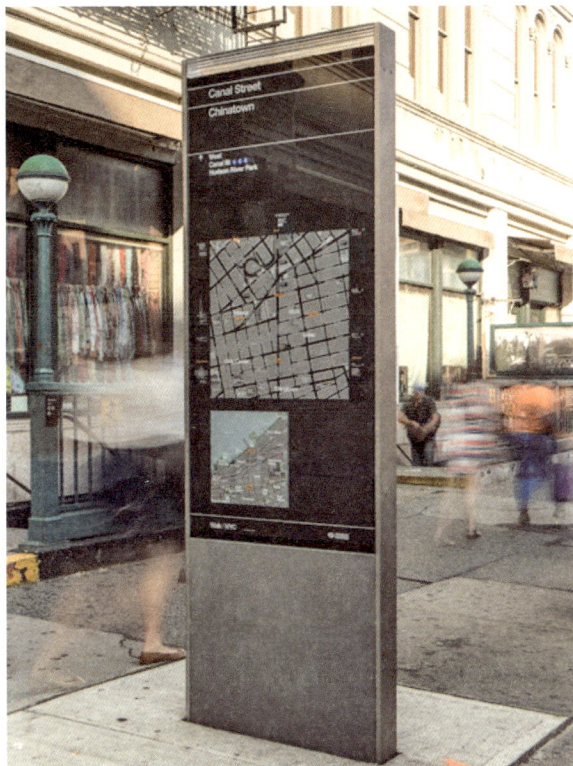

图 5.2-88　布鲁克林指示牌（资料来源：https://www.pinterest.se/pin/573012752577718520/）

图 5.2-89　纽约指示牌（资料来源：nyc.gov/walknyc）

（2）安装质量

安装注意要点

一　导向设施应尽量布置在公共设施带内，不占用行人通行区，不影响行人及行车安全及顺畅，距离路缘石 450mm。

一　导向设施不得压占无障碍设施和盲道两侧各 250mm 的人行道。

一　导向设施不应压占市政管线检查井，并留出管线维修的合理空间。

一　导向设施不应压占设施带内树池，不影响行道树的生长环境。

一　导向设施应安装牢固，安装后地面应平整，基础部分不得裸露出路面，保持人行道铺装与构件拼接平顺，拼接缝小于 10mm。基础埋设于人行道板下时，覆土深度宜为 0.2m。

一　若使用螺栓固定，应保证螺栓不破坏现有铺装。

（3）维护与管理

维护管理要点

一　导向标识管理应做到降低维修保养成本、减少维修作业次数及维修时间、简化维修操作程序，做到可靠性、安全性。

一　方便性：当维修人员维修某部件时无需拆除其他部件，在维修或更换某部件时无需拆换箱体。

一　互换性：紧固件及标准件采用公制，相同功能的部件可以互换。

一　可修复性：紧固件及标准件采用通用标准，相同功能的部件可以互换，以方便设备可以在现有维修条件下进行快速维修。

一　对污染的标识牌要进行清理和清洗，清除内部的灰尘、边角料等杂物，对无法进行人工清除的标识牌要用压缩空气进行吹扫。

一　整体效果的动态标识牌，有技术要求需拆洗时，要进行解体检查和清洗。并做好相应的标志和记录，组装及维护的牌体必须达到设计要求和质量标准，确保导向标识系统正常运行。

5.2 慢行系统要素
NON-MOTORIZED TRAFFIC SYSTEM ELEMENTS

5.2.11 盲道

盲道铺装可保障有视觉障碍的步行者出行和活动是安全、可靠的。多数盲道铺装都用于帮助行人辨识街道的危险地带，或用于指引街道方向。一般而言，它们是使用有别于周边人行道铺装材料并特别设计的铺装砌块，信息的传递通过铺装材质变化与显著的视觉反差来完成。

● **设计依据与参考**

01 《无障碍设计规范》GB 50763-2012
02 《城市步行和自行车交通系统规划设计导则》
03 《广州市城市道路设计技术指南（试行）》
04 《广州市城市道路永久性材料运用指引（第三版）》
05 《广州市城市道路人行道设施设置规范》
06 《无障碍设计标准设计图集》12J926
07 《城市道路无障碍设计标准设计图集》15MR501

相关规定：
— 盲道铺设应避开树木（穴）、电线杆、拉线等障碍物，其他设施不得占用盲道。
— 盲道型材表面应防滑。
— 行进盲道应与人行道的走向一致。

● **设计指引**

参照《无障碍设计规范》GB 50763-2012、《城市道路无障碍设计标准设计图集》15MR501。

一般要求：
— 合理规划设计，避免出现盲道设置错位、盲道断开以及盲道与障碍物距离不达标等问题。
— 城市主要商业街、步行街的人行道应设置盲道；视觉障碍者集中区域周边道路应设置盲道；坡道的上下坡边缘处应设置提示盲道。
— 道路周边场所建筑等出入口、人行天桥、地道出入口处设置的盲道和公交车站的盲道均应与人行道中的盲道系统相接。
— 在行进盲道的起点、终点及拐弯处应设圆点形的提示盲道。
— 盲道砖表面触感部分以下的厚度应与人行道砖一致，基础结构与人行道砖结构一致。
— 盲道的颜色宜与相邻的人行道铺装的颜色形成对比，并与周围景观相协调。

设置原则：
— 人行道外侧有围墙、花坛或绿化带时，行进盲道宜设在距围墙、花坛、绿化带边缘 250 ～ 500mm 处。
— 人行道内侧有树池时，行进盲道宜设在距树池边缘 250 ～ 500mm 处。
— 人行道没有树池时，若行进盲道与路缘石上沿在同一水平面，距路缘石不应小于 250mm；盲道应避开非机动车停放位置。
— 人行道中有台阶、坡道和灯杆、检查井等障碍物时，在相距 250 ～ 500mm 处，应设提示盲道。
— 在人行天桥及地下通道等出入口处距出入口 250 ～ 500mm 处应设提示盲道，提示盲道长度与出入口宽度应相对应。

注意事项：
— 盲道遇到检查井盖等设施时，应尽量采用嵌入式设计保证盲道在穿越这些设施时特殊材质的连续性。
— 盲道周边应避免使用油漆或者长方形砌石设置的边界，避免造成视觉障碍者的混乱。
— 在保障给视觉障碍人士提供足够安全的情况下相应缩小盲道的面积，以减少有行走障碍、推行婴儿车与携带大件行李者的不便。

视觉障碍者的色彩感知：

参照日本国立基础生物研究所《Color Universal Design》（《通用色彩设计》）。

— 视觉障碍者大致可以分为三种：全盲、弱视和色盲（红绿色盲最为常见）。

— 全盲者无法利用视觉读取信息，触觉较为敏感，所以盲道宜凸出路面，与人行道铺装相区别。

— 弱视者对高对比度、高亮度、高饱和度的颜色辨识能力较强，所以盲道的颜色宜与相邻的人行道铺面的颜色形成对比。

— 红绿色盲者能较清楚的辨别黄、棕色系，所以盲道宜选用中黄色作为标准色。

应用注意：

— 研究显示，部分视觉障碍人士通过盲道与人行道的对比色来引导自己。然而，通过对比色来增加活动空间的清晰度作用仅对部分视觉障碍人士有效。由此，使用对比色来进行盲道铺装须经考量，可用于在使用标准色铺装难以与周边环境颜色形成对比的区域。

● 关于视觉障碍者

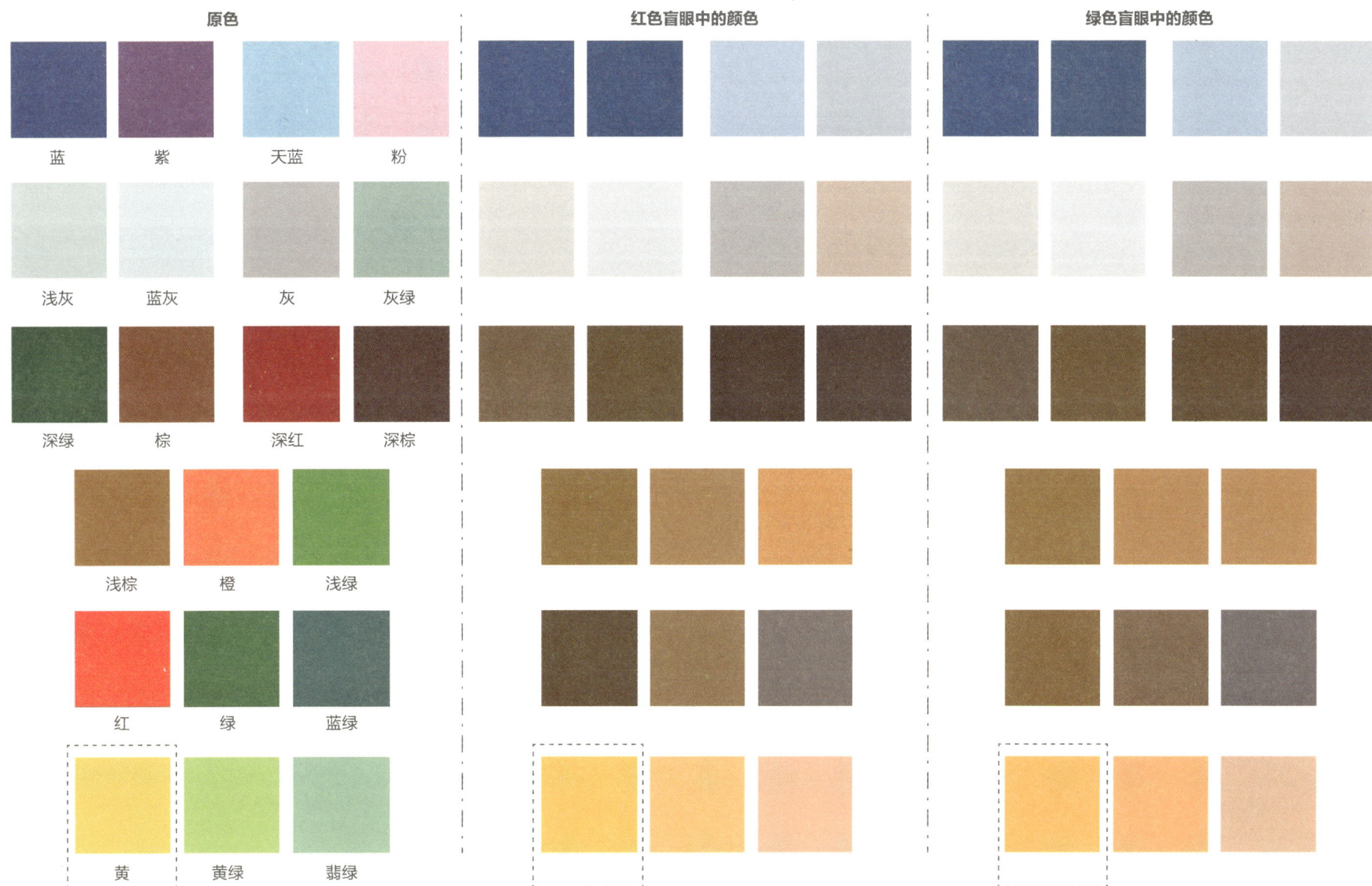

原色	红色盲眼中的颜色	绿色盲眼中的颜色
蓝　紫　天蓝　粉		
浅灰　蓝灰　灰　灰绿		
深绿　棕　深红　深棕		
浅棕　橙　浅绿		
红　绿　蓝绿		
黄　黄绿　翡绿		

图 5.2-90　红绿色盲者颜色视图（资料来源：《Color Universal Design》）

5.2 慢行系统要素
NON-MOTORIZED TRAFFIC SYSTEM ELEMENTS

● 关于视觉障碍者

视觉障碍者的出行需求：

— 人行道通行区应做到平顺，无障碍，高差以坡道的形式消化。

— 为求行动安全，应有引导地板材、警示地板材、引导扶手、声讯、引导铃等设施，或加设触觉感应物，如贴字牌。

— 道路上障碍物应清楚，避免垃圾桶、路灯等成为通行上的障碍。

— 地面应避免高差存在，尤其避免单一台阶的出现。

— 防滑条长度较长时，应间隔适当长度，以纵向缝条加以隔断，以阻止手杖侧滑。

— 防滑条不可凸出踏面外，以防绊倒。

— 排水沟需加盖，盖板上设落水口，孔径应在 2cm 以下。

— 无论是斜坡道、阶梯还是楼梯，均应设置高度、形状、大小合适并容易握扶的扶手，走廊、通道亦宜考虑设置扶手。

— 扶手应全程设置，不可中断，否则将影响视觉障碍人士步行的连续性。

— 洗手台、饮水器以及类似设备，如供应热水，应注意提示。

— 需设有声电梯方便使用。

— 电梯操作键需加设盲文。

— 研究清楚各类群体出行特征及环境诉求是进行盲道设计的前提。各类出行群体由于受各自视力因素局限表现出不同的出行特征和环境要求，如下表所示。

出行群体	路径可达度	出行特征	设计要求／个性需求
盲人		对方位、方向、位置及周边环境的感知能力最弱，只能感觉到拐杖可及的范围，为了到达目的地需要经过一番周折。盲人行走具有试探性	盲道感知性要强； 盲道设置要连续、系统； 盲道可以定向，辨别周边环境。
弱视者及轻度视障者		对方位、方向、位置及周边环境的感知能力较弱，对强烈光感和颜色有一定反应和要求，需要边观察边行动	色彩度极为鲜艳的颜色或较强的颜色对比； 较强照度的设施提示信息。
红绿色盲		在由信号灯控制的道路交叉口处需等待、观望	红绿灯增加特定颜色，避免完全的红或绿的色彩显示

资料来源：《Color Universal Design》

盲道材料：

— 混凝土与自然石块是盲道铺装最广泛适用的材料，来源稳定、可提供多种颜色、易于预制并可根据需要切割成相应的形状，同时还具有防滑性能。

— 不锈钢盲道钉为一种新式的盲道材料，一般不宜用于城市道路，但是在特殊情形下可考虑使用。

— 高分子材料盲道成本低，却容易磨损与老化，不宜用于室外空间。

● **盲道材料**

材料	优点	不足	应用
混凝土	 成本低，方便获取；易于切割及铺设；成品颜色丰富；使用寿命长达 20 ~ 40 年	整体外观实用但无法满足特殊区域的需求；若用于路基基础较差的地方容易破裂；需要适度的维护管理	适用于大部分的城市道路
花岗岩	 具有良好的质感；耐用，使用寿命长	材料成本高，获取较不便利；颜色亮度、饱和度较低；由于不能采用模具预制，砖石的切割易出现偏差；较难满足盲道条上小下大的特殊要求	适用于市民广场、历史文化街区等城市的重点区域
不锈钢钉	 具有良好的质感；能较好地保持原有铺装；与其他材料匹配度高	与浅色铺装的对比度低，不方便辨识；成本较高	适用于重要商业区或景观需求较高的道路
高分子材料（PVC）	 成本低，施工简易；颜色多样，可以定制	不耐日晒，容易褪色；磨损老化快	适用于半室内的道路空间

资料来源：自绘

5.2 慢行系统要素

NON-MOTORIZED TRAFFIC SYSTEM ELEMENTS

● **品质控制**

（1）平面设计

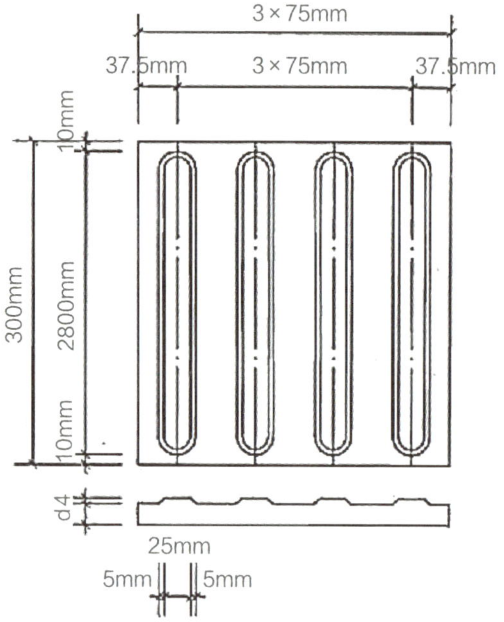

图 5.2-91　行进盲道平剖示意图
（资料来源：城市道路无障碍设计标准设计图集）

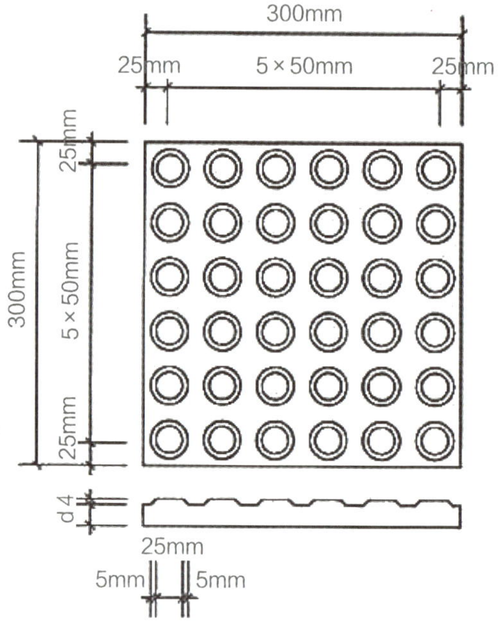

图 5.2-92　提示盲道平剖示意图
（资料来源：城市道路无障碍设计标准设计图集）

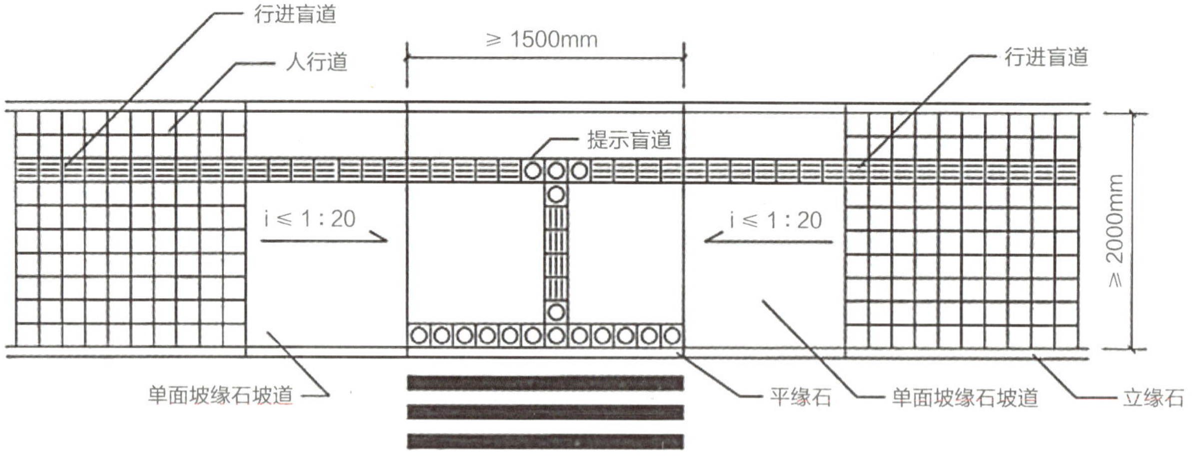

图 5.2-93　路口处盲道铺设示意图
（资料来源：城市道路无障碍设计标准设计图集）

注意要点

— 盲道砌块端部不应被切割。

— 盲道铺装不宜与过街人行道（斑马线）混合，否则会降低其辨识度。

— 铺装的盲道砖（板）应完整。

— 提示盲道的铺装应设置为与过街方向一致。

— 尽可能采用紧密的拼接，保证不出现可见的砂浆拼接缝，避免造成视觉障碍人士使用时的混乱。

— 当盲道的宽度不大于 300mm 时，提示盲道的宽度应大于行进盲道的宽度。

● **优秀案例**

澳大利亚 | 不锈钢盲道

    相较于传统的盲道砖,不锈钢盲道是直接安装于现有铺装上,能较好地保持现有铺装的连续性和整体性。整体景观效果较好,质感较高。

▶ **优点:**

    — 与原有场地铺装融合性较强。
    — 景观质感较高。

▶ **注意:**

    — 运用不锈钢盲道时应充分考虑道路铺装与盲道的色彩对比度,适用于原有道路铺装色彩较深的道路。

图 5.2-94　澳大利亚悉尼(资料来源: antisliptactilesnewcastle.com.au/)

英国·伦敦 | 弧形盲道

    盲道的弧形拼装,在弧形的道路过街和台阶的边缘,都有弧形的盲道铺装,以提醒视觉障碍人士前方有危险。弧形的盲道铺装,体现了道路建设的精细化和高品质。

▶ **优点:**

    — 台阶和道路过街处设置盲道,为视障人士提供了方便。
    — 弧形拼装的盲道使得城市道路更加美观。
    — 弧形拼装的盲道拼接缝小,不易造成视障人士的混乱。

▶ **借鉴:**

    这种做法适宜用于弧形路口人行带转弯位盲道铺装。

图 5.2-95　英国伦敦弧形盲道一(资料来源: landscapeonline.com/research/article.php/6679)

图 5.2-96　英国伦敦弧形盲道二(资料来源: https://www.pinterest.com/marshallsplc/)

5.2 慢行系统要素
NON-MOTORIZED TRAFFIC SYSTEM ELEMENTS

（2）盲道铺设的新思考

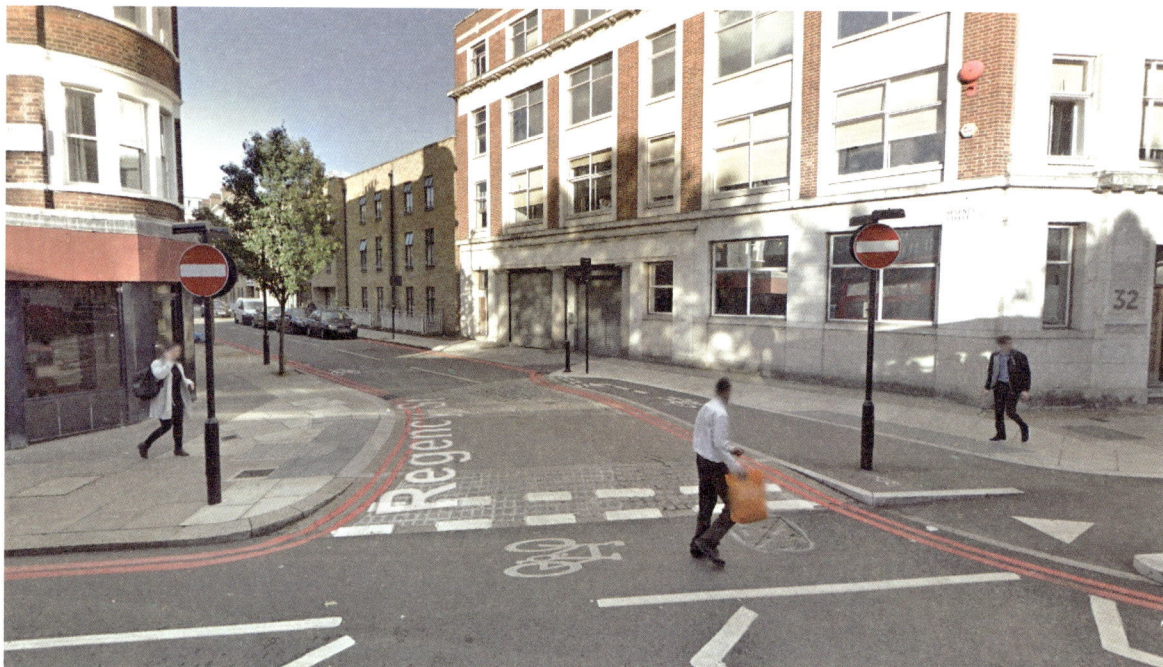

图 5.2-97　伦敦摄政街路口（资料来源：谷歌街景，https://www.google.com/maps）

1）伦敦盲道介绍

　　伦敦的大部分街道上只设置提示盲道，以红色作为信号管控过街盲道的标准色，灰色作为非管控过街路口盲道的标准色。人行横道口横向最窄处设置两排，共 800mm 宽。

图 5.2-98　纽约华特街路口（资料来源：谷歌街景，https://www.google.com/maps）

2）纽约盲道介绍

　　纽约基本上只设置提示盲道，结合缘石坡道一起设置，提示盲人过街。甚至一些路口处并没有设置盲道，只是以有横向纹路的防滑铺装铺设缘石坡道，作为提示。

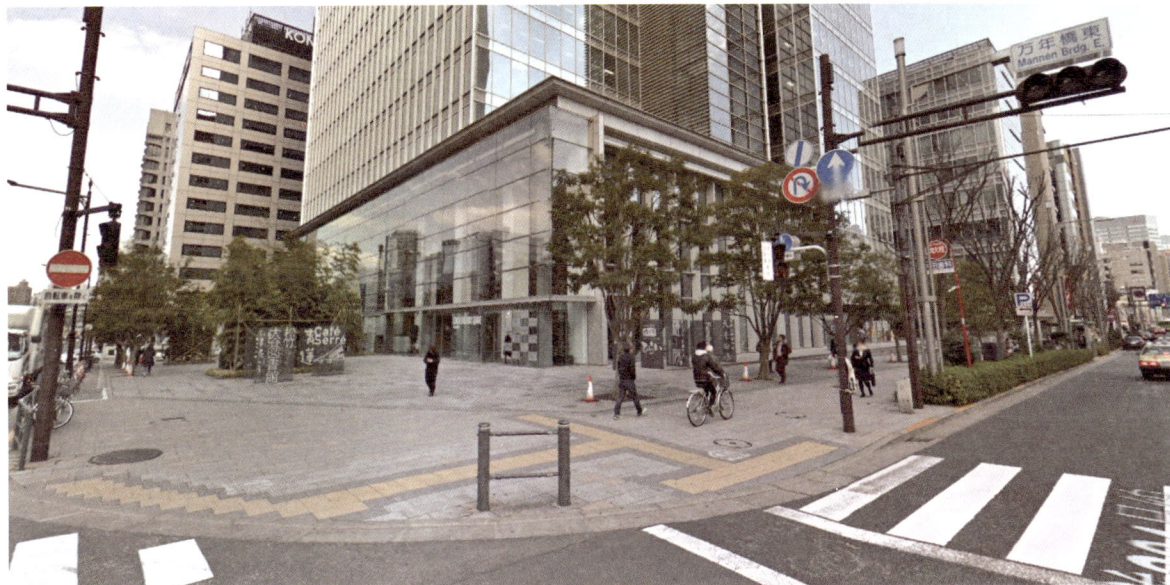

图 5.2-99　东京银座路口（资料来源：谷歌街景，https://www.google.com/maps）

3）东京盲道介绍

东京的大部分街道只于路口处设置盲道，不同于欧美的是，部分路口处有一小段的行进盲道与人行横道方向一致，用于指导盲人过街。以中黄色作为盲道的标准色，部分地区盲道边缘以深灰色进行镶边，用于突出盲道的位置。

4）中国广州盲道介绍

一 背景

广州市的盲道建设已经达到了上千公里，但是由于盲道被占用、避让市政设施导致的直线变曲线、盲道设置不合理、设置不符合规范要求等问题，导致了盲道使用率低。同时盲道占用了一部分的城市道路空间，对推轮椅、婴儿车、拉行李箱、穿高跟鞋等出行人群造成了一定的影响。建设量和使用率之间存在巨大的反差，让我们不禁开始思考，盲道的建设该如何找到一个新的平衡点。

一 愿景

希望能创造一个能服务于所有人的舒适街道环境，这要求人行道的通行区必须畅通无阻碍，人行道的路面必须平整、坚固、防滑、不松动和不积水。在这个前提下，可减少人行道中行进盲道的设置，而只在路口处、台阶处、人行横道处等地设置提示盲道。在保证视觉障碍人士出行安全的前提下，减少城市道路上盲道对街道空间的占用，优化步行体验，美化城市道路环境。

一 建议

- 根据国内外对人行道上铺筑盲道的实际经验，在保证人行道通行平顺、无障碍的前提下只设置提示盲道就可以满足视残者的使用要求，特别是当人行道宽度小于 2m 时仍设行进盲道，会对其他人群的通行产生不便。
- 有规律的环境和设施，可使视残者在盲杖的隔感下方便行进，如在人行道的外侧设置的侧石、花台、围墙等设施，是视残者行走的最佳通道。因此，以上情况可不设行进盲道，但应设置提示盲道。
- 城市道路的人行道应设盲道或只设提示盲道，当人行道净宽小于 2m 时可不设行进盲道；大于 2m 时，因确属使用需要可设行进盲道。
- 商业街、步行街及城市主要公共建筑物地段的人行道应设置盲道或只设提示盲道。

5.2 慢行系统要素
NON-MOTORIZED TRAFFIC SYSTEM ELEMENTS

5.2.12 护柱

护柱被用于阻止机动车侵占到行人或非机动车的空间，防止车辆驶离车道，造成对人行道路面、街道设施和建筑物的破坏，同时减少行人受伤的风险。在品质化的要求下，护柱应与周边环境相协调，并成为环境中的景观小品。

● **设计依据与参考**

01	《城市步行和自行车交通系统规划设计导则》
02	《广州市政府投资项目天然石材应用指引》
03	《广州市城市道路设计技术指南（试行）》
04	《广州市城市道路永久性材料运用指引（第三版）》
05	《广州市城市道路人行道设施设置规范》

相关规定：

— 护柱设置应当满足交通管理要求，不应妨碍行人通行安全，且不应妨碍无障碍通行，做到设置规范、整齐、美观，降低对道路景观的不良影响。

— 护柱要求坚固美观，与周边环境协调，同时应满足防撞的要求。

● **设计指引**

参考《广州市城市道路人行道设施设置规范》、《广州市城市道路设计技术指南（试行）》。

备注：人行道防御线指的是人行道靠近车行道一侧的边线。为保障行人安全，除共享街道外，其余道路需在防御线上设置一定的物理防护。

一般要求：

— 为防止车辆驶入人行道范围，缘石坡道处应设置护柱。

— 人行横道较宽时，应设置护柱防止机动车进入或借道行驶，以保护行人安全。

— 护柱高度不应低于 400mm，间距应控制在 0.8 ~ 1.5m。护柱宜统一设置为：高度 1m，间距 1.2m。具体可根据需求和风貌而定。

— 护柱外缘不应越出设施带范围，并注意留出 0.25m 的车辆通行安全侧向余宽。

— 对于同一条道路建议只采用一种形式的护柱。

— 护柱的样式应经由主管部门审批通过才可运用于实际设计中。

注意事项：

— 护柱应按照人行道防御线排布，以尽量减少物理杂乱，这不一定是直线，而是与周边例如绿化等街道设施相协调。

— 地面固定的方法应精细，以尽量减少对周围人行道损坏，防止车辆碰撞发生，并方便更换。

— 护柱间不应用链或绳相连，造成对行人穿行的阻挡。

推荐设计：

— 黑色或墨绿色铸铁护柱形式。

● **未来发展趋势**

可伸缩的护柱。

护柱可根据不同情况的需求，伸出地面或收缩入地面以下，为救护、消防、维修等提供便利。

▶ **灵活性、变通性；**

▶ **为特殊需求提供帮助。**

● **优秀案例**

艺术造型设施

将护柱与照明灯结合设计，艺术化护柱造型。在夜晚为街道提供温馨的照明，同时能提醒车辆车道的边界，使得护柱在夜晚也能很好的发挥功用。

▶ **优点：**

— 更加优美的造型。
— 在夜晚提供更加明显的提示。
— 两种功能的整合。

▶ **注意：**

护柱的设计应简洁大方，确实保证防护功能，切忌为了造型而发生阻碍行人通行或防护力减弱的情况。

图 5.2-100 艺术造型护柱（资料来源：Stylish FGP Outdoor LED Path Lighting by Francisco Paz）

图 5.2-101 意大利绿色护柱（资料来源：www.archiexpo.com，Roadway equipment）

意大利｜绿色护柱

在护柱中种植爬藤植物，让护柱更加绿色生态。设计师设计的这款护柱，使用镀锌钢为主结构，搭配不锈钢细杆为爬藤植物提供攀爬空间。选用对生长条件不严苛的爬山虎作为种植物种，为冷冰冰的护柱增添了一些生机与活力。

▶ **优点：**

— 绿色生态，充满生机。
— 除了满足车止石的功能需求，还为街道增添了亮点。
— 造型轻盈优美。

▶ **注意：**

植物需要后期修建、养护。

5.2 慢行系统要素
NON-MOTORIZED TRAFFIC SYSTEM ELEMENTS

5.2.13 自行车停放点

鼓励设置更多的位置良好、方便快捷、安全可靠的自行车停放点，以促进更多的市民使用自行车进行日常通勤和出行。自行车停放点必须能允许各种自行车安全停放，确保任何有身体、感官或认知损害的自行车使用者同样可以享受到更高质量的停放体验。停放点设置应方便与城市公共交通的联系。

● 设计依据与参考

01	《城市步行和自行车交通系统规划设计导则》（住房和城乡建设部）
02	《道路交通信号灯与安装规范》GB 14886-2016
03	《道路交通标志和标线第 2 部分：道路交通标志》GB 5768.2-2009
04	《道路交通信号倒计时显示器》GAT 508-2004
05	《道路交通危险警示灯》GAT 414-2003
06	《广州市中心城区城市道路自行车停放区设置技术导则》

相关规定：
— 停放点应当尽可能分散布置，且靠近目的地，充分利用人流稀少的支路、街巷空地设置。
— 应当避免停放点的出入口直接对接交通干道。

● 设计指引

布局原则：
— 自行车停车应尽量避免采用停车架形式，借鉴共享单车的智能无桩停车；
— 停放点应当尽可能分散布置，且靠近目的地，充分利用人流稀少的支路、街巷空地设置；
— 应当避免停放点的出入口直接对接交通干道；
— 本手册定义的自行车停放点主要是路侧自行车停放设施，应按照小规模、高密度的原则进行设置，服务半径不宜大于 50m；
— 轨道车站、交通枢纽、名胜古迹和公园、广场等周边应设置路外自行车停放点，服务半径不宜大于 100m，以方便自行车驻车换乘或抵达；
— 停放点应非常醒目，容易为过路者识别，由此可推广自行车使用。

位置规模：
在自行车停放点应易于发现和使用。它们应主要设置在商店、餐厅和酒吧、集体活动场所和公寓建筑，办公室，以及公交车站、学校、公园和图书馆等公共设施或者人流较多区域。自行车停放点的两个主要构成部分是位置和通道。

当前，随着智能共享单车的快速发展，以及相关数据平台的日趋完善，自行车的停放需求、位置与规模都能够通过大数据获得准确、可靠的信息，应进一步挖掘相关资源与行业合作，打造城市自行车交通智能平台。

● 未来发展趋势

生态自行车系统。

生态自行车系统。通过更多的科技手段实现自行车停放，节省地面存储的空间并避免自行车被偷窃或受到恶劣天气的影响。如自动地下自行车停车系统。

▶ 拓展城市公共空间；

▶ 集中交通信息。

城市道路自行车停放区的设置形式可采取平面式和立体式两种，通常情况下一般采用平面式设置，如受场地条件限制时，可考虑设置立体停放设施。

1）平面式

①平面式布局分为直排式、斜排式两种基本形式，为了方便车辆存取及管理，通常情况下一般采用直排式设置，特殊情况下可适当采用斜排式。

②不同设置形式的停放位宽度和车辆横向间距以及自行车停车通道宽度应符合下表的规定。特殊尺寸的自行车可根据自身尺寸进行相应调整，但应同时设置专门的标识。

③单个平面式停放区的长度不宜大于20m。相邻多组连续组合为停放区时，相邻组之间的距离应不小于4m。

序号	设置形式		停车区宽度	车辆横向间距
1	直排式	单排	2.0m	0.6m
		双排	3.2m	
2	60°斜排式	单排	1.7m	0.5m
		双排	3.0m	
3	45°斜排式	单排	1.4m	
		双排	2.4m	
4	30°斜排式	单排	1.0m	
		双排	1.8m	

序号	停车方式	通道仅一侧停车	通道两侧均停车
1	直排式	1.50m	2.60m
2	60° 斜排式	1.50m	2.60m
3	45° 斜排式	1.20m	2.00m
4	30° 斜排式	1.20m	2.00m

2）立体式

①自行车停放需求大但场地条件受限时，可适当考虑设置立体停放设施。确需设置立体停放设施时，设施不宜超过两层。

②立体式布局可分为地下、地上两种形式。在不影响城市景观、净高等要求时，优先考虑设置地上形式；其次考虑设置地下形式，但应保障水管、电缆、燃气等地下设施的正常使用。

停放朝向：

一停放区位于盲道与路缘石之间的，车头统一朝向车道。

一停放区位于盲道与建筑物之间的，停放区离建筑物立面之间有行人通行宽度，车头统一朝向车道；停放区紧贴建筑物立面的，车头统一朝向建筑立面。

● 设计内容

（1）设置方式

参考《广州市中心城区城市道路自行车停放区设置技术导则》。

第 5 章　道路设计要素

5.2 慢行系统要素

NON-MOTORIZED TRAFFIC SYSTEM ELEMENTS

（2）设施

参考《广州市中心城区城市道路自行车停放区设置技术导则》。

1）标线

①停车位标线宜由标示停车区域边缘的边线及划于其中的自行车路面标记图案、两侧的停车角度引导线共同组成。标线为闭合四边形，标线内的标记为自行车图案，两侧的停车角度引导线为三道虚线。

②标线宜与标志配合使用，也可只单独设置标线。已施划地面自行车图形标记的，可不设置停车标志，未设置停车标志的应施划自行车图形标记。

③自行车停车区标线不得附带企业或品牌指向性信息。

④标线的颜色为白色，宽度为 10cm 的实线，标线施划应清晰、顺直、均匀。

⑤自行车图案在停放区域的垂直和水平位置居中设置。图案间距在 5 至 10m，视现场情况和需要可设置单组或多组。

⑥停车区域两侧宜各施划三道停车角度引导线，直排列间距为 60cm，斜排列间距为 50cm，虚线的线段及间隔长度均为 20cm。

2）标志

①停放标志为自行车停车区配套设施，应与停车区标线配合使用。

②禁停标志设于禁止自行车停放的路段，应当在路段开始位置设置禁停标志，如禁停路段较长，在路中适当位置也应设置禁停标志。

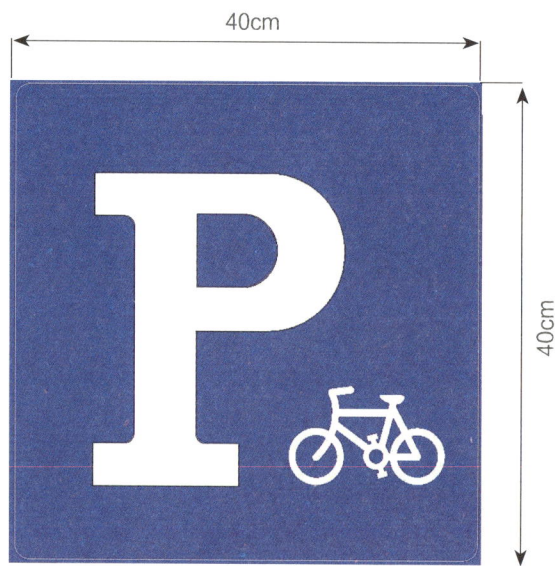

图 5.2-102　停放标志（资料来源：《广州市中心城区城市道路自行车停放区设置技术导则》）

图 5.2-103　禁止标志（资料来源：《广州市中心城区城市道路自行车停放区设置技术导则》）

● 优秀案例

纽约 | 艺术造型停放设施

设计师巧妙地将自行车停放架设置成钥匙的形式，车轮与钥匙连接仿佛一个大型的钥匙串；停放点的巧妙设置让自行车仿佛镶嵌在道路中，宛若一件艺术品。

▶ 优点：

创意景观与功能设施的结合，既保证了场地的使用功能，又增添了场地的景观效果，形成一道独特的城市景观，节省城市空间。

▶ 不足：

自行车停放架的使用易于压占有限的道路空间资源；造型上的需求可能导致设施不能停放型号不同的自行车；建造成本高，需要经常维护，后期维护费用较高。

图 5.2-104　艺术造型停放设施（资料来源：www.pratmarmilano.it, Prodotti, complementi, per esterni 及 https://www.pinterest.co.uk/pin/358036239103669885/）

日本·东京港 | 自动地下停车系统

自动地下自行车停车系统，该圆柱形自动停车系统，直径 8.15m，深入地下 11.65m，可以停放 204 辆脚踏车。使用时，需先把车推进指定的位置，接着用会员 IC 卡进行感应，随后系统就自动打开，将自行车引导至地下。取车时，也只要利用票卡感应便可。

▶ 优点：

节省城市地面空间，很好地解决了停车场所和安全防盗的问题，存取方便，施工便利。

▶ 不足：

每套地下停放系统需花费 150 万美元，不便全面推广。

图 5.2-105　日本东京港（资料来源：https://www.designboom.com/technology/eco-cycle-automated-underground-parking-bicycles-japan-08-08-2017/）

5.2 慢行系统要素
NON-MOTORIZED TRAFFIC SYSTEM ELEMENTS

5.2.14 公共自行车租赁点

鼓励民众绿色低碳出行，在无桩共享单车式公共自行车逐渐普遍的同时，同时需有序推进一定规模的有桩式公共自行车站点的建设和修护工作，着力建成网点布局合理、服务质量优良的公共自行车租赁系统。

● 设计依据与参考

01	《城市步行和自行车交通系统规划设计导则》（住房和城乡建设部）
02	《道路交通信号灯与安装规范》GB 14886-2016
03	《道路交通标志和标线第 2 部分：道路交通标志》GB 5768.2-2009
04	《道路交通信号倒计时显示器》GAT 508-2004
05	《道路交通危险警示灯》GAT 414-2003

● 设计要点

租赁点布设原则是公共自行车具有良好的适用性，与城市景观、交通功能相协调的保证，在城市中心区及其周边地区布设租赁点，均需遵照这些设计要点和原则：

布局原则：
（1）总原则
　— 在分区的基础上，根据居住人口、就业岗位、商业和设施 4 种类型，测算各区日均出行次数，进而确定公共自行车租赁点数量及自行车规模；
　— 为保证系统运营良好，应保证租赁点的数量且分布均匀，平均密度建议值为 $10km^2$；
　— 租赁点应明显易辨认、方便维护，不会造成公共空间堵塞和阻碍其他出行；
　— 尽量布设在轨道交通车站附近，这是因为轨道交通车站比较明显，更重要的是可方便出行者换乘。在轨道交通车站较少的区域也要补充布设一些租赁点，增加其分布的密集程度。

（2）与城市景观协调原则
　— 一般不在大型广场上布设，而是布设在其附近，对于设施带有绿化的大型广场可例外；
　— 应在城市主干路的垂直方向布设，有名胜古迹的街道也应布设在其垂直方向。

（3）与交通功能协调原则
　— 宜布设在机动车流前进方向的右侧，对于交通量较大的道路，布设在交叉口的上游；
　— 最好布设在人行横道附近，这样更加明显，可不安装租赁点指示牌，但必须保证不影响安全视距和行人过街驻足空间；
　— 为保证至少 8m 的消防通道，若人行道宽度超过 6m，则公共自行车不能布设在路边停车线内，除非车行道上没有消防通道；
　— 当布设在有隔离设施的自行车道旁侧时，应将租赁点沿线单独隔离开，以便骑车者进入自行车道；
　— 每个租赁点最少配备 10 ～ 50 个停车桩，尤其是在大型公共交通枢纽站附近。

公共自行车租赁点布局形式

布局名称	布局	对接点公式	图例
线性停靠站		$DPS=$ [长度(x)2000mm] / 750mm	
双排停靠站		$DPS=$ [长度(x)−2000mm]+ [长度(y)] / 750mm]	
梯形停靠站		$DPS=$ [长度(z)−2000mm]− 1400mm] / 1060mm	

资料来源:《伦敦街道设计导则》

根据自行车租赁点场地的不同条件，停车形式可以分为三种，即线性停靠站、双排停靠站和停靠站。线性停靠站一般设置于场地较为宽裕地段，并沿道路一侧设置；双排停靠站一般设置于场地足够宽裕的地段，位于场地中部或道路中间；梯形停靠站设置于场地受限的地段。

从规划设计、空间场地、工程实施、组件构成、使用体验、管理维护等多个方面考虑自行车租赁点的设置。

考虑因素	详细信息	考虑因素	详细信息
空间大小	有 27 个停靠点的停靠站最小面积大致为 25m × 2000mm（见上布局指示）	用户安全	建在有良好的自然监控、路边照明的安全可靠地区
操作渠道	分配器必修停在离停靠站 15m 的范围内来分配自行车。停靠站和分配器之间的视线不能阻碍。装货间和停车港是停放的首选位置	现有使用	避免建在人群极度拥挤和不适合骑车的地区
人行道宽度	人行道首选最小宽度为 2000mm，离马路必须要有 450mm 的间距	公众体验	停靠站必须全年 24h 服务，且建立在公众可以使用的道路和公共用地上
多功能保护层	停靠点和终端机不能建立在多功能保护层上，但自行车可以停放在上面	终端机用电	通过建立在停靠站附近的馈电柱，终端机使用的是市政电网输送的电力。馈电柱一般建在道路上，和终端机隔离
排水	需要 site footprint 来防止积水	基座	停靠站基座最深为 450mm，最大宽度为 700mm
竖向净空	为了终端机和设备安装，需要 2800mm 的竖向净空	道路安全评价	任何停靠站都必须有完整的道路安全评价
现有植被	不能破坏树木和草地	租赁	设备管理部门和用户之间要有租约，最好是零成本
现有街区设施	尽可能少地移动现有街区设施，已经有了的自行车停放架	连接地区之间现有的自行车路线	停靠站必须建立在现有的自行车路线附近，以便用户继续他们的行程
人流量 / 自行车流量 / 机动车流量	有足够的空间保持人行道，自行车道和机动车道畅通		

资料来源:自绘

第5章 道路设计要素

5.2 慢行系统要素

NON-MOTORIZED TRAFFIC SYSTEM ELEMENTS

● 基础设施

终端机；

自行车和停靠桩。

服务终端机：

— 服务终端是供使用者通过刷卡实现借车和还车的设备。其布设形式分为中央式和侧式两种，16 个及以上停车桩一般选择中央式。服务终端应尽量采用小尺寸，最高不超过 2m，应尽量减小宽度和厚度。服务终端可加入照明装置，在适当的位置放置公共自行车标志和文字与照明一一对应，以加强夜的可视度，便于近距离辨认。

图 5.2-106　服务终端机形式一（资料来源：https://www.pinterest.com/pin/439875088584450572/）

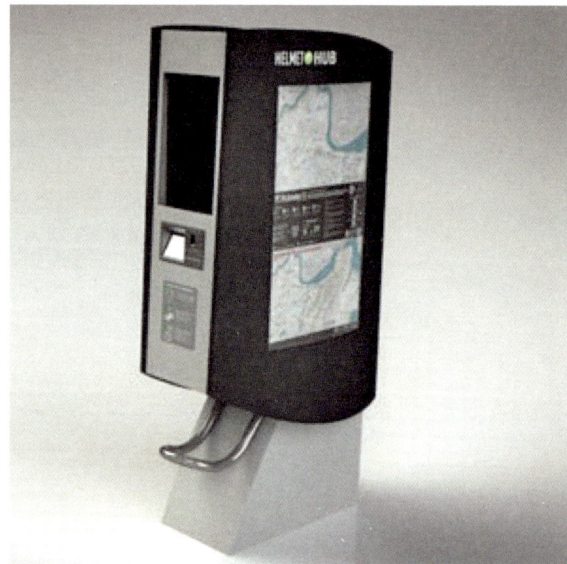

图 5.2-107　服务终端机形式二（资料来源：http://healthland.time.com/2013/07/25/bike-share-check-helmet-not-always/）

自行车和停车桩：

— 统一的外形、颜色、材料可以让使用者很容易辨认出哪些停车桩、自行车是公共自行车系统的构成设施。自行车外形要与普通自行车尽可能相似，制作尽可能精细。颜色基调不建议使用城市公共空间的特色颜色，推荐使用单一的颜色。

功能方面，自行车前后均应安装车灯，车轮上应设置反光条以便在夜晚或恶劣的路况条件下保证使用者的安全。租赁点两倒的停车桩可以加上照明装置。自行车座应可调节高度，适用于不同使用人群。

— 租赁点停车桩的数量应适当大于自行车数量，为使用者顺利还车提供预留空间，

— 停车桩尺寸一般为：高：792mm，底部宽：300mm，顶部宽：225mm。

图 5.2-108　停车桩形式一（资料来源：https://www.flickr.com/photos/ambernectar/4829422583/）

图 5.2-109　停车桩形式二（资料来源：http://www.london-se1.co.uk/news/view/4619）

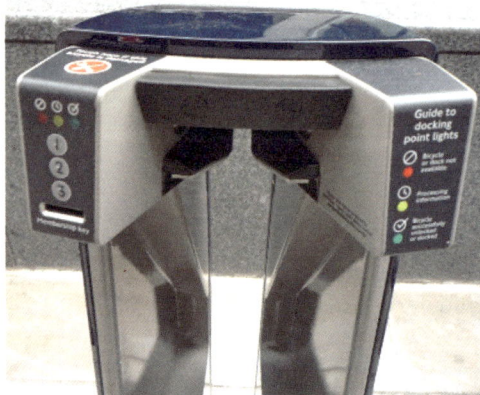

图 5.2-108　停车桩形式一

图 5.2-109　停车桩形式二

第 5 章　道路设计要素

停靠桩基座：

标准型：一个基座就是一个停靠点，安装在水泥地面上。笔者比较偏向于用这种方法固定，因为它适应性强，停靠站可以建在斜坡或曲形路面上。此外，停靠点周围的固定物搭配上现有的和周围的材料，很有美感。这种基座深 350mm，可建在车道或人行道上。

图 5.2-110　标准型基座（资料来源：《伦敦街道设计导则》）

嵌入型：钢板嵌入在水泥地面上，不需太深。在停靠站行走区域下方有埋得比较浅的设施时，可以使用嵌入型基座。只能建在人行道上，深 150mm。

图 5.2-111　嵌入型基座（资料来源：《伦敦街道设计导则》）

凸出型：不需挖掘地面。深度极小时可采用凸出型，但地面需平且直。

图 5.2-112　凸出型基座（资料来源：《伦敦街道设计导则》）

5.2 慢行系统要素

NON-MOTORIZED TRAFFIC SYSTEM ELEMENTS

5.2.15 升降梯

升降梯为携带大件行李、推婴儿车、轮椅等出行不便的人群提供了方便，一般用于城市道路的人行天桥、人行地道、地铁站等楼梯级数较多的地方。升降梯的设计需考虑使用频率和使用人群的需求，确实为人们出行提供便利。

● 设计依据与参考

01	《电梯安全要求》GB/T 24803-2013
02	《行动不便人员使用的楼道升降机》GB 24806-2009
03	《电梯、自动扶梯和自动人行道维修规范》GB/T 18775-2009
04	《电梯、自动扶梯和自动人行道 风险评价和降低的方法》GB/T 20900-2007
05	《电梯、自动扶梯和自动人行道乘用图形标志及其使用导则》GB/T 31200-2014

相关规定：
— 升降梯的使用安全应被放在第一位。
— 应该保持定期的后期维护。

● 设计要点

参考《电梯安全要求》《行动不便人员使用的楼道升降机》。

一般要求：
— 应采取保护措施，以使下列各种风险降至最低程度：
1）剪切、挤压、卡阻或擦伤；
2）缠绕；
3）撞击和碰撞；
4）触电；
5）跌落和绊倒；
6）因使用升降梯而引起的火灾。
— 零部件应有可靠的机械和电气结构。所用材料无明显的缺陷，并应由足够的强度和良好质量的材料制成。无论是否有磨损，都应确保维持标准规定的尺寸；应考虑仿腐蚀要求，应减小传递到周围墙壁和其他支持结构的噪声和振动，所用的材料不应含石棉。
— 设计中应考虑到安装或使用人员的特殊需求。
— 升降梯的设计、制造和安装应使需定期检查、试验、维护或修理的零部件易于接近。
— 构成升降梯的材料不应是易燃的。在火灾情况下，这些材料的毒性和它们可能产生的大量气体和烟雾都不应造成危险，塑料部件和电气配线的绝缘材料应是阻燃型和自熄型的。
— 升降梯在其运行方向的额定速度不应大于 0.15m/s。
— 在超载情况下，应通过运载装置上的听觉或视觉信号通知使用人员。
— 升降梯应能承受正常运行过程中的作用力、安全钳动作时的作用力及以额定速度运行时机械制停产生的冲击力，且无永久变形。

设置情形：
— 应考虑在空间足够的人行天桥、跨江桥梁、人行地道处设置升降梯，方便行人出行。

注意事项：
— 应为升降梯设计保护装置，并按规定安装，以确保升降梯可以安全地运行。
— 在安装现场应避免所有机械和电气部件可能遭受到外部有害和危险的影响，如：
1）水和固体物质的侵入；
2）湿度、温度、腐蚀、空气污染、太阳辐射等的影响；
3）动植物等的作用。

● **优秀案例**

日本·东京｜人行天桥升降梯

日本的无障碍电梯设计得十分人性化，电梯内除设有操作盘点字设施、语音系统、副操作盘及侧墙扶手、对讲机等方便残障人士使用的装置外，还另外在入口对面的墙上设置了镜子，便于使用轮椅进出的乘客观察入口处的情况，各类设施的按钮采取了凹凸设计，以便于残障人士的使用。

▶ **优点：**

无障碍电梯设计过程中十分注重使用者的感受，非常人性化，极大便利了残障人士的使用。

▶ **注意：**

我国的无障碍电梯设计在提高残障人士使用体验方面仍需投入更多的关注。

图 5.2-113　日本东京升降梯案例一（资料来源：http://www.webtravel.jp/blog/4993.html）

图 5.2-114　日本东京升降梯案例二（资料来源：https://www.barifuri.jp/portal/facility/show_images/568）

英国｜伦敦塔桥升降梯

无障碍电梯设计，除延长电梯关门时间，方便轮椅、年长者、孕妇、婴儿车、携带大件行李及行动不便旅客搭乘外，电梯内还设有操作盘点字设施、语音系统、副操作盘及侧墙扶手，并备有对讲机，以供紧急状况时与询问处联络。另外，电梯直接与滨水堤岸空间相连，减少使用者在的周转和寻找，人性化的设计方便了残障人士的使用。

▶ **优点：**

无障碍电梯设计十分人性化，为有需要的人士提供了周全的服务。

▶ **注意：**

— 电梯间的设计应与桥梁风格相协调；
— 加设电梯不应损坏桥梁原有结构。

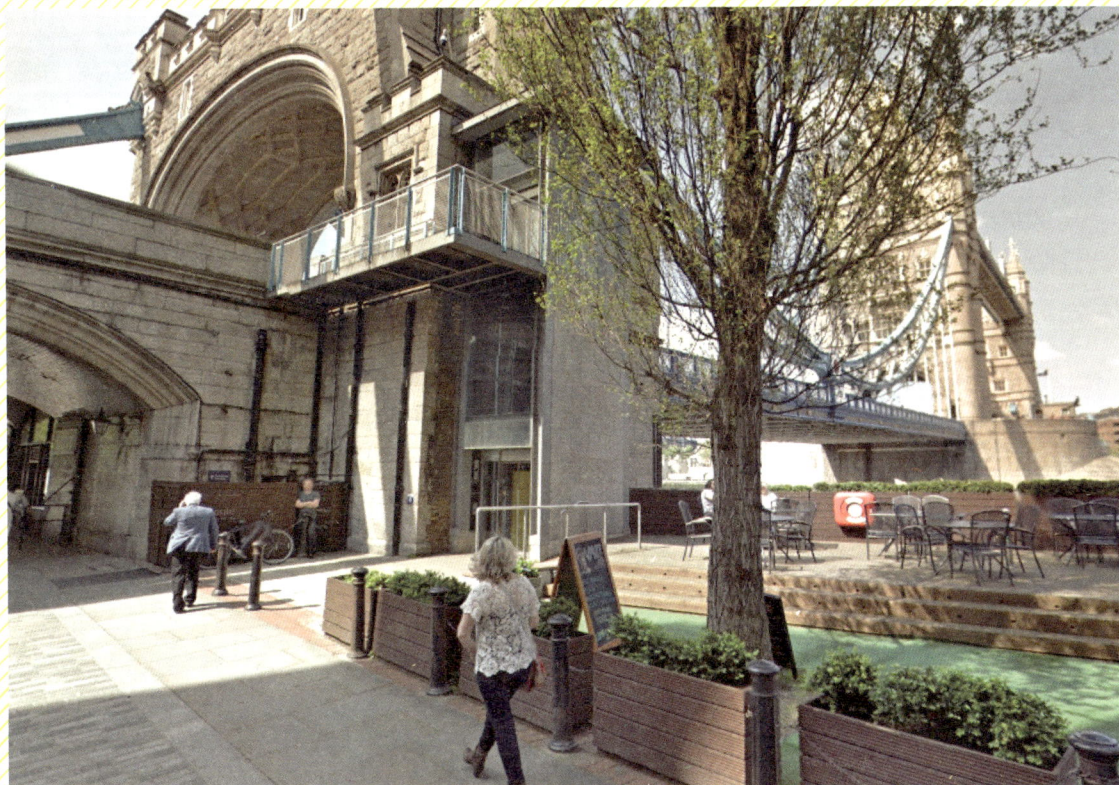

图 5.2-115　伦敦塔桥升降梯（资料来源：谷歌街景，https://www.google.com/maps）

5.2 慢行系统要素
NON-MOTORIZED TRAFFIC SYSTEM ELEMENTS

5.2.16 手扶梯

手扶梯可作为台阶和梯道的辅助，帮助行人减少爬楼梯的负担。在建设高品质、人性化的城市道路时，手扶梯应作为辅助出行的附属设施予以考虑。在实际的设计、安装和使用过程中，都应特别注意安全的问题，确保对行人出行安全的保障。

● 设计依据与参考

01	《自动扶梯和自动人行道的制造与安装 安全规范》GB 16899-2011
02	《提高在用自动扶梯和自动人行道安全性的规范》GB 30692-2014
03	《电梯、自动扶梯和自动人行道维修规范》GB/T 18775-2009
04	《电梯、自动扶梯和自动人行道 风险评价和降低的方法》GB/T 20900-2007
05	《电梯、自动扶梯和自动人行道乘用图形标志及其使用导则》GB/T 31200-2014

相关规定：
— 手扶梯的安全应该被放在第一位。
— 手扶梯只是楼梯的一个辅助，不应被作为首要选择。
— 手扶梯的后续维护应被重视。

● 设计指引

参考《提高在用自动扶梯和自动人行道安全性的规范》。

备注：名义速度是指由制造商设计确定的、自动扶梯的梯级、踏板或胶带在空载情况下的运行速度。

立足面指的是自动扶梯出入口处可供站立的平面，与出入口处的纵深距离至少为 0.85m。

一般要求：
— 除使用者可踏上的梯级、踏板或胶带及可接触的扶手带部分外，自动扶梯或自动人行道的所有机械运动部分均应完全封闭在无孔的围板或墙内。用于通风的孔是允许的。
— 自动手扶梯应在速度超过名义速度的 1.2 倍之前自动停止运行，为此目的采用的速度限制装置应能在速度超过名义速度的 1.2 倍之前切断自动扶梯的电源。并应符合 GB 16899—2011 表 6 中 c 规定的要求。
— 扶手带顶面距梯级前缘或踏板表面或胶带表面之间的垂直距离不应小于 0.9m 也不应大于 1.10m。
— 每一扶手装置的顶部应装有运行的扶手带，其运行方向应与梯级、踏板或胶带相同。在正常运行条件下，扶手带的运行速度相对于梯级、踏板或胶带实际速度的允差为 0% ~ +2%。并应提供扶手带速度检测装置，在自动扶梯和自动人行道运行时，当扶手带速度偏离梯级、踏板或胶带的实际速度大于 15% 且持续实践大于 15s 时，该装置应使自动手扶梯或自动人行道停止运行。
— 自动扶梯和自动人行道在出入口区域应具有一个安全的立足面，该面从梳齿板尺根部起测量的纵深距离应不小于 0.85m。
— 自动扶梯应有在紧急情况下使其停止的紧急停止开关。紧急停止开关应设置在自动扶梯和自动人行道出入口附近、明显而易于接近的位置。自动扶梯中紧急开关之间的距离应不大于 30m。
— 如果在自动扶梯的周围可以使用购物车和（或）行李车，应设置适当的阻碍物其进入自动扶梯。

设置情形：
— 应考虑在楼梯级数较多，且缺少空间设置升降梯的人行天桥、人行地道或街区等设置手扶梯，方便行人出行。

注意事项：
— 尽可能采用在火灾时不会产生附加风险的材料制造自动扶梯。
— 自动扶梯改进后，对涉及工作人员和使用者安全的改装（或家装）部件，应提供与使用、维护、检验和定期检查的相关文件。
— 自动扶梯应设置检修控制装置，便于维护、修理、检查时能使用便携式手动操作的控制装置。

● **优秀案例**

西班牙一个背山面海的美丽小镇，整个小镇都依山势而建，这导则了小镇内需要大量的楼梯进行连接，这些楼梯对老人、孕妇、小孩等行动不便人群的出行造成了一定的影响。后由政府统一在一条主要的登山梯道旁加建了双向手扶梯，为居民和游客提供了便利。

▶ **优点：**

— 方便了行动不便人群的出行。

— 体现了城市设计的人性化，对特殊人群的关怀。

▶ **借鉴：**

— 对于地处丘陵地带的广州，可考虑在有较多梯道的街区内加装手扶梯，方便居民的出行。

图 5.2-116　西班牙富恩特拉比亚镇（资料来源：谷歌街景，https://www.google.com/maps）

图 5.2-117　哥伦比亚麦德林山体手扶梯（资料来源：www.cnn.com/travel/article/colombia-medellin-neighborhood/index.html）

哥伦比亚 / 贫民窟的山体手扶梯

该地区曾经是城市中有名的贫民区，犯罪率高、基础设施配套差、人口密集。随着城市的发展，政府开始重视该地区，着手进行改造。这一系列依山而上的手扶梯为该地区重新注入了生机与活力，方便了居民出行的同时为该片区带来了可观的商机。

▶ **优点：**

— 方便居民通行，改善地区出行难题。

— 带顶棚，能遮阳挡雨，设计贴心。

— 成为该区域一道亮丽的风景线，对于改善该地区环境起了重要作用。

▶ **借鉴：**

带顶棚的手扶梯可以考虑运用于人行天桥、有梯道的生活街区等地区。

5.2 慢行系统要素
NON-MOTORIZED TRAFFIC SYSTEM ELEMENTS

5.2.17 轮椅升降台

● **设计依据与参考**

成功的街道设计是具有包容性的，可以满足不同使用者的需求，这其中包括了残障人士这一特殊的群体，为方便乘轮椅者上下台阶和梯道，依靠楼梯扶手设置轮椅升降台，为轮椅进行垂直或斜向通行提供帮助。轮椅升降台的设置需注意展开或收起方便轮椅使用者，使轮椅使用者能独立操作。

01	《行动不便人员使用的垂直升降平台》GB 24805-2009
02	《行动不便人员使用的楼道升降机》GB 24806-2009
03	《沿斜面运行无障碍升降平台》JG/T 318-2011
04	《无障碍设计规范》GB 50763-2012
05	《无障碍设计》12J926

相关规定：
— 升降平台只适用于场地有限的改造工程，不应作为首要选择。
— 垂直升降平台的基坑应采用防止误入的安全防护措施。
— 垂直升降平台的传送装置应有可靠的安全防护装置。

● **设计指引**

参考《无障碍设计规范》GB 50763-2012、《行动不便人员使用的垂直升降平台》《沿斜面运行无障碍升降平台》。

一般要求：
— 垂直升降平台的深度不应小于 1.20m，宽度不应小于 900mm，应设扶手、挡板及呼叫控制按钮。
— 斜向升降平台宽度不应小于 900mm，深度不应小于 1m，应设扶手和挡板。
— 设计升降平台时应充分考虑其使用频率。
— 升降平台应有安全防护措施，防止由于下列原因造成危害：
1）剪切、挤压或磨损；
2）缠绕；
3）坠落和跳闸；
4）物理振动和撞击；
5）电击；
6）因操作失误引起的火灾。
— 升降平台的部件应具有可靠的机械和电气性能，所用材料应具有足够的强度和耐磨性能；应将传递到周围墙壁和其他支撑结构的声音和振动降到最低；所用原材料不应含有石棉。
— 升降平台的设计、制造和安装，应考虑便于各部件的定期检查、测试、保养和维修。
— 升降平台所用各种材料不应具有可燃性，在发生火灾被燃烧时，不应散发出有毒气体和大量浓烟等；塑料部件和电线绝缘部件应具有阻燃性和自熄性。
— 升降平台的额定速度不应大于 0.15m/s 。
— 用于承载单人的升降平台，设计额定载荷不应小于 115kg，用于承载单人轮椅乘坐者的升降平台，设计额定载荷不应小于 150kg；承载重量不确定时（如在公共场所），设计升降平台的额定载荷不应小于 225kg；最大设计额定荷载应达到 350kg。

设置情形：
— 应考虑在没有设置坡道、升降梯的人行天桥人行地道或街区等的楼梯处设置轮椅升降台，方便行人出行。

注意事项：
— 装置不应干扰周边的正常活动。
— 选择的地点和支撑结构应有足够的强度安装升降平台。
— 应有适当保护装置预防外界的影响。

● 优秀案例

中国香港 | 新式轮椅升降平台

新式轮椅升降平台，控制柜内设置有马达，且外面有响铃和闪灯（提醒其他人士）、通话器和召唤装置（通知协助人员）、启动钥匙孔、紧急制动装置、上落及开关载客平台／斜板等按钮。升降系统内设信号传感装置，能在装置转向、角度转变时、能给予升降台信号，减速行驶。轮椅台上下端设有平层装置及限位开关，起到安全与保护的作用。

▶ **优点：**

相比之前的装置，新添加了安装信号提醒装置和传呼装置，且提高了安全系数，使用变得更加便捷安全。

▶ **不足：**

外形较为笨重，在使用上仍有一些细节需要改进。

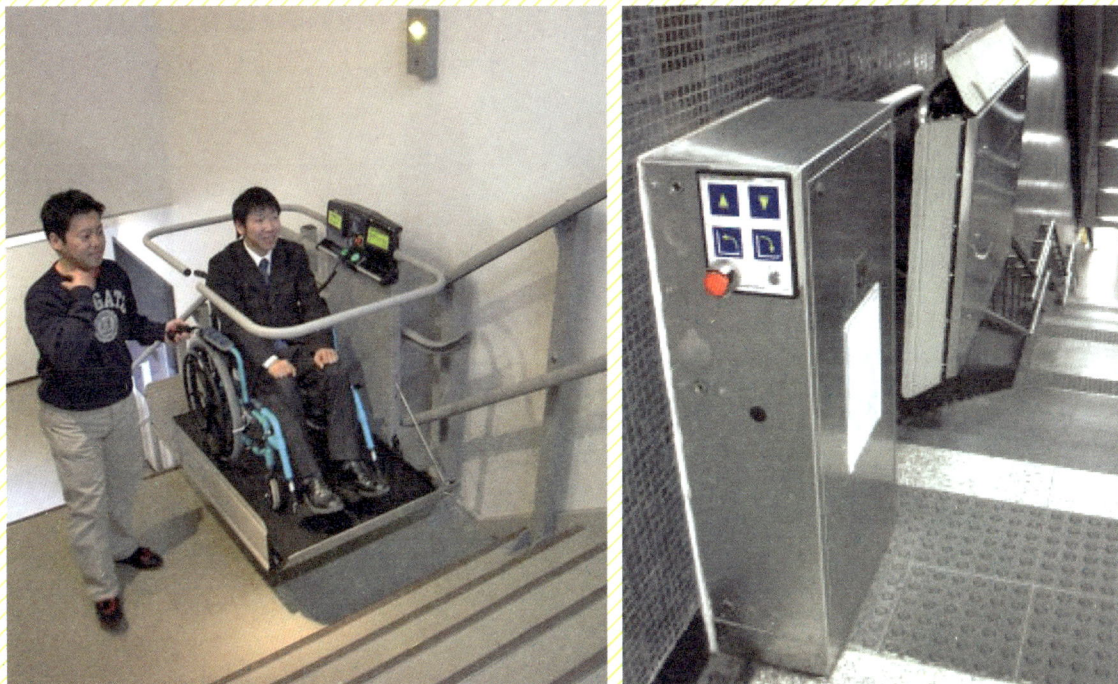

图 5.2-118 中国香港新式轮椅升降平台（资料来源：http://www.alibaba.com/product-detail/Wheelchair-home-elevator-Lifts-handicapped-wheelchair_60385880808.html 及 http://www.hkelev.com/oth_stairlift.htm）

美国 | 轻薄轮椅升降平台

美国 1st Choice Stairlifts 公司出产的一款产品。可以广泛运用于户内外的各种楼梯中。采用的超薄设计，使折叠起来所占空间很小。可以安装在墙上或者其他多种类型的支柱上。平台底部前后设置了可以调整的测斜边缘，方便轮椅上下，同时可作为防护装置。该装置可利用操控杆控制平台的升降，着陆时会有信号响起以示提醒，十分人性化。浅灰色的设计，外形美观。

▶ **优点：**

应用区域广泛，占地面积小，设计人性化，外形美观，便于推广。

▶ **不足：**

国内类似产品较少，如需引进，成本较高。

图 5.2-119 美国轮椅升降台（资料来源：https://www.pinterest.com/pin/315885361339977149/）

5.2 慢行系统要素
NON-MOTORIZED TRAFFIC SYSTEM ELEMENTS

5.2.18 行人和非机动车信号灯

行人信号灯和非机动车信号灯作为交通信号灯不可或缺的重要组成部分，是提供更为安全的步行环境，支持步行、自行车、公共交通，进而增强经济活动的一种重要手段。

● **设计依据与参考**

01	《道路交通信号灯设置与安装规范》GB 14886-2016
02	《道路交通信号灯》GB 14887-2011
03	《城市交通信号控制系统术语》GA/T 509-2004
04	《道路交通信号倒计时显示器比较》GA/T 508-2014
05	《公路交通工程钢构件防腐蚀技术条件》GA/T 18226-2015
06	《城市街道设计指南》(Urban Street Design Guideline)（美国城市交通官员协会）

● **设计指引**

总体要求：

行人信号灯和非机动车信号灯，在人，车，路三者的协调关系中发挥了关键的作用。最大限度地保证交通流运行的连续性，减少受控区域的交通流冲突。

设计流程：

行人信号灯和非机动车信号灯的设计流程：第一步是确定目标路口或路段是否符合信号灯的设置条件；第二步是选择目标路口或路段的信号灯的设置形式；第三步是明确信号灯的设置具体位置；第四步是依照信号灯的安装要求进行详细设计。

设计要点：

人行横道信号灯设置条件

<table>
<tr><th colspan="5">人行横道信号灯设置条件</th></tr>
<tr><td rowspan="2">路口</td><td colspan="4">信号控制的路口，已施划人行横道标线的，应设置人行横道信号灯；</td></tr>
<tr><td colspan="4">行人与车辆交通流通行权冲突，可设置人行横道信号灯。</td></tr>
<tr><td rowspan="13">路段</td><td rowspan="7">在已施划人行横道的路段，机动车和行人高峰小时流量超过右侧规定数值时，应设置人行横道信号灯和相应的机动车信号灯。</td><td>路段双向车道数/条</td><td>路段机动车高峰小时流量（PCU/h）</td><td>行人高峰小时流量（人次/h）</td></tr>
<tr><td rowspan="3"><3</td><td>600</td><td>460</td></tr>
<tr><td>750</td><td>390</td></tr>
<tr><td>1050</td><td>300</td></tr>
<tr><td rowspan="3">≥3</td><td>750</td><td>500</td></tr>
<tr><td>900</td><td>440</td></tr>
<tr><td>1250</td><td>320</td></tr>
<tr><td rowspan="5">在已施划人行横道的路段，路段任意连续8h的机动车和行人平均小时流量超过右表规定数值时，应设置人行横道信号灯和相应的机动车信号灯。</td><td>路段双向车道数/条</td><td>任意连续8h的机动车平均小时流量（PCU/h）</td><td>任意连续8h的行人平均小时流量（人次/h）</td></tr>
<tr><td rowspan="2"><3</td><td>520</td><td>45</td></tr>
<tr><td>270</td><td>90</td></tr>
<tr><td rowspan="2">≥3</td><td>670</td><td>45</td></tr>
<tr><td>370</td><td>90</td></tr>
<tr><td>路段交通事故符合右侧条件之一时，应设置人行横道信号灯和相应的机动车信号灯。</td><td colspan="3">3年内平均每年发生5次以上的交通事故，从事故原因分析通过设置信号灯可避免发生事故的路段；
3年内平均每年发生1次以上的死亡交通事故的路段。</td></tr>
</table>

非机动车信号灯设置条件	
路口	对于机动车单行线上的路口，在与机动车交通流相对的进口应设置非机动车信号灯； 非机动车驾驶人在路口距停车线 25m 范围内不能清晰视认用于指导机动车通行的信号灯的显示状态时，应设置非机动车信号灯； 非机动车交通流与机动车交通流通行权冲突，可设置非机动车信号灯。

资料来源：自绘

信号灯灯色排列顺序

非机动车信号灯竖向安装时，灯色排列顺序由上向下应为红、黄、绿；横向安装时（图 5.2-120），灯色排列顺序由左到右为红、黄、绿。人行横道信号灯应采用竖向安装，灯色排列顺序由上向下应为红、绿（图 5.2-121）。

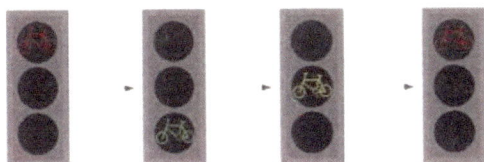

图 5.2-120　示意图一　　　　　　　　　　　　图 5.2-121　示意图二

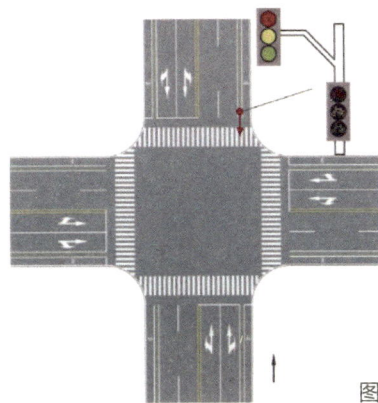

信号灯安装位置

— 非机动车信号灯在没有机动车道或非机动车道隔离带情况下，宜采用附着式，安装在指导机动车通行的信号灯灯杆上（图 5.2-122）。

— 机动车信号灯灯杆安装在交叉口出口道右侧机动车道和非机动车道的隔离带上时，若隔离带宽度小于 2m，非机动车道信号宜采用附着式，安装在机动车信号灯的灯杆上（图 5.2-123）。

— 若隔离带宽度大于 2m，小于 4m，可借用机动车信号灯灯杆，采用悬臂式安装非机动车信号灯（图 5.2-124）。

— 若隔离带宽度大于 4m，应单独设立非机动车信号灯灯杆，该非机动车信号灯灯杆应采用柱式安装在对向右侧距路缘的距离为 0.8 ～ 2m 的人行道上（图 5.2-125）。

— 当非机动车停车线与对向非机动车信号灯的距离大于 50m 时，应在进口增设一组非机动车信号灯，可安装在进口停车线前 0.8 ～ 2 米处，距右侧路缘石的距离为 0.8 ～ 2m 的人行道上或非机动车道左侧的机非隔离带内（图 5.2-126 和图 5.2-127）。

— 在设置有物理导流岛的路口，可将非机动车信号灯灯杆安装在导流岛上（图 5.2-128）。在设置有标线导流岛的路口，视具体情况可将非机动车信号灯灯杆安装在导流岛上。

— 立交桥下非机动车信号灯安装在桥体上，立交桥另一侧应增设一组非机动车信号灯（图 5.2-129）。

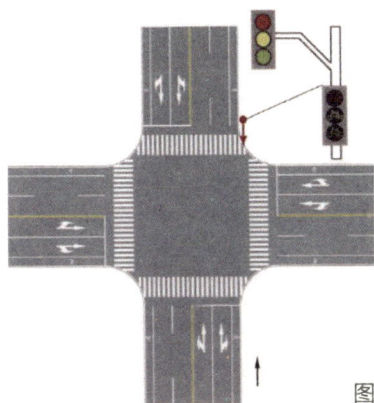

图 5.2-122　示意图三　　　　　　图 5.2-123　示意图四

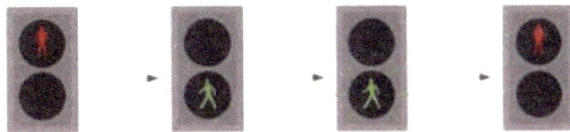

图 5.2-120 ～图 5.2-123　资料来源：《道路交通信号灯设置与安装规范》

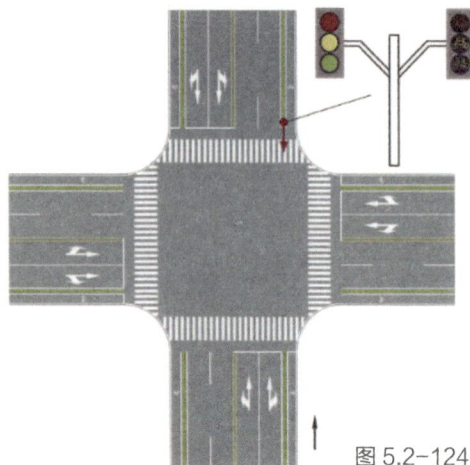

图 5.2-124　示意图五

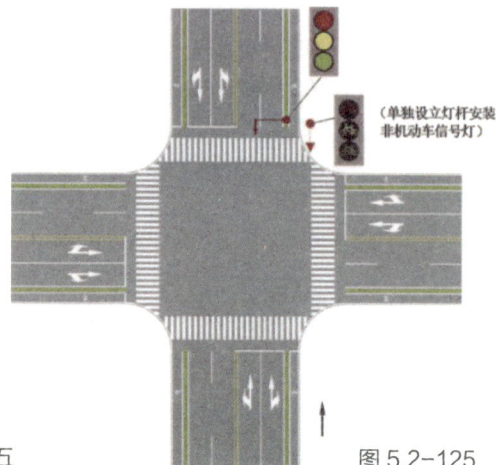

（单独设立灯杆安装非机动车信号灯）

图 5.2-125　示意图六

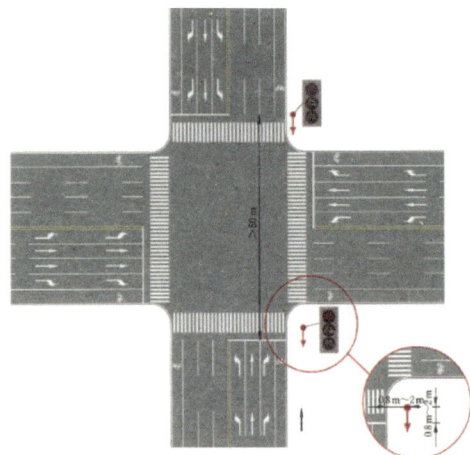

图 5.2-126　示意图七

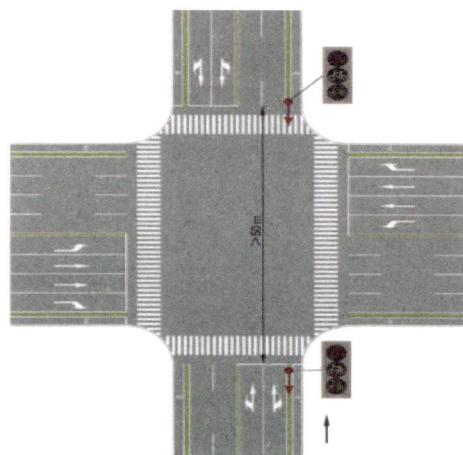

图 5.2-127　示意图八

图 5.2-128　示意图九

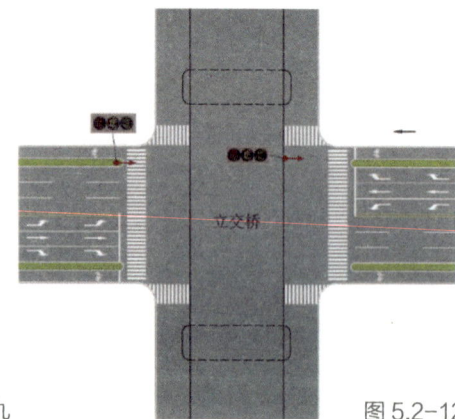

立交桥

图 5.2-129　示意图十

图 5.2-124 ~ 图 5.2-129　资料来源:《道路交通信号灯设置与安装规范》

— 无中央隔离带的路口或路段，人行横道信号灯安装应安装在人行横道两端内沿或外沿线的延长线，距路缘石的距离为 0.8 ~ 2m 的人行道上，采取对向灯安装（图 5.2-130 ~ 图 5.2-134）。

— 有中央隔离带的路口或路段，隔离带宽度大于 1.5m 的，应在隔离带上增设人行横道信号灯（图 5.2-135 ~ 图 5.2-138）。

—— 允许行人等候的导流岛面积较大时，应在导流岛上安装人行横道信号灯（图 5.2-139）。

—— 在盲人通行较为集中的路段，人行横道信号灯应当设置声响提示装置。采用行人按钮时，行人按钮安装高度宜在 1.2 ~ 1.5m 范围内。

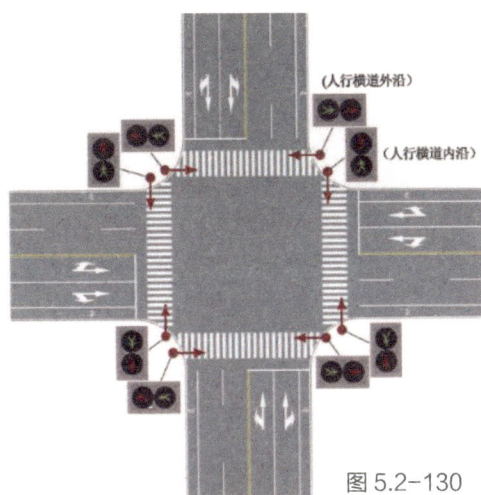

图 5.2-130　示意图十一

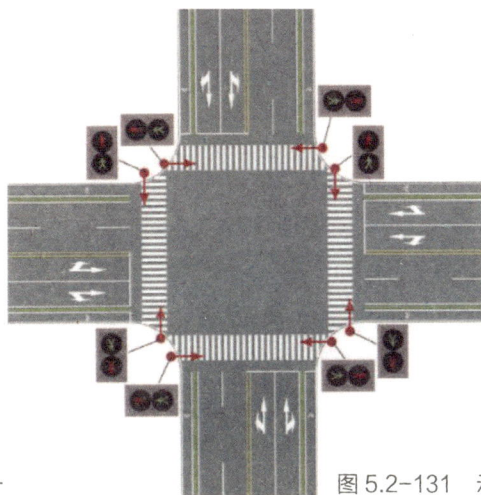

图 5.2-131　示意图十二

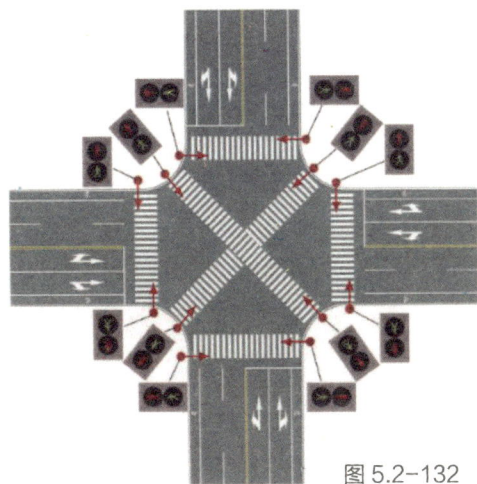

图 5.2-132　示意图十三

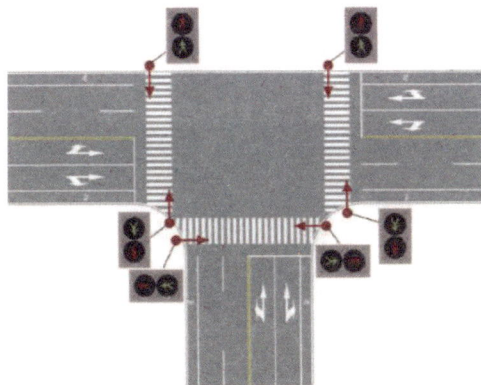

图 5.2-133　示意图十四

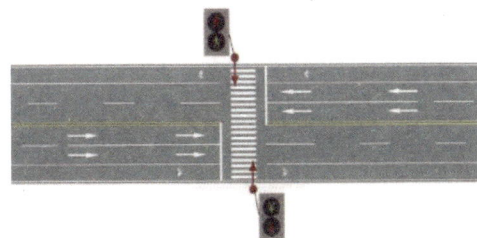

图 5.2-134　示意图十五

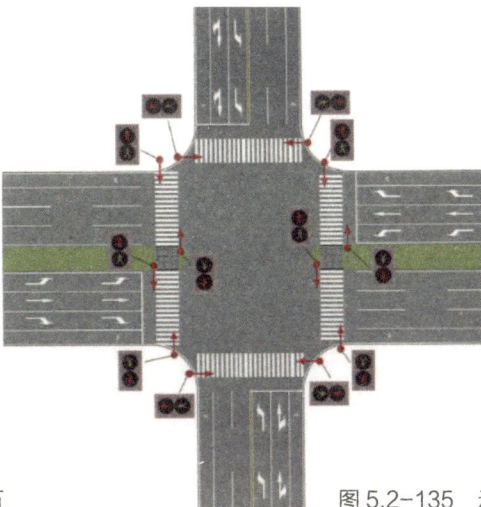

图 5.2-135　示意图十六

图 5.2-130 ~ 图 5.2-135　资料来源:《道路交通信号灯设置与安装规范》

第 5 章　道路设计要素

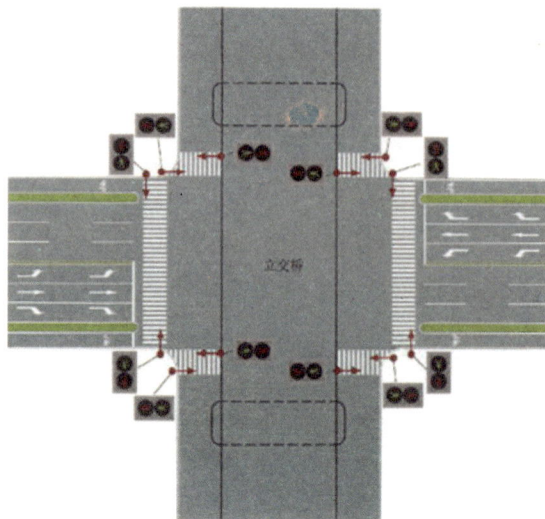

图 5.2-136　示意图十七

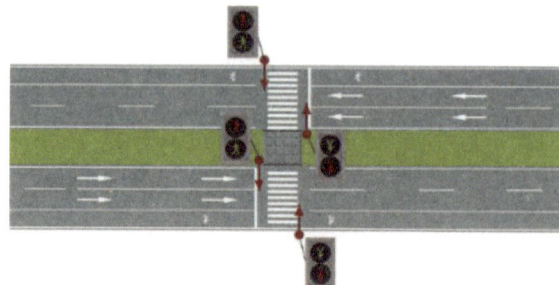

图 5.2-137　示意图十八

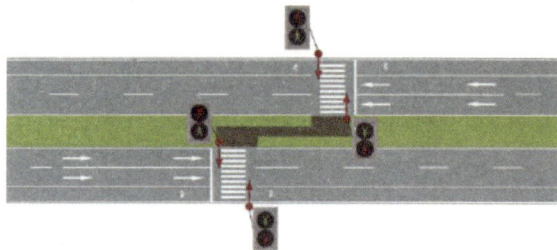

图 5.2-138　示意图十九

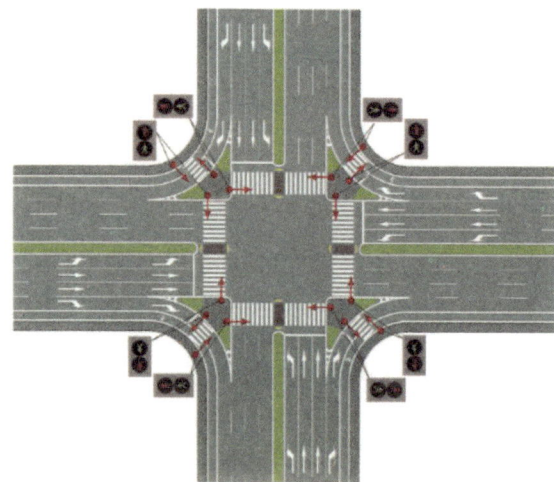

图 5.2-139　示意图二十

信号灯安装高度和悬臂长度

　　非机动车道信号灯安装高度为 2.5 ~ 3m，悬臂长度应保证非机动车信号灯位于非机动车道上空。人行横道信号灯安装高度为 2 ~ 2.5m。

信号灯安装方位

　　非机动车信号灯的安装方位，应使信号灯基准轴与地面平行，基准轴的垂面应通过所控非机动车道停车线中心点。

　　人行横道信号灯的安装方位，应使信号灯基准轴与地面平行，基准轴的垂面应通过所控人行横道边界线的中点。

图 5.2-136 ~ 图 5.2-139　资料来源:《道路交通信号灯设置与安装规范》

● **未来发展趋势**

　　多杆合一等更加精细化设计方式将大大提升行人和非机动车信号灯控制路口的品质。

图 5.2-140　天津市解放北路行人信号灯（资料来源：自摄）

5.2 慢行系统要素
NON-MOTORIZED TRAFFIC SYSTEM ELEMENTS

5.2.19 过街安全岛

过街安全岛指为保证行人等待安全而设置的防止机动车压道的物理隔离设施,一般与行人驻足区配套使用,设置在驻足区的交叉口内侧。

● 设计依据与参考

01	《城市道路交通标志和标线设置规范》GB 51038-2015
02	《城市步行和自行车交通系统规划设计导则》(住房和城乡建设部)
03	《城市道路工程设计规范(2016年版)》CJJ 37-2012
04	《伦敦街道设计导则》(Street Scape Guidance)(2016)
05	《城市道路人行过街设施规划与设计规范》BD33/1058-2008
06	《城市道路交叉口设计规程》CJJ 152-2010
07	《洛杉矶活力街道设计导则》(2011)
08	《波士顿街道设计导则》(Boston Complete Streets Design Guidelines)
09	《纽约街道设计导则》(2015)
10	《阿布扎比街道设计导则》(Abu Dhabi Urban Street Design Manual)(2010)

● 设计指引

总体要求:
安全岛的设置不得影响机动车的正常通行,尤其需要保证左转车辆的半径。安全岛宽度视驻足区宽度而定。

设计流程:
过街安全岛的设置,可按照如下流程进行:
(1)确定过街安全岛位置设置条件;
(2)确定过街安全岛的设置形式要求;
(3)确定过街安全岛的各参数设计标准。

设置条件:
一人行过街横道长度超过16m时(不包括自行车道),应在人行道中央规划设置行人过街驻足区。
一人行过街横道长度超过9m的商业型和生活型道路,尽量设置过街安全岛,保障行人过街的便捷与安全。
一人行过街横道长度超过9m的其他类型道路,宜在人行道中央规划设置行人过街驻足区。

设置形式：

根据道路的功能等级，结合横断面的尺寸和布局，过街安全岛的设置形式可分为以下几种形式：

图 5.2-141 结合中央分隔带设置的二次过街安全岛

图 5.2-142 交通型主干道的行人过街安全岛

图 5.2-143 结合自行车过街带的二次过街安全岛

图 5.2-144 次支路上的二次过街安全岛

图 5.2-145 结合自行车过街带的二次过街安全岛

图 5.2-141 结合中央分隔带设置的二次过街安全岛（资料来源：Duan Xiaomei，GMTDC）

图 5.2-142 交通型主干道的行人过街安全岛（资料来源：karl fjellstorm，fareastbrt.com）

图 5.2-143 结合自行车过街带的二次过街安全岛（资料来源：Duan Xiaomei，GMTDC）

图 5.2-144 次支路上的二次过街安全岛（资料来源：百度街景，https://map.baidu.com/）

图 5.2-145 结合自行车过街带的二次过街安全岛（资料来源：https://chicago.urbdezine.com/2016/04/12/cdots-2015-bikeways-report-highlights-last-years-many-innovative-projects-streetsblog-chicago/）

5.2 慢行系统要素

NON-MOTORIZED TRAFFIC SYSTEM ELEMENTS

● **设置标准**

过街安全岛设置参数推荐以下数值：

—— 交叉口及路段安全岛的面积应综合考虑高峰小时行人过街流量、行人信号周期以及行人驻足区的服务水平，新建安全岛宽度不应小于 2m，条件受限时宽度不应小于 1.5m，长度不应小于连接处人行横道宽度；

—— 安全岛的端部设计成宜不低于路面 125mm 的岛状结构；

—— 安全岛缘石坡道的破面应平整、防滑，坡口与自行车道、机动车道之间宜没有高差；当有高差时，高出车行道的地面不应大于 10mm。

过街安全岛设计标准

过街类别	安全岛尺寸	
信号灯管控过街	建议最小中央安全岛宽度	1.5 m（无中央分隔带） 2m（有中央分隔带）
	建议最小中央安全岛长度	7.2m
	路肩高度	125mm
	路肩坡度	推荐 1：20 ~ 1：12（最大）
带自行车过街带的平面过街	建议最小中央安全岛宽度	3m
	建议最小中央安全岛长度	8m
	路肩高度	125mm
	路肩坡度	推荐 1：20 ~ 1：12（最大）
交错过街	建议最小中央安全岛路肩到路肩的宽度	4m 最小值 7m 推荐值
	中央安全岛交叉点处的最小交错长度	推荐 4m
	设置方向	交错带行进方向与行车方向为面对面

资料来源：自绘

第 5 章　道路设计要素

286 ELEMENTS DESIGN

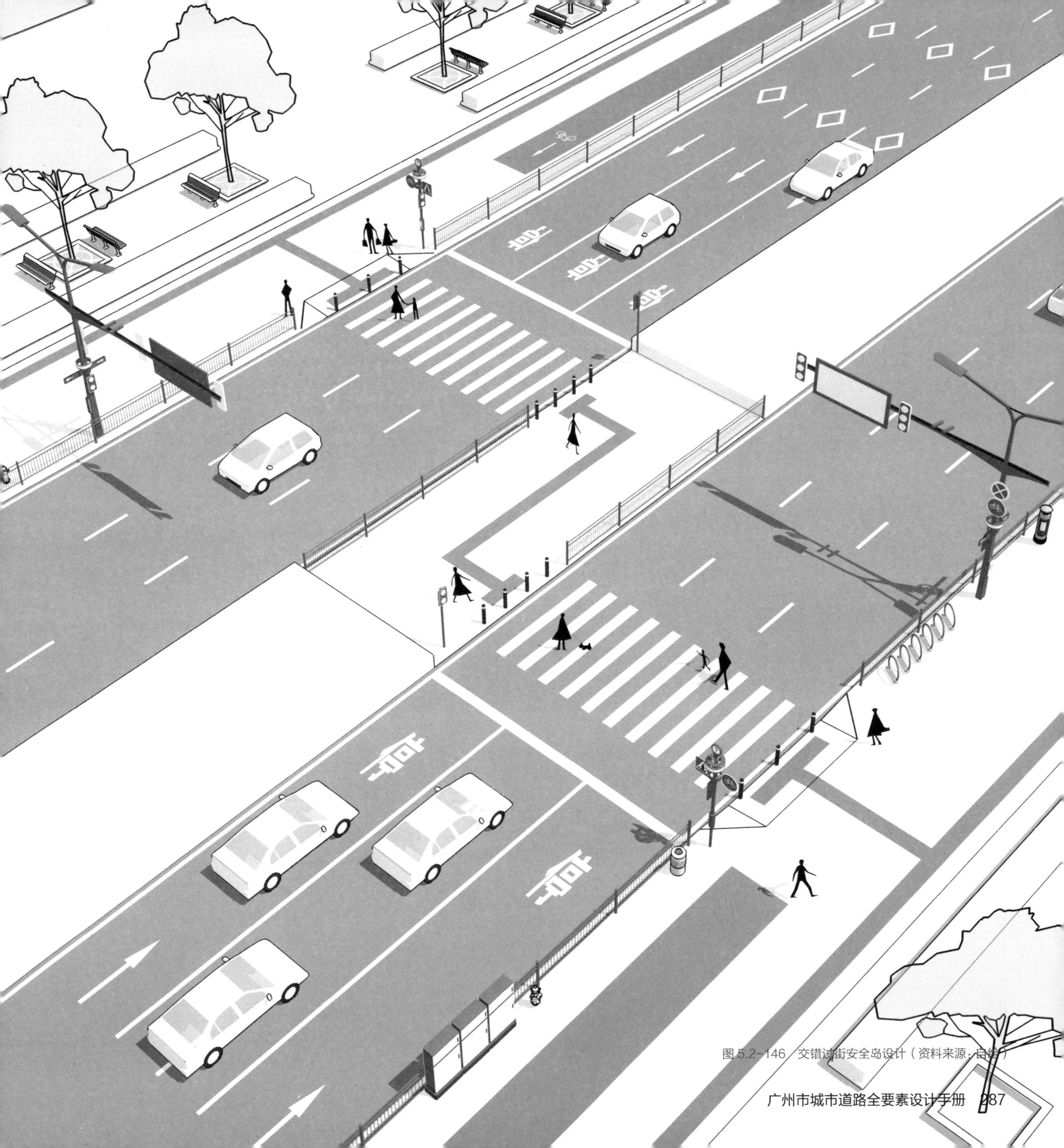

图 5.2-146 交错过街安全岛设计（资料来源：自绘）

5.2 慢行系统要素
NON-MOTORIZED TRAFFIC SYSTEM ELEMENTS

5.2.20 人行横道

人行横道指在车行道上用斑马线等标线或其他方法标示的规定行人横穿车道的步行范围，是城市街道慢行交通系统的重要组成部分。人性化、精细化的人行横道设计，是保障慢行连续、顺畅、安全的关键。

● **设计依据与参考**

01	《城市道路交通标志和标线设置规范》GB 51038-2015
02	《城市步行和自行车交通系统规划设计导则》（住房和城乡建设部）
03	《城市道路工程设计规范（2016年版）》CJJ 37-2012
04	《伦敦街道设计导则》（Street Scape Guidance）（2016）
05	《城市道路人行过街设施规划与设计规范》BD33/1058-2008
06	《城市道路交叉口设计规程》CJJ 152-2010
07	《洛杉矶活力街道设计导则》（2011）
08	《波士顿街道设计导则》（Boston Complete Streets Design Guidelines）
09	《纽约街道设计导则》（2015）
10	《阿布扎比街道设计导则》（Abu Dhabi Urban Street Design Manual）（2010）

● **设计指引**

总体要求：

在满足既有规范的前提下，从安全、便利和以人为本的角度进行综合考虑，要素取值标准主要参考机动车交通量、车速、行人流量及过街路口位置是否位于交叉口或者路段等。

设计流程：

人行横道的设计施画，可按照如下流程进行：

（1）确定人行横道设置的点位布局要求；

（2）确定人行横道的设置形式；

（3）确定人行横道的各参数设计标准；

（4）确定人行横道的具体施画样式。

点位布局：

— 行人过街横道线的设置应与行人过街的交通需求分布特征相一致；

— 干道路段人行横道宽度不宜小于3m，在前后75～100m应设置车辆限速、警示及行人指路标志；

— 居住、商业等步行密集地区的过街设施间距不应大于250m，步行活动较少地区的过街设施间距不宜大于400m；

— 结合公交停靠站设置的人行横道，原则上应设置在停靠站上游；

— 重点公共设施出入口与周边过街设施间距宜满足下列要求[1]：

（1）过街设施距公交站及轨道站出入口不宜大于30m，最大不应大于50m；

（2）学校、幼儿园、医院、养老院等门前应设置人行过街设施，过街设施距单位门口距离不宜大于30m，不应大于80m；

（3）过街设施距居住区、大型商业设施公共活动中心的出入口不宜大于50m，不应大于100m。

[1] 参考《城市步行和自行车交通系统规划设计导则》（2013）。

设置形式：

人行横道形式：一般综合考虑行人流量、行人年龄段分布、道路等级与宽度、车流量、车辆速度、视距等多种因素后，确定人行横道线的设置宽度和形式，根据位置和形式的不同，人行横道主要有以下类型，各类型适用条件如下。

● **分类**

（1）路段直线式人行横道线

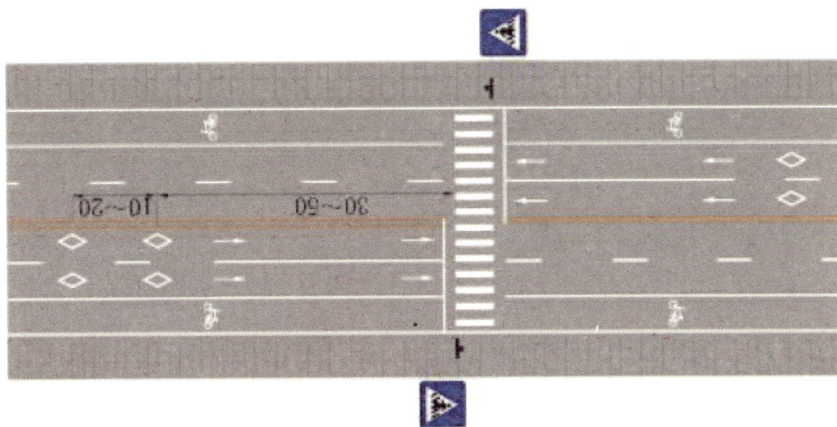

图 5.2-147　路段直线式人行横道线示意图

1）适用条件

用在道路宽度不足 16m 的次干道和支路，人流量适中，车流速度不大的路段上。

2）优点

减少过街距离，缩短过街时间。

3）注意事项

无信号灯控制的路段中设置人行横道线时，应在到达人行横道前的路面上设置停止线和人行横道线预告标识。并配合设置人行横道指示标志。

（2）路段交错式人行横道线

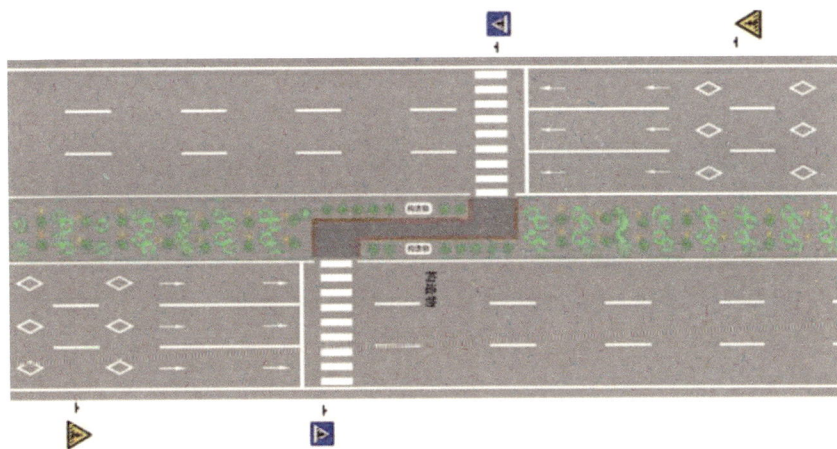

图 5.2-148　路段交错式人行横道线示意图

1）适用条件

人行横道长度大于 16m 时，或者路面宽度大于 30m 的道路上，且安全岛面积不能满足等候信号放行的行人停留需求，桥墩或其他构筑物遮挡驾驶人视线等情况下，人行横道线可错位设置。

2）优点

较宽的路段能有效保障行人过街安全。

图 5.2-147　路段直线式人行横道示意图（资料来源：《城市道路交通标志和标线设置规范》）

图 5.2-148　路段交错式人行横道线示意图（资料来源：《城市道路交通标志和标线设置规范》）

（3）交叉口二次人行横道线

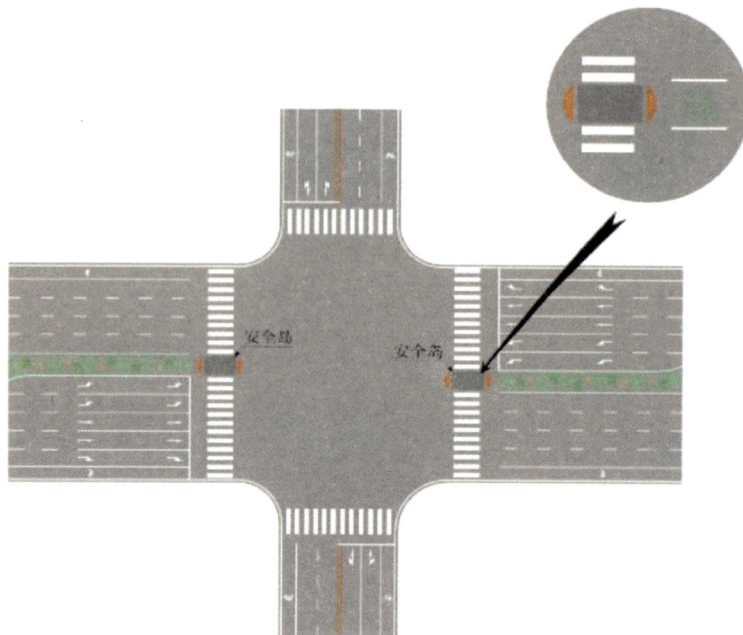

图 5.2-149　交叉口二次人行横道线

注意事项

　　人行横道应设置在车辆驾驶员容易看清的位置，应平行于路段路缘石的延长线，并应后退 1 ~ 2m，人行横道间的转交部分长度应大于 6m，在右转车辆易与行人冲突的交叉口，后退距离宜适当加大到 3 ~ 4m。

（4）行人左右分道的人行横道线

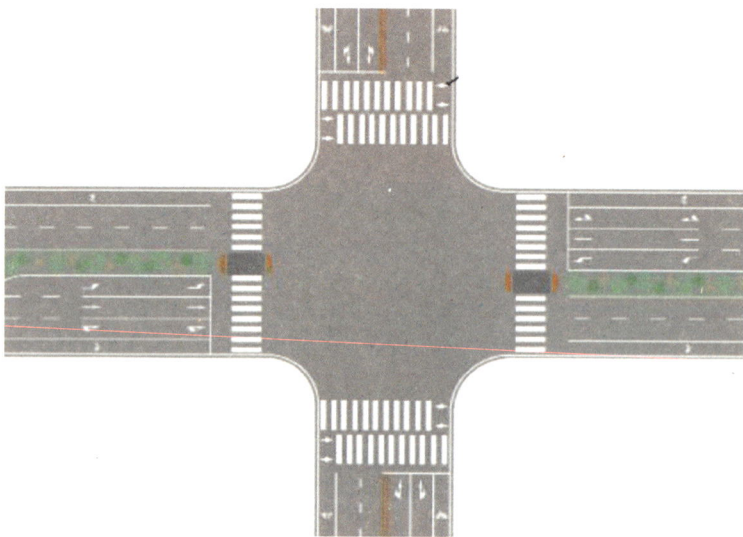

图 5.2-150　行人左右分道的人行横道线

图 5.2-149　交叉口二次人行横道线（资料来源：《城市道路交通标志和标线设置规范》）

图 5.2-150　行人左右分道的人行横道线（资料来源：《城市道路交通标志和标线设置规范》）

1）适用条件

　　适用于行人过街交通量特别大的商业型、生活型等道路交叉口。

2）基本要求

　　并列设置两道人行横道线，使斑马线虚实段相互交错，并辅以方向箭头指示行人靠左右分道过街。

设计标准：

— 步行道与过街设施的尺寸应适应，保证行人在交叉点与等候区都不会过于约束。

— 在步行空间较窄（宽度小于 3m）而过街人流量较大的区域，建议设置 5m 宽的过街横道，通过这种拓宽来增加行人等候区的空间而减少步道行人流的阻碍。

— 人行横道线一般与道路中心线垂直，特殊情况下，其与中心线夹角不宜小于 60°（或大于 120°），其条纹应与道路中心线平行；人行横道的最小宽度为 3m，并可根据行人数量以 1m 为一级加宽。人行横道线的线宽为 40 或 45cm，线间隔一般为 60cm，可根据车道宽度进行调整，但最大不应超过 80cm。

— 人行横道宽度应根据过街行人流量、行人信号时间等确定，顺延干路的人行横道宽度不宜小于 5m，顺延支路的人行横道宽度不宜小于 3m，宜以 1m 为单位增减。

— 人行过街横道长度超过 16m 时（不包括自行车道），应在人行道中央规划设置行人过街驻足区，有中央分隔带的驻足区宽度不应小于 2m，无中央分隔带时宽度不应小于 1.5m；

具体尺寸如下表所示。

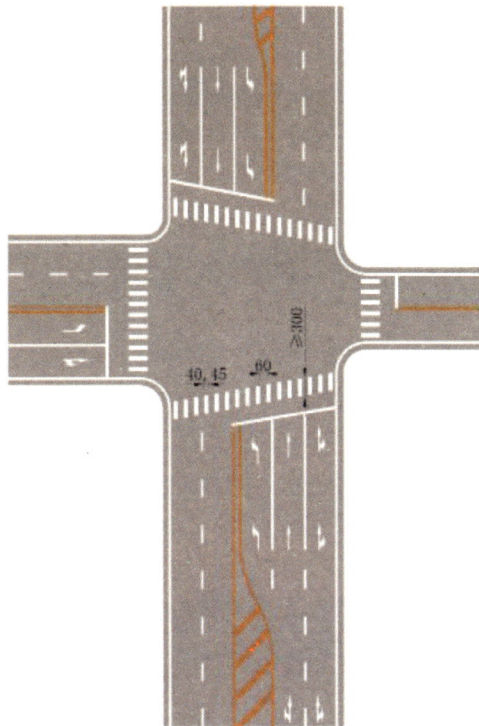

图 5.2-151　人行横道线与道路中心线夹角示意
（资料来源：《城市道路交通标志和标线设置规范》）

人行横道设计标准（资料来源：《伦敦街道设计导则》）

过街类别	信号灯管控过街	
	建议最小过街宽度	3m
	最大过街宽度	10.0m
	路肩坡度	推荐 1：20 ~ 1：12（最大）
	带自行车过街带的平面过街	
	建议最小过街宽度	4m
	最大过街宽度	10.0m
	路肩坡度	推荐 1：20 ~ 1：12（最大）

施划样式：

因驾驶员观察路面标记的较低的观察角度，根据英国联邦公路管理局的研究结论，增加人行横道的可见度和增加行人安全之间有着直接的联系，因此人行横道线的施划方式除了传统的斑马线外，还有其他一些形式如图 5.2-152 所示。

图 5.2-152　其他形式的传统的人行横道线（资料来源：自绘）

● **优秀案例**

形式各异的人行横道线

国内外一些个性化的人行横道施划方式，以提高人行横道的可见度，增加行人过街的安全性。一般建议彩色的及特殊装饰图案的人行横道仅在信号控制交叉口使用，且需经过专管部门批准。

图 5.2-153（a）~（c）美国巴尔的摩人行横道线（资料来源：Graham Coreil-Allen & Paul Bertholet）
图 5.2-153（d）广州市南沙区海滨路人行横道线（资料来源：自摄）

图 5.2-153　形式各异的个性化人行横道线

图 5.2-154　英国伦敦抬升式过街横道（资料来源：谷歌街景，https://www.google.com/maps）

● **优秀案例**

英国·伦敦｜抬升式过街横道

　　在步行优先的区域，可采取抬升式人行横道，或者人行横道和缘石延伸、过街安全岛结合使用，并采取行车道的材料与步行道保持一致的方式，保证行人过街的安全和连续性。

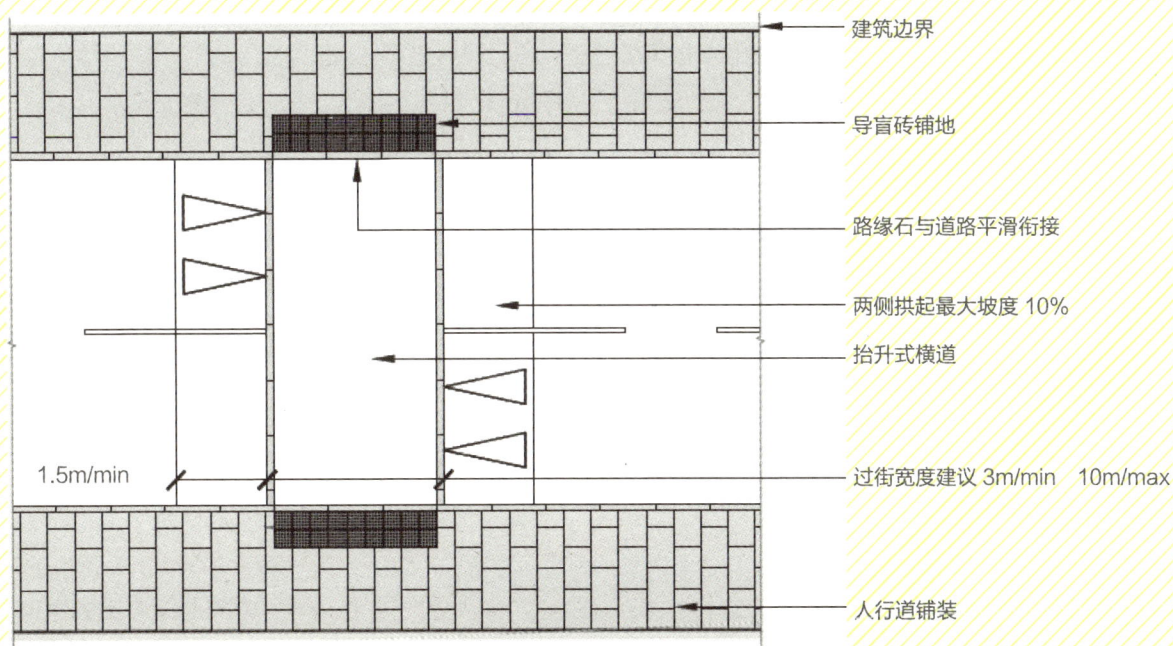

- 建筑边界
- 导盲砖铺地
- 路缘石与道路平滑衔接
- 两侧拱起最大坡度 10%
- 抬升式横道
- 1.5m/min
- 过街宽度建议 3m/min　10m/max
- 人行道铺装

图 5.2-155　抬升式人行横道设计示意图（资料来源：《伦敦街道设计导则》）

第 5 章　道路设计要素

5.2 慢行系统要素
NON-MOTORIZED TRAFFIC SYSTEM ELEMENTS

5.2.21 人行地道

人行地道应进行全面、长远的规划，慎重选择建设位置，充分结合城市道路网构成一个完整的城市步行系统，并对周边的人流、交通流、商业设施、道路密度加以分析，进行人性化设计，提供高容量行人和自行车的通过空间，并通过艺术化造型使其成为城市街道的标志性景观。

● **设计依据与参考**

01 《城市人行天桥与人行地道技术规范》CJJ 69-1995
02 《人行天桥与人行地下通道无障碍设施设计规程》DB11/T 805-2011（北京市地方标准）
03 《城市道路交通设施设计规范》GB 50668-2011
04 《城市道路交通规划设计规范》GB 50220-1995

相关规定： 人行地道设计布局应充分结合城市道路网，适应交通需求，并应考虑由此引起附近范围内人行交通所发生的变化，其中需特别注意以下几点规定：
— 人行地道应符合城市景观的要求，并与附近地下建筑物密切结合；
— 人行地道出入口应设置人流集散用地，其面积不宜小于 $50m^2$；
— 与地面高差大于 6m 的地下通道宜设置上行自动扶梯或电梯。

● **设计指引**

一般准则： 人行地道设计需考虑周边环境、人流及非机动车通行的便利性、安全性、舒适性，与周边设施的协调等原则，还需具有独特的个性特点，加强人行地道空间的可识别性。

布局原则： 人行地道的布局既要利于提高行人过街安全度，又要提高机动车道的通行能力。地面梯口不应占人行通行带的空间，特殊困难处，人行宽度应保留 1.5m，应与附近大型公共建筑出入口结合，并在出入口留有人流集散用地；人行地道在路口的布局应从路口总体交通和建筑艺术等角度统一考虑，以求最大综合利益。

设置要点： 其通行能力须满足该地点行人的过街要求，融入更多人性化设计：
— 人行地道的最小净高为 2.5m，其净宽不宜小于 3.75m；
— 人行地道的无障碍设施，可按照本手册的盲道等相关指引统一设置，距坡道与梯道 0.25 ~ 0.50m 处应设提示盲道，长度应与坡道、梯道宽度相对应，并与人行道中行进盲道相连接，以形成完善的无障碍步行系统；
— 人行地道的上口必须设置护墙，并有一定的安全高度，一般高于路面 0.2m 以上为宜，护墙上要同时设置护栏，护墙装饰材料的选择与周围环境也要协调一致；
— 地道出入口要设置阻水设施，防止地面的水倒灌入地道内，一般设计成台阶，为方便轮椅使用者出行，也可设计成斜坡形式；
— 人行地道出入口构筑物造型应与周围环境相协调；
— 为了方便自行车人群的使用，人行地道必须保证直线视线范围内无阻挡物，并避免在出入口附近出现急转弯，建议设置方便自行车推行的楼梯导轨；
— 人行地道的导向标志，应设置在地道入口处及分叉处；
— 可考虑将绿化引入人行地道，不但改善隧道内部空气质量，也减少人们对地下空间的不良心理反应；
— 人行地道应通过明快的色彩能有效改善行人在隧道空间内的压抑感，并起到统一地下空间的作用；
— 人行地道应处理出入口内部光线与外界自然光的过渡关系，避免给人们带来瞬间的"失明"或"眩光"等问题；
— 人行地道可通过内部空间环境设计、出入口形象设计、设施设置及管理特色来体现人文艺术精神。

注意事项： 人行地道的设置应与公共车辆站点结合，还应有相应的消防、交通、管理维护措施等；在人流量大或较长的重要地道时，应设置管理和维护专用设施。

　　人行地道在相对局限的城市环境中，常出现在车行道或建筑限制过街的情况，然而，它们常常因为环境品质不高，天然缺乏监管，而且对于出行不便的行人造成更大的出行困难，导致行人宁可擅自横跨马路，也不愿选择地下通道，所以应积极探索和寻找行人地面过街的合理化解决方案，来替代地下过街设施；同时当人行地道不得已设置时，为突破其先天性不足需进行艺术化造型，重视其内部空间环境设计和出入口形象的提升，科学融入前沿技术（天光收集系统、空气净化系统等），并配合艺术照明及人性化服务设施来优化人行通道体验和场地特征，从而激发空间活力，彰显城市个性。

▶ 人性化设计；

▶ 城市文化性；

▶ 区域识别性；

▶ 公共服务性。

● **未来发展趋势**

　　标志性景观。通过艺术化造型、艺术化照明及服务设施优化改良人行通道，增强场地特征感，提升景观环境品质及激发街区活力。

　　替代人行通道。应积极探索和寻找行人地面过街的可行方案，替代地下过街通道。

● **优秀案例**

美国·费城 | 地道出入口

　　两个玻璃出入口是结合广场空间和地下的交通枢纽而重新设计的。它位于费城市中心，在市政厅的前面是一个富有历史价值的综合地下运输网络的地下通道主入口。

▶ 借鉴意义：

　　— 文化性：地下出入口的设计理念是在地面上没有金属配件，并将所有的玻璃面板与结构硅酮连接在一起。这是对市政厅结构的敬意，这是一座全砖石建筑，至今仍然是世界上最高的建筑物。

　　— 技术性：整个出入口由一个全玻璃结构从高达 18 英尺的玻璃墙和玻璃屋顶跨越 17 英尺宽的通道地面升起。玻璃幕墙由 5 层钢化玻璃组成。屋顶板由 7 层钢化玻璃组成，中间有钢化玻璃夹层。

图 5.2-156　美国费城（资料来源：https://youimg1.c-ctrip.com/target/fd/tg/g4/M06/05/10/CggYHVbSfrOAVv7OAAMv0KPZYdg511.jpg）

5.2 慢行系统要素
NON-MOTORIZED TRAFFIC SYSTEM ELEMENTS

5.2.22　人行天桥

鼓励人行天桥充分结合城市道路网，与城市中车站、码头集散广场，城市游憩集会广场等的步行系统紧密结合，构成一个完整的城市步行系统；人行天桥除了满足其设施的易用性、直达性、安全性的同时，也可以通过精心设计成为城市的景观地标。

● **设计依据与参考**

01	《城市人行天桥与人行地道技术规范》CJJ 69-1995
02	《人行天桥与人行地下通道无障碍设施设计规程》DB11/T 805-2011（北京市地方标准）
03	《城市道路交通设施设计规范》GB 50668-2011
04	《城市道路交通规划设计规范》GB 50220-1995

相关规定： 人行天桥设计布局应充分结合城市道路网，适应交通需求，并应考虑由此引起附近范围内人行交通所发生的变化，其中需特别注意以下几点规定：

— 人行天桥的建筑艺术应符合城市景观的要求，主体结构的造型要简洁明快通透；

— 人行天桥可与附近大型人流集散点直接连通密切结合以发挥疏导人流的功能；

— 人行天桥的出入口应设置人流集散用地，其面积不宜小于 50m^2；

— 人行天桥必须设桥下限高的交通标志；

— 人行天桥桥面或梯面必须有平整、粗糙、耐磨的防滑措施，多雨雪地区，天桥可加设雨棚。

● **设计指引**

一般准则： 人行天桥是人们日常接触最多的一种桥梁形式，所以在人行天桥设计时不仅应考虑其交通功能，还需通过精细化、人性化的设计尽可能地参与城市环境的构成，使得人行天桥的建设满足安全、适用、经济、美观的要求。

布局原则： 人行天桥的布局既要利于提高行人过街安全度，又要提高机动车道的通行能力。地面梯口不应占人行步道的空间，特殊困难处，人行步道应保留 1.5m 宽，应与附近大型公共建筑出入口结合，并在出入口留有人流集散用地；人行天桥在路口的布局应从路口总体交通和建筑艺术等角度统一考虑，以求最大综合利益。

设计要点： 人行天桥应与商业区、交通枢纽等人车密集地点相连接，宜结合建筑物内部人行通道设置连续的立体过街设施，形成空中人行连廊：

— 人行天桥的无障碍设施应按照相关要求统一设置，距坡道与梯道 0.25 ~ 0.50m 处应设提示盲道，长度应与坡道、梯道宽度相对应，并与人行道中行进盲道相连接，以形成完善的无障碍步行系统；

— 人行天桥出入口构筑物造型应与周围环境相协调；

— 为方便自行车人群的使用，人行天桥必须保证直线视线范围内无阻挡物，并避免出入口出现急转弯。

— 人行天桥的导向标志，应设置在地道入口处及分叉处；

— 人行天桥为机动车道时，最小净高为 4.5m，行驶电车时，最小净高为 5.0m；

— 人行天桥桥面净宽不宜小于 3m；

— 考虑日晒及降雨对人们使用天桥的影响，人行天桥可建设全天候行人交通系统（即天桥加设雨棚）；

— 人行天桥应通过现代高科技的灯光艺术手段与桥梁造型有机结合在一起，并联系周围环境亮化，营造明亮、独特、美观的环境效果。

注意事项： 人行天桥的设置应与公共车辆站点结合，还应有相应的交通管理措施；天桥距房屋较近时，应根据需要设置视线遮板，并照顾到该房屋的日照问题。

第 5 章　道路设计要素

鼓励人行天桥充分考虑行人和非机动车的使用需求，在满足设施易用性、直达性、安全性的前提下，通过更为精心的设计，使其造型艺术化、照明人性化、设施精细化及绿色智能化从而改良人行通道，增强场地特征感；在场地允许的条件下，应尽可能提高天桥的舒适性，增加城市公共空间活化剂要素比如茶餐厅、花店、自由市场、图书馆等植入其中，力求让场所变得更有生机与可能性。与此同时，天桥在蔓延的过程中还衍生出系列分支，与周边的绿地和公共空间相联系，从而带动周边城市活力与丰富性。

▶ 地标性；

▶ 生态性；

▶ 环保性；

▶ 娱乐性。

● 未来发展趋势

天桥公园。人行天桥除了满足其设施的易用性、直达性、安全性的同时，也可以通过精心设计成为城市的景观地标，增加相关公共空间活化剂要素，力求让城市更加环保，人性化，具有吸引力。

● 优秀案例

荷兰·斯海尔托亨博斯 | 人行天桥

Paleisbrug 是一座横跨铁路，长度达到250m 的人行 + 自行车天桥公园，其联系了新开发区中的各个大学研究机构、办公室、住宅。同时，桥体上还配备了大型的太阳能集热器以便为周边地区提供能源。

▶ 借鉴意义：

— 生态性：乔木、灌木、地被在桥上按区域井井有条地分布，在桥两侧，主要种植着乔木，桥的横跨结构上则主要种植低矮植被；所有植物采用滴灌系统灌溉。夜间照明也保证了公园 24h 舒适。这里成了城市中一个有特色的生态系统。

— 环保性：人行天桥配备了大型太阳能集热器以便为周边地区提供能源。

— 耐久性：主材料采用耐候钢板，除此以外，其还蔓延折叠翻转，成了树池、地面、座椅、灯具。该材料抗腐蚀性能相当良好，每百年才会被腐蚀0.5mm，可谓防风防雨的绝佳材料。

图 5.2-157　荷兰斯海尔托亨博斯（资料来源：www.gooood.hk/paleisbrug-by-benthem-crouwel.htm）

5.2 慢行系统要素
NON-MOTORIZED TRAFFIC SYSTEM ELEMENTS

5.2.23 自行车过街带

自行车过街带是指通过地面标志标线或铺装指示规范自行车过街的通行区域，设置目的是提高自行车过街的安全性。

● **设计依据与参考**

01	《城市道路人行过街设施规划与设计规范》BD33/1058-2008
02	《城市道路工程设计规范（2016 年版）》CJJ37-2012
03	《城市步行和自行车交通系统规划设计导则》（住房和城乡建设部）
04	《城市道路人行道和自行车道设计指引研究》（2015）（浙江省地方行业标准）
05	《深圳市步行和自行车交通系统规划设计导则》（2013）（深圳市规划和国土资源委员会）
06	《城市道路平面交叉口规划与设计规范》（2011）（上海市住房和城乡建设管理委员会）
07	《伦敦街道设计导则》（2016）（Street Scape Guidance）
08	《纽约街道设计导则》（2015）

● **设计指引**

总体要求：

一　自行车过街带应尽量遵循骑车人过街期望的最短路线布置，并应尽量采用平面过街方式；宜体现安全、便利和以人为本的设计理念。

一　自行车过街带的可见度和自行车过街安全之间有着直接的联系，因此自行车过街带宜采用比较醒目的铺装或喷绘，并设置醒目的自行车引导标识。

图 5.2-158　彩色铺装的自行车过街带，有助于提升自行车过街安全度（资料来源：karl fjellstorm, fareastbrt.com）

设计流程：

自行车过街带的设计施画，可按照如下流程进行：

（1）确定自行车过街带的点位布局要求；

（2）确定自行车过街带的设置形式；

（3）确定自行车过街带的各参数设计标准；

（4）确定自行车过街带的具体施画样式。

设置原则：

— 自行车过街设施规划一般宜与行人过街设施相结合，宜同步考虑、同步规划。

— 自行车独立进出口道可采用自行车与机动车相同或自行车与行人相同的通行规则和交通组织方式。

设置参数：

对于过街通道的尺寸，自行车过街需求较大的主次干道，结合其过街需求按 1.5 ~ 3.0m 设置。支路以及自行车过街需求较小的主次干道路口、路段处可不设置自行车专用过街通道，自行车交通共用人行横道过街。

设置形式：

根据自行车过街带的设置位置分为以下交叉口和路段两种设置形式。

图 5.2-159　自行车过街带设置示例（资料来源：karl fjellstorm，fareastbrt.com）

5.2 慢行系统要素

NON-MOTORIZED TRAFFIC SYSTEM ELEMENTS

● **分类**

（1）平交、渠化路口自行车过街设计

图 5.2-160　平交、渠化路口自行车过街（资料来源：
karl fjellstorm，fareastbrt.com）

主次干道交叉口或路段自行车平面过街时宜在人行横道靠交叉口侧设置自行车专用过街通道，鼓励将交叉口处的自行车停止线靠近交叉口设置；自行车有单独的控制信号且实施信号优先的，可将自行车停止线布置在机动车停止线之前。

（2）无渠化岛的左转自行车二次过街形式

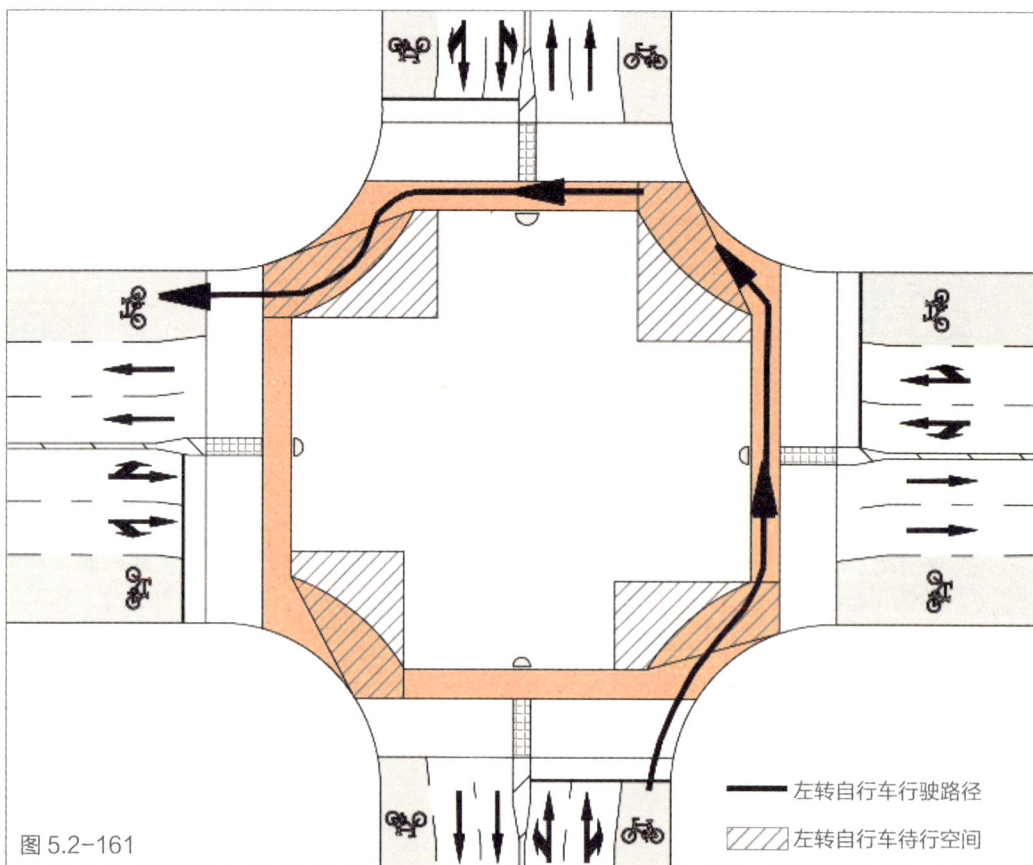

图 5.2-161　无渠化岛的左转自行车二次过街（资料来源：自绘）

左转非机动车流量较大且交叉口用地条件允许时，可采用非机动车二次过街方式，左转非机动车待行区的面积应满足非机动车停车需要，位置应保证非机动车的安全并符合其行驶轨迹的要求，且不影响其他各类交通流的通行。

机动车道要素
ROADWAYS ELEMENTS

5.3 机动车道要素
ROADWAYS ELEMENTS

5.3.1 机动车道宽度

机动车道宽度是指机动车道路面宽度，包括车行道宽度、两侧路缘带宽度以及单幅路和三幅路中间分隔物或双黄线的宽度。机动车道根据行驶车辆类型可分为小汽车道、混行车道、公交专用道，根据所处位置可分为路段车道、进口道车道、出口道车道。

● **设计依据与参考**

01	《城市道路工程设计规范（2016 年版）》CJJ 37-2012
02	《城市道路交叉口设计规程》CJJ 152-2010
03	《城市道路交叉口规划规范》GB 50647-2011
04	《快速公共汽车交通系统设计规范》CJJ 136-2010
05	《城市快速路设计规程》CJJ 129-2009
06	《浙江省城市道路机动车道宽度设计规范》DB33/1057-2008（浙江省地方标准）
07	《北京市公交专用车道设置规范》DB11/T 1163-2015（北京市地方标准）
08	《波士顿完整街道设计手册》
09	《城市交通设计导则（报批稿）》（住房和城乡建设部）

● **设计指引**

总体要求：

机动车道宽度是供机动车辆使用的宽度，设计时应满足机动车基本通行需求；同时以道路资源合理分配为导向与其他道路要素协调设计。当机动车通行需要与其他道路资源冲突时，优先调整机动车道宽度。

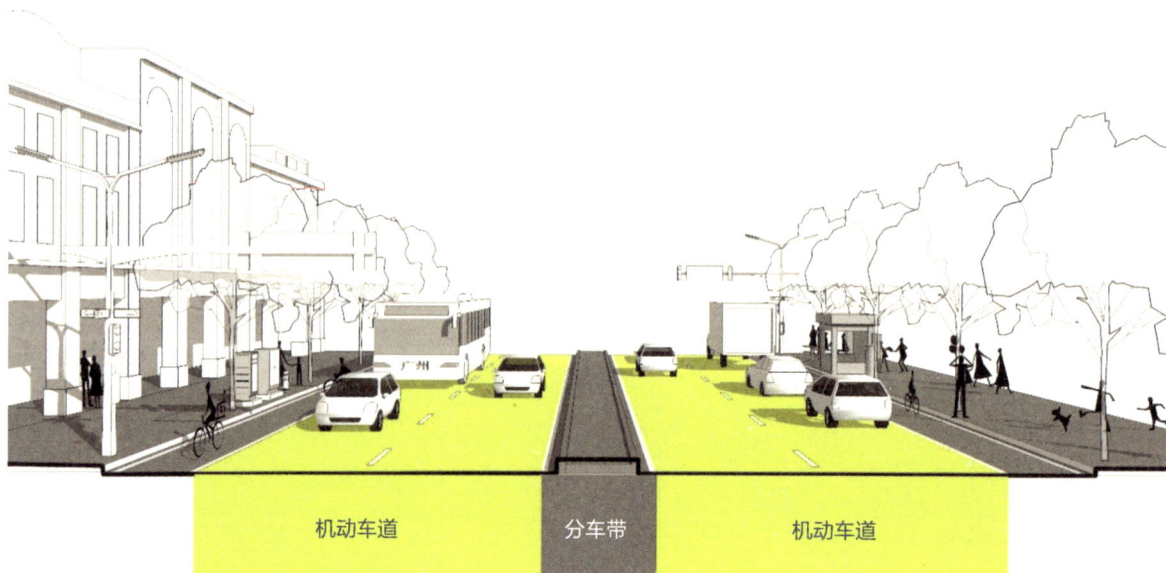

图 5.3-1　机动车道宽度示意图（资料来源：自绘）

设计流程：

机动车道宽度的设计，可按照以下步骤进行：

（1）确定道路等级和车道类型；

（2）确定路缘带和中间分隔带宽度；

（3）确定车行道宽度。

设计要点：

确定道路等级和车道类型：机动车道宽度由设计车型、设计车速、车道所处位置共同决定。设计车速越高的道路，其机动车道数量越多，所需分车带宽度越宽。设计车型越大的道路单条机动车道宽度越宽。

分车带宽度：根据在横断面中不同位置和功能，分车带可分为中间分车带和两侧分车带。中间分车带用于分隔对向行驶车辆；两侧分车带用于分隔同向的主路与辅道或机动车与自行车。分车带宽度由路缘带宽度与分隔带宽度组成。对于机非混行的道路而言，路缘带宽度计入自行车道宽度。

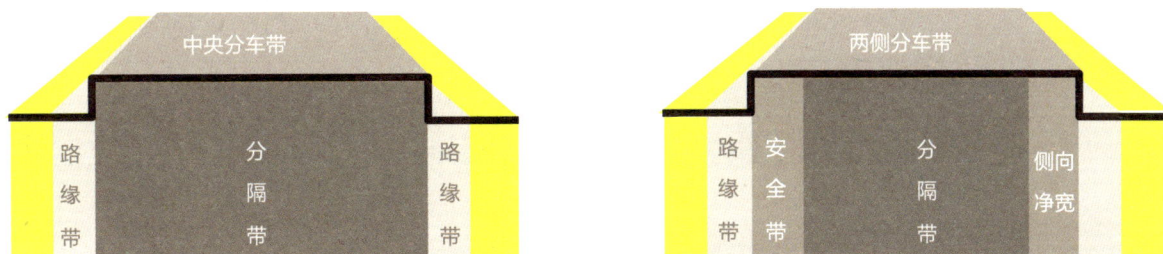

图 5.3-2　分车带示意图（资料来源：自绘）

类型	中间带		两侧带	
设计速度（km/h）	≥ 60	< 60	≥ 60	<60
路缘带宽度（m）	0.5	0.25	0.5	0.25
分隔带最小宽度（m）	1.5	1.5	1.5	1.5
分车带最小宽度（m）	2.5	2.0	2.5	2.0
侧向净宽（m）	1.0	0.5	0.75	0.5
安全带宽度（m）	0.25	0.25	0.25	0.25

注：当设施带与绿化分隔带合并设置时，设施的布设应满足侧向安全净宽要求，不得布设在安全带内。

资料来源：《城市道路工程设计规范》

5.3 机动车道要素
ROADWAYS ELEMENTS

路段单条机动车道宽度：机动车道宽度应根据车道上行驶的车型确定。商业型、生活型、景观型等交通功能较弱的道路，机动车道宽度宜取下限值。

机动车道类型	快速路	主干路	次支路
小汽车专用道	3.75 ~ 3.5m	3.5 ~ 3.25m	3.25 ~ 3.0m
混行车道	4 ~ 3.75m	3.75 ~ 3.5m	3.5 ~ 3.25m
公交专用道	3.75 ~ 3.5m	3.5m	3.5m

资料来源：自绘

交叉口单条机动车道宽度：一般而言，交叉口出口道宽度与下游路段的车道宽度相同。当用地条件受限时，可比路段车道宽度减少 0.25m，但不得小于上游进口车道宽度。

机动车道类型	出口道宽度	进口道宽度
小汽车专用道	3.5 ~ 3.0m	3.25 ~ 2.75m
混行车道	3.75 ~ 3.25m	3.25 ~ 3.0m
公交专用道	3.75 ~ 3.0m	3.5 ~ 2.75m

注：公交专用道上限值用于 BRT 车道，下限值用于改建道路用标线隔离的专用车道。

资料来源：自绘

5.3 机动车道要素
ROADWAYS ELEMENTS

● 未来发展趋势

缩窄单条机动车道宽度

　　缩窄单条机动车道宽度，可以促使机动车降速，同时可以缩短行人过街的距离，改善行人步行与自行车骑行的环境。

　　适用条件：单条机动车道宽度大于 3.5m，或者街道有较宽的停车带。

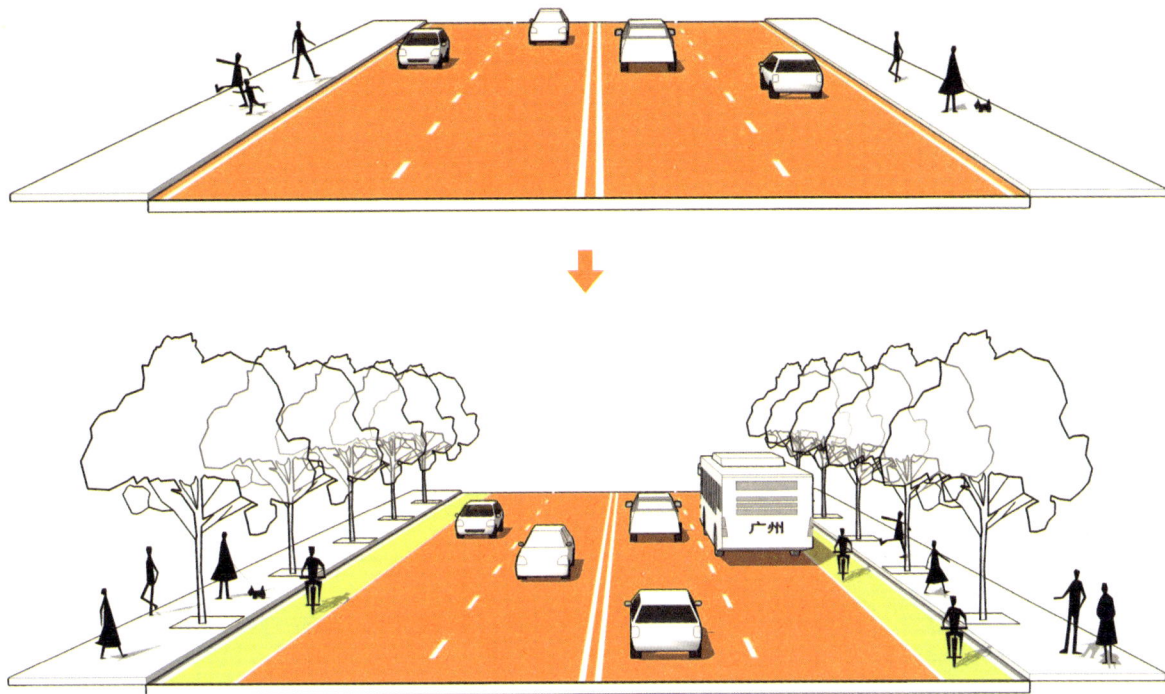

图 5.3-3　缩窄单条机动车道宽度，缩短行人过街距离（资料来源：自绘）

减少机动车道数量

　　减少机动车道数量，可以释放更多的街道空间作人行道、自行车道或路内停车，但需要对改善前后的通行能力进行评估。

　　适用条件：预先评估减少机动车道数量后通行能力仍满足需求，双向四车道可减少为双向两车道加一条转向车道（或中央分隔带）。

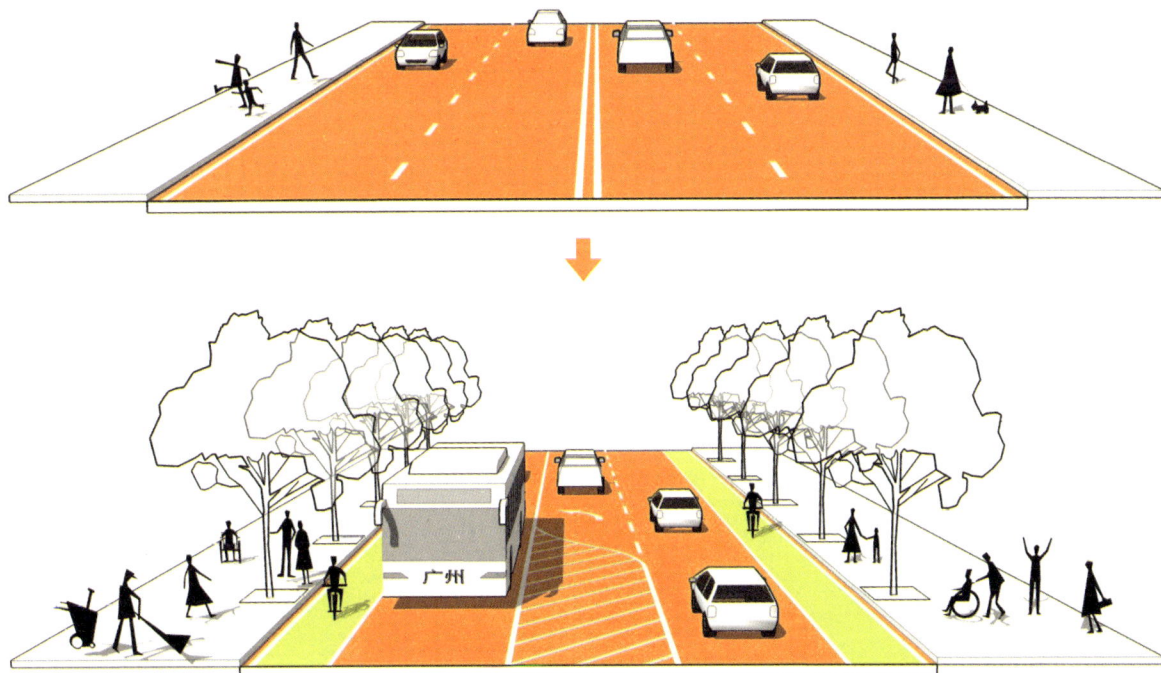

图 5.3-4　减少机动车道数量，释放人、非机动车道空间（资料来源：自绘）

5.3 机动车道要素
ROADWAYS ELEMENTS

5.3.2 路内停车区

路内停车区是利用道路一侧或两侧设置停车泊位的区域，是城市街道静态交通系统的重要组成部分。完善的路内停车区设计，能在方便使用的同时减少对动态交通的干扰，实现街道动静交通的平衡。

● 设计依据与参考

01	《城市道路路内停车泊位设置规范》GA/T 850-2009
02	《城市道路交通设施设计规范》GB 50688-2011
03	《城市道路交通标志标线设置规范》GB 51038-2015
04	《广州市城市规划管理技术标准与准则》
05	《上海市街道设计导则》
06	《伦敦街道设计导则》

● 设计指引

参考《城市道路路内停车泊位设置规范》GA/T 850-2009。

总体要求：
路内停车区的设置应根据道路功能，确定合理的规模、位置和设置形式，并处理好与机动车、非机动车和行人交通的关系，做好变截面设计，保障各类车辆和行人的通行和交通安全。

设计流程：
路内停车区的设计流程如下所示：
（1）明确设置条件；
（2）确定设置规模；
（3）确定设置位置；
（4）确定设置形式；
（5）确定泊位尺寸；
（6）完善要素协调。

设置条件：
— 路内停车区的设置应综合考虑道路宽度、占机动车道或非机动车道设置路内停车的 V/C 值、人行道设置路内停车区后的剩余宽度；
— 不应在快速路和主干路的主道上设置路内停车区；
— 建议在生活型道路、商业型道路上适当设置路内停车区，满足临时停车需求。

第5章 道路设计要素

设置规模：

— 路内停车区的规模应符合《城市道路路内停车泊位设置规范》GA/T 850-2009 有关停车泊位设置率的要求（详见规范第 4 节），并结合沿线临时停车需求确定。

— 路内停车作为公共停车的补充，宜采用少量分散的布局原则，以方便使用。

— 多个路内停车区相连组合时，每组长度宜在 60m，每组之间应留有不低于 4m 的间隔。

图 5.3-5　路内停车分散设置实例（资料来源：谷歌街景，https://www.google.com/maps）

设置位置：

— 以下路段和区域不应设置路内停车区：

1）人行横道，人行道（依《道路交通安全法》第三十三条规定施划的停车泊位除外）；

2）交叉路口、铁路道口、急弯路、宽度不足 4m 的窄路、桥梁、陡坡、隧道及距离上述地点 50m 以内的路段；

3）公共汽车站、急救站、加油站、消防栓或者消防队（站）门前以及距离上述地点 30m 以内的路段，除使用上述设施的；

4）距路口渠化区域 20m 以内的路段；

5）水、电、气等地下管道工作井及距离上述地点 1.5m 以内的路段；

6）距路外停车场出入口 200m 以内，不宜设置路内停车泊位。

— 各级城市道路两侧的人行道和非机动车道内不得设置路内停车区。

— 不宜在交通型道路、景观型道路上设置路内停车区。

— 路内停车区宜结合地块人行出入口设置，与服务对象目的地之间的距离不宜大于 200m。

参考：

《城市道路路内停车泊位设置规范》GA/T 850-2009。

5.3 机动车道要素
ROADWAYS ELEMENTS

参考《伦敦街道设计导则》。

形式与尺寸：

— 路内停车区泊位排列通常有平行式、倾斜式和垂直式三种，小汽车停车区宜采用平行式，在条件允许的情况下也可采用倾斜式，大型车辆的停车区不应采用倾斜式和垂直式的停放方式。

— 停车位尺寸应符合《城市道路路内停车泊位设置规范》GA/T 850-2009 的规定。

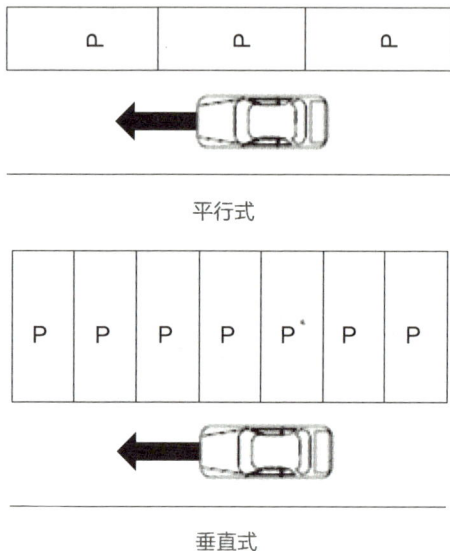

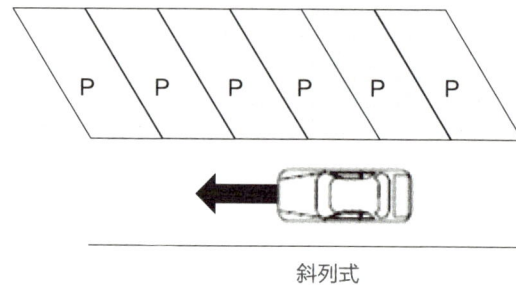

平行式

垂直式

斜列式

图 5.3-6　小汽车泊位排列形式（资料来源：自绘）

要素协调：

— 当通过压缩慢行道空间设置路内停车区时，宜采用港湾式停车区，同时保障必要的慢行道宽度。

— 当直接在车行道上设置路内停车区时，要完善标志标线，形成连续的车道空间。

图 5.3-7　纽约路内停车区与慢行空间的协调（资料来源：谷歌街景，https://www.google.com/maps）

图 5.3-8　纽约路内停车区与机动车空间的协调（资料来源：谷歌街景，https://www.google.com/maps）

图 5.3-9 巴萨罗那某街道路内停车区（资料来源：自摄）

5.3 机动车道要素
ROADWAYS ELEMENTS

5.3.3 小转弯半径

生活型功能为主的交叉路口，在保证涉及车辆最小转弯半径和正常通行的条件下，宜采用较小的路缘石转弯半径，以缩短行人过街距离，提升行人过街安全，增加街角公共空间。

● 设计依据与参考

01	《城市道路交叉口规划规范》GB 50647-2011
02	《城市道路交叉口设计规程》CJJ 152-2010
03	《城市交通设计导则（征求意见稿）（2015）》
04	《伦敦街道设计导则（2016）》
05	《上海市街道设计导则（2016）》
06	《洛杉矶活力街道设计导则（2011）》
07	《阿布扎比街道设计导则（2010）》
08	《纽约街道设计导则（2015）》
09	《纽黑文完整街道设计手册（2010）》

● 设计指引

总体要求：

交叉口转弯半径的取值应满足交叉口安全和车辆正常行驶的要求，针对生活型功能明显、无右转弯需求等情形的交叉路口，应因地制宜地实施小转弯半径，改造型交叉口宜采取渐进式的建造形式。

设计流程：

设计小转弯半径，可参考如下设计流程：

（1）明确是否适用小转弯半径；

（2）确定具体的半径取值；

（3）明确具体的建设形式。

适用条件:

适用条件 1: 交通性功能不强，以生活型服务功能为主的次支路交叉口

对比于国外相关标准和车辆转弯半径实际需求值，国内现行标准对交叉口路缘石转弯半径的取值要求偏大，较大的转弯半径会产生转弯车辆车速较高、行人过街距离被拉长等负面影响。

针对交通性功能不强，生活型服务功能为主的次支路交叉口，建议积极采用小转弯半径。

图 5.3-10 示例：墨西哥街道小转弯半径（资料来源：ITDP 提供）

适用条件 2: 无转弯流向的交叉路口

若交叉口未设置可供右转车辆使用的进口道，则应尽可能使用小转弯半径，将更多的街角空间给予慢行交通。

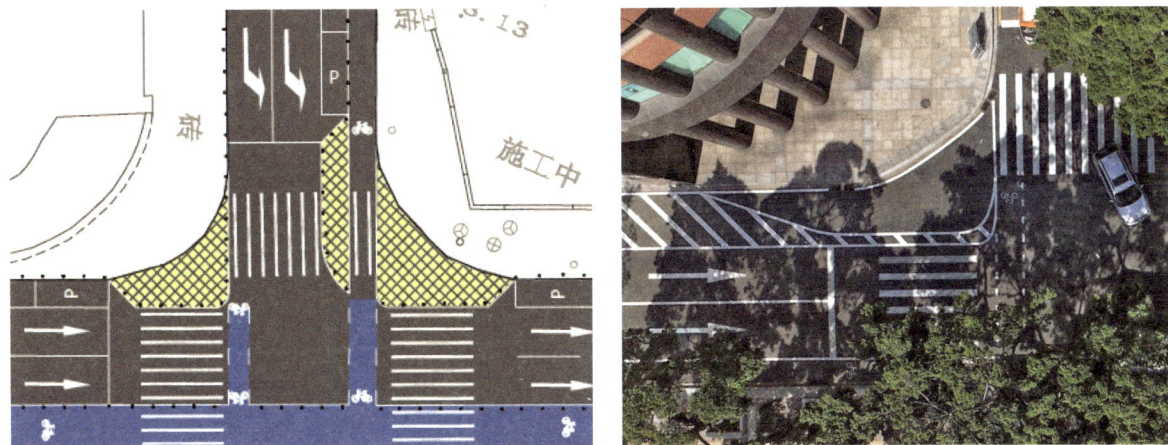

图 5.3-11 示例：无转弯需求时宜采用小转弯半径（资料来源：自绘及 ITDP 提供）

不适用条件: 交通性功能为主或大型车辆经常通行的交叉路口

—— 相交道路以交通性服务功能为主的交叉路口，为保证交叉口运行效率和安全，不宜采用小转弯半径；

—— 大型车辆所需的转弯半径较大，过小的交叉口转弯半径会对交叉口安全和效率产生负面影响。

5.3 机动车道要素
ROADWAYS ELEMENTS

参考《伦敦街道设计导则（2016）》等导则和指引，具体请见参考文件列表。

半径取值：

在不影响交通安全和机动车辆正常通行的条件下，建议按照下表采用小转弯半径。

广州市平面交叉口的路缘石半径建议值

交叉口情形	路缘石半径推荐值
无右转交通流的交叉口转角	0.5 ~ 1m
支路之间的路口、有自行车道的交叉口	≤ 5m
交通量较大的支路与主次干路之间的交叉口	5 ~ 8m
公交车或其他大型车需经常转弯的交叉口	8 ~ 10m

资料来源：自绘

建设形式：

— 新建交叉口实施的小转弯半径，可依据上表确定的路缘石转弯半径直接铺设而成。

— 改建交叉口实施的小转弯半径，改造前期可采用摆放划线、花篮、护柱等形式引导驾驶员采用转弯慢行的行车习惯，待运行条件成熟后，再采用整体更换道路铺装的形式。

图 5.3-12　采用交通标线实施小转弯半径
（资料来源：ITDP 提供）

图 5.3-13　采用护柱实施小转弯半径（资料来源：自摄）

● **未来发展趋势**

更加精细化：

可结合 AutoTURN、AutoTrack、VISSIM 和 Synchro 等仿真软件，对比分析各路缘石转弯半径取值下的交通运行评估结果，以辅助确定最佳的路缘石半径取值。

更加人性化：

设计理念方面，交叉口转弯半径取值将从传统的"套用规范"逐步向人性化的"按需定制"转变。针对交通性不强的生活型道路，在满足设计车辆的最小转弯要求的条件下，尽量取较小的转弯半径，以更多地考虑慢行过街群体。

第 5 章　道路设计要素

专栏: 国内外标准对交叉口转弯半径的取值要求

相比于国外，国内标准对交叉口路缘石转弯半径的要求值普遍偏大，各标准如下所示:

《城市道路交叉口规划规范》GB 50647-2011: 平面交叉口转角路缘石转弯最小半径宜按照下表选取。

交叉口转角路缘石转弯最小半径

右转弯计算行车速度（km/h）		30	25	20	15
路缘石转弯半径（m）	无非机动车道	25	20	15	10
	有非机动车道	20	15	10	5

《城市道路交叉口设计规程》CJJ 152-2010: 平面交叉口转弯半径可按照下表选取。

路缘石转弯半径

右转弯设计车速（km/h）	30	25	20	15
无非机动车道路缘石推荐半径（m）	25	20	15	10

注: 有非机动车道时，推荐转弯半径可减去非机动车道及机非分隔带的宽度。

《广州市城市规划管理技术标准与准则》(2005): 平面交叉口转弯半径可按照下表选取。

广州路缘石转弯半径取值标准

道路等级 \ 相交道路	主干路	次干路	支路
主干路	25 ~ 30m	20 ~ 25m	15m
次干路	—	15 ~ 20m	12 ~ 15m
支路	—	—	8 ~ 10m

注: 若用地条件许可应取上限，最小转弯半径原则上不小于 8m。

国外街道设计导则（手册）: 国外如伦敦和洛杉矶等城市的交叉口路缘石转弯半径推荐值如下表所示。

国外各城市路缘石转弯半径取值标准

国家 / 城市	推荐值	取值原则
伦敦	3m	若涉及到大型车辆，在保持半径尽可能小的原则下加大半径
阿布扎比	2 ~ 5m	无转弯要求时可缩减到 0.5m； 居住区或有路侧停车的城市支路，可缩窄路口； 右转车速不得超过 15km/h
洛杉矶	4.6m	需满足大型车辆慢行的转弯要求
纽约	尽可能小	满足设计车辆和紧急车辆转弯的条件下，尽可能小
纽黑文	尽可能小	尽可能多地采用小半径、抬升式路口和行人过街等稳静化措施

（资料来源: 自绘）

第 5 章　道路设计要素

5.3 机动车道要素
ROADWAYS ELEMENTS

5.3.4　车道功能

车道功能是指交叉口处的机动车道允许通行的交通流向及其车道数，车道功能的划分即机动交通空间通行权的划分，对交叉口和相邻路段的通行能力有重要的影响。

● **设计依据与参考**

01　《城市道路交叉口规划规范》GB 50647-2011

02　《城市道路交叉口设计规程》CJJ 152-2010

03　《城市交通设计导则（征求意见稿）(2015)》

04　《上海市城市道路平面交叉口规划与设计规程》DGJ 08-96-2013（上海市地方标准）

● **设计指引**

总体要求：

车道功能的划分应在考虑机动车流量分布的基础上，保证进口道与路段、出口段与路段、进口道和出口道，以及相邻交叉口之间通行能力的一致性，并与交叉口的信号配时方案整体协调。

设计流程：

确定机动车道功能，可参考如下设计流程：

（1）确定交叉口的流量流向需求；

（2）确定车道功能的初始方案；

（3）结合相关协调因素优化初始渠化方案。

（1）确定交叉口流量流向需求

新建和改建交叉口

交叉口车道功能划分应根据各个流向流量的需求确定：

— 新建交叉口，应进行交叉口流量流向预测；

— 改建交叉口，应开展交通流量调查，并结合交通需求预测综合分析交叉口的未来流量流向。

（2）确定车道功能初始方案

进出口道总数

— 交叉口进口道车道数应根据进口道通行能力与路段通行能力相匹配的原则相应增加或保持不变。新建交叉口若无相关资料，可按下表初步确定进口道车道数。

交叉口进口道数量建议表

路段车道数	进口车道数
1	1, 2
2	2, 3, 4
3	4, 5, 6
4	5, 6

参考《上海市城市道路平面交叉口规划与设计规程》DGJ 08-96-2013。

— 交叉口出口道数应根据出口道通行能力与路段通行能力相匹配的原则相应增加或保持不变，新建交叉口出口道数可按照下表确定。

交叉口出口道数量建议表

路段车道数	出口车道数
1	1
2	2, 3
3	3, 4
4	4, 5

参考《上海市城市道路平面交叉口规划与设计规程》DGJ 08-96-2013。

— 出口道车道数应与上游各进口道同一信号相位流入的最大进口车道数相匹配。条件受限时，出口车道数可比同时流入最大车道数少一条。

新建交叉口车道功能划分

— 交叉口车道功能划分应根据各个流向的需求确定，当没有实际调查资料时，十字交叉口可先按下表确定初始渠化方案，其他类型的平面交叉口可参考使用。

注：当道路通车后，应根据实际交通流各流向的流量调整渠化及相应的信号相位方案。

新建十字形交叉口进口道初始渠化方案建议

进口车道数	渠化方案
5	
4	
3	
2	

（资料来源：自绘）

参考《城市道路交叉口规划规范》GB 50647-2011。

确定是否设置左转专用车道

交叉口进口道车流量达到以下条件时，宜设置左转专用车道：

— 高峰 15min 内每信号周期左转车平均交通量超过 2 辆时，宜设左转专用车道；

— 高峰 15min 内每信号周期左转车平均交通量达 10 辆，或左转专用车道需 90m 以上时，宜设置 2 条左转专用车道；

— 左转交通量特别大且进口道上游路段车道数为 4 条或 4 条以上时，可设 3 条左转专用车道。

当车流量不满足以上条件时，可设置直行左转、左转右转等类型的混合车道。

（a） （b）

图 5.3-14　左转专用车道设置示例（资料来源：百度街景，https://map.baidu.com/）

（a）设置两条左转专用车道示例；（b）左转右转合用车道示例

参考《城市道路交叉口规划规范》GB 50647-2011。

确定是否设置右转专用车道

交叉口进口道车流量达到以下条件时，宜设置右转专用车道：

— 当高峰 15min 内每信号周期右转车平均到达量达 4 辆或道路空间允许时，宜设置右转专用车道。

当设置 2 条右转专用车道时，必须对右转车流进行信号控制。

（a） （b）

图 5.3-15　右转专用车道设置示例（资料来源：百度街景，https://map.baidu.com/）

（a）设置右转专用车道示例；（b）直行右转合用车道示例

确定是否设置掉头专用车道

— 当道路宽度条件允许时，宜在交叉口处设置独立的掉头车道。未设置掉头专用车道时，若道路未禁止掉头，车辆可利用左转车道完成掉头。

更多有关掉头车道要素的设计内容，请参见"掉头车道"要素小节。

（a）　　　　　　　　　　　　（b）

图 5.3-16　掉头专用车道设置示例（资料来源：百度街景，https://map.baidu.com/）

（a）掉头左转合用车道；（b）掉头车辆利用左转车道提前掉头

结合进口总车道数调整车道功能

— 由于交叉口进口道车道总数有限，当交叉口交通流量满足设置左转和右转专用车道条件时，仍需考虑设置左右转专用车道对直行车流运行效率的影响，进而调整车道功能方案。

车道功能划分需要综合考虑左、直、右三个流向交通量的比例。当进口道车流以直行车流为主时，即使左转和右转车流量均已满足专用转弯车道的设置条件，若设置专用转弯车道对直行车流影响过大，仍然适合设置混合车道。

（a）　　　　　　　　　　　　（b）

图 5.3-17　结合进口总车道数调整车道功能示例（资料来源：百度街景，https://map.baidu.com/）

（a）转弯车流较多时，可考虑设置多根转弯车道；（b）直行车流占比较大时，即使左转车流达到专用车道条件，仍可考虑设置合用车道

第 5 章　道路设计要素

5.3 机动车道要素
ROADWAYS ELEMENTS

参考《上海市城市道路平面交叉口规划与设计规程》DGJ 08-96-2013。

（3）车道功能与其他要素的协调

与信号配时的协调

信号控制交叉口的车道功能划分应与交通信号配时方案相协调，应达到两者最佳配合、最大限度地提高信号交叉口的交通安全和运行效率。

—— 当设置有左转箭头灯时，必须设置左转专用车道；
—— 当设置有右转箭头灯时，必须设置右转专用车道。

图 5.3-18 设置箭头信号灯则必须配设专用车道（资料来源：自摄）

车道功能非常规布置

以下情形时，建议采取左转车道右置和右转车道左置等非常规布置方式：

—— 常规的转弯车道布置方式不能满足车辆的转弯半径；
—— 车流交织段过短，不能够满足车辆的顺利变道；
—— 高架上下匝道车流与地面车流产生大量交织时，例如靠右侧接地的下匝道车流中有较多的左转车；
—— 转弯车道非常规布置需设置相应的交通标识和专用信号相位以引导驾驶秩序和提升交通效率。

图 5.3-19 左转（掉头）车道右置示例（资料来源：谷歌街景，https://www.google.com/maps）

图 5.3-20 右转车道左置示例（资料来源：谷歌街景，https://www.google.com/maps）

交叉口进出口道的协调

— 信号控制交叉口出口道设计应符合进出口道匹配原则。新建及改建交叉口设计的出口道车道数应与上游各进口道同一信号相位的最多进口车道数相匹配。

— 治理交叉口，当条件受限时，出口车道数可比同一时间段内最大进口车道数少一条。

考虑路网通行能力的车道功能划分

若各个单点交叉口按照最优方案配置车道功能，未必能使区域路网发挥最大的通行能力。未来的车道功能划分应依据日趋成熟的区域信号协同算法和计算机技术，更加注重发挥区域道路网络的整体交通运行效率。

可变功能车道

车道功能宜根据实时的交通监控和监测信息，灵活地调整车道功能，以更加高效地利用已有道路空间资源。例如，考虑早晚高峰主要车流向的转换而设置的潮汐车道，以及随着直行和转向车流比例变化而设置的交叉口可变功能车道等。

● **未来发展趋势**

第5章 道路设计要素

5.3 机动车道要素
ROADWAYS ELEMENTS

5.3.5 机动车道展宽

机动车道展宽通常是在交叉口、掉头、汇入、汇出位置，目的是为了增加左转专用车道、右转专用车道或掉头专用道，以减少转弯车流对直行车流的影响，合理的机动车道展宽，能避免车辆在行驶过程中频繁的变更车道，达到分离和控制交通流的目的，保障交通有序和畅通。

● **设计依据与参考**

01	《城市道路交通规划设计规范》GB 50220-1995
02	《城市道路工程设计规范（2016 年版）》GJJ 37-2012
03	《城市道路交叉口规划规范》GB 50647-2011
04	《城市道路交叉口设计规程》GJJ 152-2010
05	《广州市城市规划管理技术标准与准则》
06	《城市道路交通标志标线设置规范》GB 51038-2015

● **设计指引**

总体要求：
机动车道展宽不应压缩行人和非机动车道的通行空间，尽量降低对直行车流的干扰，并完善变截面设计，保持车道数目的平衡，同时交通信号应与展宽方案协调一致。

设计流程：
路内停车区的设计流程如下所示：
（1）明确设置条件；
（2）确定展宽类型；
（3）确定展宽形式；
（4）确定展宽尺寸。

设置条件：
一 机动车道展宽应综合考虑交通流量、道路等级功能、交通组织条件等因素。
一 以下路段和区域应对机动车道进行展宽：
1）交叉口进口道设置公交停靠站时，应对机动车道展宽。
2）当相邻两交叉口之间展宽段和展宽渐变段长度之和接近和超过两交叉口的距离时，应将本路段作一体化展宽。
3）当相交道路交通量较大、转弯车辆较多而车速又高时，应设置转弯（左转、右转、掉头）专用车道。
4）汇入和汇出车流量大且车速较高时，应对汇入、汇出车道进行展宽，以保障主线车流的连续。
一交通型道路应完善机动车道展宽设置，保障直行车道的顺畅，提高道路交通运行效率；生活型道路不宜对机动车道展宽，避免增加行人过街距离。

展宽类型：

根据展宽车道的使用功能，机动车道展宽通常可分为左转专用道展宽、右转专用道展宽、掉头车道展宽以及汇入、汇出展宽 4 种类型。

参考《城市道路交叉口规划规范》GB 50647-2011。

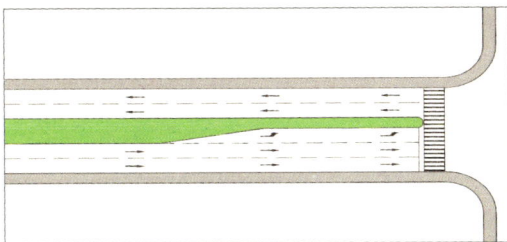

图 5.3-21　左转专用道展宽（资料来源：自绘）

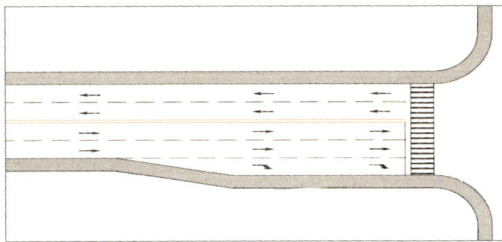

图 5.3-22　右转专用道展宽（资料来源：自绘）

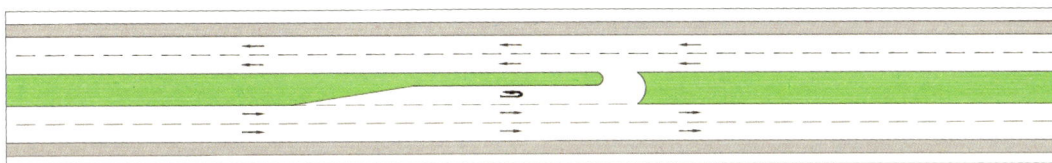

图 5.3-23　掉头车道展宽（资料来源：自绘）

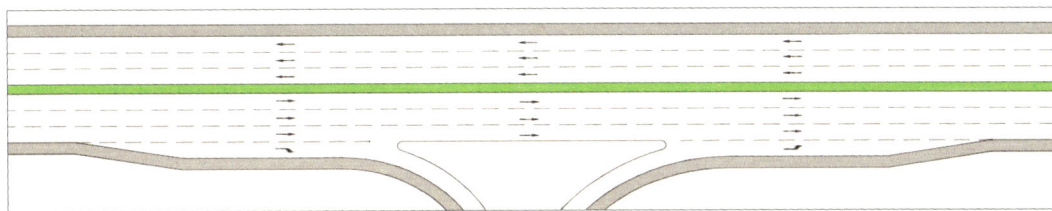

图 5.3-24　汇入、汇出车道展宽（资料来源：自绘）

展宽形式：

一 左转专用车道展宽形式：

1）交叉口宜利用压缩中央分隔带增加左转专用车道，或者对道路中线进行偏移（采用过渡区标线加以渠化）。

2）进口道条件受限时，可通过压缩车道宽度增加左转车道。

图 5.3-25　通过中线偏移增加左转车道

图 5.3-26　通过压缩车道宽度增加左转车道

图 5.3-25、图 5.3-26　资料来源：谷歌街景，https://www.google.com/maps

5.3 机动车道要素
ROADWAYS ELEMENTS

参考《城市道路交叉口规划规范》GB 50647-2011。

— 右转专用车道展宽形式：

1）可通过压缩进口道车道宽度、缩窄机非分隔带宽度或利用绿化带展宽成右转车道。

2）当进口道右侧展宽而左转车道直接从直行车道引出时，应采用鱼肚形标线加以渠化，渠化要求参考《城市道路交通标志标线设置规范》GB 51038-2015。

— 掉头车道展宽形式：

1）宜利用中央分隔带增加掉头车道。

2）当掉头车道直接从直行车道引出时，应采用鱼肚形标线加以渠化。

— 汇入、汇出展宽车道展宽形式

汇入和汇出车道的展宽宜靠道路外侧，以保障主线车流的连续。

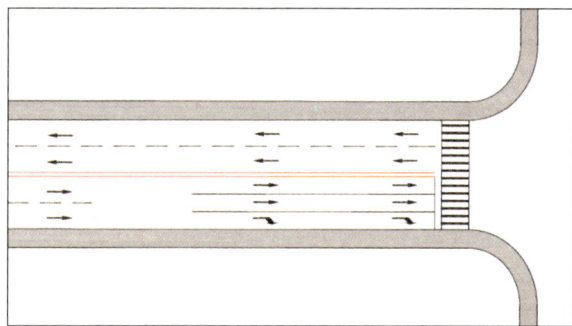

图 5.3-27　通过压缩车道宽度增加右转车道
（资料来源：自绘）

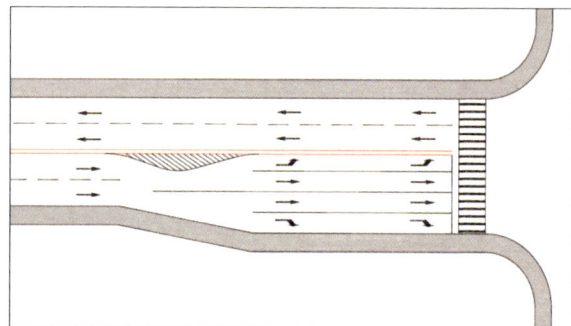

图 5.3-28　通过右侧展宽增加右转车道
（资料来源：自绘）

展宽尺寸：

— 展宽宽度：应根据车道功能，参考车道宽度要素取值。

— 展宽长度：

1）应满足《城市道路工程设计规范（2016 年版）》GJJ 37-2012 的规定。主干路不宜小于 50m，次干路不宜小于 30m。

2）应满足车辆等待信号灯时的最大排队长度要求。

图 5.3-29 纽约曼哈顿 CBD 片区道路改造前（资料来源：ITDP 提供）

图 5.3-30 纽约曼哈顿 CBD 片区道路改造后（资料来源：ITDP 提供）

5.3 机动车道要素
ROADWAYS ELEMENTS

5.3.6　渐变段

渐变段是道路变截面的重要组成部分，是为了适应交通运行、交通组织、排水方式等条件的变化，道路的断面布置相应地逐步完成转变过程而设置的路段。

● 设计依据与参考

01	《城市道路交通规划设计规范》GB 50220-1995
02	《城市道路工程设计规范（2016 年版）》GJJ 37-2012
03	《城市道路交叉口规划规范》GB 50647-2011
04	《城市道路交叉口设计规程》GJJ 152-2010
05	《广州市城市规划管理技术标准与准则》
06	《城市道路交通标志标线设置规范》GB 51038-2015

● 设计指引

总体要求：
渐变段的设计要以保障交通运行安全、有序、畅通为原则，完善相应的标志标线或导流设施，减少交织与换道。

设计流程：
渐变段的设计流程如下所示：
（1）明确设置位置；
（2）确定设计尺寸；
（3）确定设计形式。

设计位置：
路面宽度变化或车道数目变化的路段应设置车行道宽度渐变段，包括交叉口车道展宽、掉头车道展宽、汇入汇出车道位置。

设计尺寸：
— 渐变段的宽度：与渐变段两端车行空间的宽度保持一致。
— 渐变度的长度：按照车辆以 70% 的路段设计车速行驶 3s 横移一条车道来计算确定，支路不宜小于 20m，次干路不宜小于 25m，主干路不宜小于 30m。

参考《城市道路工程设计规范（2016 年版）》GJJ 37-2012、《城市道路交通标志标线设置规范》GB 51038-2015。

设计形式：

渐变段主要分为车行空间展宽渐变和车行空间缩窄渐变两种形式。

—— 车行空间展宽渐变：行车方向机动车道数目增加时设置的渐变段，通常设置在交叉口进口道、隧道和桥梁等交通瓶颈的出口以及车流分流点。

—— 车行空间缩窄渐变：行车方向机动车道数目减少时设置的渐变段，通常设置在交叉口出入口道、隧道和桥梁等交通瓶颈的入口以及车流合流点。

渐变段区域应注意标志标线的设计，应满足《城市道路交通标志标线设置规范》GB 51038-2015 的要求。

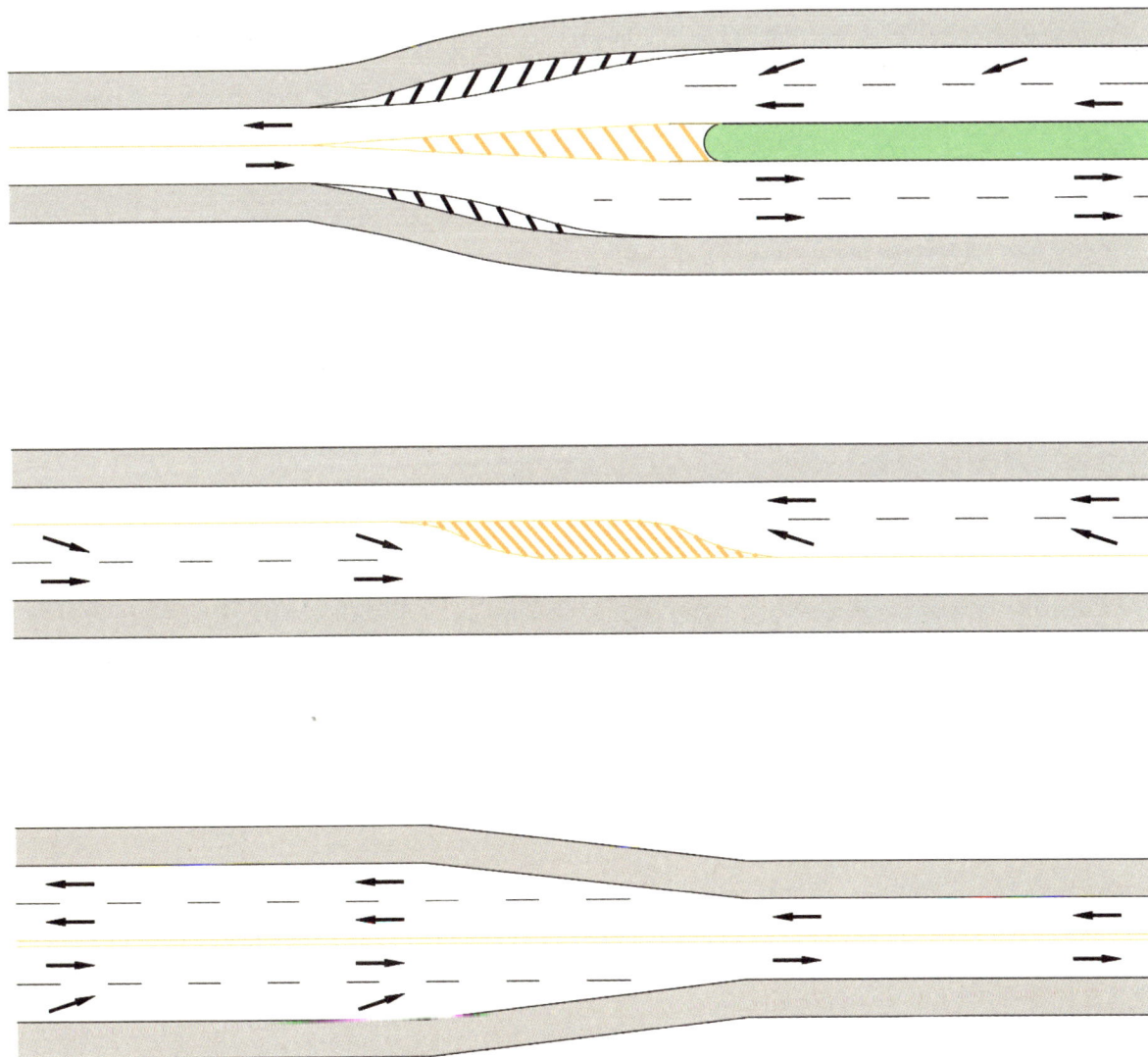

图 5.3-31　几种常见的渐变段形式（资料来源:《城市道路交通标志标线设置规范》，尺寸参考该规范）

参考《城市道路交通标志标线设置规范》
GB 51038-2015。

5.3 机动车道要素
ROADWAYS ELEMENTS

5.3.7 公交专用道

公交专用道指城市中，在规定时间内只允许公交车通行的车道，公交专用道设计是否科学合理是提高公交车运行效率和可靠性的关键，也是公交优先的集中体现。

● **设计依据与参考**

01	《城市道路工程设计规范（2016 年版）》CJJ 37-2012
02	《城市道路交通设施设计规范》GB 50688-2011
03	《公交专用车道设置》GA/T507-2004
04	《城市道路交叉口规划规范》GB 50647-2011
05	《城市道路交叉口设计规程》CJJ 152-2010
06	《快速公共汽车交通系统设计规范 》CJJ 136-2010

● **设计指引**

参考《公交专用道设置》GA/T 507-2004

总体要求：

在满足既有规范的前提下，从安全、便利和以人为本的角度进行综合考虑。

设置条件：

城市主干道满足下列全部条件时应设置公交专用道：
（1）路段单向机动车道 3 车道以上（含 3 车道），或单向机动车道路幅总宽不小于 11m；
（2）路段单向公交客运量大于 6000 人次 / 高峰小时，或公交车流量大于 150 辆 / 高峰小时；
（3）路段平均每车道断面流量大于 500 辆 / 高峰小时。

城市主干道满足下列条件之一时宜设置公交专用道：
（1）路段单向机动车 4 车道以上（含 4 车道），断面单向公交车流量大于 90 辆 / 高峰小时；
（2）路段单向机动车道 2 车道，单向公交客运量大于 6000 人次 / 高峰小时，且公交车流量大于 150 辆 / 高峰小时。

设计流程：

公交专用道的设计流程如下所示：
（1）明确设置要求；
（2）确定设置条件；
（3）确定设置形式。

设计要点：

（1）路侧式公交专用道

设置位置：设置在车行道最外侧，适用于在前方交叉口处右转或直行公交车流量较多、机动车道与非机动车道之间采用物理分隔的情况，以及路侧机动车开口较少的情况。国内大部分城市的公交专用道一般采用路侧形式。

优点：便于设置公交停靠站，不需要对公交车辆的上下客车门进行改造，实施方便易行、投资少。

缺点：公交车辆容易受到路侧车辆进出及非机动车交通的干扰，交叉口处不利于左转公交车的运行。

（2）路中式公交专用道

图 5.3-32　路中式公交专用道（资料来源：百度网络截图）

设置位置：设置在道路中央的最内侧车道，适用于道路交叉口间距比较长且红线较宽的道路，以方便设置公交站台。BRT（快速公交）专用道一般采用路中形式。

优点：外界干扰因素影响少，便于封闭式管理，车速高，畅通性好。

缺点：不利于设置公交停靠站，也不利于右转公交车的运行。

（3）公交专用进口道

一般而言，道路交叉口是交通延误的集中发生点，处理好交叉口处公交车通行路权，是提高公交运行效率、提升公交服务质量的关键所在。参考其他城市设置条件，结合广州道路交通实际运行情况，建议广州市公交专用进口道设置条件如下表所示。

推荐公交专用进口道设置条件表

	道路条件（转向车道数）	公交车流量（转向公交车流量）	条件类型
直行专用进口道	≥ 2 条	≥ 100 辆 /h	应
左转专用进口道	≥ 2 条	≥ 90 辆 /h	应
一条直行一条左转	≥ 4 条（直行左转各 2 条）	直行 ≥ 100 辆 /h 且左转 ≥ 90 辆 /h	应

（资料来源：自绘）

主要城市公交专用进口道设置条件表

城市	专用道设置	道路条件（转向车道数）	公交条件（转向公交车流量）
北京	专用进口道	交叉口进口道长期处于拥堵状态	
杭州	专用进口道	车流较大时	
深圳	直行专用进口道	≥ 2 条	≥ 100 辆 /h
深圳	左转专用进口道	≥ 2 条	≥ 90 辆 /h

（资料来源：自绘）

5.3 机动车道要素
ROADWAYS ELEMENTS

5.3.8 公交站台

公交站台指在车站供乘客候车和上下客的高于路面的平台。公交站台及其周边空间是地区内重要吸引点，其设计应拥有地方特色和场地感，同时也是候车乘客安全、舒适、人性化的关键所在，任何新建和旧站修缮的公交站台都应结合周边环境进行交通设计。

● 设计依据与参考

01	《城市道路工程设计规范（2016年版）》CJJ37-2012
02	《城市道路交通设施设计规范》GB 50688-2011
03	《城市交通设计导则》（征求意见稿）（2015）
04	《城市道路交叉口规划规范》GB 50647-2011
05	《城市道路公共交通站、场、厂工程设计规范》CJJ/T 15-2011
06	《伦敦街道设计导则（2016）》（Street Scape Guidance 2016）
07	《洛杉矶活力街道设计导则（2011）》
08	《波士顿完整街道设计导则（2013）》（《Boston Complete Streets Design Guidelines 2013》）
09	《纽约街道设计导则（2015）》

● 设计指引

总体要求：
公交站台的设置和尺寸规模应满足相应的规范要求，因地制宜选择合适的设置形式，并注重与慢行系统、路边停车带、机动车道等的协调，体现以人为本和精细化的设计理念。

设计流程：
公交站台的设计流程如下所示：
（1）确定公交站台的设置形式；
（2）确定公交站台的尺寸规模；
（3）完善公交站台的配套设施。

● 设置形式分类

公交中途站按站台形式，主要分为港湾式、直线式和外拓式三大类，其中港湾式又可分为浅港湾型和深港湾型两种类型。

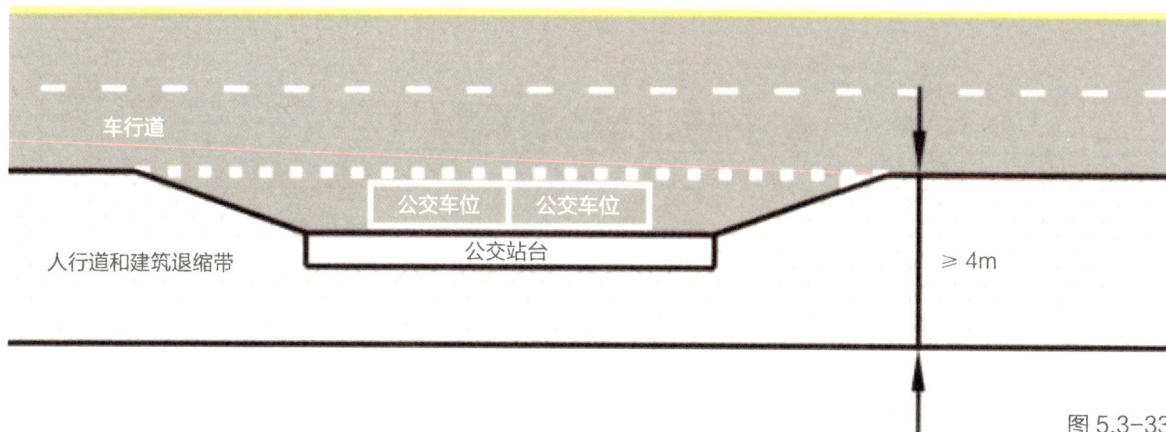

图 5.3-33

（1）港湾式公交站

主干道及以上级别的城市道路，应布置港湾式中途站。次干道及以下级别的城市道路或高等级道路的辅道，在满足以下原则时应设置港湾式中途站。

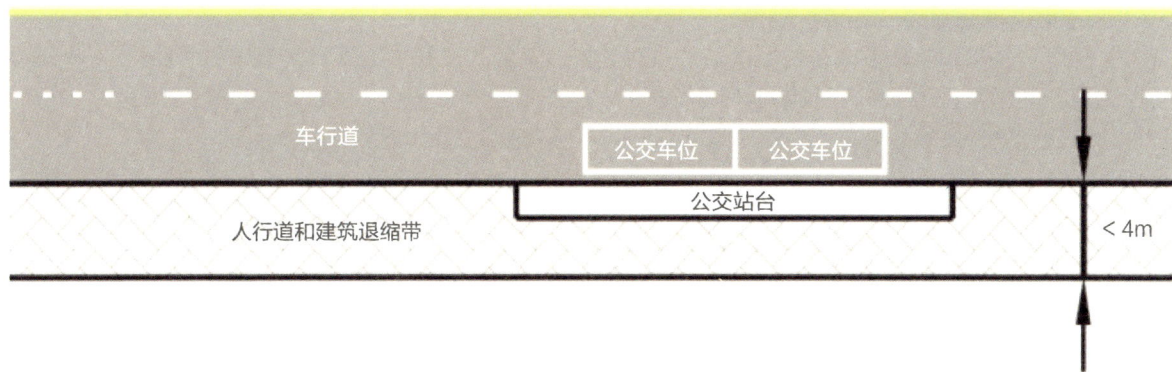

图 5.3-34

（2）直线式公交站

1）适用条件

— 站点停靠公交线路较少，机动车流量小。

— 道路红线宽度有限，慢行及非机动车道难以压缩。

2）基本要求

停靠站应沿街布置，站址宜选择能按要求完成运营车辆安全停靠、便捷通行、方便乘车的地方。站台宽度不宜小于 2m，当条件受限时，站台宽度不得小于 1.5m。

外拓式公交站类似于外拓式交叉口是指在公交停靠站从已有的路缘石向外拓展部分空间，为乘客提供一个方便上落客的场所，一般结合路边停车，设置在公交停靠车辆较多，而慢行道候车空间不足的区域。外拓式公交站有如下优缺点：

优点：

— 为上下车乘客提供了一个额外的候车空间，减少或者避免上下客人群与通过性行人之间的冲突、交织；

— 减少了公交车因进出站的汇出汇入时间，提高了公交车在交通流中的优先性；

— 减少了公交进出站以及乘客上下车的时间，从而减少了公交车站总的等候和延误时间；

— 全外拓式公交站有效防止其他车辆在公交停靠站范围内的违章停车。

缺点：

— 公交车停靠上下客会对后面的车辆造成延误甚至拥堵。

（3）外拓式公交站

参考《Boston Complete Streets Design Guidelines》（2013）。

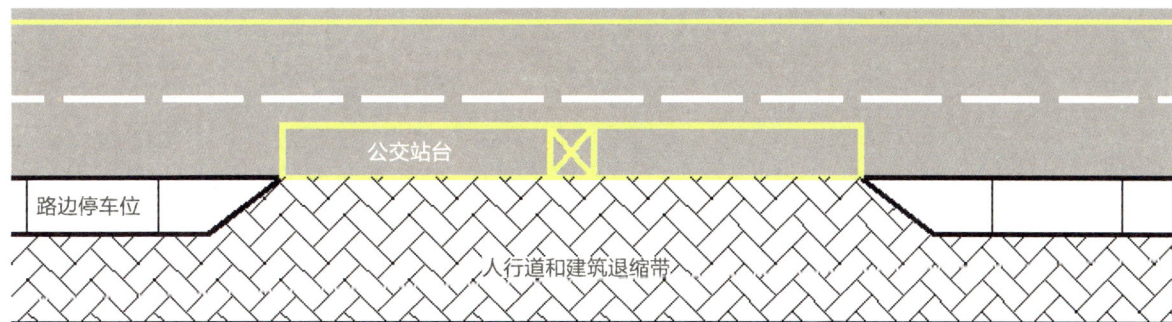

图 5.3-35

1）适用条件

当慢行空间较窄（一般 <2.5m），无法压缩作为候车空间，而公交出行需求又较为旺盛的商业型或者生活型道路，在主要的公交换乘点和中途站点可结合路边停车采取外凸式的站点设计形式。

外拓式公交站简化了公交进出站过程，减少了进出站带来的延误，一定程度提高了公交运行的可靠性。

图 5.3-33 ～ 图 5.3-35　港湾式、直线式、外拓式公交站台示意图（资料来源：自绘）

2）以下情形不应鼓励凸式站点的条件：

① 停靠公交车线路较多或者前车进站停靠时间将对随后的公交车造成较大延误的路段；

② 高峰期间禁止路边停车的路段；

③ 进口道处的站点，同时有大量的右转车辆，但公交优先的路段除外。

（4）凸港湾式公交站

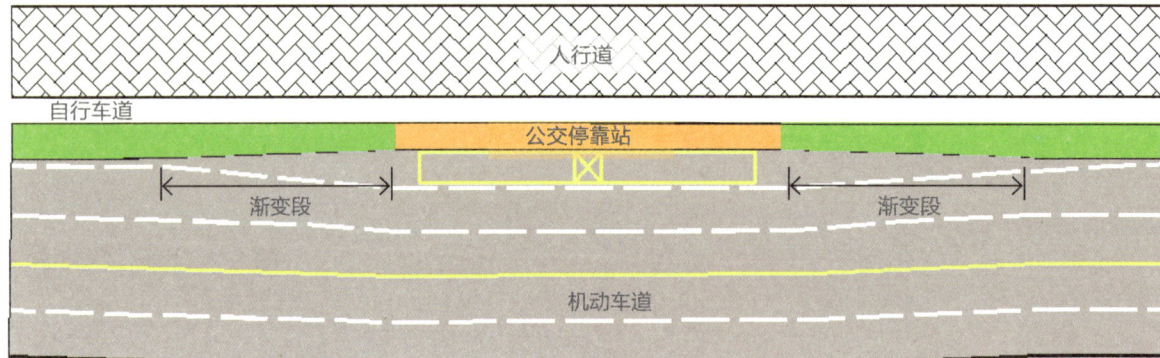

图 5.3-36　凸港湾式公交站（资料来源：自绘）

适用条件

当人行道或机非分隔带宽度不足，而机动车道宽度又较大时，可以通过适当压缩机动车道、偏移道路中心线来设置外凸式港湾停靠站。

图 5.3-37　英国凸港湾式公交站设计（资料来源：谷歌街景，https://www.google.com/maps）

设施规模

直线式公交站尺寸及公交港湾站的展宽段长度、渐变段长度和站台宽度应满足国家标准《城市道路交叉口规划规范》GB 50647-2011 的要求，且公交港湾站的设置不得挤占行人和自行车通行空间。

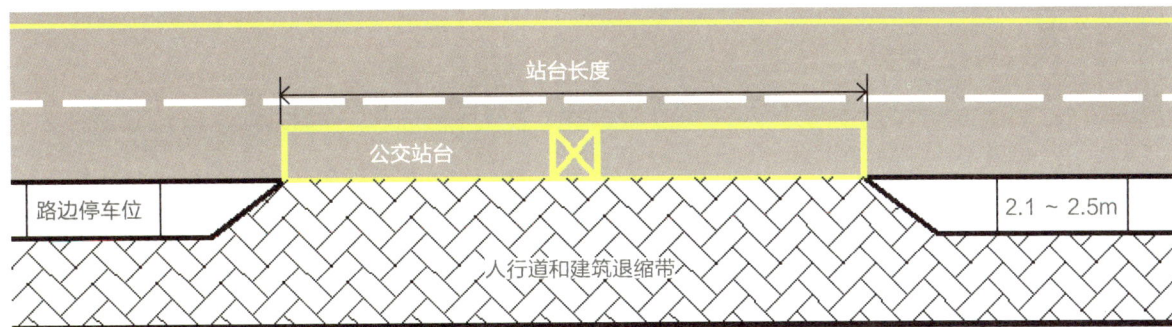

图 5.3-38　外拓式公交站（资料来源：自绘）

外拓式公交站的站台外拓尺寸结合路边停车尺寸，外拓站台宽度为 0.5 ~ 2.5m 不等，站台通行能力应与各条线路最大发车频率的总和相适应，站台长度最长不得超过 3 个停车位。

停车位数量

公交站台能够停靠的停车位数量主要受高峰小时上车人数和并站公交线路数的影响，具体标准见下表。

停靠站停车位数量设置原则

停靠站类型	停车位建议值	设置条件	停车位数量
路侧式停靠站（包括直线式和外拓式）	1 ~ 3，不超过 3 个	高峰小时上车人数小于 250 人，或并站线路条数小于 3 条	可只设 1 个泊位
		高峰小时乘客上车人数 250 ~ 450 人，或公交停靠线路数为 4 ~ 5 条	应设 2 个停车位
		高峰小时乘客上车人数超过 450 人，或公交停靠线路数超过 5 条	应设 3 个停车位
港湾式停靠站	2 ~ 4 个，不超过 4 个	高峰小时乘客上车人数小于 500 人，或公交停靠线路数小于 5 条	应设 2 个停车位
		高峰小时乘客上车人数 500 ~ 800 人，或公交停靠线路数为 5 ~ 8 条	应设 3 个停车位
		高峰小时乘客上车超过 800 人，或公交停靠线路数超过 8 条	应设 4 个停车位，或设置辅站、改造为深港湾式停靠站
		高峰小时乘客上车人数超过 1000 人，或公交停靠线路数超过 10 条	必须设置辅站或改造为深港湾式停靠站，深港湾每个服务通道应至少有 2 个停车位，且不宜超过 3 个停车位

（资料来源：自绘）

5.3 机动车道要素
ROADWAYS ELEMENTS

● **配套设施**

图 5.3-39　配套有自行车停放点的公交站
（资料来源：自摄）

图 5.3-40　公交车站与轨道交通标志组合布置
（资料来源：谷歌网络截图）

图 5.3-41　休息座椅示例
（资料来源：https://www.archdaily.com/189872/
bus-shelter-pearce-brinkley-cease-lee）

图 5.3-42　带有公共电话亭和充电装置示例
（资料来源：https://m.v4.cc/News-4074898.html）

公交站点的配套设施，应参考以下要求：

—　**标识**：应指示候车区、乘客区等分区情况；路牌等设施，宜全面指出线路名和时刻表，以及公交途经站点、终点站、可换乘线路、周边道路网等信息；

—　**座椅**：公交间隔长于 5min 的站点应设置座椅，方便候车人群休息；

—　**站亭（遮雨棚）**：公交间隔大于 10min 的站点应设置遮雨棚；当站点远离交叉口或采用港湾式站点时，站亭应后移；设置在公共设施带 / 区内，以避免与行人通行区冲突，或者阻碍建筑物出入口。

—　**自行车停放点**：在公交站台附近宜设置自行车停车架等，实现公交与慢行的无缝接驳，解决最后一公里的出行需求。

—　**其他设施**：如垃圾箱、下一站公交信息，繁忙的站点旁宜设立报刊亭、花店等。

图 5.3-43 西班牙马德里某街道公交站台（资料来源：自摄）

5.3 机动车道要素
ROADWAYS ELEMENTS

5.3.9 出租车载客点

出租车载客点是设有明显标志，允许出租汽车停靠、候客、载客的场所，目的是为了提高出租车候车服务水平，规范出租汽车交通运营行为。

● 设计依据与参考

01 《城市道路交通标志标线设置规范》GB 51038-2015
02 《出租汽车站点设施规划》DG/TJ08-2108-2012（上海市地方标准）

● 设计指引

总体要求：
出租车载客点宜设置在人流量大、密集且具有搭乘出租车需求的场所，在保障交通运行安全、有序、畅通的基础上，结合居民出行需求及使用要求在合适位置设置载客点，完善相应的配套设施，并妥善处理好与其他交通的相互关系。

设计流程：
出租车载客点的设计流程如下所示：
（1）明确设置条件；
（2）明确设置位置；
（3）确定设计形式；
（4）确定设计尺寸。

设置条件：
— 在已建的交通枢纽站和城市公共交通枢纽站等客流量大的站点，周边道路应设置出租车载客点。
— 对医院、大型企事业单位、商业中心以及部分公共建筑、居住小区等没有规划建设出租车载客点的地段，应加大出租车停靠点的设置并及时完善相关设施。
— 出租车载客点的设置应结合道路功能，宜设置在生活型道路上，尽量避免在交通性道路上设置出租车载客点。
— 出租车载客点的设置应考虑道路条件与交通条件，具体详见《出租汽车站点设施规划》DG/TJ08-2108-2012。

设置位置：
— 出租车载客点应尽量靠近人流集散场所的入口与出入口处。
— 以下路段不应设置出租车载客点：
1）根据道路等级，交叉口上游车道离转角路缘石曲线的端点起向上游方向 80 ～ 150m，下游车道离转角缘石曲线的端点起向下游方向 50 ～ 80m 的范围内，等级高的道路取上限，等级低的道路取下限。
2）在设有人行道隔离设施的路段、人行横道、施工地段。
3）隧道、高架道路上下匝道口以及距离上述地点 50m 以内的道路。
4）公共汽电站点、急救站、加油站、消防设施以及距离上述地点 30m 以内的路段。
5）车行道一侧已有占路障碍物，另一侧距障碍物 30m 以内的路段。

参考《出租汽车站点设施规划》DG/TJ08-2108-2012。

设计形式：

—— 出租车载客点的形式可分为港湾式载客点和非港湾式载客点 2 类。

—— 在城市道路上设置的出租车载客点，应以港湾式载客点为主，确需设置出租车载客点但无法设置港湾式载客点的，可视情形设置非港湾式载客点。

图 5.3-44 港湾式停靠站
（资料来源：谷歌街景，https://www.google.com/maps）

图 5.3-45 非港湾式停靠站
（资料来源：谷歌街景，https://www.google.com/maps）

设计尺寸：

—— 港湾式载客点由停靠车道段（B）、驶入段（A）和驶出段（C）三部分组成，各部分建议尺寸如下表所示。

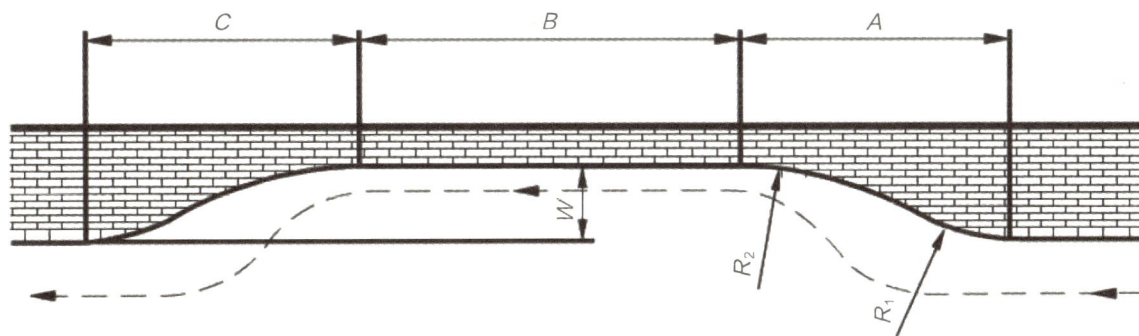

图 5.3-46 港湾式出租车载客点设计示意图（资料来源：《出租汽车站点设施规划》）

港湾式出租车载客点设计参数要求

$A-$ 驶入段长度；$B-$ 停靠车道长度；$C-$ 驶出段长度；$W-$ 港湾宽度；R_1、R_2- 第一、第二转弯半径

参数类型	A（m）	B（m）	C（m）	W（m）	R_1（m）	R_2（m）
标准参数	7-15	N×6	12-23	2.5-3.0	15	12

—— 非港湾式停靠站直接设置在机动车道或非机动车道上，候车客泊位长度应为 6.0m，车道宽度宜不小于 2.5m。

参考《出租汽车站点设施规划》DG/TJ08-2108-2012。

第 5 章 道路设计要素

5.3 机动车道要素
ROADWAYS ELEMENTS

5.3.10 交通渠化岛

交通渠化岛也称为交通导流岛，在交叉口平面设计时，可把交叉口内各流向的交通流行驶轨迹所需空间之外的多余面积用标线或实体交通岛分隔出来，以规范交叉口内各流向车流的行驶轨迹。

● **设计依据与参考**

01	《城市道路交叉口设计规程》CJJ 152-2010
02	《上海市城市道路平面交叉口规划与设计规程》DGJ 08-96-2013（上海市地方标准）
03	《无障碍设计规范》GB 50763-2012
04	《城市道路交通标志和标线设置规范》GB 51038-2015

● **设计指引**

总体要求：
交通渠化岛应考虑与道路纵断面、交叉口空间，以及车道宽度等其他因素之间的协调，各项设计参数应满足相关规范的要求。

设计流程：
交通渠化岛的设计方法，可参考如下设计流程：
（1）确定位置和形式；
（2）确定各项设计尺寸。

（1）确定位置和形式

确定交通渠化岛的位置：
— 交通岛不宜设置在道路交叉口竖曲线的顶部；
— 划定交通岛时，应将各流向交通流行驶轨迹所需空间之外的多余面积用标线或实体设置交通岛。

确定交通渠化岛的边界：
— 由渠化岛相邻的右转专用车道的宽度确定其边界：导流岛间导流车道的宽度应适当，以避免因过宽而引起车辆并行、抢道。当需要设右转专用车道而布设转角交通岛时，右转专用车道曲线半径应大于 25m，并应按设计车速及曲线半径大小设置车道加宽，加宽后的车道宽度应符合下表的规定。

右转专用车道加宽后的宽度

设计车辆 曲线半径（m）	大型车	小型车
25 ~ 30	5.0	4.0
>30	4.5	3.75

（资料来源：自绘）

（2）确定各项设计尺寸

确定交通渠化岛的形式：

— 在保障交通流运行秩序的条件下，为减小行人过街距离，建议尽量采用划线的交通岛形式；

— 对于流量流向变化较大的交叉口，不宜设置实体交通岛；

— 交通岛面积不宜小于 7.0m²，面积窄小时，可采用划线的形式；兼作行人过街安全岛时，其面积（包括岛端尖角标线部分）不宜小于 20m²；

— 交通岛宜先用标线画出，试运行后，按实际车流行驶轨迹作调整，再做成永久性的实体交通岛。

偏移距、内移距和端部圆曲线半径：

— 导流岛的偏移距、内移距及端部全曲线半径（如下图所示）的最小值要求如下。

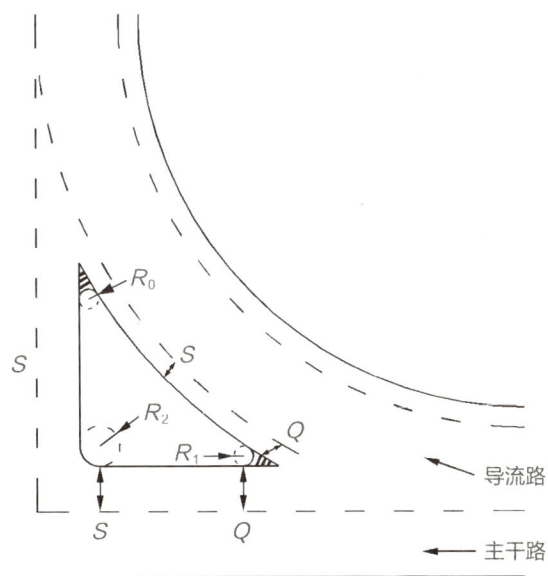

图 5.3-47　导流岛偏移距、内移距、端部全曲线半径示意图（资料来源：《城市道路交叉口设计规程》）

导流岛偏移距、内移距、端部全曲线半径最小值

设计速度（km/h）	偏移距 S	内移距 Q（m）	R_0（m）	R_1（m）	R_2（m）
≥ 50	0.50	0.75	0.5	0.5 ~ 1.0	0.5 ~ 1.5
< 50	0.25	0.50			

（资料来源：自绘）

参考《城市道路交叉口设计规程》CJJ 152-2010。

5.3 机动车道要素
ROADWAYS ELEMENTS

参考《城市道路交叉口设计规程》CJJ 152-2010。

其他设计参数的最小值：

— 只分隔交通流、设置设施以及兼作安全岛时，交通渠化岛各项设计参数的最小值可参照下表（设计参数具体位置请参见下图）。

各设计参数的最小值（资料来源：自绘）

图示	(a)			(b)			(c)	
设计参数	Q_a	L_a	R_a	W_b	L_b	R_b	W_c	L_c
最小值（m）	3.0	5.0	0.5	3.0	(b+3)	1.0	(D+3)	5.0

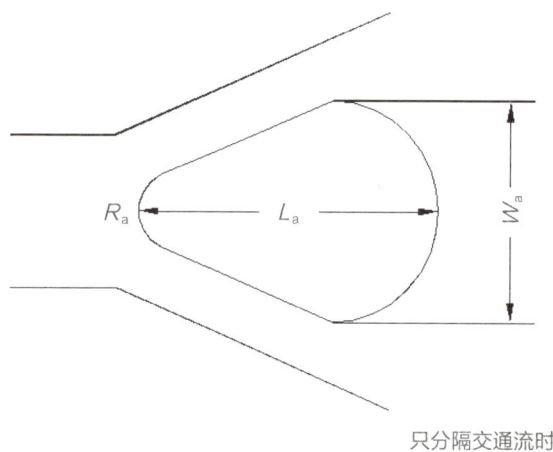

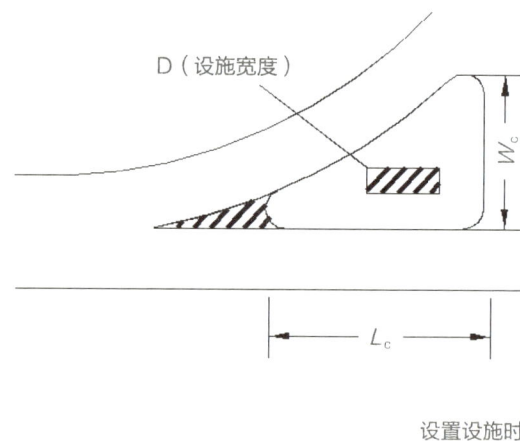

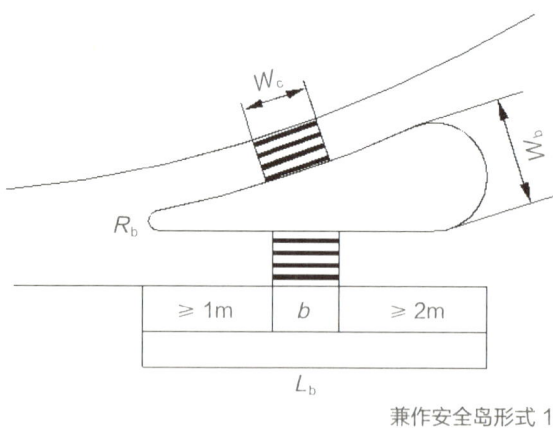

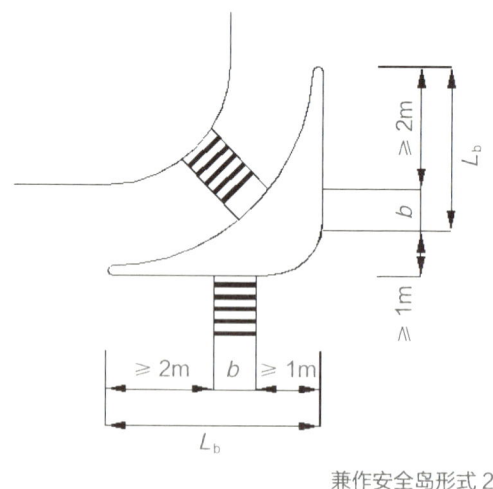

只分隔交通流时

设置设施时

兼作安全岛形式 1

兼作安全岛形式 2

图 5.3-48　各种交通渠化形式设计示意图（资料来源：《城市道路交叉口设计规程》）

第5章　道路设计要素

图 5.3-49 交通渠化示例（资料来源：自摄）

5.3 机动车道要素
ROADWAYS ELEMENTS

5.3.11 掉头车道

掉头车道的设计应综合考虑掉头车辆与左转车辆的流量、道路宽度与分隔带空间位置等条件，以及道路设计车速等因素，在保证掉头车辆行驶安全的条件下，尽量减少车辆掉头对交通运行的影响。

● **设计依据与参考**

01	《城市道路交叉口设计规程》CJJ 152-2010
02	《城市交通设计导则（征求意见稿）(2015)》
03	《城市道路交通标志和标线设置规范》GB 51038-2015
04	《交通设计》(杨晓光版教材，2010)

● **设计指引**

总体要求：
掉头车道的设置应尽量减少与过街行人之间的冲突、保证相关交通流的运行安全和效率。非常规布设掉头车道时，应配备必要的交通标识。

设计流程：
掉头车道的设计，可参考如下设计流程：
（1）核查设置条件；
（2）明确设计形式；
（3）确定设计参数。

（1）核查设置条件

应从区域交通组织的角度分析是否需要设置掉头车道，以下情形时宜设置掉头车道：
— 当禁止掉头后车辆会产生过远的绕行距离时应设置掉头车道；
— 当交叉口禁止左转后，可通过在直行和右转车流方向的下游设置掉头车道，即车辆远引掉头的方式完成车辆左转。

以下情形时，不应设置掉头车道：
— 机动车在有禁止掉头或者禁止左转弯标志、标线的地点以及在铁路道口、人行横道、桥梁、急弯、陡坡、隧道等容易发生危险或引起交通阻塞的路段或交叉口处，不得掉头；
— 相交道路为单行道时，交叉口处应根据区域交通流线组织设置禁止左转或禁止的交通标识；
— 交叉口处设置有多个左转车道时，除最内侧的左转车道应禁止车辆掉头。

（2）明确设计形式

— **设计形式：** 在交叉口停车线上游 3m 左右的中央分隔带处设置掉头车道开口，于同一进口道左转专用相位时间段内实现掉头。一般地，开口长度取 8 ~ 10m 左右。同时，应配设相应的减速带和让行标志。

— **适用条件：** 进口道设有左转车道和左转专用相位，左转车道和掉头车道交通流量不饱和。

形式一：设置于交叉口停车线上游

参考《交通设计》（杨晓光版教材，2010）。

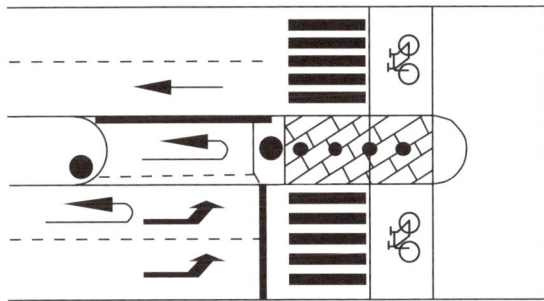

图 5.3-50　设置于交叉口停车线上游的掉头车道（资料来源：自绘）

— **设计形式：** 掉头车辆与进口道最内侧左转交通流同行，在交叉口内部完成掉头。

— **适用条件：** 有左转专用相位，且掉头车辆较少时。

形式二：直接在交叉口内部掉头

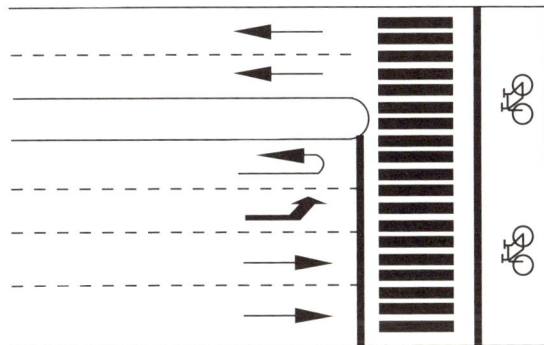

图 5.3-51　车辆在交叉口内部掉头（资料来源：自绘）

— **设计形式：** 即掉头车道右置，且不与进口道内侧的左转车同一相位，应配置掉头专用相位和显著的交通标识，以提醒驾驶员避免开错车道。

— **适用条件：** 无中央分隔带或中央分隔带较窄时，车辆掉头转弯半径不足；或较多的掉头车辆靠近右侧进口道等。

形式三：设置于交叉口进口道右侧

图 5.3-52　设置于进口道右侧的掉头车道和左转车道

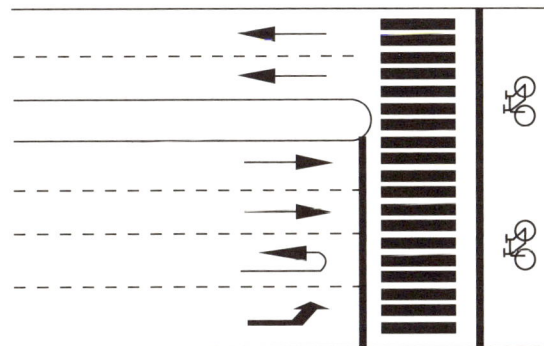

图 5.3-53　设置于进口道右侧的掉头车道和左转车道

图 5.3-52　设置于进口道右侧的掉头车道和左转车道（资料来源：自摄）

图 5.3-53　设置于进口道右侧的掉头车道和左转车道（资料来源：自绘）

5.3 机动车道要素
ROADWAYS ELEMENTS

形式四：路段普通单向掉头

— **设计形式：** 掉头车辆直接利用中央分隔带或者道路标线的开口掉头，未辅以压缩中央分隔带或拓宽道路红线增设专用掉头车道等措施，宜设置避让线和相应的交通标识。

— **适用条件：** 掉头车辆较少，且道路宽度受限的情况下。

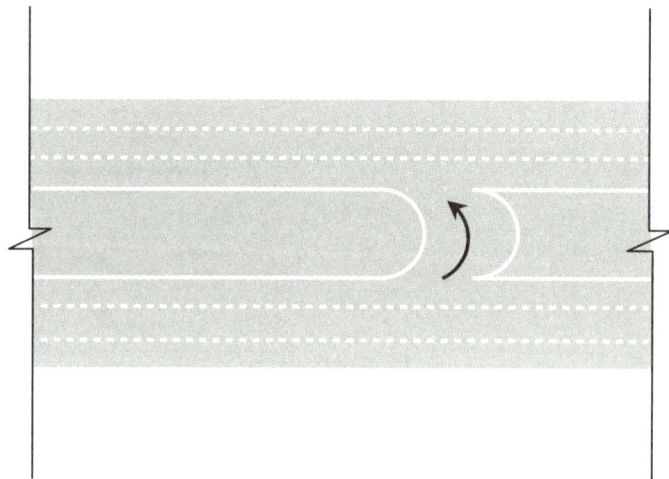

图 5.3-54　普通单向掉头（资料来源：自绘）

形式五：路段专用车道掉头

— **设计形式：** 通过压缩中央分隔带或者拓宽道路红线设置掉头专用车道，可有效地分流交通流，并为无法及时完成掉头的车辆提供蓄车空间。

— **适用条件：** 掉头车辆需求较大，且中央分隔带宽度或道路宽度条件充足的情形。

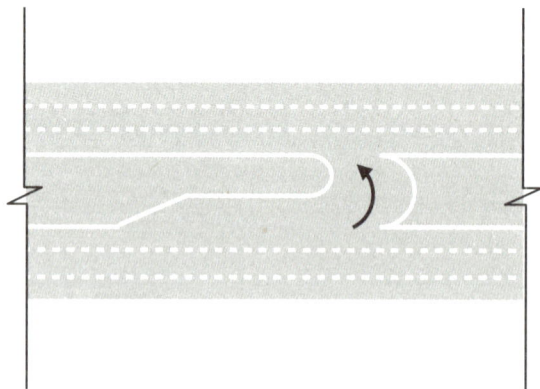

图 5.3-55　设置掉头专用车道的单向掉头
（资料来源：自绘）

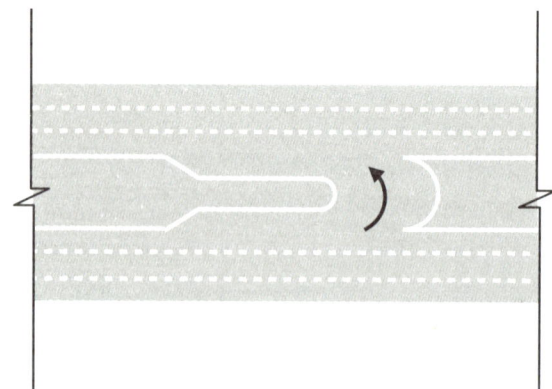

图 5.3-56　设置掉头专用车道及汇入车道的单向掉头
（资料来源：自绘）

第5章　道路设计要素

— **设计形式：** 双向掉头车辆直接利用中央分隔带或者道路标线的开口掉头，未压缩中央分隔带或拓宽道路红线以增设专用掉头车道，宜设置避让线和相应的交通标识。

— **适用条件：** 掉头车辆较少，且道路宽度受限的情况下。

形式六：路段普通双向掉头

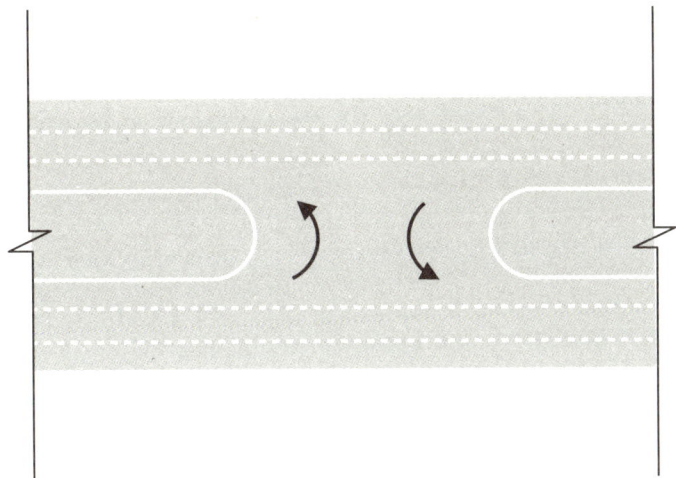

图 5.3-57　普通双向掉头（资料来源：自绘）

— **设计形式：** 为掉头车辆设置专用车道，可进一步分为有无方向限制的双向专用掉头，设置方向限制的专用掉头设计能够进一步改善掉头车辆的安全和运行秩序。

— **适用条件：** 掉头车辆需求较大，且中央分隔带宽度或道路宽度条件充足的情形。

形式七：路段专用车道双向掉头

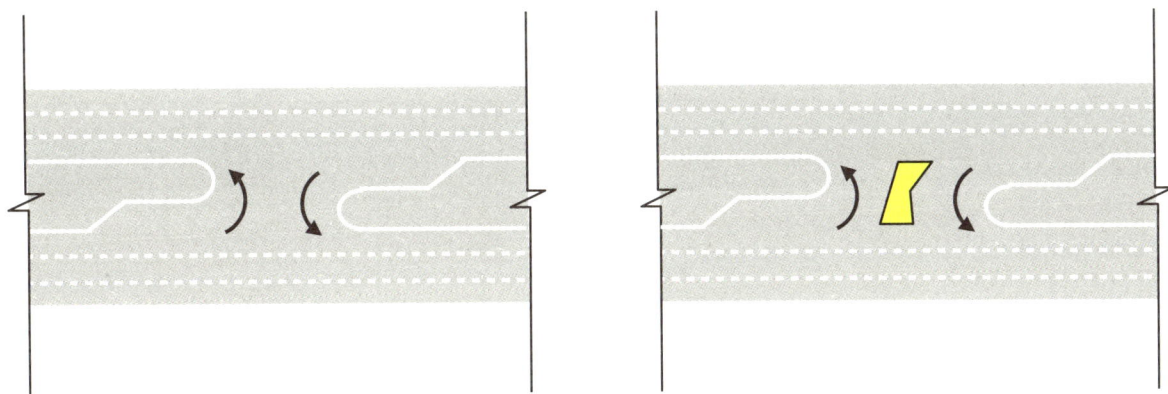

图 5.3-58　普通双向掉头未设避让线
（资料来源：自绘）

图 5.3-59　设置避让线的普通双向掉头
（资料来源：自绘）

第 5 章　道路设计要素

形式八：路段虚线掉头

在允许车辆越线或转弯的路段，车辆可利用"可跨越对向车行道分界线"实现掉头，其设置应符合下列规定：

— 对双向 2 车道，车行道总宽度大于或等于 6m 的无中央分隔带道路，在满足超车视距且交通量较小的一般平直路段，宜设置可跨越对向车行道分界线。

— 对宽度大于或等于 5m 的双向非机动车专用车道，应设置可跨越对向车行道分界线。

— 另外，单侧禁止跨越对向车行道分界线禁止实线侧车辆越线行驶，但允许虚线侧车辆越线行驶。

可跨越对向车行道分界线 | 禁止跨越对向车行道分界线

图 5.3-60　路段虚线掉头设置情况（资料来源：自绘）

（3）确定设计参数

— 中央分隔带的车辆掉头开口尺寸主要考虑设计车型和掉头车辆的掉头方式，掉头方式主要包括从内侧到内侧、从内侧至外侧，以及从外侧至内侧等方式。

— 不同的掉头车辆类型和掉头方式的组合情形下，中央分隔带宽度的建议值可参考下表。

不同掉头情形下中央分隔带宽度的建议值

转向类型		内侧至内侧	内侧至次内侧	内侧至外侧
		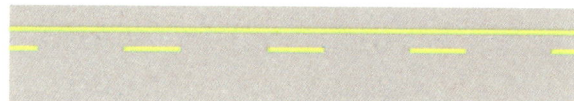		
D 最小宽度值（m）	小型车（5m）	8	4	2
	大型车（12m）	19	15	12

（资料来源：自绘）

中央分隔带开口长度要求

— 适当地增加中央分隔带的开口长度可提高掉头车道的通行能力，但又要避免过长的开口导致的行驶秩序混乱。不同车型的中央分隔带开口长度可参考下表。

不同车型的中央分隔带开口长度的要求

车型	小型车	大型车
中央分隔带开口长度要求（m）	5.5-7	8-10

（资料来源：自绘）

利用交通标线设置掉头车道的尺寸要求

— 路段处利用交通标线设置掉头车道的标线尺寸和颜色等参数要求请详见《城市道路交通标志和标线设置规范》GB 51038-2015 中的第 12.2 节和 13.2 节内容。

更加灵活、高效

— 交叉口掉头车道的设置应与信号配时方案更加紧密结合，以提高交叉口运行效率。例如左转车辆和掉头车辆在对向直行车辆红灯期间借助对向出口道完成左转和掉头等设计形式，通过交叉口时空一体化设计，以更加灵活的掉头车道方式提高交叉口的运行效率。

● **未来发展趋势**

5.3 机动车道要素
ROADWAYS ELEMENTS

5.3.12 机动车道路面结构

机动车道路面结构是构成路面的各铺砌层，供车辆直接在其表面行驶的一层或多层的道路结构。良好的机动车道路面结构设计是行车舒适的重要保障，同时也是改善道路环境的重要措施。

● **设计依据与参考**

01 《城市道路工程设计规范（2016 年版）》GJJ 37-2012

02 《城镇道路路面设计规范》CJJ169 - 2011

03 《伦敦街道设计导则》

● **设计指引**

总体要求：
机动车道路面结构设计应以机动车行车安全、舒适为原则，并满足路面耐用、易于养护、景观良好的要求。

设计流程：
机动车道路面结构的设计流程如下所示：
（1）划分路面结构层；
（2）确定面层类型；
（3）确定路面材料；
（4）特殊彩色路面。

路面结构层：
— 路面可分为面层、基层和垫层，各结构层的工程设计选材及要求具体参见《城镇道路路面设计规范》CJJ169 - 2011。
— 面层建筑必须能承担荷载和可预见的使用强度，并具有持久耐用和对材料的维护能力。
— 路面应当具备平整、坚固、防滑的特性且有一定的坡度，便于舒适行走和排地表水。

面层类型：
— 路面类型通常分为沥青路面、水泥混凝土路面、砌块路面以及特殊类型的彩色路面：
1）沥青路面：是使用沥青材料铺筑的各种类型的路面，俗称黑色路面。
2）水泥混凝土路面：以水泥混凝土为主要材料做面层的路面，俗称白色路面。
3）砌块路面：是采用普通混凝土预制块和天然石材砌块铺筑的路面结构形式，广泛用于城市各类景观路面。
4）彩色路面：是针对特定使用者或特殊场合的一种路面。
— 各类路面面层的选择、设计指标要求、材料要求具体详见《城镇道路路面设计规范》CJJ 169 - 2011。

路面材料：

—路面材料的选择应考虑其适用范围的要求，如下表所示：

<table>
<tr><td colspan="2" align="center">路面材料适用范围</td></tr>
<tr><td align="center">路面材料</td><td align="center">适用范围</td></tr>
<tr><td>沥青混凝土</td><td align="center">快速路、主干路、次干路、支路</td></tr>
<tr><td>水泥混凝土</td><td align="center">快速路、主干路、次干路、支路</td></tr>
<tr><td>砌块路面</td><td align="center">支路、共享街道</td></tr>
<tr><td>彩色路面</td><td align="center">特殊路段（如交叉口、行人过街）、共享街道</td></tr>
</table>

（资料来源：自绘）

— 城市道路应优先采用沥青混凝土路面，以便于形成良好的景观视觉效果，且便于养护。

— 共享街道宜采用砌块路面，如花岗岩石板，以提供高品质的低速环境，营造一个交通平静空间。

图 5.3-61   沥青铺装路面

图 5.3-62   砌块路面共享街道

彩色路面：

— 彩色路面包括任何改变常规沥青磨耗层外观的路面；

— 彩色路面考虑在对特定使用者有明显安全或操作的好处或者其他补救措施都不合适的时候使用；

— 彩色路面应谨慎并有选择的使用，并需符合城市风貌和市政色彩规划的要求，最大限度地减少投资和维护成本、改善路面修补效果。

图 5.3-63   彩色压花路面

图 5.3-64   彩色公交车道

图 5.3-61   沥青铺装路面（资料来源：http://www.mafengwo.cn/i/3280069.html）

图 5.3-62   砌块路面共享街道（资料来源：http://www.mafengwo.cn/i/3280069.html）

图 5.3-63   彩色压花路面（资料来源：http://www.qiyeku.com/chanpin/41271581.html）

图 5.3-64   彩色公交车道（资料来源：谷歌街景，https://www.google.com/maps）

第 5 章   道路设计要素

5.3 机动车道要素
ROADWAYS ELEMENTS

5.3.13 路缘石（侧、平石）

路缘石提供了一个人行道和车行道间重要的视觉和物理分隔。建议路缘石使用有限的材料和配色，为所有的街道提供一个整洁延续的视觉效果；在转弯处等曲线段，使用弧形路缘石或现场浇筑，创造出平滑的过渡；共享街道以平石替代侧石，创造一体化的路面。

● 设计依据与参考

01	《城市道路工程设计规范（2016 年版）》CJJ 37-2012
02	《城镇道路路面设计规范》CJJ 169-2012
03	《城镇道路工程施工与质量验收规范》CJJ 1-2008
04	《无障碍设计规范》GB 50763-2012
05	《混凝土路缘石》JC 899-2016
06	《广州市城市道路设计技术指南（试行）》
07	《广州市城市道路永久性材料运用指引（第三版）》
08	《城市道路—路缘石》05MR404
09	《城市道路交通标志和标线设置规范》GB 51038-2015

重要规定：

— 路缘石在转角处、弯道处以及避让圆形井盖等障碍物时，需结合现场情况采用曲线形成品；曲线型路缘石弧长不宜小于 0.5m。

— 路缘石拼接缝宽应小于 3mm。

● 材料

城市道路建设中主要采用花岗岩和混凝土两种路缘石材料。

（1）花岗岩

— 优点

— 具有良好的质感；

— 耐用，使用寿命长，可重复使用且磨损掉色极浅；

— 热膨胀系数小，不易变形；

— 化学性质稳定，不易风化，能耐酸、碱及腐蚀气体的侵蚀；

— 与其他人行道铺装材料结合良好。

— 不足

— 材料成本高，获取较不便利；

— 与混凝土相比，安装更费时；

— 现场切割易产生较大偏差。

图 5.3-65　花岗岩路缘石（资料来源：自摄）

— 应用

— 需要强调人行道界面或步行流量较大的区域；

— 车速限制在中低等（≤ 60km/h）的道路；

— 城市重点地区内、历史街区内、大型公众活动场地周边道路；

— 需要高品质饰面，尤其用于以其他天然石材或沥青为铺装的人行道。

优点

— 成本低，方便获取；

— 易于施工；

— 弧形可预制也可现场浇筑；

— 成品尺寸灵活，颜色丰富。

不足

— 整体外观实用但无法满足历史街区等特殊区域的外观需求；

— 若用于路基基础较差的地方容易破裂；

— 需要适度的维护管理。

应用

— 需要强调人行道界面或步行流量较大的区域；

— 现场路缘石与路面一体化浇筑的道路；

— 曲线段较多的道路，可现场浇筑，也可使用预制件；

— 大部分的城市道路。

图 5.3-66　混凝土路缘石（资料来源：自摄）

● 材料

（2）混凝土

根据建设海绵城市的要求，路缘石可考虑选用平缘石、打孔立缘石、豁口立缘石、间隔式立缘石等利于雨水穿透的类型。

当制定路缘石高度时应考虑到行动不便人群的需求以确保设计的包容性。2009 年伦敦大学的可达性研究小组得到结论，有视力缺陷的出行者无法察觉 60mm 以下的高度，建议应根据道路特点和活动量来仔细考虑所需的路缘石高度。

路缘石外露高度参考	
应用	路缘石外露高度
一般性道路的路侧高度	100 ~ 150mm
位于公交车站点的标准路侧高度	150mm
划分人行道和车行道的推荐最小路侧高度	100mm
划分人行道和自行车道的推荐最小路侧高度 注意：自行车道和车行道中间路缘石的最小路侧高度为 150mm	80mm
斑马线处的标准路侧高度	0mm（即水平） 10mm 为允许的最大值

参考：《城市道路工程设计规范》CJJ 37-2012

《无障碍设计规范》GB 50763-2012

● 与海绵城市技术结合

具体可参照《海绵城市建设技术指南》（住房和城乡建设部）相关内容。

● 品质控制

（1）尺寸

路缘石提高了行车道边缘的物理可见性还有对行人的保护效果，同时规范了道路各使用者的行为。路缘石的外露面高度对于划定行车道的边界、提供一个可见的边缘和排水通道非常重要。

较矮的路缘石更有利于步行穿越，但同时应对潜在危险的物理防护性能相应下降，且被证明对于视觉障碍者来说会有辨识难度。

5.3 机动车道要素
ROADWAYS ELEMENTS

（1）尺寸

路缘石尺寸参考	
分类	尺寸
低侧石	1000mm × 150mm × 300mm
高侧石	1000mm × 200mm × 600mm
平石	1000mm × 250mm × 120mm

参考：《广州市城市道路设计技术指南（试行）》
《广州市城市道路永久性材料运用指引（第三版）》

（2）分类

路缘石截面分类			
缘石类型	截面	基本特征	应用
H 型		有前斜面，圆角 $r < 30$ r 一般取 20	用于告知驾驶员他们过于靠近车道边缘，划分人行道和车行道
P 型		平面石	用于路面边缘或其他结构物分界处的标识，以及路面边缘或人行道边缘栽边
R 型		有较明显的圆角 r r 一般取 50	低侧石，常用于人行道边缘
F 型		有较明显的倒角	低侧石，常用于人行道边缘

路缘石截面分类

缘石类型	截面	基本特征	应用
T 型	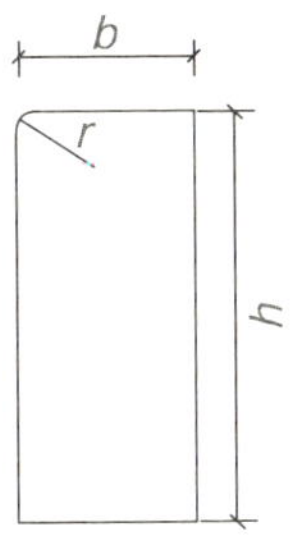	直立，圆角 $r < 30$ r 一般取 15	高侧石，常用于中央分隔带边缘
TF 型	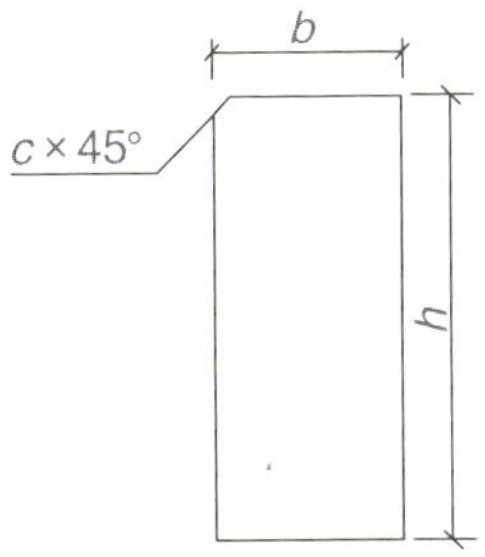	按 T 系列的规定控制尺寸，圆角改为倒角	高侧石，常用于中央分隔带边缘
TP 型	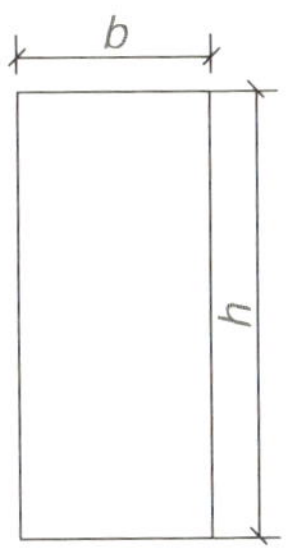	按 T 系列的规定控制尺寸，不做角的处理	高侧石，常用于中央分隔带边缘
RA 型	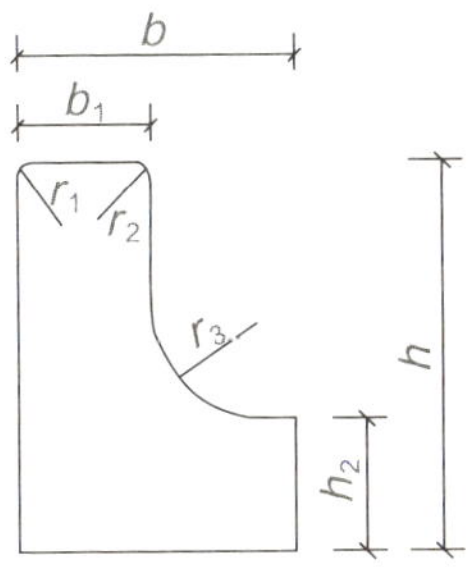	L 形状	可用于公交车站点，提供人行道更高级别的防护
曲线型	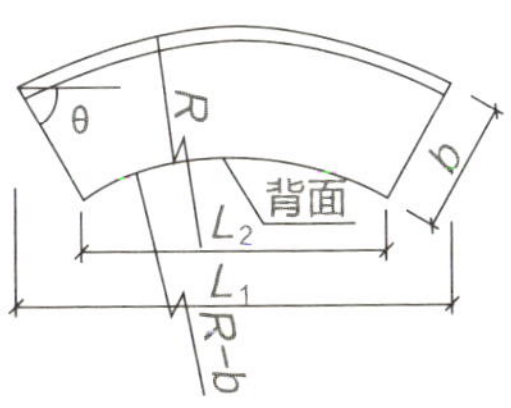 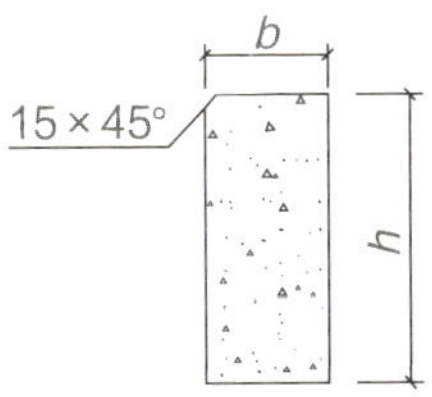 平面图　1—1 剖面图	平滑的圆弧形 R 一般取 $0.5 \sim 1.75$m	为转角提供一个弧形路缘，可用于路口、安全岛等需要弧形铺砌的地方

参考：《城市道路－路缘石》(05MR404)

第 5 章　道路设计要素

（3）平面设计

一 路缘石铺装注意要点

— 针对不同转弯半径的交叉口的弧形段路缘石分别进行设计，施工期间按照弧形段路缘石放样表进行预制拼接，保证路缘石圆顺美观。

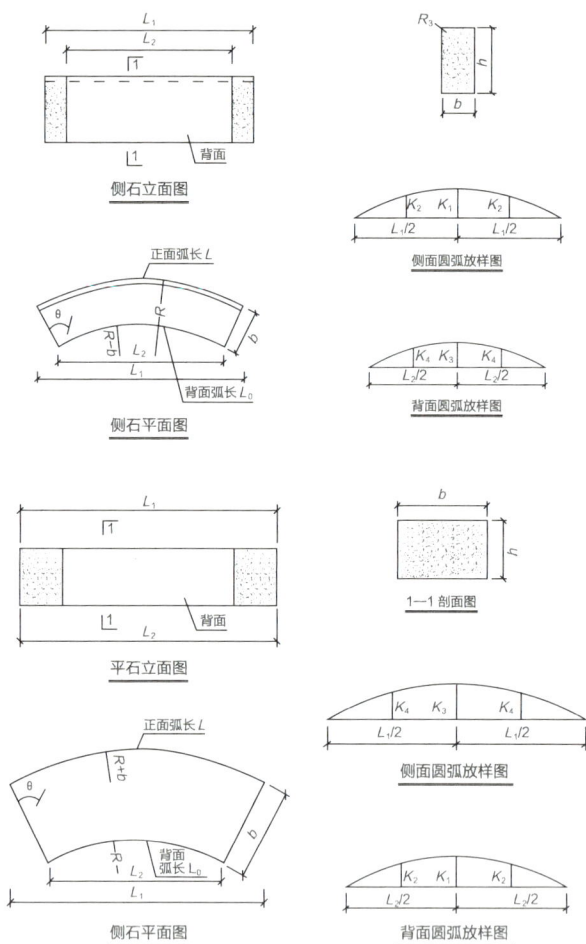

弧形侧石曲线放样表

圆弧半径R(m)	弦与半径夹角(θ)	侧面弧长L1(mm)	侧面弦外距		缘石宽度 b=150mm		
			K1(mm)	K2(mm)	背面弦长L2(mm)	背面弦外距 K3(mm)	K4(mm)
2	35°	3276.6	852.8	677.4	3030.9	788.9	597.6
2	57°	2178.6	322.7	247.1	2015.2	298.5	216.5
5	56°	5591.9	854.8	655.4	5424.2	829.2	623.3
5	43°	7313.5	1590.0	1243.7	7094.1	1542.3	1184.5
8	42°	11890.3	2647.0	2074.2	11667.4	2597.3	2012.7
8	45°	11313.7	2343.1	1826.5	11101.6	2299.2	1772.0

圆弧半径R(m)	半径夹角(G)	正面弧长L(m)	侧面弦长L1(m)	缘石宽度 b=25cm					
				R1(cm)	R2(cm)	背面弧长L0(cm)	背面弦长L2(cm)	背面弦外距 L3(cm)	L4(cm)
2.0	28.650	1.125	99.0	6.2	4.7	1.000	86.6	5.4	4.1
2.0	42.970	1.687	146.5	13.9	10.5	1.500	128.2	12.2	9.2
3.0	19.100	1.083	99.5	4.2	3.1	1.000	91.2	3.8	2.9
3.0	28.650	1.025	148.5	9.3	7.0	1.500	136.1	3.6	6.4
4.0	14.320	1.062	99.7	·3.1	2.3	1.000	93.5	2.9	2.2
4.0	21.490	1.594	149.2	7.0	5.3	1.500	139.5	6.6	4.9
5.0	11.460	1.050	99.8	2.5	1.9	1.000	94.8	2.4	1.8
5.0	17.190	1.575	149.4	5.6	4.2	1.500	142.0	5.3	4.0
10.0	5.730	1.025	100.0	1.2	0.9	1.000	97.5	1.2	0.9
10.0	8.595	1.538	149.9	2.8	2.1	1.500	146.1	2.7	2.1
20.0	2.865	1.043	100.0	0.6	5	1.000	98.7	0.6	0.5
20.0	4.297	1.519	150.0	1.4	1	1.500	148.1	1.4	1.0

说明：
1. 本图尺寸单位除标明外均以 mm 计。
2. 当转弯半径 R>25 时，侧石与平石曲线取用直线标准做法。
3. 选取得侧石正面弧长与平石背面弧长应一致。

图 5.3-67　弧形路缘石设计示例（资料来源：自绘）

（4）结构设计

一 注意要点

— 路缘石与路面共用基层结构，平面石垫层、立缘石垫层应设置在半刚性基层的同一界面上。

— 宽度不大于 220mm 的立缘石安装时，应设置靠背。

— 非机动车专用道和人行道上的路缘石可以采用独立基础，即立缘石基础为单独设置。

— 有特殊荷载时，必须先进行静荷载力计算，再根据计算结果进行结构设计。

说明：《城市道路交通标志和标线设置规范》GB51038-2015 对禁止停车线提出了新的要求：禁止停车线、禁止长时停车线宜施划于道路缘石立面而及顶面，无路缘石的道路可施划于距路面边缘 30cm 的路面上。

注意：如果原有道路边缘线是黄色标线的，需要在设置禁止停车线时同步将道路边缘线调整成白色实线，尺寸按照国家标准要求落实。

一 注意要点

— 为黄色虚线，宜施划于道路缘石正面及顶面，无缘石的道路可施划于路面上，距路面边缘 30cm。黄色虚线的宽度为 15cm，或与缘石宽度相同，线段长 100cm，间隔 100cm。

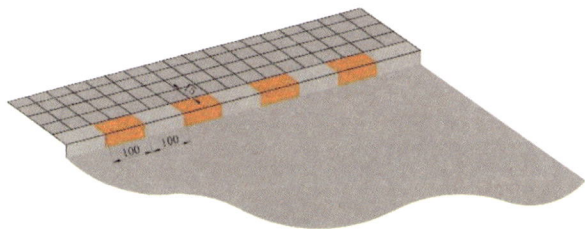

— 黄色虚线的宽度为 15cm，或与缘石宽度相同，线段长 100cm，间隔 100cm。

一 注意要点

— 为黄色实线，施划于道路缘石正面及顶面，无缘石的道路可施划于路面上，距路面边缘 30cm。

— 黄色实线的宽度为 15cm，或与缘石宽度相同，施划的长度表示禁停的范围。

● 与交通标线结合设计

参考：
《道路交通标志和标线》GB5768-2009
《城市道路交通标志和标线设置规范》GB 51038-2015
《禁止停车线设置参考标准》

（1）禁止长时间停车线

（2）禁止停车线

禁止长时间停车线示意图　　禁止停车线示意图

图 5.3-68　路缘石禁止停车线施划示例（资料来源：《禁止停车线设置参考标准》）

（3）施工工艺及材料要求

一 标线漆

— 纯丙烯酸快干型道路标线漆。符合中华人民共和国交通部行业标准 JT/T 280-2004 以及公安部部颁标准 GA/T 298-2001 的要求。

— 颜色：黄色 /2001C。

— 体质固体含量：约 48%。

— 重量固体含量：约 70%。

— 闪点：4℃。

— 不粘胎干燥时间：<15min（20℃）。

一 反光珠

— 高反光玻璃微珠，目数为 40 ~ 60 目，成圆率 95% 以上。

一 工艺要求

— 油漆施工采用双枪压力喷涂形式，可以根据路缘石的正面、顶面的尺寸宽度调整喷划尺寸。

— 玻璃珠施工采用压力喷撒式。正面、顶面油漆喷涂及玻璃珠附着一次成型。

5.3 机动车道要素
ROADWAYS ELEMENTS

5.3.14　机动车道标线

城市道路交通标线应由施划或安装于城市道路上的各种线条、箭头、文字、图案及立面标记、突起路标和轮廓标等交通安全设施所构成。

● **设计依据与参考**

01 《城市道路交通标志和标线设置规范》GB 51038-2015
02　《道路交通标志和标线 第 3 部分：标线》GB 5768.3-2009

● **设计指引**

总体要求：

机动车道标线应与交通实际运行特点相适应，有利于道路交通的有序、安全与畅通，并保证交通标线在使用期间的可视性，并与交通标志表达的信息协调一致。

设计流程：

机动车道标线的设计，可参考如下设计流程：

（1）明确设置条件；

（2）查询标线分类；

（3）明确设计颜色和尺寸等要求。

（1）明确是否施划交通标线

1）次干路及以上等级的城市道路应设置交通标线，支路及其他城市道路宜设置交通标线；

2）在城市道路的路段、交叉口、收费广场、作业区等区域，应根据需要设置指示标线、禁止标线、警告标线及其他标线。

（2）查询标线的分类

交通标线主要包括指示标线、禁止标线、警告标线以及其他标线 4 类。

1）指示标线

① 指示道路上机动车、非机动车、行人等通行的位置和方向，应设置指示标线；

② 指示标线的类型应符合下表的规定：

参考《城市道路交通标志和标线设置规范》
GB 51038-2015

指示标线的类型

序号	细分形式	指示标线名称
1	纵向标线	可跨越对向车行道分界线、可跨越同向车行道分界线、潮汐车道线、车行道边缘线、待行区线、路口导向线、导向车道线等
2	横向标线	人行横道线、车距确认线等
3	其他形式	道路出入口标线、停车位标线、停靠站标线、导向箭头、路面文字标记、路面图形标记、减速丘标线等

（资料来源：《城市道路交通标志和标线设置规范》）

以潮汐车道线为例，其设计形式示意图如下所示：

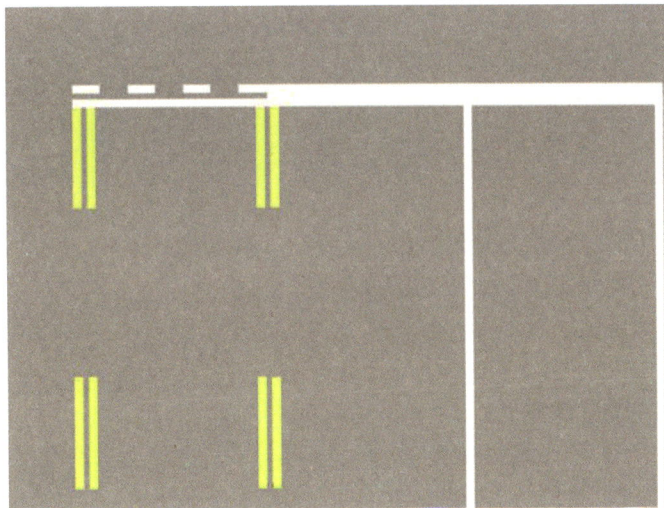

图 5.3-69　潮汐车道线
（资料来源：《城市道路交通标志和标线设置规范》）

2）禁止标线

①当需要严格禁止道路使用者的某些交通行为时，应设置禁止标线；

②禁止标线的类型应符合下表的规定：

禁止标线的类型

序号	细分形式	禁止标线名称
1	纵向标线	禁止跨越对向车行道分界线、禁止跨越同向车行道分界线、禁止停车线
2	横向标线	停止线、停车让行线、减速让行线
3	其他形式	非机动车禁驶区标线、导流线、中心圈、网状线、专用车道线、禁止掉头（转弯）线

（资料来源：《城市道路交通标志和标线设置规范》）

以禁止掉头转弯地面标记为例，其设计形式如下图所示：

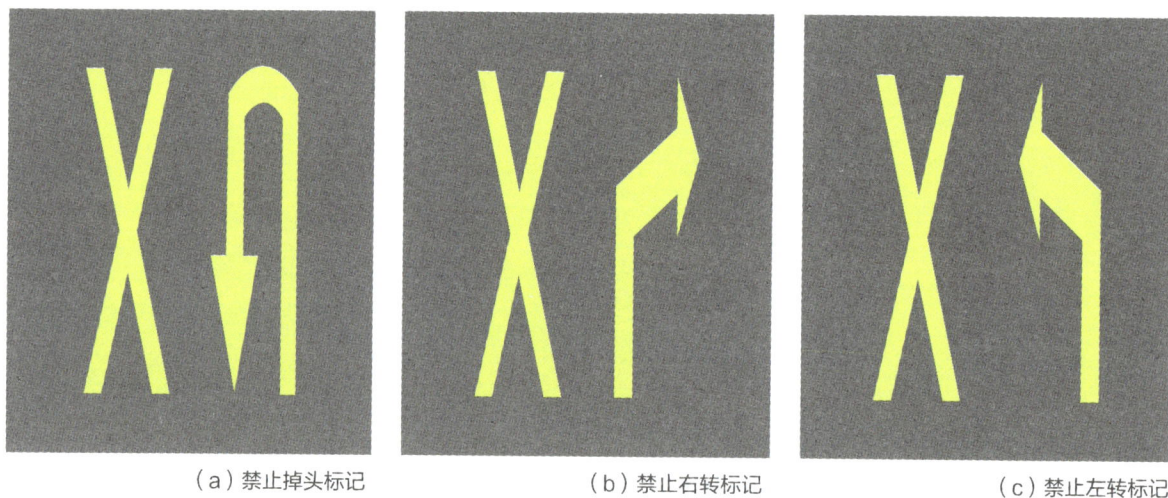

（a）禁止掉头标记　　　　　　　（b）禁止右转标记　　　　　　　（c）禁止左转标记

图 5.3-70　禁止掉头、转弯标线（资料来源：《城市道路交通标志和标线设置规范》）

3）警告标线

①警示道路使用者注意道路通行规则时，应设置警告标线；

②警告标线的类型如下表所示：

第5章 道路设计要素

警告标线的类型

序号	细分形式	警告标线名称
1	纵向标线	禁止跨越对向车行道分界线、禁止跨越同向车行道分界线、禁止停车线
2	横向标线	停止线、停车让行线、减速让行线
3	其他形式	非机动车禁驶区标线、导流线、中心圈、网状线、专用车道线、禁止掉头（转弯）线

（资料来源:《城市道路交通标志和标线设置规范》）

以接近道路中心障碍物标线为例，其设计形式如下图所示：

图 5.3-71 接近道路中心障碍物标线设置示例（资料来源:《城市道路交通标志和标线设置规范》）

4）其他标线

其他标线主要包括突起路标、轮廓标、弹性交通柱以及作业区标线等类型。

● **未来发展趋势**

交通标线新材料的应用

交通标线的材料使用对于其实施效果有重要的影响，其抗滑性、耐磨性、可视性、易干燥、环保性、反光性将逐步提升。

考虑广州的湿润多雨气候，针对易积水路段和人机非混行路段，可考虑采用水下反光标线材料或附加突起路标。

5.3 机动车道要素
ROADWAYS ELEMENTS

5.3.15 机动车信号灯

交通信号灯对于时间的分配和街道空间的分配相比一样重要。时间和空间的组合，构成了街道的运作结构。组合方式的优良度决定了交通流动的顺畅性，安全性和公共空间舒适度。

● **设计依据与参考**

01	《道路交通信号灯设置与安装规范》GB 14886-2016
02	《道路交通信号灯》GB 14887-2011
03	《道路交通信号控制机》GB 25280-2010
04	《道路交通信号倒计时显示器比较》GA/T 508-2014
05	《道路交通信号控制方式》GA/T 527-2015
06	《公路交通工程钢构件防腐蚀技术条件》GA/T 18226-2015
07	《城市街道设计指南》(Urban Street Design Guideline)(美国城市交通官员协会)

● **设计指引**

总体要求：
机动车信号灯作为交通信号灯的重要组成部分，不仅仅是控制机动车流运动的重要工具，更是提供更安全的道路环境，支持步行、自行车、公共交通，增强经济活动的一种手段。

设计流程：
机动车信号灯的设计流程：第一步是确定目标路口或路段是否符合信号灯的设置条件；第二步是选择目标路口或路段的信号灯的设置形式；第三步是明确信号灯的设置具体位置和数量；第四步是依照信号灯的安装要求进行详细设计。

设计要点：
机动车信号灯设置条件

路口	十字形路口	相交的两条道路为次干道及以上等级的道路，或双向四车道以上（含）时，应该设置信号灯。相交的两条道路中有一条为支路时，应根据机动车高峰小时流量，或者目标路口任意连续 8 小时机动车平均小时流量，或者交通事故状况等条件，确定是否设置信号灯。目标路口高峰小时流量超过表 1 列数值或者目标路口任意连续 8h 的机动车平均小时流量超过表 2 所列数值，两个条件满足其一则应当设置信号灯
	斜角形路口	
	T 形路口	
	Y 形路口	
	错位 T 形路口	错位间距小于 50m 时，视为一个十字路口或者斜交路口；如果错位间距大于 50m 时，视为两个 T 形路口，再按照 T 形路口设置条件确定是否设置信号灯
	错位 Y 形路口	应进行合理交通渠化后，根据交通流量和交通事故状况等条件确定信号灯的设置
	环形路口	应根据环形路口通行能力，交通流量和交通事故状况等条件确定信号灯的设置
	路口三年内平均发生 5 次以上交通事故，从事故原因分析通过设置信号灯可避免发生事故的，或者目标路口三年内平均每年发生一次以上死亡事故的路口，应当设置信号灯	
	路口机动车高峰小时流量、路口任意连续 8h 机动车小时流量和交通事故发生次数三个条件中，若有两个或两个以上的条件达到或超过目标值的 80%，则该路口应设置信号灯。	
	在不具备上述条件但有特别要求的路口，如常用警卫工作路线上的路口，交通信号控制系统协调控制范围内的路口等，可设置信号灯	
路段	双向机动车高峰小时流量超过 750PCU 及 12h 流量超过 8000PCU 的路段上，当通过人行横道的行人高峰小时流量超过 500 人次时，应设置机动车信号灯和人行横道信号灯	
道口	道口处应当设置道口信号灯	

资料来源：自绘

路口机动车高峰小时流量

主要道路单向车道数（条）	次要道路单向车道数（条）	主要道路双向高峰小时流量（PCU/h）	流量较大次要道路单向高峰小时流量（PCU/h）
1	1	750	300
		900	230
		1200	140
1	≥ 2	750	400
		900	340
		1200	220
≥ 2	1	900	340
		1050	280
		1400	160
≥ 2	≥ 2	900	420
		1050	350
		1400	200

资料来源:《道路交通信号灯设置与安装规范》

路口任意连续 8h 机动车小时流量

主要道路单向车道数（条）	次要道路单向车道数（条）	主要道路双向任意连续 8h 平均小时流量（PCU/h）	流量较大次要道路单向任意连续 8h 平均小时流量（PCH/h）
1	1	750	75
		500	150
1	≥ 2	750	100
		500	200
≥ 2	1	900	75
		600	150
≥ 2	≥ 2	900	100
		600	200

资料来源:《道路交通信号灯设置与安装规范》

信号灯安装方式

信号灯安装种类包括悬臂式，柱式，门式，附着式，中心安装式等方式（如采用一根长至路口、在其中心悬臂上安装可控制多个方向信号灯，或将信号灯安装于路口中心岗亭上）。

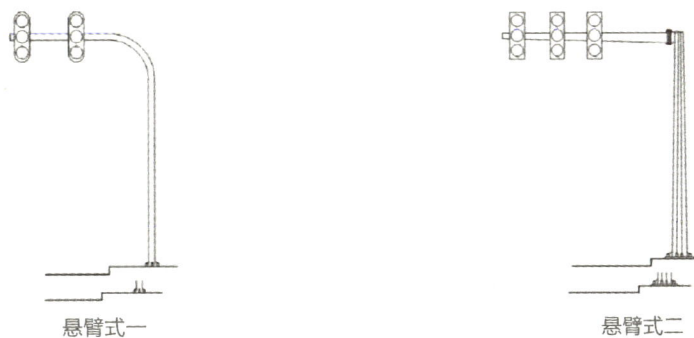

悬臂式一　　　　　悬臂式二

图 5.3-72　各种信号灯安装方式示意图（资料来源:《道路交通信号灯设置与安装规范》）

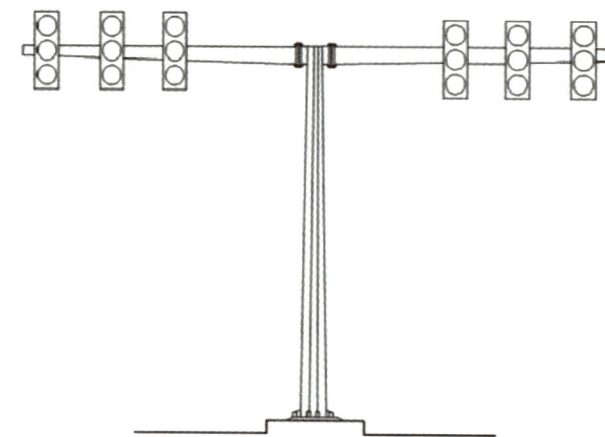

悬臂式三

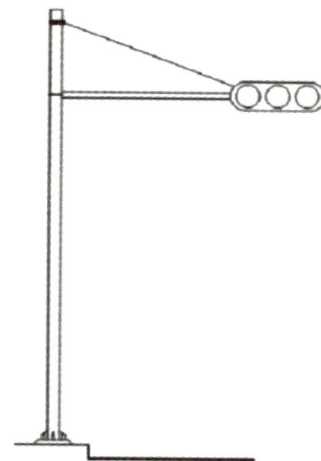

悬臂式四

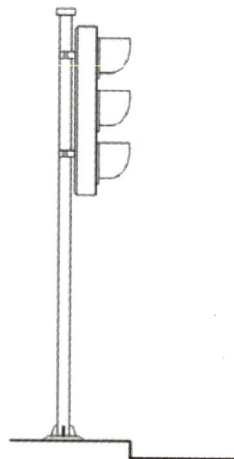

柱式

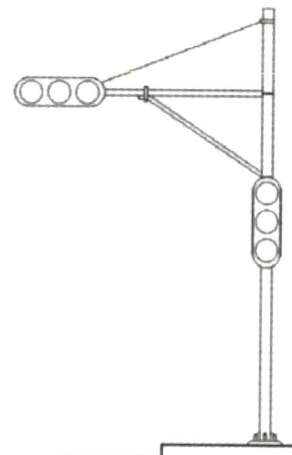

附着式

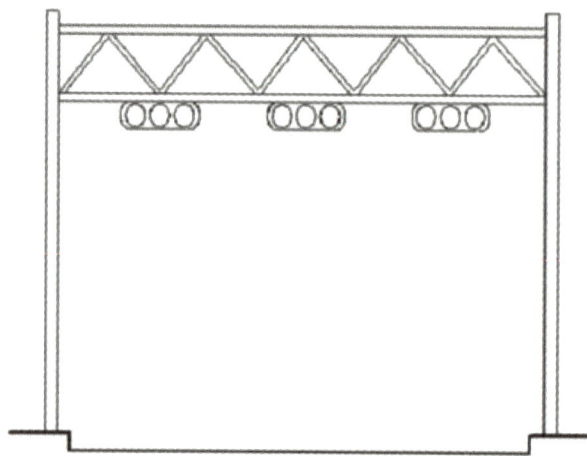

门式

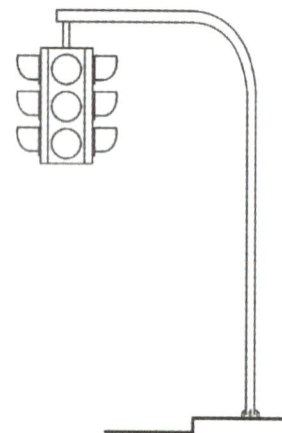

中心安装式

图 5.3-72　各种信号灯安装方式示意图（续）（资料来源:《道路交通信号灯设置与安装规范》）

信号灯排列顺序

机动车信号灯和方向指示信号灯排列顺序如下图所示：

— 两相位的排序方式：

横向安装示意图　　　　竖向安装示意图

— 竖向安装三组排序方式（详细说明详见《道路交通信号灯设置与安装规范》GB 14886-2016）：

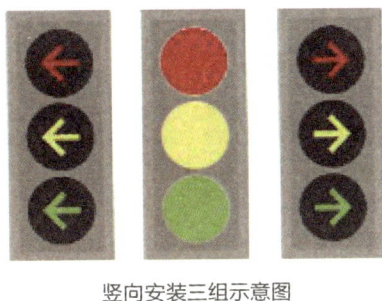

竖向安装三组示意图

— 竖向安装二组排序方式（详细说明详见《道路交通信号灯设置与安装规范》GB 14886-2016）：

竖向安装二组排序一　　　　竖向安装二组排序二

— 若夜间或其他时段采用两相位的相位设置时，不宜采用下图所示的排列顺序（详细说明详见《道路交通信号灯设置与安装规范》GB 14886-2016）：

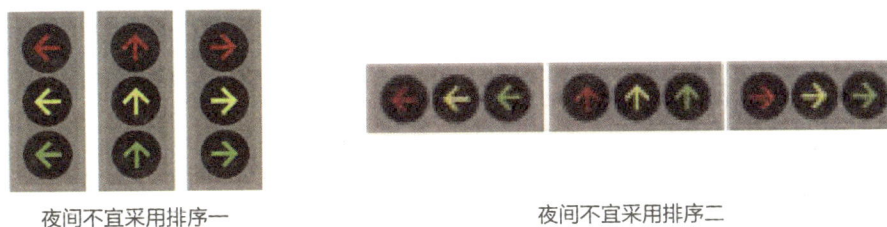

夜间不宜采用排序一　　　　夜间不宜采用排序二

图 5.3-73　各种信号灯排列顺序示意图（资料来源:《道路交通信号灯设置与安装规范》）

5.3 机动车道要素
ROADWAYS ELEMENTS

信号灯安装数量和位置

基本原则：

— 对应于路口某进口，可根据需要安装一个或多个信号灯组。

— 一个信号灯组合应当设置在同一支撑杆件或固定设施上。

— 路口信号灯采用悬臂式或柱式安装时，可安装在出口左侧、出口上方、出口右侧、进口左侧、进口上方和进口右侧。若只安装一个信号灯组，应安装在出口处。

— 至少有一个信号灯组的安装位置和方式能确保，在该信号灯组合所指示的车道上的机动车驾驶人，处于下表规定的范围内时均能清晰的观察到信号灯。

交叉口视距要求

道路设计车速（km/h）	30	40	50	60	70	80
距停车线最小距离（m）	50	65	85	110	140	165

— 因地形或其他因素影响，若不能确保驾驶人在上表规定的范围内能清晰观察到信号灯显示状态时，应配套设置注意信号灯标志，净高驾驶人注意前方设置有信号灯。

— 悬臂式机动车灯杆的基础位置（尤其悬臂背后）应尽量远离电力浅沟、窨井等，同时与路灯杆、电杆、行道树等相协调。

— 设置的信号灯和灯杆不应侵入道路通行净空限界范围。

—畸形路口信号灯的安装位置可参照以上规定因地制宜地选择。畸形路口根据需要可增设信号灯，并优先设置在进口道附近。

安装数量：

— 安装在出口处的信号灯组中，若某组信号灯指示车道较多，所指示车道从停车线至停车线后50m不在以下三种范围内时，应相应增加一组或多组信号灯：①无图案角度信号灯基准轴左右各10°；②无图案角度信号灯基准轴左右各5°；③图案指示信号灯基准轴左右各10°。

— 路口某个进口设置多个相同行进方向的车道但不相邻时，可增加一组或多组该方向的信号灯。

— 路段上设置的机动车信号灯离停车线较近，不便于驾驶人观察时，宜在信号灯立杆上附着增加设置信号灯组。

— 停止线与信号灯的距离大于50m，或道路路段双向四车道的，宜增设信号灯组；道路路段为双向六车道及以上的，应增设至少一个信号灯组合。

— 车道信号灯应根据需要连续设置，详细说明详见《道路交通信号灯设置与安装规范》GB 14886-2016 的相关规定。

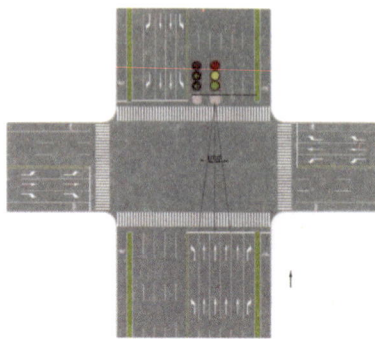

图 5.3-74　信号灯组中仅有一组直行方向指示信号灯示意图

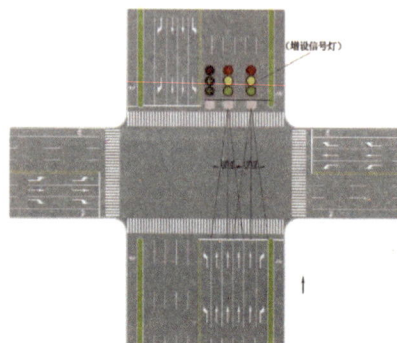

图 5.3-75　信号灯组中增加一组直行方向指示信号灯示意图

安装位置：

— 在没有设置机动车道和非机动车道隔离带的道路，对向信号灯灯杆宜安装在路缘线切点附近；当道路较宽时，可采用悬臂式安装在道路右侧人行道上（图5.3-76），也可根据需要在左侧人行道上增设一个信号灯组；当停止线与信号灯的距离较远或路段限速60km/h以上时，可根据实际需要，在进口道右侧增设一个信号灯组合，必要时可在对向出口道人行道上或中央隔离带上再增设一个信号灯组合（图5.3-77）；当道路较窄时（机非道路总宽12m以下），可采用柱式安装在道路两侧人行道上（图5.3-78）。

— 设有机动车道和非机动车道隔离带的道路，在隔离带的宽度允许情况下，对向信号灯灯杆宜安装在非隔离带缘头切点向后2m以内；当道路较宽时，可采用悬臂式安装在右侧隔离带（图5.3-79），也可以根据需要在左侧机非隔离带内增设一个信号灯组；当停止线与信号灯的距离较远或路段限速60km/h以上时，可根据实际需要，在进口道右侧增设一个信号灯组合。必要时可在对向出口道人行道上或中央隔离带上再增设一个信号灯组合；当道路较窄时（机动车道路宽10m以下）时，可采用柱式安装在两侧隔离带内（图5.3-80）；若隔离带宽度较小，可采用悬臂式安装在道路右侧人行道上（图5.3-81）。

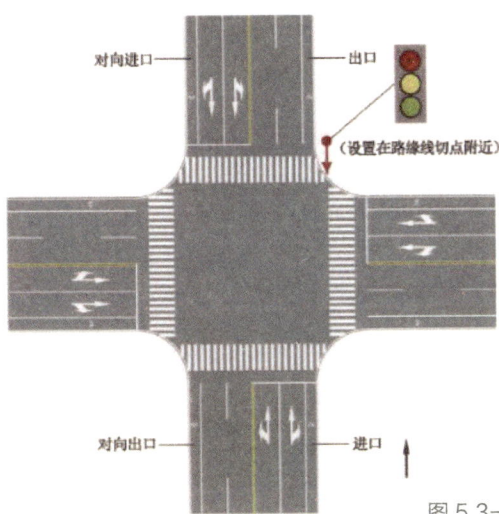

图5.3-76　示意图一

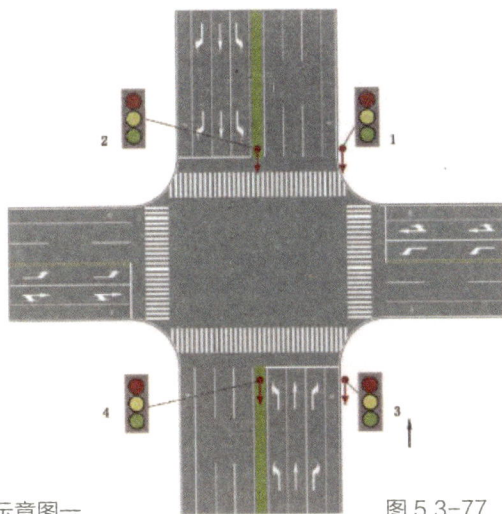

图5.3-77　示意图二

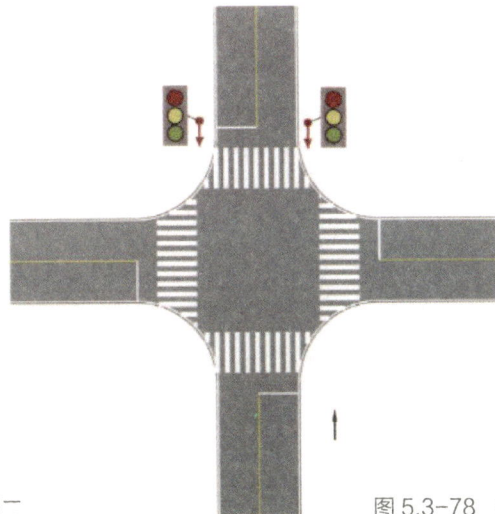

图5.3-78　示意图三

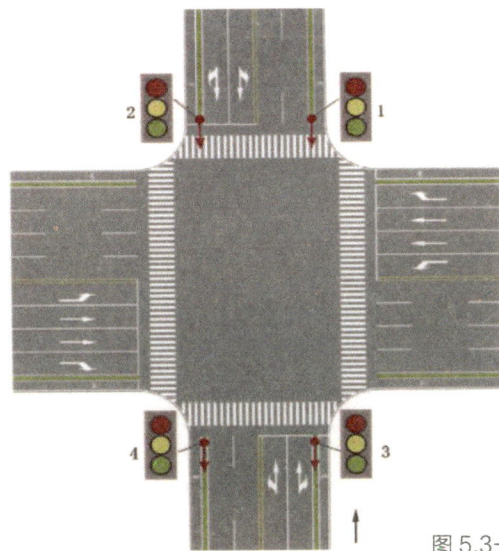

图5.3-79　示意图四

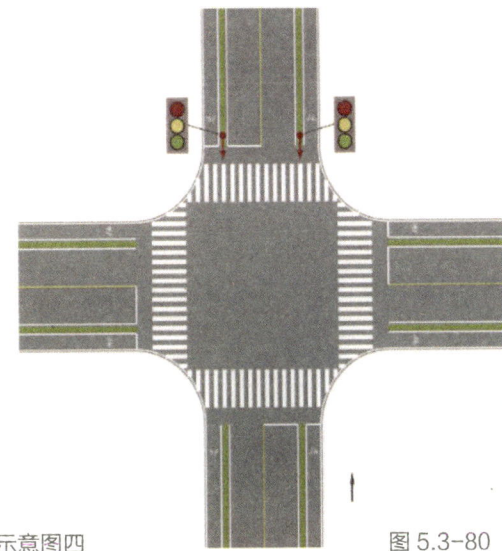

图5.3-80　示意图五

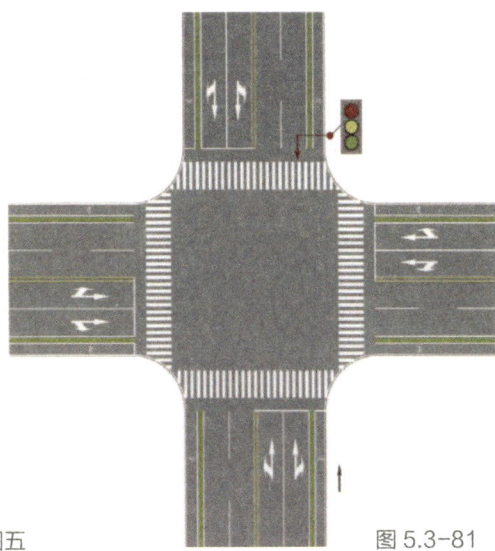

图5.3-81　示意图六

5.3 机动车道要素
ROADWAYS ELEMENTS

— T 形路口的垂直方向、Y 形路口的信号灯灯杆宜设置在进口道正对的路缘后 2m 以内。

— 立交桥桥跨处信号灯安装在桥体上或进口车道右侧。如立交桥下有二次停车线的，应在立交桥另一侧增设一个信号灯组（图 5.3-82）。

— 环形路口设置信号灯对进出环岛的车辆进行控制，在环岛内设置 4 个信号灯组分别指示进入环岛的机动车，在环岛外层设置 4 个信号灯组分别指示出环岛的机动车（图 5.3-83 和图 5.3-84）。

— 立交桥下路口或较大的平面交叉路口划有左弯待转区时，如果进入左弯待转区的车辆不容易观察到本方位的信号灯的变化时，宜在另一方位增设一个信号灯组合或单独一组左转方向指示信号灯，但不应该影响其他方向的视认（图 5.3-85）。

— 在设置有导流岛的路口，信号灯灯杆可设置在导流岛上。如果右转机动车与行人或非机动车冲突较大需要控制时，可在导流岛上增设控制右转车道的机动车信号灯，但不应影响其他方向的视认。

— 在城市快速路、高等级公路上，当需要控制驶入匝道的车辆时，应在入口匝道的起始端设置车道信号灯，当需要控制匝道汇入主线的车辆时，应在入口匝道汇入端设置机动车信号灯，并配合施划相应的停止线。

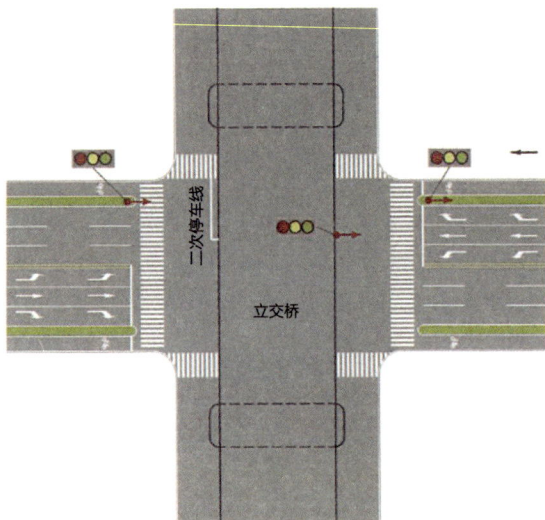

图 5.3-82　示意图七

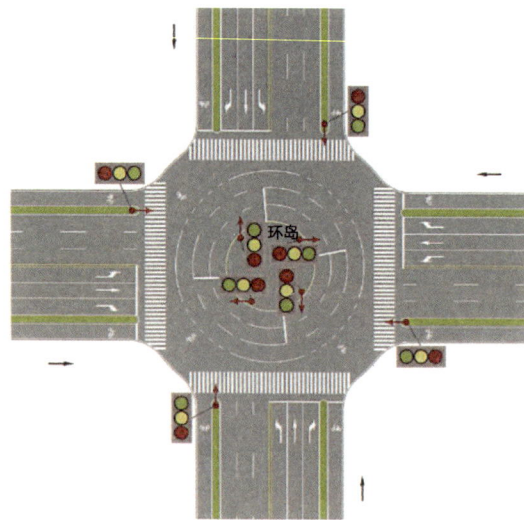

图 5.3-83　示意图八

图 5.3-74 ～图 5.3-85　资料来源：《道路交通信号灯设置与安装规范》GB 14886-2016。

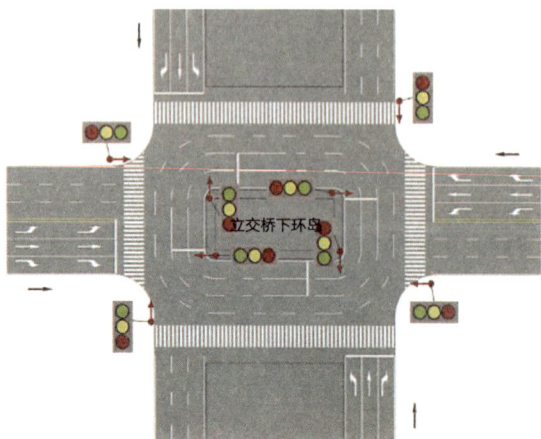

图 5.3-84　示意图九

图 5.3-85　示意图十

— 车道信号灯的安装位置应正对所控的车道。

— 闪光警告信号灯一般采用悬臂式，安装在需要提示驾驶人和行人注意瞭望，确认安全后再通过处的路侧。

— 道口信号灯一般采用柱式安装在道口前路侧。

— 信号灯安装高度：机动车信号灯、方向指示信号灯、闪光警告信号灯和道口信号灯等采用悬臂式安装时，高度 5.5 ~ 7m；采用柱式安装时，高度不应低于 3m；安装于净空小于 6m 的立交桥体上时，不得低于桥体净空。道口信号灯高度不低于 3m。

详细说明见《道路交通信号灯设置与安装规范》GB 14886-2016 的相关规定。

信号灯安装方位

指导机动车通行信号灯的安装方位，应使信号灯基准轴与地面平行，基准轴的垂面通过所控机动车道停车线后 60m 处中心点。

信号灯杆件

钢质灯杆，法兰盘，地脚螺栓，螺母，垫片，加强筋等金属构件及悬臂，支撑臂，拉杆，抱箍座夹板等附件的防腐性能应符合现行国家标准 GB/T 18226 的规定。信号灯杆等主体材质的颜色应为灰色或银灰色。

信号机箱的安装位置

信号机箱的安装位置应考虑设置在视野宽阔，不妨碍行人及车辆通行的人行道上，能观察到交叉口的交通状况和信号灯变化状况，并能容易接驳电源的地点。信号机箱的基础位置与人行道的路缘距离应在 50 ~ 100cm，与路缘石平行，基础高于地面 20cm，平面尺寸应和信号机箱底座尺寸一致。

其他要求

每组信号灯宜单独使用一根电缆线连接到信号机。

分车道信号控制，多杆合一等更加精细化设计方式将大大提升信号灯控制路口的品质。同时，随着互联网＋大数据时代的到来，未来交通信号控制系统将更多的利用大数据的信息来为信号配时优化提供有效地支撑，提高路口和路段的通行效率和安全性。

● **未来发展趋势**

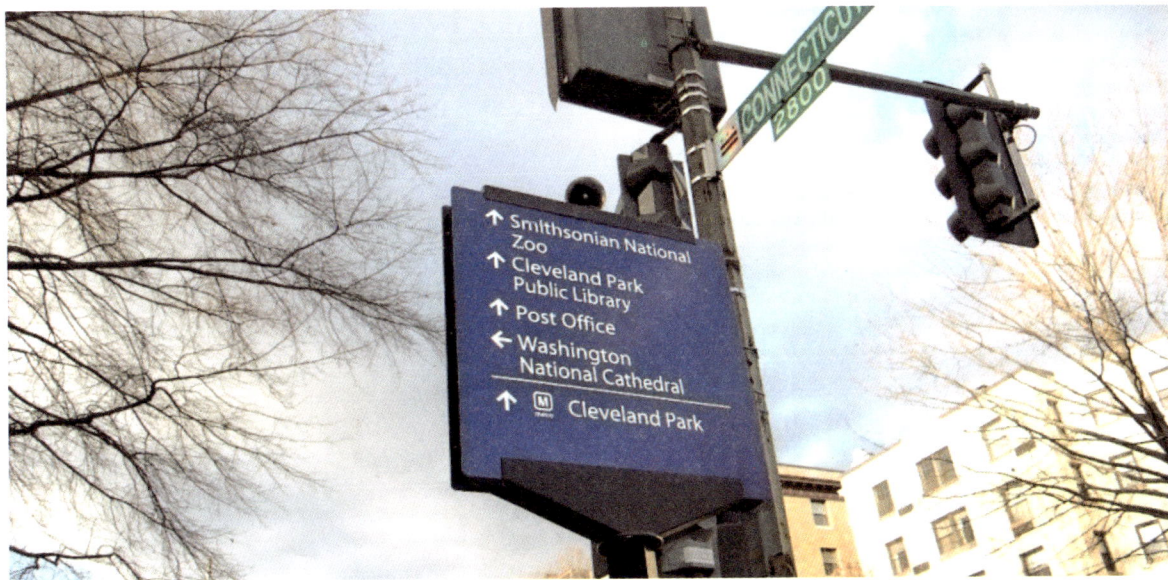

图 5.3-86　多杆合一示例（资料来源：自摄）

5.3 机动车道要素
ROADWAYS ELEMENTS

5.3.16 交通监控与检测设备

交通监控和检测设备是常见的智能交通管理系统设施，它将先进的信息技术、数据通信传输技术、电子传感技术、控制技术及计算机技术有效地集成运用于交通运输管理系统。

● 设计依据与参考

01	《道路智能化交通管理设施设置要求》DB 11/776.1-2011（北京市地方标准）
02	《公安交通管理外场设备基础施工通用要求》GA/T 652-2017
03	《公路交通工程钢构件防腐蚀技术条件》GA/T 18226-2015
04	《道路交通安全违法行为图像取证技术规范》GA/T 832-2014

● 设计指引

总体要求：

"交通监控"，又称"交通电视监控系统"，是最常用，也是最实用的交通信息采集手段，它能为交通管理指挥人员直观地反映道路交通信息与交通状况。检测设备主要包括视频、线圈、地磁、微波、车辆定位等多种监测设备和技术，融合交通信号控制系统、卡口系统、交通违法行为监测系统等多种业务系统，起到交通方式触发和交通信息采集的作用。

设计流程：

安装交通监控设备的设计流程：第一步是确定交通监控设置点位；第二步是根据交通监控设备的安装要求进行详细设计。

安装检测设备的设计流程：第一步是选择检测设备的种类；第二步是确定检测设备的设置点位。

设计要点：

交通监控设置点位选择

交通监控系统前端设备一般分为三类：

—— 一是基于制高点的电视监控，主要应用于对城市整体交通状况的实时了解，重点是主干道路、重大活动区域的交通状况等；

—— 二是基于路口的电视监控，主要用于了解路口的交通状况，规范路口行车秩序；

—— 三是基于违法取证的电视监控；在前两者的基础上，利用电视监控实行违法取证，主要用于对进入导向车道后不按规定方向行驶、不按规定停车、占用公交专用道、在禁行的道路上行驶、逆向行驶、不按规定调头、违反交通标线指示等违法行为的人工拍摄取证。

交通监控安装方式和方位

—— 交通监控的安装种类包括悬臂式、柱式、附着式等方式。

—— 交通监控的安装方位应根据安装的种类确定。悬臂式和柱式交通监控杆件的安放方位可选择交叉口视野开阔的隔离带或人行道边缘。附着式交通监控一般位于信号灯横臂或电子警察横臂末端视野开阔位置。

—— 交通监控的安装高度不低于 3.5m。

图 5.3-87　交通监控安装方式示例（资料来源：百度网络截图）

检测设备种类介绍

— 视频检测器：视频检测器是采用视频图像处理技术实现某项交通流参数检测或者某项交通事件检测的设备，应采用摄像机实现视频采集和车辆检测，不接受后端服务器分析的应用模式。视频检测器可同时完成多车道的交通参数采集，还具有采集视频图像的功能，安装设置灵活，检测区域面积大，维护简单，但其检测精度受到天气等环境影响较大。

— 地磁车辆检测器：地磁车辆检测器能够灵敏感知车辆经过时影响地磁力线产生的信号变化，经信号分析就可以得到检测目标的相关信息。要求采用无线地磁车辆检测器，每路口的核心设备包括地磁检测单元、中继器、接收器。地磁检测器多以无线传输为主，具有检测精度高、稳定可靠、安装维护方便的优点。

— 微波车辆检测器：微波车辆检测器是一种利用数字雷达波检测技术实时检测交通流量、平均车速、车型及车道占用率等交通数据的产品，广泛应用于高速公路、城市道路、桥梁等进行全天候的交通检测，能够精确检测高速公路上的任何车辆。微波检测器具有检测精度高、可检测多车道信息及不受天气影响等优点，但道路上存在金属分隔带或周围存在较高建筑物时，其检测精度会受到影响。

—超声波车辆检测器：超声波检测器通过接收到的反射波的时间差判断是否有车通过。超声波检测器采用悬挂式安装，不需破坏路面，也不受路面变形的影响，但其检测效果易受环境影响。

— 红外线车辆检测器：红外检测器一般采用反射式或阻断式检测技术，通过接收被车体反射的红外线脉冲来判断是否有车通过。红外线检测器的优点在于检测快速准确、轮廓清晰；可以侧向方式检测多车道；可检测静止车辆。缺点是性能随环境温度和气流影响而降低；易受车辆本身热源的影响，抗噪声能力不强，检测精度不高。

| 视频检测器 | 地磁车辆检测器 | 微波检测器 | 红外线车辆波检测器 |

图 5.3-88　检测设备示例（资料来源：百度网络截图）

检测设备安装条件

— 从国内外的应用来看，目前对交通数据检测的方法有许多种，主要包括侵入式方法和非侵入式方法。

— 侵入式方法需要进行破路施工，检测设备主要是环形线圈、地磁等，这种方法检测精度较高，但容易损坏，在进行维护和安装过程中需封闭道路，对已建成的流量较大的道路应用起来较困难。

— 非侵入式方法对于交通流的干扰小、安装方便，检测设备主要包括红外、电磁、微波、脉冲超声波、视频等。

各种交通检测器的性能各有优缺点，对应用环境的适应性也不同。

● 未来发展趋势

提高传统车辆检测器的性能、算法和传输方式，使之能适应不断提高的道路通行能力对车辆检测设备的要求。同时，运用交通信息融合技术，实现多种检测方式的组合应用。

5.3 机动车道要素
ROADWAYS ELEMENTS

5.3.17 电子警察

电子警察是交通执法系统的重要组成部分，保障了交通安全，建立了有效的交通秩序，是交通管理现代化的重要标志之一。

● **设计依据与参考**

01	《闯红灯自动记录系统通用技术条件》GA/T 496-2014
02	《公安交通管理外场设备基础施工通用要求》GA/T 652-2017
03	《公路交通工程钢构件防腐蚀技术条件》GA/T 18226-2015
04	《道路交通安全违法行为图像取证技术规范》GA/T 832-2009
05	《道路智能化交通管理设施设置要求》DB 11/776.1-2011（北京市地方标准）
06	《广州市城市道路交通管理设施设计技术指引（2015 年）》

● **设计指引**

总体要求：

电子警察，即安装在信号控制交叉路口和路段上，并对指定车道内的机动车闯红灯行为进行不间断自动检测和记录的系统。主要包括闯红灯抓拍系统、测速电子警察、违法变线电子警察、综合型电子警察。它是交通执法系统的重要组成部分。

设计流程：

安装电子警察的设计流程：第一步是确定是否设置电子警察；第二步是确定电子警察的设置点位；第三步是按照安装要求进行详细设计。

设计要点：

电子警察设置条件

根据《广州市城市道路交通管理设施设计技术指引（2015 年）》，电子警察设置的条件如下：

— 城市次干道及以上级别道路宜设置适当类型的电子警察。

— 城市道路上设置了信号灯的路口宜设置适当类型的电子警察。

— 城市道路上交通违法事件较多的路段宜设置适当类型的电子警察。

— 城市道路 / 高速公路上的交通事故多发路段宜设置适当类型的电子警察。

— 城市道路拥挤路段宜设置适当类型的电子警察。

— 城市出入口、重要的机关学校、医院、商场等人车交互频繁的地点宜设置适当类型的电子警察。

— 城市道路路段上的（综合型）电子警察宜兼顾治安卡口的布点需求。

闯红灯拍照系统安装方式

闯红灯拍照系统的安装涉及立杆、摄像机、辅助照明设备、车检器、机箱、通信端机等产品设备的安装。这里主要总结闯红灯拍照系统立杆、摄像机、辅助照明设备的安装定位和布局。

闯红灯拍照系统立杆可选择悬臂式或门式，悬臂式为普遍采用的立杆方式。闯红灯拍照系统立杆位置应位于信号控制交叉路口出口道停车线后 18～24m，杆件立柱离地面净高度为 6.5m。杆件横挑臂长度必须确保摄像机与辅助照明设备的杆状距离要求，保障抓拍效果。根据车道的数量不同，结合车道的宽度，杆件横挑臂长度的选型参考如下表：

闯红灯拍照系统立杆横挑臂长度选型

监控车道数量	杆件横挑臂长度（m）	说　明
1	6	存在右转或者非机动车道
2	8	存在右转或者非机动车道
3	10	存在右转或者非机动车道
4	12	存在右转或者非机动车道
5	14	存在右转或者非机动车道

（资料来源：自绘）

摄像机最佳安装位置应在监控断面正中央，应保证能同时看见对向红灯，抓拍方向车辆的车牌和停车线。一个高清数字（500万像素）摄像机可同时监控3条车道（图5.3-89）。

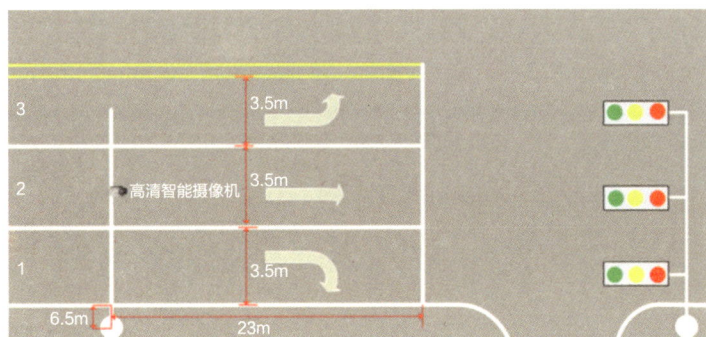

图 5.3-89　示意图一（资料来源：《广州市城市道路交通管理设施设计技术指引》）

辅助照明设备主要指补光灯，补光灯的安装定位应与摄像机的水平距离不小于 3m。在条件允许前提下，补光灯最好正对车道安装。3 车道补光灯布局如图 5.3-90 所示。

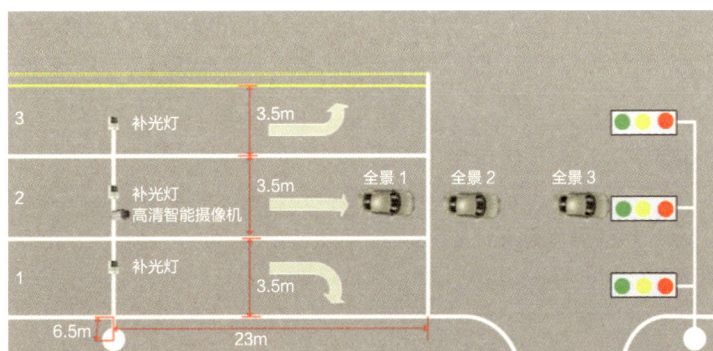

图 5.3-90　示意图二（资料来源：《广州市城市道路交通管理设施设计技术指引》）

测速电子警察

测速电子警察用于自动对超速违法行为抓拍取证，超速违法行为是指驾驶人驾驶机动车在道路上行驶超过本路段规定时速的交通违法行为，测速模式包括单点测速和区间测速。

单点测速包括顶装式线圈测速电子警察和及顶装式雷达测速电子警察，适用于满足超速抓拍要求的同时兼顾通行车辆记录的场景。安装时应注意避免摄像机视场被植被等物体遮挡，避免在含金属的路面（如桥梁）上布设线圈。条件允许情况下建议安装超速警示LED屏以及时提醒驾驶员的超速行为。顶装式线圈测速电子警察安装应用场景见图5.3-91，顶装式雷达测速电子警察安装应用场景见图5.3-92。

区间测速电子警察适用于容易发生持续超速行为的路段，如路况良好的景观道路、快速路等。安装应用场景见图5.3-93。

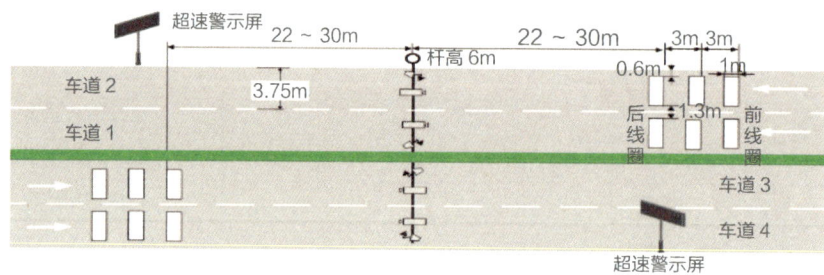

图 5.3-91　示意图一

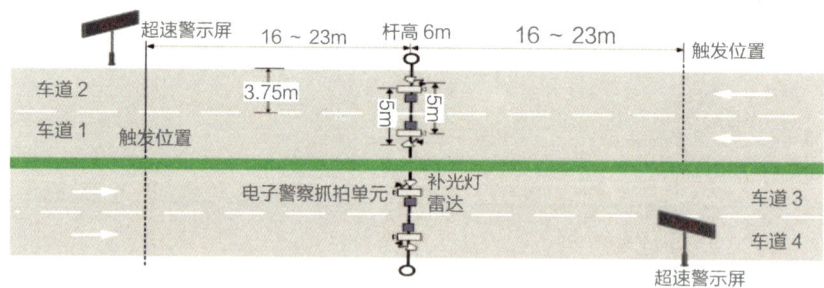

图 5.3-92　示意图二

图 5.3-93　示意图三

违法变线电子警察

违法变线行为是指机动车在并线或变更车道时轧过禁止变换车道线的违法行为，违法变线电子警察用于自动对上述交通违法行为抓拍取证，检测模式主要包括实线、匝道和隧道违法变线电子警察。

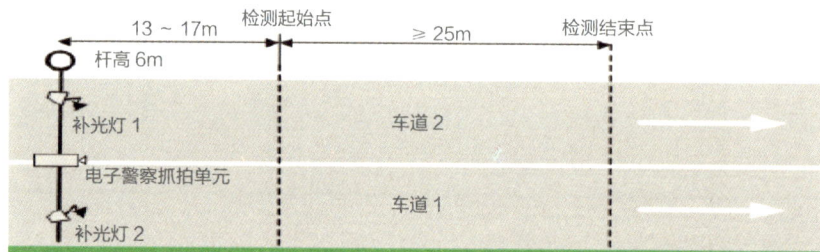

图 5.3-94　示意图四

图 5.3-91 ~ 图 5.3-98　资料来源：《广州市城市道路交通管理设施设计技术指引》。

实线路段违法变线电子警察的安装应用场景见图5.3-94。匝道违法变线电子警察的安装应用场景见图5.3-95。

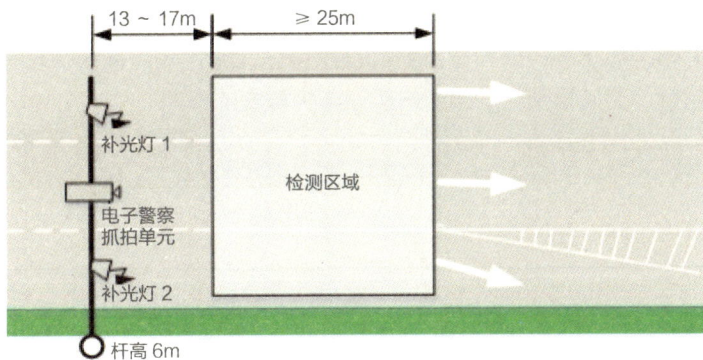

图 5.3-95　示意图五

隧道违法变线抓拍采用隧道出入口布设电子警察系统的方式分别记录车辆在进出隧道时行驶的车道进行比对，以判断车辆在隧道内全程是否有变线行为。隧道违法变线电子警察的安装应用场景见图5.3-96。

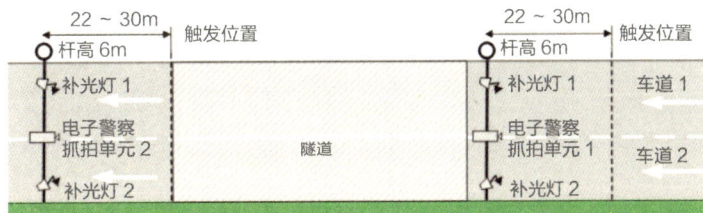

图 5.3-96　示意图六

综合型电子警察

相对于传统型电子警察，综合型电子警察主要部署在路段上，能够对所有过往通行车辆进行抓拍记录，自动识别车牌号码、车身颜色、车辆类型、车速、车流量等信息。对于不适宜切线圈的特殊场景，可采用纯视频检测模式。综合型电子警察系统安装应用场景见图5.3-97。

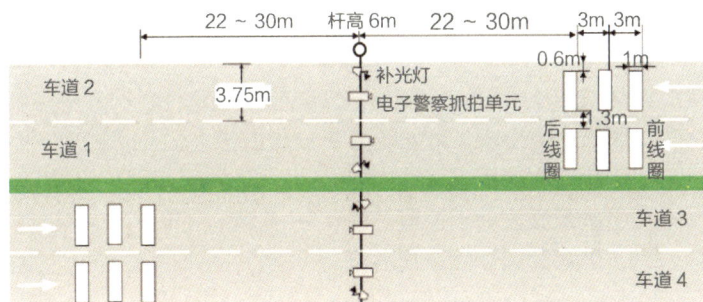

图 5.3-97　示意图七

违章停车电子警察

违停行为是指违反《中华人民共和国道路交通安全法》第63条规定情况的车辆停放行为，违停电子警察用于自动对上述交通违法行为抓拍取证。采用违章停车抓拍球机进行取证。违章停车电子警察的安装应用场景见图5.3-98。

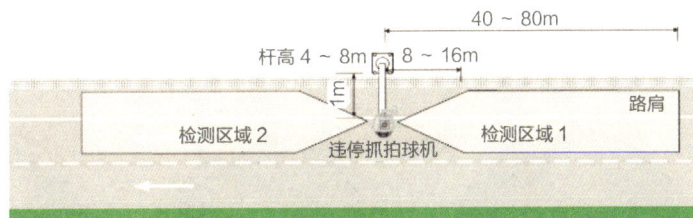

图 5.3-98　示意图八

电子警察系统未来将向着智能化、集约化的方向发展，更加充分有效地利用系统资源，提供更加全面的信息服务，发挥出更大更积极的作用。实现有序、安全、畅通、经济、环保的城市道路交通网路体系。

● 未来发展趋势

第5章　道路设计要素

5.3 机动车道要素
ROADWAYS ELEMENTS

5.3.18 交通标志

交通标志一般绘制在方形、三角形或圆形的图框里，有一个固定的图例或符号，起警告、禁令、指示、指路、施工等引导作用。交通标志设计、布设的质量和连续性对于能否传递给道路使用者明确的方向信息、交通规则和危险警告起到至关重要的作用。

● **设计依据与参考**

01	《城市道路交通标志和标线设置规范》GB 51038-2015
02	《伦敦街道设计导则》
03	《城市交通设计导则（征求意见稿）》（住房和城乡建设部）
04	《江苏省城市道路交通设计指南》（江苏省住房和城乡建设厅）
05	《浙江省城市道路交通标志和标线设置规范》DB 33/T 818-2010（浙江省地方标准）

● **设计指引**

总体要求：
交通标志应传递给交通参与者明确的信息和指令，其表达内容应简洁明了，形式宜符合国家标准，布设位置应便于识别且不遮挡视距。

设计流程：
交通标志的设置，可按照如下步骤进行：
（1）确定交通标志表达内容；
（2）确定交通标志设置位置；
（3）确定交通标志设置形式。

● **分类**

设计要点：
指示标志： 指示标志应向道路使用者传达交通组织信息，指示道路使用者应按交通管理措施安全、合法、合理地使用道路。形式一般为蓝底白色符号。当有时间、车种、载客人数等规定时，需要采用辅助标志说明。

交通标志： 根据表达内容不同，交通标识可分为指示标志、禁令标志、警告标志、指路标志。

（1）指示标志

图 5.3-99　指示标志示意图（资料来源：《城市道路交通标志和标线设置规范》）

禁令标志： 禁令标志应向道路使用者传达对其行为进行禁止、限制及相应解除的信息。形式一般为红底黑色文字或符号。当有时间、车种、轴重、质量等规定时，应采用辅助标志说明。

（2）禁令标志

图 5.3-100　禁令标志示意图（资料来源：《城市道路交通标志和标线设置规范》）

警告标志： 警告标志应向道路使用者传达警示信息，警告道路使用者前方有危险，需谨慎行动。形式一般为荧光黄色、橙色做底，黑色字体或符号。警告标志的前置距离可根据道路的设计速度和条件类型确定，也可根据所处路段的道路管理行车速度或运行速度进行适当调整。

（3）警告标志

速度（km/h）	减速到下列速度（km/h）									
	0	10	20	30	40	50	60	70	80	90
40	※	※	※	※	—	—	—	—	—	—
50	※	※	※	※	※	—	—	—	—	—
60	30m	※	※	※	※	※	—	—	—	—
70	50m	40m	30m	※	※	※	※	—	—	—
80	80m	60m	55m	50m	40m	30m	※	※	—	—
90	110m	90m	80m	70m	60m	40m	※	※	※	—
100	130m	120m	115m	110m	100m	90m	70m	60m	40m	※

资料来源：《城市道路交通标志和标线设置规范》

指路标志： 指路标志应向道路使用者传达指引信息。一般城市道路指路标志形式为蓝底，白色字体或符号；快速路、高速公路形式为绿底白色字体或符号；旅游区形式为棕底白色字体或符号。指路标志与其他交通标志的版面组合，应便于识认。

（4）指路标志

图 5.3-101　指路标志示意图（资料来源：《城市道路交通标志和标线设置规范》）

5.3 机动车道要素
ROADWAYS ELEMENTS

指路标志版面信息选取规则：同一城市道路，尤其是分段建设的同一城市道路，标志设置原则和标准应保持一致，避免信息缺漏或过载。在国家标准要求的基础上结合交通组织，保证信息的连续性和系统性。

一般主次干路交叉口指路标志信息选取示意

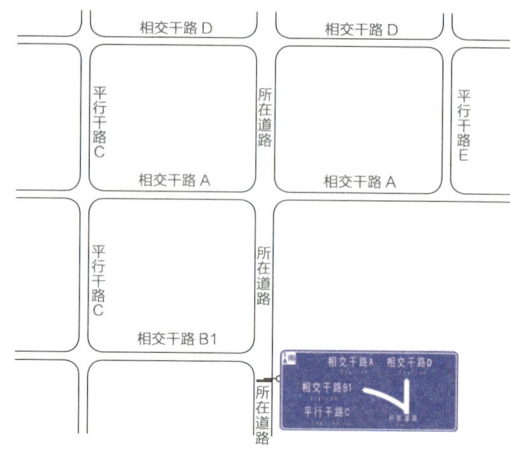

丁字交叉口指路标志信息选取示意

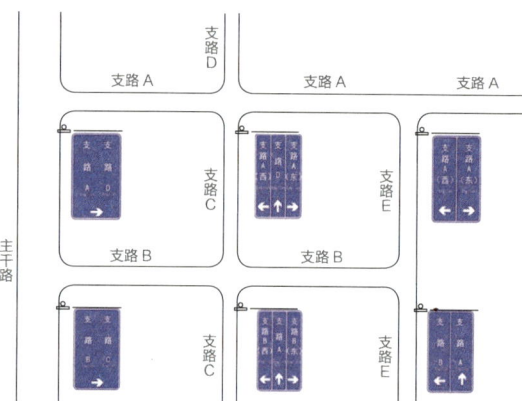

支路交叉口指路标志信息选取示意

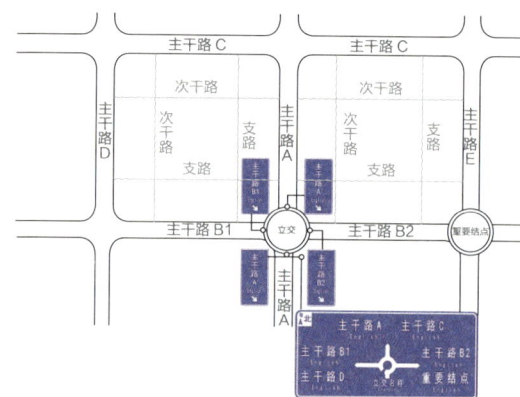

互通式立交指路标志信息选取示意

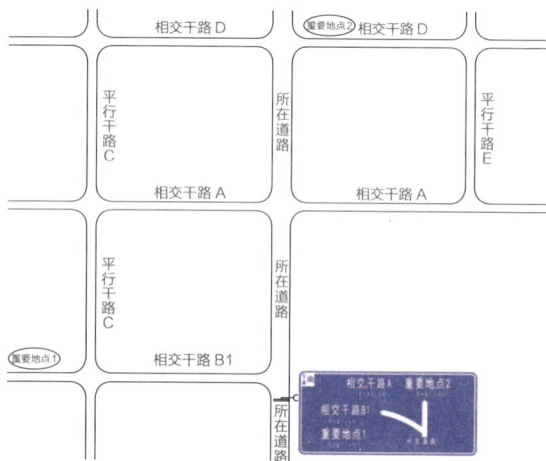

重要场所（地点）指路标志信息选取示意

重要交通集散点指路标志信息选取示意

图 5.3-102　指路标志信息选取示意图（资料来源：《城市道路交通标志和标线设置规范》）

指路标志版面布设要求：指路标志同一方向预告多个地点或道路信息时，单列预告信息应由近而远、从上而下排列，单行预告信息应由近而远、从左往右排列，多行多列预告信息应由近而远、先从左往右再从上而下排列，多行多列预告信息时不应超过三行。同一个指路标志牌上的信息量不宜超过 6 条，同一方向指示信息不超过 2 条，同一版面中禁止某种车辆转弯或禁止直行的禁令标志，不应多于 2 种，若超过，应增设辅助标志。同一方向表示 2 个信息时，宜在一行或两行内按由近到远顺序，由左至右或由上至下排列。

图 5.3-103　十字路口版面布设示意图（资料来源：《城市道路交通标志和标线设置规范》）

图 5.3-104　丁字路口版面布设示意图（资料来源：《城市道路交通标志和标线设置规范》）

指路标志双语化设置要求：指路标志英文翻译涉及方位词的翻译，使用英文缩写，至于路名之后，并用括弧标注，各等级道路推荐翻译如下表所示。

分类	推荐英文翻译	分类	推荐英文翻译
大道	Avenue（Ave）	桥	Bridge
路（马路）	Road（Rd）	立交桥	Interchange
道	Avenue（Ave）	步行桥	Pedestrian St
街 / 大街	Street（St）	横街	Hengjie St
巷 / 弄	Alley	南路	Rd（S）
里	Li	中路	Rd（M）
公路	Highway（Hwy）	东路	Rd（E）
高架	Viaduct	二路	2nd Rd
快速路	Expressway（Expwy）	内环路	Inner Ring Rd
高速公路	Expressway（Expwy）	环城高速（南环）	Ring Expwy（South Ring）

资料来源：自绘

5.3 机动车道要素
ROADWAYS ELEMENTS

5.3.19 分隔设施

区别于城市家具中的护栏，分隔设施主要具有分隔机动车通行和夜间警示等功能。分隔设施设计应根据道路等级、道路线形、运行速度、交通量和车辆构成等条件，分（防护）情形分（防撞）等级进行统筹规划、总体设计，同时对分隔设施的高度、密度、强度等方面提出设置要求，并应符合相关规定。

● **设计依据与参考**

01	《交通分隔栏》JT/T 1033-2016
02	《城市道路交通设施设计规范》GB 50688－2011
03	《城市道路工程设计规范（2016年版）》CJJ 37－2012
04	《公路交通安全设施设计规范》JTG D81-2006
05	《广州市城市道路人行道设施设置规范》
06	《广州市城市道路交通管理设施设计技术指引》

相关规定： 随着我国城市经济社会发展以及对道路分隔设施使用经验的累积，在对国外的相关标准和先进技术不断借鉴和吸收的基础上，分隔设施的设置标准逐步完善。其中包括进一步扩大了适用范围；明确了分隔设施的防撞性能，调整、扩充分隔设施的防撞等级等，对分隔设施的发展起了巨大的推动作用。但是我国行业标准对各方面控制仍尚存欠缺，诸如对于路侧安全净区、宽容设计、运行速度和安全性评价等先进概念利用甚少；对于特殊设置情形并未给出设置管理办法等。

● **设计指引**

设置原则： 分隔设施的设置应坚持"以人为本"的理念，注重安全、环保、舒适、和谐的统一，结合环境，合理设置。

设置分类： 按照分隔设施设置位置，将其划分为两类：道路分隔设施以及桥梁分隔设施。其中道路分隔设施可分为：路侧分隔设施、中央分隔设施、路基分隔设施。按照设置类型、道路等级、碰撞条件及性能等划分防撞等级（参考《公路交通安全设施设计规范》相关规定）。因道路线形、运行速度、填土高度、交通量和车辆构成等因素易造成严重碰撞后果的路段，应在原基础上提高防撞等级。

设置高度： 建议双向六车道以上道路分隔设施设置高度为1200mm，双向四车道以上道路分隔设施设置高度为1000mm，路口分隔设施渐变段设置高度为700mm；机动车道、非机动车道和人行道分隔设施设置高度为700mm。

设置密度： 应根据道路等级和分隔防撞等级等条件，以设置事故发生率最小的单体分隔设施长度及间距。

设置强度： 根据防撞强度以及组织结构、材质特性将分隔设施进行分类：刚性、半刚性、柔性。

特殊情形： 已设置分隔设施的道路，涉及公共服务、公共安全等部门或医疗急救、工程救险、超大型小区及交通组织等因特殊需要确须开设缺口的，由提出需求的单位、个人向相关管理部门进行申请，经实地勘察、专家论证后，根据实际道路交通流量和安全情况，做出改设移动式分隔设施、增设分隔设施开口或不予开设开口等决定。

● **未来发展趋势**

分隔设施逐步呈递减趋势发展，基于两点：道路设计功能更为完善，交通系统趋于立体化或多层化发展，不同交通方式将出现在不同的道路平面上；另一点则是交通文明程度越来越高，不文明交通行为将逐渐减少。

▶ 结构轻盈、设计巧妙、造型美观；

▶ 安全、环保、经济、耐用。

● 优秀案例

北京·石景山区｜分隔划线

这种分隔形式最早出现在哥本哈根，将机动车空间（通行与停放）与自行车通行空间分隔，从而使机动车停车、通行不打扰自行车，在物理上避免机非冲突的停放方式。2017年4月，北京石景山区交警支队在停车带左侧正式划设机动车道缓冲区，在右侧与自行车道之间设置了阻车桩。

▶ 借鉴意义：

— 实用性：通过划线的形式除具有普通分隔设施的功能，还方便了路边停车，减少了对慢行系统的干扰，保障了步行安全。

— 安全性：与机动车道之间的缓冲区，既方便停车上下车，又可以作为紧急专用通道。

— 经济性：不仅可以增加停车收入，同时政府投入减少。

图5.3-105　北京石景山（资料来源：toutiao.china.com/shsy/gundong/13000120/20170413/30417245_all.html）

广东·深圳｜移动护栏

深圳交警为了更好地疏导早晚高峰交通，在深南大道南新路口至南山路口之间启用的分隔设施使用"遥控护栏＋灯控"结合的方式，实现了分隔设施的自动移动。试运行期间，该车道西往东方向的通行能力提升12.1%，车速提高29%。这条"会走路"的分隔设施创新亮点在于遥控护栏的引进，它形似普通护栏，但底部电机带动4个滑轮，只要插上电源，护栏就可以随着遥控器指挥进行横向移动，在1min内实现分隔设施的隔离切换。同时还具有智能障碍识别技术，能够检测到护栏变道过程中遇到的障碍物。相比于传统的交通疏导方式，大大降低了交警执勤的风险和工作负荷。

▶ 借鉴意义：

— 减少交通拥堵，降低交警工作负荷，使通行能力提升，车速提高。

▶ 注意：

— 目前，因为车道可灵活移动，车道设置的开始时间和结束时间需科学合理，因应实际，并且需在起点处设置红绿灯指示。

图5.3-106　中国深圳移动护栏（资料来源：http://d.youth.cn/sk/201704/t20170418_9515068_1.htm）

第5章　道路设计要素

5.3 机动车道要素
ROADWAYS ELEMENTS

5.3.20 防撞设施（桶、柱）

防撞设施指在城市道路上需长期设置的，起到隔离、防撞、示警作用的交通管理设施，包括防撞桶（墩）、示警桩、注水围挡设施（水马）等。

● **设计依据与参考**

01 《城市道路交通设施设计规范》GB 50688-2011

02 《城市步行和自行车交通系统规划设计导则（2013）》（住房和城乡建设部）

03 《道路交通安全防护设施设置（2016年版）》CJJ 37-2012

04 《城市道路人行过街设施规划与设计规范》BD33/1058-2008

05 《城市道路交叉口设计规程》CJJ 152-2010

06 《广州市城市道路交通管理设施设计技术指引（2014）》（广州市公安局）

● **设计指引**

总体要求：

防撞桶等防撞设施所用材料及性能应符合《道路交通防撞墩》GA-T 416-2003《公路防撞桶》GB/T 28650-2012 的相关规定，采用环保材料，便于安装，易于维修，样式宜简洁大方，与道路、桥梁和周围建筑的设计风格统一协调。

设计流程：

防撞设施（桶、柱）的设计流程如下所示：

（1）防撞设施（桶、柱）的设置原则；

（2）防撞设施（桶、柱）的设置形式和要求。

设置原则：

— 道路交通隔离与防撞设施应与道路交通标志、标线、信号灯等交通管理设施统筹考虑，所表达的内容不得相互矛盾、不得产生歧义。

— 道路交通隔离与防撞设施形式的选择应考虑强度、性能、经济性和美观性等综合因素确定，不影响道路交通视距。

— 交通隔离设施的样式、材料、强度和性能等不得对行人、非机动车和机动车有安全隐患。

— 同一道路采用统一样式的交通隔离与防撞设施。

— 防护设施不得侵入道路建筑限界，且不应侵入停车视距范围内。

（1）防撞桶

设置形式和要求：

1）高架道路主线车辆分流端处应设置防撞桶。

2）互通式立交和收费站端头的三角地带以及桥墩的迎车面、中央分隔带混凝土隔离设施的起始端部等处，宜设置防撞桶。

3）在需要示警及防撞的位置，应优先考虑设置防撞桶，其次考虑使用示警桩。

4）防撞桶与障碍物之间的距离应为 0.5~2m，可根据需要重复设置，最多不宜超过 3 个。

（2）示警桩

1）示警桩可设置在道路中分隔设施两端，对车辆运行起安全示警作用。

2）可设置在道路沿线较小交叉路口两侧或危险地点，提醒主线车辆提高警觉，防范小路口车辆突然出现而造成意外。

3）可设置在高架道路分流端、桥墩的迎车面、中央分隔带混凝土隔离设施的起始端部等处且障碍物宽度在 600mm 以下，对车辆运行起安全示警作用。

4）可设置在广场、人行道、安全岛等防止机动车进入的地域，但不应妨碍行人无障碍通行。

5）示警桩成组设置时，桩间距应控制在 0.8 ~ 1.5m，可根据设置空间均匀设置，不应妨碍行人无障碍通行。

（3）注水围挡（水马）设施

1）注水围挡设施应环保、安全、轻便、美观，便于布设和拆除。

2）注水围挡设施应采取中空，加沙或水，具缓冲弹性，能有效吸收强大冲击力，减少对人员及车辆的伤害。

3）注水围挡设设施侧立面必须设置反光设施，其反光膜一般采用 VI 类反光膜，反光膜应符合相关警示规定，夜间指示清晰，有效减少车辆交通事故。

4）在道路、桥梁、停车场、车站、码头、商场、集会、收费站等场所，需要短时间分隔车流、人流时，且不需要对路基进行任何处理情况下，应设置注水围挡设施。

5）水马设施可根据实际需要采取单独设置或连续设置的形式。

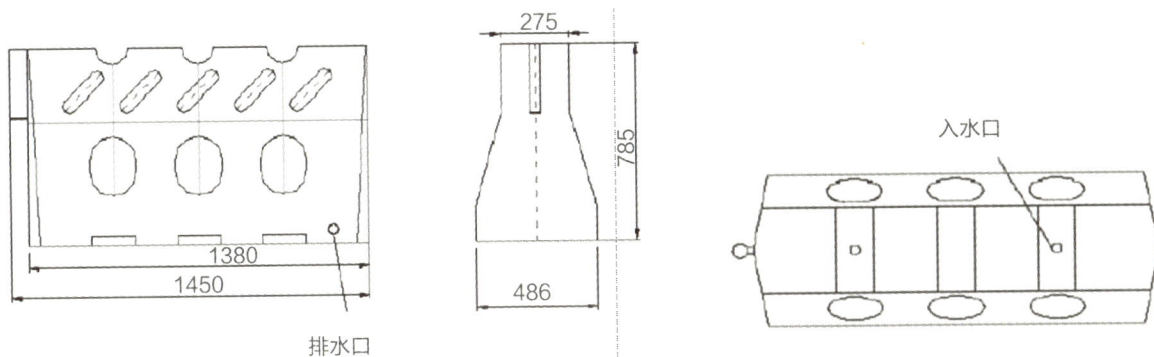

图 5.3-107　注水围挡（水马）设施参考样式图（资料来源:《道路交通安全防护设施设置规范》）

城市家具要素

URBAN FURNITTURE ELEMENTS

5.4 城市家具要素
URBAN FURNITTURE ELEMENTS

5.4.1 道路照明

鼓励城市道路照明设计中综合考虑各种因素的影响和利用，通过灯光反映道路的性质和城市设计类型，以创造一个可识别的层次结构清晰的道路空间；结合实际，以人为本，倡导运用绿色、低碳新技术，利用灯杆与其他公共服务设施进行功能整合，提升城市服务水平。

● 设计依据与参考

01	《城市道路照明设计标准》CJJ 45-2015
02	《城市夜景照明设计规范》JGJ T 163-2008
03	《城市道路照明工程施工及验收规程》CJJ 89-2012
04	《城市道路设计规程》DGJ08-2016-2012
05	《城市容貌标准》GB 50449-2008

相关规定： 在满足行业标准、功能要求、安全性的前提下，城市道路照明应给各种车辆的驾驶人员以及行人创造良好的视觉环境，具体设计中注意以下几点规定：

— 在环境景观区域设置的高杆灯，应在满足照明功能要求前提下与周边环境协调；

— 路灯杆可设置挂花或宣传横幅，但需相关照明管理部门审核通过方可安装；

— 特殊位置如坡道、人行横道、公交车站和休息区，夜间使用时必须确保照明系统的正常工作。

● 设计指引

一般准则： 城市地面道路应设置人工照明设施，为机动车、非机动车以及行人提供出行的视觉条件；道路照明应根据道路功能及等级确定其设计标准，照明设施应安全可靠、技术先进、经济合理、节能环保、维修方便。

设置位置： 根据道路和场所的特点及照明要求，选择常规照明方式、半高杆照明方式或高杆照明方式进行道路照明设计。

— 任何道路照明设施不得侵入道路建筑限界内；道路灯杆位置应选择合理，与架空线路、地下设施以及影响路灯维护的建筑物保持安全距离；

— 城市道路照明设施应避免光线对于乔木、灌木和其他花卉生长的影响；

— 在行道树遮光严重的道路，可选择横向悬索布置方式；

— 灯杆不宜设置在路边易于被机动车刮碰的位置或维护时会妨碍交通的地方。

设计要点： 道路照明的设置应反映街道的性质及城市设计类型，以创造一个可识别的层次丰富的道路空间，具体应符合以下几点规定：

— 创建安全健康的行人环境；

— 特殊的交通位置需提高街道易读性，夜晚照明须保证清晰可见，包括交叉口、坡道、公交站点、关键景观节点和活动区；

— 提示广场、公共空间和特殊区域鼓励这些空间的夜间使用；

— 使用先进成熟的技术，在适当的条件下选择高效、节能的照明设施，并最大限度地减少光污染；

— 鼓励路灯杆设置电源插座，wi-fi 和其他智能便民设施；

— 行人的道路照明鼓励与高杆路灯进行整体结合设计统一设置，并鼓励夜间使用；

— 道路与道路的平面交汇区应提高其照度。

5.4 城市家具要素
URBAN FURNITURE ELEMENTS

注意事项： 为确保城市道路照明给各种车辆的驾驶人员及行人创造良好的视觉环境，达到保障交通安全的要求，在照明设计中应注意以下问题：

— 城市道路照明应节约能源、保护环境，采用高效、节能、美观的照明灯具及光源；

— 城市道路照明装灯率及亮灯率均应达到 95%；

— 道路照明设计应按安全可靠、技术先进、经济合理、节能环保、维修方便的原则进行；

— 城市道路中的隧道，应设置隧道照明；

— 道路照明应使用高光效光源和高效率灯具；

— 道路照明宜推广使用自清洁灯具。

图 5.4-1 杆灯照明

图 5.4-2 高杆照明

图 5.4-3 吸顶照明

图 5.4-4 栏杆照明

● 道路照明形式

01. 杆灯照明——适用于一般道路照明，包括地面道路、高架道路、桥梁。

02. 高杆照明——适用于城市高架道路和高速公路立交桥、停车场、收费广场。

03. 吸顶照明——适用于隧道、地下交通干道、高速公路收费顶棚等。

04. 栏杆照明——适用于嵌入高架道路匝道的防冲墙或沿防冲墙顶部布置。

图 5.4-1 杆灯照明（资料来源：https://deow.jp/column/canada20161213/）

图 5.4-2 高杆照明（资料来源：http://www.daimg.com/photo/201106/photo_837.html）

图 5.4-3 吸顶照明（资料来源：http://www.slate.com/blogs/the_eye/2015/11/24/the_dutch_city_of_zutphen_builds_two_new_underpasses_that_look_like_works.html）

图 5.4 4 栏杆照明（资料来源：http://fj.qq.com/a/20170408/025155.htm）

5.4 城市家具要素
URBAN FURNITTURE ELEMENTS

5.4.2 景观照明

鼓励城市道路景观照明充分结合沿线重要建筑、富有建筑艺术价值或历史意义的桥梁、高架桥或处于重要景观地区的高架桥道路，通过各种非照射路面的灯光对建构筑物增加色彩、渲染环境进而完成城市景观的二次塑造，达到美化城市形象、体现城市空间品质的总体目标。

● **设计依据与参考**

01	《城市道路照明设计标准》CJJ 45-2015
02	《城市夜景照明设计规范》JGJ T 163-2008
03	《城市道路照明工程施工及验收规程》CJJ 89-2012
04	《城市道路设计规程》DGJ 08-2016-2012
05	《城市容貌标准》GB 50449-2008
06	《城市绿地设计规范》GB 50420-2007

相关规定：城市景观照明应贯彻国家法律法规和技术经济政策，塑造城市夜景形象，增加城市魅力，具体设计中注意以下几点规定：
— 城市景观照明与功能照明应统筹兼顾，做到"见光不见灯"，满足使用功能，景观效果良好；
— 城市景观照明设施应严格控制外溢光／杂散光，避免形成障碍光；
— 绿地内的景观照明应采用节能灯具，并宜使用太阳能灯具。

● **设计指引**

一般准则：城市景观照明应以人为本，注重整体艺术效果，突出重点，兼顾一般，创造舒适和谐的夜间光环境，并兼顾白天景观的视觉效果。

布局原则：对于沿线重要建筑、富有建筑艺术价值或历史意义的桥梁、高架桥或处于重要景观地区的高架桥道路宜考虑"景观照明"设计，宜通过各种非照射路面的灯光对构筑物增加色彩、渲染环境；达到景观照明的作用；照明效果做到主题明确，层次分明，不要出现刻意"堆砌"的痕迹。

设置原则：景观照明灯具的布设尽量合理，注意不能影响白天道路与周围环境的景观；景观灯应与周边环境相协调，使景观照明设施成为景观的一部分。

注意事项：城市的景观照明应符合城市夜景照明专项规划的要求，并宜与工程设计同步进行，应统筹兼顾景观照明与功能照明，做到经济合理，满足使用功能，景观效果好，其中应特别注意以下问题：
— 光照适度，克服"光污染"，并且与正常的交通照明有所协调；
— 灯具布置与选型要考虑坚固耐用，不宜污染，便于维护；
— 选用高效、功耗低的光源；
— 景观照明设施应避免光线对乔木、灌木和其他花卉生长的影响；
— 景观照明光色应与被照对象和所在区域的特征相协调，不应与交通等标识信号灯造成视觉上的混淆；
— 配以适当的检测系统注意节能和景观的调整；
— 景观照明中不应出现不协调的颜色对比；
— 当装饰性照明采用多种彩色光时，宜事先进行验证照明效果的现场试验；
— 景观照明设施应根据环境条件和安装方式采取相应的安全防范措施，不得影响园林、古建筑等自然和历史文化遗产的保护。

5.4 城市家具要素
URBAN FURNITTURE ELEMENTS

图 5.4-5　广州龙津桥

图 5.4-6　广州人民桥

图 5.4-7　广州荔枝湾

01. 勾勒照明——宜选用点状或线状灯具沿桥梁拱肋、桥面栏杆或高架桥道路的梁腹部布置具有色彩的照明，达到勾勒构筑物线条或部分腹面的目的。

02. 泛光照明——用来提高一个表面或一个目标物的亮度使其超过四周环境，应出现"浮雕"的效果。应将构筑物的重点部分（例如桥塔的线条）照亮，如果不需要浮动效果的话，应照亮该构筑物底部也是主要的。为了出现立体感，应照亮边墙，采用颜色或明亮度对比的效果。

03. 装饰照明——为创造节日气氛，可采用彩色装饰灯；可考虑造成水中倒影的美丽效果；为获得平静气氛效果或表现大自然的壮观，不宜采用装饰照明；在高架桥梁防护墙外侧不宜采用装饰灯具。

● 景观照明方式

图 5.4-5　广州龙津桥（资料来源：http://blog.163.com/ld-187/blog/static/440294052010102151025731/?hasChannelAdminPriv=true）
图 5.4-6　广州人民桥（资料来源：自摄）
图 5.4-7　广州荔枝湾（资料来源：http://www.hua168.com/yiriyou-21.html）

● 未来发展趋势

文化艺术体验和功能照明技艺结合。利用灯光将照明对象的景观加以重塑，并有机地组合成一个和谐协调、优美壮观和富有特色的夜景图画，以此来表现一个城市或地区的夜间形象。

景观照明绝不是简单的"照亮物体"，更是融通照明设计及艺术、科学和商业的想象媒介。近年来，随着灯光技术的迅速发展，人们对城市景观照明的要求也在逐步提高，不仅仅是照明更要突出城市景观的特色。此外，城市景观照明方法应本着"以人为本"的设计理念，坚持"控制配光，节能低碳"为指导思想，从单一走向多元，逐步向艺术化过波，进而展现灯光艺术的无限魅力。

5.4 城市家具要素
URBAN FURNITTURE ELEMENTS

5.4.3 人行护栏

在满足国家规范、行业标准的前提下，鼓励根据道路功能需求科学设置人行护栏。任何护栏的加设都应当以确保安全为前提，进行道路安全评估以及设置论证。加强监管力度，对没有设置必要的人行护栏进行拆除。

● **设计依据与参考**

01	《城市道路交通设施设计规范》GB 50668-2011
02	《城市道路公共服务设施设置规范》DB11/T 500-2007
03	《城市容貌标准》GB 50449-2008
04	《公路交通安全设施设计规范 》JTG D81-2006
05	《市容环境卫生术语标准》CJJ/T 65-2004
06	《城市绿地设计规范》GB 50420-2007

相关规定： 对于高速公路等的护栏设置，有严格的国家标准，但对人行护栏标准提及较少，一般由各地根据实际使用情况灵活应用。由于城市的各个路段情况不一，使用护栏的类型有所不同。如统一标准、规格、材质，不仅使用上难以灵活，在材料快速发展的今天，标准可能滞后，沦为瓶颈。

● **设计指引**

设置原则： 人行护栏应根据道路功能需要、车流情况、人流速度和交通管理需要来设置，充分考虑对交通安全的影响，色调应与周边环境及警示标志相协调，并符合相关规范标准。

设置类型： 完全隔离人行护栏、不完全隔离人行护栏。

设置高度： 根据人体工程学原理，完全隔离人行护栏，能有效阻止行人翻越的护栏设施，建议设置高度宜不低于 1100mm；不完全隔离人行护栏，能阻止行人跨越的护栏设施，设置高度宜不低于700mm（此高度不做绝对标准，在确保安全性的基础上，可视情况调整）。

设置密度： 人行护栏的设置密度以及长度应根据人行护栏的功能要求和环境条件确定。单个人行护栏的端头净距从端部最外沿起算，2000 ~ 4000mm 适宜。其中具有警示和限制作用的护栏，竖杆净间距不宜超过 110mm。

设置要求：
— 人行护栏的结构形式应坚固耐用，便于安装，易于维修，经济环保。
— 同一路段应统一设置样式，并与周围环境相协调。
— 如遇障碍物应采取避让原则或将护栏开口与障碍物进行结合，在不影响障碍物功能的前提下，保持护栏的连续性、美观性。
— 人行护栏开口是通道口的，应根据交通管理需要，并在经过安全论证确保安全情况下进行设置。
— 机动车道两侧的人行护栏不应安装广告。

注意事项： 人行护栏应经常清洗、维护；出现损坏、空缺、移位、歪倒时，应及时进行更换、补充和校正；同时建议积极拆除安全必要性不足的人行护栏。

5.4 城市家具要素

URBAN FURNITTURE ELEMENTS

随着城市街道的不断发展，人行护栏的功能也在演变。它由过去单纯的隔离功能，演变为隔离、警示、美观，而不只是防撞，这种变化主要使用在交通参与者守法率比较高的城区。新式人行护栏在兼顾城市景观后，它的防撞性有所下降。

新型材质人行护栏的出现逐渐增多。如玻璃钢材质既像钢铁一样坚硬，又更富弹性和高抗冲击性能，一旦被车辆撞击，可在一定程度上减少车毁人亡的严重后果。而且，该型护栏色彩艳丽，美观大方，安装简便，不需要油漆和维护保养，养护成本也低于金属护栏。

目前现状道路的人行护栏是公认的给予车辆统治地位、造成街区设施杂乱、削弱路旁街区活力、增加维护成本和阻碍行人出行欲望的服务设施。不合理、陈旧的人行护栏设置，容易引发安全事故。未来不建议过多地设置人行护栏，并积极拆除安全必要性不足的护栏。

城市重要区域建设前应预留公共空间，鼓励建筑空间外向开放。在公共空间提供更多具有创意的步行空间，丰富街道空间的参与性。

▶ 新型材质的出现

▶ 取消人行护栏，以或宽或窄的绿化带隔离，增添街区活力

▶ 建立完善的慢性系统，鼓励建筑空间向外开放，扩宽人行空间面积，实现无缝连接的步行网络

● 未来发展趋势

建议不增加新的人行护栏，如有必要增设任何新的行人护栏，必须通过专家会议进行相关技术论证，且审议通过。

● 优秀案例

美国·旧金山 | 一体化人行护栏

该项目位于旧金山市内最繁华的地区之一，设计师们将现有的人行道拓宽了1.8m，又在其中注入了"将公园搬入人行道"创意、科技手段和城市设计原理，将人行护栏与城市家具进行一体化设计，为市民阻挡繁忙的车流之外创造了一块安全舒适、充满活力的环境，探索了城市中带状空间用作人行护栏的潜力。

▶ 借鉴意义：

灵活性：人行护栏只是有针对性地设置在信号灯控制的过街处，而不是简单的全覆盖式铺设。

艺术性：人行护栏通过艺术化的设计，有效提高特定区域的可识别性和人们的日常体验。

生活性：设计师通过人行护栏等一系列的人行道设施组合，激活了地区的空间潜力。

图 5.4-8 美国旧金山（资料来源：https://www.asla.org/2012awards/349.html）

第5章 道路设计要素

5.4 城市家具要素
URBAN FURNITTURE ELEMENTS

5.4.4 垃圾箱

鼓励设置简单美观且具有稳定性和功能性的垃圾箱。在条件允许的情况下，鼓励结合功能分离不同种类的垃圾，并拓展智能互联、强力压缩、绿色能源等智能垃圾桶，将对街道的景观风貌和整体品质产生积极的影响。

● **设计依据与参考**

01	《城市道路交通设施设计规范》GB50668-2011
02	《城市道路公共服务设施设置规范》DB11/T 500-2007
03	《城市容貌标准》GB 50449-2008
04	《城市环境卫生设施规划规范》GB 50337-2003
05	《环境卫生设施设置标准》CJJ 27-2012

相关规定： 垃圾箱作为道路空间中独立式的公共服务设施，具体设置应特别注意以下几点规定：
— 根据所在场所的流动人员的活动特征，有针对性地设置垃圾箱；
— 垃圾箱应被固定在设施服务带内，以防止反社会行为的发生；
— 考虑到使用功能，垃圾箱可以设置集成香烟处理单元。

● **设计指引**

一般准则： 垃圾箱的设置应满足行人生活垃圾的分类收集要求，行人生活垃圾分类收集方式应与分类处理方式相适应。

布局原则： 垃圾箱整体布局主要在道路两侧以及各类交通客运设施、公共设施、广场等出入口附近。

设置位置： 垃圾箱应根据以下标准进行放置：
— 垃圾箱的位置选择不应造成通行障碍；
— 垃圾箱应放置在公共设施带内，距路边缘至少 450mm；
— 当人行道受限时，壁挂式垃圾箱也可在特殊情况下被使用；
— 不应妨碍交通通行能见度；
— 进入周边私人地块不应受到限制；
— 应考虑维护和使用需求；
— 垃圾箱的设置应与其他城市家具和设施相协调。

设置原则： 垃圾箱的同侧设置间隔宜根据人流量、道路功能，结合实际需求来确定：
— 生活型、商业型和综合型道路等人流密度大的地区的人行道建议设置距离：30 ～ 50m；其他道路的人行道设置距离：100m 左右；
— 每个公交汽车站应至少设置 1 个垃圾箱；
— 垃圾箱的投放口大小应方便行人投放废弃物；箱体高度为 0.8 ～ 1.1m。

注意事项： 垃圾箱应保持整洁，不得污染环境；应定期维护和更新，设施完好率不应低于 95%，并应运转正常。建议和其他城市家具设施合设、整合，以集约用地。

垃圾箱未来发展更加强调智能化。在满足用户基本需求的基础上，智能垃圾箱可安装太阳能电池板。能源完全取自太阳能，无需消耗多余的电力。智能垃圾箱不仅可以自动除臭，而且当垃圾总容量达到80%时，会自动给环卫工人发短信。如果垃圾箱内有起火隐患，会自动喷洒水雾和干粉；同时，垃圾箱相当于一个超级无线路由器，每个智能垃圾箱可以同时为多人提供免费的WIFI信号等。智能化的发展最重要的是用脚踏实地的态度，不应为了设计而设计。基本条件满足后，再依靠"互联网+"等各种思维进一步创造附加值。适度设计，逐步发展，或许才是智能产品领域未来产业链条的正确模式。

► 绿色能源
► 强力压缩
► 智能互联
► 分区分级

● 未来发展趋势

智能垃圾箱。垃圾箱的未来发展更强调智能化，用脚踏实地的态度满足用户的刚需，再依靠"互联网+"等各种思维进一步创造附加值。

● 优秀案例

美国·纽约 | 智能垃圾箱

美国 BigBelly 公司的智能垃圾箱推广到了全球 45 个国家和地区。它的特点在于，120L 的容量，却可以通过压缩技术容纳 5 倍体积的垃圾量，能将垃圾箱的清洁频率由之前的每天两次，降低为每周一次。它不仅提升了垃圾处理和收集的效率，而且以太阳能为驱动，十分环保。

► **借鉴意义：**

环保性：BigBelly 智能垃圾箱的能源完全取自于太阳能，无需消耗额外的电力。

智能性：当垃圾箱的容量达到 85% 时，系统会自动联网给处理中心发送地理位置信息，由处理中心的系统根据各个垃圾箱发回的数据进行分析，并派出车辆进行垃圾箱的清理。

经济性：这款垃圾箱自带的垃圾压缩功能，可以压缩和储存 5 倍于自身体积的垃圾，每周仅需清理一次即可。

图 5.4-9 美国纽约智能垃圾箱（资料来源：blog.bigbelly.com/author/bigbelly 及 https://smartcitiesworld.net/opinions/opinions/drones-and-sensors-will-make-cities-even-smarter-in-2018-says-chris-anderson-cto-taoglas）

第 5 章　道路设计要素

5.4 城市家具要素
URBAN FURNITTURE ELEMENTS

5.4.5 消防设施

消防设施应结合城市道路火灾风险、消防安全状况进行总体分析评估，与城市消防规划等相协调，以实现资源共享为发展原则，可充分利用城市道路现有基础设施、综合防灾设施，并应符合消防安全要求。

● **设计依据与参考**

01	《城市消防规划规范》GB 51080-2015
02	《消防给水及消防栓系统技术规范》GB 50974-2014
03	《城市道路交通规划设计规范》GB 50220-1995
04	《城市容貌标准》GB 50449-2008
05	《市容环境卫生术语标准》CJJ/T 65-2004

相关规定： 公共消防设施应适应城市经济社会发展，满足火灾防控和灭火应急救援的实际需求，对现有市政道路的公共消防设施进行功能和空间整合，并制定管制和实施措施：

— 消防设施标志。如：在消防设施、器材附近适当位置，用文字或图例标明名称和使用操作方法；

— 道路公共消防设施应统一型号规格，且宜采用地上式；采用地下式消防设施应有明显的永久性标志，地下消防设施井的直径不宜小于 1.5m。

— 在隧道出入口处应设置消防水泵接合器和室外消防栓，且隧道内应有独立设置的消防给水系统。

● **设计指引**

一般准则： 市政消防栓的保护半径不应超过 150m，间距不应大于 120m；室外地上式消防栓应有一个直径为 150mm 或 100mm 和两个直径为 65mm 的栓口。

布局原则： 市政桥桥头和城市交通隧道出入口等市政公用设施处，应设置市政消防栓。

设置位置： 市政消防栓应布置在消防车易于接近的人行道和绿地等场地，且不易妨碍交通，具体应符合以下几点规定：

— 市政消防栓距路边不宜小于 0.5m，并不应大于 2.0m；

— 市政消防栓距建筑外墙或外墙边缘不宜小于 5.0m；

— 为便于使用，规定了消火栓距被保护建筑物不宜超过 40m；

— 市政消防栓应避免设置在机械易撞击的地点，确有困难时，应采取防撞措施。

设置原则： 市政道路空间所设置的消防栓宜在道路的一侧设置，并宜靠近十字路口，在保证醒目又不影响行人、行车的位置上，同时考虑维护和日常排水泄水方便；但当道路宽度超过 60m 时，应在道路两侧交叉错落处设置消防设施。

注意事项： 安装或新增消防设施，应在符合消防安全要求的前提下，尽可能充分利用城市道路现有基础设施、综合防灾设施，促进消防设施智能监控系统和多任务完成。

智慧消防栓设计。通过智慧系统来进行信号采集传输，实现对消火栓的 GIS 定位，移动终端远程现场管理，平台保证实时控制消火栓的安全运行状态，避免因消火栓不可用而造成的人民生命财产的损失。

▶ 拓展消防设施功能

▶ 融合智慧信息采集

● 未来发展趋势

消防栓的未来发展更强调智能化，信息实时更新，响应速度快，从而提高公共消防服务水平和社会化水平。

● 优秀案例

广东·深圳 | 智能消防栓

智能消防栓能实时有效地监控"消防栓水压"不足，灵敏精准发现"偷水"和"消防栓失效"问题，实现对消防栓日常运行状态的实时监测、智能化分析和统一化管理。

▶ 借鉴意义：

— 智慧性：内外部所有系统使用统一的平台，将消火栓实际维护和日常管理无缝链接，基本实现了智能消火栓管理、使用全程信息化。

— 拓展性：智能消火栓监控平台是一个有机整体，采用组件开发模式，方便根据需求进行改动和重新组装，能够迅速开发出适应新需求的功能。

— 经济性：开发成本降低。开发技术基本是免费的，也不存在知识产权问题，不用花额外的钱去购买版权和更多的服务费用。

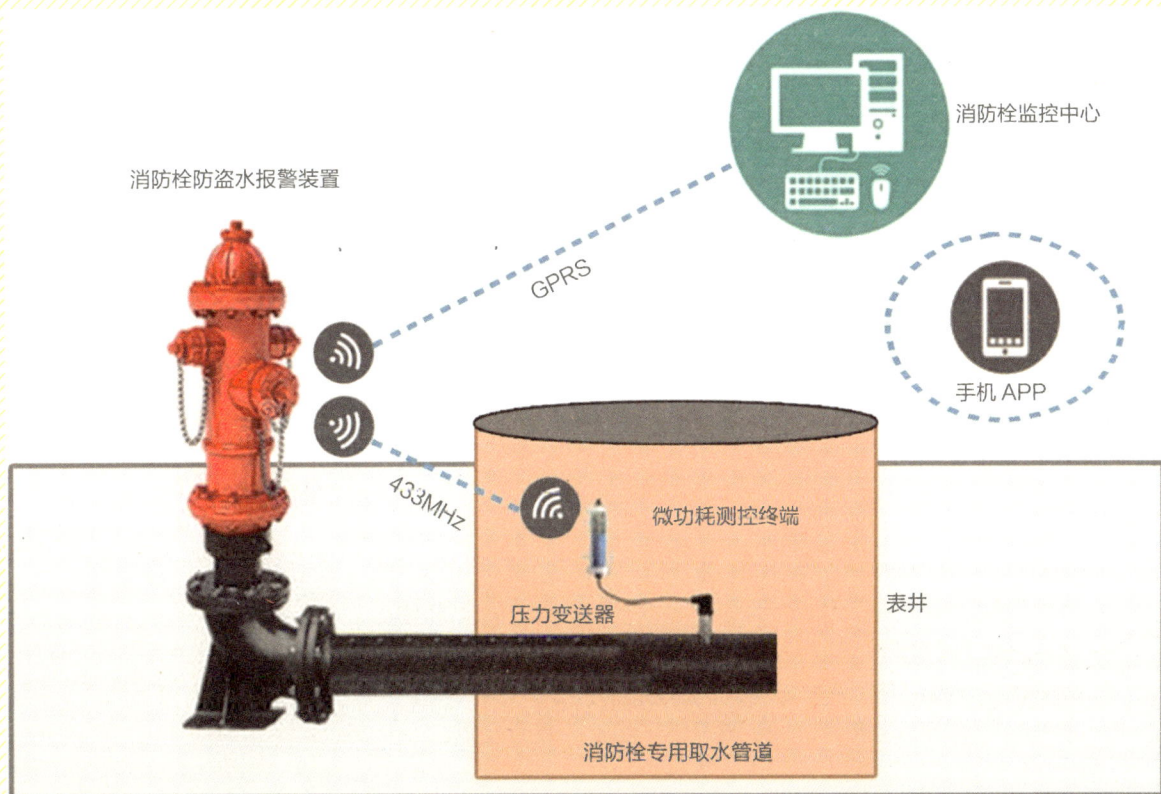

图 5.4-10　广东·深圳智能消防栓（资料来源：自绘）

5.4 城市家具要素
URBAN FURNITURE ELEMENTS

5.4.6 治安监控

城市道路监控系统在治安防控中发挥着重要的作用，进一步优化监控系统，拓展它的各项功能，不仅可以降低其建设和维护成本，而且可以为交通、治安等各类案件的侦破提供技术支持，大大提高公安机关执法办案的水平和效率。

● **设计依据与参考**

01	《公共安全视频监控联网系统信息传输、交换、控制技术要求》GB/T 28181-2016
02	《安全防范视频监控摄像机通用技术要求》GA/T 1127-2013
03	《城市道路交通设施设计规范》GB 50668-2011
04	《远程视频监控系统的安全技术要求》YD/T 1666-2007

相关规定： 在满足行业标准、功能要求、安全性的前提下，整合相关治安监控设备，并进一步拓展其各项周边功能，提高道路安全管理水平；

— 在建筑物中安装摄像头必须征得业主或建筑保护部门的同意；

— 当在现有灯柱上安装闭路电视摄影机要确保能够容纳额外的负载，并且要有足够的刚性以减少相机的抖动；

— 治安监控的安装要考虑相邻照明单元的闪光影响。

● **设计指引**

一般准则： 道路交通治安监控以快球监控为主，监控点分布在车流、人流比较集中的城市道路交叉口、重点路段，这些监控点都是城市路网和街面的主要节点，要实现对整个城市或者某个区域的交通治安监控，首先就要控制住这些节点。

布局原则： 道路治安监控最大间距不宜超过 800m，否则将难以达到系统指标；低于 400m 时系统效率的提高也不明显，因此检测器的间距宜为 400 ~ 800m；交通量越大，布局间距适当减小。当选择特殊的检测器如视频检测器等，需结合产品的特殊要求进行设置。

设置位置： 由于治安监控设备安装在柱子上势必会对道路造成一定的景观影响，所以监控设备的设置安装应尽量与灯柱结合或连接到邻近的建筑物以减少混乱。

设置原则： 治安监控设备的设置应尽量与道路灯柱或邻近建筑结合，且不与相邻近照明单元的闪光相冲突，具体应符合以下几点规定：

— 治安监控设备安装固定到道路现有柱子上，不能对人行道的行人产生碰撞隐患。

— 当放置于草地绿化区时，必须有足够的硬立柱和周边区域的硬质表面，以用来布设机柜和电源。

— 布设在柱体上的治安监控设备的安装应当优先考虑结构的纤细，同时保障相机的稳定性。

— 路边摄像头需要充足的电力供应和视野不受阻碍的清晰的视角。

— 当在柱体上设置治安监控设备时，控制设备应按交通信号控制柜的指导，设置位于人行道的柜体中。

— 治安监控设备应与街道设施整体风貌相协调，尤其是在城市核心区。

— 承包商应保证固定装置不会损伤道路其他公共服务设施。

注意事项： 安装或更换治安监控设备时应优先考虑如何通过供应商之间的合作减少机位设置的混乱，促进监控设备的共享和多任务完成。

随着我国对治安监控投入的不断加大，建立现代化监控系统显得尤为重要。高清网络智能化是未来监控系统的发展趋势，可以帮助公安部门动态监控以及准确记录道路车辆及人员信息，提高道路安全管理水平，提升打击违法犯罪的战斗力，并为快速侦破案件提供科学、有效的依据。

▶ 网络化——通过互联网技术将公安、交通、市政相关数据采集，实现全网络覆盖，平台大共享。
▶ 高清化——在相同焦长及视场距离条件下，其单位面积的有效像素点更多，也就是能为视频分析处理运算提供更清晰的目标信息，从而提高数据准确性，从而实现高清化画质。
▶ 智能化——智能分析技术则可以通过智能化的信息挖掘给交通管理部门带来多样化的应用。
▶ 集成化——将先进的信息技术、数据通信传输技术、电子传感技术、控制技术及计算机技术等有效地集成运用于整个地面交通管理系统。

● 未来发展趋势

高清网络智能化。提高画质分析准确性是智能前置的分析模式和后端平台分析处理的核心技术支撑，是治安发展的未来趋势，同时构建公安、交通、市政三位一体的大监控网络，实现道路监控系统的平台大共享，监控全覆盖。

● 治安监控分类

鞋盒型摄像机——由于采用高倍光学变焦，允许从更远的距离进行监视。此类监控设备常用于执法职务，并在低光照条件下较好地满足需要。

球形摄像机——由于使用数码变焦，因此适宜在监视距离较短的地区使用。通常被用于监控交通状况。

机动车牌识别相机——用于车牌和交通违法车辆的拍摄，也可用于测量几个点的平均车速。

安全摄影机——拍摄影响社会治安的违法行为。

鞋盒型摄像机　　球形摄像机　　机动车牌识别摄像机　　安全摄像机

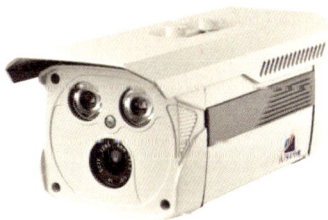

图 5.4-11　治安监控分类示例（资料来源：百度网络截图）

第5章 道路设计要素

5.4 城市家具要素
URBAN FURNITURE ELEMENTS

5.4.7　公共座椅

公共座椅设置应具有功能性、舒适性与环境适应性。根据人的不同需求进行设计，考虑户外的自然条件、可能被破坏等情况，满足人基本的视觉、听觉、触觉和感知觉等多方面的要求。通过提供位置供人们休息外，设计者还应该考虑如何使公共座位反映个性空间，提高或反映地区特点；创造新奇感觉，增加空间活力；提供空间社交暗示，鼓励社会化。

● 设计依据与参考

01	《城市绿地设计规范》GB 50420-2007
02	《城市容貌标准》GB 50449-2008
03	《广州市城市道路人行道设施设置规范》
04	《广州市市政道路建设指南（试行）》
05	《城市道路公共服务设施设置规范》DB11/T 500—2016（北京市地方标准）

相关规定： 公共座椅作为户外公共空间中重要组成部分，相对于国外的设计仍有些落后。部分城市公共座椅的设置仅限于个体而没有考虑到与环境相结合的整体性；对于公共座椅的样式以及布局方式等多脱离实际。目前，关于公共座椅的设置没有国家标准，也没有行业标准，仅《城市绿地设计规范》GB 50420-2007 中有少量提及相关设置标准，其他地方标准中涉及公共座椅设置的内容也不多。

● 设计指引

设置原则： 公共座椅作为社会整体文化和环境氛围的映射，应具有公共性与交流性等特点。公共座椅与道路其他设施应符合整体景观要求。建议从社会学、人体工程学、心理学、艺术学等多个角度出发，满足多种需求，体现地域文化。生活型、商业型、景观型、综合型道路、步行街及沿线广场、绿地等可设置公共座椅。

一般准则：
— 公共座椅设计与选材，应兼顾坚固、实用、耐用等特点，与周边环境相结合；
— 尽可能设置在有吸引力的公共空间和阳光照射的地方以提高利用率；
— 宜靠近墙壁，以减少靠背的损坏率；
— 提高公共座椅使用率，提供连续座位但不直接紧挨；邻近路边但不影响通行；
— 公共座椅转角处应作磨边倒角处理或圆弧式设计。

设置位置： 结合设施带或靠近道路内侧设置；建议朝向人行道内侧的座椅从路缘开始后移 1m 以上为宜；朝向车行道一侧的座椅从路缘开始后移 2m 以上为宜。

设置尺度： 应符合人体工程学原理，长度宜小于 1.2m，宽度小于 0.5m，坐面高度低于 0.4m，坐面宽度小于 0.45m，如有靠背，靠背倾角 100° ~ 110° 为宜。

设置密度： 应结合使用者行为规律和人流量设置，一般公共座椅最大间距 50m 为宜。

● 未来发展趋势

文化性与艺术性的融合。

为了进一步促进城市户外空间的发展，公共座椅作为城市公共空间的附属设施受到了人们的广泛关注。公共座椅设计更加倡导多样性与人性化等特点，宜进行一体化设计，集约化布置，将座椅设置与户外场所进行景观互融性设计，结合其他城市家具扩展座椅的设置形态与功能。同时，满足使用者心理需求与情感需求，符合人体工程学原理。

● 优秀案例

这是由英国设计师 charlie davidson 设计的一款公共座椅。这些像石头一样的雕塑座椅是由 jesmonite 制成的，这是一种由石英石、大理石屑和云母混合而成的高分子复合材料，具有反光质感。夜晚，底部的 LED 灯会照亮整个小凳的内部，并与其他装置和背景音乐连接，实现活跃互动的效果。

▶ 借鉴意义：

— 功能性：这些公共座椅更像是导向系统，它们沿着大街笔直地朝公共区域排列。

— 经济性：简约设计降低制作成本，高分子复合材料结实耐用。

— 互动性：座椅可与其他装置及背景音乐链接，实现互动效果。

图 5.4-12　波兰互动石椅（资料来源：www.charlie-davidson.com/streetwalk.html 及 www.kapokberlin.com/projects/sunniside-en/）

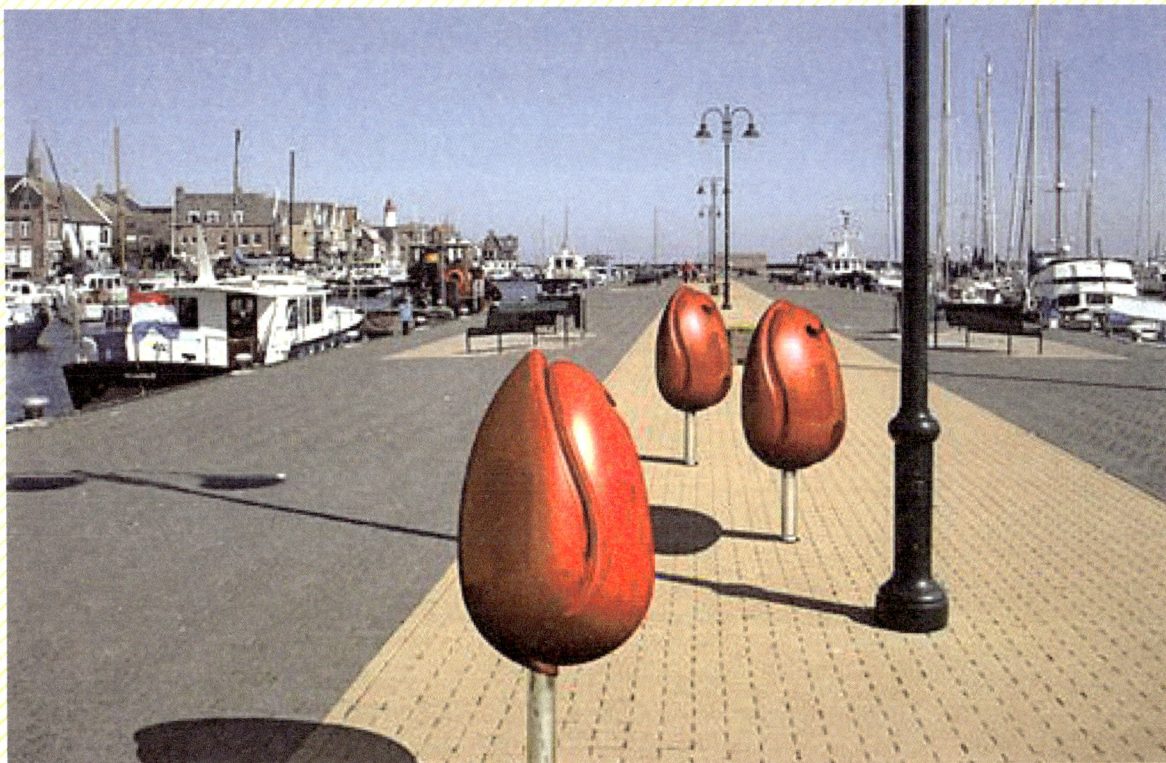

荷兰｜郁金香收缩座椅

这是设计师 Marco Manders 设计的一款可收起的公共座椅。采用不锈钢和聚乙烯材质制造，它们看上去就像是一朵两朵含苞待放的郁金香，当花儿盛开，就变成了一把舒服的凳子。而在没有人使用的时候，它们又可以静静地保持收起的状态，既是一种美化，也能避免凳子被弄脏。

▶ 借鉴意义：

— 便利性：具备普通座椅的功能，同时可以收缩，最小占用公共空间，避免凳子被弄脏。

— 安全性：圆弧式设计，更符合安全标准。

— 艺术性：造型新颖，可以给使用者带来不一样的体验感受，同时还能作为街道公共艺术品，丰富街道景观。

图 5.4-13　荷兰郁金香收缩座椅（资料来源：vurni.com/tulpi-seat-in-public-spaces/）

5.4 城市家具要素
URBAN FURNITTURE ELEMENTS

5.4.8 报刊亭

报刊亭作为特许经营类的城市家具，应遵守国家法律、法规，遵守相关部门的有关规章制度，并接受管理、检查监督，依法经营。设置结合区域功能布局、人口构成、居民消费水平、服务半径以及交通组织等相关因素，进行合理布局网点。在人行道上设置报刊亭，必须符合国家法律法规以及城市规划建设的要求，避免对交通及周围环境造成影响。

● 设计依据与参考

01	《城市容貌标准》GB 50449-2008
02	《城市步行和自行车交通系统规划设计导则》
03	《广州市城市道路人行道设施设置规范》
04	《城市道路公共服务设施设置规范》DB11/T 500—2016（北京市地方标准）

相关规定：报刊亭是为市民提供便利的城市公共设施，更是都市不可缺失的文化风景。相关要求如下：

— 宽度小于 3.5m 的人行道不设报刊亭；宽度 3.5 ~ 5m 的人行道可设小型报刊亭；宽度大于 5m 的人行道可根据实际情况设置中型或小型报刊亭；宜保证设置报刊亭后人行道净宽至少大于 3.5m，并根据各路段实际人流量及基地情况现场调整布局；报刊亭应背向机动车道，面向人行道经营。

— 报刊亭不得超出经批准的占道面积、扩大经营的范围；不得占压盲道、市政管道井盖位置，不得妨碍沿路其他市政公用设施的使用；不得阻挡消防通道、建筑出入口；不得侵占城市公共绿地；不得遮挡治安监控探头。

● 设计指引

设置原则：报刊亭建设作为文明城市、文明社区的窗口和精神文明阵地建设的重要内容，应当按照城乡建设规划的要求，加强与有关部门协调，优化报刊亭空间布局。

外观要求：外观、体量、材质、色彩设计应与城市的历史文化和风貌相协调，同一区域、道路的同类设施的样式、材质、色彩应该协调统一。

设置间距：随着新媒体的快速发展，传统报刊亭的需求逐步降低，设置间距可以根据需要适度加大。

一般准则：

— 报刊亭应避免在宽度小于 3.5m 的人行道及盲道位置设置，不得影响交通。

— 应采用封闭式设计，经营时设施不应开放或扩展，不应超出设施基座范围。

— 因城市道路拓建，需要迁移报刊亭，要遵循先移或先拆后补的原则进行恢复重建。

— 妨碍交通安全的报刊亭要适当移动位置至安全隐患消除。破烂陈旧的报刊亭要及时更换和维修。

— 人行道上临近绿化带、人行天桥出入口、立交桥下、公交车站、地铁车站、地下隧道出入口、隧道通风口及其他现有市政设施的，人流疏散方向 20m 范围内的人行道不应设置报刊亭。

● 未来发展趋势

功能多元化、智能信息化。

近年来，新媒体快速发展，报刊亭经营在受到极大冲击之后逐步开展多元经营，融入网络经济，改造提升，探索更多服务功能。从便民服务站升级为新型多功能平台，打造成符合信息化社会发展需求的综合基地（如 wi-fi 等）。报刊亭被视为一种城市文化，而不应该成为通行的"障碍"，需与环境"和谐共处"，成为城市街头一道美丽的风景。

▶ 多元化、智能化

▶ 提升便民服务功能

● **优秀案例**

英国·伦敦｜艺术造型报刊亭

该报刊亭前端是开放旋转的结构，四周墙壁可以卷曲，使经营者办事更有效率。它们由涂上黄铜的木制材料构成，依靠钢架支撑。玻璃顶部使自然光进入亭，补充白天和夜间照明。

▶ **借鉴意义：**

美观性：艺术造型打破报亭单一外形的同时，也提高了内部的储物空间，不会产生拥挤和混乱的感觉。

耐用性：收放自如，整体结构易于操作。同时，特殊的涂层不但能够抵挡外观的划伤，也避免了涂鸦的小广告的侵袭。

通透性：顶部的透明天窗，不仅节约了能源，也能让匮乏阳光的英国人随时随地感受阳光带来的愉悦感。

图 5.4-14　英国伦敦艺术造型报刊亭（资料来源：https://www.dezeen.com/2009/08/04/paperhouse-by-heatherwick-studio/）

俄罗斯·圣彼得堡｜可移动综合报刊亭

该款报刊亭来自"俄罗斯出版"公司旗下，是一个方方正正的蓝白色铝合金小房子，面积约两三平方米，可由吊车随意移动，非常方便。由于俄罗斯冬季寒冷，因此报亭内通常装有电暖气，销售人员在里面较为舒适。

▶ **借鉴意义：**

实用性：铝合金结构，占地面积小，结构轻巧，便于移动。玻璃橱窗，密闭性好，有冷暖气供应，人性化设置舒适便利。

功能性：售卖商品种类繁多，满足不同需求。

经济性：企业经营管理，统一定制，利益最大化。

图 5.4-15　俄罗斯圣彼得堡可移动综合报刊亭（资料来源：http://photo.blog.sina.com.cn/photo/1313676783/001qU3ldty6FAtLxFCBc5）

5.4 城市家具要素
URBAN FURNITURE ELEMENTS

5.4.9 活动厕所

活动厕所应可以较为方便地整体移动并且重复利用率较高，能满足道路使用者对城市公共厕所的需要而配置。外观与色彩应能与街道环境协调，与外部设施的连接应快速简便；使用功能应做到卫生、节水和防臭。

● **设计依据与参考**

01	《城市公共厕所设计标准》CJJ 14 — 2005
02	《广州市城市道路人行道设施设置规范》
03	《城市道路公共服务设施设置规范》DB11/T 500—2016（北京市地方标准）
04	《上海市城市道路人行道公共设施设置准则》SZ-42-2005

相关规定： 目前，随着经济的快速增长，环境问题也越来越突出，活动厕所作为城市建设中必不可少的设施之一，体现着时代要求的文明程度。但是目前活动厕所设置比较混乱，涉及活动厕所的设置标准也并不完善，如果继续发展并达到一定数量后，会对城市整体形象造成影响。活动厕所收费不规范、环境污染等问题也亟待引起重视。

● **设计指引**

设置原则： 活动厕所设置应与相关规划衔接，符合城市发展要求，满足城市居民和流动人口需要，坚持以人为本的原则，从工程技术、生态学、建筑学、人体工程学、规划设计、人类学等方面出发，追求外观、功能、环境的和谐统一。

设施分类： 按照结构形式分为组装厕所、单体厕所。

设置数量： 应根据活动厕所所在位置和人流量确定，辅助固定公共厕所以满足市民需求。

设置距离： 在周围 500m 范围内没有固定公共厕所服务情况下，一般街道活动厕所设置距离为 750 ~ 1000m，流动人口高密度区设置距离宜为 300 ~ 500m。

一般准则：
— 设置地点应靠近水、下水道和电气连接，没有地下基础设施的地带。另外，如条件允许宜尽量布局于公共设施带内。
— 距人行天桥、人行地道出入口、轨道交通站点出入口、公交车站的人流疏散方向 20m 范围内的人行道不应设置活动厕所。
— 应机动性较强，可以重复使用，减少了拆迁造成的浪费。
— 占地面积一般以不超过 10m² 为宜。
— 设置应毗邻广场、车站、机场、码头、风景名胜区，公园等公共场所或服务设施。

● **未来发展趋势**

活动厕所的结构材质、移动方式、粪便污水处理方式等方面趋于优化，厕所功能逐步完善，服务效能不断提高。充分利用各种资源，强调污染物自净和资源循环利用概念和功能，能达到零排放、零污染。融入了众多高科技元素，集环保性、实用性、美观性与人性化于一体，更好地提升服务水平。

▶ 污染物的循环利用
▶ 高科技元素的运用

● 优秀案例

在巴黎街头上，设置有一款叫做 Sanisette 的自洁公共厕所。行人上完厕所走出来后，该卫生间就会进行 60s 的自动清洁，厕所里面的设备会被自动的擦洗和消毒。该款公共厕所 24h 完全免费开放，按门上按钮就可以使用，但是有限时，15min 没用完便自动打开。

▶ 借鉴意义：

— 人性化：具有超时提示、自动冲洗等功能，服务周到。

— 智能性：采用全自动系统及智能控制。

— 清洁性：自动擦洗及自动消毒，可大大减轻清洁工作负担。同时，给使用者提供随时清洁的使用环境。

图 5.4-16　法国巴黎全自动公共厕所（资料来源：http://www.mafengwo.cn/i/1044337.html）

德国瓦尔公司向市政府免费提供流动公厕，而且连这些公厕的维护和清洁工作也全盘包揽，作为回报，瓦尔公司则获得了这些厕所的外墙广告。不单在厕所外墙做广告，还将内部的摆设和墙体也作为广告载体。考虑到德国人上厕所时有阅读的习惯，甚至把文学作品与广告印在手纸上。此外，厕所内安置了公用电话，可以向通信运营商获取一定的提成。国际运通卡组织也是该公司的合作对象，持卡者可以用卡消费。同时还跟很多商场周边的餐饮合作，上厕所后还能获赠餐券，餐厅会返利给他们。

▶ 借鉴意义：

— 经济性：活动厕所与广告、商家结合，达到利益与资源最大化共享，为政府市政投入省去了一大笔的同时也为老百姓提供了服务。

— 示范性：政府交由企业管理经营模式，具有示范意义，值得推广。

图 4.5-17　德国柏林多元一体活动厕所（资料来源：http://www.sohu.com/a/206959421_783679）

5.4 城市家具要素
URBAN FURNITTURE ELEMENTS

5.4.10 洗手台、直饮水

洗手台、直饮水作为体现城市要体现城市的文明建设的便民的设施，应设置在重要路段及广场、码头、公园、机场、风景区、旅游区等人流较密集的公共场所。外形设计应美观大方，占地空间小，产水率高，保证水质新鲜，卫生可靠，安装简便，运行稳定，维护简单方便。根据不同的设置点位，可挖掘文化积淀，赋予不同的文化内涵。

● **设计依据与参考**

01	《管道直饮水系统技术规程》CJJ 110 — 2006
02	《生活饮用水输配水设备及防护材料的安全性评价准则》GB/T 17219
03	《饮用净水水质标准》CJ 94-2005
04	《城市公共厕所设计标准》CJJ 14 — 2005

相关规定：洗手台、直饮水作为一个现代化城市建设公益项目，体现了一个城市蕴涵的高度人文关怀精神。目前，关于洗手台、直饮水并没有相关的国家标准，行业标准也仅对洗手台、直饮水水质要求符合《饮用净水水质标准》CJ 94-2005 和《卫生饮用水卫生规范》（2001）;设计要求可参考《城市公共厕所设计标准》CJJ 14 — 2005 相关规定：

— 经过专业的净化技术工艺处理后，制出的水应卫生可靠，水质达到国家规定的直接饮用水标准。

— 当洗手台、直饮水室外埋地管道采用塑料管时，在穿越区道路时应设钢套管保护。塑料直埋暗管封闭后，应在墙面或地面标明暗管的位置和走向。

● **设计指引**

设置原则：洗手台、直饮水的设计应突出公用性原则,坚持以人为本,符合生态环保理念,坚固耐腐,具有鲜明特色。

设置高度：符合人机工程学原理，人性化、无障碍考虑，满足不同年龄层次市民的使用需求。

设置形式：一体式洗手台、直饮水和分体式洗手台、直饮水。前者指在洗手台、直饮水内装有专用水处理装置，直接将自来水处理成符合国家标准规定的饮用水。后者是指与分质供水设施相配套，将集中处理后的直饮水通过专用管道输送到各个公共洗手台、直饮水点。

设置要求：

— 洗手台、直饮水宜采用非接触式的器具。

— 在管道安装时,禁止下水和上水的直接连接,以避免下水进入上水管道。对下水进行二次回用的,其洗手水必须单独由上水引入,严禁将回用水用于洗手。

— 设备排水应采取间接排水方式，不应与下水道直接连接，出口处应设防护网罩。

— 建议选择防溅水旋流式水盆设计，有效防止饮水时的残留水溅到盆外，而且排水应通畅。

— 应合理、优化洗手台、直饮水布局，满足布置紧凑、节能、自动化程度高，管理操作简便、运行安全可靠和制水成本低等要求。

● **未来发展趋势**

合理、健康、高效化发展。

为市民提供安全、健康、节能、节水、环保的洗手台、直饮水，在国内现状和国外经验的引导下从净水工艺、控制安装、维护管理、质量监测、设计布局的掌控等方面朝着美观化、智能化、人性化和绿色环保的方向发展。

▶ 深度净化处理

▶ 智能高效运行

● 优秀案例

在英国伦敦街头、公共场合大多配有干净卫生的自动饮水机方便民众饮水用，这些自动饮水机只要需轻轻一按，水就会自动喷射出来，大人小孩甚至宠物狗都可以对着水柱轻松喝到水，非常方便。这些饮水机的造型大多根据场景的不同做出变换，既别致又方便。

▶ 借鉴意义：

— 实用性：占地空间小，外形设计新颖。
— 人性化：按压式出水更方便卫生，为不同使用群体设计更为人性化。
— 智能性：采用全自动水控系统以及智能的接饮方式。
— 坚固性：采用食品级不锈钢材质，外形大方、美观且耐用。

图 5.4-18　英国伦敦海德堡公园智能饮水机（资料来源：http://m.xsjedu.org/show/84201/）

图 5.4-19　澳大利亚新南威尔士艺术饮水台（资料来源：https://www.pinterest.jp/pin/1970393560966503/?lp=true）

澳大利亚·新南威尔士｜艺术饮水台

新南威尔士环形码头饮水台，是海边饮水台的代表作。外观时尚，造型优美，适合风景区，公园，步行街等场所，设计既实用又美观。没有设计一个圆盆，创新喷泉饮水台，消除问题如下：水道堵塞和垃圾收集。手型伸出的设计，更方便利于轮椅使用者的饮用。

▶ 借鉴意义：

设计性：手型设计，造型独特新颖、无接水盘及排水道的设计更适合户外饮水台，更实用，更卫生，更干净。
卫生性：无接盘设计可以防止垃圾滞留、下水道堵塞等问题。
实用性：按压出水，操作简单，又方便。
人性化：转角弧形设计，更为安全；伸出造型，更利于轮椅者使用。

5.4 城市家具要素
URBAN FURNITURE ELEMENTS

5.4.11 邮筒

邮筒是日常生活中常见的便民通信设施，作为国家通信的基础设施，应按照国家邮政管理部门制定的标准执行。邮筒选择地址要求有：人口密度、服务半径、是否妨碍交通等，同时产权主体应当对邮筒的设置进行经常性维护，保证邮政设施的正常使用。

● 设计依据与参考

01	《中华人民共和国邮政法》(2015)
02	《邮政普遍服务》YZ/T 0129-2009
03	《城市容貌标准》GB 50449-2008
04	《邮政信筒信箱设置与开取组织管理办法》(邮政 [1994]292 号)
05	《广州市城市道路人行道设施设置规范》

相关规定：随着（移动）网络技术、电子邮箱、快递业迅速崛起，平邮等邮政普遍服务业务日渐衰落，使用传统书信作为沟通渠道的需求大幅降低。根据《邮政法》规定，邮政设施应当按照国家规定的标准设置。邮政设施的布局和建设应当满足保障邮政普遍服务的需要，地方各级人民政府应当将邮政设施的布局和建设纳入城乡规划，对提供邮政普遍服务的邮政设施的建设给予支持，重点扶持农村边远地区邮政设施的建设。邮筒设置规格、样式应符合《中华人民共和国邮政行业标准》YZ/T 0129-2009 的相关规定。

● 设计指引

设置原则：本着"方便群众，讲求经济效益，现实与长远兼顾"的原则，综合权衡，合理布局和设置。

设置间距：参考《邮政普遍服务》中要求的标准服务半径，结合道路的实际和功能的需要，适当减少设施的数量，拉大间距；或建议和其他设施合设、整合，以集约用地。

设置位置：应设置于公共设施带内，邮筒的正面（即投信一面）与汽车的前进方向相对，方便用户投信。

一般准则：
— 安装不能妨碍视线和过街设施。
— 应放置在没有地下基础设施的地带，以便于及时清空邮筒。
— 与路名牌、消火栓、出租车停靠点招牌等设施一样，5m 范围内禁止设置广告。

● 未来发展趋势

集智能美化于一体的多功能设计。

客观而言，邮筒对于现代化生活的作用已经越来越少，但仍然为一部分市民所使用。应逐步减少邮筒的数量，把更多的空间资源还予市民，同时保持足够的服务范围。新一代的邮筒应融合更多的智能、便民服务功能，以适应社会发展。邮筒还在为市民服务，邮筒的作用还是无可替代。新一代的邮筒可以自动统计投入信件的数量，然后通过设置在邮筒中的无线通信装置将该信息发送到邮筒控制中心，使邮递员可以通过邮筒控制中心提前获知邮筒中是否有信件，同时结合发送信息的邮筒的身份编码信息，即可准确得知辖区内任何一个邮筒中是否有信件以及有多少信件的详细信息，这样可以大大提高邮递员取信的工作效率，彻底避免漏收信件的现象，大幅度提高邮政部门的服务质量。另外，该邮筒中还设置有自助贺卡、明信片、邮票等的打印终端，通过投币方式自助设计和打印个性化的贺卡、明信片或邮票等。

▶ 无线信息装置的使用

▶ 自助服务和打印功能的增加

● **优秀案例**

日本街头邮筒造型丰富，各区根据不同街道和景区的特点进行邮箱外观设计，邮筒分为两个投递口，一个是寄国内，一个是寄国外，美观并且非常人性化。

▶ 借鉴意义：

— 艺术性：造型独特，具有邮政通信功能的同时，成为街头艺术的象征。

— 智能性：除了可以投递功能外，还可以出售邮票等纪念品，智能化售票系统，操作简单，且方便邮寄。

图 5.4-20　日本大阪独特造型邮筒（资料来源：www.ufunk.net/en/insolite/boites-aux-lettres-japonaises/）)

德国的路边邮筒样式是统一的，方形，全身黄色，侧面印有德国邮政的号角标志，正面为工作日以及休息日的开箱时间。投信口有的在侧面，有的在正面。旁边一台自动售票机主要出售各种面值的电子邮票，机器有多种语言可以选择，显示屏提示各常用邮资，并且注明了符合该邮资的函件种类，可根据需要选择面额不等的邮票，出票步骤操作简单，电子票也是带有背胶的，遇水就有黏性，方便随时粘贴。

▶ 借鉴意义：

— 人性化：邮筒和售票机分开设置，方便使用者立即投送邮件。多种语言设置，方便不同国家的使用者操作。电子邮票带背胶设计也体现出人性化设计。

— 标志性：邮筒统一使用黄色方形样式，标志作用明显，具有地方特色。

图 5.4-21　德国图林根州智能邮筒（资料来源：blog.sina.com.cn/s/blog_6a4a1fa50100y19q.html）

5.4 城市家具要素
URBAN FURNITURE ELEMENTS

5.4.12 公用电话亭

随着手机以及移动网络的普及，公用电话亭的设置应该逐渐减少。公用电话亭应展现一种新的人机互动关系，新型的结构形式。其设置应采用人机工程学的方法进行分析，提出更符合人体立姿结构尺寸和方便使用的公用电话亭设计，融入更多的智能化功能，以提高人们使用电话的舒适性，适应健康需要和技术发展，美化城市环境。

● 设计依据与参考

01	《城市容貌标准》GB 50449—2008
02	《城市通信工程规划规范》GB/T 50853—2013
03	《公用电话管理办法》(邮部 [1995]939 号)
04	《广州市城市道路人行道设施设置规范》
05	《城市道路公共服务设施设置规范》DB11/T 500—2016 (北京市地方标准)

相关规定：公用电话作为城市基础设施的组成部分，为社会公众提供通信服务和公益信息服务，尤其是应急通信服务。公用电话亭的设置不仅是通信问题，更与市容环境和城市的整体形象密切相关。应按照"统一管理、统一规划、统一标准"的要求进行规范建设和管理。机场、火车站等公共场所公用电话设置，由公用电话管理部门与有关部门商量选定。城市道路公用电话设置需占用道路、土地或在房屋、桥梁、隧道等建筑物附挂线路时，应争取当地政府及有关部门支持，作为社会公益基础设施允许无偿占用或附挂。

● 设计指引

设置原则：在完善功能的基础上，反映出城市和地域的环境特点，并根据城市规划和社会需求而设置。

设置间距：根据现有设施实际使用率的分析，结合实际需求考虑设置，建议和其他设施合设、整合，以集约用地。

设置尺寸：应符合人机工程学原理，考虑满足不同使用人群需求。

一般准则：
— 公用电话亭安装前提：应保证设施带宽度不小于 2.0m 宽。
— 不应安装于存在安全隐患、装卸口、道路交叉口等容易造成交通阻塞地带。
— 在临近火车站、商业集中区、长途汽车站、医院、学校等人流密集区的路侧带上，可在不增加点位的基础上，适当增加话机数量。
— 人行天桥、人行地道出入口、轨道交通出入口、公交车站两侧 20m 范围内不应设置公用电话亭；人行天桥、立交桥下也不应设置公用电话亭。
— 应根据需要，设置夜间应急公用电话。

● 未来发展趋势

业务平台网络智能化、增值业务多样化。

打破传统公用电话亭的业务限制，开发新型业务成为所有运营商的共同呼声。传统的新业务实现方式显然已不能适应新业务数量多、开发时间短的要求，因此公话业务必须在网络智能平台上实现，以适应层出不穷的市场需求。客户对增值业务的需求越来越呈现个性化的特点，不断推出新的增值业务，尽可能地满足客户的个性化服务需求，提升道路服务水平。

● **优秀案例**

　　韩国首尔政府对电话亭进行了一系列改造，为民众提供更多贴心的服务。公用电话亭可以为受到犯罪威胁的市民提供安全庇护，市民在受到安全威胁时可躲进电话亭，摁上按钮后电话亭门会关闭，同时会触发警报器和警报灯。电话亭周边提供了免费 wi-fi，电话亭内部提供了触屏上网功能和自动存取款机。另外，电话亭还安装了监视器和智能媒体，可以对犯罪嫌疑人进行录像。

▶ **借鉴意义：**

　　— 智能化：具有自动报警系统以及上网、自动存取款、实时监控等功能。

　　— 人性化：除了电话功能外，还为市民提供安全庇护，通过监控留下犯罪记录。

图 5.4-22　韩国首尔电话亭（资料来源：http://shuowenjiezi.blog.sohu.com/253822228.html 及 gb.cri.cn/42071/2015/11/09/8131s5160072.htm）

　　这是由法国艺术家 Benedetto Bufalino 和照明设计师 Benoit Deseille 共同设计的电话亭水族馆。该项目发起于 2007 年的法国里昂灯火节，两位设计师将一座普通的电话亭改装成为一个带有梦幻色彩的水族箱，里面装着充满异国情调的鱼类。随着手机的推广和应用，曾经占据世界各大城市街头的电话亭，正在逐渐消失之中。这两位设计师们采用这样的方式，对电话亭进行了一个新型的可视化改造。"电话亭水族馆"为压抑的城市生活增添了一抹亮色。

▶ **借鉴意义：**

　　— 装饰性：对电话亭进行了一个创新可视化改造，带来新奇体验的同时为街头增加一抹趣味。

　　— 私密性：水族箱隔层的设置可以保护使用者隐私。

图 5.4-23　英国达勒姆电话亭水族馆（资料来源：https://www.designboom.com/tag/benedetto-bufalino/）

5.4 城市家具要素

URBAN FURNITTURE ELEMENTS

5.4.13 智能服务设施

人行道上应装有网络光纤电缆和具有"智能"功能的服务设施，如无线电频率识别或快速反应条形码，为人们创造机会访问本地实体信息。传感器和智能化的附加功能应在监测空气质量和噪声等设施中考虑设计，并从中获得实时信息数据，比如垃圾回收、交通流量、路灯使用等设施的使用状态，从而促进社会发展，减少资源消耗，改善人居环境，提高使用效率。

● **设计依据与参考**

01	《城市道路交通设施设计规范》GB 50688—2011
02	《城市道路交通规划设计规范》GB 50220—1995
03	《城市容貌标准》GB 50449-2008
04	《智慧社区建设指南（试行）》（[建办科 2014]22 号）

相关规定：智能服务设施作为服务设施中的一种，其设置首先应符合服务设施设置的要求。目前，专门针对智能服务设施设置的标准尚存在欠缺，相关设置要求可考虑参考下述规定：

— 慢行导向设施和路名牌等应设置在设施带内，并不应占用行人的有效行走空间；应统一规划、布置，方便使用。

— 可结合周边环境艺术化设计，但要易于辨认、清晰、易懂。

— 设施应满足人行活动的要求，保障行人的交通安全和交通连续性，避免无故中断和任意压占人行道。

● **设计指引**

设置原则：参照国际上先进的城市管理理念和模式，结合国情和城市现状，实现智能服务设施的全面数字化与智能化，逐步达到智慧城市的管理目标。

设置要求：应根据规划条件、道路布置情况统一设置。智能服务设施设置应与景观、环境相协调；与其他交通设施协调布置，避免相互干扰，影响使用；服务设施的布置应符合无障碍环境设计要求。

一般准则：在满足行业标准、功能要求、安全性的前提下，智能服务设施的设置考虑按照下列标准提供：

— 控制智能设施占地面积，节约街道空间，引导街道智慧管理。

— 鼓励现有设施进行智能改造，提升城市服务水平。

— 鼓励沿街界面智能化，促进城市立面与智能设施整合。

— 普及智能公交、智能慢行，提升交通信号灯智能化水平，提供实时有效公共交通信息发布，提供周边公共自行车等租赁及预约服务，提供交通情况信息发布与查询等，促进智慧出行，协调停车供需。

— 实现街道监控设施全覆盖、呼救设施定点化，实现电子预警实时化，提高安全信息传播的有效性，设置关注弱势需求，维护城市安全。

— 加强街道环境检测保护，促进智能感应并降低能耗。

● **未来发展趋势**

智能化可持续发展。

随着有序交通、绿色建筑、生态水处理技术以及智能化设施等的投入使用，让快速城市化进程步入可持续发展道路。借助适当的技术，城市可以变得更环保，居民的生活质量得到进一步提高，同时还能降低相关成本。公共基础设施的智能化和数字化管理是实现和落地智慧城市有效的必经之路。

借助信息化平台，通过"互联网＋公共服务"，实现对道路设施资产的全数字化与社会公共服务信息融合。

▶ 可持续发展

▶ 全数字化与社会服务互融

● **优秀案例**

美国·纽约 | LinkNYC

美国纽约街头出现的名为 LinkNYC 的智能服务设施。这个智能服务设施内嵌了一个安卓平板电脑，还提供耳机和 USB 的插口，可以打免费电话，更重要的是，它提供高速超 wi-fi，下载速度可达每秒 300M。纽约市将陆续建成 7500 个 LinkNYC 站点，以此建成覆盖纽约市区的免费网络覆盖。两面装有 55 英寸的显示屏用于播放广告。

▶ **借鉴意义：**

— **功能性：** 帮助市民和游客提供免费高速网络、USB 插口，还能通过升级和减少旧电话亭，减少街道的杂乱。

— **广告性：** 两面装的显示屏可以播放广告，增加财政收入。

图 5.4-24 美国纽约 LinkNYC（资料来源：http://www.huffingtonpost.co.uk/2015/06/26/free-wifi-is-heading-to-new-york-courtesy-of-google_n_7669982.html）

中国·深圳 | 智能路灯

智能路灯的概念由深圳奇迹智慧网络有限公司（简称：7G 网络）提出，其思路来源于智慧城市顶层设计架构，智慧路灯的综合功能都依附于智能路灯的灯杆，在城市原有公共基础设施的基础上，通过结合 4G/5G 微基站、WIFI 设备、传感器、视频监控、RFID、公共广播、智能照明、信息发布、充电桩等多功能模块，组建智能交互模块、搭建智能感知网络，为智慧城市建设采集数据并提供智能服务，助力推动新型智慧城市的建设。

▶ **借鉴意义：**

— **功能性：** 结合 4G/5G 微基站等多功能于一体，为市民出行提供多种可能性。

— **信息性：** 具有信息交互功能，可以实时发布信息，也可以查询信息，同时可以为城市建设采集数据。

图 5.4-25 中国深圳智能路灯（资料来源：https://m.sohu.com/n/470284279/）

5.4 城市家具要素
URBAN FURNITTURE ELEMENTS

5.4.14 环卫工具房

环卫工具房为环卫工作人员提供存放、休息空间，主要用以存放工人日常使用的环卫设施，主要包括便携式保洁工具簸箕、手套、杨铲、保洁车、铁夹、扫帚等。

● **设计依据与参考**

01 《环境卫生设施设置标准》CJJ 27 -2012

02 《城市容貌标准》GB 50449-2008

03 《城市环境卫生设施规划》GB 50337 — 2003

04 《广州市城市道路人行道设施设置规范》

05 《广州市生活垃圾分类设施配置及作业指导规范》DHJ 440100/T 238-2015

相关规定： 环卫工具房的建成投用，能有效缓解部分路段的环卫工具停放问题。同时环卫工具房还是一项人性化的环卫设施，可供环卫工人临时休息、避雨遮阳等。目前，我国关于环卫工具房设置标准尚存在欠缺，《环境卫生设施设置标准》提到的相关设置要求如下：

— 工人作息场所宜与垃圾收集站、垃圾转运站、环境卫生车辆停车场、独立式公共厕所合建。

— 在露天、流动作业的环境卫生清扫、保洁工人工作区域内，应设置工人作息场所。

— 公共场所应达到公共设施布局、环境卫生及容貌要求。

— 环境卫生公共设施的设置应方便居民使用，不应影响市容观瞻。

● **设计指引**

设置原则： 环卫工具房的设置应符合相关城乡规划，坚持布局合理、卫生适用、节能环保、便于管理的原则，应有利于工人对环境卫生作业、对环境污染的控制。

设置数量： 环卫工具房的设置数量和面积，宜根据清扫保洁服务半径和环境卫生工人数量确定。

设置位置： 环卫工具房应根据安全、环保、经济的原则选址，并应设置在交通运输方便、市政条件较好并对周边居民影响较小的位置。应避免在宽度小于 3m 的人行道及盲道位置上设置，不得影响行人通行。环卫工具房可根据道路的实际和功能需要，适当改变服务半径。

一般准则：

— 环卫工具房的位置应固定，其标志应清晰、规范、便于识别。

— 环卫工具房应设置在道路两旁不影响景观的隐蔽位置。

— 环卫工具房设置应规范，宜设有给排水和通风设施。

— 设置地点多位于道路沿线居住区、商业区以及集贸市场、影剧院、体育场（馆）、车站、客运码头、大型公共绿地等场所附近及其他公众活动频繁处，且设置风格宜具有地方特色。

● **未来发展趋势**

机械化操作加垃圾分类处理，推动资源回收再利用，从而减少环卫工人。垃圾集中处理，改环卫工具房为设施中心站。中心站集环保与科普于一体。

首先，鼓励将环卫工具房设计得更为友好亲民，结合科学技术一体化整合其他市政基础设施，与周边环境相协调。其次，随着科学技术的发展，垃圾清扫机械越来越先进，在国外人工清理垃圾越来越少，环卫工具房的数目也在逐步减少。最后，环卫工具房改造成具有循环利用中心站或处理工厂，中心站集多功能、机械化、人性化于一体，环保与科普相结合，鼓励全民参与。

● **优秀案例**

中国｜多功能环卫工具房

该环卫工具房内配电箱、开关、插座、日光灯盘、售货台、收银抽屉、给排水管道口等配置一应俱全。环卫工具房同时还可根据客户内部摆放设备的功率和位置不同重新布置安装大功率电源线和插座。引进国外微生物自培养技术，杀菌灭蝇能力强。

▶ 借鉴意义：

　　— 便利性：具备普通环卫房功能同时，具有多重功能。

　　— 环保性：除臭功能可以有效杀菌灭蚊，减少环境污染。

　　— 可操作性：操作方便简单，事故率低，维修成本低。

图 5.4-26　多功能环卫工具房意向（资料来源：www.jshaoxiongdi.com/case/23）

挪威｜兼具展览的工具房

该环卫工具房位于 Margrethe Munt-hes 广场，这个广场是该区域的重要枢纽，设有一个电车站、城市公共自行车停放点和环卫工具房。由于大部分功能是由国际多媒体公司运行，这个广场有着大型广告牌和商业海报，只在阴影角落能欣赏自然风景。建筑师的目标是设计一个能解决喧哗和视觉混杂的活动空间。该展览厅包括四个展示柜，向公众展出了当地艺术作品。

▶ 借鉴意义：

　　— 艺术性：利用几何体块，将几个工具房组合，建筑外墙，用来展示当地艺术作品。

　　— 商业性：环卫工具房与广告、商家结合，达到利益与资源最大化共享，为政府市政投入省去了一大笔的同时也为老百姓提供了服务。

图 5.4-27　挪威奥斯陆环卫工具房案例（资料来源：https://www.archdaily.cn/cn/768982/mm1-nil-xian-dai-yi-zhu-zhan-lan-shi-rintala-eggertsson-architects）

5.4 城市家具要素
URBAN FURNITURE ELEMENTS

5.4.15 配电与变电设施

配电与变电设施应不断改善并加强网络结构,有效提高服务可靠性,以适应广大用户连续使用的需要。同时,布点规划中应注意尽量减少个别小容量用户的专用线路,鼓励实现多箱合一、多箱下地。其设置位置应选择不阻碍市民交通通行以及周边居民日常生活的安全线路,使配电与变电设施设置更为合理,并能发挥更好的作用。

● 设计依据与参考

01	《城市容貌标准》GB 50449-2008
02	《城市道路工程设计规范》CJJ 37 — 2012
03	《城市道路交通设施设计规范》GB 50688 – 2011
04	《城市电力规划规范》GB 50293-2014
05	《广州市城市道路人行道设施设置规范》
06	《广州市市政道路建设指南(试行)》

相关规定: 随着经济的发展,配电与变电设施在日常生活中起到了十分重要的作用。目前,配电与变电设施设置标准中提到的相关设置要求如下:

— 城市电力规划编制过程中,应与道路交通、绿化、供水、排水、供热、燃气、通信等规划相协调,统筹安排,空间共享,妥善处理相互间影响和矛盾。

— 设备选型应安全可靠、经济实用、兼顾差异,应用通用设备,选择技术成熟、节能环保和抗震性能好的产品,并应符合国家有关标准的规定。

● 设计指引

设置原则: 按照城市总体规划,结合城市配电设施建设管理要求,配电与变电设施应遵循远近结合、适度超前、合理布局、环境友好、集约节约和可持续发展的原则。

设置数量: 应根据所在位置的用地性质、人口规模和用地布局等条件,合理确定其数量。

设置位置: 应与相关规划协调,根据负荷分布和外部电网的连接方式,合理配备设置点,并协调好与周边其他设施之间的关系。配电与变电设施一般设置在绿化带处,不影响道路景观;如需占道应经过相关部门审批。

设置外形: 应根据配电与变电设施所处地段的地形地貌条件和环境要求,选择与周围环境景观相协调的结构形式与建筑外形;箱体外形及设置位置要与周围环境协调,尽量小巧精致;要求采用紧凑型小型箱式变电站;在要求较高的地段,建议采用地埋式变压器。

一般准则:

— 大型配电与变电设施应设置在道路规划红线以外。

— 对有条件入室的箱式配电、变电设施,应设在建筑物内;对现有架空变压器应逐步下地。

— 原则上不在人行道上设置箱式配电、变电设施。如因特殊情况必须在人行道设置的,不能影响行人交通及安全。优先考虑采用地下式,无法设置时再将箱式配电、变电设施设置于距车行道边缘1 ~ 1.5m 人行道范围内,同时应至少保证 2m 以上的通行带宽度。

● 未来发展趋势

安全智能化的创意设计。

随着现代工业的发展,将计算机技术、微电子技术、电力电子技术、抗干扰技术、网络通信技术相结合,从而实现对配电与变电设施控制自动化和智能化。同时采用新材料、新工艺,通过重新设计,实现配电与变电设施下地化、隐形化、安全化、美观化。

▶ **控制系统自动化智能化**

▶ **逐步实现箱体下地化**

● **优秀案例**

美国｜艺术配电与变电设施

2013 年 7 月，美国加州的圣塔安娜市设立特别委员会，为城市增加更多的公共艺术项目，其中包括配电与变电设施美化项目。市政府用高奖金来鼓励更多的当地艺术家加入。变电箱和周边的环境融为一体，既没有因配电与变电设施的呆板影响到街道风景，自身与环境产生的视觉错位又生出一道风景，提升了街道艺术性。

▶ 借鉴意义：

— 艺术性：颠覆传统变电箱形象通过涂鸦箱体，使变电箱变为公共艺术，为街道增添色彩。

— 宣传性：通过高额奖金鼓励更多当地艺术家的加入，美化环境的同时，为城市形象宣传起了积极的作用。

图 5.4-28 美国加州艺术配电与变电设施（资料来源：http://www.glendaleca.gov/government/departments/library-arts-culture/arts-culture-commission/beyond-the-box-utility-box-murals 及 downtownsouthorlando.org/home/）

图 5.4-29 地埋式配电与变电设施（资料来源：equipenews.com.br/urbanos/arte-urbana）

中国｜地埋式配电与变电设施

地埋式配电与变电设施的安装方式与普通配电与变电设施有较大差别，壳体埋在地下，表面一般使用高强度不锈钢盖板，安装结束后，盖板与地面平齐，具有防水、防腐、抗老化、抗碾压、安全可靠、牢固耐用；同时集自动撑杆开启、安全防盗锁扣、雨水分流、盖板填充、盖板加热、水／音视频集成／远程控制等个性化设计于一身，真正做到隐藏箱体、不占用使用空间、不占用道路、不影响人流车流，使科技与环境完美融合，满足不同客户的个性化用电需求。适用于广场、道路、展馆、公园、厂房、机场等场所。

▶ 借鉴意义：

— 隐蔽性：地埋式设计不占用人行空间，不影响人流车流。

— 美观性：配电与变电设施造型通过涂鸦，既是公共艺术也是街道景观。

5.4 城市家具要素
URBAN FURNITTURE ELEMENTS

5.4.16 弱电设施

弱电设施的设置应充分考虑到使用需求合理布局，完全符合国家、行业相关标准及公安部门有关安全技术防范要求，使设施功能尽可能完善并充分利用。系统稳定可靠、功能齐全、操作方便，具有良好的兼容性和可扩展性，易管理、易安装、易检测、易维护。所在位置需通风、干燥，且距离强电系统有一定的距离。

● **设计依据与参考**

01	《通信光缆交接箱》YD/T 988-2007
02	《城市道路交通设施设计规范》GB 50688－2011
03	《广州市城市道路人行道设施设置规范》
04	《广州市道路路口和路面视频监控区域标志设置要求》

相关规定：随着时代的变迁，弱电系统的技术越来越成熟，涉及的领域将会更多，加上"智慧城市"项目的开展，弱电设施的建设工艺更复杂，进行弱电施工需要更加谨慎。我国关于弱电设施设置标准正在逐步完善，相关设置要求如下：

— 当强电设施与弱电设施都采用 PVC 管时，为避免干扰，弱电设施配管应尽量避免与强电设施配管平行敷设，若必须平行敷设，相隔距离宜大于 0.5m。

— 当强电设施与弱电设施用线槽敷设时，强弱电线槽宜分开；当需要敷设在同一线槽时，强弱电之间应用金属隔板隔开。

● **设计指引**

设置原则：综合运用计算机技术、网络通信技术和自动控制技术，通过合理、有效配置，实现弱电设施的智能优化组合与科学连接。

设置分类：可分为两类：一类是国家规定的安全电压等级及控制电压等低电压电能，有交流与直流之分，交流 36V 以下，直流 24V 以下，如 24V 直流控制电源、应急照明灯备用电源；另一类是载有语音、图像、数据等信息的信息源，如电话、电视、计算机的信息等。

一般准则：

— 应尽量远离道路交叉口设置，避免影响停车视距、干扰行人过街以及车辆通行等，距离交叉口 20m 以上的地方为宜。

—弱电设施（如电缆、光缆交接箱等通信设施、有线电视等）设置于距车行道边缘不少于 0.5m 人行道范围内，同时应至少保证 2m 以上的通行带宽度。与其他设施应留有足够空间与位置，以满足安装、测试、使用、检修的要求。

— 应根据所处地区年均雷暴天数及设备所处地形地貌特点，对弱电设施进行系统的防雷、接地设计。除此以外，还应具有防非法侵入网络、防火、防爆、防停电、防静电等功能。

— 可对通信、广电等箱体进行归并或集中设置，对交通箱和路灯箱进行多箱集中，尽量减少不必要箱体占用人行道空间。

— 采用防水、防火、阻燃材料，牢固可靠、坚韧耐用、美观大方。

● **未来发展趋势**

各类技术的互相融合。

随着计算机技术的飞速发展，软硬件功能的迅速强大，各种弱电设施和计算机技术日趋完美结合。以计算机网络为桥梁，结合通信系统和防卫系统，将所有系统设施连接在一起，实现管理安全化自动化智能化。

▶ **集约设置，发挥综合效益**

▶ **安全防卫性提升**

▶ **管理自动智能化**

5.4 城市家具要素
URBAN FURNITTURE ELEMENTS

● 优秀案例

美国·纽约｜集约化智能弱电设施

该款弱电设施是将 GPS（全球卫星定位系统）、GIS（地理信息系统）、GSM（无线移动通信系统）和计算机、网络等现代高新技术集于一体的智能消防无线报警网络服务系统。成功地解决了电信、建筑、供电、交通等公共设施建设协调发展的问题，实现了报警自动化、接警智能化、处警预案化、管理网络化、服务专业化、科技现代化，大大减少了中间环节。

▶ 借鉴意义：

一 安全性：报警自动化、接警智能化功能，大大减少了中间环节，极大地提高了处警速度。

一 一体化：GPS（全球卫星定位系统）、GIS（地理信息系统）、GSM（无线移动通信系统）和计算机、网络等现代高新技术集于一体

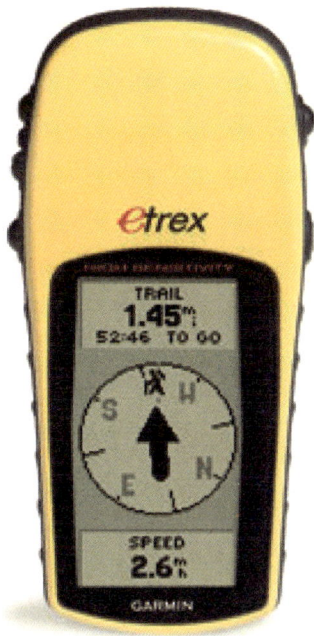

图 5.4-30 美国纽约集约化智能弱电设施一（资料来源：https://buy.garmin.com/en-US/US/p/8705）

图 5.4-31 美国纽约集约化智能弱电设施二（资料来源：www.dzqhdq.com/wap/list/?15_1.html）

图 5.4-32 丹麦哥本哈根智慧信号灯（资料来源：www.fyidenmark.com/danish_bicycle_traffic_signs.html）

丹麦·哥本哈根｜智慧信号灯

该款智慧信号灯含有 66 个摄像头、蓝牙传感器等，可以监测道路上的车辆、行人的数量，以及相应的区域范围。可以用摄像头监测摩托车等机动车辆的数量，并定位装有 GPS 的公共汽车，如果公交车晚点严重还能调整相应的绿灯时长。还能靠蓝牙探测到行人所带智能手机的信号，进而判断其数量。

▶ 借鉴意义：

一 通行性：提高交通通行效率，减少了拥堵、等车时间。

一 功能性：可以监测道路上车辆、行人数量。

一 可操性：可以根据实际情况调整相应的红绿灯时长。

5.4 城市家具要素
URBAN FURNITTURE ELEMENTS

5.4.17　路名牌

路名牌属市政公共设施，多设在主要交通十字、丁字路口作为导向设施，为行人提供导向服务。应设置在驾驶人员和行人容易看到，并能准确判读的醒目位置。根据需要可设置照明或采用反光、发光标志。一般设置在车辆行进方向道路右侧或分隔带上。路名牌宜外观精美、富有现代特色，夜晚可亮化，成为城市独特美景。

● 设计依据与参考

01	《城市道路交通标志和标线设置规范》GB 51038-2015
02	《城市道路交通设施设计规范》GB 50688－2011
03	《广州市市政道路建设指南（试行）》
04	《广州市道路交通支指路标志系统设计技术指引（修订）》

相关规定： 一般城市道路，路名牌应着重反映道路名称、地点名称、路网结构和行驶方向，告知道路使用者当前位置和到达目的地合理、连续路径。对于高等级道路亦可采用对骨干道路逐级指引达到连续。目前，关于路名牌的相关设置要求包含有路名牌的设置位置、设置样式、设置方式、制作安装等，宜结合道路及周边环境特点对其样式外观提出合理化的建议。路名牌版面尺寸应根据现行标准的要求对文字数量、大小、间距等要素进行确定，并结合施工工艺，选择最合理的版面大小。路名牌版面设计应避免信息过载或信息不足，标志的内容要简明准确，便于道路使用者识认。

● 设计指引

设置原则： 应根据周边环境，结合道路结构、交通状况、周边绿化及设施等，设置在行人、车辆最易看见的位置，牌头应不被遮挡。

设置形式： 路名牌规格、色彩应分类统一，形式、图案应与街景协调，并保持整洁、完好。

设置间距： 一般道路人行道上路名牌同侧设置间隔应不小于 1000m；在临近火车站、商业集中区、长途汽车站、医院、学校等流动人口聚集区内的道路人行道上，设置间距可根据需要适当加密。

一般准则：

— 路名牌应设置在设施带内，不占用行人通行带空间，离人行道侧石 40 ~ 80cm，不占用盲道和轮椅通道，一般不设置在绿化带内。

— 距人行天桥、人行地道出入口、轨道交通站点出入口、公交车站等人流疏散方向 20m 范围内的人行道不得设置路名牌。

— 路名牌应设置在道路交叉口或路段的明显位置，不得被遮挡；路名牌应平行于道路方向，版面应含有道路名称、方向、门牌号等内容。

— 较长路段也应设置路名牌，便于行人确定自身位置。

— 同一条道路路名牌应统一规划、布置，方便使用。

● 未来发展趋势

科技化、集约化、国际化，三化合一。

改革开放 30 多年以来，国民经济快速发展，路名牌也发生了众多功能及形式上的变化。在充分融合路名牌的抗风雨、防腐蚀、醒目美观、科技智能等多元化功能的特点和要求后，对路名牌进行细化、具象化的多牌共杆、多杆合一的升级改造。

▶ 多牌共杆

▶ 多杆合一

● 优秀案例

中国·郑州 | 智能路名牌

该款路名牌的背后显示了自身功能简介，具有实时监控、一键报警、打车、手机充电、电动自行车充电、空气净化、免费 WIFI 等多种功能。智能路名牌上有简洁的道路指示，路名牌顶部安装有太阳能和监控装置，下面有空气净化器的出风口。

▶ 借鉴意义：

— 功能性：简洁的设计，操作简单且具有实时监控、一键报警、打车、手机充电、电动自行车充电、空气净化、免费 WIFI 等多种功能，为市民生活提供便利。

— 节能性：利用太阳能发电，节约能源。

— 人性化：多种功能于一体，免费满足公众各种的需要。

图 5.4-33　中国郑州智能路名牌（资料来源：http://www.he136.cn/article/201604/45618.html）

美国·布鲁克林 | 交互式旋转路名牌

三个路名牌分别指示不同的方向，每一个都显示最近的目的地。而寻路设备上的内容来源于互联网，它们可以为人们提供交互式的体验——更重要的是，它可以扩展到所有可能的在线资源，充分适应路标所放置的地方。特有的汇流环可以允许指示臂在任何方向以 360° 无尽旋转，这摆脱了电线的烦恼。采用了一种 200 脉冲每转的正交编码器，便于在任何赋予的信号中迅速指出准确的方位。具有一种磁力计及无需接触的磁力开关，这会保持其指示出的方位。广视角使其可以在任何方向都易于阅读。

▶ 借鉴意义：

— 智能性：通过允分利用网络与科技的力量，设计出了世界上最智能的 360° 无尽旋转路标装置。

— 服务性：人们在路名牌上搜索的内容均来自互联网，内容可以扩展到所有可能的在线资源，大大提升服务范围。

图 5.4-34　美国布鲁克林交互式旋转路名牌（资料来源：https://www.designboom.com/technology/points-the-most-advanced-directional-sign-by-breakfast/）

5.4 城市家具要素
URBAN FURNITTURE ELEMENTS

5.4.18 遮阳（雨）棚

对于广州而言，遮阳（雨）棚应该着力推广设置。遮阳（雨）棚是应具有全面的外遮阳功能，能够彻底阻挡紫外线对人体的辐射，降低温度，使光线明亮而不眩目；具有节能效果，从节省能源以及环境保护角度考虑，将阴凉空间进行延展。棚体要求美观、坚固、耐用，有抵抗台风等自然灾害的能力。新型遮阳（雨）棚配套安装视频检测系统（摄像头、显示屏）和语音提示器等，宜具有多种功能。

● 设计依据与参考

01	《建筑遮阳工程技术规范》JGJ 237—2011
02	《建筑遮阳用织物通用技术要求》JG/T 424—2013
03	《城市容貌标准》GB 50449-2008
04	《城市步行和自行车交通系统规划设计导则》
05	《城市容貌规范》DBJ440100/T 126-2012（广州市地方标准）

相关规定：目前,我国没有一套系统的遮阳（雨）棚设置标准,相关设置要求可考虑参考下述规定：建筑物沿街立面的遮阳（雨）棚设置及遮阳产品的性能指标等应符合现行国家标准《民用建筑设计通则》GB 50352、《城市居住区规划设计规范》GB 50180、《建筑遮阳工程技术规范》JGJ 237、《园林绿化工程施工及验收规范》CJJ/T 82-2012 等的规定。

● 设计指引

设置原则：应结合不同道路特点与周围建筑景观,以不妨碍交通,提高舒适程度和服务水平为前提,并保持整洁美观。

设置类型： 遮阳（雨）棚按设置形式可分为：手动、电动、固定三类。

特色设置： 建议在市区交叉路口非机动车道无绿化遮阴的情况下设置遮阳（雨）棚。夏天可以让行人遮阳、避暑,冬天也可以遮雨、避风,可最大限度地提升城市的人性化管理程度,为顺利通过交叉路口创造有利条件。

一般准则：
— 根据气候特征、经济技术条件、使用功能等因素确定遮阳（雨）棚的形式和措施,并应满足夏季遮阳、冬季阳光入射、冬季夜间保温以及自然通风、采光、视野等要求。
— 遮阳(雨)棚的下沿高度不宜低于 2.5m(其中消防通道的上方不低于 4m),宽度不宜大于 3.5m。
— 遮阳（雨）棚应统一材质、样式、颜色应与周边环境相协调；构造简洁、经济实用、耐久美观,便于维修和清洁。
— 遮阳(雨)棚装置应具有防火性能。活动遮阳(雨)棚装置应做到控制灵活,操作方便,便于维护。
— 遮阳（雨）棚设计宜与太阳能热水系统和太阳能光伏系统结合,进行太阳能利用与一体化设计。
— 遮阳（雨）棚装置应分别按系统自重、风荷载、正常使用荷载、施工阶段及检修中的荷载等验算其静态承载能力,做抗风振、抗地震承载力验算,并应考虑以上荷载的组合效应。

● 未来发展趋势

科技智能人性化设计于一体。

近年来随着人们生活质量的大幅改善,对遮阳（雨）棚的设置提出了新的要求。各地的地理纬度、气候的差异,遮阳（雨）时间不尽相同,遮阳（雨）模式也存在着很大差异。所以,不同的地理环境决定着不同的遮阳（雨）方式。遮阳（雨）棚采用高科技复合材料,和智能交通管理系统结合,集其他城市基础服务设施功能一体人性化设计,提供智能信息等服务。优化交通秩序,增强交通安全,为行人遮阳遮雨,改善出行环境,提升城市品位。

▶ 优化交通秩序
▶ 多功能整合

● **优秀案例**

德高集团设计｜小型遮阳棚

　　该款遮阳（雨）棚遮阳结构是一个绿色顶棚，上面种植了一定规模的绿色植物，让人联想起树干顶上的花园。下方是旋转座椅，座椅是由混凝土制成的，上面还带有迷你桌，还有供手提电脑等小型电器使用的插头。屏幕下方还有一个巨大的触摸屏，上面显示着本市最新的服务信息，供游客参考。整个景观成为一道亮丽的风景线。

▶ **借鉴意义：**

　　— 环保性：绿色顶棚除了遮阳以外还可以净化空气、美化环境。

　　— 人性化：小桌板、充电插头以及触摸屏为使用者提供方便。

　　— 美观性：绿色植物与顶棚结合的创意造型，美观又实用。

图 5.4-35　德高集团设计小型遮阳棚（资料来源：www.lvshedesign.com/archives/18984.html）

阿布扎比｜向日葵遮阳棚

　　该款向日葵型的巨大遮阳（雨）棚建在阿拉伯联合酋长国一个新型生态城市的广场上。遮阳（雨）棚由太阳能供电，通过白天收集太阳射线，在晚上这些遮阳（雨）棚会合上并将储存的热量释放。它们会随着太阳的影像变化而移动，在白天为人们提供持续的阴凉场所，并且这些遮阳（雨）棚可以在世界各个城市建造，包括沙漠。

▶ **借鉴意义：**

　　— 环保性：太阳能的可持续化利用，方便市民生活，实现零碳排量和零污染。

　　— 实用性：巨大的遮阳结构，白天为人们提供连续的阴凉场所，晚上合上可以散发热量。

　　— 智能性：遮阳结构会随着太阳朝向的变化而改变遮阳方向。

图 5.4-36　阿布扎比向日葵遮阳棚（资料来源：https://www.l-a-v-a.net/page-15/masdar-city-centre-zh-yue/）

第 5 章　道路设计要素

5.4 城市家具要素
URBAN FURNITTURE ELEMENTS

5.4.19 信息公示栏

信息公示栏应放置在人流性较大的地方，具有信息共享和信息服务功能，在完善的数据安全机制保证下与其他相关的部门实现信息的共享交换，并向公众提供城市信息服务或信息公示设施。为了遮挡阳光和雨水，信息公示栏一般宜设置有顶棚。

● **设计依据与参考**

01	《城市步行和自行车交通系统规划设计导则》
02	《城市道路交通设施设计规范》GB 50688－2011
03	《公共信息导向系统导向要素的设计原则与要求》GB/T 20501.1-2013
04	《广州市城市道路人行道设施设置规范》

相关规定： 信息公示栏的设置可以增加信息公开透明度，提高各类信息传递效率，保证信息公示及时、准确。但是目前关于信息公示栏的设置，国家没有统一的标准，均由不同设置主体自行制定设置标准和原则。通过资料整理总结归纳为：信息公示栏应设置在醒目位置，便于公示对象及时了解和掌握相关政策规定信息，并广泛接受社会各界的监督。信息公示栏的版面可根据相关部门管理要求采用文字版、图形版、文字加图形等版面形式，而信息公示栏中文字的字体、字高、间距等应保证视认性，方便群众便认为宜。

● **设计指引**

设置原则： 在满足功能要求、信息安全、人身安全等的前提下，以现状信息公示栏为平台，整合平台周边信息发布，规范信息宣传管理，促进信息资源的规范化发展。

设置类型： 根据信息发布内容，将信息公示栏分为两种：全可变信息公示栏和部分可变信息公示栏。

设置位置： 应设置在醒目且安全的位置，便于浏览，以不妨碍安全视距、不影响通行为前提。

设置要求：

— 应设置在路缘石的内侧 40～80cm，不压占盲道和轮椅通道，一般不建议设置在绿化带内。如遇到管线沟、路树、交通灯设施、路灯设施时可横向平移，而不能纵向移动，确保侧面与路面车行方向是同一平衡方向。

— 宽度 2.5m 以下的人行道不得设置信息公示栏；距人行天桥、人行地道出入口、轨道交通站点出入口、公交车站的人流疏散方向 20m 范围内的人行道不得设置信息公示栏。

— 一般道路人行道上信息公示栏同侧设置间隔应不小于 1000m；在临近火车站、商业集中区、长途汽车站、医院、学校等流动人口聚集区内的道路人行道上，设置间隔可根据需要适当加密。

— 限制尺寸：长度宜根据常态发布信息量的需要，单个或多个并列设置，宽度宜不大于 1.0m，高度宜不大于 2.2m。

— 应当内容健康、式样美观，与周围环境、景观相协调，并保持安全牢固、整洁完好。

● **未来发展趋势**

集高新智能、综合服务于一体。

近些年随着信息技术的发展，社会各级信息发布和更新更为高效和及时，信息公示栏与网络信息平台结合，人们可以通过信息公示栏了解相关业务，并实时查询相关信息咨询。通过对信息公示栏与其他城市家具进行整合设计，扩展信息栏新型功能，以提供连续、有效、充足的信息公示为前提，构建一个集信息展示、个性服务的多功能信息公示栏。

▶ 互联网＋科技智能的融合

▶ 信息服务个性化

● 优秀案例

英国·伦敦｜棱柱体信息公示栏

该款信息公示栏在棱柱体不同的表面上展示了伦敦各方面的信息，包括当地风速、大气污染程度、交通路况、正在使用的自行车数量，甚至首相住宅的能耗情况等。棱柱体信息塔是在铝制框架上覆盖和纸制成的，质量较轻。

▶ 借鉴意义：

— 科技性：高科技的体验以及智能化数据显示、监控，提供信息的同时提供互动。

— 公开性：将各方面的信息公布于众，有利于大众了解即时资讯，为生活提供方便。

图 5.4-37　英国伦敦棱柱体信息公示栏（资料来源：https://www.dezeen.com/2012/09/17/prism-by-keiichi-matsuda-at-the-va/）

图 5.4-38　意大利米兰太阳能信息公示栏（资料来源：https://www.designlibero.com/portfolio/infopoint/）

意大利·米兰｜太阳能信息公示栏

该款信息公示栏采用最新科技，完全能源自给。建造材料选用的是生态材料，利用阳光等可替代能源运作，整个装置对环境的影响非常小。这样的信息栏包括两个模块：一个是主模块，包括触摸屏、USB 充电端口和 LED 灯；另一个是一个十字形的座椅。两个模块都安装了太阳能板。信息公示栏上所有的设备都是由太阳能板上收集的太阳能提供能量的。触摸屏向大众传递关于城市的信息，为人们提供游览地点的相关信息，同时也有助于人们了解当地文化和历史。人们还可以为手机、电脑等设备充电。这样的设施能很好地服务市民及游客，成为人们休闲放松的良好场地。

▶ 借鉴意义：

— 节能性：信息栏与太阳能结合，达到信息与资源最大化共享，为民众提供了服务。

— 功能性：集座椅、信息公示、充电等功能于一体。

第 5 章　道路设计要素

5.4 城市家具要素
URBAN FURNITTURE ELEMENTS

5.4.20　派出所标识灯箱

派出所标识灯箱作为一种指引标志，为居民和街道行人提供前往派出所的指示，一般设置在醒目的地方，灯箱采用警用标志颜色，具备指示标志并写明到派出所距离、所属派出所名称、报警电话号码，使人们看到后有足够的时间注意到其表示的内容。

● **设计依据与参考**

01	《公安派出所建设标准》（建标 100—2007）	
02	《安全标志及其使用导则》（GB 2894—2008）	
03	《关于规范统一公安派出所外观标识的通知》（公治 [2004]199 号）	
04	《广州市城市道路人行道设施设置规范》	

相关规定：对于派出所标识灯箱的外观标识的制作、安装在公安部《关于规范统一公安派出所外观标识的通知》（公治 [2004] 199 号）等有关规定中进行规范统一。对门口灯箱标识的长宽、彩色、文字、内容等均进行了要求。对于派出所标识灯箱的边框部分采用材料、结构选型、灯管等提出标准。设置位置应醒目，并提出可设置位置以及设置要求。

● **设计指引**

设置原则：应当统筹兼顾、分类指导，既要方便群众、利于工作，又要具有现实适应性和科学超前性，做到功能齐全、安全保密、经济实用、简朴庄重。综合考虑辖区面积、管辖人口及其分布、治安状况、地理环境等因素，合理布局，既要方便服务群众，又要满足实际工作的需要。

设置密度：派出所标识灯箱的设置密度应与所在区域功能相适应，根据使用的人数、频次、方式、服务半径确定合理间距。路边标识灯箱应设置在通往派出所的主要道路路口，以派出所所在地为中心，半径不超过 500m，每个派出所设置 2 个以上路边标识灯箱。

一般要求：
— 派出所标识灯箱应设置于公共设施带内，集约布置。结合周边已有的公共设施，适当整合，避免重复。
— 派出所标识灯箱及其安装支架均不得影响交通通行安全。
— 派出所标识灯箱的设置应该在对标识的派出所的位置有着明确的导向作用，使较远处的观察者易于发现。
— 派出所标识灯箱设置后，不应有造成人体任何伤害的潜在危险。并由派出所负责日常使用、保养和维护。
— 派出所标识灯箱应与其周边背景环境有足够的对比度；应保证灯箱容易区分。
— 派出所标识灯箱应与广告牌保持视觉上的分离，广告不应干扰标识灯箱。

● **未来发展趋势**

按需而设，与市政设施结合。

根据实际需要和相关规划，合理布局，在人口多、地域较大、治安复杂的地区宜多设。设置位置应突出醒目，充分考虑与周边环境的关系，做到总体协调。考虑与周边市政设施相结合，节约集约，实现资源共享。

▶ 合理布局

▶ 节约集约，资源共享

5.4 城市家具要素

URBAN FURNITTURE ELEMENTS

作为整治公共社会治安、协助民警和交警工作的重要设施，治安岗亭应根据不同的需求、应用地点及领域设置，具有现代性、先进性、创新性、安全性。同时应考虑治安岗亭的抗腐蚀、环境适应能力、移动便捷，坚固耐用、抗震防撞击等因素，外观可按照警务标志安装并加装警灯，便于辨别。

01	《治安管理信息系统基本公共功能》GA/T 462-2004
02	《治安管理信息系统基本业务功能规范》GA/T 465.10—2004
03	《城市容貌标准》GB 50449-2008
04	《广州市城市道路人行道设施设置规范》

相关规定： 对现实社会中的治安秩序所带来的压力，治安岗亭成了民众安全感提升的坚强后盾。但是我国治安岗亭标准尚存在欠缺，相关设置要求如下：

— 保障治安岗亭的耐用性，在设置岗亭之前要进行岗亭的耐用性检测。

— 治安岗亭可以整体移动，以保证在街道、社区执勤状况发生变化时可以灵活应变。

— 治安岗亭内部设计人性化，具有电源、通信线路、照明、避暑等多种功能。

— 治安岗亭门窗保证启闭流畅，气密性、水密性、隔声性及隔热性能好，能经受高频率反复启闭。

设置原则： 治安岗亭的设置应坚持以人为本，做到有限的资源更加合理的配置，让应该得到保卫的区域得到有效管理，不留有治安隐患，以达到设置岗亭能更好地服务辖区群众的目的。

设置位置： 治安岗亭位置根据所处地理位置和各地治安状况而定，一般设置在距离派出所较远、较偏僻的复杂地段，或大型公共场所、商业区及水路交通要道等地。

设置密度： 治安岗亭的设置密度应与所在区域功能相适应，根据使用的人数、频次、方式、服务半径，确定合理间距。人流密度大的区域，如交通枢纽、商业区、景区景点、大型文化体育设施等场所周边道路人行道上的治安岗亭设置密度可适当加密。一般道路人行道上岗亭同侧设置间距应不小于1000m。

一般原则：

—治安岗亭设置应结合周边已有的公共设施，适当整合，避免重复。

—治安岗亭不应占压市政管线检查井、盲道，并留出管线维修的合理空间；满足环境卫生和园林绿化的作业要求。

—宽度在3.5m以下的人行道；距人行天桥、人行地道出入口、轨道交通站点出入口、公交车站的人流疏散方向20m范围内的人行道不应设置岗亭。

时代在飞速发展，治安岗亭为了跟进社会的发展而变得更加多元化。亭内可以配置空调、科技监控、网络数据传输、LED显示屏和语音广播系统等设施，可集治安管理、报警求助、便民服务、防控处置、宣传广告于一体，一亭多用。采用高科技隔热、保温材料制造，安全性好，务实时尚，舒适宜人。

▶ **一亭多用，功能多元化**

▶ **新型材料的运用**

5.4.21　治安岗亭

● **设计依据与参考**

● **设计指引**

● **未来发展趋势**

归纳型功能拓展。

5.4 城市家具要素
URBAN FURNITTURE ELEMENTS

5.4.22 公交站牌

公交站牌是在公交车站设置的乘车指示牌，用于标明本站站名、经行线路、沿线各站站名、运行方向、运营时间、票制票价等信息，是提供乘坐公交信息的重要载体。

● **设计依据与参考**

01	《城市道路工程设计规范》CJJ 37-2012
02	《城市道路交通设施设计规范》GB 50688-2011
03	《城市交通设计导则（2015）》（征求意见稿）
04	《城市公共交通工程术语标准》GB 50647-2011
05	《城市道路公共交通站、场、厂工程设计规范》CJJ/T 119- 2008
06	《伦敦街道设计导则（2016）》（Street Scape Guidance）
07	《洛杉矶活力街道设计导则（2011）》
08	《波士顿完整街道设计导则（2013）》（《Boston Complete Streets Design Guidelines 2013》）
09	《纽约街道设计导则（2015）》
10	《阿布扎比街道设计导则（2010）》（Abu Dhabi Urban Street Design Manual）

● **设计指引**

总体要求：
在满足既有标准规范的前提下，公交站牌的信息应与灯杆、公交站亭等结合设计。站牌的信息应全面、准时，可靠性高。

设计流程：
公交站牌的设计，可按照以下流程进行：
（1）确定公交站牌的设置形式；
（2）确定公交站牌的设置位置；
（3）完善公交站牌的配套设施。

设置形式：

常见的公交站牌有简易站牌、灯箱式站牌和柱式站牌三种。

图 5.4-39　简易站牌

图 5.4-40　灯箱式站牌

图 5.4-41　柱式站牌

A　简易站牌

优点：信息较详细；占地面积小；成本较低，维护、修改较方便。

缺点：缺少照明，夜晚看不清；存在视觉死角，在车上查看不清晰；要查看不同的信息需要绕来绕去。

B　灯箱式站牌

优点：内有照明设备，方便夜晚查看；颜色较统一；高度适宜。

缺点：与马路边到处可见的大型广告栏、出租车扬招站等较相似，容易混杂其中；站牌正面没有每辆车下站站名及终点站站名，在车上查看不便；反面字体小且密，人多时后面的人看不到；占地面积大；不方便转移与更换；大部分站牌离站距离预报功能基本未开通；广告太多，站牌成了广告牌；站牌与道路平行，存在视觉死角。

C　柱式站牌

优点：换乘线路名字体较大；沿途停靠站列表的高度也比较低，查询起来非常方便；在车上查看基本不存在视觉死角；三面式主体站牌选用的是防紫外线和自洁功能的全透明安全玻璃，可减少粘贴广告带来的麻烦，同时可保持站牌的整洁。

缺点：无照明功能；下站站名及终点站字体较小，在车上看不清。

图 5.4-39　简易站牌（资料来源：https://blog.sakay.ph/bus-stops-redesign-metro-manila/）

图 5.4-40　灯箱式站牌（资料来源：grist.org/article/2010-12-06-fantastic-solar-plastic-breakthrough/）

图 5.4-41　柱式站牌（资料来源：bus.cr/blog/economic-benefits-of-public-transportation.php）

5.4 城市家具要素
URBAN FURNITTURE ELEMENTS

设置位置：

位置一：公交站牌独立设置，站牌距离公交站亭起始位置宜留出 2m 的距离（见第 418 页形式 B）。

图 5.4-42　独立设置公交站牌示例

位置二：与公交站亭一体式设计

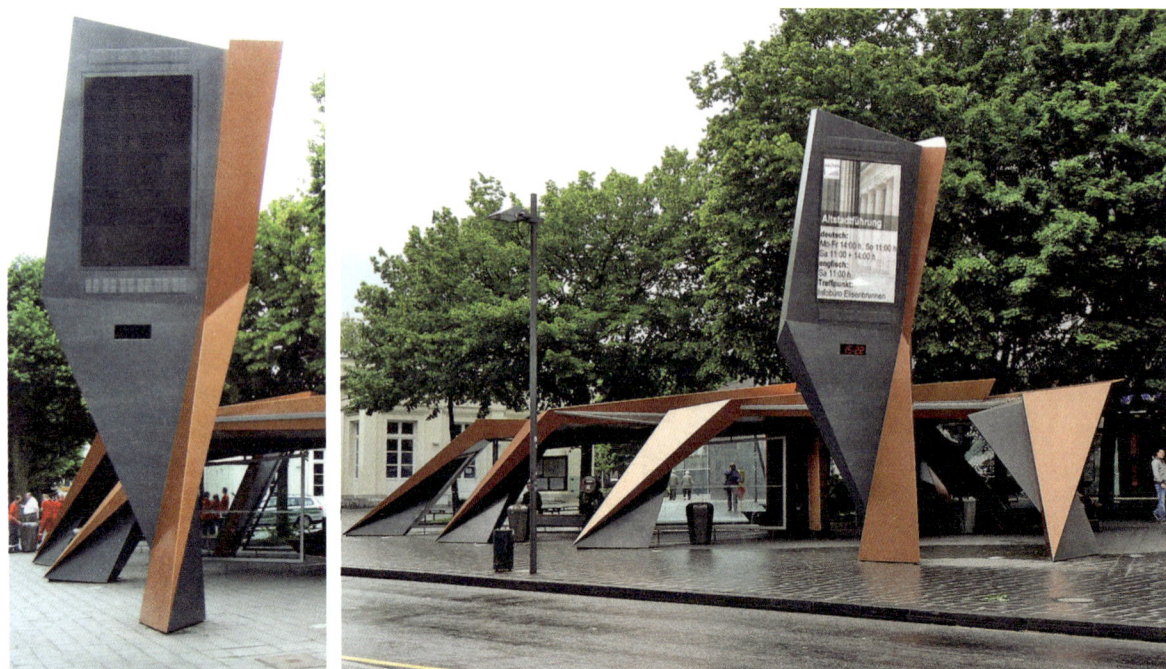

图 5.4-42　独立设置公交站牌示例（资料来源：http://www.metro-magazine.com/management-operations/article/720168/digital-signage-advances-help-deliver-info-to-riders-in-real-time）

图 5.4-43　与公交站亭一体式设计站牌示例（资料来源：https://www.pinterest.com/pin/357543657901004502/）

图 5.4-43　与公交站亭一体式设计站牌示例

注意事项：

— 完善公交站牌信息，建议采用地图式公交站牌。 站牌信息包括公交线路图、来车信息、运行时刻表等配备齐全，建议载入公交线路地图，地图上标注公交线路，标注站名及每个站名上所拥有的公交车次等。并适度推广电子站牌，使乘客及时掌握公交线路信息。

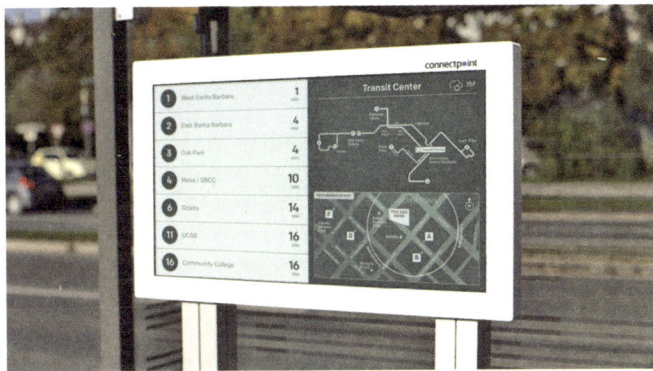

图 5.4-44　地图式站牌示例一　　　　　图 5.4-45　地图式站牌示例二

— 增加照明设施： 在指示牌中安装照明系统，可采用热感应装置，节约资源，方便乘客夜间乘车。

图 5.4-46　照明设施示例一　　　　　图 5.4-47　照明设施示例二

— 与候车亭一体化设计： 结合广州公交站台候、乘车乘客较多的特点，为保障乘客安全与疏散，公交站亭应合理设置侧挡板，尽量采用平面式站牌设计，宜于提供宽敞、舒适候车空间。

图 5.4-48　候车亭一体化设计示例

图 5.4-44　地图式站牌示例一（资料来源：http://www.metro-magazine.com/management-operations/article/720168/digital-signage-advances-help-deliver-info-to-riders-in-real-time）

图 5.4-45　地图式站牌示例二（资料来源：www.dianliwenmi.com/postimg_4941198_14.html）

图 5.4-46　照明设施示例一（资料来源：bustler.net/news/redirectData/high_tech_bus_stop_by_patrick_jouin/）

图 5.4-47　照明设施示例二（资料来源：https://www.pinterest.se/pin/334533078557542991/）

图 5.4-48　候车亭一体化设计示例（资料来源：campmnc.com/bbs/board.php?bo_table=portfolio&wr_id=40）

5.4 城市家具要素
URBAN FURNITTURE ELEMENTS

5.4.23 公交站亭（廊）

公交站亭是位于车站供乘客遮阳、避雨的设施，是公交车站的重要组成部分，也是公交车站场地感和城市地方特色的集中体现点，任何新建和旧站修缮的公交站亭都应进行建筑景观设计，以体现人文历史风貌，并与周边环境相协调。

● **设计依据与参考**

01	《城市道路工程设计规范》CJJ 37-2012
02	《城市道路交通设施设计规范》GB 50688-2011
03	《城市交通设计导则（2015）》（征求意见稿）
04	《城市道路交叉口规划规范》GB 50647-2011
05	《城市道路公共交通站、场、厂工程设计规范》CJJ/T 15-2011
06	《伦敦街道设计导则（2016）》（Street Scape Guidance）
07	《洛杉矶活力街道设计导则（2011）》
08	《波士顿完整街道设计导则（2013）》（《Boston Complete Streets Design Guidelines 2013》）
09	《纽约街道设计导则（2015）》
10	《阿布扎比街道设计导则（2010）》（Abu Dhabi Urban Street Design Manual）

● **设计指引**

总体要求：
在满足既有标准规范的前提下，公交站亭周边应有明显的标志，并应与灯杆、遮雨（阳）棚等结合设计。站亭的造型和色彩宜和周边景观协调。

设计流程：
公交站亭（廊）的设计，可按照以下流程进行：
（1）确定公交站亭的设置位置；
（2）确定公交站亭的设置形式；
（3）完善公交站亭的附属设施。

设计要点：
根据慢行道（包含建筑前驱）的宽度不同，公交站亭的设置位置和设置形式一般分3种情况，分别是：（A）公交站亭设置在人行道中部靠前处；（B）公交站亭设置在靠近人行道路缘石一侧；（C）公交站亭设置在道路红线以外。

设置位置 A：一般式公交站亭设置在人行道的中部。

适用条件：适用于人行道较宽的情形，一般要求人行道最小宽度大于 4.7m，较为适宜的宽度在 6 ~ 8m 之间。

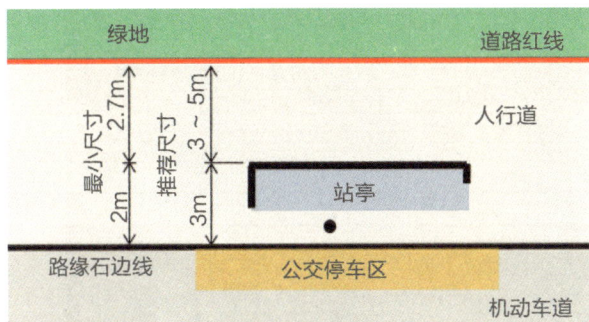

图 5.4-49（A）公交站亭设置在人行道中间（资料来源:自绘）

图 5.4-50　公交站亭设置在人行道中间示例

设置位置 B：公交站亭立柱设置在尽量靠近人行道路缘石一侧，候车亭顶棚向路外伸展，以腾出空间供行人通行 。

适用条件：适用于人行道较窄，且步行和候车人流均较多的情形，人行道宽度极限值大于 2.5m 的情况，一般适宜尺寸是 4 ~ 4.7m。

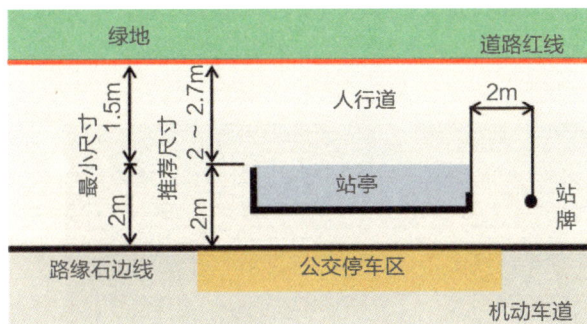

图 5.4-51（B）公交站亭设置在人行道中间（资料来源:自绘）

图 5.4-52　公交站亭设置人行道路缘石一侧示例

设置位置 C：公交站亭设置在道路红线以外,利用退缩空间（如绿地、建筑前区等）设置公交候车亭。

适用条件：适用于人行道较宽、道路红线存在退缩条件的情况下，一般要求人行道最小宽度小于 2.5m。

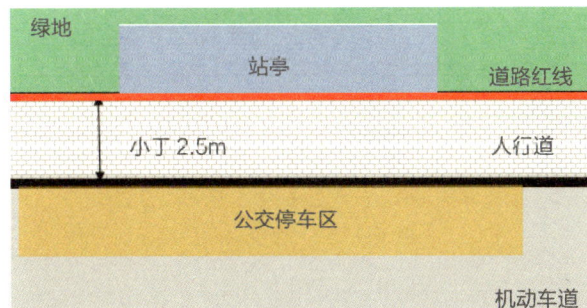

图 5.4-53（C）公交站亭在道路红线外结合建筑退缩设置

图 5.4-54　公交站亭在道路红线外结合建筑退缩设置

图 5.4-50　公交站亭设置在人行道中间示例（资料来源：karl fjellstorm，fareastbrt.com）

图 5.4-52　公交站亭设置人行道路缘石一侧示例（资料来源：karl fjellstorm，itdp-china.org）

图 5.4-54　公交站亭在道路红线外结合建筑退缩设置（资料来源：谷歌网络截图）

5.4 城市家具要素

URBAN FURNITTURE ELEMENTS

站亭形式：

图 5.4-55　通透式公交站亭设计示例

公交站亭采用通透式设计。取消传统候车亭上的大型广告牌灯箱，改用透明材质挡板或作镂空处理，减少停靠站对其后商铺、景观的视线遮挡。

图 5.4-56　公交站亭顶棚设计示例

站亭顶棚：一目了然的当前站站名、线路名。在站亭的顶篷上设置站名和线路名，使乘客和司机在远处就可以清晰地看到站亭信息，避免坐过站的苦恼。

图 5.4-55　通透式公交站亭设计示例（资料来源：https://www.canadiangeographic.ca/.../ubc-bus-shelter-adds-nature-its-design）

图 5.4-56　公交站亭顶棚设计示例（资料来源: https://www.archdaily.cn/cn/872271/ying-guo-huang-jia-jian-zhu-shi-xue-hui-riba-gong-bu-2017nian-du-lun-dun-di-qu-zui-jia-jian-zhu-jiang）

配套设施：

图 5.4-57　公交站亭线路图、时刻表设计示例

　　线路图、时刻表一应俱全。站台有哪些线路，相应的时刻表等信息配备齐全，适时推广电子站牌，使乘客及时掌握公交线路信息。考虑到广州夏季气候炎热，日晒充足，建议在站亭旁种植高达乔木，配合遮阳效果较好的不透光顶棚，为候车乘客提供遮阴环境。

图 5.4-58　公交站亭与风雨连廊结合设计示例

　　完善冷气或风扇以及风雨连廊。用地条件允许时，应积极结合站点相邻建筑出入口、大型居住区等主要客流吸引点，布设风雨连廊，提升公交站与周边慢行系统的衔接品质，增强公交服务水平和吸引力。

图 5.4-57　公交站亭线路图、时刻表设计示例（资料来源：http://jpninfo.com/tw/20207）

图 5.4-58　公交站亭与风雨连廊结合设计示例（资料来源：https://www.cnbc.com/2017/03/07/singapore-smart-nation-this-bus-stop-is-transforming-the-daily-commute.html）

第 5 章　道路设计要素

5.4 城市家具要素
URBAN FURNITTURE ELEMENTS

5.4.24 电子站牌

电子站牌，即公交电子站牌，采用卫星定位导航技术，先进的通信方式，地理信息系统技术，先进的视频传输技术以及智能传感器有机结合的新一代应用系统。

● **设计依据与参考**

01	《城市道路工程设计规范》CJJ 37-2012
02	《城市道路交通设施设计规范》GB 50688-2011
03	《道路智能化交通管理设施设置要求》DB 11/776.1-2011（北京市地方标准）
04	《广州市城市道路交通管理设施设计技术指引（2015 年）》
05	《城市交通设计导则（2015）》（征求意见稿）
06	《城市公共交通工程术语标准》GB 50647-2011
07	《城市道路公共交通站、场、厂工程设计规范》CJJ/T 119-2008

● **设计指引**

总体要求：
电子站牌能为乘客提供实时、准确的公交车到站预报。此外，电子站牌可附带有信息查询、视频监控、公众信息发布、媒体广告等功能。

设计流程：
第一步是确定电子站牌的设计形式；第二步是确定电子站牌的设置位置。

设计要点：
设计形式：常见的电子站牌设置形式有灯箱式，立杆式，悬挂式，公交站亭牌一体式等。

图 5.4-59　灯箱式（资料来源：https://www.pinterest.co.uk/）

图 5.4-60　立杆式一（资料来源：http://image.so.com/i?q=%E7%AB%8B%E6%9D%86%E5%BC%8F%E7%94%B5%E5%AD%90%E7%AB%99%E7%89%8C&src=tab_www）

图 5.4-61　立杆式二（资料来源：http://www.sohu.com/a/207656069_100007163）

图 5.4-59　灯箱式　　　　图 5.4-60　立杆式一　　　　图 5.4-61　立杆式二

图 5.4-62　悬挂式一

图 5.4-63　悬挂式二

图 5.4-64　公交站亭牌一体式设计示例

设计位置与安装要求：灯箱式和立杆式电子站牌为独立设置，电子站牌设置位置应参考公交站牌设置位置选择标准：电子站牌距离公交站亭起始位置宜留出 2m 的位置。

悬挂式电子站牌应选择公交站亭或利用周边已立杆件设置电子站牌。

公交站亭牌一体式电子站牌，为保障乘客安全与疏散，不宜设在公交站亭侧挡板位置。

设置内容：常见的电子站牌设置内容有公交路线信息、实时公交位置信息、公益或商业广告、大气预报、日期、时间、公交改道信息、公交政策等。电子公交站站牌还具有语音播报功能和站台监控功能。

图 5.4-62　悬挂式一（资料来源：https://commons.wikimedia.org/wiki/File：TransLink_bus_stn_stop_with_times_Beenleigh.jpg）

图 5.4-63　悬挂式二（资料来源：https://www.slideshare.net/SheetalSheth6/human-centered-design-new-era-bus-stop）

图 5.4-64　公交站亭牌一体式设计示例（资料来源：https://www.architonic.com/en/product/hurri-tram-stop-infrastructure/1155695）

未来的电子站牌系统将向着"人性化、智能化"的方向发展，未来将实现多种公共交通运输方式信息资源的融合，使得居民可以更便捷地定制有效的出行计划。

● **未来发展趋势**

5.4 城市家具要素
URBAN FURNITTURE ELEMENTS

5.4.25 公交电子地图

电子地图能为当地居民，特别是旅行者提供全面、便捷的出行导向服务，能有效地提升城市形象。

● 设计依据与参考

01	《城市道路工程设计规范》CJJ 37-2012
02	《城市道路交通设施设计规范》GB 50688-2011
03	《道路智能化交通管理设施设置要求》DB 11/776.1-2011（北京市地方标准）
04	《广州市城市道路交通管理设施设计技术指引（2015年）》
05	《城市交通设计导则（2015）》（征求意见稿）
06	《城市公共交通工程术语标准》GB 50647-2011
07	《城市道路公共交通站、场、厂工程设计规范》CJJ/T 119- 2008

● 设计指引

总体要求：

电子地图，即数字地图，是利用计算机技术，以数字方式存储和查阅的地图。此处主要指设置于公交站的电子地图。

设计流程：

第一步是确定公交电子地图的设置形式；第二步是确定公交电子地图的设置位置。

设计要点：

设计形式：电子地图一般与电子站牌搭配设计，常见的电子地图设置形式参考电子站牌设置形式，有灯箱式，候车亭图一体式。

设置位置和安装要求：

与电子站牌一体的灯箱式电子地图应参考公交站牌设置位置选择标准：一体式电子地图距离公交站亭起始位置宜留出2m的位置。

为保障乘客安全与疏散，与公交站亭一体式的电子地图不宜设在公交站亭侧挡板位置。

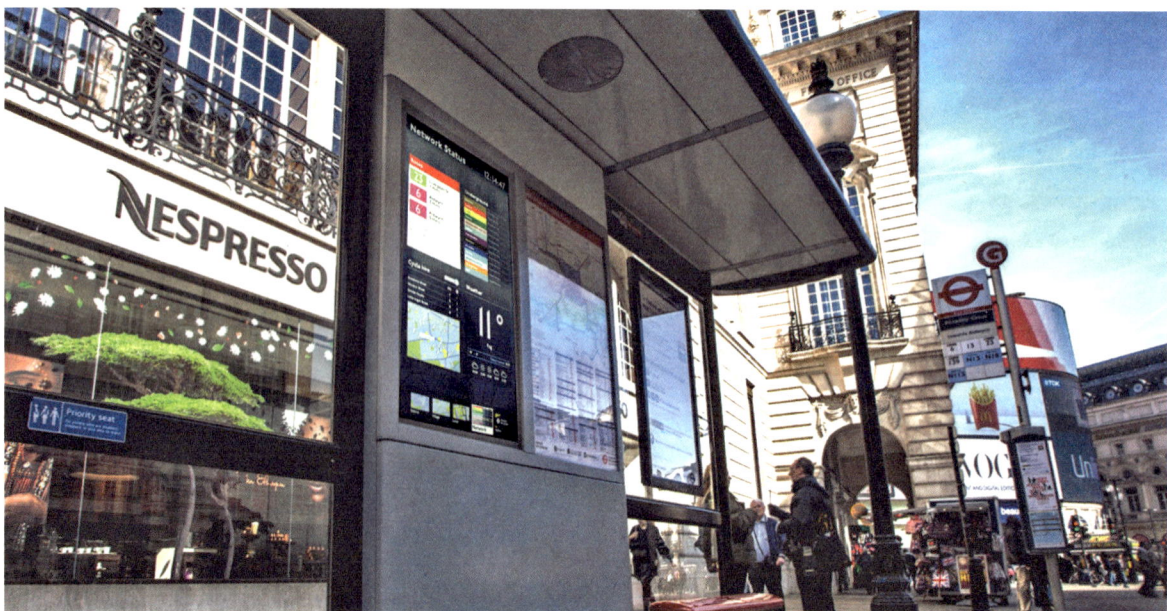

图 5.4-65　公交电子地图示例（资料来源：https://www.designweek.co.uk/issues/march-2014/tfl-trials-touch-screen-bus-stop-with-real-time-mapping/）

图 5.4-65　公交电子地图示例

公交电子地图系统将和电子站牌系统的功能融合，将向着"人性化，智能化"方向发展，未来将实现多种公共交通运输方式信息资源的融合，使得居民，还有旅行者，可以更便捷地定制有效的出行计划。

▶ 人性化体验

▶ 智能化数据

▶ 多种信息资源融合

● **未来发展趋势**

● **优秀案例**

AI 智能公交电子地图

基于大数据的 AI（人工智能）公交电子地图正在逐渐获得广泛应用。通过叠加不同层面的大数据图层，为用户提供智能出行解决方案，具有路面情况实况、公交车进站预告、车上载客情况预报、场站视频监控、智能搜索、公共自行车信息、周边旅游信息查询等功能。随着人工智能领域前沿技术的研发，其成果将使得电子地图为公众提供更好的服务。

▶ 借鉴意义：

— 人性化：能更有效地提高用户出行的便捷性和使用体验，易于交流等。

— 智能化：基于大数据 AI 技术的支持，使出行信息反应速度快，更加全面和精准。

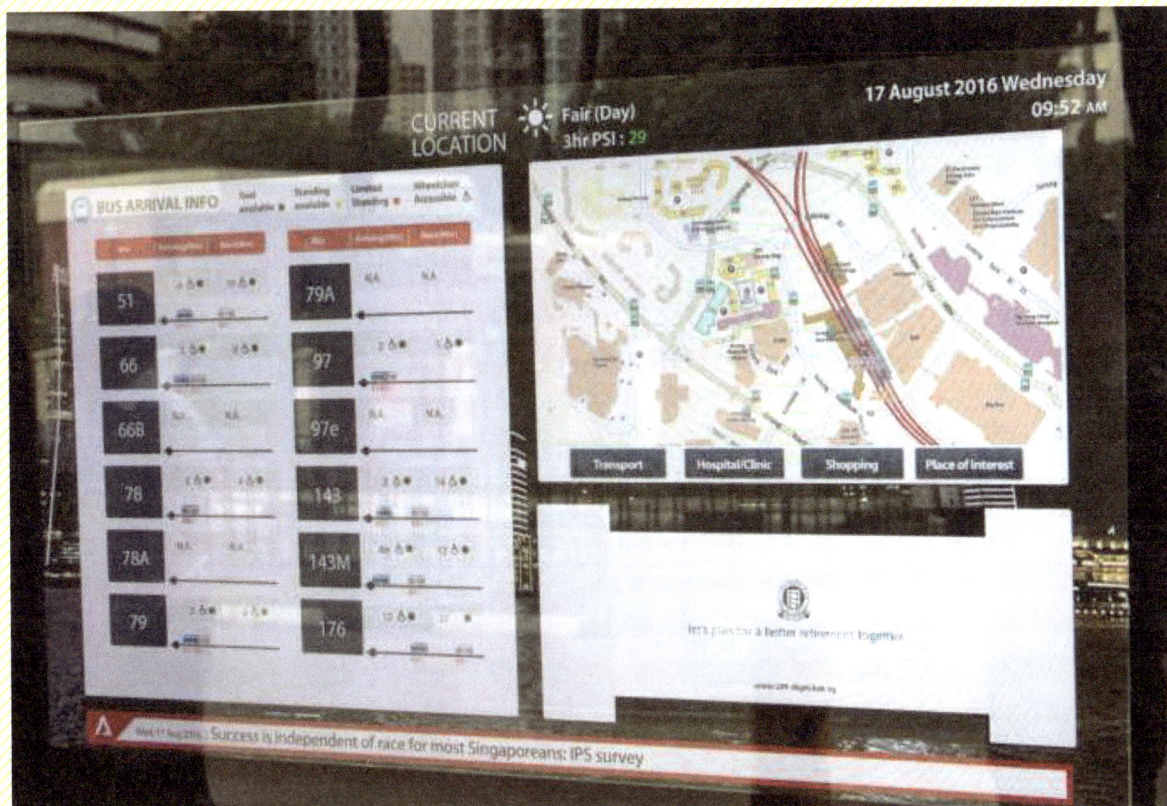

图 5.4-66　新加坡智能公交电子地图（资料来源：http://says.com/my/news/project-bus-stop-singapore）

第 5 章　道路设计要素

5.4 城市家具要素
URBAN FURNITTURE ELEMENTS

5.4.26 艺术小品

在道路中使用的艺术小品可被视为一个有特殊和装饰性设计特征的标志性地区，有助于提高特设地区的可识别性和人们日常生活的趣味性，同时要保障艺术小品在道路空间的设置能对所属区域环境品质和空间特色产生积极影响。

● **设计依据与参考**

01	《城市容貌标准》GB 50449-2008
02	《市容环境卫生术语标准》CJJ/T 65-2004
03	《城市绿地设计规范》GB 50420-2007
04	《广州市城市绿地系统规划（2010-2020）修编》

相关规定： 以现有的道路网络为空间载体，通过设置艺术小品来提高特定空间的可识别性和人们的日常体验：

— 道路的环境服务设施可艺术化处理多样化设计，进而提升街道环境品质和增强空间环境吸引力；

— 艺术小品不应构成健康和安全风险，同时不能限制视线或影响通行；

— 艺术小品应规范设置，其造型、风格、色彩应与周边环境相协调，应定期保洁，保持完好，清洁和美观；

— 艺术小品的任何设置，都不能对使用步行通道的人产生碰撞隐患；

— 艺术小品的维护和管理应成为设计过程的一部分，以保证艺术小品的可实施性及推广性。

● **设计指引**

道路空间中艺术小品应不局限于单一对象或昂贵饰面，应更注重空间的可识别性和人们的日常体验。

一般准则： 道路艺术小品在创作过程中应遵循景观设计的基本准则，内容包括功能满足、个性特色、生态节能、文化情感四部分内容。

设置位置： 艺术小品的具体设置应该在很宽的范围内设定，不仅限于以下设定范围：

— 需加强识别的特定区域，比如城市新区或道路交叉口；

— 人们聚集的公共区域，比如交通枢纽或公共广场；

— 视线通透且高度可见的交通走廊和路径，比如环形交叉口；

— 独特的城市结构空间，比如人行天桥和人行地道。

设置原则： 确保艺术小品的放置符合景观的一般位置原则，任何位置的选择都不能影响步行的通行空间及阻碍行人活动。

注意事项： 装饰性的艺术小品安装前发起人需证明其设置能对当地环境品质及独特性能产生积极影响；建议设置政府艺术协调机构或专员，可以参与判断艺术小品的可行性；建议鼓励及支持本土设计人才参与艺术小品创作。

● **未来发展趋势**

道路空间的艺术小品需要搭建政府、设计团队、艺术顾问、当地艺术家协同合作的完整工作架构体系，让道路公共艺术的规划审批和实施建设得到更为全面的艺术协调和功能指导，并具有一定的推广性。

▶ 点亮城市空间

▶ 打造艺术生活

● **优秀案例**

美国·德克萨斯 | 拱形照明装置

一个拱形的入口大门跨越小溪以及上方的人行步道，该装置其实是一个拱形结构的照明装置，除了正常的照明功能之外，还具有美化场地的作用；系列性的临时性灯光装置吸引了游客们的眼球，同时巨大的铝制拱形结构带给人们一种神秘感。

▶ **借鉴意义：**

— 功能性：满足照明功能的同时赋予极具个性色彩的拱形结构，其造型、风格、色彩与周边环境自然融合。

— 艺术性：巨大的铝制拱形结构给人们一种神秘感，搭配系列性的变化灯光装置成功吸引游客们的眼球，进而有效改善街道环境品质和增强空间环境吸引力。

图 5.4-67 美国德克萨斯拱形照明装置（资料来源：https://freewechat.com/a/MzI3MjA0MTcwMQ==/2649869701/1）

美国·波士顿 | 人造树

人造树体现并提高了自然树木最重要的生物学特性，该项目集成了仿生学，空气净化和二氧化碳捕获等城市综合设备，使用回收和循环再用的塑料制成。

▶ **借鉴意义：**

— 艺术性：人造树的摆放遵循了城市道路公共空间发展的规划指引，造型如同家庭里摆放的家具，自然融合休憩及遮阳等公共服务功能。

— 智能性：人造树具有智能人机交互界面，可以人与树互动，满足智慧网络共享服务。

— 生态性：人造树能够关闭碳循环并创造宝贵的有利产物，它是用于二氧化碳清洁的活机器，成了小型的城市"空气清新设施"。

图 5.4-68 美国波士顿人造树（资料来源：https://www.archdaily.com/118154/bostons-treepods-influx_studio）

5.4 城市家具要素
URBAN FURNITTURE ELEMENTS

5.4.27 文化雕塑

将城市文化雕塑作为公共艺术品与道路公共空间和市民日常活动产生积极互动，转变城市雕塑孤立于公共空间的现状局面。文化雕塑的设计要体现特色性、公共性和创新性，不仅有助于提升道路的可识别性和日常生活的趣味性，更能促进城市文化软实力提升。

● 设计依据与参考

01	《城市容貌标准》GB 50449-2008
02	《市容环境卫生术语标准》CJJ T 65-2004
03	《城市绿地设计规范》GB 50420-2007
04	《城市园林绿化评价标准》GBT 50563-2010
05	《城市雕塑建设管理办法》(文化部、建设部 [1993]40 号)
06	《广州市城市绿地系统规划（2010-2020）修编》
07	《广州市城市雕塑总体规划（2015-2020）修编》

相关规定：以现状道路的公共空间为载体，融入城市文化雕塑与市民日常活动产生积极互动，进而激发城市活力：

— 文化雕塑设置避免构成健康和安全风险，同时避免限制视线或影响通行；

— 文化雕塑应规范设置，其造型、风格、色彩应与周边环境相协调，应定期保洁，保持完好，清洁和美观；

— 选用体量较大的城市文化雕塑，应获得相关主管部门认可、核准。

● 设计指引

文化雕塑应与道路公共空间融合与互动，跳出"就雕塑论雕塑"的局限，应更注重激发空间活力和提升人们日常生活体验。

一般准则：道路网络空间中的雕塑设置应遵循以下基本准则：

— 特色性：雕塑主题应深入挖掘自然人文特质，以城市雕塑体现广州地域特色；

— 公共性：文化雕塑应结合主要城市道路周边公共空间，提升空间功能，优化空间环境，增加与公众的互动体验；

— 创新性：文化雕塑的设计和制作力求精良，鼓励当地本土艺术家参与雕塑创造，并鼓励优秀的创新性和实验性作品。

布局原则：在满足功能性和安全性要求的前提下，文化雕塑在道路空间的点位设置应符合场地的规划设计条件，不得违背场地在历史保护、生态保护、安全防灾等方面的强制性规划设计要求；其空间布局应与周边建筑及环境相协调，可贴近城市广场、滨水空间等公共休闲空间呈点状、线状或带状整体布局。

设置位置：文化雕塑的具体位置应该在很宽的范围内设定，任何的位置的选择都不能影响步行的通行空间及阻碍行人活动。

注意事项：根据目前广州道路空间城市文化雕塑的现存问题，建议从以下几个方面进行逐步提升：

— 搭建交流平台，提升本地雕塑设计领域的开放度和国际性；

— 加大公众参与力度，鼓励公众参与雕塑创作和设计评审；

— 加强文化雕塑与城市道路周边公共空间的互动与融合；

— 进一步探索道路空间文化雕塑设置的管理制度，提升文化雕塑设置的功能性和文化性。

文化雕塑融入大众生活。活跃城市文化雕塑创作领域，鼓励具有创新和实验性的文化艺术创作，搭建多主体参与的雕塑规划实施及管理的有效机制，有效加强文化雕塑与道路公共空间的联系与互动，尊重大众对于文化雕塑的审美需求和互动体验。

▶ 展现文化名城风貌

▶ 提升公共空间品质

▶ 加强设计公众参与

▶ 建立雕塑管理体系

● **未来发展趋势**

好的城市文化雕塑，不仅仅是制作精美的单体，而是能与其所在的道路空间融合，激发积极公共活动，创造有活力的城市空间。

● **优秀案例**

美国·纽约 | 兰花雕塑

该项目位于美国纽约的中心公园，当人们进入该公园时，便会发现公园东南方向有两个很大的盛开的兰花。这便是该项目中的兰花装置，由著名设计师 isagenzken 完成的。该项目由该地区公共艺术基金会赞助支持。

▶ 借鉴意义：

一 文化性：为 2015 年的威尼斯艺术双年展的设计标志物，至今仍可吸引很多游客的眼球，依托道路为空间载体，有效提高特定区域的可识别性和人们的日常体验。

一 生态性：以著名的"玫瑰 II"为设计原型的两朵兰花装置采用环保和可再生材料。

图 5.4-69 美国纽约兰花雕塑（资料来源：https://www.artsy.net/show/public-art-fund-isa-genzken-two-orchids）

5.5

植物绿化要素
PLANT LANDSCAPING ELEMENTS

5.5 植物绿化要素
PLANT LANDSCAPING ELEMENTS

5.5.1 绿化总体设计原则

总体指引：道路植物绿化设计应满足现行交通及绿化规范，考虑行车及行人安全、遮阴需求、植物生长习性、植物与各设施的安全距离等。同时，植物绿化承载着城市美化及生态保护的功能，植物配置总体风格需在与城市总体风貌相协调的前提下，凸显路段特色。根据不同路段的需求，选择合适的树种及配置方式。

● 设计依据与参考

道路植物绿化是城市道路的重要组成部分，应根据城市性质，道路功能，自然条件，城市环境等合理地进行设计。

01	《城市道路绿化规划与设计规范》CJJ 75-1997
02	《城市园林绿化评价标准》GB/T 50563-2010
03	《广州市市政道路建设指南（试行）》
04	《城市道路工程设计规范》CJJ 37-2012
05	《广州市城市道路人行道设计指引（试行）》

相关规定：

— 道路植物绿化设计应结合交通安全、环境保护、城市美化等要求，选择合理的种植位置及种植形式、种植规模，采用适当树种、草皮、花卉。

— 道路植物绿化应尽可能选择广州当地乡土树种，可少量选用已驯化适应广州的树种。选择树种时，要选择树干挺直、树形美观、夏日遮阳，耐修剪、能抵抗病虫害、台风及有害气体等的树种。

— 道路植物绿化设计应处理好与道路照明、交通设施、地上杆线、地下管线等关系。

● 设计指引

布局及规划：

布局要求：

— 种植乔木的分车绿带宽度不得小于 1.5m；主干路上的分车绿带宽度不宜小于 2.5m；行道树绿带宽度不得小于 1.5m。

— 主、次干路中间分车绿带及交通岛绿地不得布置成开放式绿地。

— 路侧绿带宜与相邻的道路红线外侧及其绿地相结合。

— 人行道毗邻商业建筑的路段，路侧绿带可与行道树绿带合并。

— 道路两侧环境条件差异较大时，宜将路侧绿带集中布置在条件较好的一侧。

景观规划：

— 在城市绿地系统规划中，应确定景观型道路的绿化景观特色。

— 同一道路的绿化宜有统一的景观风格，不同路段的绿化形式可有变化。

— 同一路段上的各类绿带，在植物配置上应相互配合，并协调空间层次，树形组合、色彩搭配及季相变化的关系。

— 毗邻山、河、湖、海的景观型道路，其绿化应结合自然环境，突出自然景观特色。

5.5 植物绿化要素
PLANT LANDSCAPING ELEMENTS

道路类型	道路绿地率
园林景观路	≥ 40%
红线宽度 ≥ 50m	≥ 30%
红线宽度为 40 ～ 50m	≥ 25%
红线宽度 ≤ 40m	≥ 20%

注意要点：

道路绿地率 = 道路红线内各种绿带宽度的综合 / 道路总宽度。

绿化种植类型	绿化带净宽度（m）
灌木	0.8 ～ 1.5
单行乔木	1.5 ～ 2.0
双行乔木平列	5.0
双行乔木错列	2.5 ～ 4.0
草皮及地被	0.8 ～ 1.5

注意要点：

— 靠车行道的行道树应满足侧向净宽的要求外，株距为 4 ～ 10m。

— 中间分车带与路侧带上的行道树的枝叶不得侵入道路界限。

— 弯道内侧及交叉口视距三角形范围内不得种植高于最外侧机动车道中线标高 1m 的树木。

● **道路绿地率**

参考《城市道路绿化规划与设计规范》CJJ 75-1997。

● **绿化种植带宽度要求**

参考《城市道路绿化规划与设计规范》CJJ 75-1997。

第 5 章　道路设计要素

5.5 植物绿化要素
PLANT LANDSCAPING ELEMENTS

● 与其他设施的协调

参考《城市道路绿化规划与设计规范》CJJ 75-1997。

树木与架空电力线路导线的最小垂直距离参考	
电压（kV）	最小垂直距离（m）
1 ~ 10	1.5
35 ~ 110	3.0
154 ~ 220	3.5
330	4.5

注意要点：
— 在分车绿带和行道树绿带上方不宜设置架空线。
— 必须设置时，应保证架空线下有不小于 9m 的树木生长空间。
— 架空线下配置的乔木应选择开放型树冠或耐修剪的树种。

树木与其他设施最小水平距离参考	
设施名称	至乔木中心距离（m）
低于 2m 的围墙	1.0
挡土墙	1.0
路灯杆柱	2.0
电力、电信杆柱	1.5
消防龙头	1.5
测量水准点	2.0

注意要点：
　　— 在行道树种植设计时，在路口范围应预留交通标志、交通信号灯等交通安全设施的安装位置和空间。
　　— 行道树与路灯应交错分布，且纵向不宜与路灯布置在同一断面上，以避免行道树遮挡路灯，影响道路照明。

树木地下管线外缘最小水平距离参考	
管线名称	至乔木中心距离（m）
电力电缆	1.0
电信电缆（直埋）	1.0
电信电缆（管道）	1.5
给水管道	1.5
雨水管道	1.5
污水管道	1.5
燃气管道	1.2
热力管道	1.5
排水盲沟	1.0

注意要点：

新建道路或经改建的道路，其绿化树木与地下管线外缘的最小水平距离宜符合上表的规定。

● **与其他设施的协调**

参考《城市道路绿化规划与设计规范》CJJ 75-1997。

第5章 道路设计要素

5.5 植物绿化要素
PLANT LANDSCAPING ELEMENTS

5.5.2 树池

树池提供了城市道路树木生长所需的最基本空间，同时是城市道路景观的重要部分。承担着保护植物的基础功能，尤其是在人多车多的道路和广场上，树池不仅可以保护树木根部免受践踏，还可以防止主根附近的土壤被压实。树池的设计可以单独为造景出现，也可与座椅、铺装等相互结合形成特色景观，还可兼顾休息、照明灯实用功能。树池的功能与形式，具体需根据场地条件设计。

● 设计依据与参考

01	《城市道路绿化规划与设计规范》CJJ 75-1997
02	《城市道路人行道设施设置规范》
03	《广州市市政道路建设指南（试行）》
04	《广州市城市道路永久性材料运用指引（第三版）》
05	《广州市城市道路人行道设计指引（试行）》

相关规定：
新建道路或改建后达到红线宽度的道路，其行道树绿化带下方不应敷设管线。

● 设计指引

一般要求：
— 行人密集的道路，裸露树穴应加设盖板，材料应选用与人行道铺装相协调的材料。
— 同一街道同一样式，树池外边框、内盖板、覆盖物的材料、颜色、厚度应一致，式样美观。树池内盖板样式可由建设单位根据实际工程中树穴大小进行选择。
— 树池表面应与人行道铺装面平整。
— 树池应边角齐全，压条与树穴的比例应适当合理，与周围环境协调。
— 灯安装在树上可能有安全隐患，一般不鼓励。需设置照明的行道树，建议结合树池箅子一体化设计，应采用节能环保绿色照明，灯具、光源、安装要统一。

图 5.5-1　高品质树池示例（资料来源：https://www.pinterest.com/pin/537195061789229965/）

图 5.5-1　高品质树池示例

5.5 植物绿化要素
PLANT LANDSCAPING ELEMENTS

图 5.5-2　独立式树池系列示意图

● 分类

树池的样式多种多样，每一个场地都有其独特的设计，在此仅列举三种适用于城市道路建设的常用树池类型，为设计师提供参考。

（1）独立式树池

一 基本要求

形状：一般为方形或长方形；

常用尺寸参考：边长 1.2 ～ 1.5m（根据实际条件）；

表面：与人行道表面齐平；

应用：适用于人行道尺寸较小或人流量较大的城市道路。

一 优点：

一 占地面积小；

一 可以利用树池的间隔空间布置市政设施；

一 方便行人通行。

一 不足

一 不利于个别树种根系的生长；

一 植物选择受限（如榕树）；

一 吸收的雨水量比连续式树池少。

一 注意事项

一 行人密集的道路，裸露树穴应加设盖板，使行人可以方便通行。

图 5.5-2（a）　资料来源：www.idarchitectural.com/grates/

图 5.5-2（b）　资料来源：http://www.tectonica-online.com/products/1153/concrete_urban_triplex_simplex_mekano_mdt/

图 5.5-2（c）　资料来源：http://www.archiexpo.cn/prod/area/product-50642-1676223.html

图 5.5-2（d）　资料来源：http://www.archiexpo.cn/prod/escofet/product-51516-106209.html

第 5 章　道路设计要素

5.5 植物绿化要素
PLANT LANDSCAPING ELEMENTS

（2）连续式树池

图 5.5-3　连续式树池系列示意图

图 5.5-3（a）　资 料 来 源：https://www.alibaba.com/
product-detail/corten-steel-tree-grates-tree-
grating_60640588531.html

图 5.5-3（b）　资料来源：https://www.pinterest.com/
pin/210402613814868486/

图 5.5-3（c）　资料来源：http://www.landezine.com/
index.php/2012/01/making-space-in-dalston-by-
j-l-gibbons-landscape-architects/

图 5.5-3（d）　资 料 来 源：landezine-award.com/
firms/scape/

— **基本要求**

形状：一般为长方形，可根据不同道路进行设计；

常用尺寸参考：最小宽度为 1.2m；

表面：与人行道表面齐平；

应用：

— 适用于以植物营造道路景观的区域；

— 用于景观型道路；

— 用于交通型道路分隔非机动车道与人行道，提供更为安全的步行环境。

— **优点**

— 为植物根系提供了更大的生长区域，更有利于植物生长；

— 有更多的种植空间，可以用"乔、灌、草"三个层次来设计道路绿化；

— 可以消纳更多的降雨。

— **不足**

— 占用较大人行道面积。

— **注意事项**

— 设计时应充分考虑行人过街的需求，留出通道为行人提供便利；

— 在人流量较大的区域，考虑使用盖板覆盖，方便行人通行，盖板材料应该选择轻质可透水材料。

（3）抬升式树池

图 5.5-4　抬升式树池系列示意图

— 基本要求

形状：形式可灵活多样，道路开敞空间内可结合场地设计；

常用尺寸参考：最小宽度为 1.2m；

表面：高出人行道表面，高出地面 40～50cm 时可考虑结合座椅；

应用：

— 适用于下方有岩石层或地下空间导致的种植深度不足的区域；

— 用于人行道与建筑退缩空间之间，划分空间。

— 优点

— 可结合座椅设置，提供休憩功能；

— 突出场地特性。

— 不足

— 根系生长空间有限，不能满足大乔木的生长需求；

— 植物选择受到一定限制。

— 注意事项

— 抬升式树池不能阻碍人行道行人通行，只能用于人行道宽度足够，避免出现绊倒行人危险的区域；

— 可考虑采用裸根栽植。

5.5 植物绿化要素
PLANT LANDSCAPING ELEMENTS

● **优秀案例**

西雅图·梅娜德大街

　　利用地势的高差，将道路绿化带设置成一系列的生态树池，减缓雨水流速，保护树池水土；通过层层植物过滤雨水。

▶ **优点：**

　　— 巧妙地利用了场地的高差，对生态树池进行了精细化的设计，解决了坡道高差导致的雨水流速过快，破坏树池种植土的问题。

　　— 下雨时能形成小型的跌水景观，增添景观乐趣。

▶ **借鉴：**

　　— 因地制宜的精细化设计。

　　— 使雨水收集系统变成一种景观。

图 5.5-5　西雅图梅娜德大街雨水花园案例（资料来源：http://2030palette.org）

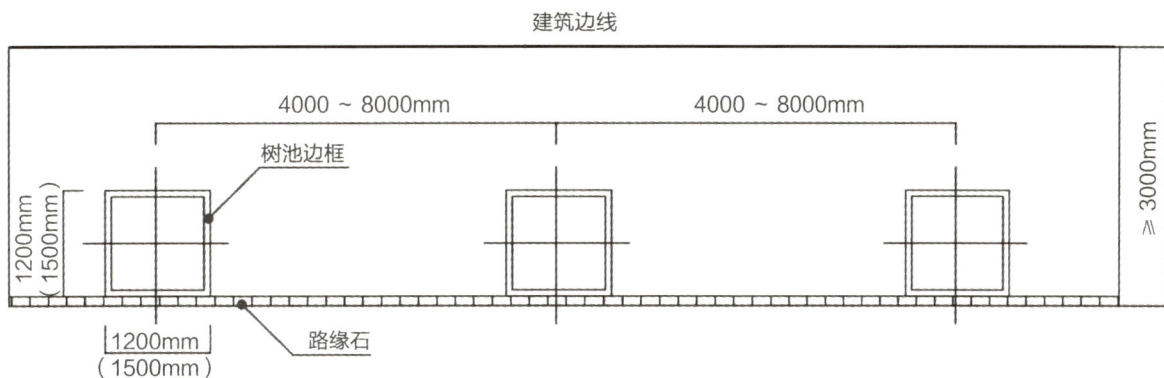

图 5.5-6　靠近路缘石的树池布置示意图（资料来源：自绘）

● **品质控制**

（1）平面布置

1）靠近路缘石的树池布置注意要点：

　　— 适用于车行道不需要拓宽的道路。

　　— 人行道外侧应预留行道树树池位置，树干中心至机动车道路缘石外侧距离不宜小于 0.75m，树穴一般为方形。此条同时适用于人行道已有树池的改建工程。

　　— 树池间距按植物绿化设计确定，原则上不小于 4m，不宜大于 8m。

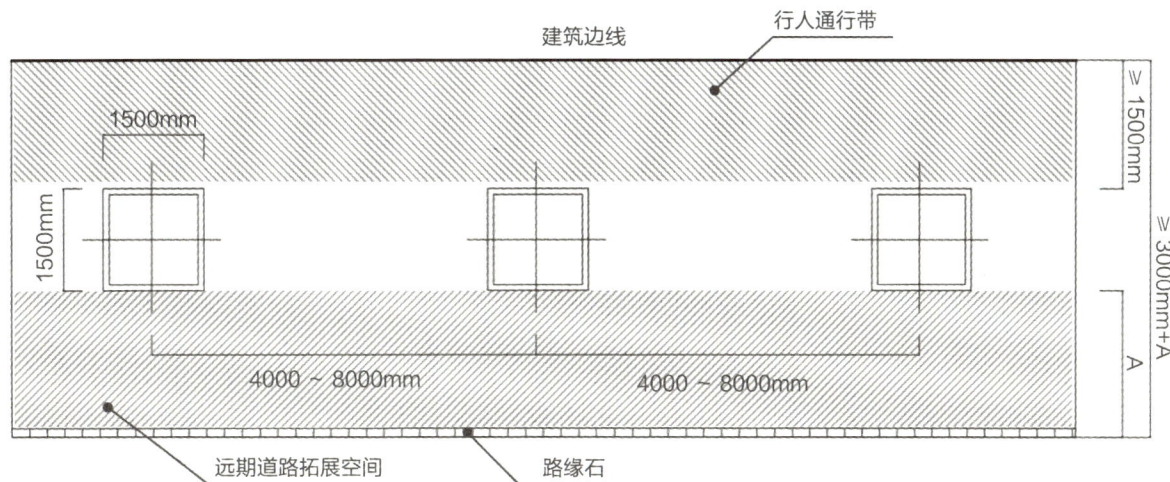

图 5.5-7　远离路缘石的树池布置示意图（资料来源：自绘）

2）远离路缘石的树池布置注意要点：

　　— 适用于车行道远期需要拓宽的道路。

　　— 根据远期规划，留出树池边界与路缘石之间的远期道路拓展空间 A，A 应不小于规划中道路需拓展的单个车行道宽度。

　　— 应保证拓宽后的道路行人通行区不小于 1.5m。

　　— 树池间距按植物绿化设计确定，原则上不小于 4m，不宜大于 8m。

5.5 植物绿化要素
PLANT LANDSCAPING ELEMENTS

（2）树穴设计

树穴注意要点

— 裸根栽植的树苗，树穴直径应比裸根根幅放大 1/2（原则要求 $D \geqslant 1.0m$），树穴的深度为穴坑直径的 3/4（原则要求 $H \geqslant 0.8m$）。

— 带土球的树苗，树穴直径应比土球直径大 40～50cm（原则要求 $D \geqslant 1.0m$），树穴的深度为穴坑直径的 3/4（原则要求 $H \geqslant 0.8m$）。

— 树池内的土面应低于边缘石，宜采用轻质可透水的表面覆盖物，无泥土裸露。

— 透水表面覆盖材料的厚度不小于 50mm。

以胸径 120～140mm，株高 3000mm，具有 400×450mm 的土球的乔木为例：

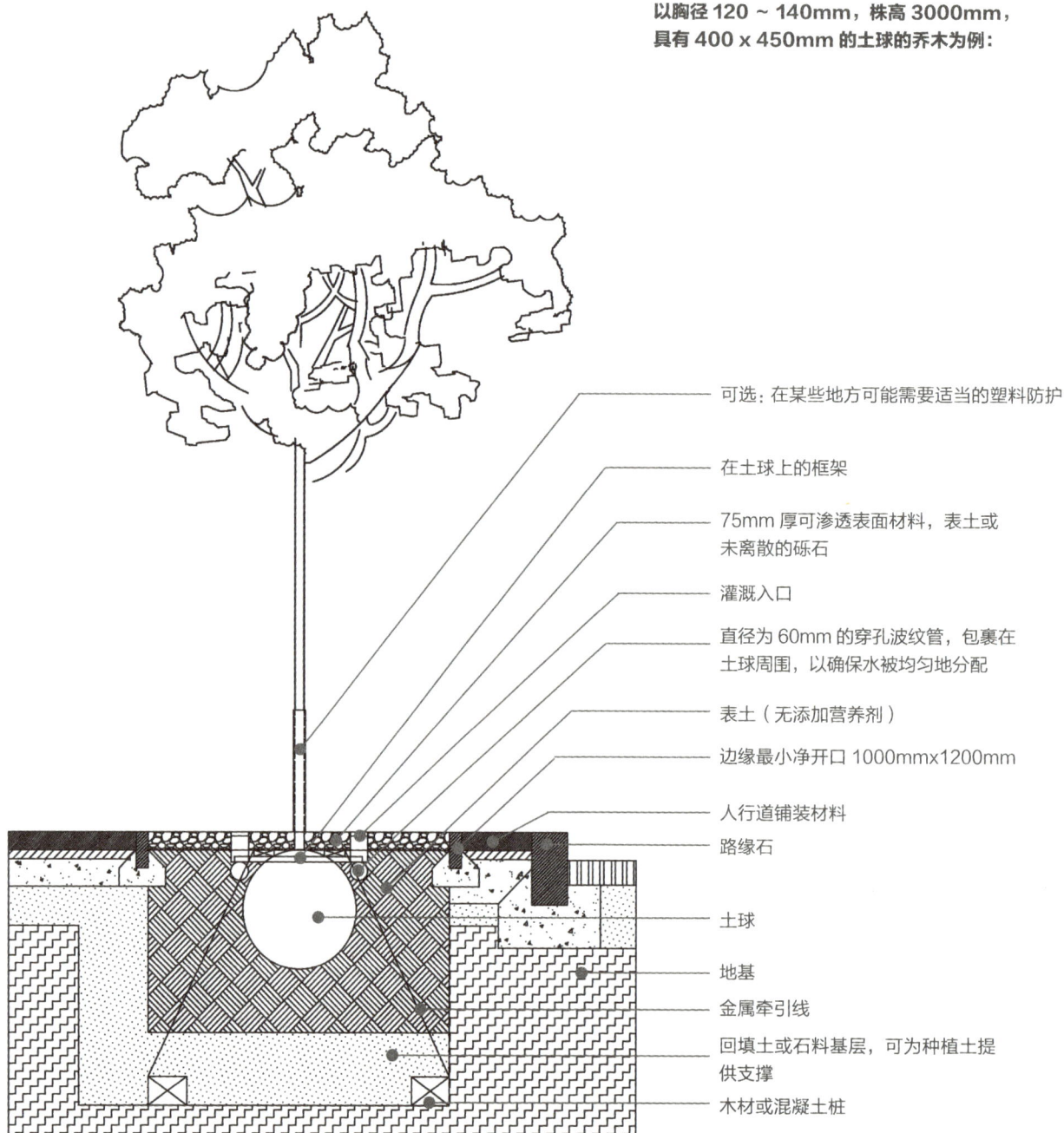

可选：在某些地方可能需要适当的塑料防护

在土球上的框架

75mm 厚可渗透表面材料，表土或未离散的砾石

灌溉入口

直径为 60mm 的穿孔波纹管，包裹在土球周围，以确保水被均匀地分配

表土（无添加营养剂）

边缘最小净开口 1000mm×1200mm

人行道铺装材料

路缘石

土球

地基

金属牵引线

回填土或石料基层，可为种植土提供支撑

木材或混凝土桩

图 5.5-8　树穴示意图（资料来源：根据《伦敦街道设计导则》绘制）

（2）树穴设计

覆盖物						
种类	砾石透水混凝土	栅格	无机覆盖（石料）	有机覆盖（树皮）	橡胶粉屑	透水沥青
种植						
渗透性	高	高	高	高	高	低
材料的灵活性	中	低	高	高	高	中
不当操作对新树损害风险	高	中	低	低	中	高
不当操作对老树损害风险	低	低	低	低	低	低
缺乏维护对树木的损害风险	中	低	低	高	高	高
潜在的改善土壤肥力	低	低	低	高	低	低
是否适合新栽种树苗的树池	低	低	高	高	低	低
场地						
对人行交通的承受力	高	高	低	低	高	高
对清扫机器和动物刨挖的抵抗力	高	高	低	低	高	高
抑制杂草生长的有效性	中	低	高	中	中	高
不同颜色、风格的可能性	高	高	高	高	高	高
安装和维护						
植树后立即安装的适应性	中	高	高	高	低	低
安装之前需要先铺设基底的可能性	高	高	低	低	高	高
安装和维护对覆盖物能力水平的影响	高	高	低	低	高	高
材料预期寿命	中	高	低	低	中	高
材料成本（包括购买、安装、维护和处理）	高	中	低	低	高	低

高 ● 中 ◐ 低 ○

资料来源：自绘

第5章　道路设计要素

5.5 植物绿化要素
PLANT LANDSCAPING ELEMENTS

● **优秀案例**

街道上的所有树池都以激光雕刻的 10mm 钢板为盖板。设计师的初衷是为了让人们明白这些生态树池的功能和作用，最后选取了一首关于雨水的诗歌刻于其上。这个设计不仅富有文化与教育意义，还成为点缀街道的景观亮点。

▶ **优点：**

— 镂空铁板允许雨水顺利进入生态树池内部。
— 与道路相平的树池构成了平顺的街道空间。
— 艺术化的盖板设计富有文化与教育意义。

▶ **借鉴：**

— 艺术化的树池盖板设计，可用于商业型、生活型等人流量较大，对街道景观要求较高的街区。

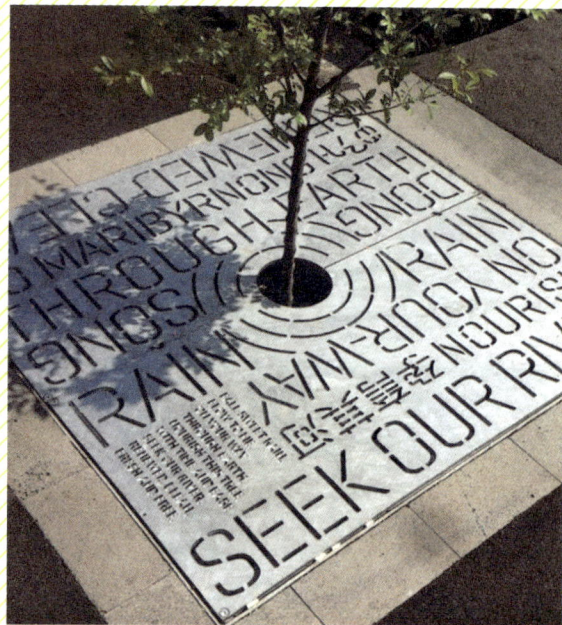

图 5.5-9　墨尔本李德街艺术树盖板（资料来源：https://collabcubed.com/2012/07/11/leeds-street-tree-grates-heinejones/ 及 www.heinejones.com.au/environmental/leeds-street-tree-grates/）

图 5.5-10　捷克布拉格座椅树篦子（资料来源：http://www.larevuedudesign.com/2011/05/27/banc-sinus-design-roman-vrtiska-pour-mmcite/）

捷克·布拉格 | 树篦子与座椅

彩色的镂空金属板为基础，其中部分抬高，形成座椅，在保护了树池表面的同时为行人提供一个简易的休憩空间。

▶ **优点：**

— 通过对树篦子的变形，赋予了休憩的新功能，使空间最大化地利用。
— 镂空的金属板使得雨水能快速流入树池内部。
— 树荫下的座椅，构成了一个美好的街道场景。

▶ **借鉴：**

— 小空间的巧妙思考。
— 可用于生活型街道，使得小尺度的街道空间更加丰富。

第5章 道路设计要素

● 优秀案例

西班牙·巴塞罗那 | 透水混凝土树池

采用轻质的透水混凝土作为树池盖板，提供多种切割方案，形成了一系列的树池盖板设计。极简化的设计风格能适应各种场地的需求。

▶ **优点：**

— 采用轻质透水混凝土使得雨水能轻易渗入树池内部，缓解地表径流对场地的影响。

— 一系列的切割方案能确保适用于各种规格的需求，同时保持统一的风格。

— 切割缝与场地铺装缝相连，使树池与场地融为一体。

▶ **借鉴：**

— 可用于市民广场、街角小花园等道路开敞空间内。

— 因模块化拼接的灵活性，可用于改造类的道路或现有树木树干有偏差的道路。

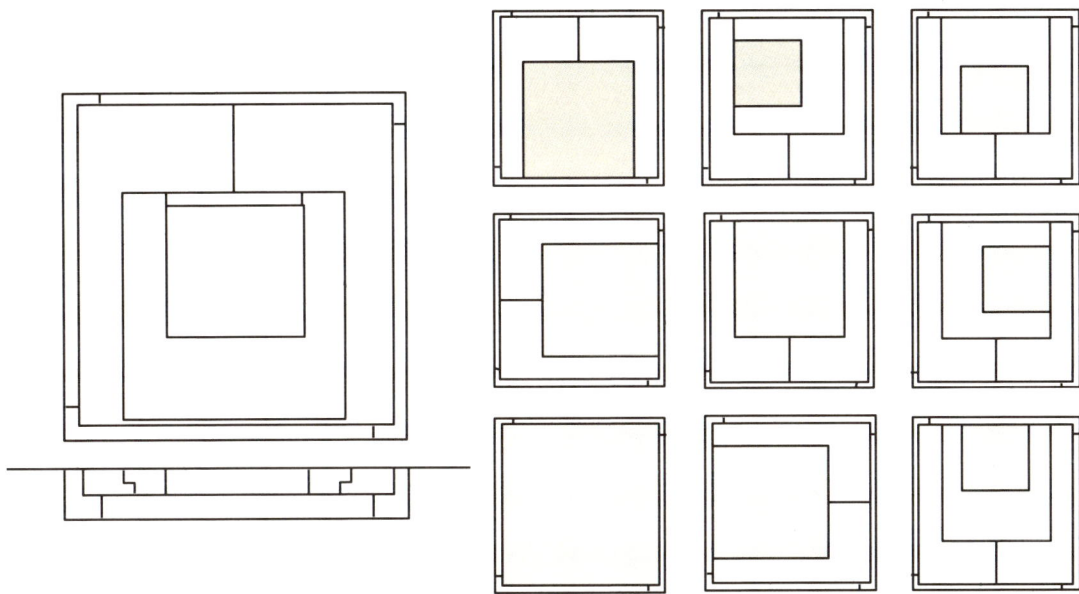

图 5.5-11　西班牙巴塞罗那街道树池（资料来源：http://www.tectonica-online.com/products/1153/concrete_urban_triplex_simplex_mekano_mdt/）

5.5 植物绿化要素
PLANT LANDSCAPING ELEMENTS

第5章 道路设计要素

（3）树池边框

图 5.5-12　墨尔本李德街艺术树池（资料来源：https://www.xiusheji.com/work/1509.html）

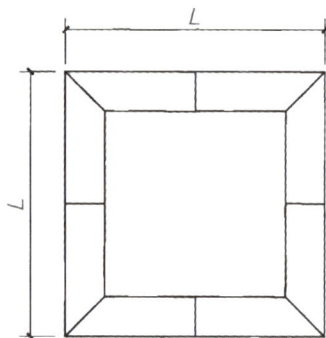

图 5.5-13　花岗岩树池边框平面示意图
（资料来源：《广州市城市道路永久性材料运用指引》）

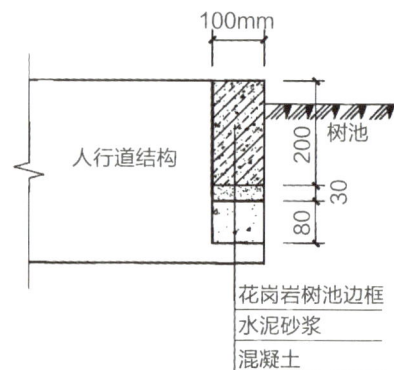

图 5.5-14　花岗岩树池边框结构示意图
（资料来源：《广州市城市道路永久性材料运用指引》）

1）花岗岩树池边框注意要点

　　— 要求石质应保持一致，且无风化和裂纹现象，外露面加工精细度、光亮度应符合设计要求，外边框采用的花岗岩材料技术指标应符合有关技术规范要求，其中体积密度应不小于 2.56g/cm³，吸水率应不大于 0.6%，压缩强度应不小于 100MPa，弯曲强度应不小于 8MPa。

　　— 厚度不小于 100mm。

　　— 外边框表面应进行处理，保持色泽一致，同时和人行道铺装相协调。

（3）树池边框

图 5.5-15　艺术树池（资料来源：www.planners.com.cn/
vision_show.asp?vision_id=70&pageno=4 ）

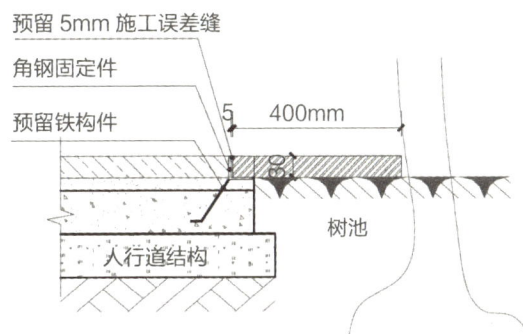

预留 5mm 施工误差缝
角钢固定件
预留铁构件
5　400mm
人行道结构　树池

图 5.5-16　角钢树池边框结构示意图
（资料来源：自绘）

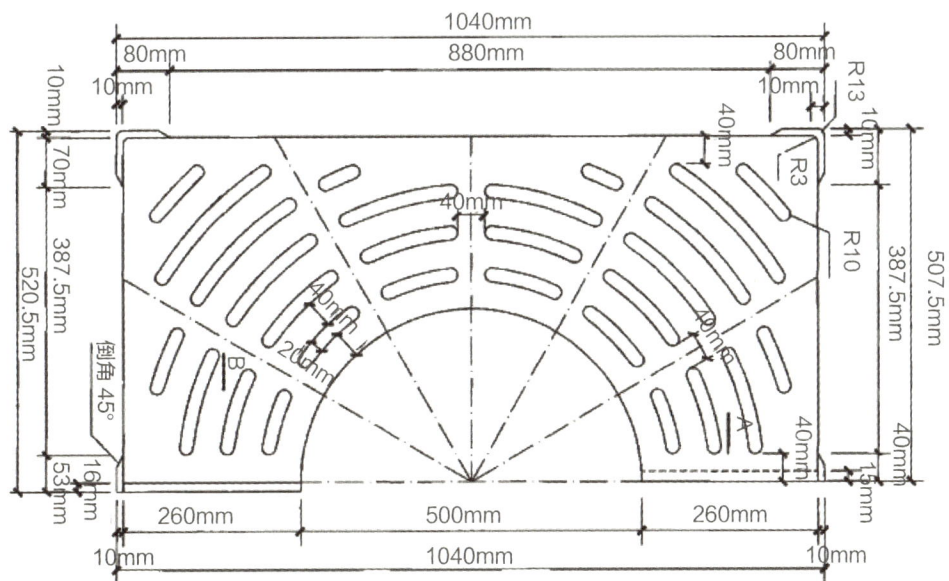

图 5.5-17　含角钢固定的铸铁树池平面示意图（资料来源：自绘）

2）金属树池边框注意要点

— 边框与周边铺装应在同一平面上，高差不应大于 10mm。

— 厚度一般取 15 ~ 30mm。

— 要求抗压、抗弯、抗冲击、耐热、耐寒、耐腐蚀、耐酸碱，防响、防位移、防滑和防盗，抗老化指标达到三级以上，使用年限较长，可根据要求进行个性化设计，易维护，材料技术指标应符合有关技术规范要求。

5.5 植物绿化要素
PLANT LANDSCAPING ELEMENTS

● 榕树树池针对性设计尝试

（1）可控型金属压条无框树池

无框，直接对接人行道铺装，防崩根，适用人行道较窄，尺寸无法统一的榕树树池。

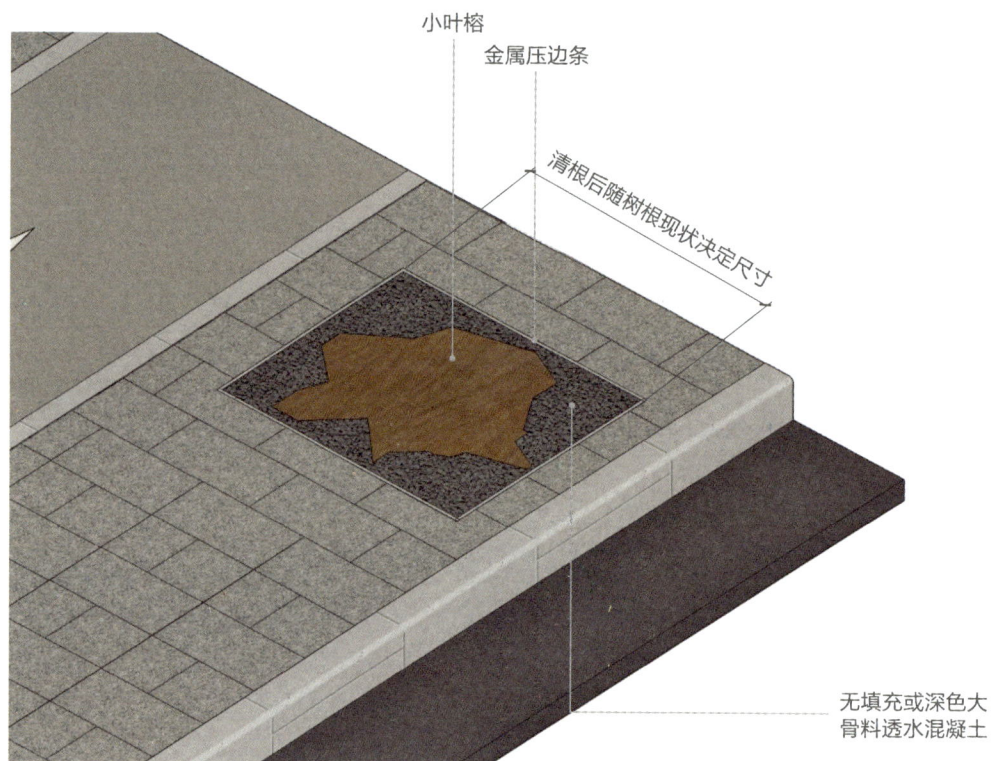

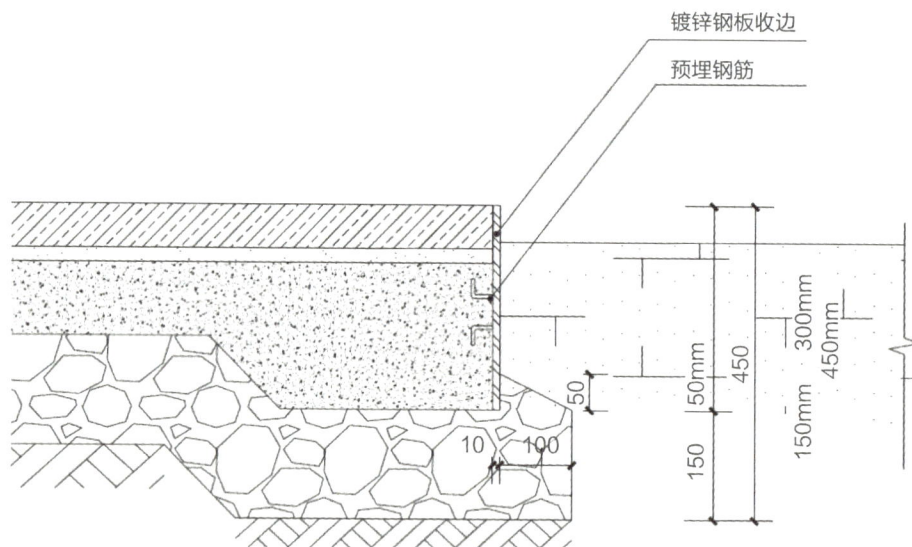

图 5.5-18　可控型金属压条无框树池示意图（资料来源：自绘）

注意要点

— 先清理榕树的根系，适当断根，保证根系在树池范围内。

— 镀锌钢板需与人行道混凝土层预埋的钢筋相焊接，使树池收边更牢固，防止崩根。

— 示意图尺寸仅供参考，具体尺寸视项目具体情况确定。

（2）花岗岩压条树池

防崩根，适用于较宽处人行道，且尺寸统一的榕树树池。

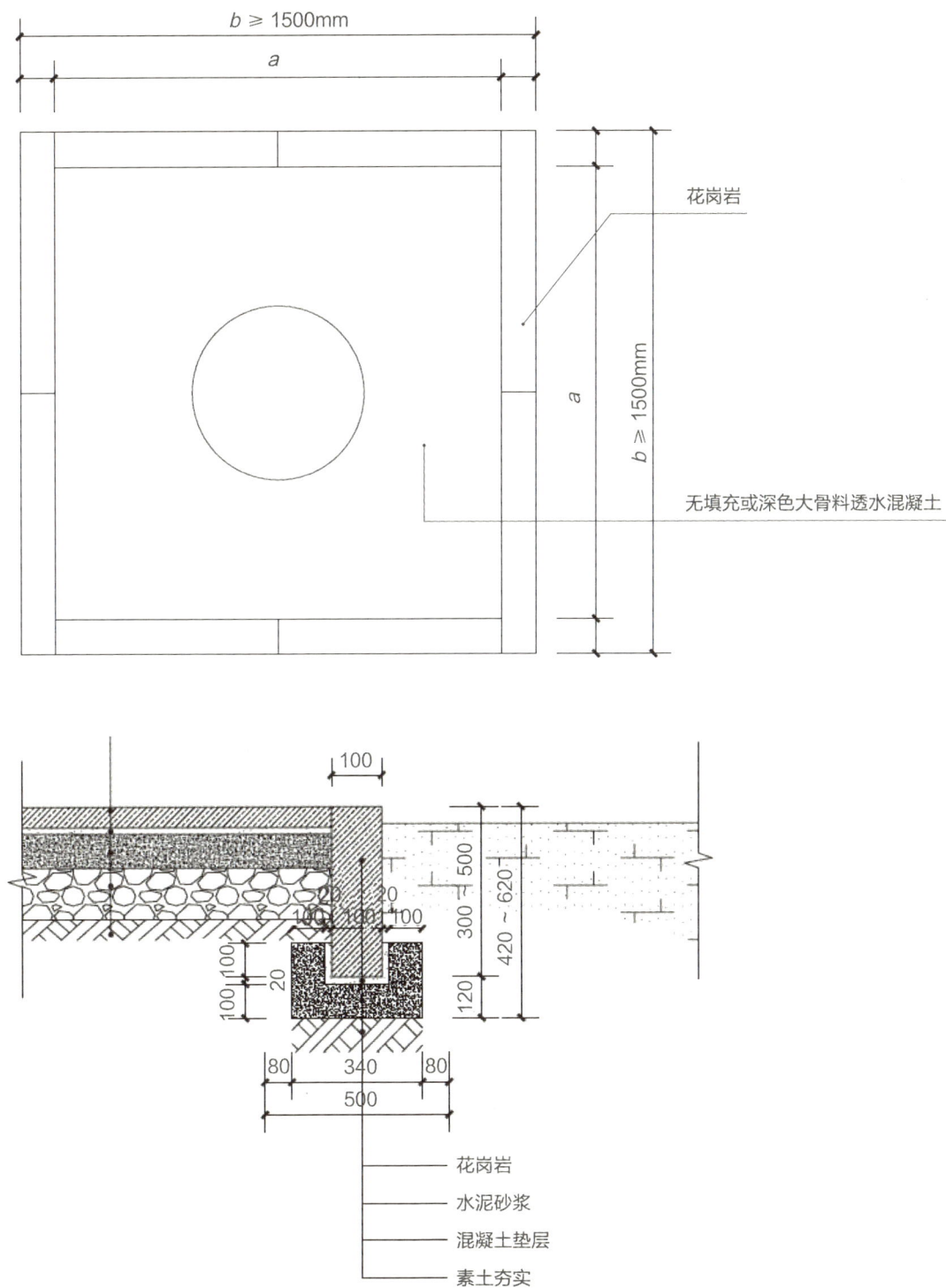

花岗岩

无填充或深色大骨料透水混凝土

花岗岩
水泥砂浆
混凝土垫层
素土夯实

图 5.5-19　花岗岩树池压条示意图（资料来源：自绘）

注意要点

— 花岗岩的树池压条需做混凝土基础，使之更牢固，防止崩根。

— 示意图尺寸仅供参考，具体尺寸视项目具体情况确定。

5.5 植物绿化要素
PLANT LANDSCAPING ELEMENTS

5.5.3 道路绿带

道路绿带主要包括分车绿带、行道树绿带、路侧绿带、交通岛绿地。道路绿带设计要求满足交通安全要求，配植应能阻挡相向行驶车辆的眩光，绿带端头植物应保证行车有足够的安全视线；形式上简洁、大气、明快；根据道路设计时速来确定标准段长度，标准段的长度控制在 200m 以上。

（1）分车绿带

● 设计依据与参考

分车绿带包括：中间分车绿带及两侧分车绿带。中间分车绿带位于上下行机动车道之间，两侧分车绿带位于机动车道与非机动车道之间或同方向机动车道之间。

01	《城市道路绿化规划与设计规范》CJJ 75-1997
02	《公园设计规范》GB 51192-2016
03	《城市绿化条例》（1992 年国务院令第 100 号）
04	《园林绿化工程施工及验收规范》CJJ 82-2012
05	《城市道路工程设计规范》CJJ 37-2012

相关规定：
— 乔木树干中心至机动车道路缘石外侧距离不宜小于 0.75m。
— 中间分车绿带应阻挡相向行驶车辆的眩光，在距相邻机动车道路面高度 0.6 ~ 1.5m 之间的范围内，配置植物的树冠应常年枝叶茂密，其株距不得大于冠幅的 5 倍。
— 为更好地为非机动车道遮荫，分车带应尽可能种植乔木，且宽度不应小于 1.5m。
— 道路两侧乔木不宜在机动车道上方搭接，形成绿化"隧道"。
— 快速路的中央分车绿带上不宜种植乔木。

● 设计指引

绿化原则：
— 分车绿带绿化应形成良好的行车视野环境。绿化配置应形式简洁、树木整齐一致，使驾驶员容易辨别穿行道路的行人，减少驾驶员视觉疲劳。
— 合理配置灌木、绿篱等枝叶茂密的常绿植物阻挡对面车辆夜间行车的远光。
— 两侧分车带宽度大于 1.5m 以上时，应种植乔木、灌木、地被植物复层混交，扩大绿量。
— 分车绿带端部采取通透式种植，满足交通视距要求，以利行人、车辆安全。

植物配置：
— 乔木应以中小型常绿乔木为主，大乔木、开花落叶乔木作点缀，规则配置时应采用干直、高度相当的品种，单个品种应成规模，自然配置时则不受此限制。
— 灌木应选择枝叶丰满、株形完美，花期较长，植株无刺或少刺，叶色有变，能通过修剪控制其形态的品种。
— 地被应采用冠幅饱满，不易老化和裸露的品种。

种植形式：
中间分车绿带设计：
— 自然式种植：适用于中央绿化带呈不规则式、有地形变化或规则式，但宽度在 8m 以上的分车绿带。
— 规则式种植：适用于中央绿化带呈规则式，且宽度小于 8m 的分车带。
两侧分车带设计：
— 宽度大于 1.5m，以乔木种植为主，并应乔木、灌木、地被相结合。
— 宽度小于 1.5m，以灌木种植为主，结合地被或草皮简洁处理。
— 苗木规格以胸径 8 ~ 10cm 为宜，灌木宜常绿。

5.5 植物绿化要素
PLANT LANDSCAPING ELEMENTS

行道树绿带是城市规划的重要元素，是城市绿化的重要部分。新建、扩建道路应当种植行道树，同一道路的行道树应当有统一的景观风格。行道树的种植应当符合行车视线、行车净空、道路照明和行人通行的要求，同时应满足遮荫及美化城市的功能。

01 《城市道路绿化规划与设计规范》CJJ 75-1997
02 《公园设计规范》GB 51192-2016
03 《城市绿化条例》(1992年国务院令第100号)
04 《园林绿化工程施工及验收规范》CTJ/T 82-2012
05 《城市道路工程设计规范》CJJ37-2012

相关规定：
— 行车视线要求：弯道内侧及交叉口的视距三角形范围内，不得种植高于最外侧机动车道中线处路面标高 1m 的树木，保证行车视距。行道树的栽植不得遮挡交通信号灯和交通标示牌。
— 行车净空要求：机动车行车道边的行道树冠下净空高应大于 3m；人行道及自行车道边的乔木冠下净空高应大于 2.5m；乔木种植的干茎中心至路侧石外侧最小距离宜大于或等于 0.75m。
— 行道树定植株距，应以其树种壮年期冠幅为准，最小种植株距应为 4m。
— 快长树胸径不宜小于 5cm，慢长树胸径不宜小于 8cm。

绿化原则：
—根据场地周边的遮荫条件，选择合适树种，在树种的选择上应考虑落叶与常绿树种相结合，开花与不开花树种相结合。在有架空线地段，应选择耐修剪的中等株形树种。

植物配置：
道路两侧同时设计时，树种选择及配植形式等宜对称或均衡，强化道路线形；以"与城市风貌协调同时凸显特色"为原则，增强城市道路的识别性和特色。
— 树带式：在人流量不大的路段，可在人行道和车行道之间留出一条不加铺装的种植带，或 3 ~ 5 棵行道树形成长条形树池，行道树下种植地被或铺植草皮。
— 树池式：人流量大而人行道又窄的路段应采用树池式，树池铺设铸铁盖板、石料或种植草皮，不宜种植灌木。

品种选择：
行道树主要为乔木，其作用主要是夏季为行人遮荫、美化街景，因此选择品种主要从以下几方面着手：
— 株型整齐，观赏价值较高（或花型、叶型、果实奇特，或花色鲜艳，或花期长），最好树叶秋季可变色，冬季可观树形、赏树干。
— 生命力强健，病虫害少，便于管理，管理费用低，花、果、枝叶无不良气味。
— 树木发芽早、落叶晚，适合广州地区生长，晚秋落叶期在短时间内树叶即能落光，便于集中清扫。
— 行道树树冠整齐，分枝点足够高，主枝伸张、角度与地面不小于 30°，叶片紧密，有浓荫。
— 繁殖容易，移植后易于成活和恢复生长，适宜大树移植。
— 有一定耐污染、抗烟尘的能力。
— 树木寿命较长，生长速度不太缓慢。

（2）行道树绿带

● 设计依据与参考

行道树绿带布设在人行道与车行道之间，以种植行道树为主的绿带。广州素有"花城"的美誉，而城市行道树是一个城市的特色名片，因此需优化城市行道树的种植配置，做好选种、种植及养护，进一步提高城市绿化的水平，营造具有广州亚热带特色的道路绿化景观，打造高品质"花城"形象。

● 设计指引

5.5 植物绿化要素
PLANT LANDSCAPING ELEMENTS

5.5.3 道路绿带

（3）路侧绿带

● 设计依据与参考

路侧绿带是指在道路侧方，布设在人行道边缘至道路红线之间的绿带。路侧绿带常见的有三种：第一种是因建筑线与道路红线重合，路侧绿带毗邻建筑布设；第二种是建筑退让红线后留出人行道，路侧绿带位于两条人行道之间；第三种是建筑退让红线后在道路红线外侧留出绿地，路侧绿带与道路红线外侧绿地结合。

路侧绿带植物的配置需要遵循园林艺术美法则及色彩搭配原理，注重植物的季相变化，创造出赏心悦目的植物景观，为城市增添亮丽的风景线。对不同类型及宽度的路侧绿带应有不同的设计风格及设计手法以满足城市美化及休憩功能。

01	《城市道路绿化规划与设计规范》CJJ 75-1997
02	《公园设计规范》GB 51192-2016
03	《城市绿化条例》（1992年国务院令第100号）
04	《园林绿化工程施工及验收规范》CJJ 82-2012

相关规定：

一 路侧绿带应根据相邻用地性质、防护和景观要求进行设计，并应保持在路段内的连续与完整的景观效果。

一路侧绿带宽度大于 8m 时，可设计成开放式绿地。开放式绿地中，绿化用地面积不得小于该段绿带总面积的 70%。路侧绿带与毗邻的其他绿地一起辟为街旁游园时，其设计应符合现行国家标准《公园设计规范》GB 51192 的规定。

一濒临江、河、湖、海等水体的路侧绿地，应结合水面与岸线地形设计成滨水绿带。滨水绿带的绿化应在道路和水面之间留出透景线。

一道路护坡绿化应结合工程措施栽植地被植物或攀缘植物。

● 设计指引

种植形式：

1）不同宽度的路侧绿化带

一 路侧绿化带宽度大于 10m，在人流量大的地方可设计成开放式绿地；在人流量较少的地方设计成乔木、灌木、地被、草坪相结合的多层次景观结构，并突出林冠线和林缘线。

一 路侧绿化带宽度大于 5m，小于 10m 的绿地，可适当造坡，增加面向道路的斜坡，设计成封闭式绿地，植物配置上应采用乔、灌、草相结合的立体结构。

一 路侧绿化带宽度小于 5m 的绿地可设计成封闭式绿地，以开花小乔木和灌木为主，如有地下管网，应以灌木和草皮为主。

2）滨水绿化带

一滨临水系的外侧绿化带，应结合水体与岸线地形设计成滨水绿带。滨水绿带的绿化应在道路和水面之间留出透景线。植物选择上宜采用串钱柳、池杉、水石榕等适宜岸边生长的苗木，并结合开花灌木。

3）路侧护坡及山体边坡绿化带

一路侧护坡应进行垂直绿化，增加道路绿视率；山体边坡绿带，应处理好地形地貌，接顺山体，衔接好山体原有绿化景观。

● 优秀案例

纽约·布法罗尼亚加拉医学园 | 绿带

布法罗尼亚加拉医学园内主道路两侧的行道树绿带及路侧绿带均覆盖了当地的乡土植物。行道树绿带形式为树带式，其植物配置采用了乔 + 地被的形式，下层满铺同一品种的开花地被，上层则品字形种植乔木，使人行道与车行道之间形成了一道安全且通透的屏障。而其路侧绿带考虑与建筑的隔离，采用了乔 + 灌木 + 地被的配置形式，使人行道与建筑之间形成了一道生态绿墙。该项目的亮点在于突破传统道路绿带的单一直线空间，通过树池带的宽窄变化，形成了折线的人行空间，丰富了行人的步行体验。

▶ 优点：

　　通过树池带的变化创造丰富的步行体验。

▶ 不足：

　　植物色彩较为单一。

图 5.5-20　纽约布法罗尼亚加拉医学园（资料来源：mooool.com/zuopin/3919.html）

广州·广钢新城 | 道路绿带设计

　　广钢新城创建特色鲜明的门户型景观道路，将市政道路分为四大类型主题道路景观：工业文化型、滨水休闲型、绿色宜居型、绿色产业型。

　　路侧绿化指引性指标分别为：工业文化型：基色调：50% 绿色，点缀色：50% 艳红亮紫调。滨水休闲型：基色调：60% 绿色，点缀色：40% 淡蓝轻紫调。绿色宜居型：基色调：40% 绿色，点缀色：60% 红紫明黄调。绿色产业型：70% 绿色，点缀色：30% 暖粉橘黄调。

▶ 优点：

　　统筹控制并形成广钢新城的道路绿化路网的总体景观风貌主题。

▶ 不足：

　　植物种类较多，维护成本较高。

图 5.5-21　广州广钢新城道路绿带设计效果图（资料来源：自绘）

5.5 植物绿化要素
PLANT LANDSCAPING ELEMENTS

5.5.3 道路绿带

交通岛绿地分为中心岛绿地、导向岛绿地和立体交叉绿岛。其通过绿化辅助交通设施显示道路空间界限，其主要功能是诱导交通、保证行车速度、控制人流和车流、提高行车安全等，良好的交通岛绿化设计应起到降低噪声、净化空气、美化市容，调节改善道路小气候等作用。

（4）交通岛绿地

● 设计依据与参考

交通岛是指为了控制车流行驶路线和保护行人安全而设置在道路交叉口的岛屿状构造物。交通岛绿化面积在 300m² 以下，且宽度小于 10m 的，应选择高度低于 90cm 的地被植物。绿化面积在 300m² 以上，且宽度大于 10m 的分车岛绿化，可进行复层配置。

01	《城市道路绿化规划与设计规范》CJJ 75-1997
02	《公园设计规范》GB 51192-2016
03	《城市绿化条例》（1992 年国务院令第 100 号）
04	《园林绿化工程施工及验收规范》CJJ 82-2012
05	《天津城市道路绿化建设标准》（DB/T 29 -80-2016）

相关规定：
— 交通岛周边的植物配置宜增强导向作用，在行车视距范围内应采用通透式配置。
— 中心岛绿地应保持各路口之间的行车视线通透，布置成装饰绿地。
— 立体交叉绿岛桥下宜种植耐荫地被植物，墙面宜进行垂直绿化。
— 导向岛绿地应配置地被植物。

● 设计指引

绿化原则：
针对交通岛所特有的特点，力求创造协调、优美的交通岛景观。
— 安全舒适原则：利用绿化解决交通绿岛的眩光问题，充分考虑安全视距中的种植苗木高度。
— 美学观赏原则：交通岛绿化配置、节奏、布局、色彩变化等都要与道路的空间尺度相和谐。
— 生物多样性原则：交通岛绿地以植物造景为主，使用灌木、乔木与地被相结合的立体复层次绿化形式，提高绿化植物种类组成的多样性。

品种选择：
— 抗逆性强，树形成型性好，易形成直立的主干，冠大荫浓，寿命长，根系发达，耐修剪，具有良好观赏价值。

植物配置：
中心岛绿地：
— 可点缀观赏价值较高的常绿小乔木、花灌木、丛植宿根花卉，采用不同的图案形式时，图案应简洁，曲线优美，色彩明快；不宜密植乔木、常绿小乔木或大灌木，以免影响行车视线。
导向岛绿地：
— 可采用乔灌结合的配置形式；在视距三角形内的行道树株距小于 6m，树干分枝高度在 2m 以上，种植绿篱时，株高小于 70cm。
立体交叉绿岛：
— 采用乔木、灌木、地被立体绿化，草坪上可点缀树丛、孤植树和花灌木，以形成疏朗开阔的绿化效果。

● **优秀案例**

意大利·索洛｜交通岛

意大利索洛交通岛在不影响交通安全的前提下，设计成开阔的草坪及线型广场，草坪上点缀一些具有较高观赏价值的孤植树、同时于广场上设置相应休憩设施，形成一个富有趣味的交通岛。

▶ **优点：**

绿化空间有效利用，增加市民休憩活动空间。

▶ **不足：**

车速及车流需进行控制。

图 5.5-22　意大利索洛交通岛（资料来源：www.valerizoia.it/blog/project/piazza-nember/）

上海·陆家嘴｜世纪大道交通岛

陆家嘴世纪大道设置了圆形中心岛绿地，完善与规范的导流线，让各方向车流有着明晰的车行空间。中心岛采用规则式，绿化以草坪、花卉为主，组成模纹花坛，图案简洁、曲线优美，色彩明快，体现了城市的生机与活力。

▶ **优点：**

景观层次丰富，提高生态效益，增强道路景观效果。

▶ **不足：**

灌木与地被需要经常维护和修剪。

图 5.5-23　上海陆家嘴世纪大道交通岛（资料来源：微博生活网）

5.5 植物绿化要素
PLANT LANDSCAPING ELEMENTS

● **品种选择**

乔木
Tree

形态						习性			
序号	名称	高度	树冠形状	观赏特征		光照	喜湿——耐旱		土壤
1	扁桃	> 10m							-
2	人面子	> 10m					√		耐酸性
3	美丽异木棉	> 10m		花期 10 ~ 12 月	花色		√		-
4	小叶榄仁	> 10m					√		抗盐碱
5	大叶紫薇	> 7m		花期 6 ~ 10 月	花色		√	√	-
6	南洋楹	> 15m					√		
7	鸡蛋花	> 3.5m		花期 5 ~ 6 月	花色		√		
8	芒果	> 7m			花色			√	偏酸性
9	白兰	> 10m		花期 6 ~ 9 月			√		耐酸性
10	香樟	> 10m					√		耐酸性
11	宫粉紫荆	> 8m		花期 11 ~ 3 月	花色		√	√	偏酸性
12	黄花风铃木	> 5m		花期 3 ~ 4 月	花色				富含有机质的砂质土
13	黄槿	> 7m		花期 6 ~ 8 月	花色			√	砂质壤土
14	尖叶杜英	> 10m		花期 8 ~ 9 月	花色		√		-
15	水石榕	> 5m		花期 6 ~ 7 月	花色		√		-
16	鸡冠刺桐	> 3.5m		花期 4 ~ 6 月	花色			√	肥沃壤土或砂质壤土
17	凤凰木	> 15m		花期 6 ~ 7 月	花色			√	富含有机质的砂质土
18	黄槐	> 5m		花期 3 ~ 12 月	花色		√		
19	木棉	> 10m		花期 3 ~ 4 月	花色			√	
20	红花紫荆	> 7m		花期 9 ~ 3 月	花色			√	
21	晃伞枫	> 10m					√		深厚肥沃的砂质壤土
22	阴香	> 10m					√		湿润肥沃的砂质壤土
23	秋枫	> 10m							

资料来源：自绘。

第 5 章 道路设计要素

乔木
Tree

序号	名称	形态				习性			
		高度	树冠形状	观赏特征		光照	喜湿——耐旱		土壤
24	麻楝	> 10m	○		🌲	☀	√		–
25	腊肠树	> 10m	○	花期 6 ~ 8 月	花色 ✿	☀▶◖	√	√	–
26	复羽叶栾树	> 10m	⌂	花期 8 ~ 9 月	花色 ✿	☀	√	√	–
27	非洲桃花心木	> 10m	○		🌲	☀		√	–
28	盆架子	> 15m	○		🌲		√		–
29	萍婆	> 10m	○	花期 6 ~ 7 月	花色 ✿ 🌲	☀			–
30	蓝花楹	> 10m	⌂	花期 5 ~ 6 月	花色 ✿	☀			–
31	铁刀木	> 10m	○	花期 10 ~ 11 月	花色 ✿ 🌲	☀	√	√	–
32	海南红豆	> 10m	○		🌲	☀			酸性土壤
33	火焰木	> 7m	○	花期 4 ~ 8 月	花色 ✿ 🌲	☀	√	√	肥沃壤土或砂质壤土
34	海南蒲桃	> 10m	⌂		🌲	☀	√		–
35	串钱柳	> 3.5m	○	花期 3 ~ 5 月	花色 ✿ 🌲	☀	√		–

图例：🌲 常绿树种
✿ 花色
☀ 喜阳
◖ 耐阴

第 5 章　道路设计要素

5.5 植物绿化要素
PLANT LANDSCAPING ELEMENTS

● **品种选择**

灌木
Shrubs

序号	名称	高度	叶色	花期	花色	形态	光照	喜湿	耐旱	土壤
1	红千层	1~1.5m		花期6~8月	花色	🌲	☀	√		—
2	小叶紫薇	1~1.5m		花期6~8月	花色		☀►◐	√		—
3	红绒球	0.8~1.2m		花期8~9月	花色		☀	√		—
4	黄金香柳	1~1.5m	叶色			🌲	☀	√	√	—
5	黄金假连翘	0.6~0.8m	叶色	花期5~10月	花色	🌲	☀►◐		√	—
6	红车	1~1.5m	叶色			🌲	☀	√		—
7	琴叶珊瑚	0.8~1.2m		花期全年	花色	🌲	☀	√		偏酸性
8	变叶木	0.8~1m				🌲	☀	√		—
9	红花檵木	0.8~1.2m	叶色	花期11~3月	花色	🌲	☀		√	偏酸性
10	龙船花	0.8~1.2m		花期5~7月	花色	🌲	☀	√		—
11	红花夹竹桃	1~1.5m		花期3~8月	花色	🌲	☀		√	—
12	黄花夹竹桃	1~1.5m		花期5~12月	花色	🌲	☀		√	—
13	大红花	0.8~1.2m		花期全年	花色	🌲	☀	√		富含有机质微酸性壤土
14	米兰	0.8~1m		花期6~7月	花色	🌲	☀►◐	√		—
15	洋金凤	1~1.5m		花期8月	花色	🌲	☀	√		—
16	灰莉	0.8~1m		花期4~8月	花色	🌲	☀►◐		√	—
17	海桐	1~1.5m		花期5月	花色	🌲	☀►◐	√		—
18	福建茶	0.8~1m				🌲	☀►◐			微酸性土壤
19	木槿	1~1.5m		花期6~10月	花色		☀►◐	√	√	—
20	金脉爵床	0.8~1.2m				🌲	☀►◐	√		—
21	桂花	1~1.5m		花期8~9月	花色	🌲	☀►◐		√	—
22	九里香	1~1.5m		花期8~9月	花色	🌲	☀►◐	√		—
23	澳洲鸭脚木	1~1.5m				🌲	◐			—
24	含笑	0.8~1.2m		花期2~3月	花色	🌲	◐			排水良好的微酸性壤土

资料来源：自绘。

地被
Ground cover

序号	名称	形态					习性		
		高度	观赏特征				光照	喜湿——耐旱	土壤
1	黄金假连翘	0.6 ~ 0.8m	叶色 🌿	花期 5 ~ 10 月	花色 ✿	🌲	喜阳 ▶ 耐阴	√ (耐旱)	−
2	肾蕨	0.6 ~ 0.8m	叶色 🍃			🌲		√ (喜湿)	−
3	细叶萼距花	0.3 ~ 0.6m		花期全年	花色 ✿	🌲	喜阳 ▶ 耐阴		排水良好的沙质土壤
4	变叶木	0.8 ~ 1m				🌲	喜阳	√ (喜湿)	−
5	红花檵木	0.8 ~ 1.2m	叶色 🍂	花期 11 ~ 3 月	花色 ✿	🌲	喜阳	√	√	偏酸性
6	龙船花	0.8 ~ 1.2m		花期 5 ~ 7 月	花色 ✿	🌲	喜阳	√ (喜湿)	−
7	银边草	0.6 ~ 0.8m				🌲	喜阳 ▶ 耐阴	√	√	
8	沿阶草	06 ~ 0.8m				🌲	喜阳 ▶ 耐阴		√ (耐旱)	
9	翠芦莉	0.8 ~ 1m		花期 3 ~ 10 月	花色 ✿	🌲	喜阳 ▶ 耐阴	√ (喜湿)	
10	大叶油草	0.08 ~ 0.3m				🌲	喜阳 ▶ 耐阴	√	√	
11	朱蕉	0.8 ~ 1.2m	叶色 🍂			🌲	耐阴	√ (喜湿)	−

图例：🌲 常绿树种
✿ 花色
🌼 喜阳
◐ 耐阴

第 5 章 道路设计要素

5.5 植物绿化要素
PLANT LANDSCAPING ELEMENTS

5.5.4 立体绿化

（1）天桥绿化

● 设计依据与参考

完善的天桥绿化不仅可以柔化天桥轮廓，提高绿视率，形成城市特色景观，树立特色地标。广州市地方标准《人行天桥、立交桥绿化种植养护技术规范》规定人行天桥、立交桥引种的花色分别为紫红、粉红、白色、黄红、黄色、紫色的13种植物。

● 设计指引

● 未来发展趋势

桥绿一体化系统。

与道路相关的立体绿化主要包括人行天桥绿化、墙面绿化级棚架绿化。道路立体绿化承担着生态及景观功能。立体绿化设计首先应确定场地是否有条件设置立体绿化，其次应选择合适的构架及绿化配置形式，最后根据条件选择符合要求的植物品种。

01	《城市道路绿化规划与设计规范》CJJ 75-1997
02	《公园设计规范》GB 51192-2016
03	《园林绿化工程施工及验收规范》CJJ 82-2012
04	《园林绿化养护管理技术规范》DBJ440100T 14-2008（广州市地方标准）
05	《人行天桥、立交桥绿化种植养护技术规范》DB440100/T 112-2007（广州市地方标准）
06	《广东省立体绿化技术指引》

相关规定：

— 人行天桥绿化方式一般可采取整体式、悬挂式、摆放式。

— 桥下空间高度低于 5m 的，应利用边缘空间进行绿化。

— 桥下空间高度高于 5m 的，应选用耐阴植物充分绿化。

— 新建人行天桥、高架桥应同步设计建造绿化种植槽，槽内应可放置高 50cm、宽 30cm 的花盆。

— 桥体增加用于立体绿化的设施既要满足承载力、材料、外观、景观效果等要求，同时不应影响桥体结构的安全。

— 吸附能力较弱的攀援植物，应加设辅助攀援网。

适用范围：

符合立体绿化施工条件的人行天桥桥梁防护栏内侧或外侧。

配植形式：

— 城市商业区附近的天桥，绿化以观花植物为主，突出营造"花桥"景观。

— 在绿化植物分布较少的街区，应以绿色观叶植物为主。

— 文化区宜种植可造型的植物品种。

植物色彩：

— 应选择色彩鲜艳、容易搭配形成大色块景观的植物，同时植物应有季相特色，且适合广州气候。

品种选择：

— 以对土壤要求不高的浅根性植物为主。

— 具耐高温、耐干旱、抗污染的特性。

— 种植造型应与桥梁外观相协调。应避免影响交通安全。

人行天桥立体绿化的主流趋势：立交桥建设与绿化建设同时进行，在立交桥的设计和建设阶段，就要同步考虑绿化的设计和技术，一体化设计、一体化建设、一体化管护。

▶ 智能浇灌设计，节约水资源

▶ 采用天桥垂直绿化先进技术等多项专利成果

● 优秀案例

广州·东风路 / 五羊新村｜人行天桥

广州市人行天桥的桥体两侧设计了种植槽，种植以勒杜鹃为主的藤本植物。勒杜鹃在广州的亚热带气候下一年能达到三季开花的效果，每到勒杜鹃繁花盛开之季，广州种满勒杜鹃的人行天桥犹如一道"空中花廊"。天桥绿化不仅能增加城市绿量，发挥生态效应，同时也为单调的道路景观增添了亮点。

▶ 优点：

勒杜鹃四季有花，颜色丰富明亮，对土壤要求不高。

▶ 不足：

由于养护技术暂不普及，其后期养护成本比普通维护的高。

图 5.5-24　东风路人行天桥（资料来源：http://www.sohu.com/a/150673958_406155）

图 5.5-25　五羊新村人行天桥（资料来源：www.dfsh528.com/women/201709/9199.html）

5.5 植物绿化要素
PLANT LANDSCAPING ELEMENTS

5.5.4 立体绿化

墙面绿化主要分为 6 种类型：攀爬或垂吊式、种植槽式、模块式、铺贴式、布袋式、板槽式。墙面绿化设计时首先应计算所需种植绿化的墙面的各项指标，确保种植绿化后墙体的安全性。分析墙体位置选择适宜的绿化形式及绿化品种。

（2）墙面绿化

● 设计依据与参考

墙面绿化是泛指用攀援或者铺贴式方法以植物装饰建筑物的内外墙和各种围墙的一种立体绿化形式。墙体绿化在丰富了城市道路边界立面景观的同时改善城市生态环境。相比其他硬质墙体景观，墙体绿化能起到更大的影响：美化环境，回归大自然；节能环保，使得建筑物室内冬暖夏凉；营造健康，自然的生活环境；改善城市热岛效应，降低城市排水负荷；吸尘降噪等。

01	《城市道路绿化规划与设计规范》CJJ 75-1997
02	《公园设计规范》GB 51192-2016
03	《园林绿化工程施工及验收规范》CJJ82-2012
04	《园林绿化养护管理技术规范》DBJ440100T 14-2008（广州市地方标准）
05	《人行天桥、立交桥绿化种植养护技术规范》DB440100/T 112-2007（广州市地方标准）
06	《广东省立体绿化技术指引》

相关规定：
— 进行墙面绿化前，应先计算墙面稳定性及相关指标，确定墙体是否有足够的承重力来适应植物墙；
— 墙面应做相应的防水处理。
— 安装灌溉系统。
— 设计排水系统。

● 设计指引

适用范围：
适用于道路沿线景墙、临时性植物装饰及低矮墙体。

绿化原则：
— 种植前应对种植位置的朝向、光照、地势、土壤状况进行勘察，因地制宜选择适宜的绿化形式。
— 墙面攀爬或墙面贴植应充分利用周边绿地进行种植，如无适宜的绿地条件，可选用种植槽和种植箱。
— 墙面攀爬或墙面贴植的植物双排种植宜采用"品"字形，栽植间距根据植物品种、规格不同而异。一般宜为 30 ~ 40cm。构件绿墙植物种植时应注意预留植物生长空间。

品种选择：
— 以木本植物和多年生草本植物为主，选择抗性强、低养护的植物品种。
— 墙面攀爬宜选用 2 年生 3 分枝以上规格。
— 墙面贴植宜选用高度在 150cm 以上，枝条柔韧、耐修剪的植物。

● **优秀案例**

新加坡·乌节路｜绿化隔离

新加坡乌节路墙面绿化隔离了商业广场与外围人行道的同时，增加了道路绿地率及绿视率。该墙面绿化设计以绿色为基调色，采用了抽象几何图形，与商业广场建筑造型相呼应，丰富了城市道路景观。

▶ **优点：**

在有限的空间里增加了城市绿量，缓解城市热岛效应的同时丰富了城市立面景观。

▶ **不足：**

后期养护技术难度大，成本较高。

图 5.5-26　新加坡乌节路绿化隔离（资料来源：blog.sina.com.cn/s/blog_a9f460ee0102vw2u.html）

英国·伦敦特拉法加广场｜垂直绿化墙

特拉法加广场位于英国国家美术馆的南侧，其人行道内侧设置了大面积的垂直绿化墙。绿化墙的灵感来自于梵高的画作，每面绿化墙都是以梵高的其中一幅画作为原型，通过选择与画作中相对应颜色的植物进行搭配，最终形成富有艺术气息的公共景观。

▶ **优点：**

效果震撼，在增大城市绿量的同时体现了场地的主题。

▶ **不足：**

施工难度大，工序复杂，后期管养及维护成本昂贵。

图 5.5-27　英国伦敦特拉法加广场垂直绿化墙（资料来源：https://davisla.wordpress.com/category/green-roof/）

5.5 植物绿化要素
PLANT LANDSCAPING ELEMENTS

5.5.4 立体绿化

棚架绿化将绿化植物作为棚架的一部分与棚架的设计相结合，使棚架融入自然环境的同时增加廊架的遮阴性。新建棚架可根据场地的大小及攀援植物的选择预测棚架的承重进行棚架的设计。原有棚架需在设计前计算棚架的各项指标，选择符合指标的植物进行种植。在选择绿化品种时除考虑棚架的承重因素外，还需考虑植物本身的生长习性及观赏特征。

（3）棚架绿化

● 设计依据与参考

棚架绿化的分类：①按棚架构造形式有 3 种，即嵌入式、顶置式、独立结构式。②依据材质分为 6 种，即竹木结构、绳索结构、钢筋混凝土结构、砖结构、金属结构、混合结构。③按照造型分为 6 种，即几何式、半棚架式、阶梯式、跳踞式、跨越式、单柱式。

01	《城市道路绿化规划与设计规范》CJJ 75-1997
02	《公园设计规范》GB 51192-2016
03	《园林绿化工程施工及验收规范》CJJ 82-2012
04	《园林绿化养护管理技术规范》DBJ440100T 14-2008（广州市地方标准）
05	《人行天桥、立交桥绿化种植养护技术规范》DB440100/T 112-2007（广州市地方标准）
06	《广东省立体绿化技术指引》

相关规定：
— 应由具备资质的单位或结构工程师核算花架和棚架的结构稳定性及荷载能力，按植物 10 年后估算植物荷载。
— 棚架位置应保证植物有充足的种植空间。
— 棚架顶棚与水平夹角宜小于 30°。
— 绿化不应损坏原有棚架的安全结构，影响棚架功能的使用。
— 棚架结构可根据功能需求、环境特点、景观效果选用不同的架材；棚架节点应采取相应的固定设施，确保棚架的安全。

● 设计指引

适用范围：
道路范围内或沿线各种开敞空间中的棚架。

绿化原则：
— 应充分利用原有绿地条件进行绿化棚架绿化设计。如无适宜的立地条件，可采用种植箱种植，种植箱底部应设排水口。
— 攀援能力较弱的攀援植物，初期应采取人工措施帮助植物攀援或者缠绕。
— 应根据花架方位、体量、构造、材料、花池位置选择植物种类。
— 植物栽植密度应根据植物大小、品种确定。
— 根据立地条件、棚架类型、植物品种确定适宜的牵引结构，可采用网线牵引、栏杆牵引、网架牵引等形式。

品种选择：
— 宜选用 2 年生以上生长健壮、根系丰满的植物。
— 独藤状的攀缘植物，宜选独藤长 200cm 以上的，丛生状的攀缘植物，应剪掉多余的丛生枝条，留 1～3 根最长的茎干。
— 考虑观花、观果的美化效果，宜选择花色、果色鲜亮的攀援植物进行绿化。
— 植物色彩应与周边环境相协调。

● **优秀案例**

澳大利亚·布里斯班│棚架绿化

澳大利亚布里斯班人行空间设置了一系列造型抽象的廊架。在钢材质的廊架上设计了攀爬网以攀爬勒杜鹃，该设计手法软化了钢材质棚架的同时，为单一色彩的棚架增添了一抹紫色，同时起到了遮阴作用。

▶ **优点：**

根据气候条件选择勒杜鹃，丰富街道景观。

▶ **不足：**

勒杜鹃枝条存在倒刺，需定期检查修剪。

图 5.5-28　澳大利亚布里斯班棚架绿化（资料来源：https://www.pinterest.com/venjenn/）

图 5.5-29　澳大利亚布里斯班棚架绿化（资料来源：travel.sina.com.cn/outbound/pages/2017-10-24/detail-ifymzqpq3719012.shtml 及 https://www.pinterest.com/pin/510103095264884843/）

● **品种选择**

藤本及地被
shrubs

序号	名称	形态				习性		
		种植地点	观赏特征			光照	喜湿——耐旱	土壤
1	勒杜鹃	1、2、3	花期 10～6 月	花色 🌸🌸🌸	🌲	☀	√		—
2	美丽桢桐	1、2、3	花期 12～1 月	花色 🌸	🌲		√		—
3	马缨丹	1、2	花期全年	花色 🌸🌸	🌲	☀	√		—
4	龙吐珠	1、2	花期 3～5 月	花色 🌸	🌲	☀▶◐	√		—
5	天冬			叶色 🌿	🌲				—
6	金银花	1、2、3	花期 3 月	花色 🌸		☀▶◐	√	√	
7	软枝黄蝉	1、2	花期 3～8 月	花色 🌸	🌲	☀	√		富含腐植质之壤土
8	吉祥草	1	花期 7～11 月	花色 🌸	🌲	◐	√		排水良好肥沃壤土
9	凌霄	1	花期 5～8 月	花色 🌸	🌲	☀▶◐		√	—
10	龙船花		花期 5～7 月	花色	🌲	☀	√		
11	希美莉	1	花期全年	花色 🌸	🌲	☀▶◐		√	偏酸性
12	鸭拓草	1	花期 5～9 月	花色 🌸	🌲	◐		√	
13	黄素馨	1、2	花期 11～8 月	花色 🌸	🌲	☀		√	肥沃的酸性沙壤土
14	鸭脚木	1			🌲	◐	√		—酸性
15	蒜香藤	1、2、3	花期 8～12 月	花色 🌸	🌲	☀	√		—
16	蔓马缨丹	1、2	花期全年	花色 🌸	🌲	☀		√	深厚肥沃的沙质壤土
17	异叶爬山虎	2、3		叶色 🌿	🌲	◐	√	√	—
18	薜荔	2		叶色 🌿	🌲	◐		√	含腐殖质是酸性土壤
19	常春藤	2	花期 9～11 月	花色 🌼	🌲	◐			—
20	珊瑚藤	2、3	花期 3～12 月	花色 🌸		☀▶◐	√		偏酸性
21	使君子	1、2、3	花期 5～9 月	花色 🌸	🌲	☀▶◐	√		含有机质的沙质壤土
22	花叶络石	2		叶色 🌿	🌲	◐	√		—
23	炮仗花	2、3	花期 6～7 月	花色 🌸	🌲	☀	√		偏酸性
24	肾厥	2		叶色 🌿	🌲	◐	√		

资料来源：自绘。

注：1- 天桥；2- 墙体；3- 棚架。

第 5 章 道路设计要素

藤本及地被
shrubs

序号	名称	形态			习性			
		种植地点	观赏特征		光照	喜湿——	耐旱	土壤
1	变叶木	2	叶色 🌿🌿🌿	🌲	喜阳	√		-
2	大叶红草	2	叶色 🌿	🌲	耐阴		√	-
3	金叶女贞	2	叶色 🌿	🌲	喜阳		√	-
4	彩叶草	2	叶色 🌿	🌲	喜阳▶耐阴		√	-
5	花叶假连翘	2	花期 5～10 月　花色 ✿	🌲	喜阳▶耐阴		√	-
6	红花酢酱草	2	花期 3～12 月　花色 ✿	🌲	喜阳▶耐阴	√	√	-
7	狗牙根	2	花期 11～3 月　花色 ✿	🌲	喜阳	√	√	偏酸性
8	炮仗竹	2	花期 3～8 月　花色 ✿	🌲	耐阴	√		-
9	大花老鸦嘴	1、2	花期 6～10 月　花色 ✿	🌲	喜阳			-
10	紫藤	1	花期 4～5 月　花色 ✿	🌲	喜阳	√		-

资料来源：自绘。

注：1- 天桥；2- 墙体；3- 棚架。

图例：🌲 常绿树种
✿ 花色
🌼 喜阳
🌼 耐阴

5.5 植物绿化要素
PLANT LANDSCAPING ELEMENTS

5.5.5 护栏挂花

护栏挂花是道路绿化的一种，将种植花草的容器吊挂于人行道护栏、人行天桥护栏、立交桥护栏上，容器通常采用自重较轻的塑料，调节城市道路上的枯燥气氛和装扮市容。根据花期选择种植的品种，能做到四季皆花的景观，塑造广州"花城"的形象。

● 设计依据与参考

01	《城市道路绿化规划与设计规范》CJJ 75-1997
02	《广州市政府投资项目天然石材应用指引》
03	《广州市市政道路建设指南（试行）》
04	《广州市城市道路永久性材料运用指引（第三版）》
05	《道路人行道设施设置规范》

相关规定：

— 护栏挂花需保证固定花篮的构件坚固、耐久，避免造成花篮掉落伤害行人。

— 护栏挂花需选用能适应场地条件的花材。

— 护栏挂花的后期养护需在设计时得以考虑。

— 护栏挂花不应是常规绿化美化手段，应明确需要放置的区域和时段，不需要全面覆盖，以及常年摆放。

● 设计指引

一般要求：

— 把握空间环境特征，选择适生植物。

— 选用轻质高效的人工基质尤为重要。应力求使用一种轻质、高效的栽培基质，以减少建设费用，并且能实现环保理念。同样地，对于挂花容器自重、材质以及承载能力等也有一样的要求。

— 挂花前要充分考虑护栏的强度、稳定性和耐久性；其次要考虑栏杆的造型美观，常用材料有铁艺、实木、混凝土等。建议采用防腐木材、金属构件等。

— 道路护栏、建筑前围栏绿化可利用观叶、观花攀援植物间植，或隐或现，虚实相间，进行垂直绿化，也可利用悬挂花卉种植槽，花球装饰点缀。

— 栽植前应对栽植位置的朝向、光照、土壤等状况进行调查。

设置位置：

— 挂花设置位置应为城市主要路段节点，摆放时间段应为城市主要节庆时间，避免乱摆乱放造成浪费。

施工要求：

— 施工前应该了解水源、土质、攀援依附物等情况，若护栏依附物表面光滑，应设牵引铅丝或其他合适的人工牵引物。

— 容器底部需铺 5 ~ 10cm 厚的排水层，在槽底部每间隔一定距离设排水孔，以利排水。

— 植物花卉摆放前应对植株高度、冠幅、花色、花期进行检查和筛选，对伤残枝、叶、花蕾和盆底泥土进行清理。

养护注意：

— 栽植后应及时浇水，新植和近期移植的植物应连续浇水，直至植株不灌水也能正常生长为止，尤其要掌握好 1 ~ 5 月浇水的关键时期。

— 生长较差、恢复较慢的新栽苗或要促使快长的植物可采用根外追肥。对生长势衰弱的植株应进行强度重剪，促进萌发。

— 栽植 2 年以上的植株应对上部枝叶进行疏枝以减少枝条重叠，并适当疏剪下部枝叶。

— 发现死株要及时清理，因死株、丢失等造成的空缺，应及时补缺。

— 及时做好病虫害防治工作，确保病虫害的危害率控制在 5% 以下。

花坛是观赏性较强的植物造景形式，常用于装点城市道路上的灰色空间，如安全岛、转盘岛、渠化岛等。可带有一定的主题，运用花卉的群植效果表现图案纹样，为区域或城市烘托氛围，突出装饰效果。

01	《广州市城市道路设计技术指南（试行）》
02	《广州市花坛布置设计规范》（DB440100T/110-2007）（广州市地方标准）
03	《广州市城市道路设计技术指南（试行）》
04	《广州市城市道路永久性材料运用指引（第三版）》
05	《广州市城市道路人行道设施设置规范》

相关规定：
— 花坛的设置应以不阻碍行人的通行为前提，同时满足为行人创造良好街道环境的要求。
— 花坛的设置不应有造成人体任何伤害的潜在危险。
— 花坛应选用能适应场地环境的植物。
— 应明确需要放置的区域和时段，不需要全面覆盖，以及常年摆放。

一般要求：
— 主题突出，具有独创性；色彩鲜明，比例恰当，图案简洁，线条流畅。
— 根据花坛类型和观赏要求选用植物。选用的花卉种类配置合理，花期、适应性与生产及展出期间的气候相适应。
— 花丛式花坛，一般选用一年生草本花卉、二年生草本花卉和多年生草本花卉。要求开花繁茂、花期一致、规格统一、花期较长。
— 模纹花坛，选用生长缓慢的多年生观叶草本植物，也可少量运用生长缓慢的木本观叶植物。植物要求生长矮小、耐修剪、萌蘖性强、分枝密、叶子小，生长高度可控制在 250mm 以下，不同纹样要选用色彩上有显著差别的植物，以求图案清晰。

施工要求：
— 场地整理根据设计图的标高要求，结合植株实际的高度进行地形整理。
— 立体花坛在完成立体部分的布置后再进行平面部分的施工。平面花坛的布置由内而外，内侧的花材略高于外侧，内外平滑过渡，若高度相差较大，可采用垫盆或垫板、设置木架等方法弥补。
— 应做好花坛的镶边修饰工作。
— 立体花坛的支撑防护应采用符合安全性、稳定性要求的专用材料。
— 花坛施工外观质量要求平面线条流畅、立面轮廓清晰，由内而外过渡自然，色块对比鲜明。

养护注意：
— 应根据天气情况及花卉对水分的需求合理浇水，盆栽花卉不能出现萎蔫现象。
— 浇水要做到一次浇透，相对均匀，不出现明显的局部干旱或积水现象。
— 浇水要控制好水压，防止将泥土冲到茎、叶上或将植株冲倒伏。
— 夏季浇水应避开中午烈日，冬季浇水应在中午前后。
— 要求在出圃前施足肥料，摆设期间不予施肥。
— 发现死株要及时清理，因死株、丢失等造成的空缺，应及时补缺。
— 及时做好病虫害防治工作，确保病虫害的危害率控制在 5% 以下。
— 及时清理花坛立面的垃圾、残花残叶。

5.5 植物绿化要素
PLANT LANDSCAPING ELEMENTS

5.5.6　花坛

● **设计依据与参考**

● **设计指引**

参照《广州市花坛布置设计规范》。

5.5 植物绿化要素
PLANT LANDSCAPING ELEMENTS

5.5.7 花池

花池形式的选择可以很自由，是城市道路上填补乔木单一种植，丰富植物群落的重要手段，同时也是城市道路上植物造景不可或缺的一环。具体的花池设计需与周边环境相适应。

● 设计依据与参考

01	《城市道路绿化规划与设计规范》CJJ 75-1997
02	《城市道路人行道设施设置规范》DBJ 440100/T 205-2014（广州市地方标准）
03	《广州市市政道路建设指南（试行）》
04	《广州市城市道路永久性材料运用指引（第三版）》
05	《广州市城市道路人行道设计指引（试行）》

相关规定：
— 宽度大于 5m 的人行道，可在部分路段根据实际情况和景观需要，设置花池、放置花钵，但必须保证 3m 以上的通行带宽度。

● 设计指引

一般要求：
— 花池设计往往要根据道路风格、城市风貌来确定饰面材料和造型线条的样式，并结合地形高差、平面形状、自身造型、饰面材料等。
— 较长的台阶或坡道旁边的花池通常应跟随高差作斜面或跌级设计，花基通常应高出地面。自然放坡距离不足又希望尽量降低挡土墙高度时，常用跌级花池来处理高差。
— 因花池内部组成不同又可分为草坪花池，花卉花池，综合花池等。草坪花池适合布置在楼房、建筑平台前沿形成开阔的前景，具有布置简单、色彩素雅的特点。花卉花池适合布置在街心花园、小游园和道路两侧。
— 注意种植的顺序。图案简单的花池、单个的独立花池，应由中心向外的顺序退栽；一面坡式的花池，应由上向下栽植。图案复杂的花池应先栽好图案的各条轮廓线，再栽内部填充部分。大型花池宜分区、分块栽植。

施工要求：
— 宜开沟种植，沟槽的大小依土球规格和根系情况而定。
— 土方开挖前，应根据施工方案的要求，将施工区域内的障碍物清除和处理完毕。
— 施工机械进入现场所经过的道路要进行加固或加宽等准备工作，并在危险地段应设置明显标志，要合理安排开挖顺序，防止错挖或超挖。
— 施工区域运行路线的布置，应根据作业区域工程的大小、机械性能、运距和地形等情况加以确定。
— 在机械施工无法作业的部位和修整边坡坡度、清理槽底等，均应配备人工进行。

养护注意：
— 花卉花池中的毛毡植物要常修剪，保持 40 ~ 80mm 的高度，形成一个密实的覆盖层。
— 花池内无杂草、果皮、碎石、树叶、纸屑等垃圾，无严重人为损坏；对偶尔或轻微的人为损坏，能及时发现和处理。
— 发现死株要及时清理，因死株、丢失等造成的空缺，应及时补缺。
— 及时做好病虫害防治工作，确保病虫害的危害率控制在 5% 以下。

5.5 植物绿化要素
PLANT LANDSCAPING ELEMENTS

● 优秀案例

曼谷｜中央世界商业中心公共步道

这条人行道改造前拥挤不堪，环境脏乱差，更糟糕的是，数不清的合法和非法标牌加剧了行人通道的阻塞状况。通过确立为曼谷提供一个良好的公共步道的目标。设计了一个 2m 高的线性斜坡景观花池，将建筑与人行道的高差以绿化景观覆盖，形成柔软的过渡，在这里创建了一个四季盛开的花园。

▶ **优点：**

— 与地面齐平的花池设计，消除人为的界限，使绿化自然地融入人行道景观中。

— 将建筑与人行道的高差以绿化消化，使得街道环境更舒适、柔和。

▶ **注意：**

— 与地面齐平的花池设计时应注意花池边缘镶边的处理。

图 5.5-30　曼谷中央世界商业中心公共步道（资料来源：http://www.gooood.hk/walk-of-the-town-by-trop.htm）

纽约·卡罗大街｜组团花池

利用建筑与人行道高差，台阶的剩余空间，设计了一组与街道风格相呼应的花池。花池以耐候钢板围合，内植独具当地特色的多肉植物，鲜嫩的绿色与花池铁锈红的颜色形成鲜明对比，创造出了生机勃勃的绿化景观。

▶ **优点：**

— 充分利用剩余空间，美化街道的每个角落。

— 造景能与周围环境相呼应，营造独具特色的街道氛围。

— 小尺度的亮点设计，更能吸引眼球。

▶ **借鉴：**

— 充分利用街道空间，创造独具特色的街道环境。

图 5.5-31　纽约卡罗大街花池（资料来源：eastlofts.ca/scarborough-village-condos-homes-rent-toronto/）

5.5 植物绿化要素
PLANT LANDSCAPING ELEMENTS

5.5.8 移动花钵

城市道路上的景观小品常用于种植花草，摆放于道路和建筑退缩空间中，装点城市街道，能为大多数缺少休憩空间的城市道路提供优良的解决方案。具有体积小，易于移动、组装等特点。将移动花钵与座椅结合设计，组成街道上的小型休憩空间。

● 设计依据与参考

01	《城市步行和自行车交通系统规划设计导则》
02	《城市道路绿化规划与设计规范》CJJ 75-1997
03	《广州市市政道路建设指南（试行）》
04	《广州市城市道路永久性材料运用指引（第三版）》
05	《城市道路人行道设施设置规范》DBJ 440100/T 205-2014（广州市地方标准）

相关规定：
— 移动花钵的摆放不能阻挡行人的通行，防止发生绊倒行人的危险。
— 移动花钵的边缘应平滑，防止伤害行人。
— 移动花钵的风格、造型应与街道相匹配。
— 应明确需要放置的区域和时段，不需要全面覆盖或者常年摆放。

● 设计指引

一般要求：
— 花钵组合的形式可以是几何式、自然式、混合式、集中布置、散置等，具体布局形式要由美化地点的具体情况决定，造型样式及材质色彩等要与道路风格协调统一。
— 选用的花卉品种、颜色、花期应符合设计要求，植株健壮无病虫，无伤残枝、叶和花蕾；也可以种植一些小型灌木。
— 种植土肥沃，最好用土质疏松的微酸性土质、富含有机质及排水良好的土壤，较大的花钵、箱必须有卵石排水层，并且一年换土一次。
— 选择花钵的大小应注意以下几点：花钵盆口直径要大体与植株冠径相衬；带有泥团的植株，放入花钵后，花钵四周应留有 20 ~ 40mm 空隙，以便加入新土；不带泥团的植株，根系放入花钵后，要能够伸展开来，不宜弯曲；如果主根或须根太长，可作适当修剪，再种到钵里。
— 石材、木材等的花钵成品不得有裂缝，隐残污点等。

施工要求：
— 花钵的骨架搭建前应检查所用材料的材质、规格、数量、形状，不得随意拼接、替代，并对其骨架的稳定性和荷载能力进行预检。骨架搭建时，应兼顾滴灌、喷灌、灯光、喷泉及其他装饰物的安装和敷设的需要；剩余的搭建材料应及时清理干净。
— 花卉摆放前应对植株高度、冠幅、花色、花期、花盆（钵）质量进行检查和筛选，对伤残枝、叶、花蕾和盆底泥土进行清理。

养护注意：
— 要经常清洁花盆，保证其透水性和透气。
— 浇水时，可用竹竿固定水管喷嘴伸上去浇水，浇水的原则："不干不浇，浇则浇透"，以刚能看见水分从底部孔缓慢渗出为佳。
— 浇水要做到一次浇透，相对均匀，不出现明显的局部干旱或积水现象。
— 施肥的原则："薄肥多施、适时适量"。
— 发现死株要及时清理，因死株、丢失等造成的空缺，应及时补缺。
— 及时做好病虫害防治工作，确保病虫害的危害率控制在 5% 以下。

● **优秀案例**

美国·佛罗里达 | 模块化可移动花钵

　　美国 Metalco 公司制造的一种名为 FLO 的花钵是由钢板制成的一种模块化的可移动花钵，它有四种不同的模块样式，可以根据街道和广场等空间的实际情况进行任意组装和拼接。由于其凹和凸的形式，植物可以根据其自身特性和花钵的形状进行纵向和横向的布局，同时可以拆分和合并，保证植物配置的无限种组合。此外，由于特殊的造型，还能够根据其外形状态行人需要安装凹形或凸形的座凳，十分人性化。

▶ **优点：**

　　— 花钵可移动可组装，可根据实际情况进行调整，形态优美，景观效果好，同时能为行人提供座凳，十分人性化。

▶ **缺点：**

　　— 该花钵体量较大，不适用路面较窄的街道，国内同行业类似的产品较少，花钵的推广和普及存在一定的难度。

图 5.5-32　美国佛罗里达模块化可移动花钵案例（资料来源：www.disseturban.com/producto/flo/indexc69a.html?lang=es）

图 5.5-33　美国华盛顿可移动花钵座椅（资料来源：mp.163.com/v2/article/detail/D4JMVR6C0516DUEV.html）

美国·华盛顿 | 可移动花钵座椅

　　以三棱柱为基础形状组成了一组路边的可移动花钵和座椅，亮黄色的钢板为材料，营造出道路上一个温暖的休憩空间。每一个三棱柱都可以随意移动、组合，根据场地的条件，拼造出各自不同，却又主题、风格一致的休憩空间。

▶ **优点：**

　　— 花钵可方便地移动组装，适应不同场地。
　　— 亮黄色引人注目，同时给人以温暖的感受，使得小空间更具人气。
　　— 成本较低，组装方便。

▶ **借鉴：**

　　— 可以作为街角小空间的设计参考。

建筑立面要素
BUILDING ELEVATION ELEMENTS

5.6 建筑立面要素
BUILDING ELEVATION ELEMENTS

5.6.1 外墙广告

对利用建（构）筑物设置的展示牌、霓虹灯、发光字体、电子显示屏、电子翻板装置、公共广告栏、实物模型等广告设施提出禁止设置、容量、规格和要求。外墙广告不得妨碍公共安全、市容市貌和交通安全；制作应精良，选用节能、环保材料，形状、规模、色彩等应与周边环境相协调，空间布局、容量管理、色彩指引、风格选择应符合专项规划的要求。

● 设计依据与参考

01	《中华人民共和国广告法》（2015）
02	《城市容貌标准》GB 50449-2008
03	《城市户外广告设施技术规范》CJJ 149-2010
04	《广州市市容环境卫生管理规定》（2007）
05	《广州市户外广告和招牌设置管理办法》（2014）
06	《上海市户外广告设施设置阵地规划（修编）》（2017）

相关规定：
同一建筑物的广告和招牌应成组设置，与建筑风格和谐统一；在机场管理部门划定区域范围内禁止使用霓虹灯、闪烁光源和红色光；应在牌面右下角标注许可证号及设置人的联系方式；并鼓励新建建筑物在规划时将户外广告位置与建筑方案统一设计，经设置规划编制主管部门统筹纳入规划后依法实施。

● 设计指引

禁止设置：
一般禁止设置的情形：
（1）危及建筑物安全或者利用危房、违章建筑；
（2）建筑物屋顶上（含裙楼顶部）；
（3）因设置户外广告和招牌而调整建筑檐口、女儿墙高度；
（4）商住楼或混合功能建筑的住宅部分；
（5）临街建筑物玻璃上（专项规划规定的路段除外，不得影响建筑的采光和通风）；
（6）高架道路红线范围内及高架道路桥身投影线以外 16m 范围内（匝道区域除外）；
（7）建筑物室外台阶、踏步、栏杆、扶手（专项规划规定路段的商业服务业建筑除外）；
（8）依附于建筑物遮蓬；
（9）两栋建筑之间连接墙面（二层步行连廊除外）。

平行墙面户外广告的设置要求：
（1）设置高度依据专项规划分区原则确定；
（2）除专项规划划定区域的商业裙楼三层以下窗间墙外，禁止在建筑主体层与层间的窗间墙上设置户外广告；
（3）广告底沿距离地面至少 3.0m（橱窗广告除外）；
（4）不得在建筑物底层落地立柱面或立柱之间连接设置。

垂直墙面户外广告的设置要求：
（1）禁止在街道、消防通道上空 4.0m 以下，宽 4.0m 以内设置；
（2）禁止在建筑高度 24m 以上及高层建筑塔楼部分设置；
（3）禁止在建筑物山墙面上设置；
（4）退让道路红线距离小于 3.0m 的沿路建筑，不得设置垂直墙面的户外广告。

图 5.6-1 ~ 5.6-12 资料来源：自绘

禁止利用违章建筑设置

违章建筑

禁止利用危房设置

危房

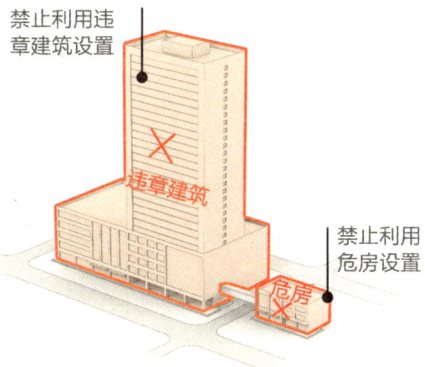

图 5.6-1　一般禁止设置的情形（1）图示

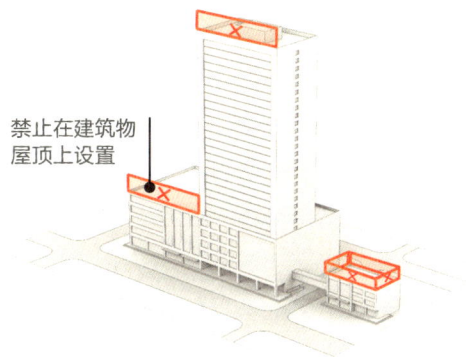

禁止在建筑物屋顶上设置

图 5.6-2　一般禁止设置的情形（2）-（3）图示

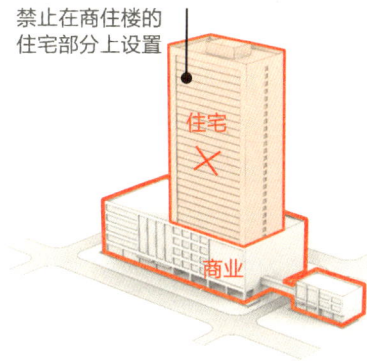

禁止在商住楼的住宅部分上设置

住宅

商业

图 5.6-3　一般禁止设置的情形（4）图示

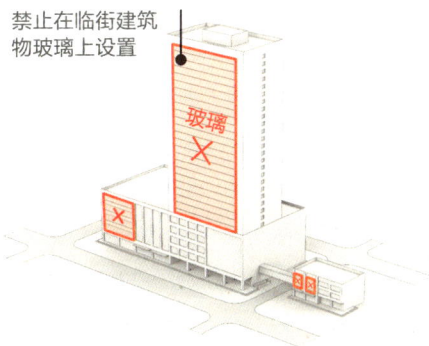

禁止在临街建筑物玻璃上设置

玻璃

图 5.6-4　一般禁止设置的情形（5）图示

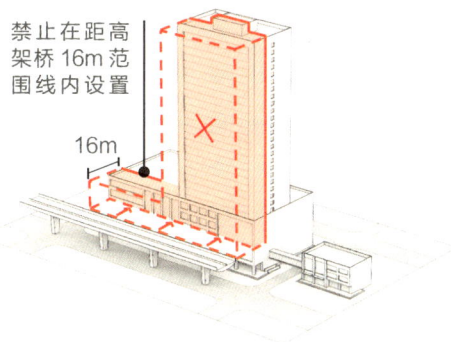

禁止在距高架桥 16m 范围线内设置

16m

图 5.6-5　一般禁止设置的情形（6）图示

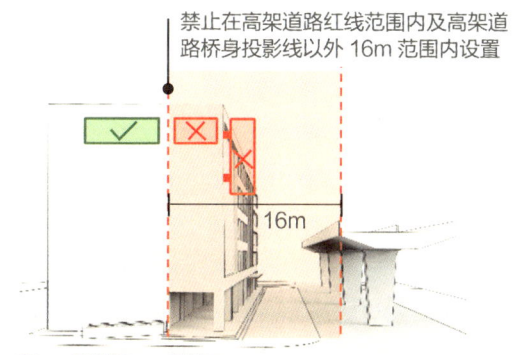

禁止在高架道路红线范围内及高架道路桥身投影线以外 16m 范围内设置

16m

图 5.6-6　一般禁止设置的情形（7）图示

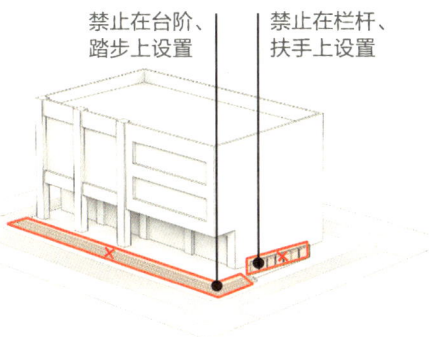

禁止在台阶、踏步上设置

禁止在栏杆、扶手上设置

图 5.6-7　一般禁止设置的情形（8）图示

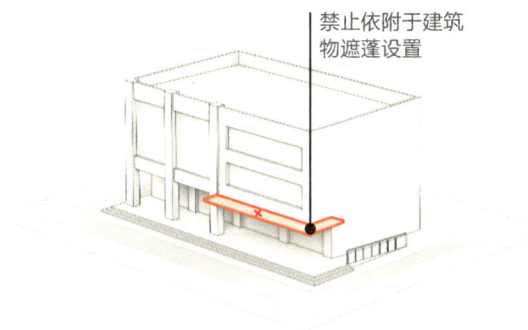

禁止依附于建筑物遮蓬设置

图 5.6-8　一般禁止设置的情形（9）图示

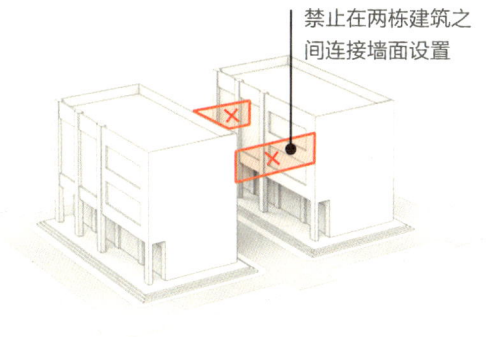

禁止在两栋建筑之间连接墙面设置

图 5.6-9　一般禁止设置的情形（10）图示

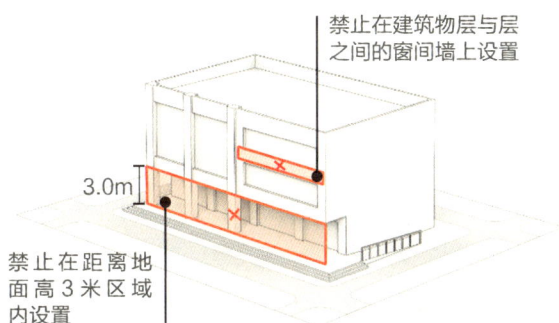

禁止在建筑物层与层之间的窗间墙上设置

3.0m

禁止在距离地面高 3 米区域内设置

图 5.6-10　平行墙面要求（2）-（3）图示

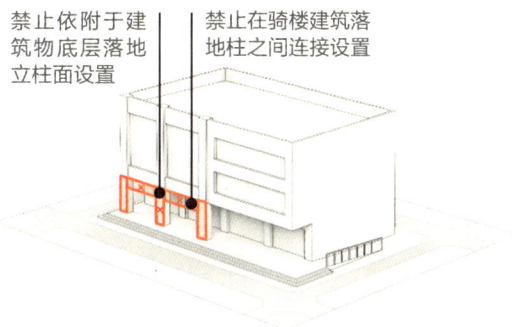

禁止依附于建筑物底层落地立柱面设置

禁止在骑楼建筑落地柱之间连接设置

图 5.6-11　平行墙面要求（4）图示

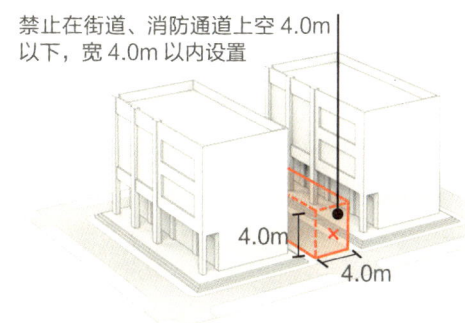

禁止在街道、消防通道上空 4.0m 以下，宽 4.0m 以内设置

4.0m

4.0m

图 5.6-12　垂直墙面要求（1）图示

第 5 章　道路设计要素

5.6 建筑立面要素
BUILDING ELEVATION ELEMENTS

容量要求：

面积：
户外广告的最大面积（含平行和垂直于该墙面的广告），不得超过其所在建筑立面投影面积 × 立面广告比例（该比例由专项规划根据不同控制区域确定）；

牌数：
（1）单个建筑的广告牌数（含平行和垂直于该墙面的广告），不得超过其所在立面建筑开间个数与建筑层数相乘的结果；
（2）设置在建筑物山墙上的广告牌数最多不得超过 4 个。

规格要求：

平行于建筑物外墙的户外广告：
（1）广告牌面凸出墙面距离不得超过 0.3m，灯箱和 LED 屏凸出墙面距离不得超过 0.5m；
（2）广告边框设计应充分考虑与建筑物结构线的衔接，风格和谐统一。

依附于建筑物山墙： 广告牌与建筑山墙面边界距离不得低于 1.0m。

依附于建筑首层门楣： 广告下端不得低于骑楼或悬挑架空部分底沿，且与地面垂直距离不得低于 3.0 m，上端不得高于二层窗户下沿，且总高度不得大于 3.0m。

依附于骑楼或檐下： 广告下端与地面垂直距离不得低于 3.0m（无法满足该条件的禁止设置广告），厚度不得大于 0.3m。

垂直于多层建筑物主立面的广告：
（1）只能在专项规划划定的范围内设置；
（2）退让道路红线距离小于 3.0m 的沿路建筑，不得设置垂直于墙面的户外广告；
（3）广告上端不得超过所依附建筑的顶层窗户上沿防护栏或屋顶女儿墙下沿，且距地面不得超过 24m；
（4）下端距地面不得低于骑楼或悬挑架空部分底沿，且下端距地面不得少于 4.5m；
（5）广告的外沿距离建（构）筑物的外墙不得超出 1.5m，且不超过临路路面宽度的 1/10，霓虹灯、灯箱和 LED 屏凸出墙面距离不得超过 0.5m，其他广告牌的厚度不得大于 0.3m；
（6）相邻广告水平间距不得小于 6.0m 或对应建筑开间设置；
（7）垂直于建（构）筑物外墙的户外广告，可采用霓虹灯、灯箱等形式制作，鼓励采用新形式、新材料；
（8）同一建筑物或建筑综合体上设置的户外广告，其外沿距建筑物外墙的距离以及下沿距地面的高度应保持一致，广告形式和选材应协调统一。

垂直于骑楼檐下的广告：
（1）当骑楼高度小于 6.0m 时，广告下端与地面垂直距离不得低于 3.0m；
（2）当骑楼高度大于或等于 6.0m 时，广告下端与地面垂直距离不得低于 4.5m；
（3）相邻广告应对应建筑开间设置；
（4）广告宽度与骑楼通廊等宽，不得超过骑楼外墙面，厚度不得大于 0.3m。

5.6 建筑立面要素

BUILDING ELEVATION ELEMENTS

户外投影广告：投影广告（包括投影器材）的位置、大小、色彩应与建筑立面造型、建筑照明效果有机结合。

● **未来发展趋势**

新技术引领，在不违反户外广告设置规范的基础上，突破广州市现有户外广告低端、缺乏创意和现代元素、科技含量较低的技术形式，引进3D投影、LED幕墙等新型户外广告设置技术。

图 5.6-13　3D 户外投影广告一（资料来源：http://www.ty360.com/2012/5/2012_1_50507.htm）

图 5.6-14　3D 户外投影广告二（资料来源：www.allchina.cn/adpage/kb/default.html）

LED 及相关技术：包括 LED 显示屏、LED 三面翻、LED 挂网、LED 伸缩屏、LED 隐形屏等。

图 5.6-15　LED 及相关技术图示（资料来源：《广州市户外广告和招牌设置技术规范》）

● **优秀案例**

美国·纽约｜建筑 LED 幕墙广告

建筑 LED 幕墙广告得到广泛应用，将广告与建筑一体化设计，形成独特的城市光亮景观。

▶ 优点：

—— 塑造个性，挖掘建筑、区域、城市的文化DNA，展现鲜明的个性语言。

—— 一体设计，通过对建筑立面的改造，使广告嵌入母体，成为和谐的组成部分。

—— 对景整合，将街道两侧对景建筑，作为同源视觉载体整合提升设计。

▶ 不足：

能源消耗较大，存在一定光污染问题。

图 5.6-16　美国纽约建筑广告街景（资料来源：https://weibo.com/ttarticle/p/show?id=2309404163456445088686）

5.6 建筑立面要素
BUILDING ELEVATION ELEMENTS

5.6.2 门店招牌

门店招牌设置仅限于在设置人经营地和办公地，且设置内容为单位名称、字号及标识，通过一般性规定和禁止设置要求对其位置、容量、规格进行控制。门店招牌应结合道路、街道功能和特色统一设置，风貌协调，整齐划一。且需符合广州市相关管理办法的技术要求。

● **设计依据与参考**

01	《中华人民共和国广告法（2015）》
02	《城市容貌标准》GB 50449-2008
03	《城市户外广告设施技术规范》CJJ 149-2010
04	《广州市市容环境卫生管理规定（2007）》
05	《广州市户外广告和招牌设置管理办法（2014）》
06	《广州市户外广告专项规划（2016-2020）》
07	《上海市户外广告设施设置阵地规划（修编）（2017）》

相关规定：

招牌应制作精良，选用节能、环保材料，形状、规模、色彩等应与周边环境相协调，空间布局、容量管理、色彩指引、风格选择应符合专项规划的要求，招牌不得影响航空安全，在机场管理部门划定区域范围内禁止使用霓虹灯、闪烁光源和红色光。

● **设计指引**

一般规定：

—门店招牌应结合城市功能分区和人文特色设置，同一街道相邻建筑的风格、色调应当和谐统一。

—历史文物或标志性建筑的门店招牌，应当保持与建筑风格相适应，不得破坏建筑结构线或影响建筑风貌。

—除特殊建筑外，同一建筑相邻门店的墙面招牌底线、高度和厚度应当整齐划一，底板采用相同或近似色系。

禁止设置：

一般禁止设置的情形：

（1）建筑物屋顶上（含裙楼顶部），或为设置招牌调整建筑檐口、女儿墙高度；

（2）为设置门店招牌封闭建筑立面窗口和出入口；

（3）临街建筑物玻璃；

（4）危及建筑物安全或者利用危房、违章建筑；

（5）两栋建筑之间连接墙面（二层步行连廊除外）；

（6）商住楼或混合功能建筑的住宅部分（楼名招牌除外）。

平行墙面的户外招牌：

禁止依附建筑物底层落地的立柱面及立柱间设置户外招牌。

垂直墙面的户外招牌：

（1）禁止在街道、消防通道上空 4.0m 以下，宽 4.0m 以内设置；

（2）禁止在建筑高度 24m 以上及高层建筑塔楼部分设置；

（3）禁止在建筑物山墙面上设置；

（4）退让道路红线距离小于 3.0m 的沿路建筑不得设置大型垂直墙面的户外招牌。

● 优秀案例

东京·银座 | 商业店铺门店招牌

高度概括和强有力的门店招牌对消费者可形成视觉刺激，商业店铺招牌的设计是表达视觉语言的方式，不仅显示店面的名称，提升了企业的层次和知名度，加强对客人的心理印象等，而且美化城市环境。银座商业店铺招牌的设计体现了建筑的良好形象，彰显了商业文化特色。

▶ 优点：

整齐有序、高度概括和强有力的门店招牌易以形成良好的商业氛围，美化城市环境。

▶ 不足：

成本造价过高，需与建筑立面进行一体设计。

图 5.6-17　东京银座建筑门店招牌（资料来源：jianzhubang.com/weixin/46119 及 https://www.mimoa.eu/projects/Japan/Tokyo/Opaque%20Ginza/）

东京·银座 | 招牌及广告

密集的街道催生多变的楼顶招牌，楼宇竖向牌匾注重统一尺度的控制，并充分考虑招牌和商业的互动关系，利用城市空间资源合理地开发，使户外招牌成为向世界商业展示的重要媒体。

▶ 优点：

全景联动，融会贯通。注重宏观视觉范围的视觉形态统筹，通过数字手段、中控设备的应用与提升，使开敞空间的户外招牌、夜景照明达到融会贯通、全景联动的视觉效果。

▶ 不足：

需与整个街区或街道进行整体设计才会突显效果，如果只是个体设计则会显得杂乱无章。

图 5.6-18　东京银座招牌及广告（资料来源：https://www.gettyimages.cn/detail/photo/tokyo-japan-ginza-shopping-district-royalty-free-image/512402062）

5.6 建筑立面要素

BUILDING ELEVATION ELEMENTS

● **设计指引**

位置要求：

平行墙面的门店招牌:标牌匾额（含店招）仅允许依附于首层建筑门楣设置（专项规划确定的区域，可放宽至三层窗户以下窗间墙设置）。

垂直墙面的门店招牌:仅允许在专项规划确定的区域设置，设置人应事先前往区城管部门进行技术咨询。

容量要求：

（1）只有一个临街出入口的营业场所，应遵从"一店一牌"的原则，在其营业场所门面入口处设置1个招牌；

（2）营业场所存在多处临街入口的：

1）位于道路交叉路口、两侧均设有门面出入口且属同一经营者的场所，允许在其临街门面入口处各设置1~2个招牌；

2）存在多处临街入口且底层营业面积在200~5000m² 的营业场所，允许其依附每个临街门面入口处各设置1个招牌；

3）存在多处临街入口且底层营业面积在5000m² 以上的营业场所，其设置招牌的数量不得超过该场所的出入口数量。

（3）底层有专用出入口的店铺，允许在出入口两侧选择一侧墙面设置1块小型招牌垂直于建筑物外墙；

（4）标牌匾额（含店招）单个面积不得大于所在墙体面积的10%。

规格要求：

平行墙面户外招牌的规格控制要求：

（1）必须同时满足《广州市户外广告和招牌设置规范》第4.1.4条对户外广告的要求；

（2）相邻店面的户外招牌应当分别设置，在同一建筑立面上统一设置的不同店面招牌间距不得小于0.3m。

垂直墙面户外招牌的规格控制要求：

（1）必须同时满足户外广告规格的要求；

（2）底层有专用出入口的商业经营单位，允许在其出入口两侧选择一侧墙面设置一块小型招牌垂直外墙，并应符合以下要求：招牌外沿距离建（构）筑物的外墙不得超出1.0m，下沿距地面不得少于3.0m，上沿不得高于二层窗户下沿。招牌的高度不得超过0.7m，厚度不得大于0.3m。

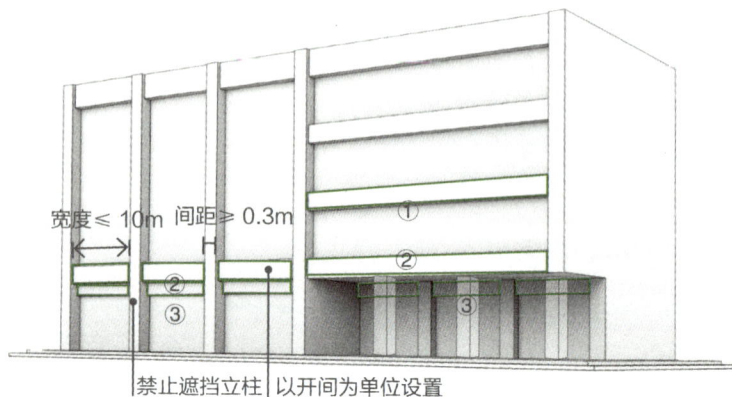

图 5.6-19　标牌匾额（含店招）可设区域示意图（资料来源：自绘）

①三层窗户以下窗间墙；②一层门楣（从骑楼或悬挑架空部分底沿到二层窗户下沿的部分）；③营业场所门面入口处。

招牌设置不应遮挡落地柱

同一店面，且两侧均设有门面出入口，则允许每侧入口处各设一处，总数 ≤ 2

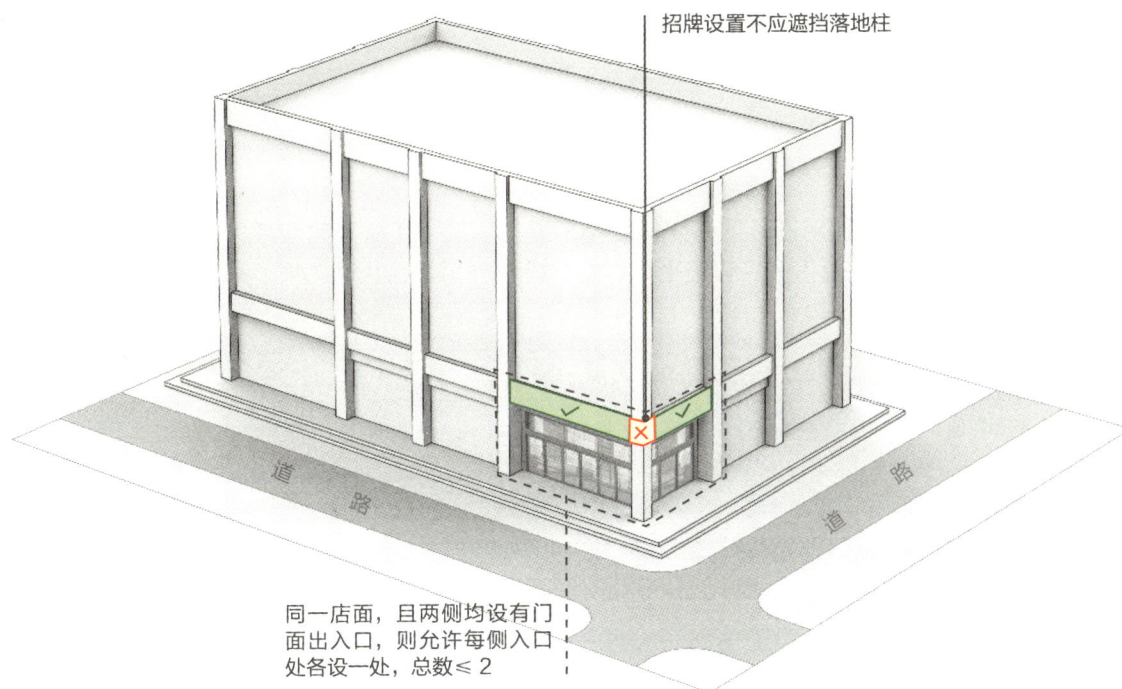

图 5.6-20　位于道路交叉路口标牌匾额数量控制示意图（资料来源：自绘）

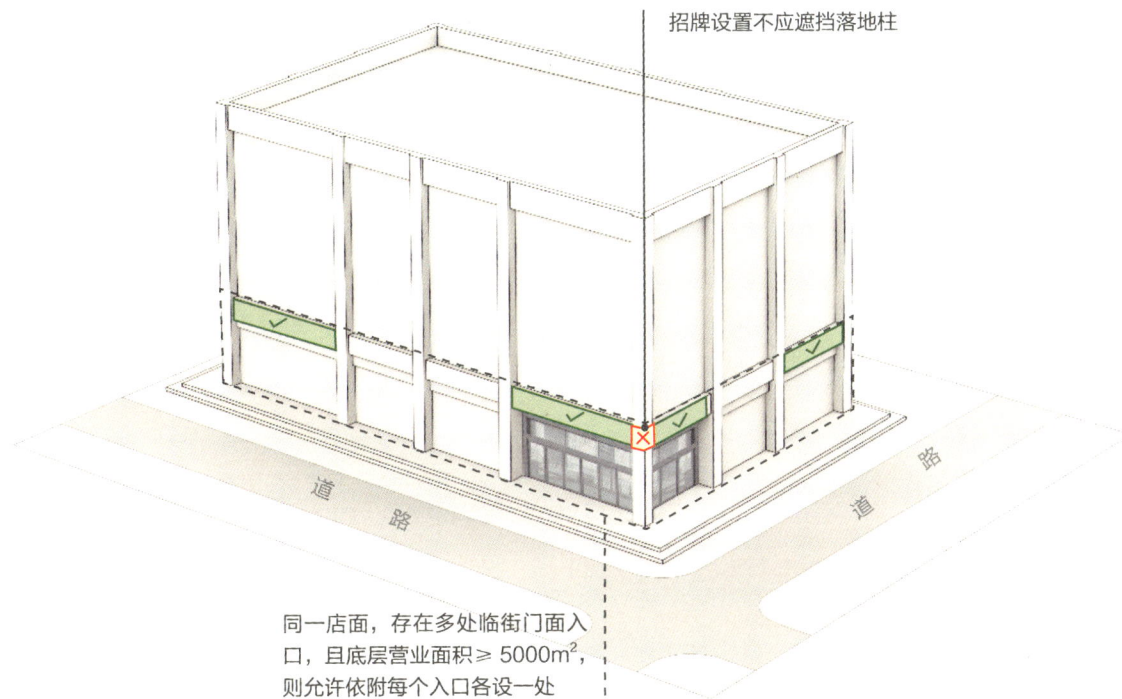

招牌设置不应遮挡落地柱

同一店面，存在多处临街门面入口，且底层营业面积 ≥ 5000m²，则允许依附每个入口各设一处

图 5.6-21　多处临街门面入口的标牌匾额数量控制示意图（资料来源：自绘）

5.6 建筑立面要素
BUILDING ELEVATION ELEMENTS

第5章 道路设计要素

色彩指引：

（1）按照色彩占门店招牌的面积比例，门店招牌的色彩分为主色和点缀色。主色是占70%以上面积的色彩，作为主要的控制对象。

（2）以建筑物主色在色相环中的位置为基准，偏离指定角度，得到的范围即为户外招牌主色色相的选择范围。具体分为同色相配色、类似色相配色、对比色相配色、无色彩或金属色配色4类。

风格指引：

（1）中式风格（S1）：适用于设置在传统岭南风貌街区及有传统风格元素的建筑载体，或历史文化保护建筑、特色风貌商业街区。边框形式以岭南传统建筑装饰元素为主，招牌文字采用手写书法字为主；材质以木刻、石刻为主。

（2）异域风格（S2）：适用于欧式、东南亚及日式等海外风格的建筑载体。边框形式以其建筑装饰元素为主；招牌文字以美术字为主，通常采用中文与外国文字结合的形式；材质以合成板材、金属、木材等为主。

（3）现代风格（S3）：适用于现代风貌街区及有现代风格元素的建筑载体。边框简洁、造型大胆而富有创意，文字以印刷字及美术字为主，通常采用中英文结合的形式。材质以玻璃、合成板材、金属、LED等为主，鼓励采用现代新型环保节能材质；

（4）多元风格（S4）：适用于设置在一般商业街区及特殊建筑载体。文字以印刷字及美术字为主，通常采用中英文结合的形式。材质多样化，设置风格需与所处建筑载体风格及街区景观风貌相协调。

材料指引：

门店招牌的表层应采用不易锈蚀的材料。当采用木质材料作表层材料时，应作防腐、防霉处理。采用内置光源的门店招牌表层材料和底板还应考虑阻燃要求。推荐使用以下几种常见门店招牌用材：

（1）钢结构+3M布。特点：形象简洁、色调柔和、安装便捷、维护方便。

（2）钢结构+全吸塑灯箱+水晶字/PVC字/有机玻璃字等。特点：立体感强、耐用性、透光性远超其他灯箱。

（3）钢结构+铝塑板/格栅+水晶字/LED发光字/PVC字/有机玻璃字/吸塑灯箱（字）/金属字等。特点：与建筑融合，店名采用各类材质制作，立体感强。

（4）全LED（仅在专项规划规定区域可设）。特点：档次较高，精致美观，全天视觉效果俱佳。

● **未来发展趋势**

动态展示招牌。

动态展示招牌是指以电子显示屏、机械移动、翻动装置或是闪烁、流动的照明灯光为媒介的招牌，表现形式包含视频、动画、快速切换的流动演示画面、机械移动的立体招牌、机械翻动的平面招牌等。

492 ELEMENTS DESIGN

● 招牌色彩指引意向

H1 同色相配色 （0°－5°）	H2 类似色相配色 （6°－100°）	H3 对比色相配色 （101°－170°）	H4 无色彩或与 金属色配色

图 749　招牌色彩指引意向（资料来源：《广州市户外广告和招牌设置技术规范》）

● 招牌风格指引意向

中式风格（S1）			
传统岭南	骑楼风格	新中式	其他

异域风格（S2）			
和式风格	东南亚风格	欧式风格	其他

现代风格（S3）			
创意式	科技式	简约式	其他

多元风格（S4）			
立体字风格	平面字风格	连锁企业	单位挂牌

图 5.6-22　招牌风格指引意向（资料来源：《广州市户外广告和招牌设置技术规范》）

第5章　道路设计要素

5.6 建筑立面要素
BUILDING ELEVATION ELEMENTS

5.6.3 楼宇名称

鼓励建筑物在楼体墙身显著位置或楼体顶部女儿墙位置设置楼名，并仅限于在设置人经营地和办公地设置，同时对楼宇名称的禁止设置、位置、容量及设置提出要求。

● 设计依据与参考

01	《中华人民共和国广告法（2015）》
02	《城市容貌标准》GB 50449-2008
03	《城市户外广告设施技术规范》CJJ 149-2010
04	《广州市市容环境卫生管理规定（2007）》
05	《广州市户外广告和招牌设置管理办法（2014）》

相关规定：

楼宇名称应制作精良，选用节能、环保材料，形状、规模、色彩等应与周边环境相协调，空间布局、容量管理、色彩指引、风格选择应符合专项规划的要求，招牌不得影响航空安全，在机场管理部门划定区域范围内禁止使用霓虹灯、闪烁光源和红色光。

● 设计指引

禁止设置：
与门店招牌规定内容一致，可参考相关规定。

招牌的位置要求：
平行墙面的楼宇名称仅允许依附于建筑物或裙房顶部墙面、建筑主体墙面的实墙部分、主要出入口门楣及遮蓬处设置。在其余位置设置的，视作户外广告。

容量要求：
楼宇名称的容量控制要求：
（1）在建筑物底层设置楼宇名称的，每个立面的主要出入口最多设置 1 块。在建筑物底层以上设置楼宇名称的，可选择建筑物朝向主要道路的两个立面设置，每个立面最多设置 1 块，且应位于不同方向的建筑墙面上。
（2）楼宇名称牌单个面积不得大于所在墙体面积的 10%。

设置指引：
与门店招牌规定内容一致，可参考相关规定。

● 未来发展趋势

静态展示招牌。

电子显示为媒介的固定画面招牌，宜采用渐变式的画面切换方式，降低对驾驶员的视觉刺激与混淆，避免影响道路交通安全，也可采用立体字招牌，低调处理楼宇名称。

第 5 章 道路设计要素

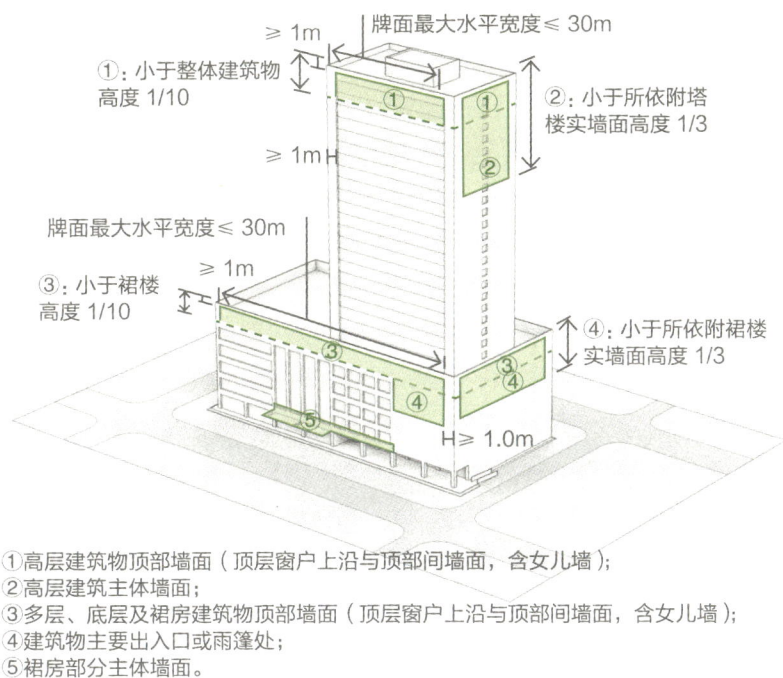

①：小于整体建筑物高度 1/10

②：小于所依附塔楼实墙面高度 1/3

③：小于裙楼高度 1/10

④：小于所依附裙楼实墙面高度 1/3

≥ 1m

牌面最大水平宽度 ≤ 30m

≥ 1mH

牌面最大水平宽度 ≤ 30m

≥ 1m

H ≥ 1.0m

①高层建筑物顶部墙面（顶层窗户上沿与顶部间墙面，含女儿墙）；
②高层建筑主体墙面；
③多层、底层及裙房建筑物顶部墙面（顶层窗户上沿与顶部间墙面，含女儿墙）；
④建筑物主要出入口或雨篷处；
⑤裙房部分主体墙面。

图 5.6-23　楼宇名称类招牌可设区域示意图（资料来源：自绘）

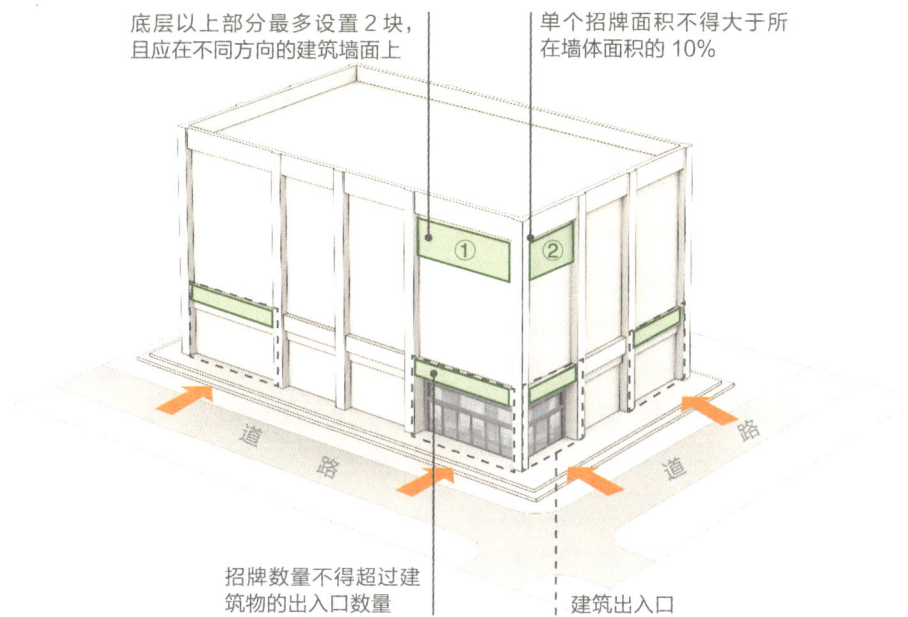

底层以上部分最多设置 2 块，且应在不同方向的建筑墙面上

单个招牌面积不得大于所在墙体面积的 10%

道　路

道　路

招牌数量不得超过建筑物的出入口数量

建筑出入口

图 5.6-24　楼宇名称类招牌容量控制要求（资料来源：自绘）

图 5.6-25　东京银座楼宇名称案例（资料来源：https://www.23yy.com/3240000/3230853.shtml 及 www.archiposition.com/travel/inspirations/item/534-2.html）

● 优秀案例

东京·银座｜御本木楼宇名称

御本木银座二店，设计灵感源于珠宝盒，幻想出漂浮在珍珠中的泡沫和花瓣。楼宇名称设计与外墙支撑结构融为一体，同一色调，轻盈优美。

▶ 优点：

楼名招牌亮点突出，因地制宜而各具特色。在整体协调统一的基础上，突出个性化设计。

▶ 不足：

不可批量复制，成本造价较高。

第 5 章　道路设计要素

退缩空间要素

BUILDING SETBACK ZONE ELEMENTS

5.7 退缩空间要素
BUILDING SETBACK ZONE ELEMENTS

5.7.1 地面铺装

退缩空间地面铺装应与人行道铺装、沿街建筑相协调，建议采用有统一感的主色调铺装强化街道景观的连续性和整体性，铺装色彩、形式、材质宜尽量协调；铺装要平坦，尽量减少不必要的高差变化；地面不得已有高差变化时，应做明显的标志；地面铺装材料的选择应考虑防滑等问题。注意：高品质铺装并非指使用最昂贵的材料，而是材料的组成和应用能够达到最佳的效果。

● 设计依据与参考

01	《城市道路工程设计规范》CJJ 37-2012
02	《城市步行和自行车交通系统规划设计导则》
03	《城镇道路路面设计规范》CJJ 169-2012
04	《广州市城市道路设计技术指南（试行）》
05	《广州市城市道路永久性材料运用指引（第三版）》
06	《广州市城乡规划技术规定》（广州市人民政府令 133 号）

相关规定：

查阅现行规范及标准，并未对退缩空间的地面铺装作出详细规定和相关要求。

— 沿城市道路、广场设置的建筑物前广场、人行道及商场入口的铺设材质及形式应当协调，并应当与绿化、建筑小品等同时设计、同时建设、同时验收和投入使用。

— 人行道铺装面层应平顺、抗滑、耐磨、美观；表面应平整，边角齐全，厚度均匀，色泽一致。

— 尽量采用广州地区的工程材料，以节约投资，并且方便日后的管理与维修。

● 设计指引

设计原则：

— 协调性：退缩空间的铺装设计首先要考虑与城市道路的协调性，使城市—建筑—景观环境—道路设施得以协调一致；选择相适应的色彩、质感进行设计，保证风格及文化基调尽量形成统一。

— 人性化：符合人的使用需求、心理需求，铺装的尺度感、节奏感、导向性等空间特性应恰当且明确，有完善的无障碍设计以辅助具有行动障碍或老幼病弱的人群自由穿行，协助视觉残疾者通过盲杖和脚底的触觉，方便安全通行。

— 功能性：退缩空间一般具有相应的功能要求，如商业建筑前广场、交通枢纽前广场等，不能一味强调与人行道铺装的绝对相同，而是能够根据场地功能的需求对不同区域进行有效的区分，在细微处寻求变化。

设计要点：

— 竖向：尽量做到平坦平整，减少与人行道铺装之间不必要的高差变化；地面不得已有高差变化时，应做明显的标志，可采用色彩、材质、图案、质感、尺度等的变化。

— 色彩：简单的、灰色调的铺装往往暗示着穿行、集散空间，而色彩鲜明的则意味着休闲娱乐空间等；在一个相对大的空间内，在颜色上保持部分一致，而寻求局部的变化，既能够保持空间完整性亦能有效区分空间的功能。

— 尺度：铺装材料的尺寸往往影响着其所铺设的场所的空间比例感受。一般大尺度的铺装材料会给人以宽阔、宏大、雄伟、庄严的感受。而小尺度的铺装材料会给人以亲切、人性化、适宜驻足观察的感受。但是大尺度空间中并不是绝对不能使用小尺度的铺装材料，可作为点缀性或者特色铺装出现。

— 形式：注重功能性区划和视觉观赏性，考虑铺装的图案、分格，尽量避免大面积单一地使用一种材料铺装地面；若用硬质材料，应注意地面的分格。

— 材料：利用不同质感的材料之间的对比能形成材料变化的韵律节奏感；铺装面层应平顺、抗滑、耐磨、美观；表面应平整，边角齐全，厚度均匀，色泽一致；材料可见常用人行道铺装推荐。

● **优秀案例**

中国·广州万菱汇 | 退缩空间铺装

万菱汇位于广州市天河路和体育中心的交汇点，是天河商业商圈的重要组成部分，其退缩空间铺装的设计既与人行道铺装完美协调，又能根据建筑立面的特点形成局部的变化，很好地营造了商业氛围和现代感。

▶ **优点：**

退缩空间的地面铺装彰显建筑特色，又与城市道路相协调。

▶ **借鉴：**

退缩空间的地面铺装与人行道协调设计，减少空间割裂，形成整体感。

图 5.7-1　广州天河区万菱汇铺装（资料来源：自摄）

英国·伦敦 | 展览路铺装

道路及建筑退缩空间采用统一的铺装样式，主色调以贴近自然的冷灰色为主，既能形成和谐的空间感，又能突出道路两侧城市建筑的风貌。铺砌形式简洁大气，采用紧密的拼接，保证不出现可见的砂浆拼接缝，打造出整体性的高品质路面。

▶ **优点：**

同一石材可处理成一系列的饰面和纹理来实现不同的效果。

▶ **不足：**

材料成本高，获取不便利，与混凝土相比，安装更费时。

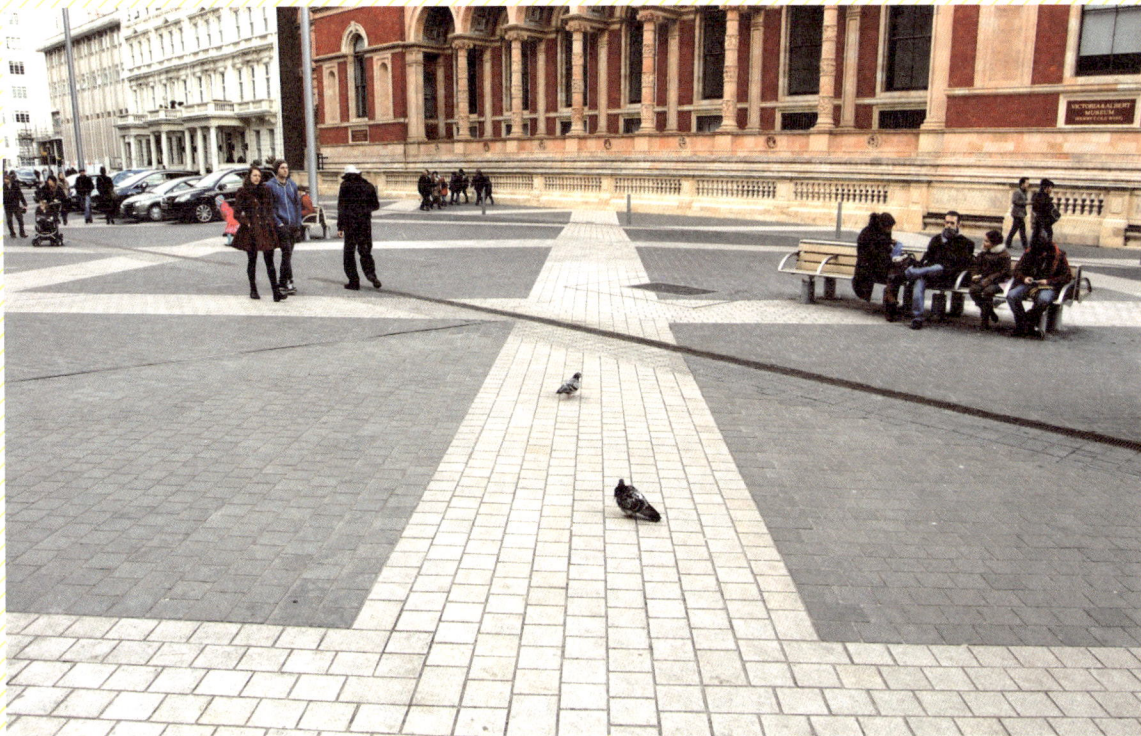

图 5.7-2　英国伦敦展览路退缩空间铺装（资料来源：https://davisla.wordpress.com/2012/02/20/exhibition-road-shared-space/）

5.7 退缩空间要素
BUILDING SETBACK ZONE ELEMENTS

5.7.2 地面停车与机动车出入口

（1）地面停车

● **设计依据与参考**

退缩空间设置停车场，应符合有关规范、广州市城市总体规划、道路交通规划、停车场规划，以及城市规划行政主管部门的规定。根据需求计算，合理控制停车场布局和规模，协调道路的交通通行以及建筑使用功能（如商业、住宅、大型公共建筑等），退缩空间不鼓励设置停车场。

01	《广州市城乡规划技术规定》（广州市人民政府令 133 号）
02	《城市用地分类与规划建设用地标准》GB50137-2011
03	《民用建筑设计通则》GB 50352-2005
04	《上海市街道设计导则》（公示稿）
05	《城市交通设计导则》（征求意见稿）
06	《纽约街道设计导则》
07	《洛杉矶活力街道设计导则》
08	《伦敦街道设计导则》

相关规定：
查阅现行规划及标准，对退缩空间的地面停车（场）相关设计的要求、规定较少。

● **设计指引**

布局原则：
道路沿线退缩空间需要设置地面停车的，新建、扩建的公共建筑应按建筑面积或使用人数，同时考虑到周边道路容量的能力，并根据行政主管部门的规定，统筹建设；场地条件不足的，应避免设置地面停车，更不能占用宝贵的道路公共资源。尽量减少人流穿行干扰交通的情况，利于市民和车辆在短时间内迅速疏散。

一般要求：
— 设置在大型公共建筑附近，应紧靠有关建筑物，并位于干道一侧。
— 对于大型商业建筑群，应提供充足的停车设施满足顾客的停车需求，结合在商业区边缘布置相对集中的停车场，并减少进入商业区域的交通量。
— 对于体育等大型建筑，首先避免车流与人流的交叉，退缩空间与建筑前广场合设时，应满足广场性质的同时设置停车空间。
— 对于居住区，贯彻相对分散和适度集中的原则，规模较小的居住区地面停车与自行车棚的设置同时考虑，停车产生的噪声和废气应进行处理，不得影响周围环境。

设计要点：
— **出入口布局：**应尽量设在次干道上，不应直接与主干道连接；如设在主干道旁时，则应尽可能远离交叉路口（≥ 80m），出入口设计应满足 5.7.2（2）的相关要求。
— **平面布局：**可采用平面式、垂直式、斜列式停车。
— **坡度要求：**满足排水坡度要求。
— **绿化景观：**绿化布置在满足功能及交通要求的原则下，应与停车场内外道路场景相协调。对于选址在道路旁的停车场，要考虑静止和移动中的观赏特性，采用乔木与灌木混合种植的绿化带形式隔离和遮护停车场和干道。灌木可种 1 ~ 2 行，高 1m，宽 1 ~ 1.5m。确定地面停车场内绿化带、花坛形式、选用树种等具体方案时，应与停车场容量、停车方式等综合考虑；乔木可利用双排背对车位的尾距间隔种植，选择树冠大、枝叶茂盛、分枝高度较高的树种，为车辆提供防晒树荫。

● **优秀案例**

国外｜地面停车

利用建筑退缩空间设置的地面停车，并没有明显的停车线，保持了景观上的协调，巧妙利用铺装的样式分格和种植树木篱墙等与周围的停车泊位分隔开来。另外，遮阳伞及座椅的安排为人们提供轻松的交谈环境。

▶ **借鉴：**

与周围道路环境相协调，并将专用停车场设计成为一个可以休憩并能与他人交流的环境。

图 5.7-3　英国伦敦案例（资料来源：http://studyabroad.tigtag.com/homes/264153.shtml）

图 5.7-4　澳大利亚墨尔本案例（资料来源：www.landscape.cn/news/events/project/foreign/2015/0820/175983.html）

中国·上海｜立体式机械车位

停车位分成上、下两层或两层以上，借助升降机构使汽车存入或取出的简易机械式停车设备。这种停车方式既不影响低楼层住户的采光，同时操作容易，多用于酒店，住宅、办公等退缩空间，拆卸方便，无需土建，节能环保。

▶ **优点：**

机械车位利用升降技术巧妙地将一个车位变成了多个车位，占地面积最小，能耗低。

▶ **不足：**

外观效果有待改善，成本造价较高。

图 5.7-5　上海立体式机械车位（资料来源：www.cdchewei.com/cpzx/jysj/three/12.html）

第 5 章　道路设计要素

5.7 退缩空间要素
BUILDING SETBACK ZONE ELEMENTS

5.7.2 地面停车与机动车出入口

按照以人为本的理念，实现人行道、车行道地面和机动车出入口一体化设计要求，对机动车出入口的坡度及起坡形式进行控制，保障行人通行的通畅。

（2）机动车出入口

● 设计依据与参考

01	《广州市城乡规划技术规定》（广州市人民政府令 133 号）
02	《停车场规划设计规范（试行）》
03	《民用建筑设计通则》GB 50352—2005
04	《无障碍设计》12J926
05	《城市道路无障碍设计》15MR501
06	《汽车库建筑设计规范（1998）》
07	《上海市街道设计导则》（公示稿）
08	《纽约街道设计导则》

相关规定：
原则上严格控制直接正对主干路设置停车场（库）出入口，设置机动车出入口位置距离城市道路应当预留充足的缓冲空间，并提倡出入口与人行道一体化设计，避免出现高差问题。
— 坡道的坡面应平整、防滑；
— 保障无障碍通道的通行。

● 设计指引

布局原则：
尽量减少机动车出入口穿行干扰人行连续性的情况。规划建筑工程、建设道路交通工程应当符合下列规定：
— 建筑物机动车出入口距离城市道路应当预留充足的缓冲空间。
— 停车场（库）出入口应当设置缓冲区间，缓冲区间和起坡道不得占用规划道路，闸机不得占用规划道路和建筑退让范围。严格控制直接正对主干路设置停车场（库）出入口。
— 大中型汽车库车辆出入口不应少于 2 个；特大型汽车库址，车辆出入口不应少于 3 个，并应设置人流专用出入口。各汽车出入口之间的净距应大于 15m。出入口的宽度，双向行驶时不应小于 7m，单向行驶时不应小于 5m。

一般准则：
— 坡道的坡口与车行道之间宜没有高差；当有高差时，高出车行道的地面不应大于 10mm。
— 出入口边线内 2m 处作视点的 120° 范围内至边线外 7.5m 以上不应有遮挡视线障碍物。
— 汽车库内通车道的最大坡度不得大于 15%。
— 机动车出入口通路坡度大于 8% 时，应设缓冲段与城市道路连接；车行坡道出口处向人行道上升时，在与人行道相交前必须设置近于平直的缓和段，$i \leqslant 5\%$。

注意事项：
无障碍部分参考慢行系统缘石坡道设计要求。

全宽式坡道注意要点：

— 全宽式单面坡缘石坡道的坡度应 ≤ 1：20。

— 坡口与车行道之间宜没有高差，当有高差时，高出车行道地面应 ≤ 10mm。

— 全宽式单面坡缘石坡道宽度应与人行道宽度相同，坡面应平整防滑。

全宽式坡道应用：

— 适用于街坊路口、庭院出入口、汽车出入口处的人行道，提供十分平缓的坡度，行走体验良好。

— 转角处全宽式单面坡缘石坡道用于路口转角处。

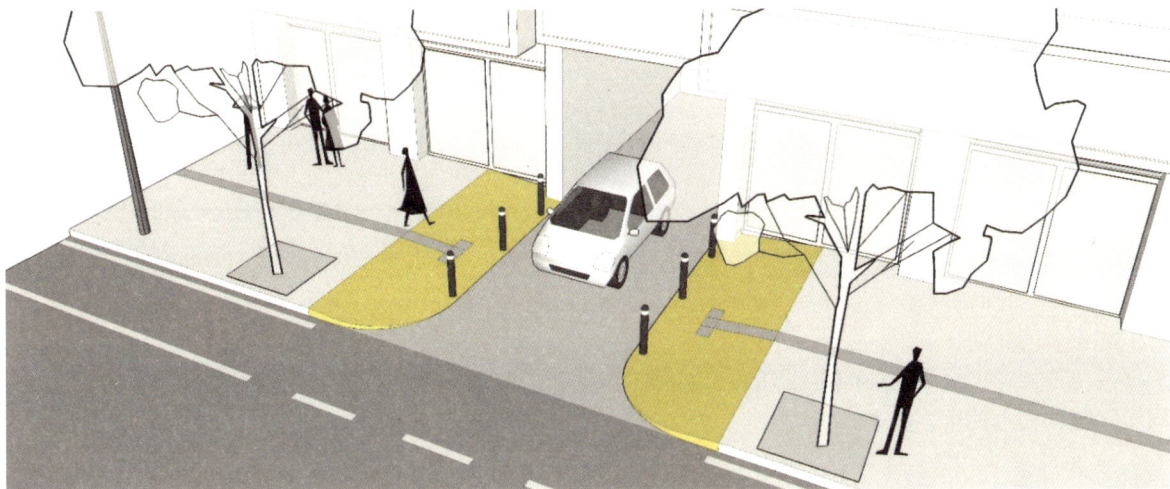

图 5.7-6　全宽式坡道示意图（资料来源：自绘）

抬升式坡道注意要点：

— 抬升式坡道应满足行车安全的需要，正面、侧面的坡度应不大于 15%；当机动车库（场）内通车道纵向坡度 >10% 时，坡道上端与人行道平地段相接处应设缓坡。

— 坡道正面坡的宽度应 ≥ 5m，坡面应平整防滑。

— 正面坡口与车行道之间的高差应 ≤ 10mm。

抬升式坡道应用：

— 适用于道路中段的人行道处。

图 5.7-7　单面坡道示意图（资料来源：自绘）

5.7 退缩空间要素
BUILDING SETBACK ZONE ELEMENTS

5.7.3 建筑遮阳构筑

广州市属于南亚热带典型的季风海洋性气候，夏季较长，强光高热、雨量充沛。鼓励道路沿线建筑根据道路的定位和功能需要设置遮阳棚、雨篷等设施，应满足国家和地方标准对于"建筑突出物"等的要求；同时在规划层面应多鼓励道路沿线新建建筑延续骑楼等建筑形式。

● 设计依据与参考

01 《住宅建筑规范》GB 50368—2005

02 《民用建筑设计通则》GB 50352—2005

03 《广州市城乡规划技术规定》（广州市人民政府令 133 号）

04 《广州市城市容貌规范》DBJ440100/T 126-2012（广州市地方标准）

05 《上海市街道设计导则》（公示稿）

06 《伦敦街道设计导则》

● 设计指引

布局原则：

— 新建、改建、扩建建筑工程时，其遮阳构筑或设施应当与主体建筑工程同步设计、同步建设、同步验收和投入使用。

— 鼓励传承和弘扬岭南建筑文化，鼓励设置骑楼、遮蔽设施，如建筑挑檐、活动遮阳棚、固定雨棚等形式，形成遮阳挡雨的街道顶界面；并符合城乡规划和建筑设计的要求。

— 对于城市标志性建筑工程、位于城市重要地区的建筑遮阳构筑工程，城乡规划主管部门可以组织城市设计研究者或者专家论证。

— 由于道路红线和用地红线范围包括建筑控制线范围，突出建筑控制线的构筑物尚应符合城市规划行政主管部门的规定。

设计要点：

— 退让范围内，在有人行道的路面上空设置的遮阳构筑项目，应当符合下列规定：

（1）活动遮阳设置高度应在 2.5m 以上，突出宽度不应大于人行道宽度减 1m，并应 ≤ 3m。

（2）3m 以上设置突出雨篷、挑檐的，深度应 ≤ 2m。

（3）5m 以上设置突出雨篷、挑檐的，深度应 ≤ 3m。

（4）消防通道的上方设置遮阳构筑的，不低于 4m。

— 遮阳构筑物应尽量使用耐久性能好或永久性建筑材料，与建筑本身应有牢固地结合。

— 在同一临街面应尽量统一材质、样式、颜色，并应与周边环境相协调，保持整洁美观为原则，塑造街道的特色形象。

注意事项：

— 骑楼、过楼街和沿道路红线的悬挑建筑不应影响交通及消防的安全；在有顶盖的公共空间下不应设置直接排气的空调机、排气扇等设施或排出有害气体的通风系统。

— 遮阳构筑物均不得向道路上空直接排泄雨水、空调冷凝水及从其他设施排出废水。

— 住宅的公共出入口位于阳台、外廊及开敞楼梯平台的下部时，应采取设置雨棚等防止物体坠落伤人的安全措施。

● **优秀案例**

遮阳构筑物造型

遮阳构筑物与建筑物外立面同步设计，同时结合建筑的使用功能与地区特色进行选材。

▶ **优点:**

遮阳构筑物与建筑物外立面同步设立，实现建筑整体的统一性。

▶ **不足:**

由于没有统一标准，容易造成街区遮阳构筑物各自为政，难以统一。

图 5.7-8 遮阳构筑物样式示例一（资料来源：自摄）

图 5.7-9 遮阳构筑物样式示例二（资料来源：http://shenkun1968.blog.163.com/blog/static/108521086201261873348377/）

图 5.7-10 英国牛津街门店遮阳构筑物图示（资料来源：http://www.sohu.com/a/75715207_109028）

英国·牛津街｜门店遮阳构筑物

商业街中的商业建筑门店都布置了具有代表性的遮阳构筑物，起到安全性和标志性的作用，同时作为国际化的大都市，也是节目表演和代表作品的宣传空间。

▶ **优点:**

退缩空间的遮阳构筑物，采取设置雨棚等防止物体坠落伤人的安全措施。

▶ **不足:**

设计形式没有规范样式，容易造成视觉混乱。

5.7 退缩空间要素
BUILDING SETBACK ZONE ELEMENTS

5.7.4 建筑信息牌

为市民读取建筑物信息而标示的标识牌，是信息提供最具视觉效果的、最快捷的选项。信息牌应该设在行人开始行程的位置，并且减少街景的实物侵入，帮助居民和游客更快、更简单地识别信息。

● 设计依据与参考

01	《城市道路交通标志和标线设置规范》GB51038-2015
02	《道路交通信号灯与安装规范》GB14886-2016
03	《道路交通标志和标线 第2部分：道路交通标志》GB5768.2-2009
04	《广州市道路交通支指路标志系统设计技术指引（修订）》
05	《广州市公共信息标志标准化管理办法》（2012年5月1日）
06	《广州市公共信息标志标准实施目录》

相关规定：

设置建筑物信息牌应当安全、规范、醒目、协调，并符合市容管理的相关规定和要求，不得附加广告内容。信息牌的设计应当符合《广州市公共信息标志标准实施目录》所列标准的要求，不得制作、设置不符合《广州市公共信息标志标准实施目录》所列标准要求的信息牌。

● 设计指引

一般准则：

信息牌上标志内容不给市民带来误导，形成拖沓、累赘的印象，且易于理解。同时能体现标识建筑物的对外形象与社会属性，基本上都是个性化设计与制作的标识产品。

设置高度：

柱式设置的信息牌下边缘距地面应该保持在2m左右，如确信标志的设置地点不会因其设置高度而对人体造成伤害，其设置高度可与人眼视线高度大体一致或选用其他合适的设置高度。

注意事项：

信息牌的设置单位应当对其设置的信息牌定期进行检查、维护，保持信息牌的完好、整洁、清晰。信息牌出现损坏、脱落等情况时，设置单位应当及时修复或者更新。

● 未来发展趋势

集约利用，多杆合一，智慧环保。

— 智慧街道将是未来发展的主要趋势之一，多杆平台搭载整合完善的智能设施，有效促进街道智能服务；
—优化设施的人性化设计，以街道参与者的使用体验为出发点，优化单体设计、设施组合及点位布设；
—注重风貌的协调有序，在满足标准规范的前提下，优化多杆合一设施的整体风貌；
— 鼓励绿色低碳设计，推广利用低能耗设备与材料，宣传科技环保理念。

● **优秀案例**

中国·广州天环广场｜建筑物信息牌

天环广场位于广州天河商圈的核心位置，将地上的底层和地下的零售区整合在同一个多层次的公园绿地中，建筑物信息牌以简单的中英字体放置在街道边绿地上，清晰简约。

▶ **优点：**

信息牌为行人提供建筑物标识功能，设计风格与建筑风格一致

▶ **不足：**

由于考虑与建筑物的主次问题，信息牌尺度较小，单向展示，容易被错过。

图 5.7-11　信息牌样式（资料来源：自摄）

英国·伦敦｜建筑物信息牌

伦敦街道信息牌在复杂的城市环境、在路口或作为一个简单路线标识，对于标识的任何部分，确保距路缘石最小间距 450mm，标识牌不妨碍步行区。

▶ **优点：**

在定位点可以快捷、准确地寻找到有效信息，实现信息一体化。

▶ **不足：**

放置位置在较小道路退缩范围内，容易造成障碍。

图 5.7-12　英国伦敦建筑物信息牌示例（资料来源：www.mafengwo.cn/i/6549392.html）

5.7 退缩空间要素
BUILDING SETBACK ZONE ELEMENTS

5.7.5 建筑台阶

在条件许可的情况下，台阶要尽量宽阔，落差不宜太大，使行人有舒适的步行空间。坡道主要是为车辆及残疾人进出建筑而设置，在坡度的要求上要符合相关规范要求。

● 设计依据与参考

01	《民用建筑设计通则》GB 50352—2005
02	《无障碍设计规范》GB 50763-2012
03	《城市道路无障碍设计》15MR501
04	《广州市城乡规划技术规定》（广州市人民政府令 133 号）

相关规定：

为解决无障碍环境建设中存在的不规范、不系统和不实用等突出问题，确保无障碍设施建设工作顺利开展，保障建设和改造技术水平，提出了台阶的无障碍设计、坡度设计规划等规范要求。

● 设计指引

一般准则：

（1）台阶设置应符合下列规定：

1）公共建筑室内外台阶踏步宽度不宜小于 0.30m，踏步高度不宜大于 0.15m，并不宜小于 0.10m，踏步应防滑。室内台阶踏步数不应少于 2 级，当高差不足 2 级时，应按坡道设置；

2）人流密集的场所台阶高度超过 0.70m 并侧面临空时，应有防护设施。

（2）坡道设置应符合下列规定：

1）室内坡道坡度不宜大于 1：8，室外坡道坡度不宜大于 1：10；

2）室内坡道水平投影长度超过 15m 时，宜设休息平台，平台宽度应根据使用功能或设备尺寸缓冲空间而定；

3）供轮椅使用的坡道不应大于 1：12，困难地段不应大于 1：8；

4）自行车推行坡道每段长不宜超过 6m，坡度不宜大于 1：5；

5）坡道应采取防滑措施。

● 优秀案例

黎巴嫩 | 哈里里纪念花园前台阶

它位于黎巴嫩政府下面山坡的一个三角地带，细长条的灰色花岗岩，开放的态度引接所有公民。

▶ 优点：

通过改变台阶的尺度营造出不同的空间体验。超常尺度的台阶由于在高度或者宽度超过人正常行走的范围，往往给人留下神秘、不可触及、不可侵犯的感觉。

▶ 不足：

受场地的因素影响，不可能大范围使用，而且造价成本较高。

图 5.7-13　哈里里纪念花园前台阶（资料来源：zhan.renren.com/h5/entry/3602888498041858809）

城市街道围墙本身是一个连续的系统，它是处于城市街道各个系统之间的连接体。城市街道景观的整体性和连续性需要它的补充和丰富，使之符合城市公共环境，融入整体城市文化中去，创造一个和谐、美观、充满活力的城市公共环境。

01	《住宅小区安全防范系统通用技术要求》GB 21741—2008
02	《城市绿地设计规范》GB 50420-2007
03	《上海市街道设计导则》（公示稿）
04	《纽约街道设计导则》
05	《洛杉矶活力街道设计导则》
06	《伦敦街道设计导则》

相关规定：

为解决围墙在建设中存在不规范、不系统和不实用等突出问题，确保无围墙建设工作顺利开展，对围墙建设的高度与通透性提出了控制要求，提出城市绿地不宜设置围墙。

一般准则：

— 城市绿地不宜设置围墙，可因地制宜选择沟渠、绿墙、花篱或栏杆等代替围墙。必须设置围墙的城市绿地宜采用透空花墙或围栏，其高度宜在 0.8 ~ 2.20m。

— 建议住宅小区尽量减少围墙设置，如必须设置，围墙的高度不低于 1.8m，栅栏的竖杆间距不应大于 150mm。

— 围墙 0.9m 以上通透率须达到 80%，结合绿化增加视觉深度；院落入口应采用通透式大门；应对实墙进行装饰或立体绿化。

— 短柱截面主要为矩形或正方形，（400 ~ 600）mm×（300 ~ 600）mm，柱顶作适当的造型，矮柱材料的选择要地域化并体现当地的悠久文化；柱础及勒脚高度 200 ~ 350mm，若需高于 350mm 则需设置随墙花坛或结合其他元素，如座椅、儿童设施等构成复合边界；柱距可控制在 3 ~ 4.5m；柱间部位是可变性最强的部分，但仍以各种形式的透空格栅为主，所占比例千米之内长度应大于 70% 围墙长度，可设置实体墙如艺术景墙、造型墙。

注意事项：

控制邻近街区内墙的高度和间距统一性，保持空间、色彩的整体感，形成一街道、地域的城市特色。

— 通过艺术化、创意造型对实体墙体进行设计，形成视觉的焦点，地区标志性景点。

— 垂直绿化采用有攀援、缠绕、吸附和下垂等功能的植物，沿着建筑面或者其他结构的表面，攀附、固定、贴植、垂吊，形成垂直面的绿化，从而提高环境绿化率增加环境绿化量。

— 利用植物的抗污性、杀菌、滞尘、降温、隔声等功能，形成既有生态效益，又有景观效果的绿色景墙。

— 所用的植物材料应选择浅根、耐贫瘠、耐旱、耐寒的强阳性或强阴性的藤本、攀援和垂吊植物。

5.7 退缩空间要素
BUILDING SETBACK ZONE ELEMENTS

5.7.6 建筑围墙

● **设计依据与参考**

● **设计指引**

● **未来发展趋势**

创意围墙、垂直绿化。

5.7 退缩空间要素
BUILDING SETBACK ZONE ELEMENTS

5.7.7 建筑小品

小品设置应提升公共空间功能，优化公共空间环境，增加与公众的体验互动。同时需符合场地的规划设计条件，不得违背场地在历史保护、生态保护、安全防灾等方面的强制性规划控制要求。

● 设计依据与参考

01	《城市容貌标准》GB 50449-2008
02	《市容环境卫生术语标准》CJJ T 65-2004
03	《城市绿地设计规范》GB 50420-2007
04	《广州市城市绿地系统规划（2010-2020）修编》
05	《广州市城乡规划技术规定》（广州市人民政府令 133 号）

相关规定：

新建影剧院、游乐场、体育馆、展览馆、大型商场等较大规模的公共建筑，应当在主入口设置绿化休闲广场，广场应当设置绿化、建筑小品、休息座椅、广场灯及夜景照明系统等配套设施。以现有的道路交通网络为空间载体，通过设置艺术小品来提高特定空间的可识别性和人们的日常体验。

— 道路的环境服务设施可艺术化处理、多样化设计，进而提升街道环境品质和增强空间环境吸引力。

— 建筑小品不应构成一个健康和安全风险，同时不能限制视线或影响通行。

— 建筑小品应规范设置，其造型、风格、色彩应与周边环境相协调，应定期保洁，保持完好，清洁和美观。

— 艺术小品的任何设置，都不能对使用步行通道的人产生碰撞隐患。

● 设计指引

小品尺度与体量要求：

在以区域边界（如：矩形广场通常有四边界）中点为最佳观察点基础上，观众与广场雕塑的距离为 D，视域宽度为 W，广场雕塑高度为 H，人限高度为 h。同时考虑视觉位置和雕塑体量大小的时候，通常遵循以下原则：

（1）在垂直现场为 30° 时，其透视距离计算如下：

$$D=(H-h)\,ctg\,a=(H-h)\,ctg(30°/2)=(H-h)\,ctg15°=3.73(H-h)$$

注：微型广场的小型雕塑视距通常为雕塑高度的 3 倍。

（2）在垂直现场为 45° 时，其透视距离计算如下：

$$D=W/2×ctg(45°/2)=(2.414×W/2)$$

色彩与材料要求：

— 色彩：根据广场周边环境和建筑，合理选择适合观赏、符合主题、尺度和材料特征的雕塑色彩。

— 材料：根据广场周边环境和建筑，合理选择适合观赏、符合主题、尺度和色彩的雕塑材料。

注意事项：

位置安放应充分考虑以下因素：城市总体规划；环境的性质功能；空间环境的界面、尺度；人流的主要方向，主要观赏角度的景观效果；光线朝向等。

● 未来发展趋势

智能互动小品。

随着科技的进步，智能型、光学传感器互动的作品不断出现，如在带有传感器装置的小品前面挥舞双手，光线随手指的运动环绕雕塑闪耀；用手机播放音乐视频，能创造出独特的发光频率；旋转伞或者挥舞衣服在传感器前面也可使雕塑显示不同的颜色和图案。这些小品可增进街道的体验感、新鲜感和活力。

第 6 章

评估与更新
EVALUATION AND UPDATE

6.1 手册评估
MANUAL EVALUATION

6.1.1 为何评估

根据现代汉语词典，评估是评价估量。对于《广州市城市道路全要素设计手册》，是基于和借鉴国内外优秀道路设计和建设经验提出的一系列创新的设定，这些新方法是否适用于实际设计和建设情况，需要不断对相关设定进行评估和论证，以确定它们是否满足实际的需要。评估的根本目的是为下一步的行动提供客观依据。评估方法包括评价指标体系的构建和评价标准的制定，在这方面仍然需要开展进一步的探讨和相关研究。

6.1.2 如何评估

在以后的设计手册评估中，应尽量遵循客观性、全面性、层次性和可操作性四个原则开展工作。

目前，国内外关于城市道路空间品质或者城市公共空间品质评估指标体系的研究尚在探讨之中。从构成内容上来讲，道路空间系统属于城市人居环境的有机构成之一，对道路空间品质及其评价的研究也主要体现在城市人居环境评价研究之中。目前国内关于高质量的城市公共空间评价，认为至少应具备十条特性：识别性、社会性、舒适性、通达性、安全性、愉悦性、和谐性、多样性、文化性、生态性。对于基于设计手册开展的城市道路设计、建设或改造，公共空间品质评价的结果将直接反映手册应用的效果。空间品质的相关研究为本设计手册的评估方法奠定了基础。

手册的评估结果可能会受到多方面、多层次因素的影响。因此，应尽量全面、准确地反映设计手册的实际应用状况及其满足主体需要的程度。除应遵循科学性、完整性、有效性等普遍原则外，还应满足客观性、全面性、层次性、可操作性等原则。

— **客观性**。尽可能客观的选择评估指标和评价标准，评估的结果应能真实地反映手册应用的客观状况。

— **全面性**。所选择的评估指标应尽可能覆盖手册应用在城市道路空间品质设计和建设的各个方面。设计的指标体系应尽可能反映城市中各个群体的需要，包括基本需要和高层次需要。

— **层次性**。指标体系应根据公共空间的系统性分出层次，从宏观到微观，由微观到具体，使指标体系尽可能反映不同层次的手册应用情况和公共空间品质建设的情况。

— **可操作性**。要求在真实、客观、全面地反映设计手册应用情况的前提下，应尽可能地选择容易获取的、易于统计分析和量化计算的、可靠的和具有可比性的评估指标。

手册评估的目的和意义在于为广州市城市道路的设计和建设提供依据和指明行动的方向。因此，手册评估指标体系应全面、准确地反映应用的情况。我们将结合手册的应用情况，逐步建立起符合精细化、品质化城市建设要求的评价机制，以更好地对手册进行更新。

6.2 手册更新
MANUAL UPDATE

高品质的城市道路设计是建设像广州这样一个世界级城市的重要组成部分。城市道路全要素是一个不断进化发展的理念，需要不断地去学习、研究和实验。为了支持最好的设计，设计手册必须作为设计过程中一个迭代过程进行适度更新，以提高设计手册的实用性和更好地服务市民。

6.2.1 为何更新

建议结合广州市城市道路建设、品质化提升工程的实际经验，每两年定期对设计手册进行适度的更新。鼓励设计师不断创新；与研究人员和设计师携手共同打造更美好、更有效以及更具吸引力的解决方案，寻找新方法来改善城市道路设计和建设。

6.2.2 如何更新

第 7 章

定义与附录
TERMS AND APPENDIX

7.1 术语与定义
TERMS

1. 道路 road
供各种车辆和行人等通行的工程设施。按其使用特点分为公路、城市道路、厂矿道路、林区道路及乡村道路等。

2. 城市道路 city road，urban road
在城市范围内，供车辆及行人通行的具备一定技术条件和设施的道路。

3. 道路工程 road engineering
以道路为对象而进行的规划、勘测、设计、施工等技术活动的全过程及其所从事的工程实体。

4. 道路网 road network
在一定区域内，由各种道路组成的相互联络、交织成网状分布的道路系统。全部由各级公路组成的称公路网。在城市范围内有各种道路组成的称城市道路网。

5. 道路（网）密度 density of road network
在一定区域内，道路网的总里程与该区域面积的比值。

6. 道路技术标准 technical standard of road
根据道路的性质、交通量及其所处地点的自然条件，确定道路应达到的各项技术指标和规定。

7. 设计车辆 design vehicle
道路设计所采用的汽车车型，以其外廓尺寸、重量、运转特性等特征作为道路设计的依据。

8. 特种车辆 special vehicle
外廓尺寸、重量等方面超过设计车辆限界的及特殊用途的车辆。

9. 计算行车速度（设计车速） design speed
道路几何设计（包括平曲线半径、纵坡、视距等）所采用的行车速度。

10. 道路建筑限界 boundary linc of road construction
为保证车辆和行人正常通行，规定在道路的一定宽度和高度范围内不允许有任何设施及障碍物侵入的空间范围。

11. 净空 clearance
道路上无任何障碍物侵入的空间范围，其高度称净高，其宽度称净宽。

12. 等级道路 classified road
技术条件和设施符合技术标准的道路。

13. 辅道 relief road
设在道路的一侧或两侧，供不允许驶入或准备由出入口驶入该道路的车辆或拖拉机等行驶的道路。

14. 快速路 expressway
城市道路中设有中央分隔带，具有四条以上的车道，全部或部分采用立体交叉与控制进入，供车辆以较高的速度行驶的道路。

15. 主干路 arterial road
在城市道路网中起骨架作用的道路。

16. 次干路 secondary trunk road
城市道路网中的区域性干路，与主干路相连接，构成完整的城市干路系统。

17. 支路 branch road
城市道路网中干路以外，联系次干路或供区域内部使用的道路。

第7章 定义与附录

18. 自行车道 cycle track，cycle path
主要供自行车同行的道路，在城市中可自称系统。

19. 交通组成 traffic composition
在交通流中各类运行单元的数量及其所占百分比。

20. 混行交通 mixed traffic
汽车与非机动车或车辆与行人，在统一道路上混行的交通。

21. 交通流 traffic flow
道路上车流与人流的统称。

22. 车流 vehicle stream
众多车辆在车道上连续行驶所形成的流动状态。

23. 交通密度 traffic density
一个车道单位长度内某一瞬时存在的车辆数，以每辆每千米表示。

24. 交通量 traffic volume
在单位时间内通过道路某一断面的通行单元（车辆或行人）数。通常专指车辆数。

25. 道路服务水平 level of service
主要以道路上的运行速度和交通量与可能通行能力之比，综合反映道路的服务质量。

26. 交叉口通行能力 capacity of intersection
交叉口各进口道单位时间内可通过的车辆数之和。

27. 交通方式划分 model split
指将货物运输、个人出行按其可使用的交通工具划分出各种交通方式的交通量。

28. 路幅 roadway
由车行道、分隔带和路肩等组成的道路横断面范围。

29.（车行道）行车道 carriage way
道路上供汽车行驶的部分。

30. 车道 lane
在车行道上供单一纵列车辆行驶的部分。

31. 停车车道 parking lane
专供短时间停放车辆的车道，设于紧临路缘石（或路肩）的车道位置。

32. 车道宽度 lane-width
道路上供一列车辆安全顺适行驶所需要的宽度，包括设计车辆的外廓宽度和错车、超车或并列行驶所必须的余宽等。

33. 人行道 side walk，foot way
道路中用路缘石或护栏及其他类似设施加以分隔的专供行人通行的部分。

34. 分隔带 separator，central reserve
沿道路纵向设置的分隔车行道用的带状设施，位于路中线位置的称中央分隔带；位于路中线两侧的称外侧分隔带。

35. 路缘带 marginal strip
位于车行道外缘至路基边缘，具有一定宽度的带状部分（包括硬路肩与土路肩），为保持车行道的功能和临时停车使用，并作为路面的横向支撑。

36. 路缘石 curb
设在路面边缘的界石，简称缘石。

37. 平缘石 flush curb
顶面与路面平齐的路缘石。有标定路面范围、整齐路容、保护路面边缘的作用。

38. 立缘石（侧石） vertical curb
顶面高出路面的路缘石。有标定车行道范围和纵向引导排除路面水的作用。

39. 路侧带 curb side strip
街道外侧立缘石的内缘与建筑线之间的范围。

40. 绿化带 green belt
在道路用地范围内，供绿化的条形地带。

41. 横坡 cross slopes
路幅与路侧带各组成部分的横向坡度。指路面、分隔带、人行道、绿化带等的横向倾斜度。以百分率表示。

42. 视距 sight distance
从车道中线上规定的视线高度，能看到该车道中心线上高位10cm的物体顶点时，沿该车道中心线量得的距离。

43. 停车视距 stopping sight distance
汽车行驶时，驾驶人员自看到前方障碍物时起，至达到占该区前安全停车止，所需的最短行车距离。两部车辆相向行驶，会车时停车则需二倍停车视距，称会车视距。

44. 视距三角形 sight triangle
平面交叉路口处，有一条道路进入路口行驶方向的最外侧的车道中线与相交道路最内侧的车道中线的交点为顶点，两条车道中线各按其规定车速停车视距的长度为两边，所组成的三角形。在视距三角形内不允许有阻碍视线的物体和道路设施存在。

45. 路口视距
sight distance of intersection
平面交叉路口处视距三角形的第三边的长度。

46. 道路交叉（路线交叉）
road intersection
两条或两条以上的道路的交会。

47. 平面交叉　at-grade intersection，
grade crossing
道路与道路在同一个平面内的交叉。简称平交。

48. 环形交叉
rotary intersection，roundabout
道路交会处设有中心岛，所有横穿交通流都被交织运行所代替，形成一个单向行驶的环形交通系统。其中心岛称环岛。

49. 微型环交　mini-roundabout
道路交会处设有小型中心岛以减少用地面积。其交通运行组织以趋近路口的车辆让优先通行方式代替环中交织运行的平面交叉。其中心岛被称为微型环岛。

50. 十字形交叉　cross roads
四岔道路呈"十"字形的交叉。

51. 丁字形交叉（T形交叉）　T intersection
三岔道路呈"T"字形的平面交叉。

52. 错位交叉　staggered junction
两条反向道路分别垂直于同于道路上，其交点距离很近，可以看作两个反向丁字形交叉相连接。

53. 立体交叉
grade-separated junction
道路与道路或铁路在不同高程上的交叉。

54. 交通安全设施　traffic safety device
为保障行车和行人的安全，充分发挥道路的作用，在道路沿线所设置的人行地道、人行天桥、照明设备、护栏、标注、标志、标线等设施的总称。

55. 人行横道　cross walk
在车行道上用斑马线等标线或其他方法标示的、规定行人横穿车道的步行范围。

56. 人行地道　pedestrian underpass
专供行人横穿道路用的地下通道。

57. 人行天桥　pedestrian overcrossing
专供行人跨越道路用的桥梁。

58. 分隔设施　separate facilities
在路面上安设的分隔双向交通、机动车和非机动车、车辆和行人等的简易构造物。

59. 护栏　guard rail
沿危险路段的路基边缘设置的警戒车量驶离路基和沿中央分隔带设置的防止车辆闯入对象车行道的防护设施，以及为使行人与车辆隔离而设置的保障行人安全的设施。

60. 护墙　guard wall
在道路的急弯、陡坡等危险路段，沿路肩修筑的矮墙。

61. 停车场　parking lot
供停放车俩使用的场地。

62. 公交（车辆）停靠站
bus bay；parking station
公共交通车辆运行的道路上，按运营站位置设置的车辆停靠设施，有岛式、港湾式等。

63. 道路绿化　road planting
在道路两旁及分隔带内栽植树木、花草以及护路林等。

64. 街道绿化　street planting
在街道两旁及分隔带内种植树木和绿篱、布置花坛、林荫步道、街心花园以及建筑物前的绿化等。

65. 行道树　street trees
沿道路两旁栽植的成行的树木。

66. 绿篱　hedge；living fence
密植于路边及各种用地边界处的树丛带。

67. 完整街道　complete streets
是一种交通政策和设计方式，通过对街道合理的规划、设计、运行和维护，保障道路上所有交通方式出行者的通行权。此外，它还倡导街道功能的完整，包括街道的交通功能、生活功能、景观功能和休闲游憩功能等。

68. 交通稳静化　traffic calming
用以降低机动车交通负面影响、改变驾驶员行为、改善非机动交通出行环境的，主要以物理手段为主的交通控制措施。

69. 行人过街期望线
pedestrians crossing the street expected line
行人过街期望的最短路线。

7.2 附录
THE APPENDIX

7.2.1 现行与城市道路及附属设施相关法律法规、标准、规范、规定及指引汇编

规划专业					
序号	名称	编号	性质	说明	备注
1	城市用地分类与规划建设用地标准	GB 50137-2011	国家标准	城市道路沿线用地归类标准。	
2	城市居住区规划设计规范（2016年版）	GB 50180-1993	国家标准	城市居住区道路规划设计及与道路相关的竖向、管线综合等专业规定，依据该规范。	
3	镇规划标准	GB 50188-2007	国家标准	涉及镇区道路交通规划、公用工程设施规划、环境规划，依据该标准。	
4	城市给水工程规划规范	GB 50282-2016	国家标准	城市输水管（渠）在城市道路设置时的相关要求依据。	实施日期：2017-04-01
5	城市工程管线综合规划规范	GB 50289-2016	国家标准	城市工程管线在地上和地下空间位置的统筹安排，工程管线之间以及城市工程管线与其他各项工程之间的关系的协调，依据该规范。	
6	城市电力规划规范	GB/T 50293-2014	国家标准	城市电力线路在城市道路上敷设的路径选择、方式、布置位置及与建筑物、街道行道树等之间的距离要求，依据该规范。	
7	城市排水工程规划规范	GB 50318-2017	国家标准	城市排水管渠在城市道路设置时的相关要求依据。	实施日期：2017-07-01
8	城市建设用地竖向规划规范	CJJ 83-2016	行业标准	城市道路广场、道路两侧用地、用地排水等规划设计规定，依据该规范。	
9	广州市城乡规划技术规定	市政府令第133号	地方规定	建筑退界、市政工程规划等相关规定。	

公共交通专业					
序号	名称	编号	性质	说明	备注
1	地铁设计规范	GB 50157-2013	国家标准	与城市道路相关的地铁车站建筑的环境设计、车站出入口、地面风亭、排水及防灾等规定，依据该规范。	
2	城市道路公共交通站、场、厂设计规范	CJJ/T 15-2011	行业标准	城市道路公共交通站、场、出租车候客点等设计规定。	
3	城市公共交通分类标准	CJJ/T 114-2007	行业标准	城市道路公共交通的分类、形式、载客工具类型、客运能力等规定。	编制、设计、建设、运营、管理等依据。

续表

公共交通专业					
序号	名称	编号	性质	说明	备注
4	城市公共交通工程术语标准	CJJ/T 119-2008	行业标准	规划和设计采用术语的依据。	
5	快速公共汽车交通系统设计规范	CJJ 136-2010	行业标准	快速公交车道设计、车站及停车场有关标准规定。	
6	城市交通设计导则	——	设计导则	含总体交通设计和详细交通设计两部分内容，分别对应于城市控制性详细规划阶段及工程初步设计阶段。	2015年7月，住房城乡建设部发布征求意见稿。

道路桥梁专业					
序号	名称	编号	性质	说明	备注
1	城市道路交通规划设计规范	GB 50220-1995	国家标准	城市公共交通、自行车交通、步行交通、城市道路系统及交通设施等规划设计的一般规定。	
2	道路工程术语标准	GBJ 124-1988	国家标准	城市道路工程的术语及其释义，适用于设计、施工、养护等方面。	
3	道路工程制图标准	GB 50162-1992	国家标准	适用于城市道路工程的设计、标准设计和竣工的制图。	
4	城市道路工程设计规范（2016年版）	CJJ 37-2012	行业标准	城市道路工程设计的共性标准和主要技术指标的规定。	
5	城市桥梁设计规范	CJJ 11-2011	行业标准	城市桥梁的桥面净空、平面、纵断面和横断面设计，立交、高架道路桥梁和地下通道的景观协调，桥梁细部构造及附属设施等要求，依据该规范。	
6	城市人行天桥与人行地道技术规范	CJJ 69-1995	行业标准	城市人行天桥与人行地道设计、施工的规定。	
7	城市道路交通设施设计规范	GB 50688-2011	国家标准	包括交通标志、交通标线、防护设施、交通信号灯、交通监控系统、服务设施、道路照明等一般规定和要求。	
8	城市道路交通标志和标线设置规范	GB 51038-2015	国家标准	城市道路各类型标志、标线的基本要求，交通标志和标线施工及验收，依据该规范。	

第7章 定义与附录

7.2 附录
THE APPENDIX

7.2.1 现行与城市道路及附属设施相关法律法规、标准、规范、规定及指引汇编

续表

序号	名称	编号	性质	说明	备注
	道路桥梁专业				
9	道路交通标志和标线	GB 5768-2009	国家标准	城市道路和虽在单位管辖范围但允许社会机动车通行的地方，包括广场、公共停车场等各类道路交通标志和标线的一般要求，以及设计、设置等要求，参照该标准。	
10	道路交通信号灯设置与安装规范	GB 14886-2016	国家标准	道路交通信号灯的设置条件、安装方式、排列顺序、安装数量和位置、安装方法、信号灯杆件、电缆线敷设、设计和施工资质等方面的相关要求，参照该规范。	
11	LED 主动发光道路交通标志	GB/T 31446-2015	国家标准	道路发光标志产品的分类及组成、技术要求等参照。	
12	道路交通标线质量要求和检测方法	GB/T 16311-2009	国家标准	各级道路上的交通标线分类、质量要求及检测方法。	
13	道路交通标志板及支撑件	GB/T 23827-2009	国家标准	道路交通标志板及支撑件的产品分类、技术要求、试验方法、检验规则等规定。	
14	城市快速路设计规程	CJJ 129-2009	行业标准	新建和改建城市快速路工程的设计标准。	
15	城市道路绿化规划与设计规范	CJJ 75-1997	行业标准	城市道路绿化规划，绿带、交通岛、广场和停车场绿地设计，道路绿化与有关设施的技术要求，依据该规范。	
16	城市道路路基设计规范	CJJ 194-2013	行业标准	新建、改建和扩建的各级城市道路的路基设计依据。	
17	城市道路彩色沥青混凝土路面技术规程	CJJ/T 218-2014	行业标准	各级城市道路及其他公共设施彩色沥青混凝土路面设计技术要求、施工质量控制、验收标准和养护管理，依据该标准。	
18	透水水泥混凝土路面技术规程	CJJ/T 135-2009	行业标准	透水水泥混凝土路面的设计、施工、验收和维护的基本技术要求。	
19	沥青路面施工及验收规范	GB 50092-1996	国家标准	新建、改建城市道路沥青路面工程的相关规定。	
20	城镇道路路面设计规范	CJJ 169-2011	行业标准	新建和改建的城镇道路、广场及停车场的路基、垫层与基层、各种路面及排水规定。	

第 7 章　定义与附录

续表

道路桥梁专业					
序号	名称	编号	性质	说明	备注
21	城镇道路工程施工与质量验收规范	CJJ 1-2012	行业标准	城镇新建、改建、扩建的道路及广场、停车场等工程的施工和质量检验、验收标准。	
22	城市桥梁工程施工与质量验收规范	CJJ 2-2008	行业标准	城市桥梁的新建、改建、扩建工程和大、中修维护工程的施工技术标准、质量检验、验收标准。	
23	城市桥梁桥面防水工程技术规程	CJJ 139-2010	行业标准	基层为混凝土桥面板或整平层的城市桥梁混凝土桥面防水工程的设计、施工和质量验收的基本要求规定。	
24	城镇道路养护技术规范	CJJ 36-2016	行业标准	城镇道路的检测评价，路基、路面、人行道和道路附属设施的养护、掘路修复等技术要求，依据该规范。	
25	城市桥梁养护技术规范	CJJ 99-2003	行业标准	城市桥梁的检测评估、上部结构养护、下部结构养护、人行通道的养护、隧道养护、附属设施养护等技术要求。	
26	城市道路照明设计标准	CJJ 45-2015	行业标准	城市道路照明标准，光源、灯具及其附属装置选择，照明方式和设计要求，照明供电和控制，节能标准和措施等规定。	
27	城市道路照明工程施工及验收规程	CJJ 89-2012	行业标准	城市道路照明设备安装施工质量标准，施工及验收参照该标准。	
28	无障碍设计规范	GB 50763-2012	国家标准	新建、改建和扩建的城市道路、城市广场、城市绿地或有无障碍需求的设计宜按该规范中相似类型的要求执行。	
29	城市步行和自行车交通系统规划设计导则	——	设计导则	步行和自行车交通规划设计原则、系统控制指标、各要素技术指引和规划编制大纲，参考相关内容。	2013年12月住房和城乡建设部印发。
◆ 30	城市道路人行道设施设置规范	DBJ440100/T 205-2014	地方规范	广州市城市道路新建、改建、大中修工程中的以及使用过程中新增的人行道设施设置的总则、一般要求、位置、密度和尺寸要求。	

第7章 定义与附录

7.2 附录

7.2.1 现行与城市道路及附属设施相关法律法规、标准、规范、规定及指引汇编

续表

道路桥梁专业					
序号	名称	编号	性质	说明	备注
◆ 31	井盖设施建设技术规范（发布正式版）	DBJ440100/T 160-2013	地方规范	规定了井盖设施的术语和定义、分类和结构形式、材料、要求、试验方法、检验规则、标志、包装、运输和贮存、安装、工程验收、日常维护、规范图集等。	2013年1月广州市质量技术监督局发布。
◆ 32	广州市城市道路设计技术指南（试行）	——	地方指引	规定了道路工程、桥梁隧道、排水与管线、道路照明、道路绿化、交通工程、街道家具等相关技术要求。	2016年4月广州市住房和城乡建设委员会发布。
◆ 33	广州市政府投资项目天热石材应用指引	——	地方指引	建筑工程和市政工程使用天然石材的一般规定及分类、选用要点、物理力学性能及采用部位和构件的技术要求。	2015年9月广州市住房和城乡建设委员会发布。
◆ 34	城市道路人行道和自行车道设计指引研究	——	指引研究	包括人行道和自行车道设计的总体要求，步行和自行车交通组织设计、空间设计、设施设计，人行道和自行车道与公共交通协调设计、与机动车交通协调设计，无障碍设施设计等7方面的技术指引。	2015年6月广州市道路工程研究中心编制。
◆ 35	广州市城市道路永久性材料运用指引（第三版）	——	地方指引	广州市城市道路、道路元素及公共空间永久性材料的设计标准及技术要求，规定了外观形式的原则性、共性化要求，可参考采用。	2014年9月广州市住房和城乡建设委员会发布。
◆ 36	广州市城市道路人行道设计指引（试行）	——	地方指引	广州市城市道路人行道设计的通常要求，包括材料的选择标准、设计要求和质量验收标准，可参考采用。	2013年3月广州市住房和城乡建设委员会发布。
◆ 37	广州市市政道路工程建设管理指引（试行）	穗建路桥【2011】139号	地方指引	规定了包括沥青路面、广场及人行道、排水和管线、交通工程、道路照明等设计要求，施工管理和验收标准。	2011年2月广州市住房和城乡建设委员会印发。
◆ 38	广州市道路交通指路标志系统设计技术指引（修订）	——	地方指引	包括指路标志系统设置的一般规定、信息分类体系、各级道路指路标志系统设置的信息内容选取、牌面规格、信息排版、设置原则和职称方式选用等技术标准。	2013年9月广州市交通委员会、广州市公路勘察设计有限公司修订。

续表

		道路桥梁专业			
序号	名称	编号	性质	说明	备注
◆ 39	广州市城市道路交通管理设施设计技术指引	——	地方指引	广州市道路交通常用的九类设施，包括道路交通标志、标线、交通隔离及安全设施、道路交通信号灯以及 SCATS 系统、交通闭路电视监控系统、交通违法自动抓拍系统、交通流数据采集系统、交通信息发布系统、交通通信网络系统等的设计、制作、设置、安装等方面的技术要求。	2009 年 3 月广州市公安局交警支队、广州市交通规划研究所、广州至信交通顾问有限公司主编。
◆ 40	广东省城市绿道规划设计指引	粤建规函【2011】460 号	地方指引	城市绿道涵义及构成，目标和原则，选线方法和基本要求，典型地段城市绿道规划指引、城市绿道构成要素规划指引。	2011 年 7 月广东省住房和城乡建设厅发布。
◆ 41	广州市迎亚运市政道路大中修项目——广场及人行道建设管理指引	穗建筑【2009】958 号	地方指引	包括广场、人行道、侧平石、无障碍通道、树穴和压条、护栏、装饰井的设计要求，施工管理和质量验收标准。	迎亚运市政道路大中修项目广场及人行道建设的通常要求。
◆ 42	广州市政道路建设指南（试行）	——	地方指引	广州市道路工程的道路元素设置标准，包括机动车道、人行道、园林绿化、其他设施的技术规定，可参考采用。	2008 年 9 月广州市市政园林局发布。
◆ 43	广州市人行道无障碍设施设置细则	穗市政园林函【2008】1019 号	地方规定	规定了盲道铺设和缘石坡道设置的技术要求。	2008 年 6 月广州市市政园林局制定发布。
◆ 44	广州市中心城区城市道路自行车停放区设置技术导则	穗交【2017】142 号	地方指引	对广州市中心城区城市道路红线范围内自行车停放区的选址与设置做出规定，提出设置要求、自行车停放区形式、设施配置等技术指引。	2017 年 3 月由广州市交通委员会、广州市公安局、广州市住房和城乡建设委员会、广州市城市管理委员会印发。

		建筑设计专业			
序号	名称	编号	性质	说明	备注
1	民用建筑设计通则	GB 50352-2005	国家标准	规定了建筑基地、建筑突出物、建筑各类型出入口、停车空间与道路之间的技术要求。	

第 7 章 定义与附录

7.2 附录

THE APPENDIX

7.2.1 现行与城市道路及附属设施相关法律法规、标准、规范、规定及指引汇编

				综合管线专业		
序号	名称	编号	性质	说明	备注
1	室外给水设计规范	GB 50013-2006	国家标准	给水管道与建（构）筑物以及和其他工程管道的最小净距等规定，依据该规范。	
2	室外排水设计规范（2016 年版）	GB 50014-2006	国家标准	排水管渠和附属构筑物的一般规定，排水管道和其他地下管线（构筑物）的最小净距等规定，依据该规范。	
3	埋地塑料给水管道工程技术规程	CJJ 101-2016	行业标准	埋地聚乙烯给水管道的材料标准、工程设计、管道布置的具体要求、施工及验收标准。	
4	埋地塑料排水管道工程技术规程	CJJ 143-2010	行业标准	新建、扩建和改建的无压埋地塑料排水管道材料标准、工程设计、施工及验收标准。	
5	聚乙烯燃气管道工程技术规程	CJJ 63-2008	行业标准	埋地输送城镇燃气用聚乙烯管道和钢骨架聚乙烯复合管道工程的设计、施工和验收标准。	
6	城镇燃气输配工程施工及验收规范	CJJ 33-2005	行业标准	新建、改建和扩建输配工程的施工及验收，包括管道敷设的土方工程、管道路面标志设置等规定，依据该规范。	

				市容市貌专业		
序号	名称	编号	性质	说明	备注
1	中华人民共和国广告法	中华人民共和国主席令第二十二号	法律法规	设置户外广告的规定。	
2	城市市容和环境卫生管理条例	国务院令第 101 号	行政法规	城市市容管理、城市环境卫生管理等相关规定，包括建筑物和设施、户外广告、市政公用设施等管理规定，依据该条例。	1992 年 6 月 28 日颁布，2017 年 3 月 1 日国务院令第 676 号发布的《国务院关于修改和废止部分行政法规的决定》修正。
3	城市绿地设计规范（2016 年版）	GB 50420-2007	国家标准	城市道路周边的城市绿地、城市绿地内的道路设计，依据该规范。	
4	城市容貌标准	GB 50449-2008	国家标准	城市道路及与道路相关的建（构）筑物、园林绿化、公共设施、广告标志、照明、公共场所、城市水域、居住区等的容貌，适用该标准。	

续表

	市容市貌专业				
序号	名称	编号	性质	说明	备注
5	城市园林绿化评价标准	GB/T 50563-2010	行业标准	适用于城市园林绿化综合管理评价、城市园林绿地建设评价、各类城市园林绿地建设管控评价、与城市园林绿化相关的生态环境和市政设施建设评价。	
6	城市夜景照明设计规范	JGJ/T 163-2008	行业标准	城市新建、改建和扩建的建筑物、构筑物、特殊景观元素、商业步行街、广场、公园、广告与标识等景物的夜景照明设计，依据该规范。	
7	城市环境卫生设施规划规范	GB 50337-2003	国家标准	与道路相关的环境卫生公共设施的设置原则和要求，包括公共厕所、生活垃圾收集点、废物箱等，依据该规范。	
8	市容环境卫生术语标准	CJJ/T 65-2004	行业标准	市容环境卫生采用基础术语的依据。	
9	环境卫生图形符号标准	CJJ/T 125-2008	行业标准	环境卫生公共图形标志、设施图例、环境卫生应急图形标志等规定。	
10	城市公共厕所设计标准	CJJ 14-2016	行业标准	城市道路沿线公共厕所设置和设计的规定，依据该标准。	
11	城市户外广告设施技术规范	CJJ 149-2010	行业标准	城市户外广告设施基本规定、设置要求、材料选用、设计、施工及验收、维护和检测等，适用该规范。	
◆ 12	广州市市政设施管理条例	——	地方法规	广州市城市道路（含桥梁、隧道）及其附属设施的规划、建设、养护维修、使用和保护的管理，适用该条例。	
◆ 13	广州市户外广告和招牌设置管理办法（修订）	广州市人民政府令第 99 号	地方行政法规	广州市户外广告和招牌设置的相关管理规定。	自 2014 年 5 月 1 日起施行。
◆ 14	广州市户外广告和招牌设置规范	穗规 [2012]215 号	地方规定	广州市户外广告和招牌设置、设计、制作、施工等规定。	
◆ 15	城市道路养护技术规范	DBJ440100/T 16-2008	地方标准	广州市城市道路养护的一般规定，沥青路面、水泥混凝土路面、铺砌式人行道及附属设施养护等要求。	

7.2 附录
THE APPENDIX

7.2.1 现行与城市道路及附属设施相关法律法规、标准、规范、规定及指引汇编

				其他相关专业		
序号	名称	编号	性质	说明	备注
1	海绵城市建设技术指南——低影响开发雨水系统构建	——	技术指南	新建、改建、扩建项目配套建设低影响开发设施的设计、实施与维护管理要求；城市规划、排水、道路交通、园林等有关部门指导和监督海绵城市建设有关工作的指引。	2014 年 10 月住房和城乡建设部印发。
2	电动汽车充电站及充电桩设计规范	Q/CSG 11516.2—2010	企业标准	电动汽车充电桩设计的基本原则和主要技术要求，可作参考。	
3	电动汽车交流充电桩技术规范	Q/CSG 11516.4—2010	企业标准	电动汽车用交流充电桩的使用条件、技术要求、试验方法及要求等规定，可作参考。	
4	电动汽车充电站及充电桩验收规范	Q/CSG12001-2010	企业标准	电动汽车充电站及充电桩验收的基本原则和技术要求。	
5	园林绿化工程施工及验收规范	CJJ 82-2012	行业标准	新建、扩建、改建的各类园林绿化工程施工及质量验收等相关要求，依据该规范。	
◆ 6	广东省城市绿化条例	省九届人大第十三次会议（第 63 号）	地方法律法规	新建、改建的城市道路绿地规划建设规定。	1999 年 11 月 27 日广东省九届人大常委会第 13 次会议通过，2012 年 7 月 26 日广东省十一届人大常委会第 35 次会议修正。
◆ 7	广州市城市更新办法	广州市人民政府令第 134 号	法律法规	广州市城市更新片区中涉及城市道路及公共设施的规定。	2015 年 9 月 28 日市政府第 14 届 182 次常务会议讨论通过，2016 年 1 月 1 日起施行。

				标准图集		
序号	名称	编号	性质	说明	备注
1	城市道路——施工图设计深度图样	15MR101	国家建筑标准设计图集	各类新建、扩建和改建的城市道路施工图设计深度和绘制方法，居住区道路可参照使用。	
2	城市道路——立体交叉施工图设计深度图样	05MR102	国家建筑标准设计图集	施工图阶段城市立交总体设计和线形设计的内容、深度及绘制方法示例，设计制图应遵守相关内容的要求。	

续表

标准图集					
序号	名称	编号	性质	说明	备注
3	城市道路——立体交叉可行性研究初步设计深度图样	05MR103	国家建筑标准设计图集	工程可行性研究、初步设计阶段城市立交总体设计和线形设计的内容、深度及绘制方法等做了示例,设计制图应遵守相关内容的要求。	
4	城市道路——路拱	05MR104	国家建筑标准设计图集	各类新建、扩建和改建的城市道路机动车道与非机动车道一般路段的路拱横坡和路拱曲线设计,居住区道路可参照使用。	
5	城市道路——沥青路面	15MR201	国家建筑标准设计图集	各类新建、扩建和改建道路的半刚性基层沥青路面结构设计,居住区道路可参照使用。	
6	城市道路——水泥混凝土路面	15MR202	国家建筑标准设计图集	各类新建、扩建和改建道路的普通水泥混凝土路面施工图设计,居住区道路可参照使用。	
7	城市道路——人行道铺砌	15MR203	国家建筑标准设计图集	各类新建、扩建和改建道路的人行道与步行街施工图设计,居住区道路可参照使用。	
8	城市道路——软土地基处理	15MR301	国家建筑标准设计图集	各类新建、扩建和改建道路的软土地基处理。	
9	城市道路——附属工程	05MR401	国家建筑标准设计图集	各类新建、扩建和改建道路的常用附属构筑物施工图设计,居住区道路可参照使用。	
10	城市道路——路缘石	05MR404	国家建筑标准设计图集	各类新建、扩建和改建道路的路缘石选用及施工图集,居住区道路可参照使用。	
11	城市道路——无障碍设计	15MR501	国家建筑标准设计图集	各类新建、扩建和改建道路、桥梁及立体交叉中的无障碍设计。	
12	城市道路——交通标志和标线	05MR601	国家建筑标准设计图集	各类新建、扩建和改建道路的交通标志和标线设计图集。	
13	城市道路——安全防护设施	05MR602	国家建筑标准设计图集	各类新建、扩建和改建道路的交通安全防护设施施工图设计。	
14	城市道路——装配式挡土墙	07MR402	国家建筑标准设计图集	各类新建、扩建和改建道路的装配式钢筋混凝土扶壁式路肩挡土墙施工图设计。	

第7章 定义与附录

7.2 附录
THE APPENDIX

7.2.1 现行与城市道路及附属设施相关法律法规、标准、规范、规定及指引汇编

续表

		标准图集			
序号	名称	编号	性质	说明	备注
15	城市道路——声屏障	09MR603	国家建筑标准设计图集	适用于抗震设防烈度为 8 度及以下地区道路、桥梁声屏障新建工程的设计、施工与安装。	
16	城市道路——透水人行道铺设	10MR204	国家建筑标准设计图集	各类新建、扩建和改建道路的透水人行道施工图设计及施工铺装。居住区人行道、非机动车道、公园、广场、步行街、停车场铺设等可参照使用。	
17	市政给水管道工程及附属设施	13MS101	国家建筑标准设计图集	各类新建、扩建和改建的城镇、工业企业及居住区的室外给水工程设计图集。	
18	中南地区建筑标准设计建筑图集③	——	中南地区建筑标准设计图集	包括建筑无障碍设施、楼梯栏杆、园林绿化工程附属设施等施工图设计和施工安装标准。	

说明：

1. 表中带"◆"符号的表示为地方编制的相关法律法规、标准、规范、规定及指引；

2. 本设计手册主要选取现行与城市道路及附属设施相关的法律法规、标准、规范、规定及指引，其他可能涉及的专业，应遵守其他有关标准的规定；

3. 城市道路全要素设计除应符合本设计手册外，还应符合现行的国家相关标准和规范；

4. 本设计手册没有规定的应按国家或地方相关规范和标准执行；

5. 本设计手册所引用的相关标准、规范和规定等，均为 2017 年 3 月前颁布实施的。

7.2 附录
THE APPENDIX

7.2.2 广州市历史文化名城保护——传统街巷名录

广州市历史文化名城保护——传统街巷	
保护类别	**具体保护要素**
骑楼街	**一类骑楼街:**龙津西路、恩宁路、第十甫路、上九路、下九路、六二三路、中山六路、大新路、一德路、长堤大马路、人民南路、海珠南路、北京路、广卫路、文明路、万福路(部分)、文德南路、同福西路、同福中路、同福东路、南华西路、洪德路; **二类骑楼街:**龙津中路、龙津东路、人民中路、海珠中路、大德路、广州起义路、越华路、中山四路、北京路(部分)、大南路、泰康路、万福路、珠光路、德政北路、德政中路、德政南路、东沙角路、南华东路。
一类传统街巷	**主街:**宝源路东段、大同路南段、光复中路北段、清平路南段、十八甫路东段、和平中路、冼基东、沙面大街、沙面一街、沙面二街、沙面三街、沙面四街、沙面五街、光复南路、杨巷路、和平东路、装帽街、故衣街、浆栏路、豆栏上街、惠福西路中段、观绿路、诗书路中段、天成路、教育南路、南华中路中段; **内街:**逢源大街、昌华横街、多宝南横、昌华新街、宝盛大街、宝源正街、宝源中约、莲塘二巷、单边约、十五甫正街、多宝坊、吉祥坊、鸿福西街、鸿福大街、丁财街、华贵横街、幸福二巷、幸福西街、乐贤坊、西隅北、荷溪三约二巷、荷溪三约正街、存善北街、耀华北约、耀华三约、福善巷、存善正街、西成坊、耀华大街、宝仁坊、敬善里、耀华南、兴贤坊、十六甫大街、十六甫西四巷、十六甫东四巷、十六甫西二巷、十六甫东二巷、曾头巷、鸿昌大街、茂林横、敦义里、毓桂二巷、彩园坊、毓桂头巷、毓桂坊、桂堂新街、富善西街、小甫北、福来里、仁祥里、小甫园、榕芳巷、聚丰里、鸣谦里、安良里、上九东街、良巷、祥金里、和靖里、杨新巷、履仁里、杨仁东、仁风里、杨仁中、杨仁南、崇俭新街、杨仁新、西荣新、西荣巷、西荣横、承运坊、打石街、杨氏巷、公理坊、通宁道、成美新街、侨星新街、金紫坊、祥龙里、诗书西街、仁亨里、芽荫里、广华道、晚红新街、观绿新街、永禄新街、福来新街、和宁里、云路街、植荫里、惠吉西二坊、惠吉西一坊、惠吉西路、惠吉东路、金城巷、象牙三巷、大德街、象牙北街、象牙街、绒线街、民兴里、象牙一巷、三府新街、三府新横街、三府前、罗家巷、紫微င、百粤里、东善街、广德路、将军东路、粤华西一街、粤华西街、粤华街、粤华东二街、粤华东一街、陶街、马王庙巷、道华新街、南朝新街、南朝新巷、永德里、盐运西正街、盐运西一巷、惠新中街、惠新东街、小东营、仰忠街、六和新街、清水濠、厂后街、洪德四巷、会龙西、会龙里、敬和里、龙溪新街、岐兴北、德邻里、悦安里、福良新街、栖栅南街、溪峡街、南安坊、同福新街、同福大街、福场西街、龙骧大街、新云里、胡巷。
二类传统街巷	**主街:**多宝路中东西段、宝源路西段、华贵路北、清平路北段、珠玑路中段、十八甫路西段、冼基西、杉木栏路中段、梯云东路西段、德星路、光复中路北段、十三行路东段、兴隆北路、鸡栏街、新基南段、沿江西路东段、西濠二马路、人民北路中段、人民南路南北段、光孝路、海珠北路、仁济路北段、新堤三横路、靖海路、起义路中段、教育北路、惠福东路、西湖路、米市路中段、文德路东段、南华南路、越秀北路中段; **内街:**源北街、三连直街、逢源南、多宝大新街、多宝街、昌华大街、蓬莱西大街、颜家巷、蓬莱新街、丛桂西街、恩宁西街、丛福里、仁爱新街、逢源北街、逢源中约、多宝街、宝华正中约、宝庆新南街、永庆二巷、永庆一巷、元和街、厚生里、幸福南直、荷溪三约庙后巷、荷溪三约直、荷溪三约新街、存善西街、耀华中、存善东街、和吉新街、福音坊、十六甫东街、十六甫西三巷、十六甫东三巷、宝华南二巷、十一甫新横街、贤思西、和隆里、永盛里、联庆社、平冶里、和息里、调源上街、调源下街、沙基西后街、耀华东街、宝华北、兴华大街、华林寺前、西来西、十八甫新街、福安街、富善二巷、富善三巷、鸡栏街、菜栏东横街、沙基东中约、新兴大街、延桂坊、文兴里、咸嘉巷、安畴里、长寿横、贵华里、怀安里、高寿里、志公巷、小甫南、南社巷、安良南、鸣谦里、八甫水脚、榕芳街、德宁里、杨仁里、求玉巷、常庆街、怀远驿、顺大街、海珠街、普安街、怡和街、得园巷、三圣宫街、贤乐里、晏公街、梯云新街、安命里、麻行街、大华新街、联兴社、南濠街、安义新街、杏花巷、进步里、从家巷、玛瑙巷、井泉巷、怡乐里、小康新街、天相巷、学宫街、福泉新街、联安坊、文桂里、盐运西三巷、盐运西二巷、惠新西里、府学西街、清水濠东段、通正巷、祖庙前街、新福直街、丽水坊、安定巷、同庆四街、堑口东、福居里、溪峡街北段、溪峡街南段、溪峡新街、南福安街、同德里、潘家祠道、岐兴直街、德和南约、德和新街、广大二巷、壬癸坊。

第7章 定义与附录

后 记
POSTSCRIPT

《广州市城市道路全要素设计手册》的编制只是个开始。城市是永不完工的公共艺术品的组合，由众人在岁月之中携手造就。道路设计的方法不止一种。适宜步行是健全城市道路设计的底线。在此基础上，可再酌量加入其他要素，以构建每个路段的个性"食谱"，在将步行确立为设计基础后，平衡收纳。打造人性化的城市道路，推动从道路到街道到街区的转变。

道路设计的出路

细究下来，要将道路、街道打造成为市民乐居其中的场所，最关键的专业工作：为市民构造美观、牢固和可持续的场所。设计工作者要成功达成所有这些目标，必须在设计中纳入众多专业领域的信息。

半个多世纪以来，我们稳步增进了对汽车的过度依赖。眼下我们的时代任务是去调整，在某些情况下去翻转。我们应当密切关注国际经验、自身积累及历史教训，了解对于精细化、品质化的城市道路而言，什么有效，什么无效。道路设计、景观设计工作与画家、艺术家之间有着一点显著差别，即开始工作时面对的从来不是一张完全空白、干净利落的白纸。总是有一些现有状况会局限或启发设计的反应，每一轮的新工作总是建立在先前的多轮工作基础之上。

我们会喜欢美丽而特别的道路，这一心理需求可通过精心的设计得到满足；我们会喜欢丰富、有质感、有风采的道路；我们会喜欢重新走过那些营造了如戏剧场景般徐徐展开场景的道路。我们很自然地希望日常生活的背景是亲和而非沉闷的。美，并不是一种在一条道路、街道的所有决定都做出之后再加诸其上的东西，美是一种不可或缺的元素，缺少了它，没有一条街道会是"完整的"。

未完，待续……

致谢

在《广州市城市道路全要素设计手册》调研、研究及编写过程中，广州市国土资源和规划委员会、广州市各区建设局、交通与发展政策研究所（ITDP）以及其他相关部门、单位和专家等提供了极大的支持和宝贵的建议，在此致以衷心的感谢。

还有其他在设计手册研究与编制过程中，给予支持与帮助的人们，在此一并致谢！

请与我们联系

手册尚存在许多不足之处，我们将面向所有阅读者和使用者广泛征求建议，请各单位或个人多提宝贵意见，并随时将有关宝贵意见或信息反馈至以下电子邮箱：gz_design_manual@sina.com，以供更好地修订和充实本设计手册的内容。

此外，手册中所采用的图片及照片部分为网络资料，如有异议，请与我们联系！

后记